普通高等教育"十一五"国家级规划教材

近代物理实验教程

（第三版）

吴先球　主编

黄佐华　燕　安　王福合 等　编

科学出版社

北京

内 容 简 介

本书内容是选编近代物理发展过程中一些起过重大作用的著名实验，以及近代物理实验技术中有广泛应用的典型实验，包括原子物理、核物理、激光、真空、X射线、低温、固体物理、声学、微波、磁共振、计算机模拟和微弱信号检测技术等方面的实验，共47个. 本书重点在于阐述实验的物理思想和方法，注重培养学生的实验能力，提高其科学素质.

本书的读者对象主要是高等师范院校和理工院校的本科生与函授生，也可供有关专业的研究生、科技人员和中学物理教师参考.

图书在版编目(CIP)数据

近代物理实验教程/吴先球主编. —3版. —北京：科学出版社，2023. 10
普通高等教育"十一五"国家级规划教材
ISBN 978-7-03-076619-9

Ⅰ. ①近… Ⅱ. ①吴… Ⅲ. ①物理学-实验-高等学校-教材 Ⅳ. O41-33

中国国家版本馆CIP数据核字(2023)第193648号

责任编辑：窦京涛 孔晓慧 / 责任校对：杨聪敏
责任印制：赵 博 / 封面设计：华路天然工作室

科学出版社 出版
北京东黄城根北街16号
邮政编码：100717
http://www.sciencep.com
北京天宇星印刷厂印刷
科学出版社发行 各地新华书店经销
*
1999年7月第 一 版 开本：787×1092 1/16
2023年10月第 三 版 印张：24
2024年12月第三十次印刷 字数：569 000

定价：79.00元

(如有印装质量问题，我社负责调换)

前　　言

党的二十大报告提出“必须坚持科技是第一生产力、人才是第一资源、创新是第一动力，深入实施科教兴国战略、人才强国战略、创新驱动发展战略，开辟发展新领域新赛道，不断塑造发展新动能新优势”. 教材是人才培养的重要支撑、引领创新发展的重要基础，编者始终坚持正确政治方向，落实立德树人根本任务，不断推进教材改革创新.

经过多年的建设，华南师范大学“近代物理实验”课程被认定为首批国家级一流线下课程，“原子气体玻色-爱因斯坦凝聚体虚拟仿真实验”被认定为第二批国家级虚拟仿真实验教学一流课程. 近年来，根据实验教学改革的需要，许多院校新增和更新了实验仪器设备，丰富和充实了实验教学内容，充分体现和保障了实验教学技术的先进性. 为适应国家战略需求，许多院校强化了综合性和设计性实验项目的开设，鼓励和倡导学生实验创新. 为适应新的需求，我们对《近代物理实验教程》第二版进行改版，在科学出版社出版发行.

第三版教材保留了原有的编写思路、风格和特点，同时突出了设计性实验内容，主要有以下特点：

(1) 在实验项目的选取上仍然按照第一版的原则：选编近代物理发展过程中起过重大作用的著名实验以及近代物理实验技术中有广泛应用的典型实验，新增了 4 个反映近代物理科技前沿、有利于培养学生实践能力和创新精神的实验：原子气体玻色-爱因斯坦凝聚体虚拟仿真实验、拉曼-奈斯型声光衍射效应实验、光学自成像实验、利用 γ 射线测量材料的吸收系数和厚度实验.

(2) 在实验具体内容方面，继承了第一版的编写思路：力求思想脉络清晰，重点阐述实验的物理思想和方法，注重培养学生的实验能力. 在部分实验的原理或内容叙述时，丰富了引导性的提问和思考内容. 在实验仪器的选择上，只介绍主要的通用型仪器，对其他仪器不作具体限制，使用者可根据实验室自身的条件安排和组合. 本教材力求对各个实验的教学实施给予较大的灵活性，以适应各层次教学.

(3) 突出了设计性实验内容. 扩充了第一版中已有的带 * 号的设计性或半设计性内容(仍采用带 * 号的方法来标记设计性实验内容或思路)，在参考文献中增加了阅读资料，包括期刊论文，以便进行设计性实验教学时参考，使教材既能作为常规性实验使用，又能在只增加少量篇幅的前提下灵活地用于设计性实验教学. 我们建议在利用本教材开展设计性实验时可考虑的做法之一：教师给出指导思想、给定实验目的要求和实验条件，学生完成科学实验研究的全过程，包括查阅文献资料、撰写实验设计方案，通过小型设计答辩对技术路线和可行性做出修改，再进行实验过程，最后按正式发表的论文格式撰写实验报告.

本书在第二版的基础上，由华南师范大学、江西师范大学、首都师范大学、广州大学、广东第二师范学院多年从事近代物理实验教学的教师和实验技术人员集体编写. 各部分的作者分别在所撰写的内容后面标明.

在本书的编写过程中，唐志列教授提出过许多建设性意见并审阅了部分原稿，并且得到很多专家、教授、同行的支持和帮助,在此我们谨向他们致以诚挚的谢意. 由于编者的学术水平及经验所限,第三版中错误和不尽人意之处仍在所难免,欢迎专家和各位读者提出宝贵意见.

编　者

2023 年 9 月

第二版前言

由林木欣教授主编的《近代物理实验教程》教材(下面称第一版),突出物理思想和实验方法,基础与应用并重,经典与现代结合,适应多层次教学,于1999年由科学出版社出版发行,至2008年共印刷11次,发行量达3万5千册,受到师生的普遍欢迎.

近年来,根据实验教学改革的需要,许多院校新增和更新了实验仪器设备,丰富和充实了实验教学内容,充分体现和保障了实验教学技术的先进性.随着我国高等院校各级物理实验教学示范中心的建立,更是强调了综合性和设计性实验项目的开设,鼓励和倡导学生实验创新.为适应这一需求,我们对第一版教材进行改版,编写了这本《近代物理实验教程》第二版,并在科学出版社的支持下获得普通高等教育“十一五”国家级规划教材的立项.

第二版教材保留了第一版的编写思路、风格和特点,同时突出了设计性实验内容,主要有以下特点.

1. 在实验项目的选取上仍然按照第一版的原则:选编近代物理发展过程中起过重大作用的著名实验,以及近代物理实验技术中有广泛应用的典型实验.第二版新增了6个反映近代物理科技前沿、有利于培养学生实践能力和创新精神的实验:蒸气冷凝法制备纳米微粒、等离子体特性和参数测量、扫描探针显微镜、卫星云图接收与大气物理探测、核磁共振成像、拉曼光谱;删除了一些近年来普遍极少开设的实验;对于部分适合于普通物理实验开设的实验,例如弗兰克-赫兹实验,考虑到使用本教材的一些院校仍作为原子物理单元的实验之一,在第二版中被保留下来.

2. 在实验具体内容方面,继承了第一版的编写思路:力求思想脉络清晰,重点阐述实验的物理思想和方法,注重培养学生的实验能力.在部分实验的原理或内容叙述时,丰富了引导性的提问和思考内容.在实验仪器的选择上,只介绍主要的通用型仪器,对其他仪器不做具体限制,使用本教材时可根据实验室自身的条件安排和组合.本教材力求赋予各个实验的教学较大的灵活性,以适应各层次教学.

3. 突出了设计性实验内容.扩充了第一版中已有的带*号的设计性或半设计性内容(仍采用带*号的方法来标记设计性实验内容或思路),在参考文献中增加了阅读资料,包括期刊论文,以便进行设计性实验教学时参考,使教材既能用于常规性实验教学,又能在只增加少量篇幅的前提下灵活地用于设计性实验教学.我们建议在利用本教材开展设计性实验教学时可考虑的做法之一是:教师给出指导思想、给定实验目的要求和实验条件,学生完成科学实验研究的全过程,包括查阅文献资料,撰写实验设计方案,通过小型设计答辩对技术路线和可行性做出修改,再进行实验过程,最后按正式发表的论文格式撰写实验报告.

本书由华南师范大学、江西师范大学、首都师范大学、广州大学多年从事近代物理实验教学的教师和实验技术人员集体编写.各部分的作者在其所撰写的内容后面标明.

在本书的编写过程中,得到很多专家、教授、同行的支持和帮助.唐志列教授、孙番典副教授等提出过许多建设性意见或审阅了部分原稿;温海湾同志为本书的文字处理和插图绘制做了大量细致的工作.在此我们谨向他们致以诚挚的谢意.

由于编者的学术水平及经验有限,第二版教材中错误和不尽人意之处仍在所难免,欢迎专家和各位读者提出宝贵意见.

编　者

2008年8月

第 一 版 序

近代物理实验是为大学高年级学生开设的一门重要的实验课程.它所安排的实验题目以在近代物理发展史中起过重要作用的著名实验为主,注意介绍近代物理发展各重要领域中有代表性的基本实验和方法,以及学生在今后工作中经常碰到的一些现代实验技术.本课程在配合有关课程(主要是原子物理、理论物理、固体物理等)理解和掌握近代物理各领域中的一些重要现象、概念和规律,掌握20世纪以来近代物理发展各主要领域中的基本实验方法与技能,培养学生的独立工作能力与创新精神,学习如何用实验方法研究物理现象与规律等方面起重要作用.

近代物理实验涉及的知识面很广,有很强的综合性与技术性.所需实验装置比较昂贵.一般院校开出的近代物理实验的个数都比学生实际要做的实验个数程度不等地多一些.在教学方式上要求学生能独立地完成实验.不同的学生选做不同的实验,这有利于学生间互相交流、开扩眼界和培养他们的协作精神,同时能大大减少每个实验的套数,节省教学经费.

由于各校在培养目标、教学计划以及学生水平上存在的差异,有些近代物理实验教材对重点大学是好的,而对普通大学来说,用起来有不少困难,教学效果令人难以满意.这本由华南师范大学林木欣教授主编的《近代物理实验教程》是在调研了一些省、市属大学,特别是高等师范院校"近代物理实验"教学的具体情况后,组织一些长期从事实验物理教学和科研工作的老教师和近几年补充到实验教学队伍中的年轻博士共同编写的.目的是为一般高校(特别是高师院校)提供一本较适用的近代物理实验教材.

我很赞赏这本教材的编写原则:在选题方面,既要考虑教学内容现代化的要求,又要兼顾基本实验方法与技能的训练.优选安排一些既能反映物理学新成就、有丰富的物理内容,又使学生能得到先进有用的实验技术训练方面的课题.编写时,内容写得比较简明扼要,突出实验的物理思想和测量方法,注意不同学校使用的普适性和兼容性.既有常规训练内容,又有打"*"号的设计性和独立选做的内容.使各校可根据自身的条件进行选题和选择教学方法,以满足教学改革的要求.

写此序时不幸接到林木欣教授为该书的出版劳累过度,不幸病逝的噩耗.深为我国实验物理教育界失去一位良师益友而无限惋惜.希望这本具有一定特色的《近代物理实验教程》能够满足普通大学,特别是高师院校的教学需要,产生良好的教学效果,受到师生的欢迎,以安慰死者在天之灵.

吴思诚
1998年10月

第一版前言

“近代物理实验”是物理专业学生必修的专业基础课程，也是其他理工科需要较深厚物理基础的有关专业学生的选修课程.由于这门课的知识面广、难度大、所需的实验装置比较昂贵，一般的高校，特别是高师院校开设该课程困难较大.为此，我们吸取了近十多年来开设该课程实验的经验，结合当前科技发展和教改精神重新编写了本教材，目的是为一般高校(特别是高师院校)提供一本较容易接受的近代物理实验教材.

本教材在选题方面希望努力做到基础与应用并重，从面向21世纪出发，既要考虑现代化的要求，又要照顾传统的训练题材.因此，在保证不削弱基础物理内容的同时，注意加强了应用技术的选题.在本书的43个实验选题中，不但有在近代物理发展过程中起过重大作用的一些著名实验，还有在近代物理实验技术中有广泛应用的典型实验.在本教材中，我们还注意吸收了一些最新的科研成果，例如，在实验误差分析和数据处理方面，采用了国际计量局和中国国家计量局技术规范的最新规定.

我们在编写本书时，还特别注意到实验教学改革的需要，除了力求思想脉络清晰，突出物理思想和实验方法以外，还希望对各个实验的教学实施有较大的灵活性，适应各层次的教学.例如，在实验内容方面，既有带常规训练的内容，又有打“*”号的设计性、半设计性、扩展性或独立选做的内容；有些选题可以有不同的做法，如电子自旋共振可在微波段做，也可在射频段做；在仪器设备的选择上，也有一定的自由度.各校可根据自身的条件进行选题、安排实验和选择教学方法等，探索适合于本校的可行的改革路子.

本书由华南师范大学林木欣教授主持，组织了几所进行“211工程”建设或进行实验教学重点建设的大学中一些富有实验教学、科研经验的教师集体编写的，各个部分的作者分别在所撰写的内容后面标明.

本书的出版得到前国家教委高等学校理科物理教材编审委员会主任委员虞福春教授和教育部高等学校物理学与天文学教学指导委员会副主任吴思诚教授的热情关怀和支持，吴思诚教授在百忙当中还为本书作序，在此表示衷心的感谢.

在本书的编写过程中，还得到很多专家、教授、同行的支持和帮助.何振江教授、肖新民教授、方兴教授以及近代物理实验的老前辈黄飞虎先生等提出过许多建设性意见或审阅了部分原稿；冯明库同志为本书的文字处理和插图绘制做了大量工作；还有孙番典、程敏熙、吴先球、唐吉玉和张诚等老师为本书的编写和出版做了很多的具体工作.在此我们谨向他们致以诚挚的谢意.

林木欣教授为了此书的编写和出版，呕心沥血工作到生命的最后一刻，在此书最后完稿之际倒下了.我们深切地怀念林木欣教授.

我们深知，物理教育改革的路很长，物理实验教材建设的路很长，我们这本书，远不是完全符合客观发展需要的理想教材，盼望各位老师、各位读者提出宝贵意见，共同推动物理科学、物理教育事业不断前进.这是林木欣教授生前的一贯愿望，也是我们全体编者的愿望.

编　者

1998年10月

目　录

单元 0　误差分析与数据处理

误差理论是实验工作的数学工具. 在近代物理实验中，通常要用到较为综合的实验技术，以及较为复杂的实验设备；其测量值有些比较精确，有些具有明显的统计涨落；其测量过程有些要严格控制条件，有些只能获取极其微弱的信息……因此，需要提高误差理论水平，才能理解好实验设计，才能有效地进行实验测量和数据处理，对实验结果作出正确的评价和分析.

不确定度是测量结果的测度，没有不确定度说明，测量结果将无从比较. 1993 年，国际计量局(BIPM)等 7 个国际组织发表了《测量不确定度表示指南》. 这一国际的权威性文献，对计量和科学实验工作极其重要. 下面从误差和不确定度的基本概念开始，介绍常用的误差理论知识，阐述误差分析的概率统计理论基础. 希望有助于读者提高实验的误差分析和数据处理能力，学会用不确定度表示实验测量结果.

0.1　测量误差和不确定度概念

一、测量误差的定义和表示法

对某物理量进行测量时，测量的环境、方法、仪器以及观测者等诸多因素的影响，使得测量值偏离真值，即相对于真值有误差.

$$\text{误差} = \text{测量值} - \text{真值} \tag{0.1.1}$$

何谓真值？真值是在特定条件下被测量的客观实际值. 当被测量和测量过程完全确定，且所有测量的不完善性完全排除时，测量值就等于真值. 这就是说，真值是一个理想的概念，通过完善的测量才能获得. 但严格的完善测量难以做到，故真值就不能确定. 实践中是采用约定真值，即对明确的量赋予的值，有时叫最佳估计值、约定值或参考值. 例如，在仪器校验中，把高一级标准器的测量值作为低一级标准器或普通仪器的约定真值.

上面定义的误差是绝对误差. 在没有特别指明时，误差就是用绝对误差表示. 设被测量的真值为 μ，则测量值 x 的绝对误差为

$$\delta = x - \mu \tag{0.1.2}$$

有些问题往往需要用相对误差表示. 例如，测量 10m 长相差 1mm 与测量 100m 长相差 1mm，其绝对误差相同，而相对误差则不同. 相对误差是绝对误差与真值之比，真值不能确定则用约定真值. 在近似情况下，相对误差也往往表示为绝对误差与测量值之比. 相对误差常用百分数表示，即

$$\text{相对误差} = \frac{\delta}{\mu} \times 100\% \approx \frac{\delta}{x} \times 100\% \tag{0.1.3}$$

在多挡连续示值的仪表等计量器具中，各刻度点的示值和它所对应的真值都不同，用式(0.1.3)计算相对误差时因所有的分母都不同而很不方便，同时也难以表征仪表的准确度

等级. 为此引入一种简化的和实用的相对误差,取名为引用误差. 它等于计量器具示值的绝对误差除以某特定值,这个特定值通常是仪器测量范围的上限,或零点两侧测量范围之和. 引用误差通常也是以百分数给出. 电工仪表的准确等级分为 0.1,0.2,0.5,1.0,1.5,2.5 和 5.0 七级,就是以所属仪表的最大引用误差为标志的. 对于第 S 级仪表,表明其合格仪表的最大引用误差不超过 $S\%$,但不能认为各刻度点上的示值误差都是 $S\%$. 设某仪表的满刻度值为 x_n,测量点的值为 x,则该仪表在 x 值邻近处的示值误差为

$$\text{绝对误差} \leqslant x_n \cdot S\%, \quad \text{相对误差} \leqslant \frac{x_n}{x} \cdot S \times 100\% \tag{0.1.4}$$

因 $x \leqslant x_n$,故 x 越接近于 x_n 处,其准确度越高;x 越远离 x_n 处,其准确度越低. 因此,用这类仪表测量时应选择合适的量程挡次,尽可能使测量点处在 2/3 量程以上.

二、系统误差、随机误差和粗大误差

按误差出现的特点不同,可分为系统误差、随机误差和粗大误差.

1. 系统误差

在一定条件下对同一被测量进行多次测量时,保持恒定或以预知方式变化的测量误差称系统误差. 它包含两类:一是固定值的系统误差,其值(包括正负号)恒定;二是随条件变化的系统误差,其值以确定的、已知的规律随某些测量条件变化.

系统误差来源于测量装置(标准器、仪器、附件和电源等的误差)、环境(温度、湿度、气压、振动和电磁辐射等影响)、方法(理论公式的近似限制或测量方法不完善),以及人身(测量者感官不完善,具有某种习惯和偏向)等方面. 其产生原因往往可知或能掌握,一经查明就应设法消除其影响. 对未能消除的系统误差,若它的符号和大小是确定的,可对测量值加以修正;若它的符号和大小都是不确定的,可设法减小其影响并估计出误差范围.

2. 随机误差

在一定条件下对被测量进行多次测量时,以不可预知的随机方式变化的测量误差称随机误差. 这种误差值时大时小,时正时负,没有规律性,它引起被测量重复观测的变化.

随机误差来源于许多不可控因素的影响. 例如,周围环境的无规起伏,仪器性能的微小波动,观察者感官分辨本领的限制,以及一些尚未发现的因素等. 这种误差对每次测量来说没有必然的规律性,但进行多次重复测量时会呈现出统计规律性. 虽然无法消除或补偿测量结果的随机误差,但增加观测次数可使它减小,并可用统计方法估算其大小.

3. 随机误差与系统误差的关系

随机误差与系统误差虽然不同,但并无本质差别. 随机误差本身正是许多微小的、独立的、难以控制和不可分解的系统误差的随机组合. 另外,系统误差和随机误差还可以在一定条件下相互转化. 例如,尺子的分度误差,从制造产品的角度来说是随机误差,但用户使用有分度误差尺子引起的测量误差则是系统误差.

在实际的测量中,虽然尽可能设法限制和消除系统误差,通过多次测量以减少随机误

差，但两种误差往往还会同时存在，这时需按其对测量结果的影响分别对待：

(1) 若系统误差经技术处理后已消除，或远小于随机误差，可按纯随机误差处理；

(2) 若系统误差的影响远大于随机误差，可按纯系统误差处理；

(3) 若系统误差与随机误差的影响差别不太大，两者均不可忽略，则应按不同的方法分别处理并综合两种误差.

表达测量误差的大小，有两个常用的术语：其一用精密度(precision)来描述重复测量的离散程度，它反映随机误差的大小，精密度高则离散小，重复性好；其二用准确度(accuracy)来描述测量结果与被测量真值之间的一致程度，它反映系统误差与随机误差综合的结果，准确度越高则测量值越接近真值. 顺便指出，过去的书刊中除了用精密度反映随机误差以外，还用正确度反映系统误差的大小；用精确度反映两种误差的综合结果；以及用精度来描述相对误差，例如，某测量值的相对误差为 0.01%时，则说其精度为 10^{-4}.

4. 粗大误差

明显超出规定条件下预期值的误差称粗大误差. 这是在实验过程中，某种差错使得测量值明显偏离正常测量结果的误差. 例如，读错数，记错数，或者环境条件突然变化而引起测量值的错误等. 在实验数据处理中，应按一定的规则来剔除粗大误差. 关于剔除粗大误差的准则将在下面 0.4 节中再讨论.

三、测量不确定度的基本概念

由于测量误差不可避免，真值也就无法确定；而真值不知道，也就无法确定误差的大小. 因此，实验数据处理只能求出实验的最佳估计值及其不确定度，通常把结果表示为

$$\text{测量值} = \text{最佳估计值} \pm \text{不确定度} \tag{0.1.5}$$

实验测量中，消除了已定的系统误差后仍然存在着随机误差和未定的系统误差. 设被测量 X 的测量值为 $x_1, x_2, \cdots, x_n$，则最佳估计值为算术平均值 $\bar{x} = \sum x_i / n (i = 1, 2, \cdots, n)$.

何谓不确定度？不确定度是说明测量结果的一个参数，用于表征合理赋予被测量值的分散性. 按照这个定义可诠释为：不确定度是由于误差的存在，被测量值不能确定的程度；或者说，它是表征被测量真值所处量值范围的一个评定. 由此可见，不确定度与误差有区别，误差是一个理想的概念，一般不能准确知道；但不确定度反映误差存在分布范围，即随机误差分量和未定系统误差分量综合的分布范围，可由误差理论求得.

不确定度一般包含多个分量，按其数值的评定方法可归并为两类.

A 类：由统计分析方法评定的不确定度分量；

B 类：由其他方法评定的不确定度分量.

假定被测量有几个误差来源，则要判明哪些可用统计方法评定，哪些不能用统计方法而要用其他方法评定.

由于不确定度的评定要合理赋予被测量值的不确定区间，而不同的置信概率所表示的不确定区间是不同的，因此还应表明是多大概率含义的不确定度. 如果 A 类和 B 类不确定度分量均以一个标准差值评定，则合成不确定度 U 也是一个标准差，用 u_c 表示(即 $U=u_c$)，

称为标准不确定度. 如果把合成的标准不确定度 u_c 乘以一个与一定置信概率相联系的包含因子(又称覆盖因子)k,则 $U=ku_c$,称为扩展不确定度(或总不确定度). 所以用扩展不确定度表示,是为了使被测量值的真值以较高的置信概率落入该区间.

应该指出,随机误差和未定系统误差并不简单对应于 A 类和 B 类不确定度分量. 因为对于未能进行 n 次重复测量的情况,其随机误差就不可能利用统计方法处理,而要利用被测量可能变化的信息进行判断,这就属于 B 类不确定度分量. 关于两类不确定度分量的评定和合成不确定度的计算问题,在后面 0.4 节中再作讨论.

0.2 随机变量的概率分布

一、随机变量和概率分布函数

在物理实验中,除了存在着不能完全控制的因素而导致随机误差必然存在以外,被测对象本身也具有随机性. 例如,宏观热力学量(温度、密度、压强等)的数值都是统计平均值,原子和原子核等微观领域的统计涨落现象也非常突出. 这就使得实验观测值不可避免地带有随机性,必须用概率论和数理统计的方法来处理实验数据. 为此,我们要讨论随机变量的概率及其概率分布函数.

1. 随机变量

当我们观测某物理量时,某一观测值的出现是随机事件,而观测值则是随机变量.

现在,用更为普遍的数学语言来描述. 在一定条件下,现象 A 可能发生,也可能不发生,而且只有这两种可能性. 我们把发生现象 A 的事件称为随机事件 A.

如果在一定的条件下进行了 N 次试验,其中事件 A 发生了 N_A 次,则比值 N_A/N 称为事件 A 发生的频率. 当 $N\to\infty$时,频率的极限称为事件 A 的概率,记为 $P_r(A)$,即

$$P_r(A)=\lim_{N\to\infty}\frac{N_A}{N} \tag{0.2.1}$$

不同的随机事件由不同的数来表示,这个数便是随机变量. 随机变量有两种类型:只能取有限个或可数个数值的随机变量称离散型随机变量;可能值布满某个区间的随机变量称为连续型随机变量.

随机变量全部可能取值的集合称为总体(或母体). 总体的任何一个部分称为样本(或子样). 在实际试验中,对某量作有限次观测,测量结果总是获得某随机变量的样本.

对随机变量的描述,不仅要了解它的可能取值,而且还必须了解可能值的概率.

2. 分布函数、概率函数和概率密度函数

设有随机变量 X,它的取值 x 可以排列在实数轴上,其概率分布用分布函数 $P(x)$表示. $P(x)$在 x 处的取值,等于 X 取值小于和等于x 这样一个随机事件的概率

$$P(x)=P_r(X\leqslant x) \tag{0.2.2}$$

按定义,它必须满足

$$P(-\infty)=0,\quad P(\infty)=1 \tag{0.2.3}$$

离散型随机变量 X 只能取可数的数值 $x=x_1,x_2,x_3,\cdots$，记为 x_i. 除了分布函数以外，还用概率函数来描述它的概率分布. 当 X 取值为 x_i 时，其概率函数为 $p(x_i)$，简写为 p_i，即 $X=x_i$ 的概率

$$p_i = P_r(X = x_i) \tag{0.2.4}$$

概率函数和分布函数的形状如图 0.2.1 所示. 因概率总和等于 1(归一化条件)，则

$$\sum p_i = P(\infty) = 1 \tag{0.2.5}$$

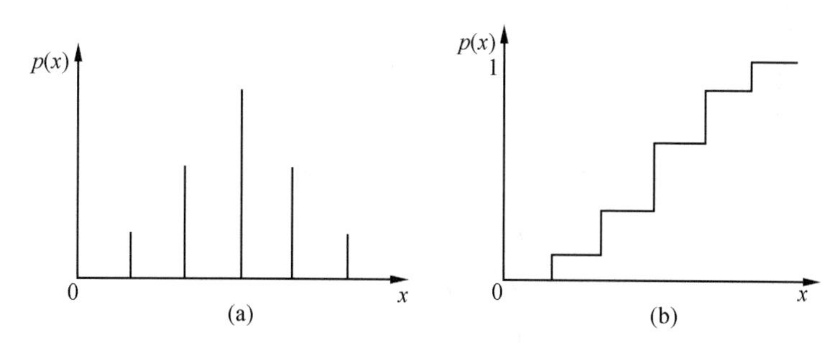

图 0.2.1　离散型随机变量 X 的概率函数(a)和分布函数(b)

对于连续型随机变量 X，可引入概率密度函数 $p(x)=\mathrm{d}P(x)/\mathrm{d}x$ 来描述概率分布，则

$$P(x) = \int_{-\infty}^{x} p(x)\mathrm{d}x \tag{0.2.6}$$

由归一化条件有

$$\int_{-\infty}^{\infty} p(x)\mathrm{d}x = P(\infty) = 1 \tag{0.2.7}$$

用图形表示，概率密度函数是一条连续的曲线，分布函数是一条单调上升到 1 的曲线(见图 0.2.2). 概率密度函数曲线图在横轴上任一点 x' 左边曲线下的面积，就是分布函数曲线在该点的值；概率密度函数曲线下的总面积为 1. 由概率密度函数或分布函数可求得随机变量 X 在区间$[a,b]$内取值的概率

$$P_r(a \leqslant x \leqslant b) = P(b) - P(a) = \int_a^b p(x)\mathrm{d}x$$

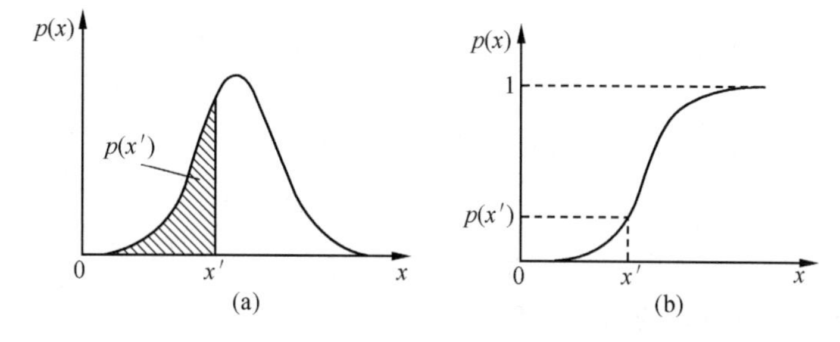

图 0.2.2　连续型随机变量 X 的概率密度函数(a)和分布函数(b)

对于多个随机变量的情况，特别是当 X 和 Y 是两个互相独立的随机变量时，由概率论可得，它们的联合概率密度函数等于各自的概率密度函数的乘积. 即

$$p(x,y) = p(x) \cdot p(y) \tag{0.2.8}$$

二、概率分布的数字特征量

若一个随机变量的概率函数或概率密度函数的形式已知，只要给出函数式中各个参数(称分布参数)的数值，则随机变量的分布就完全确定. 在不同形式的分布中，常用一些有共同定义的数字特征量来表示，而最重要的特征量是随机变量的期望值和方差.

1. 随机变量的期望值

以概率 p_i 取值 x_i 的离散随机变量 X，它的期望值(通常以 μ 或 $E(X)$ 标记)定义为

$$\mu = E(X) = \sum p_i x_i \tag{0.2.9}$$

式中求和延伸于可取的一切 x_i 值.

具有概率密度函数 $p(x)$ 的连续随机变量 X，它的期望值定义为

$$\mu = E(X) = \int xp(x)\mathrm{d}x \tag{0.2.10}$$

式中积分延伸于 X 的变化区间(常写为从 $-\infty$ 积到 $+\infty$).

期望值的物理意义，是作无穷多次重复测量时测量结果的平均值. 根据前两式和归一化条件可得

$$\sum (x_i - \mu)p_i = 0, \quad \int_{-\infty}^{+\infty} (x_i - \mu)p(x)\mathrm{d}x = 0 \tag{0.2.11}$$

式(0.2.11)表明，随机变量分布在它的期望值的周围.

注意　为方便起见，下面对随机变量及其具体数值的书写往往不加以区分. 例如，x 既可以代表一个随机变量，也可以代表随机变量的一个值；期望值 $E(X)$ 也可写为 $E(x)$. 另外，期望值也常用尖括号表示，即 $E(x) = \langle x \rangle = \mu$.

现在，把随机变量的期望值概念加以推广. 若随机变量 x 的概率密度函数为 $p(x)$，则随机变量函数 $f(x)$ 的期望定义为

$$E[f(x)] = \langle f(x) \rangle = \int_{-\infty}^{+\infty} f(x) \cdot p(x)\mathrm{d}x \tag{0.2.12}$$

2. 随机变量的方差

随机变量 x 的方差(通常以 $V(x)$ 或 $\sigma^2(x)$ 标记，$\sigma^2(x)$ 可简写为 σ_x^2)定义为

$$V(x) = \sigma^2(x) = E[(x - \langle x \rangle)^2] \tag{0.2.13}$$

对于具有概率密度函数 $p(x)$ 的随机变量，上式可写为

$$V(x) = \int_{-\infty}^{\infty} (x - \langle x \rangle)^2 p(x)\mathrm{d}x \tag{0.2.14}$$

方差的正平方根 $\sigma(x)$ 称为随机变量 x 的标准误差，简称标准差. 方差或标准差用以描述随机变量围绕期望值分布的离散程度.

根据方差的定义，由上式不难证明

$$\sigma^2(x) = \langle x^2 \rangle - \langle x \rangle^2$$

3. 两个随机变量的协方差

两个随机变量的协方差定义为

$$\mathrm{Cov}(x,y) = E[(x-\langle x\rangle)(y-\langle y\rangle)] \tag{0.2.15}$$

设两随机变量 x,y 具有联合概率密度函数 $p(x,y)$，则上式可写为

$$\mathrm{Cov}(x,y) = \int_{-\infty}^{+\infty}\int_{-\infty}^{+\infty}(x-\langle x\rangle)(y-\langle y\rangle)p(x,y)\mathrm{d}x\mathrm{d}y$$

协方差描述两随机变量的相互依赖程度. 由定义式必然有 $\mathrm{Cov}(x,y)=\mathrm{Cov}(y,x)$. 当协方差不等于零时，两随机变量一定不相互独立. 但不能反过来以 $\mathrm{Cov}(x,y)=0$ 作为充分的判据，通常还用相关系数 $\rho(x,y)$ 来描述两随机变量的相关程度

$$\rho(x,y) = \frac{\mathrm{Cov}(x,y)}{\sigma(x)\cdot\sigma(y)} \tag{0.2.16}$$

根据协方差定义，不难证明

$$\mathrm{Cov}(x,y) = \langle xy\rangle - \langle x\rangle\langle y\rangle$$

三、几种常用的概率分布

由于随机变量受到不同因素的影响，或者物理现象本身的统计性差异，随机变量的概率分布形式多种多样. 这里讨论几种常用的分布，要注意掌握其概率函数(或概率密度函数)和数字特征量.

1. 二项式分布

若随机事件 A 发生的概率为 P，不发生的概率为 $(1-P)$，现在讨论在 N 次独立试验中事件 A 发生 k 次的概率. 显然 k 是一个离散型随机变量，可能取值为 $0,1,\cdots,N$. 对于这样一个随机事件，可导出其概率分布为

$$p(k) = \frac{N!}{k!(N-k)!}P^k(1-P)^{N-k} \tag{0.2.17}$$

式中因子 $N!/[k!(N-k)!]$ 代表 N 次试验中事件 A 发生 k 次，而不发生为 $(N-k)$ 次的各种可能组合数. 若令 $q=1-P$，则这个概率表示式刚好是二项式展开

$$(P+q)^N = \sum_{k=0}^{N}\frac{N!}{k!(N-k)!}P^k q^{N-k}$$

中的项，因此式(0.2.17)所表示的概率分布称为二项式分布.

二项式分布中有两个独立的参数 N 和 P，故往往又把式(0.2.17)中左边概率函数的记号写作 $p(k;N,P)$. 遵从二项式分布的随机变量 k 的期望值和方差分别为

$$\langle k\rangle = \sum_{k=0}^{N}k\frac{N!}{k!(N-k)!}P^k(1-P)^{N-k} = NP \tag{0.2.18}$$

$$\begin{aligned}\sigma^2(k) &= \langle k^2\rangle - \langle k\rangle^2 = \langle k^2\rangle - N^2P^2\\ &= \sum k^2\frac{N!}{k!(N-k)!}P^k(1-P)^{N-k} - N^2P^2\\ &= NP(1-P)\end{aligned} \tag{0.2.19}$$

二项式分布有许多实际应用. 例如，穿过仪器的 N 个粒子被仪器探测到 k 个的概率，或 N 个放射性核经过一段时间后衰变 k 个的概率等，这些问题的随机变量 k 都服从二项式分布. 又例如，在产品质量检验或民意测验中，抽样试验以确定合乎其条件结果的概率，也是二项式分布问题.

2. 泊松分布

对于二项式分布,若 $N\to\infty$,且每次试验中 A 发生的概率 $p\to 0$,但期望值 $\langle k\rangle = NP$ 趋于有限值 m,那么,在这种极限情况下其分布如何?

由二项式分布的概率函数式

$$p(k) = \frac{1}{k!}\cdot\frac{N!}{(N-k)!}p^k(1-P)^{N-k}$$

考虑到 $N\to\infty$ 的情况,即

$$\lim_{N\to\infty}\frac{N!}{(N-k)!} = \lim_{N\to\infty}[N(N-1)(N-2)\cdots(N-k+2)(N-k+1)] = N^k$$

$$\lim_{N\to\infty}N^kP^k = \lim_{N\to\infty}(NP)^k = m^k,\quad \lim_{N\to\infty}(1-P)^{N-k} = \lim_{N\to\infty}(1-NP) = \mathrm{e}^{-m}$$

便可得到

$$p(k) = \frac{m^k}{k!}\mathrm{e}^{-m} \tag{0.2.20}$$

上式表示的概率分布称泊松分布.可见泊松分布是二项式分布的极限情况.

注意到 $p\to 0$ 时 $NP\to m$,利用式(0.2.18)和(0.2.19),便可得到遵从泊松分布的随机变量 k 的期望值和方差

$$\langle k\rangle = NP = m \tag{0.2.21}$$

$$\sigma^2(k) = NP(1-P) = m \tag{0.2.22}$$

因此,泊松分布只有一个参数 m,它等于随机变量的期望值或方差.

例如,一块放射性物质在一定时间间隔内的衰变数,一定时间间隔内计数器记录到的粒子数,高能荷电粒子在某固定长度的路径上的碰撞次数等,都遵从泊松分布.

3. 均匀分布

若连续随机变量 x 在区间$[a,b]$上取值恒定不变,则这种分布为均匀分布.均匀分布的概率密度函数

$$p(x) = \begin{cases}\dfrac{1}{b-a}, & a<x<b\\ 0, & \text{其他}\end{cases} \tag{0.2.23}$$

其几何表示见图 0.2.3.

均匀分布的期望值和方差分别为

$$\langle x\rangle = (a+b)/2 \tag{0.2.24}$$

$$\sigma^2(x) = (b-a)^2/12 \tag{0.2.25}$$

实验工作中常用$[0,1]$区间的均匀分布,若用 r 表示该区间的随机变量,其概率密度函数为

$$p(r) = \begin{cases}1, & 0<r<1\\ 0, & \text{其他}\end{cases}$$

这个分布如图 0.2.4 所示.随机变量 r 在该区间的期望值和方差,读者不难求得.

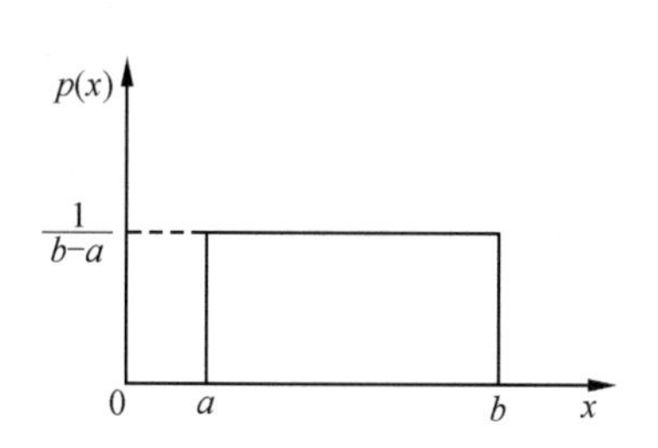

图 0.2.3 区间$[a,b]$上的均匀分布

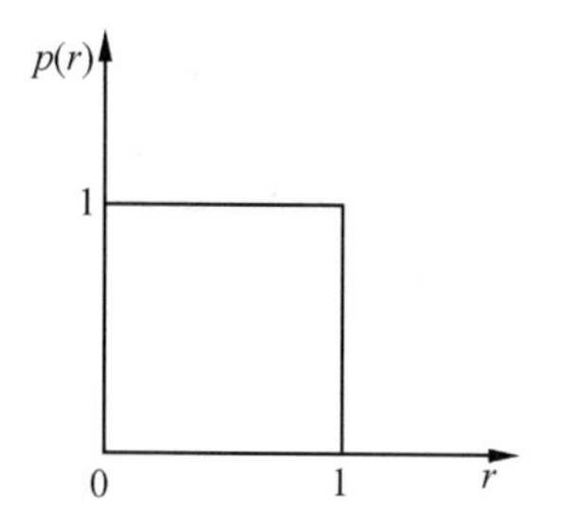

图 0.2.4 区间$[0,1]$上的均匀分布

均匀分布是一种最简单的连续型随机变量分布.如数字式仪表末位± 1量化误差,机械传动齿轮的回差,数值计算中凑整的舍入误差等都遵从均匀分布.

4. 正态分布

实用中最重要的概率分布是正态分布(又称高斯分布).正态分布的概率密度函数为

$$p(x)=\frac{1}{\sigma\sqrt{2\pi}}\exp\left[-\frac{1}{2}\left(\frac{x-\mu}{\sigma}\right)^2\right] \tag{0.2.26}$$

式中x是连续型随机变量,μ和σ是分布参数,且$\sigma>0$.为了标志其特征,通常用$n(x;\mu,\sigma^2)$表示正态分布的概率密度函数,用$N(x;\mu,\sigma^2)$表示正态分布的分布函数,即

$$n(x;\mu,\sigma^2)=\frac{1}{\sigma\sqrt{2\pi}}\exp\left[-\frac{1}{2}\left(\frac{x-\mu}{\sigma}\right)^2\right]$$

$$N(x;\mu,\sigma^2)=\frac{1}{\sigma\sqrt{2\pi}}\int_{-\infty}^{x}\exp\left[-\frac{1}{2}\left(\frac{x-\mu}{\sigma}\right)^2\right]\mathrm{d}x$$

不难求得,遵从正态分布的随机变量x的期望值和方差分别为

$$\langle x\rangle=\int_{-\infty}^{\infty}x\cdot n(x;\mu,\sigma)\mathrm{d}x=\mu \tag{0.2.27}$$

$$\sigma^2(x)=\int_{-\infty}^{\infty}(x-\mu)\cdot n(x;\mu,\sigma)\mathrm{d}x=\sigma^2 \tag{0.2.28}$$

由此可见,正态分布中的参数μ是期望值,参数σ是标准误差.正态分布的特征由这两个参数的数值完全确定:若消除了测量的系统误差,则μ就是待测物理量的真值,它决定分布的位置;而σ的大小与概率密度函数曲线的“胖”“瘦”有关,即决定分布偏离期望值的离散程度.不同参数值的正态分布概率密度函数曲线如图 0.2.5 所示.曲线是单峰对称的,对称轴处于期望值和概率密度极大值所在处.

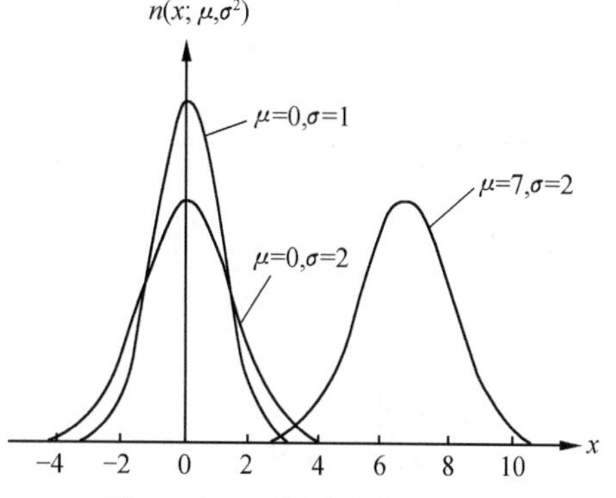

图 0.2.5 不同参数值的正态分布概率密度函数曲线

期望值$\mu=0$和方差$\sigma^2=1$的正态分布叫作标准正态分布,其概率密度函数和分布函数分别为

$$n(x;0,1)=\frac{1}{\sqrt{2\pi}}\exp\left(-\frac{1}{2}x^2\right) \tag{0.2.29}$$

$$N(x;0,1)=\frac{1}{\sqrt{2\pi}}\int_{-\infty}^{x}\exp\left(-\frac{1}{2}x^2\right)dx \tag{0.2.30}$$

手册上给出的是标准正态分布的分布函数数值表(见书末附表Ⅲ). 若 $\mu\neq0,\sigma^2\neq1$,只要把随机变量 x 作线性变换

$$u=\frac{x-\mu}{\sigma} \tag{0.2.31}$$

则随机变量 u 便遵从标准正态分布,且有

$$n(x;\eta,\sigma^2)=\frac{1}{\sigma}n(\mu;0,1) \tag{0.2.32}$$

$$N(x;\mu,\sigma^2)=N(u;0,1) \tag{0.2.33}$$

这样便可利用标准正态分布求概率分布.

例　某随机变量 x 遵从正态分布,试利用标准正态分布表分别求出 x 落在期望值 μ 附近 $\pm\sigma$、$\pm2\sigma$ 和 $\pm3\sigma$ 的概率含量.

由式(0.2.31)可知,当 x 偏离期望值 $\pm\sigma$、$\pm2\sigma$ 和 $\pm3\sigma$ 时,标准正态分布随机变量取值分别为 ±1、±2 和 ±3,故查标准正态分布表求随机变量落在区间 $[-1,1]$、$[-2,2]$ 和 $[-3,3]$ 内的概率便可.

当随机变量等于 1 时,标准正态分布表给出 $N(u;0,1)=0.841\,3$,这是图 0.2.6 曲线下的阴影部分(区间为 $[-\infty,1]$),而我们求的是图 0.2.7 曲线下的阴影部分(区间为 $[-1,1]$),即

$$N(u;0,1)-[1-N(u;0,1)]=2N(u;0,1)-1=2\times0.841\,3-1=0.682\,6\approx68.3\%$$

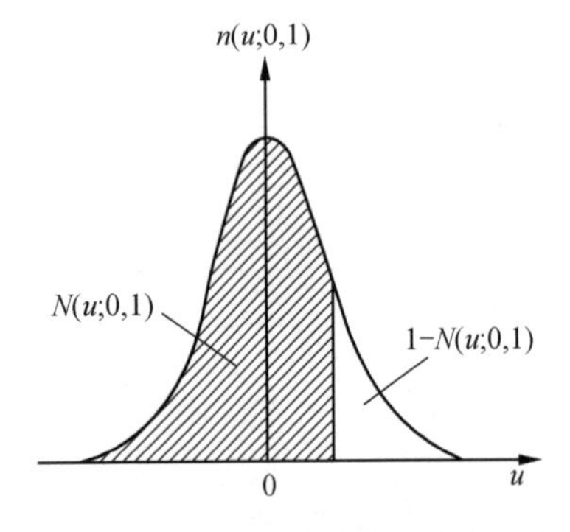

图 0.2.6　标准正态分布的分布函数

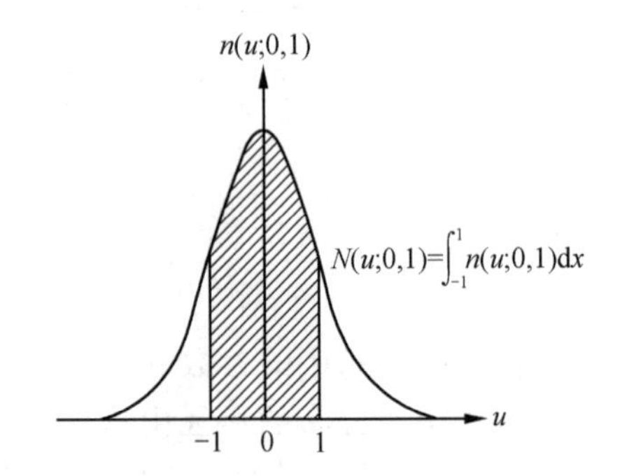

图 0.2.7　随机变量落在[−1,1]内的概率值

同理,标准正态分布的随机变量等于 2 和 3 时,分别有

$$2N(u;0,1)-1=2\times0.977\,2-1=0.954\,4\approx95.4\%$$

$$2N(u;0,1)-1=2\times0.998\,7-1=0.997\,3\approx99.7\%$$

故 x 落在区间 $[\mu-\sigma,\mu+\sigma]$ 内的概率含量为 68.3%;落在区间 $[\mu-2\sigma,\mu+2\sigma]$ 内的概率含量为 95.4%;落在区间 $[\mu-3\sigma,\mu+3\sigma]$ 内的概率含量为 99.7%.

理论上可以证明,若一个随机变量是由大量的、相互独立的、微小的因素所合成的总效果,则这个随机变量就近似地服从正态分布. 这就是说,由不能控制的大量的偶然因素造成的随机误差会遵从或近似遵从正态分布. 另外,许多非正态分布也常以正态分布为极限或很快趋于正态分布. 例如,对于泊松分布,若期望值 m 足够大时,它趋近于形式

$$p(k)=\frac{1}{\sqrt{2\pi m}}\exp\left[-\frac{(k-m)^2}{2m}\right]$$

而泊松分布的$\sigma=\sqrt{m}$,故上式与正态分布的形式相同.虽然泊松分布中的k是离散型变量,但当$m\geqslant 10$时泊松分布已很接近于正态分布.又例如,对于二项式分布,当N足够大时,也趋于形式为$n(k;\mu,\sigma^2)$的正态分布,只不过$\mu=NP,\sigma^2=NP(1-P)$而已.

0.3　随机误差的统计分析

前面讨论了随机变量的总体分布,现在我们要讨论随机误差的估计问题.在实际测量中,只能得到有限次测量值,即随机样本.我们研究随机误差是以随机样本为依据的,也就是说,是从随机样本来估计总体分布的参数.在此我们假定系统误差不存在或已经修正,实验者是用相同的方法和仪器在相同的条件下作重复而相互独立的测量,得到一组等精度测量值.这就是说,我们是讨论等精度测量中随机误差的数字特征问题.

一、正态分布参数的最大似然估计

首先介绍参数估计的最大似然法.设某物理量X的N个等精度测量值为$x_1,x_2,\cdots,x_N$,它是总体X中容量为N的样本,我们把它看作N维的随机变量.为了由样本估计总体参数,把N维随机变量的联合概率密度定义为样本的似然函数.由式(0.2.8)得知,相互独立随机变量的联合概率密度等于各个随机变量概率密度的乘积.设x的概率密度函数为$p(x;\theta)$,θ为该分布的特征参数(参数个数由分布而定),则联合概率密度函数

$$p(x,x_2,\cdots,x_N;\theta)=p(x_1;\theta)\cdot p(x_2;\theta)\cdot\cdots\cdot p(x_N;\theta)=\prod_{i=1}^{N}p(x_i;\theta)$$

即这个样本的似然函数定义为

$$L(x_1,x_2,\cdots,x_N;\theta)=\prod_{i=1}^{N}p(x_i;\theta) \tag{0.3.1}$$

似然函数L可提供哪些信息呢?若参数θ已知,则L的大小说明哪些样本有较大的可能性;若参数θ未知,只知样本数据$(x_1,x_2,\cdots,x_N)$,则采用θ不同估计值会使得L有不同的数值,L的大小说明哪些θ值有较大的可能性.最大似然法就是选择使实测数值有最大概率密度的参数值作为θ的估计值.若估计值$\hat{\theta}$使似然函数最大,即

$$L(x_1,x_2,\cdots x_N;\theta)\Big|_{\theta=\hat{\theta}}=L_{\max}$$

则$\hat{\theta}$称为参数θ的最大似然估计.而要使似然函数最大,可通过L对θ求极值的方法得到.为计算方便起见,可取L的对数求导数,即

$$\frac{\partial\ln L(x_1,x_2,\cdots,x_N;\theta)}{\partial\theta}\Big|_{\theta=\hat{\theta}}=0 \tag{0.3.2}$$

由于似然函数L与它的对数$\ln L$是同时达到最大值的,故求解式(0.3.2)便可得到θ的最大似然估计值.

现在用最大似然法来估计正态分布的特征参数.由正态分布的概率密度函数式(0.2.26),得正态样本的似然函数

$$L(x_1,x_2,\cdots,x_N;\mu,\sigma^2)=\prod_{i=1}^{N}\frac{1}{\sigma\sqrt{2\pi}}\exp\left[-\frac{1}{2\sigma^2}(x_i-\mu)^2\right]$$
$$=\left(\frac{1}{2\pi\sigma^2}\right)^{N/2}\exp\left[-\frac{1}{2\sigma^2}\sum_{i=1}^{N}(x_i-\mu)^2\right]$$

取似然函数 L 的对数

$$\ln L=-\frac{N}{2}\ln 2\pi-\frac{N}{2}\ln\sigma^2-\frac{1}{2\sigma^2}\sum_{i=1}^{N}(x_i-\mu)^2$$

按照式(0.3.2)求 $\ln L$ 对 μ 和 σ^2 的偏导数

$$\left.\frac{\partial\ln L}{\partial\mu}\right|_{\mu=\hat{\mu}}=\frac{1}{\sigma^2}\sum_{i=1}^{N}(x_i-\hat{\mu})^2=0$$
$$\left.\frac{\partial\ln L}{\partial\sigma^2}\right|_{\sigma^2=\hat{\sigma}^2}=-\frac{N}{2}\cdot\frac{1}{\hat{\sigma}^2}+\frac{1}{2\hat{\sigma}^4}\sum_{i=1}^{N}(x_i-\hat{\mu})^2=0$$

由这两个方程联立求解,可得期望值和方差的估计

$$\hat{\mu}=\frac{1}{N}\sum_{i=1}^{N}x_i=\overline{x} \tag{0.3.3}$$

$$\hat{\sigma}^2=\frac{1}{N}\sum_{i=1}^{N}(x_i-\overline{x})^2 \tag{0.3.4}$$

从而标准误差的估计为

$$\hat{\sigma}=\sqrt{\frac{1}{N}\sum_{i=1}^{N}(x_i-\overline{x})^2} \tag{0.3.5}$$

令 $v_i=x_i-\overline{x}$,则 v_i 称为偏差(或残差).

上述最大似然估计的结果表明:测量值 x 的期望值 μ 由测量样本的算术平均值估计;方差 σ^2 由测量样本的均方偏差估计;标准误差 σ 由均方根偏差估计. 但对于容量有限的样本来说,上述估计量只是被估计参数的近似值而已. 由数理统计得知,若参数 θ 的估计量 $\hat{\theta}$ 的期待值满足

$$\langle\hat{\theta}\rangle=\theta \tag{0.3.6}$$

则 $\hat{\theta}$ 为 θ 的无偏估计量,否则是有偏估计量. 下面将会证明,样本的均方偏差和均方根偏差都不是无偏估计量.

二、样本平均值的期望值和方差

若 $(x_1,x_2,\cdots,x_N)$ 是实验测定量 x 的随机样本,由期望值的一些运算规则便可求得 $\overline{x}$ 的期望值和方差

$$\langle\overline{x}\rangle=\left\langle\frac{1}{N}\sum_{i=1}^{N}x_i\right\rangle=\frac{1}{N}\sum_{i=1}^{N}\langle x_i\rangle=\langle x\rangle \tag{0.3.7}$$

$$\sigma^2(\overline{x})=\sigma^2\left(\frac{1}{N}\sum_{i=1}^{N}x_i\right)=\frac{1}{N^2}\sigma^2\left(\sum_{i=1}^{N}x_i\right)=\frac{1}{N^2}\sum_{i=1}^{N}\sigma^2(x_i)=\frac{1}{N}\sigma^2(x) \tag{0.3.8}$$

从而求得样本平均值的标准误差为

$$\sigma(\overline{x})=\frac{1}{\sqrt{N}}\sigma(x) \tag{0.3.9}$$

上面三式表明：样本平均值 $\overline{x}$ 的期望值就是随机变量 x 的期望值，即 $\overline{x}$ 作为真值 μ 的估计值满足无偏估计的条件；样本平均值 $\overline{x}$ 的方差是单次测量值 x 的方差的 $1/N$；样本平均值 $\overline{x}$ 的标准误差是单次测量值 x 的标准误差的 $1/\sqrt{N}$. 也就是说，若观测值 x 在真值 μ 左右摆动，则 N 个观测值的平均值 $\overline{x}$ 也在真值 μ 左右摆动，它们的期望值都是 μ，但 $\overline{x}$ 比一次测得值 x 更靠近真值. 这就是通常采用样本平均值估计被测量真值的理由.

三、样本的标准偏差

前面曾经求得，可用样本中各个测得值 x_i 对样本平均值 $\overline{x}$ 的均方偏差作为方差 $\sigma(x)$ 的估计值，见式(0.3.4). 现在我们来检验样本均方偏差是否满足无偏估计条件，为此求均方偏差的期望值

$$\begin{aligned}\left\langle \frac{1}{N}\sum_{i=1}^{N}(x_i-\overline{x})^2 \right\rangle &= \frac{1}{N}\left\langle \sum_{i=1}^{N}(x_i-\overline{x})^2 \right\rangle \\ &= \frac{1}{N}\left\langle \sum_{i=1}^{N}[(x_i-\langle x\rangle)-(\overline{x}-\langle x\rangle)]^2 \right\rangle \\ &= \frac{1}{N}\sum_{i=1}^{N}\langle (x_i-\langle x\rangle)^2\rangle - \langle(\overline{x}-\langle x\rangle)^2\rangle \\ &= \sigma^2(x)-\frac{1}{N}\sigma^2(x)=\frac{N-1}{N}\sigma^2(x)\end{aligned} \tag{0.3.10}$$

上式表明，样本均方偏差的期望值不是 $\sigma^2(x)$，而是 $\dfrac{N-1}{N}\sigma^2(x)$. 可见样本均方偏差不是 $\sigma^2(x)$ 的无偏估计量. 若定义一个统计量为

$$S^2(x)=\frac{1}{N-1}\sum_{i=1}^{N}(x_i-\overline{x})^2 \tag{0.3.11}$$

称之为样本方差. $S^2(x)$ 可简写为 S_x^2 或 S^2，它的期望值

$$\begin{aligned}\langle S_x^2\rangle &= \left\langle \frac{1}{N-1}\sum_{i=1}^{N}(x_i-\overline{x})^2 \right\rangle = \frac{1}{N-1}\left\langle \sum_{i=1}^{N}(x_i-\overline{x})^2 \right\rangle \\ &= \frac{N}{N-1}\left\langle \frac{1}{N}\sum_{i=1}^{N}(x_i-\overline{x})^2 \right\rangle = \frac{N}{N-1}\cdot\frac{N-1}{N}\sigma^2=\sigma^2(x)\end{aligned} \tag{0.3.12}$$

可见样本方差 S_x^2 的期望值等于方差 $\sigma^2(x)$，故一般采用 S_x^2 作为 $\sigma^2(x)$ 的估计.

把 S_x^2 的平方根取正值，称之为样本的标准偏差，简称样本的标准差，即

$$S_x=\sqrt{\frac{1}{N-1}\sum_{i=1}^{N}(x_i-\overline{x})^2} \tag{0.3.13}$$

这个公式称为贝塞尔公式. 通常把样本的标准偏差 S_x 作为标准误差 $\sigma(x)$ 的估计.

关于标准偏差的误差问题. 若测量值 x 服从正态分布，由统计理论可求得样本标准偏差 S_x 的标准误差为

$$\sigma(S_x)\approx\frac{1}{\sqrt{2N}}\sigma(x) \tag{0.3.14}$$

根据此式，若用样本标准偏差 S_x 估计标准误差 $\sigma(x)$，当测量次数 $N=10$ 时，估计的相对误

差为

$$\frac{\sigma(S_x)}{\sigma(x)} \approx \frac{1}{\sqrt{2N}} = 0.22$$

假设由样本算出的标准偏差 $S_x=0.20$,则标准偏差的误差 $\sigma(S_x)\approx0.22\times0.20\approx0.04$. 可见样本标准偏差 S_x 的值只保留 1 到 2 位有效数字便可,再多是没有意义的.

至于 N 次测量平均值 $\bar{x}$ 的标准误差 $\sigma(\bar{x})$ 的估计问题,按照前面讨论可采用平均值的标准偏差 $S(\bar{x})$ 作为 $\sigma(\bar{x})$ 的估计值,$S(\bar{x})$ 常简写为 $S_{\bar{x}}$,其表示式为

$$S_{\bar{x}} = \frac{S_x}{\sqrt{N}} = \sqrt{\frac{1}{N(N-1)}\sum_{i=1}^{N}(x_i-\bar{x})^2} \tag{0.3.15}$$

由式(0.3.14)可知,$S_{\bar{x}}$ 的标准误差为

$$\sigma(S_{\bar{x}}) \approx \frac{\sigma(\bar{x})}{\sqrt{2N}} \tag{0.3.16}$$

四、*t* 分布及其应用

在观测值 x 服从正态分布的情况下,平均值 $\bar{x}$ 会严格服从正态分布 $n(\bar{x};\mu,\sigma_{\bar{x}}^2)$,其中 $\sigma_{\bar{x}}=\sigma/\sqrt{N}$. 若进行类似于式(0.2.31)的变换,令 $t=(\bar{x}-\mu)/\sigma_{\bar{x}}$,则随机变量 t 遵从标准正态分布 $n(t;0,1)$.

然而,在一般情况下,期望值 μ 和标准误差 σ 都未知,只能由测量列 x_i 求出样本平均值的 $S_{\bar{x}}$. 由于 $S_{\bar{x}}$ 是随机变量,不同于 σ 是正态参数,当用 $S_{\bar{x}}$ 取代 $\sigma_{\bar{x}}$ 作变换 $t=(\bar{x}-\mu)/S_{\bar{x}}$ 时,随机变量 t 不遵从正态分布而遵从 t 分布,t 分布的概率密度函数为

$$p(t;\nu) = \frac{\Gamma\left(\frac{\nu+1}{2}\right)}{\sqrt{\pi\nu}\cdot\Gamma\left(\frac{\nu}{2}\right)\cdot\left[1+\frac{t^2}{\nu}\right]^{\frac{\nu+1}{2}}} \quad (-\infty < t < \infty) \tag{0.3.17}$$

式中参数 $\nu=N-1$ 是正整数,称自由度;$\Gamma(\nu)$ 是伽马函数. t 分布的期望值和方差分别为

$$\langle t\rangle = 0, \quad \sigma^2(t) = \frac{\nu}{\nu-2} \quad (\nu > 2) \tag{0.3.18}$$

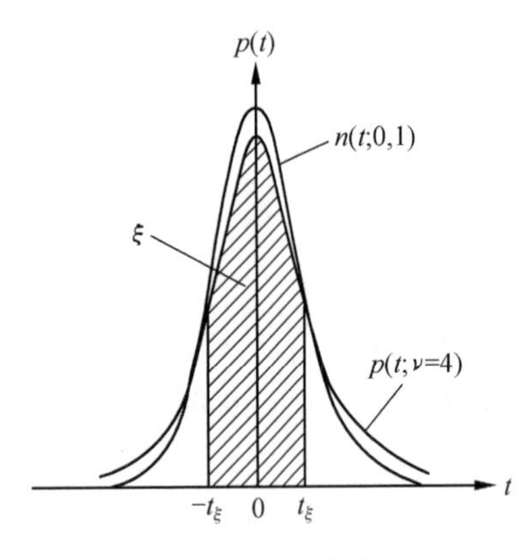

图 0.3.1　t 分布曲线与标准正态分布曲线比较图

t 分布曲线与标准正态分布曲线的比较如图 0.3.1 所示. t 分布的峰值低于标准正态分布的峰值,即 t 分布比正态分布较为分散. 自由度 ν 愈小则分散愈明显. 当 ν 很大以至于 $\nu\to\infty$ 时,t 分布趋于标准正态分布,即

$$p(t;\nu) \to n(t;0,1)$$

由于标准正态分布 $\sigma=1$,在一个 σ 范围内概率含量为 68.3%,而 t 分布 $\sigma\neq1$,并且在一个 σ 范围内概率含量也不等于 68.3%. 在应用 t 分布时,若以概率含量 ξ 表达实验结果,则必须按照 t 分布来确定相应范围的 t_ξ 值,$t_{0.683}$ 必然比 1 大些. 图中斜线部分的面积,等于区间 $[-t_\xi,t_\xi]$ 内的概率含量,即

$$\xi = \int_{-t_\xi}^{t_\xi} p(t;\nu)\mathrm{d}t$$

ξ 不仅与 t_ξ 有关，而且与自由度 ν 有关. 常用置信概率 ξ 的 t_ξ 值见书末附表Ⅳ.

t 分布在数理统计中属小样本分布. 当测量次数不多($N<10$)而要用 $S_{\bar{x}}$ 取代 $\sigma_{\bar{x}}$ 时，应该应用 t 分布来计算不确定度.

按 t 分布报道测量结果时应注明样本容量和采用较高的置信水平(一般不小于 90%的置信概率)，故把测量结果表示为

$$\mu = \bar{x} \pm t_\xi S_{\bar{x}} \quad (置信水平为\ \xi) \tag{0.3.19}$$

式中 $t_\xi S_{\bar{x}}$ 为总不确定度，后面将进一步讨论. 括号中的内容除了置信水平为 95%以外，取其他值时均应注明.

例　用温度计重复测量某恒温室温度 5 次，测量值(单位用 K)为 293.79、293.89、293.80、293.83 和 293.81. 试以置信水平为 90%表示测量结果.

由测量值求得 $\bar{x}=293.81\text{K}$，$S_{\bar{x}}=0.01\text{K}$. 按照自由度 $\nu=5-1=4$ 查置信概率 $\xi=90\%$ 的 t 分布表得 $t_{0.90}=2.132$，则 $t_{0.90}S_{\bar{x}}=2.132\times0.01\approx0.02(\text{K})$，测量结果为

$$x = (293.81 \pm 0.02)\text{K} \quad (置信水平为\ 90\%)$$

*五、非等精度测量的加权平均及其标准差

对某一有确定值的物理量用不同的方法、不同的装置或不同的人员进行测量时，得到各组测量值的精密度和准确度是不同的. 我们可以说，各组测量值是在不同的条件下得到的非等精度测量结果. 那么，应该怎样综合非等精度测量的结果呢？

让我们从正态分布出发来讨论 m 组非等精度测量值. 由于测量的是同一物理量，各组测量值的期望值均为 μ；但各组的精度不同，应分别用不同的标准差描述. 设第 i 组测量值为随机变量 x_i，其标准差为 σ_i，x_i 所遵从的正态分布为

$$\sigma_i(x_i) = \frac{1}{\sigma_i\sqrt{2\pi}}\exp\left[-\frac{1}{2}\left(\frac{x_i-\mu}{\sigma_i}\right)^2\right]$$

现在用上面介绍过的最大似然法作参数估计. 因 m 组独立观测结果的似然函数为

$$L(x_1,x_2,\cdots,x_m) = \prod_{i=1}^{m}\frac{1}{\sigma_i\sqrt{2\pi}}\exp\left[-\frac{1}{2}\left(\frac{x_i-\mu}{\sigma_i}\right)^2\right]$$

$$= \frac{1}{\sigma_1\sigma_2\cdot\cdots\cdot\sigma_m\sqrt{2\pi}}\exp\left[-\frac{1}{2}\sum_{i=1}^{m}\left(\frac{x_i-\mu}{\sigma_i}\right)^2\right]$$

要使似然函数 L 最大，则上式右边指数函数求和部分应为最小值，即期望值 μ 的最大似然估计应使得

$$\sum_{i=1}^{m}\left(\frac{x_i-\mu}{\sigma_i}\right)\Bigg|_{\mu=\hat{\mu}} = L_{\min} \tag{0.3.20}$$

若把 σ_i 分别看作每一组单独测量结果中评估误差的单位，则上式左边求和号表示每组测量结果的误差平方和. 用误差平方和最小来估计参数的方法为最小二乘法. 由此可见，在正态分布中最大似然法与最小二乘法是一致的. 对于非正态分布来说，两者则有差别，我们可直接从式(0.3.20)来寻找 μ 的估计量，使得所有测量值的误差平方和最小. 由极值条件，上式

左边

$$\left.\frac{\partial\left[\sum_{i=1}^{m}\left(\frac{x_i-\mu}{\sigma_i}\right)^2\right]}{\partial\mu}\right|_{\mu=\hat{\mu}}=0$$

便可求得 μ 的最小二乘法估计值为

$$\hat{\mu}=\left[\sum_{i=1}^{m}\frac{1}{\sigma_i^2}x_i\right]\Big/\left[\sum_{i=1}^{m}\frac{1}{\sigma_i^2}\right]=\frac{\sum\omega_i x_i}{\sum\omega_i}=\overline{x} \tag{0.3.21}$$

式中 $\omega_i=\dfrac{1}{\sigma_i^2}$ 被称为第 i 组观测值的统计权重,简称“权”. 由此,式(0.3.21)求得 $\overline{x}$ 称为加权平均值. 权是一个相对数值,按上式算得的权值乘上一个任意因子对加权平均值也不会有任何影响. 精度越高的观测值,其 σ_i 越小,相应的权值也越大,从而对 $\overline{x}$ 有越大的影响,故权体现了非等精度各组测量值相比较时应给予的信赖程度.

在实际测量中,通常是以样本的标准偏差 S_i 来估计标准误差 σ_i,这时上式变为 $\omega_i=1/S_i^2$. 可以证明,加权平均值的标准偏差为

$$S_{\overline{x}}=\sqrt{\sum_{i=1}^{m}\omega_i(x_i-\overline{x}^2)\Big/\left[(m-1)\sum_{i=1}^{m}\omega_i\right]} \tag{0.3.22}$$

应当指出,只有测量组数足够多时才能得到较为精确的 $S_{\overline{x}}$ 值;在一般情况下组数较少,只能得到近似的估计值.

若各组测量值的精度相等,则 $\omega_i=\omega$,由式(0.3.21)和(0.3.22)分别得到

$$\overline{x}=\frac{1}{m}\sum_{i=1}^{m}x_i,\quad S_{\overline{x}}=\sqrt{\frac{1}{m(m-1)}\sum_{i=1}^{m}(x_i-\overline{x}^2)}$$

把这两式与式(0.3.3)、(0.3.15)比较,两者完全一致,只不过这里是 m 组数据而不是 N 个数据而已. 因此,等精度测量可看作非等精度测量的特殊情况.

例 某实验室多次测得带电 π 介子质量的数据(不确定度为一个标准差,单位为 keV)为 139 569±8、139 571±10、139 568.6±2.0、139 566.7±2.4、139 565.8±1.8 和 139 567.5±0.9. 试综合其测量结果.

这些精度不相等的数据,求加权平均值及其标准偏差时,有

$$x_1=139\,569,\qquad x_2=139\,571,\qquad x_3=139\,568.6$$

$$x_4=139\,566.7,\qquad x_5=139\,565.8,\qquad x_6=139\,567.5$$

$$\omega_1=1/8^2=0.015\,6,\qquad \omega_2=1/10^2=0.01,\qquad \omega_3=1/2^2=0.25$$

$$\omega_4=1/(2.4)^2=0.174,\qquad \omega_5=1/(1.8)^2=0.308,\qquad \omega_6=1/(0.9)^2=1.23$$

代入式(0.3.21)和(0.3.23)得

$$\overline{x}=\sum_{i=1}^{6}\omega_i x_i\Big/\sum_{i=1}^{6}\omega_i=139\,567.3$$

$$S_{\overline{x}}=\sqrt{\left[\sum\omega_i(x_i-\overline{x}^2)\right]\Big/\left[(6-1)\sum\omega_i\right]}=0.4$$

因自由度 $\nu=5$,若不确定度的置信概率取 0.95,查附录Ⅳ的 t 分布表得 $t_\xi=2.571$,则 $t_\xi S_{\overline{x}}=1.028\approx1$,故综合该实验室测得的带电 π 介子质量

$$M=(139\,567\pm1)\text{keV}$$

0.4　实验结果的不确定度

一、含有粗大误差测量值的剔除

由于粗大误差是测量过程中出现某种差错或者环境条件突变造成的，我们应把测量列中这种含有粗大误差的值剔除，这是实验数据处理中首先要进行的一项工作. 但必须指出，对原始数据的处理应持极为慎重的科学态度，绝不应该把因测量的随机波动性而含有正常偏差的数据剔除掉，任意舍弃偏差较大的数据而造成实验结果的虚假是绝对不允许的.

判别测量列中是否含有应该剔除的异常值，在统计学中已经建立了多种准则. 当重复测量次数较多时（例如几十次以上），拉伊达（Райта）准则（即 3 倍标准差准则）是一种最为简便的方法. 这种判别方法是先求出测量值的平均值 $\bar{x}$ 和标准差 S_x，若某可疑数据 x_d 的偏差 $|x_d-\bar{x}|>3S$，则 x_d 应该剔除. 因为测量值的偏差落在 $\pm 3S$ 范围内的置信概率已达 99.7%，超出这个范围的概率只有 0.3%. 该异常值剔除后，还应对余下的测量值的数据用同样的方法检验是否还存在异常值. 应当指出，这种准则对于重复测量次数较少的测量列来说，判别可靠性是不够好的. 为此，下面介绍格拉布斯（Grubbs）准则.

格拉布斯准则以其判别的可靠性大而著称，其检验步骤如下：

(1) 求被检验测量列 $x_1, x_2, \cdots, x_n$ 的算术平均值 $\bar{x}$ 和标准差 S；

(2) 求绝对值最大的偏差 $|u_i|_{\max}$，即 $|x_i-\bar{x}|_{\max}$；

(3) 选定某一显著性水平 a 值（$a=1-\xi$，代表错判为异常值的概率），通常选 $a=0.05$ 或 0.01，由表 0.4.1 可查得格拉布斯准则的 $g(n,a)$ 值；

表 0.4.1　格拉布斯准则 $g(n,a)$ 数值表

n	$a=0.01$	$a=0.05$	n	$a=0.01$	$a=0.05$	n	$a=0.01$	$a=0.05$
3	1.15	1.15	12	2.25	2.29	21	2.91	2.58
4	1.49	1.46	13	2.61	2.33	22	2.94	2.60
5	1.75	1.67	14	2.66	2.37	23	2.96	2.62
6	1.91	1.82	15	2.70	2.41	24	2.99	2.64
7	2.10	1.94	16	2.74	2.44	25	3.01	2.66
8	2.22	2.03	17	2.78	2.47	30	3.10	2.74
9	2.32	2.11	18	2.82	2.50	35	3.18	2.81
10	2.41	2.18	19	2.85	2.53	40	3.24	2.87
11	2.48	2.24	20	2.88	2.56	50	3.34	2.96

(4) 若 $|u_i|_{\max}>g(n,a)S$，则认为 x_i 是含有粗大误差的数据而剔除，否则应保留；

(5) 舍弃某一含有粗差的数据后，还应该用同样的方法检查是否还有应剔除的数据.

二、标准不确定度的评定

用标准偏差表示的测量不确定度称为标准不确定度. 按其数值评定方法的不同，可分为

A 类和 B 类标准不确定度.

A 类标准不确定度是由统计分析方法评定的,前面 0.3 节中已专门讨论了这种方法.假设对某量 x 作 n 次独立的重复测量,其测量值中没有粗大误差,由贝塞尔公式(0.3.13)知,测量值的标准差为

$$S=\sqrt{\frac{1}{n-1}\sum(x_i-\bar{x})^2}$$

再由式(0.3.15),测量值算术平均值 $\bar{x}$ 的标准差为

$$S_{\bar{x}}=\frac{S}{\sqrt{n}}=\sqrt{\frac{1}{n(n-1)}\sum(x_i-\bar{x})^2}$$

这就是标准不确定度的 A 类评定分量,其自由度 $\nu=n-1$.

下面着重讨论 B 类标准不确定度,它是用非统计分析的其他方法评定的.对于那些未能进行多次重复测量的情况,显然不能进行统计处理,这时要利用被测量 x 可能变化的全部可用信息进行科学判断:包括以前的测量数据,测量中所用装置或材料性能的了解,厂商的技术指标、检定证书或其他证书的数据等,可提供作为不确定度的测度.被测量 x 的 B 类标准不确定度常用 $u(x)$表示.

B 类标准不确定度的评定方法,要求具有一定的技巧,通过实践便可掌握.如果被测量 x 的估计值取自厂商的技术手册或检定证书,其不确定度给定为标准差的倍数,则标准不确定度 $u(x)$可视为引用的不确定度除以倍数.但假如引用的不确定度是指置信概率为 90%、95%、99%等所定义的区间,通常用正态分布来计算,将所引用的不确定度除以正态分布中相应置信概率的因子 1.64、1.96 和 2.58 等,以恢复 x 的标准不确定度.例如,一标准证书给出名义为 10Ω 的标准电阻 R_s 在 23℃时为 10.000 742Ω±129μΩ,置信概率为 99%,则该电阻器的标准不确定度可取为 $u(R_s)=129\mu\Omega/2.58=50\mu\Omega$.同理,若观测值是以均匀分布落在 a 至 b 的界限内,只能估计被测量 x 的下界限 a 和上界限 b,由前面式(0.2.24)和式(0.2.25)可知,x 的最佳值为区间的中点$(a+b)/2$,方差为 $\sigma^2(x)=(b-a)^2/12$,由此便可求得标准不确定度.B 类标准不确定度的自由度由下式求出:

$$\nu\approx\frac{1}{2}\left[\frac{\Delta u(x)}{u(x)}\right]^{-2} \tag{0.4.1}$$

式中方括号中的量是 $u(x)$的相对不确定度,有赖于对测量过程的认识.例如,若标准不确定度 $u(x)$评定的可靠性为 25%,则认为它的相对标准不确定度 $\Delta u(x)/u(x)=0.25$,对应的自由度 $\nu=(0.25)^{-2}/2=8$;若评定 $u(x)$值的可靠性为 50%,则 $\nu=(0.5)^{-2}/2=2$.无疑,可靠性越高则自由度越小,因此对于一些经过较严格检定的证书上给出的 $u(x)$值,常常把它的自由度作为 $\nu=1$ 处理.

三、不确定度的传递

间接测定的物理量,是利用直接观测量的结果代入所属的函数关系式计算出来的.那么,如何由直接测定量的不确定度来求得间接测定量的不确定度呢?考虑一般的情况,设 y 为 m 个直接观察量 $x_1,x_2,\cdots,x_m$ 的函数,即

$$y=f(x_1,x_2,\cdots,x_m)$$

将函数在 $x_i(i=1,2,\cdots,m)$ 的期望值 $\langle x_i\rangle$ 附近作泰勒展开，并略去二次以上的高阶项，得

$$y=f(\langle x_1\rangle,\langle x_2\rangle,\cdots,\langle x_m\rangle)+\sum_{i=1}^{m}\frac{\partial f}{\partial x_i}(x_i-\langle x_i\rangle)$$

式中右边首项是 y 的期望值 $\langle y\rangle$，偏微商 $\dfrac{\partial f}{\partial x_i}$ 是在 $x_i=\langle x_i\rangle$ 处取值. 把上式移项再平方得

$$(y-\langle y\rangle)^2=\left[\sum_{i=1}^{m}\frac{\partial f}{\partial x_i}(x_i-\langle x_i\rangle)\right]^2$$

因偏差平方 $(y-\langle y\rangle)^2$ 的期望值是 y 的方差，即 $E[(y-\langle y\rangle)^2]=\sigma_y^2$. 同理，$E[(x_i-\langle x_i\rangle)^2]$ 是 x_i 的方差，用 σ_i^2 表示. 另外，按照协方差的定义有 $E[(x_i-\langle x_i\rangle)(x_j-\langle x_j\rangle)]=\mathrm{Cov}(x_i,x_j)$. 从而由上式可导出

$$\sigma_y^2=\sum_{i=1}\left(\frac{\partial f}{\partial x_i}\right)^2\sigma_i^2+2\sum_{i=1}^{m-1}\sum_{j=i+1}^{m}\left(\frac{\partial f}{\partial x_i}\right)\left(\frac{\partial f}{\partial x_j}\right)\mathrm{Cov}(x_i,x_j) \tag{0.4.2}$$

按照传统的术语，此式称为“广义误差传递公式”. 在 $x_1,x_2,\cdots,x_m$ 相互独立的情况下，协方差项为零，误差传递公式变为

$$\sigma_y^2=\sum_{i=1}^{m}\left(\frac{\partial f}{\partial x_i}\right)^2\sigma_i^2 \tag{0.4.3}$$

上两式取正平方根，便得到间接测定量的标准误差 σ_y 表示式. 由于方差或标准误差不等于误差，因此国际计量部门认为，把上两式称为不确定度传递公式是合适的.

应当指出，由于前面作泰勒展开时忽略了二次以上的高次项，故上述传递公式对线性函数才严格成立；对于非线性函数只是近似公式，适用于偏差 $(x_i-\langle x_i\rangle)$ 较小的情况. 另外，上述公式也可用于标准差倍数传递，因为每一 x_i 的标准差 σ_i 代以倍数 $k\sigma_i$，则输出量 y 的 σ_y 也代以 $k\sigma_y$. 同理还可证明，上述这些公式还可作为平均值 $\bar{x}_i$ 的不确定度传递公式，求得间接测定量的 $\sigma_{\bar{y}}^2$ 和 $\sigma_{\bar{y}}$. 但要注意，计算时若用到平均值 $\bar{x}_i$ 和 $\bar{x}_j$ 的协方差，则 $\mathrm{Cov}(\bar{x}_i,\bar{x}_j)=\dfrac{1}{N}\mathrm{Cov}(x_i,x_j)$，$N$ 为重复测量次数.

根据式(0.4.3)，容易导出下面几个简单函数关系的不确定度传递公式.

(1) $y=ax$(a 为常数)，则 $\sigma_y=a\sigma_x$.

(2) 设 x_1、x_2 和 x_3 是互相独立的直接观测量，它们组成四则运算的函数式：

① $y=x_1\pm x_2\pm x_3$，则 $\sigma_y=\sqrt{\sigma_{x_1}^2+\sigma_{x_2}^2+\sigma_{x_3}^2}$；

② $y=\dfrac{x_1\cdot x_2}{x_3}$，则 $\dfrac{\sigma_y}{y}=\sqrt{\left(\dfrac{\sigma_{x_1}}{x_1}\right)^2+\left(\dfrac{\sigma_{x_2}}{x_2}\right)^2+\left(\dfrac{\sigma_{x_3}}{x_3}\right)^2}$；

③ $y=x^n$，则 $\sigma_y=nx^{n-1}\sigma_x$；

④ $y=\ln x$，则 $\sigma_y=\dfrac{\sigma_x}{x}$.

在实际应用中，通常是得到直接观测量的随机样本，由随机样本及其算术平均值 $\bar{x}_i$ 求得样本方差 $S^2(x)$，见式(0.3.11). 另外，因样本共差是协方差的无偏估计，由统计理论可知，x_1 与 x_2 两个随机变量的样本共差为

$$S(x_1,x_2)=\frac{1}{N-1}\sum_{i=1}^{N}(x_{1i}-\bar{x}_1)(x_{2i}-\bar{x}_2) \tag{0.4.4}$$

它是协方差 $\mathrm{Cov}(x_1,x_2)$的无偏估计量. 因此,前面所有的不确定度传递公式中的 $\sigma^2(x_i)$和 $\mathrm{Cov}(x_i,x_j)$可分别由 $S^2(x_i)$和 $S(x_i,x_j)$替代,以求得间接测定量的 $S^2(y)$和 $S(y)$.

四、不确定度的报告

关于实验测量结果的报告,其基本概念已在 0.1 节中谈及,对于由统计方法计算的不确定度的报告在 0.3 节中也作了介绍,现在考虑 A 类和 B 类不确定度分量的汇总和报告.

1. 合成标准不确定度的确定

对于被测量 Y 及其所依赖的输入量 x_i 的函数 $Y=f(x_1,x_2,\cdots,x_m)$,先要求得各个输入量的估计值 x_i 及其标准不确定度 $u(x_i)$. 如果各输入量之间不完全相互独立,则还要求出有关的共差. 然后利用上述不确定度传递公式求得合成标准不确定度 $u_c(y)$. 对于各输入量之间完全相互独立的情况,由式(0.4.3)得

$$u_c^2(y)=\sum_{i=1}^{m}\left(\frac{\partial f}{\partial x_i}\right)^2 u^2(x_i)$$

实用中偏微商 $\partial f/\partial x_i$ 是在估计值 x_i 处取值.

若令 $c_i=\partial f/\partial x_i$ 和 $c_i u(x_i)=u_i(y)$,则

$$u_c^2(y)=\sum_{i=1}^{m}[c_i u(x_i)]^2=\sum_{i=1}^{m}u_i^2(y) \tag{0.4.5}$$

这正是方差合成的形式. 取 $u_c^2(y)$的正平方根便得到合成标准不确定度,其有效自由度为

$$\nu_{\mathrm{eff}}=\frac{u_c^4(y)}{\sum_i\left[\frac{u_i^4(y)}{\nu_i}\right]} \tag{0.4.6}$$

式中 ν_i 为 $u(x_i)$的自由度.

2. 扩展不确定度的确定

扩展不确定度又称总不确定度,记为 U. 它是由合成标准不确定度 $u_c(y)$乘以包含因子 k 而得,即

$$U=k\cdot u_c(y) \tag{0.4.7}$$

对于近似正态分布来说,包含因子 k 常用 t 分布的置信因子 $t_\xi(\nu)$求得,即 $k=t_\xi(\nu)$. 这里的 ν 为合成标准不确定度的有效自由度,由式(0.4.6)求得. 在前面 0.2 节中讨论正态分布时,曾指出有关合成的总效果近似服从正态分布以及其他分布的极限趋于正态分布的情况,因此在决定包含因子 k 时常常由 t 分布表查 $t_\xi(\nu)$值. 至于不满足上述条件的一些情况,k 的决定比较复杂,如有需要可参阅有关专著(肖明耀,1985). 由此可见,给出扩展不确定度 U 时必须说明由来,k 与 $u_c(y)$等于多少,置信水平 ξ 为多大.

例 在某量 y 的测量中,各输入量 x_i 之间相互无关,其 A 类不确定度(序号 $i=1,2,3,4$)与 B 类不确定度($i=5$)的数值如表 0.4.2 所示.

表 0.4.2　某量测量中的不确定度和自由度

序号	来源	不确定度		自由度	
		符号	数值	符号	数值
1	基线尺	u_1	1	ν_1	5
2	读数	u_2	1	ν_2	10
3	电压表	u_3	$\sqrt{2}$	ν_3	4
4	电阻表	u_4	2	ν_4	16
5	温度	u_5	2	ν_5	1

根据表中的数据，由式(0.4.5)可得合成标准不确定度 $u_c(y)=\sqrt{\sum u_i^2}=\sqrt{12}\approx 3.5$，其有效自由度由式(0.4.6)可得 $\nu=u_c^4\Big/\left[\sum(u_i^4/\nu_i)\right]=8$.

包含因子 k 可由置信水平 ξ 和自由度 ν 的 t 分布置信因子 $t_\xi(\nu)$ 表求得，取 $\xi=0.95$，则 $k=t_\xi(\nu)=t_{0.95}(8)=2.31$.

故总不确定度 $U=ku_c=8.0$.

3. 如何报告实验结果的不确定度

实验测量的数值结果，必须给出被测量的估计值及其不确定度. 被测量的估计值 y 由测量情况而定，可以是算术平均值，也可以是单次测量值；相应的估计值的标准不确定度也就采用算术平均值的标准差或单次测量值的标准差来表示. 实验结果不确定度的报告通常有两种方式，一种是采用合成标准不确定度 $u_c(y)$，另一种是采用扩展不确定度 U，按国际统一规范，其格式如下：

(1) 当不确定度的测度为合成标准不确定度 $u_c(y)$时，说明测量数值结果倾向于下列四种之一，以避免误解. 例如，报告的物理量是名义 100g 的质量标准 m_s，其 u_c 在报告结果的资料中已有定义，表示格式为

(a) $m_s=100.021\,47$g，$u_c=0.35$mg；

(b) $m_s=100.021\,47(35)$g，括号中数字为 u_c 数值，u_c 与所述结果有相同最后位；

(c) $m_s=100.021\,47(0.000\,35)$g，括号中数字为 u_c 数值，u_c 用所述结果单位表示；

(d) $m_s=(100.021\,47\pm0.000\,35)$g，其中“±”后的数是 u_c 数值，而不是置信区间.

(2) 当不确定度测度为扩展不确定度 $U=k\cdot u_c(y)$时，上例的表示格式为

$$m_s=(100.021\,47\pm0.000\,79)\text{g}$$

其中“±”后的数字是 $U=ku_c$ 数值，而 U 决定于 $k=2.26$ 和 $u_c=0.35$mg. k 的值基于自由度 $\nu=9$ 和置信水平为 95%区间的 t 分布.

0.5　分布规律的 χ^2 检验

检验测量结果是否遵从某种分布规律，这是实验数据处理的基本任务之一. 在实验测量中，有些问题的观测值所遵从的分布函数还不知道；有些问题虽然知道了预期的分布函数，但存在着系统误差，或受到随机干扰的影响，会使得观测值的分布偏离预期的理论分布. 因此，需要根据理论预测或经验估计，对测量值所遵从的分布规律作出假设，再用统计推断的方法进行检验. 这类问题在统计学上称为假设检验. 由于这里讨论的是 χ^2 检验方法，故下面

先介绍 χ^2 分布.

一、χ^2 分 布

设观测值 $x_1,x_2,\cdots,x_n$ 是正态分布 $n(x;\mu,\sigma^2)$ 的随机样本,可定义一统计量

$$\chi^2=\sum_{i=1}^{n}\frac{(x_i-\bar{x})^2}{\sigma^2} \tag{0.5.1}$$

来分析样本的离散程度,式中 $(x_i-\bar{x})$ 表示观测值 x_i 相对于平均值 $\bar{x}$ 的偏差.若把标准差 σ 看作量度偏差的单位,则 χ^2 量等于 N 个偏差的平方和.推广到非等精度测量情况,有

$$\chi^2=\sum_{i=1}^{n}\frac{(x_i-\bar{x})^2}{\sigma_i^2} \tag{0.5.2}$$

式中 $\bar{x}$ 为加权平均值.

这样定义的 χ^2 量也是随机变量,且有 $\chi^2\geqslant 0$,其分布遵从概率密度函数

$$p(\chi^2;\nu)=\frac{1}{2^{\nu/2}\Gamma(\nu/2)}(\chi^2)^{\frac{\nu}{2}-1}\exp(-\chi^2/2) \tag{0.5.3}$$

这就是 χ^2 分布.分布参数 ν 是正整数,称自由度.在式(0.5.1)和(0.5.2)所定义的 χ^2 量中,$\bar{x}$ 要满足所属的平均值表示式,故容量为 N 的随机样本的自由度 $\nu=N-1$.

不难导出,χ^2 的期望值和方差分别为

$$\langle\chi^2\rangle=\nu,\quad \sigma^2\langle\chi^2\rangle=2\nu \tag{0.5.4}$$

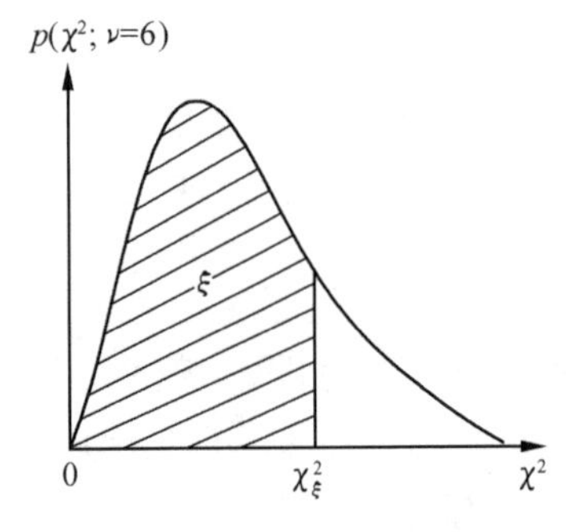

图0.5.1　$\chi^2(\nu=6)$的概率密度函数曲线

可见 χ^2 分布取决于自由度 ν,也就是说由样本容量决定,而与正态分布参数无关.因此,用满足 χ^2 分布的统计量来研究随机样本的离散性,比用样本方差来得方便.

图0.5.1表示自由度 $\nu=6$ 的 χ^2 分布的概率密度函数曲线.图中斜线部分面积为

$$P_r[\chi^2\leqslant\chi^2_\xi(\nu)]=\int_0^{\chi^2_\xi}p(\chi^2;\nu)\mathrm{d}\chi^2=\xi$$

其意义是随机变量 χ^2 值不大于 χ^2_ξ 的概率为 ξ. ξ 的大小不仅与 χ^2_ξ 有关,而且与自由度 ν 有关.不同 ξ 与 ν 所对应的 χ^2_ξ 数值,可由附表V查出.一般的 χ^2 分布表只有 $\nu\leqslant 30$ 的数值,因为 χ^2 分布在自由度 $\nu\to\infty$ 的情况下趋于正态分布,

$$p(\chi^2;\nu)\to n(\chi^2;\nu,2\nu)$$

对于 $\nu>30$ 的数值,可利用上述极限分布由正态分布表求得.

二、显著性检验的基本概念

进行假设检验,首先要根据实际问题的要求提出假设,记为 H_0.例如,要检验随机样本分布 $p(x;\theta)$ 是否是某个假定分布形式 $f(x;\theta)$,则统计假设记为

$$H_0:p(x;\theta)=f(x;\theta)$$

若检验只是推断某一假设的正确性，而不同时涉及两个或多个假设，则这类假设检验称为显著性检验.

对假设 H_0 做显著性检验，需要构造一个适于检验假设的统计量 U，并从样本观测值计算出该统计量的观测值 u. 通常我们选用服从或渐近服从 χ^2 分布的 χ^2 量作为统计量. 由统计量观测值的大小作出"拒绝"或"接受"假设的判断，这就需要规定一个显著水平 a 作为准则，一般选取 a 值等于 0.05 或 0.01. 若统计量 u 值落在概率小于 a 范围，按照小概率事件在一次测量中不大可能发生的实际推断原理，就有理由怀疑 H_0 不正确，从而显著水平 a 值为假设检验确定了一个拒绝域 Ω. 因此，显著性检验的步骤如下：

(1) 根据实际问题建立统计假设 H_0；

(2) 选定所用的检验统计量 U，并由样本算出统计量的观测值 u；

(3) 规定一显著水平 a，求出统计量观测值 u 满足概率 $P(u\in\Omega)\leqslant a$ 的拒绝域 Ω（这一步骤是由统计量分布表查得临界值 u_{1-a}，拒绝域为 $|u|\geqslant u_{1-a}$）；

(4) 若 u 落在拒绝域 Ω 中，则在显著水平 a 情况下拒绝假设 H_0，否则接受假设.

三、分布规律的 χ^2 检验方法

χ^2 检验方法是选用服从或渐近服从 χ^2 分布的统计量做检验. 在实验测量中，如果仪器工作不正常，或存在其他重大的测量误差，观测值将会偏离预期的分布，对分布规律进行 χ^2 检验便可帮助我们发现这些问题.

根据上述显著性检验的步骤，首先提出假设 $H_0: p(x;\theta)=f(x;\theta)$，其中 θ 是 s 个未知参数，即 $\theta=(\theta_1,\theta_2,\cdots,\theta_s)$.

接着是选定一种合适的统计量. 式(0.5.1)和(0.5.2)所定义的 χ^2 量，只适用于观测值 $x_1,x_2,\cdots,x_N$ 为正态样本的情况，现在介绍一种在分布规律中更为广泛应用的皮尔逊(Pearson)统计量. 为此，把随机样本的量值范围分为 r 个区间，分点为

$$-\infty<x^{(1)}<x^{(2)}<\cdots<x^{(r-1)}<\infty$$

设 N 个观测值中落入第 i 个区间的个数为 N_i，则 N_i 称为第 i 个区间的观测频数. 考虑第 i 个区间按假定分布计算得的理论频数 E_i，$E_i=NP_i$，P_i 是按假定分布算出的母体在第 i 个区间的概率. 比较观测频数 N_i 与假定分布的理论频数 E_i 的差异程度，便可反映出假定分布是否为母体的真实分布. 因此，皮尔逊统计量为

$$\chi^2=\sum_{i=1}^{r}\frac{(N_i-E_i)^2}{E_i}\tag{0.5.5}$$

它渐近服从自由度 $\nu=r-s-1$ 的 χ^2 分布，其期望值 $\langle\chi^2\rangle=r-s-1$，$s$ 为分布函数的参数个数. 应该指出，这里要求试验次数 N 较大，且每个区间的频数不要大小，划分区间时要求 $N_i>5$.

作显著性检验需要给定一个显著水平 a 以确定拒绝域 Ω. 由 χ^2 分布的 χ^2_ξ 数值表可查出相应于给定 a 的临界数值 χ^2_{1-a}（这里 $\xi=1-a$）. 则拒绝域 Ω 满足 $\chi^2\geqslant\chi^2_{1-a}$，如图 0.5.2 所示.

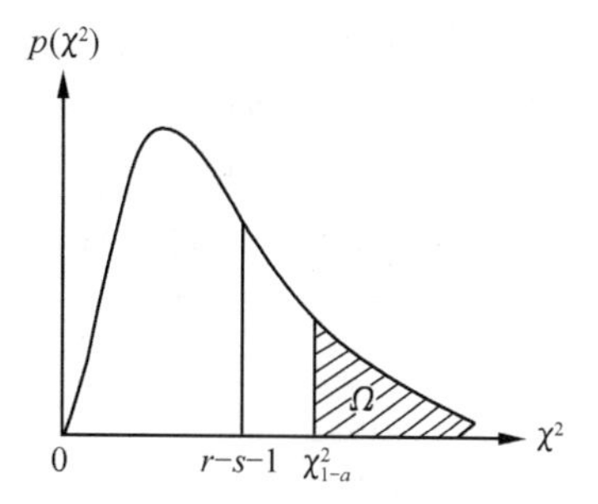

图 0.5.2　χ^2 检验的拒绝域

最后把根据式(0.5.5)算出的 χ^2 量与 χ^2_{1-a} 值作比较,若 $\chi^2>\chi^2_{1-a}$ 则在显著水平 a 下拒绝假设 H_0,否则认为观测结果与假设没有显著差异.

例 某学生用盖革计数管探测到达的宇宙射线粒子,每次测量时间为 1min,共测量 100 次,测量数据如表 0.5.1 所示;用 χ^2 检验方法判断测量结果是否服从泊松分布.

每 1min 的计数 k_i	0	1	2	3	4	5	6	7	8 以上
频数 N_i	8	17	30	19	16	8	1	1	0

假定观测结果服从泊松分布.由泊松分布的概率函数式(0.2.20)得

$$H_0: p(k;\theta)=\frac{m^k}{k!}e^{-m}$$

泊松分布只有一个参数,即 $\theta=m$.参数 m 由算术平均值 $\bar{k}$ 估计,按照测量数据计算得 $\bar{k}=2.51$,故 $m=2.51$.

选用皮尔逊统计量作 χ^2 检验.考虑到计算 χ^2 值时每个区间的频数不能太小,于是把 $k_i>5$ 的数据合为一个区间,其余数据均可单独作为一个区间.因 $E_i=NP_i$,$N=100$,则

$$E_1(k=0)=N\frac{m^k}{k!}e^{-m}=100\times\frac{2.51^0}{0!}e^{-2.51}=8.1$$

$$E_2(k=1)=100\times\frac{2.51}{1!}e^{-2.51}=20.4$$

同理可得 $E_3(k=2)=25.5$;$E_4(k=3)=21.3$;$E_5(k=4)=13.4$;$E_6(k>5)=11.3$.把 N_i 和 E_i 值代入式(0.5.5)得

$$\chi^2=\sum_{i=1}^{6}\frac{(N_i-E_i)^2}{E_i}=\frac{(8-8.1)^2}{8.1}+\frac{(17-20.4)^2}{20.4}+\frac{(30-25.5)^2}{25.5}$$
$$+\frac{(19-21.3)^2}{21.3}+\frac{(16-13.4)^2}{13.4}+\frac{(10-11.3)^2}{11.3}=2.12$$

选定显著水平 $a=0.05$,并由自由度 $\nu=r-s-1=4$,查 χ^2 分布表得 $\chi^2_{1-a}=9.49$.

由于 $\chi^2<\chi^2_{1-a}$,故可判断观测结果与泊松分布无显著差异.

0.6 最小二乘拟合

在物理实验中经常要观测两个有函数关系的物理量.根据两个量的许多组观测数据来确定它们的函数曲线,这就是实验数据处理中的曲线拟合问题.这类问题通常有两种情况:一种是两个观测量 x 与 y 之间的函数形式已知,但一些参数未知,需要确定未知参数的最佳估计值;另一种是 x 与 y 之间的函数形式还不知道,需要找出它们之间的经验公式.后一种情况常假设 x 与 y 之间的关系是一个待定的多项式,多项式系数就是待定的未知参数,从而可采用类似于前一种情况的处理方法.

一、最小二乘法原理

在两个观测量中,往往总有一个测量精度比另一个高得多,为简单起见把精度较高的观

测量看作没有误差，并把这个观测量选作 x，而把所有的误差只认为是 y 的误差. 设 x 和 y 的函数关系由理论公式

$$y = f(x; c_1, c_2, \cdots, c_m) \tag{0.6.1}$$

给出，其中 $c_1, c_2, \cdots, c_m$ 是 m 个要通过实验确定的参数. 对于每组观测数据 (x_i, y_i)，$i=1, 2, \cdots, N$，都对应于 xy 平面上一个点. 若不存在测量误差，则这些数据点都准确落在理论曲线上. 只要选取 m 组测量值代入式(0.6.1)，便得到方程组

$$y_i = f(x_i; c_1, c_2, \cdots, c_m) \tag{0.6.2}$$

式中 $i=1,2,\cdots,m$. 求 m 个方程的联立解即得 m 个参数的数值. 显然，当 $N<m$ 时，参数不能确定.

由于观测值总有误差，这些数据点不可能都准确落在理论曲线上. 在 $N>m$ 的情况下，式(0.6.2)成为矛盾方程组，不能直接用解方程的方法求得 m 个参数值，只能用曲线拟合的方法来处理. 设测量中不存在系统误差，或者说已经修正，则 y 的观测值 y_i 围绕着期望值 $f(x_i; c_1, c_2, \cdots, c_m)$ 摆动，其分布为正态分布，则 y_i 的概率密度为

$$p(y_i) = \frac{1}{\sqrt{2\pi}\sigma_i} \exp\left\{-\frac{[y_i - f(x_i; c_1, c_2, \cdots, c_m)]^2}{2\sigma_i^2}\right\}$$

式中 σ_i 是分布的标准误差. 为简便起见，下面用 C 代表 $(c_1, c_2, \cdots, c_m)$. 考虑各次测量是相互独立的，故观测值 $(y_1, y_2, \cdots, c_N)$ 的似然函数

$$L = \frac{1}{(\sqrt{2\pi})^N \sigma_1 \sigma_2 \cdots \sigma_N} \exp\left\{-\frac{1}{2}\sum_{i=1}^{N} \frac{[y_i - f(x; C)]^2}{\sigma_i^2}\right\}$$

取似然函数 L 最大来估计参数 C，应使

$$\sum_{i=1}^{N} \frac{1}{\sigma_i^2}[y_i - f(x_i; C)]^2 \bigg|_{c=\hat{c}} \tag{0.6.3}$$

取最小值. 对于 y 的分布不限于正态分布来说，式(0.6.3)称为最小二乘法准则. 若为正态分布的情况，则最大似然法与最小二乘法是一致的. 因权重因子 $\omega_i = 1/\sigma_i^2$，故式(0.6.3)表明，用最小二乘法来估计参数，要求各测量值 y_i 的偏差的加权平方和为最小.

根据式(0.6.3)的要求，应有

$$\frac{\partial}{\partial c_k}\sum_{i=1}^{N} \frac{1}{\sigma_i^2}[y_i - f(x_i; C)]^2 \bigg|_{c=\hat{c}} = 0 \quad (k = 1, 2, \cdots, m)$$

从而得到方程组

$$\sum_{i=1}^{N} \frac{1}{\sigma_i^2}[y_i - f(x_i; C)] \frac{\partial f(x; C)}{\partial c_k} \bigg|_{c=\hat{c}} = 0 \quad (k = 1, 2, \cdots, m) \tag{0.6.4}$$

解方程组(0.6.4)，即得 m 个参数的估计值 $\hat{c}_1, \hat{c}_2, \cdots, \hat{c}_m$，从而得到拟合的曲线方程 $f(x; \hat{c}_1, \hat{c}_2, \cdots, \hat{c}_m)$.

然而，对拟合的结果还应给予合理的评价. 若 y_i 服从正态分布，可引入拟合的 χ^2 量，即

$$\chi^2 = \sum_{i=1}^{N} \frac{1}{\sigma_i^2}[y_i - f(x_i; C)]^2 \tag{0.6.5}$$

把参数估计值 $\hat{c} = (\hat{c}_1, \hat{c}_2, \cdots, \hat{c}_m)$ 代入上式并比较式(0.6.3)，便得到最小的 χ^2 值

$$\chi^2_{\min} = \sum_{i=1}^{N} \frac{1}{\sigma_i^2}[y_i - f(x_i;\hat{c})]^2 \tag{0.6.6}$$

可以证明,$\chi^2_{\min}$服从自由度 $\nu=N-m$ 的 χ^2 分布,由此可对拟合结果做 χ^2 检验.

由 χ^2 分布得知,随机变量 $\chi^2_{\min}$的期望值为 $N-m$. 如果由式(0.6.6)计算出 $\chi^2_{\min}$接近 $N-m$(例如 $\chi^2_{\min}\leqslant N-m$),则认为拟合结果是可接受的;如果$\sqrt{\chi^2_{\min}}-\sqrt{N-m}>2$,则认为拟合结果与观测值有显著的矛盾.

二、直线的最小二乘拟合

曲线拟合中最基本和最常用的是直线拟合. 设 x 和 y 之间的函数关系由直线方程

$$y = a_0 + a_1 x \tag{0.6.7}$$

给出. 式中有两个待定参数,a_0 代表截距,a_1 代表斜率. 对于等精度测量所得到的 N 组数据(x_i,y_i),$i=1,2,\cdots,N$,x_i 值被认为是准确的,所有的误差只联系着 y_i. 下面利用最小二乘法把观测数据拟合为直线.

1. 直线参数的估计

前面指出,用最小二乘法估计参数时,要求观测值 y_i 的偏差的加权平方和为最小. 对于等精度观测值的直线拟合来说,由式(0.6.3)可使

$$\sum_{i=1}^{N}[y_i-(a_0+a_1x_i)]^2\Big|_{a=\hat{a}} \tag{0.6.8}$$

最小,即对参数 a(代表 a_0,a_1)最佳估计,要求观测值 y_i 的偏差的平方和为最小.

根据式(0.6.8)的要求,应有

$$\frac{\partial}{\partial a_0}\sum_{i=1}^{N}[y_i-(a_0+a_1x_i)]^2\Big|_{a=\hat{a}} = -2\sum_{i=1}^{N}(y_i-\hat{a}_0-\hat{a}_1x_i)=0$$

$$\frac{\partial}{\partial a_1}\sum_{i=1}^{N}[y_i-(a_0+a_1x_i)]^2\Big|_{a=\hat{a}} = -2\sum_{i=1}^{N}(y_i-\hat{a}_0-\hat{a}_1x_i)=0$$

整理后得到正规方程组

$$\begin{cases}\hat{a}_0N+\hat{a}_1\sum x_i=\sum y_i\\ \hat{a}_0\sum x_i+\hat{a}_1\sum x_i^2=\sum x_iy_i\end{cases} \tag{0.6.9}$$

解正规方程组便可求得直线参数 a_0 和 a_1 的最佳估计值 $\hat{a}_0$ 和 $\hat{a}_1$,即

$$\hat{a}_0=\frac{\left(\sum x_i^2\right)\left(\sum y_i\right)-\left(\sum x_i\right)\left(\sum x_iy_i\right)}{N\left(\sum x_i^2\right)-\left(\sum x_i\right)^2} \tag{0.6.10}$$

$$\hat{a}_1=\frac{N\left(\sum x_iy_i\right)-\left(\sum x_i\right)\left(\sum y_i\right)}{N\left(\sum x_i^2\right)-\left(\sum x_i\right)^2} \tag{0.6.11}$$

2. 拟合结果的偏差

由于直线参数的估计值 $\hat{a}_0$ 和 $\hat{a}_1$ 是根据有误差的观测数据点计算出来的,它们不可避

免地存在着偏差. 同时,各个观测数据点不是都准确地落在拟合直线上面的,观测值 y_i 与对应于拟合直线上的 $\hat{y}_i$ 之间也就有偏差.

首先讨论测量值 y_i 的标准差 S. 考虑式(0.6.6),因等精度测量值 y_i 所有的 σ_i 都相同,可用 y_i 的标准偏差 S 来估计,故该式在等精度测量值的直线拟合中应表示为

$$\chi^2_{\min} = \frac{1}{S^2}\sum_{i=1}^{N}[y_i - (\hat{a}_0 + \hat{a}_1 x)]^2 \tag{0.6.12}$$

已知测量值服从正态分布时,$\chi^2_{\min}$服从自由度 $\nu=N-2$ 的 χ^2 分布,其期望值

$$\langle \chi^2_{\min} \rangle = \left\langle \frac{1}{S^2}\sum_{i=1}^{N}[y_i - (\hat{a}_0 + \hat{a}_1 x_i)]^2 \right\rangle = N-2$$

由此可得 y_i 的标准偏差

$$S = \sqrt{\frac{1}{N-2}\sum_{i=2}^{N}[y_i - (\hat{a}_0 + \hat{a}_1 x_i)]^2} \tag{0.6.13}$$

这个表达式不难理解,它与贝塞尔公式(0.3.13)是一致的,只不过这里计算 S 时受到两个参数 $\hat{a}_0$ 和 $\hat{a}_1$ 估计式的约束,故自由度变为 $N-2$ 罢了.

式(0.6.13)所表示的 S 值又称为拟合直线的标准偏差,它是检验拟合结果是否有效的重要标志. 如果在 xy 平面上作两条与拟合直线平行的直线

$$y' = \hat{a}_0 + \hat{a}_1 x - S,\quad y'' = \hat{a}_0 + \hat{a}_1 x + S$$

如图 0.6.1 所示,则全部观测数据点(x_i, y_i)的分布,大约有 68.3%的点落在这两条直线之间的范围内.

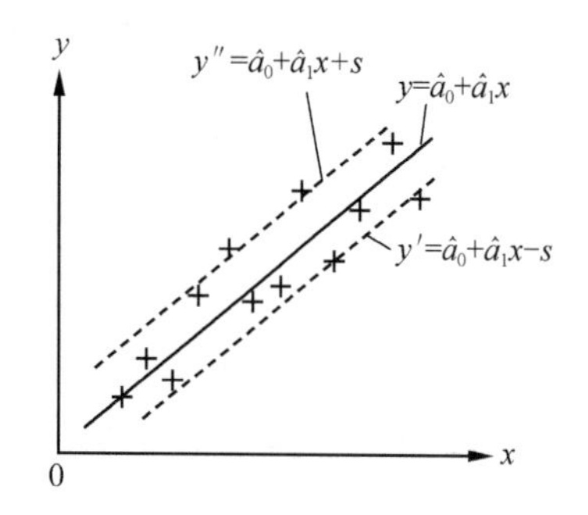

图 0.6.1　拟合直线两侧数据点的分布

下面讨论拟合参数的偏差. 由式(0.6.10)和(0.6.11)可见,直线拟合的两个参数估计值 $\hat{a}_0$ 和 $\hat{a}_1$ 是 x_i 和 y_i 的函数. 因为假定 x_i 是精确的,所有测量误差只与 y_i 有关,故两个估计参数的标准偏差可利用不确定度传递公式求得,即

$$S_{a_0} = \sqrt{\sum_{i=1}^{N}\left(\frac{\partial \hat{a}_0}{\partial y_i}S\right)^2}$$

$$S_{a_1} = \sqrt{\sum_{i=1}^{N}\left(\frac{\partial \hat{a}_1}{\partial y_i}S\right)^2}$$

把式(0.6.10)与(0.6.11)分别代入上两式,便可计算得

$$S_{a_0} = S\sqrt{\frac{\sum x_i^2}{N(\sum x_i^2) - (\sum x_i)^2}} \tag{0.6.14}$$

$$S_{a_1} = S\sqrt{\frac{N}{N(\sum x_i^2) - (\sum x_i)^2}} \tag{0.6.15}$$

例　光电效应实验中照射光的频率 ν 与遏止电压 V 的关系为 $V=\varphi-(h/e)\nu$,式中 φ 为脱出功,e 和 h 分别为电子电荷与普朗克常量. 现有实验测量数据(ν_i, V)如表 0.6.1 所示,试用最小二乘法作直线拟合,并求 h 的最佳估计值.

表 0.6.1 某光电效应实验的测量数据

序号	$\nu_i/(\times10^{14}\mathrm{Hz})$	V_i/V	$\nu_i^2/(\times10^{28})$	V_i^2	$\nu_iV_i/(\times10^{14}\mathrm{Hz}\cdot\mathrm{V})$
1	7.021	−1.435	49.29	2.059	−10.08
2	6.056	−0.975	36.68	0.951	−5.905
3	5.678	−0.773	32.24	0.598	−4.389
4	5.334	−0.700	28.45	0.490	−3.734
5	4.931	−0.555	24.31	0.308	−2.737
6	5.087	−0.630	25.88	0.397	−3.205
7	4.738	−0.438	22.45	0.192	−2.075
$\sum$	38.845	−5.506	219.30	4.995	−32.125

由于频率 ν 的测量精度比遏止电压 V 的精度高得多，故 ν 的误差可忽略不计. 对照前面讨论的直线方程 $y=a_0+a_1x$，则 ν 相当于 x，V 相当于 y，$a_0=\varphi$，$a_1=h/e$.

把表 0.6.1 内的数据代入参数估计式(0.6.10)和(0.6.11)，即得 $\hat{a}_0=1.54\mathrm{V}$；$\hat{a}_1=-4.19\times10^{-15}\mathrm{V\cdot s}$.

为了求出拟合精度，先计算偏差 $\delta_i=V_i-\hat{a}_0-\hat{a}_1\nu_i$ 以及 δ_i^2.

$\delta_i=-0.033,\ 0.023,\ 0.067,\ -0.004,\ -0.055,\ -0.037,\ 0.009$

$\delta_i^2=0.00109,\ 0.00053,\ 0.00449,\ 0.00016,\ 0.00303,\ 0.00137,\ 0.00081$

代入式(0.6.13)，可得 V_i 的标准偏差

$$S=\sqrt{\frac{1}{7-2}\sum_{i=1}^{7}\delta_i^2}=\sqrt{\frac{1}{5}\times0.0115}=0.048(\mathrm{V})$$

经检验所有观测值 V_i 不存在粗大误差，从而拟合的直线方程为 $V=1.54-4.19\times10^{-15}\nu$. 该直线参量的标准偏差可由式(0.6.14)和(0.6.15)得

$$S_{a_0}=0.138\mathrm{V},\quad S_{a_1}=0.248\times10^{-15}\mathrm{V\cdot s}$$

由于 $a_1=-h/e$，则 $h=-ea_1$. 若取 $e=1.6021\times10^{-19}\mathrm{C}$，便可求得 $h=-e\hat{a}_1\approx6.71\times10^{-34}\mathrm{J\cdot s}$，其标准差 $S_h=eS_{a_1}\approx0.39\times10^{-34}\mathrm{J\cdot s}$.

故本实验测定的普朗克常量最佳估计值可表示为

$$h=(6.71\pm0.39)\times10^{-34}\mathrm{J\cdot s}$$

三、相关系数及其显著性检验

当我们把观测数据点 (x_i,y_i) 作直线拟合时，还不大了解 x 与 y 之间线性关系的密切程度. 为此要用相关系数 $\rho(x,y)$ 来判断. 其定义已由式(0.2.16)给出，现改写为另一形式，并改用 r 表示相关系数，得

$$r=\frac{\sum_i(x_i-\overline{x})(y_i-\overline{y})}{\left[\sum_i(x_i-\overline{x})^2\cdot\sum_i(x_i-\overline{y})^2\right]^{1/2}}\tag{0.6.16}$$

式中 $\overline{x}$ 和 $\overline{y}$ 分别为 x 和 y 的算术平均值. r 值范围介乎 −1 与 +1 之间，即 $-1\leqslant r\leqslant1$. 当 $r>0$ 时，直线的斜率为正，称正相关；当 $r<0$ 时，直线的斜率为负，称负相关. 当 $|r|=1$ 时，全部数据点 (x_i,y_i) 都落在拟合直线上. 若 $r=0$，则 x 与 y 之间完全不相关. 若 r 值愈接近

±1,则它们之间的线性关系愈密切.

用相关系数作显著性检验,是要给出相关系数的绝对值大到什么程度才可用拟合直线来近似表示 x 与 y 的关系. 所谓相关系数显著,即 x 与 y 关系密切. 表 0.6.2 给出自由度 $N-2$ 两种显著水平 a(0.05 和 0.01)的相关系数达到显著的最小值. 例如 $N=10$,若 $|r|\geqslant 0.632$,则说 r 在 $a=0.05$ 水平上显著;若 $|r|\geqslant 0.765$,则说 r 在 $a=0.01$ 水平上显著;若 $|r|<0.632$,则 r 不显著,用这些数据点作直线拟合没有意义.

从上例的光电效应实验数据,可求得相关系数 $r=-0.994$,读者试由表 0.6.2 查出相关系数显著的最小值,然后判断在 $a=0.01$ 水平上 ν 与 V 的线性关系是否显著.

表 0.6.2　相关系数检验表

$N-2$	a		$N-2$	a	
	0.05	0.01		0.05	0.01
1	0.997	1.000	10	0.576	0.708
2	0.950	0.990	11	0.553	0.684
3	0.878	0.959	12	0.532	0.661
4	0.811	0.917	13	0.514	0.641
5	0.754	0.874	14	0.497	0.623
6	0.707	0.834	15	0.482	0.606
7	0.666	0.798	16	0.468	0.590
8	0.632	0.765	17	0.456	0.575
9	0.602	0.735	18	0.444	0.561

四、非线性关系的线性化处理

若两个变量之间并非线性关系,通常要进行线性化处理才能作曲线拟合. 有些非线性函数,只要作适当的变量置换,便可变为待定参数的线性拟合问题求解.

例如,指数函数 $y=ae^{bx}$,式中 a 与 b 是常数. 若对等式两边取对数,得 $\ln y=\ln a+bx$. 令 $\ln y=y'$, $\ln a=b_0$,即得直线方程 $y'=b_0+bx$. 这样便可把指数函数的非线性拟合问题,变为直线拟合问题来解决.

同理,对幂函数 $y=ax^b$ 来说,若等式两边取对数,得 $\ln y=\ln a+b\ln x$. 令 $\ln y=y'$, $\ln a=b_0$, $\ln x=x'$ 即得直线方程 $y'=b_0+bx'$.

因此,采用适当变量置换,便可把一些非线性函数的拟合问题变为直线拟合问题来解决. 不过要注意,由于作了变量置换,新变量 y' 的标准差 $S(y')$ 不等于原变量 y 的标准差 $S(y)$,拟合时应利用不确定度传递公式转换计算. 同理,新参数的标准差也不同于原参数的,也要利用传递公式进行计算,以便对原参数的拟合不确定度作出估计.

然而,通过变量置换把非线性关系线性化,并不是都能做到的. 当非线性函数 $y=f(x;c_1,c_2,\cdots,c_m)$ 找不到合适的变量置换时,可采用泰勒级数展开的方法. 把 $y=f(x;c_1,c_2,\cdots,c_m)$ 在参数初始估计值(零级近似值)附近作泰勒展开,并略去二阶以上的项,便可使计算 m 个参数估计值的方程组(0.6.4)线性化,然后用逐次迭代求解. 关于这方面的内容,读者可参阅相关书籍.

*五、多项式拟合

前面讨论的曲线拟合问题,变量之间的函数形式已经知道.若变量之间的函数关系还不了解,需要根据测量数据找出经验公式,则采用多项式拟合是一种有效的办法.

在一般情况下,可用一个 m 阶的多项式

$$y = a_0 + a_1 x + a_2 x^2 + \cdots + a_m x^m \tag{0.6.17}$$

来拟合任意的经验曲线.不同阶的多项式代表着不同类型的曲线.值得注意的是,尽管 x 与 y 之间的关系非线性,但对于待定的参数 $a_1, a_2, \cdots, a_m$ 来说却是线性的,从而可变为一个求解线性方程组的问题.设实验在等精度测量的情况下得到数据 (x_i, y_i),$i=1,2,\cdots,N$.利用最小二乘法原理,求多项式(0.6.17)参数 a(代表 $a_0, a_1, \cdots, a_m$)的最佳估计值 $\hat{a}$.$\hat{a}$ 是要满足拟合 χ^2 量为最小,即

$$\chi^2 = \sum_{j=1}^{N} \frac{1}{\sigma^2}[y_i - (a_0 + a_1 x + \cdots + a_m x^m)]^2 \Big|_{a=\hat{a}} = \chi^2_{\min} \tag{0.6.18}$$

为了求 χ^2 量的极小值,分别对待定参数求一阶偏微商,并令其等于零.即

$$\frac{\partial \chi^2}{\partial a_0} = 0,\quad \frac{\partial \chi^2}{\partial a_1} = 0,\quad \cdots,\quad \frac{\partial \chi^2}{\partial a_m} = 0$$

由此便可得到 $m+1$ 个线性方程组成的正规方程组

$$\left.\begin{aligned}
a_0 N + a_1 \sum x_i + \cdots + a_m \sum x_i^m &= \sum y_i \\
a_0 \sum x_i + a_1 \sum x_i^2 + \cdots + a_m \sum x_i^{m+1} &= \sum x_i y_i \\
a_0 \sum x_i^2 + a_1 \sum x_i^3 + \cdots + a_m \sum x_i^{m+2} &= \sum x_i^2 y_i \\
&\cdots\cdots \\
a_0 \sum x_i^m + a_1 \sum x_i^{m+1} + \cdots + a_m \sum x_i^{2m} &= \sum x_i^m y_i
\end{aligned}\right\} \tag{0.6.19}$$

求方程组的联立解,即得 m 阶多项式的 $m+1$ 个系数的最佳估计值 $\hat{a}_0, \hat{a}_1, \hat{a}_2, \cdots, \hat{a}_m$.代入式(0.6.17),便得到拟合的多项式.

关于拟合精度问题,可参照前面直线拟合中的讨论.这里也同样假定 x 的偏差忽略不计,所有的偏差只与 y 有关,则拟合结果 y_i 的标准差为

$$S = \sqrt{\frac{1}{N-m-1}\sum_i [y_i - (\hat{a}_0 + \hat{a}_1 x_i + \cdots + a_m x_i^m)]^2}$$

同理,由不确定度传递公式可求得最佳估计参数的标准差为

$$S_{a_0} = \sqrt{\sum_i \left(\frac{\partial \hat{a}_0}{\partial y_i} S\right)^2},\quad S_{a_1} = \sqrt{\sum_i \left(\frac{\partial \hat{a}_1}{\partial y_i} S\right)^2},\quad \cdots,\quad S_{a_m} = \sqrt{\sum_i \left(\frac{\partial \hat{a}_m}{\partial y_i} S\right)^2}$$

然而,在变量之间的函数关系未知的情况下,究竟要选用多少阶的多项式来拟合呢?这个问题应这样处理:在进行多项式拟合时,应先选用较低阶的多项式,计算出估计值 $\hat{a}$ 后,再计算最小的 χ^2 值,即

$$\chi^2_{\min} = \sum_{i=1}^{N} \frac{1}{S^2}[y_i - (\hat{a}_0 + \hat{a}_1 x_i + \cdots + \hat{a}_m x_i^m)]^2$$

$\chi^2_{\min}$的期望值为$(N-m-1)$. 若计算得的$\chi^2_{\min}$较大，则应选取更高阶的多项式拟合，直到拟合结果可以接受($\chi^2_{\min}\leqslant N-m-1$)为止. 当然，我们不能追求过小的$\chi^2_{\min}$值. 因为如果用$m=N-1$阶多项式来拟合$N$个观测数据点，拟合的曲线将会通过所有的观测点，且得到$\chi^2_{\min}=0$，这是很不合理的.

曲线拟合工作牵涉到大量的计算，即使是现在讨论的等精度测量情况，计算也相当麻烦. 但如果借助计算机，则处理的速度就会大大增加. 为了便于计算机解算，正规方程组(0.6.19)可用矩阵形式表示为

$$X^{\mathrm{T}}X\hat{A}=X^{\mathrm{T}}Y \tag{0.6.20}$$

上式各个矩阵的定义是

$$\hat{A}=\begin{bmatrix}\hat{a}_0\\ \hat{a}_1\\ \vdots\\ \hat{a}_m\end{bmatrix},\quad Y=\begin{bmatrix}y_1\\ y_2\\ \vdots\\ y_N\end{bmatrix},\quad X=\begin{bmatrix}1 & x_1 & x_1^2 & \cdots & x_1^m\\ 1 & x_2 & x_2^2 & \cdots & x_2^m\\ \vdots & \vdots & \vdots & & \vdots\\ 1 & x_N & x_N^2 & \cdots & x_N^m\end{bmatrix}$$

X^{T}是X的转置矩阵. 解式(0.6.20)得

$$\hat{A}=(X^{\mathrm{T}}X)^{-1}X^{\mathrm{T}}Y \tag{0.6.21}$$

式中$(X^{\mathrm{T}}X)^{-1}$是$(X^{\mathrm{T}}X)$的逆矩阵. 由此可见，对于熟悉矩阵运算的读者来说，用矩阵表述会使问题变得较为简便. 按照上述多项式拟合的矩阵方法，读者不难写出直线拟合的矩阵定义，并通过求解矩阵方程得到解答.

0.7　系统误差的限制和消除

系统误差是一种固定的或服从一定规律变化的误差. 对某物理量作多次重复测量时，系统误差不具有抵偿性，故通常不能用处理随机误差的方法来处理. 前面讨论随机误差是以测量数据中不包含系统误差为前提的. 可是系统误差与随机误差往往同时存在于测量数据中，有时系统误差对实验结果的影响比随机误差还要严重. 它关系到实验数据的可靠性，以至于影响到实验工作的成败，因此必须采取措施来限制和消除系统误差. 要善于发现和消除系统误差，需要有坚实的理论基础和丰富的实践经验. 下面只对处理系统误差问题的思想方法作概要的介绍，希望读者在平时的实验训练中，结合具体实验的分析研究来提高这方面的能力.

一、系统误差的发现

在讨论误差的基本概念时曾经指出，系统误差来源于测量装置、环境、方法和人身等方面. 但通过什么途径和方法可以判断系统误差的存在及大小呢？

对比检验是判断系统误差的常用方法. 这里所说的对比，可以是把要判断的实验结果跟标准值、理论值比较；或者是跟准确度较高的仪器设备的测量值相比较；还可以是跟采用不同的实验方法测得的结果相比较. 由于随机误差不可避免，在系统误差与随机误差同时存在的情况下，应进行多次测量以减少随机误差的影响，才能有效地判断系统误差的存在. 在多

次测量中,分析测量数据随时间变化的规律(特别是偏差 $x_i-\bar{x}$ 的变化),往往会有助于发现随时间线性变化或周期变化的系统误差.

分布检验是判断系统误差的一种重要方法.这是一种假设检验,先由理论分析和过去同类测量的经验,认为测量值应该遵从某种分布,然后用 χ^2 统计量作检验,判断实验结果是否与假设分布相符,如果不符便可怀疑测量中存在着系统误差.

直接分析实验原理、方法以及实验条件的变化,也是判断系统误差的一种有效方法.如果实验方案本身就存在着不完备性,比如说计算公式是近似的,测量方法受到某种副效应或某种干扰的影响,则这个实验必然存在着系统误差.另外,有些实验所研究的物理现象存在着统计涨落,测量仪器产生零点漂移,控制的实验条件随时间而明显变化等,这些因素也就带来了系统误差.总之,对实验本身的分析研究,往往会使我们能直接找出系统误差并可估计其大小.

二、限制和消除系统误差的方法

1. 消除产生系统误差的根源

在测量之前,要求测量者对可能产生系统误差的环节作仔细的分析,从产生根源上加以消除.例如,若系统误差来自仪器不准确或使用不当,则应该把仪器校准并按规定的使用条件去使用;若理论公式只是近似的,则应在计算时加以修正;若测量方法上存在着某种因素会带来系统误差,则应估计其影响的大小或改变测量方法以消除其影响;若外界环境条件急剧变化,或存在着某种干扰,则应设法稳定实验条件,排除有关干扰;若测量人员操作不善,或者读数有不良偏向,则应该加强训练以改进操作技术,以及克服不良偏向等.总之,从产生系统误差的根源上加以消除,无疑是一种最根本的方法.

2. 在测量过程中限制和消除系统误差

对于固定不变的系统误差的限制和消除,在测量过程中常常采用下列方法.

1) 抵消法

有些定值的系统误差无法从根源上消除,也难以确定其大小而修正,但可以进行两次不同的测量,使两次读数时出现的系统误差大小相等而符号相反,然后取两次测量的平均值便可消除系统误差.例如,螺旋测微器空行程(螺旋旋转但量杆不动)引起的固定系统误差,可以从两个方向对标线来消除.先顺时针方向旋转,对准标志读数 $d=a+\theta$,a 为不含系统误差的读数,θ 为空行程引起的误差.再逆时针方向旋转,对准标志读数 $d'=a-\theta$.两次读数取平均,即得 $(d+d')/2=(a+\theta+a-\theta)/2=a$,可见空行程所引起的误差已经消除.

2) 代替法

在某装置上对未知量测量后,马上用一标准量代替未知量再进行测量,若仪器示值不变,便可肯定被测的未知量即等于标准量的值,从而消除了测量结果中的仪器误差.例如,用天平称物体质量 m,若天平两臂 l_1 和 l_2 不等,先使 m 与砝码 G 平衡,则有 $m=Gl_2/l_1$.再以标准砝码 P 取代质量为 m 的物体,若调节 P 与 G 达到平衡,则有 $P=Gl_2/l_1$.从而 $m=P$,消除了天平不等臂引起的系统误差.

3）交换法

根据误差产生的原因，对某些条件进行交换，以消除固定的误差. 例如，用电桥测电阻，得 $R_x=R_sR_1/R_2$. 若两臂 R_1 和 R_2 有误差，可将被测电阻 R_x 与 R_s 互换再测，得 $R'_s=R_xR_1/R_2$. 从而可得 $R_x=\sqrt{R_sR'_s}$，消除 R_1 和 R_2 带来的误差.

下面再讨论按一定规律变化的系统误差的消除方法.

4）对称观测法

这是消除随时间线性变化的系统误差的有效方法. 随着时间的变化，被测量的量值作线性变化，如图 0.7.1 所示. 若选定某时刻为中点，则对称于此点的系统误差的算术平均值彼此相等，即有 $(\Delta l_1+\Delta l_5)/2=(\Delta l_2+\Delta l_4)/2=\Delta l_3$. 利用此规律，可把测量点对称安排，取每组对称点读数的算术平均值作为测量值，便可消除这类系统误差.

有些按复杂规律变化的系统误差，若在短时间内可认为是线性变化的，也可近似地作为线性误差处理，从而也可用对称测量法减少误差.

5）半周期偶次测量法

这是消除周期性系统误差的基本方法. 如图 0.7.2 所示，周期性误差一般出现在有圆周运动的情况（如度盘等），以 2π 为周期呈正弦变化. 因此，在相距半周期（180°）的位置上作一次测量，取两次读数的平均值，便可有效地消除周期性系统误差. 这种误差一般表示为

$$\Delta l = a\sin\varphi$$

式中 a 为周期性系统误差的幅值. 当相位 $\varphi=\varphi_1$ 时误差 $\Delta l_1=a\sin\varphi_1$，当相位 $\varphi=\varphi_1+\pi$ 时误差 $\Delta l_1=a\sin(\varphi_1+\pi)=-a\sin\varphi_1$. 故相隔半周期两次观测误差的平均值 $(\Delta l_1+\Delta l_2)/2=0$，即周期性系统误差得到消除.

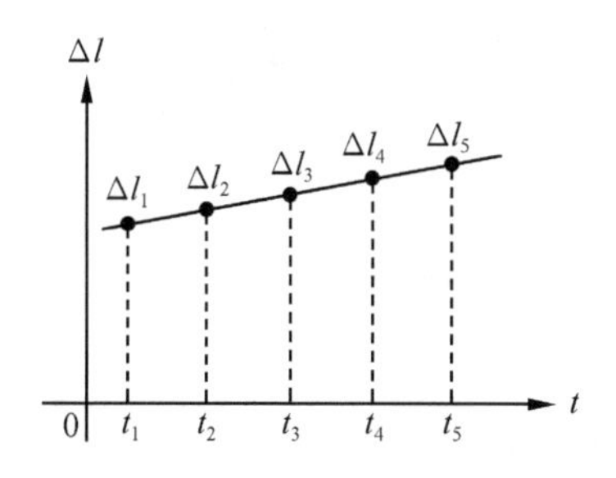

图 0.7.1　线性变化的系统误差

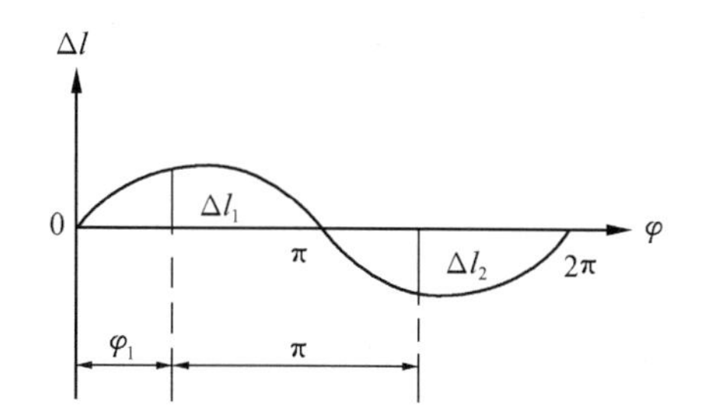

图 0.7.2　周期变化的系统误差

6）实时反馈修正法

这是消除各种变值系统误差的自动控制方法. 当查明某种误差因素（例如位移、气压、温度、光强等）的变化时，由传感器将这些因素引起的误差反馈回控制系统，通过计算机根据其影响测量结果的函数关系进行处理，对测量结果作出自动补偿修正. 这种方法在计算机控制的自动测量技术中得到广泛的应用.

参考文献

国家技术监督局. 1992. JJG 1027—91. 测量误差及数据处理（试行）. 北京：中国计量出版社.
李惕碚. 1981. 实验的数学处理. 北京：科学出版社.

刘智敏,刘风. 1996. 测量不确定度的评定与表示. 物理,25(2):96～99.
肖明耀. 1985. 误差理论与应用. 北京:中国计量出版社.
BIPM, IEC, IFCC, et al. 1993. Guide to the Expression of Uncertainty in Measurement.
Taylor J R. 1997. An Introduction to Error Analysis. 2nd ed. Sausalito, CA: University Science Books.

林木欣　吴先球　编
吴先球　改编

单元 1 原子物理

1.1 弗兰克-赫兹实验

1914 年，弗兰克(J. Franck)和赫兹(G. Hertz)在研究充汞放电管的气体放电现象时，发现透过汞蒸气的电子流随电子的能量显现出周期性变化，同年又拍摄到汞光谱线 253.7nm 的发射光谱，并提出了原子中存在着"临界电势". 1920 年，弗兰克及其合作者对原先的装置做了改进，测得了亚稳能级和较高的激发能级，进一步证实了原子内部能量是量子化的，从而确证了原子能级的存在. 为此，弗兰克和赫兹获得了 1925 年诺贝尔物理学奖.

本实验通过汞原子第一激发电势的测量，了解弗兰克和赫兹研究原子内部能量量子化的基本思想和方法；了解电子与原子碰撞和能量交换过程的微观图像，以及影响这个过程的主要物理因素.

一、实验原理

玻尔提出的原子理论有两个基本假设：①原子只能较长久地停留在一些稳定状态，简称"定态"，原子在这些状态时不发射也不吸收能量，各定态的能量是彼此分隔的. 原子的能量不论通过什么方式发生改变，只能使原子从一个定态跃迁到另一个定态. ②原子从一个定态跃迁到另一个定态而发射或吸收辐射能量时，辐射的频率是一定的. 如果用 E_m 和 E_n 代表有关两定态的能量，辐射的频率 ν 决定于如下关系：

$$h\nu = E_m - E_n \tag{1.1.1}$$

式中 h 为普朗克常量.

原子状态的改变，通常发生于原子本身吸收或发射电磁辐射，以及原子与其他粒子发生碰撞而交换能量这两种情况. 能够控制原子所处状态的最方便方法是用电子轰击原子，电子的动能则通过改变加速电势的方法加以调节.

电子被加速后获得能量 eV，e 是电子电量，V 是加速电压. 当 V 值小时，电子与原子只能发生弹性碰撞；当电势差为 V_g 时，电子具有的能量 eV_g 恰好使原子从正常状态跃迁到第一激发状态，V_g 就称为第一激发电势. 继续增加电势差 V 时，电子的能量就逐渐上升到足以使原子跃迁到更高的激发态(第二、第三激发态等)，最后，电势差达到某一值 V_i 时，电子的能量刚足以使原子电离，V_i 就称为电离电势.

1. 激发电势的测定

弗兰克和赫兹最初进行实验的仪器如图 1.1.1 所示. 在弗兰克-赫兹管(以下简称 F-H 管)中充以要测量的气体，电子由热阴极 K 发出. 在 K 与栅极 G 之间加电场使电子加速，加速电压为 V_{GK}.

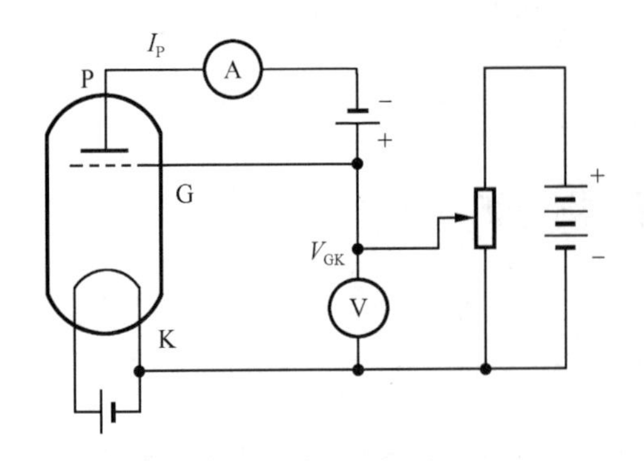

图 1.1.1 弗兰克-赫兹实验装置

在 G 与接收电子的板极 P 之间加有反向拒斥电压 V_{PG}. 当电子通过 KG 空间，进入 GP 空间时，如果仍有较大能量，就能冲过反向拒斥电场而到达板极 P，成为通过电流计的电流 I_P 被检测出来. 如果电子在 KG 空间与原子碰撞，把自己一部分能量给了原子，使后者被激发，电子本身所剩下的能量就可能很小，以致通过栅极后不足以克服拒斥电场，那就达不到板极 P，因而不通过电流计. 如果这样的电子很多，电流计中的电流就要显著地降低.

最初研究用的是汞气. 在 F-H 管内把空气抽出，注入少量的汞，维持适当温度，可以得到合适的汞气气压. 实验时，把 KG 间的电压逐渐增加，观察电流计的电流. 这样就得到板极 P 电流随 KG 之间加速电压的变化情况，如图 1.1.2 所示.

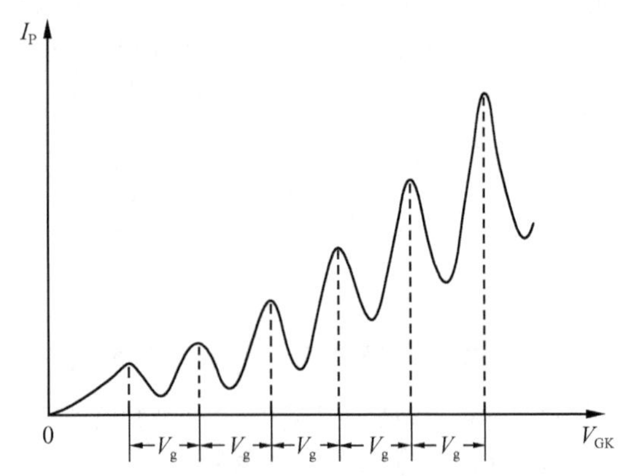

图 1.1.2 汞的第一激发电势的测量

对上述的实验现象可以作如下解释. 当 KG 间电压 V_{GK} 逐渐增加时，电子在 KG 空间被加速而取得越来越多的能量. 当电子取得的能量较低时，如果此时与汞原子碰撞，还不足以影响汞原子的内部能量，板极电流 I_P 将随 V_{GK} 的增加而增加. 当 KG 间加速电压达到汞原子的第一激发电势时，电子在栅极附近与原子碰撞，将自己的能量传递给原子，使原子从基态(最低能量的状态)被激发到第一激发态. 而电子失去几乎全部动能，这些电子将不能克服拒斥场而到达板极 P，板极电流 I_P 开始下降. 继续升高加速电压 V_{GK}，电子获得的动能亦有所增加，这时电子即使在 KG 空间与汞原子相碰撞损失大部分能量，还留有足够能量可以克服拒斥场而达到板极 P，因而板极电流 I_P 又开始回升. 当 KG 间电压是二倍的汞原子激发电势时，电子在 KG 空间有可能经过两次碰撞而失去能量，因此又造成板极电流 I_P 下降. 同理，凡在

$$V_{GK} = nV_g, \quad n = 1,2,3,\cdots$$

的地方板极电流都会相应下跌. 式中相邻两 V_{GK} 的差值，即是汞原子的第一激发电势 V_g.

汞的第一激发电势是 4.9V. 这一激发电势表示，一个电子被加速，经过一段路径，电子获得 4.9eV 的能量，这一电子如果与汞原子碰撞，则刚能把后者从最低能级激发到最近的较高能级. 原子处于激发态是不稳定的，在实验中被电子轰击到第一激发态的原子要跳回到最低能级. 在进行这种跃迁时，就应当有 4.9eV 的能量放出，这时会有光的发射，其波长可由 $h\nu=eV=hc/\lambda$ 计算出来. 对于汞，$hc/\lambda=4.9\times1.6\times10^{-19}$J，则

$$\lambda = \frac{hc}{eV} = \frac{6.63\times10^{-34}\times3.00\times10^{8}}{4.9\times1.6\times10^{-19}}\text{m} = 2.5\times10^{2}\text{nm}$$

从光谱学实验中观测到这条谱线的波长是 253.7nm 的紫外线，与由激发电势算得的值符合.

2. 较高的激发电势

能否将汞原子激发到较高能态(测得较高的激发电势),与各能态的激发概率有关,但从实验条件来看,则主要取决于电子平均自由程的长短. 如果平均自由程短(如 10^{-2}mm),则电子被电场加速的路程短,不易积累较多的能量将汞原子激发到较高能态. 为了使电子的平均自由程较长(如≥2mm),可以适当降低 F-H 管的温度,于是汞的饱和蒸气压降低,汞原子数量减少,电子自由程增加. 也可以按图 1.1.3 所示,对 F-H 管稍作改进,有利于较高激发电势的测量.

这个仪器与原有仪器不同之处除了改为旁热式阴极外,只是在靠近阴极处加了一个栅极 G_1,原有靠近板极 P 的栅极现标作 G_2,图中可见,G_1 和 G_2 是同电势的,G_1G_2 间电场强度是零. 电子的加速是在 KG_1 之间进行的. 在原有仪器中,电子的加速与原子的碰撞都在同一区域 KG 间进行. 它的能量达到 4.9eV,就可能经碰撞而损失,不易提高. 在新仪器中,把加速和碰撞分在两个区域进行,加速在 KG_1 间进行,KG_1 的距离近,小于电子在汞气中的平均自由程,与汞原子碰撞的机会少,所以在 KG_1 间有可能把能量加高,然后在较大的 G_1G_2 区域进行碰撞. 用改进的仪器所得的结果如图 1.1.4 所示.

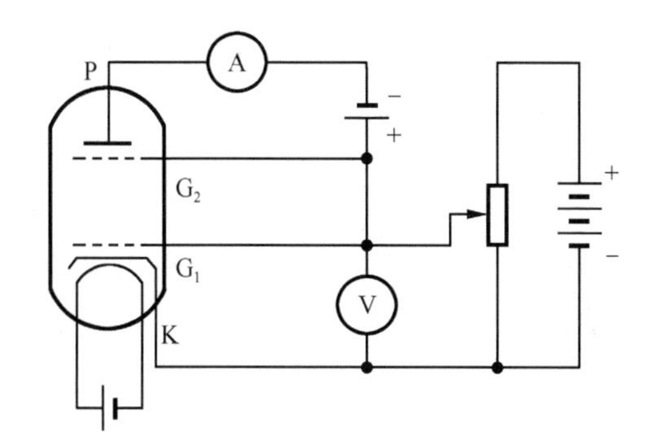

图 1.1.3　弗兰克-赫兹实验改进仪器

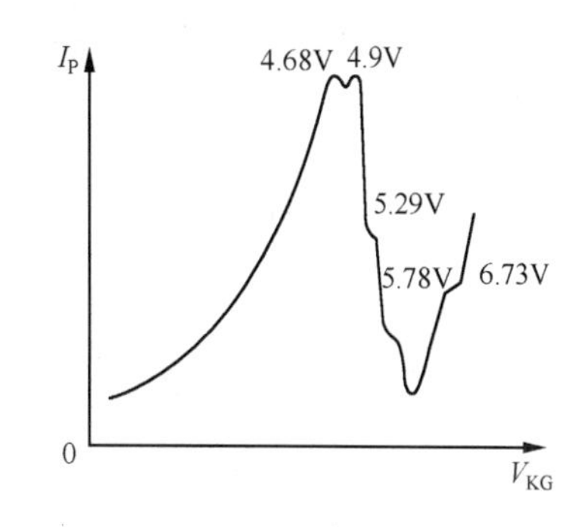

图 1.1.4　汞的激发电势

图中显示有多处电流下降,这些出现在 KG_1 间的电压为 4.68V、4.9V、5.29V、5.78V、6.73V 等值. 其中 4.9V 就是以前测得的第一激发电势. 其他测得的激发电势中,只有 6.73V 有相应的光谱线被观测到,波长是 184.9nm. 其余相当于原子被激发到一些状态,从那里很难发生自发跃迁而发出辐射,所以光谱中不出现相应的谱线,这些状态称为亚稳态.

3. 汞原子的能级,电子和汞原子的碰撞

汞原子有 80 个电子,最外层是 2 个价电子. 若处于 6s 状态,则为基态 6s6s $^1S_0$;若 2 个价电子分别处于 6s、6p 态,则汞原子处于基态之上的最低一组激发态,其能级分别为 6s6p $^3P_0$、6s6p $^3P_1$、6s6p $^3P_2$,如图 1.1.5 所示. 当电子与汞原子发生碰撞而交换能量时,汞原子有可能从基态跃迁到 $^3P_0$、$^3P_1$、$^3P_2$ 这三个能级,不受选择定则的限制. 然而,汞原子从这三个能级回到基态则必定受选择定则的限制: $^3P_2 \to {}^1S_0$ 时 $\Delta J=2$,$^3P_0 \to {}^1S_0$ 时 $J=0 \to J=0$,二者都属于禁

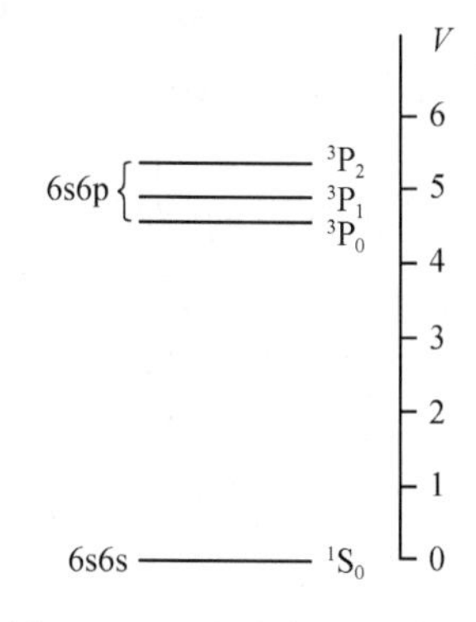

图 1.1.5　汞原子的几个能级

止的跃迁；只有$^3P_1 \to {}^1S_0$时$\Delta J=1$是允许的跃迁. 所以，$^3P_0$、$^3P_2$都是亚稳态能级，如无外界影响，不会以电磁辐射形式自动回到基态$^1S_0$，处于$^3P_1$的原子则会很快以辐射跃迁形式自动回到$^1S_0$.

假设全部汞原子最初都处于基态，电子从阴极到栅极的加速过程中，一旦在某一区域其能量达到足以使汞原子激发到$^3P_0$的程度，则$^3P_0$态的汞原子便会骤增，而且维持较大的数目. 以后由阴极过来的电子在此区域只能和$^3P_0$态的汞原子发生弹性碰撞. 当电子能量足够，穿过此区域，又遇到基态原子时，便会把大量基态原子激发到$^3P_1$态，由于$^3P_1$的原子会很快回到$^1S_0$，所以不会造成$^3P_1$原子的积聚，前面所述板极电流起伏的现象可以正常地出现. 同时，这也说明图 1.1.1 所示装置不易观察到 4.7eV 的电子能量损失.

4. 接触电势差和空间电荷

实际的 F-H 管的阴极和栅极往往是由不同的金属材料制作的，因此会产生接触电势差. 接触电势差的存在，使真正加到电子上的加速电压不等于V_{GK}，而是V_{GK}与接触电势差的代数和. 这将影响 F-H 实验曲线第一个峰的位置，使它左移或右移. 开始，阴极 K 附近积聚较多电子，这些空间电荷使 K 发出的电子受到阻滞而不能全部参与导电. 随着V_{GK}的增大，空间电荷逐渐被驱散，参与导电的电子逐渐增多，所以I_P-V_{GK}曲线的总趋势呈上升状.

5. 充氩(或氖)的 F-H 管

它的构造与充汞的 F-H 管完全相同，只是在管内抽真空后不充入汞，而充入惰性气体氩(或氖). 由于充惰性气体的 F-H 管内的气压受温度的影响不大，在常温下就可以进行实验.

二、实验仪器装置

实验仪器包括 F-H 管、加热炉、温控装置、F-H 管电源组、扫描电源和微电流放大器、计算机及其接口等几部分. 实验装置及接线图如图 1.1.6 所示，说明如下：

(1) F-H 管采用旁热式阴极，灯丝 F 与阴极 K 之间有良好的绝缘，阴极 K 敷有氧化物，易于发射电子，栅极为网状. K 与G_1的间距很近，G_2与G_1的间距相对于 K 与G_1的间距要大得多，G_2靠近屏极 P.

(2) 为了得到适当的汞蒸气压，F-H 管要在加热炉内加热，并适当调整和控制加热炉温度. 温度高时，汞的蒸气压高，汞原子的密度大，电子的平均自由程就短，激发汞原子较低能级的概率大；反之，温度较低时，汞的蒸气压低，汞原子的密度小，电子的平均自由程就大，电子有可能激发汞原子的较高能级甚至使汞原子电离.

(3) 加热炉带有温控装置，接通加热炉电源，设定炉温后即开始加热. 达到预定温度后指示加热炉工作情况的发光二极管(LED)会发生跳变，加热炉停止加热. 由于不断向外散热，炉温低于设定温度后温控装置会自动通电加热. 实验过程中加热炉外壳温度很高，应防止灼伤身体和烧坏连线.

(4) F-H 管电源组提供 1～5V 连续可调的直流电压作为灯丝电压 V_F，灯丝温度对阴极的发射系数有很大影响. 使用时灯丝电压按照实验室给出的数据调整，切勿调得过高，以免降低管子的寿命；F-H 管电源组还分别提供一个 0～5V 和一个 0～15V 直流连续可调电压，使用时根据需要接入电路. 扫描电源提供 0～90V 的可调直流电压或慢扫描输出锯齿波电压，作为 F-H 管的加速电压供手动测量或函数记录仪测量. 各电压的参考值由实验室给出.

(5) 微电流放大器用来检测 F-H 管的板极电流，弗兰克-赫兹实验中到达板极的电流很小，为 10^{-8}～10^{-7}A，现在一般采用运算放大器进行放大(它具有高灵敏度低内阻的优点)，再送到表头显示出来.

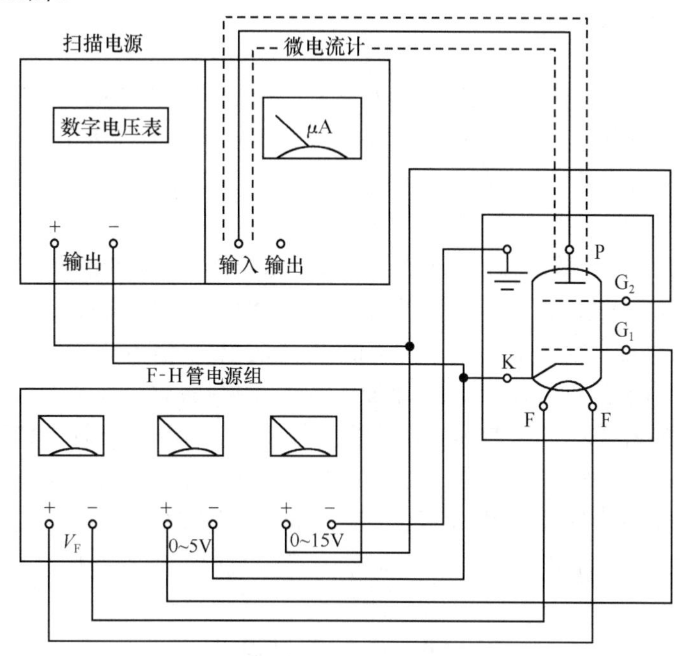

图 1.1.6 F-H 实验装置及接线图

三、实验内容

1. 预热与控温

使加热炉温度稳定在适当值(此值可由实验室给出)，以保证在此温度下有利于电子激发汞原子到 $^3P_1$ 态，并将激发到高能态和电离的概率限制到最小(在炉温达到设定值以前，先不要通电测量).

2. 观测 I_P-V_{G_2K} 曲线

(1) 按图 1.1.6 接线，先将灯丝电压 V_F、栅极 G_1 电压 V_{G_1K}、反向拒斥电压 V_{PG_2} 调到推荐值(由实验室给出)，将开关放在“手动”或“自动”位置，分别用电压表、电流表或记录仪、示波器测绘 I_P-V_{G_2K} 曲线. 这里 V_{G_1K} 的作用一是控制管内电子流的大小，二是抵消阴极 K 附近电子云形成的负电势的影响. V_{G_2K} 是加速电压.

注意 如发现电流计上读数迅速增加并超出量程,表明 F-H 管发生击穿,应立即调低 V_{G_2K}! 待降低灯丝电压(每次减小 0.1～0.2V)或升高加热炉温度后再试.

(2) 在温度不变情况下,观察并记录 I_P-V_{G_2K} 曲线随灯丝电压变化情况,可先后取三种不同灯丝电压.

(3) 将加热炉温度降低,依次保持几个不同温度,分别记录汞在这几个不同温度下的 I_P-V_{G_2K} 曲线.

3. 计算汞的第一激发电势值,并估计其不确定度范围

*4. 设计性实验训练

(1) 利用计算机及其接口实现数据自动采集、测试和处理. 求得汞的第一激发电势值,并观察在计算机上作出的 I_P-V_{G_2K} 曲线. 这部分工作要在完成传统实验的基础上才能进行,即在对实验方法和实验条件的选择与屏极电流大小已经清楚,并且对击穿等情况会有效处置的情况下再利用计算机操作.

(2) 测量汞原子的高激发态:在测量汞的第一激发电势时,加热炉温度较高,汞的蒸气压大,原子密度大,电子与汞原子碰撞的概率大,往往使电子的动能刚刚达到 4.9eV 就发生了非弹性碰撞,把能量交给了汞原子;而要测量更高的激发电势,必须使电子达到更高的动能. 这就要求增大电子的自由程,减小与汞原子的碰撞概率;可以通过降低加热炉和管子的温度,减小汞原子的密度来实现. 具体电路可参照图 1.1.3 即弗兰克-赫兹实验改进仪器图,只在 KG_1 之间加速,G_1G_2 连在一起(或只加一个 1V 的小电压)形成碰撞区. 实验时应调节各种参数,特别是 F-H 管的温度(参考温度可由实验室给出),调节灯丝电压与减速电压,KG_1 间的加速电压不要超过 25V. 即可以由 I_P-V_{G_2K} 曲线观察到汞原子的更高一些的激发电势.

四、思考与讨论

(1) 当实验内容 1 中温度条件满足时,记录的 I_P-V_{G_2K} 曲线应具有什么特征? 影响此曲线的因素是哪些? 为什么温度低时充汞 F-H 管的 I_P 很大?

(2) 实验内容 2(2)中取不同的灯丝电压时,曲线 I_P-V_{G_2K} 应有何变化? 为什么?

(3) 实验内容 2(3)中取加热炉的几个不同温度时,曲线 I_P-V_{G_2K} 有何变化? 为什么? 是否出现了电离现象?

(4) 在原有实验装置的基础上,要用光谱实验方法测算汞的第一激发态和基态间的能量差,如何改进现在装置,并配置什么设备才能完成实验?

(5) 在 F-H 管的 I_P-V_{G_2K} 曲线上第一个峰的位置,是否对应于汞原子的第一激发电势? 为什么?

参 考 文 献

褚圣麟. 1979. 原子物理学. 北京:高等教育出版社:42～48.

戴道宣,戴乐山. 2006. 近代物理实验. 2 版. 北京:高等教育出版社:55～77.

吴思诚,王祖铨. 1995. 近代物理实验. 2版. 北京:北京大学出版社:33~40.

傅怀平 刘战存 编

1.2 钠原子光谱

研究原子光谱,可以了解原子的内部结构,认识原子内部电子的运动. 钠原子是一个多电子原子,既存在着原子核和电子的相互作用,又存在着电子之间的相互作用,还有电子自旋运动与轨道运动的相互作用.

本实验通过对钠原子光谱的观察、拍摄与分析,加深对碱金属原子的外层电子与原子实相互作用以及自旋与轨道运动相互作用的了解,在分析光谱线系和测量波长的基础上,计算钠原子的价电子在不同轨道运动时的量子缺,并绘制钠原子的部分能级图.

一、实验原理

在原子物理中,氢原子光谱的规律告诉我们:当原子在主量子数 n_2 与 n_1 的上下两能级间跃迁时,它们的谱线波数可以用两光谱项之差表示

$$\tilde{\nu}=\frac{R}{n_1^2}-\frac{R}{n_2^2} \tag{1.2.1}$$

式中 R 为里德伯常量(109 677.58cm^{-1}). 当 $n_1=2$,$n_2=3,4,5,\cdots$时,则为巴耳末线系.

对于只有一个价电子的碱金属原子(Li,Na,K,…),其价电子是在核和内层电子所组成的原子实的库仑场中运动,和氢原子有点类似. 但是,由于原子实的存在,价电子处在不同量子态时,或者按轨道模型的描述,处于不同的轨道时,它和原子实的相互作用是不同的. 因为价电子处于不同轨道时,它们的轨道在原子实中贯穿的程度不同,所受到的作用不同. 还有,价电子处于不同轨道时,引起原子实极化的程度也不同. 这二者都要影响原子的能量. 即使电子所处轨道的主量子数 n 相同而轨道量子数 l 不同,原子的能量也是不同的,因此原子的能量与价电子所处轨道的量子数 n、l 都有关. 轨道贯穿和原子实极化都使原子的能量减少,量子数 l 越小,轨道进入原子实部分越多,原子实的极化也越显著,因而原子的能量减少得越多. 与主量子数 n 相同的氢原子相比,碱金属原子的能量要小,而且不同的轨道量子数 l 对应着不同的能量. l 值越小,能量越小;l 越大,越接近相应的氢原子的能级.

对于钠原子,我们可以用有效量子数 n^* 代替 n,来统一描述原子实极化和轨道贯穿的总效果. 若不考虑电子自旋和轨道运动的相互作用引起的能级分裂,可把光谱项表示为

$$T_{nl}=\frac{R}{n^{*2}}=\frac{R}{(n-\Delta_l)^2} \tag{1.2.2}$$

式中 Δ_l 称为量子缺;而 n^* 不再是整数,由于 $\Delta_l>0$,因此有效量子数 n^* 比主量子数 n 要小. 理论计算和实验观测都表明,当 n 不很大时,量子缺的大小主要决定于 l,而与 n 的关系很小,在本实验中近似认为它是一个与 n 无关的量.

由于由上能级跃迁到下能级时,发射光谱谱线的波数可表示为

$$\tilde{\nu}=\frac{R}{n_1^{*2}}-\frac{R}{n_2^{*2}}=\frac{R}{(n'-\Delta_l')^2}-\frac{R}{(n-\Delta_l)^2} \tag{1.2.3}$$

式中 n_2^* 与 n_1^* 分别为上、下能级的有效量子数,n、Δ_l 与 n'、$\Delta_{l'}$ 分别为上、下能级的主量子数与量子缺,式(1.2.3)以两个光谱项之差的形式表达了钠原子某一谱线的波数值,l 及 l' 分别为上、下能级所属轨道量子数.

如果令 n',l' 固定,而 n 依次改变(l 的选择定则为 $l'-l=\pm1$),则可得到一系列的 $\tilde{\nu}$ 值,从而构成一个光谱线系.在光谱学中通常用 $n'l'-nl$ 这种符号表示线系,当 $l=0,1,2,3,\cdots$ 时,分别以 S,P,D,F,…表示.钠原子光谱有四个线系

主线系(P 线系):　3S-nP 跃迁,　$n=3,4,5,\cdots$

漫线系(D 线系):　3P-nD 跃迁,　$n=3,4,5,\cdots$

锐线系(S 线系):　3P-nS 跃迁,　$n=4,5,6,\cdots$

基线系(F 线系):　3D-nF 跃迁,　$n=4,5,6,\cdots$

在各线系中,式(1.2.3)中 n',l' 是不变的,第一项称为固定项,以 $A_{n'l'}$ 表示;第二项称为可变项,因此式可写成

$$\tilde{\nu}=A_{n'l'}-\frac{R}{(n-\Delta_l)^2} \tag{1.2.4}$$

钠原子光谱具有碱金属原子光谱的典型特征,一般可以观测到四个光谱线系,分析钠原子谱线时,可以发现以下几点:

(1) 主线系和锐线系都分裂成双线结构.漫线系和基线系为三重结构(要用分辨率较高的仪器方可分辨).对于不同的线系,这种分裂的大小和各线的强度比是不同的,但它们都是有规律的,这称为精细结构.这种精细结构可用电子自旋与轨道耦合而引起能级分裂来解释,本实验不准备作详细研究.

(2) 主线系在可见光区只有一对共振线——钠黄线,其余都在紫外区.由于自吸收,所得到的钠黄线实际上是一对吸收谱线.主线系各对谱线的间隔向短波方向有规律地递减.

(3) 锐线系的谱线除第一组在红外区,其余均在可见光区,通常可测到 3～4 组谱线,谱线较明锐,边缘较清晰,各双线都是等宽的.

(4) 漫线系的谱线除第一组在红外区,其余亦在可见光区,也可测到 3～4 组谱线,但谱线稍弱,边缘漫散模糊.

(5) 基线系在红外区,谱线很弱,本实验不作研究.

用摄谱仪拍摄的光谱中,这些线系的谱线互相穿插排列,根据强度、间隔和线型(精细结构),可以区分出属于同一线系的各谱线,每个线系中的各谱线的强度都是向短波方向有规律地递减.

二、实验仪器装置

1. 摄谱仪

用一般的玻璃棱镜摄谱仪可拍摄到可见光区的谱线;用石英棱镜摄谱仪和光栅摄谱仪则可拍摄到紫外、可见光、红外区的全部谱线.图 1.2.1 为一种实验室常见小型棱镜摄谱仪的光路图.其中的光阑是摄谱仪的重要附件,利用光阑的 A 部分可以改变摄谱仪的狭缝高度;还可以利用光阑 B 部分的三个小孔和固定底片盒,并排拍摄铁谱和钠谱,以便测定钠谱线的波长.

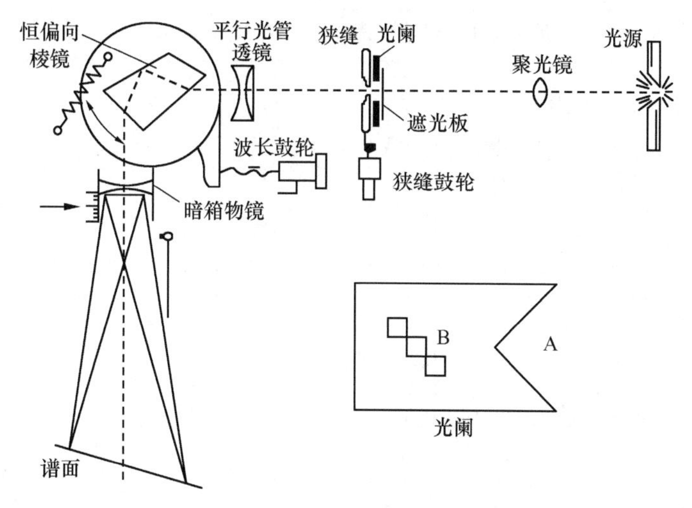

图 1.2.1　小型棱镜摄谱仪光路图

2. 光谱投影仪

利用光谱投影仪(图 1.2.2)和铁光谱标准图,可以辨认钠原子光谱各线系的谱线以及相邻铁谱线的波长.

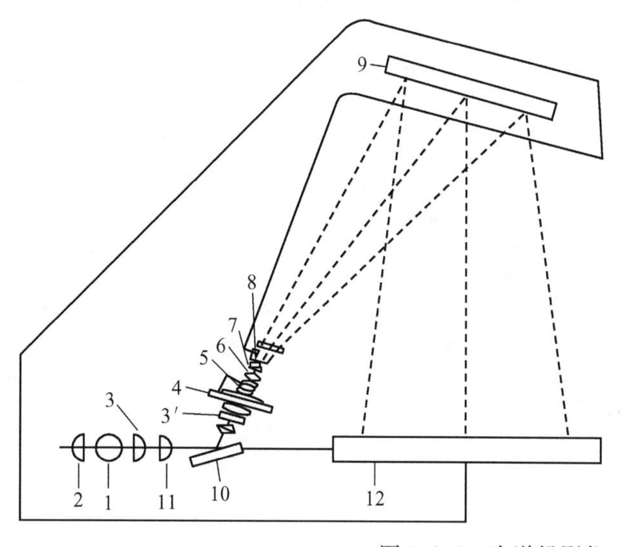

1.光源；2.球面反射镜；3.聚光镜；3′.聚光镜组；4.光谱底板；5.透镜；6.投影物镜组；7.棱镜；8.调节透镜；9.平面反射镜；10.反射镜；11.隔热玻璃；12.投影屏

图 1.2.2　光谱投影仪

3. 比长计

使用比长计可以利用内插法测出钠原子光谱各线系谱线的波长.

4. 暗房设施

为了冲洗所拍摄的光谱底片,在暗房中备有显影和定影药水以及定时钟等整套的冲洗工具.

5. 里德伯表

里德伯表见表 1.2.1.

表 1.2.1　里德伯表 109 737.31/$(m+\alpha)^2$

α	1 m	12	2	23	3	34	4	45	5
0.00	109 737.31	82 302.98	27 434.33	15 241.30	12 193.03	5 334.45	6 858.58	2 469.09	4 389.49
0.02	105 476.08	78 582.32	26 893.76	14 861.69	12 032.07	5 241.56	6 790.51	2 435.92	4 354.59
0.04	101 458.31	75 089.29	26 369.02	14 494.74	11 874.28	150.84	6 723.44	2 403.35	4 320.09
0.06	97 665.81	71 806.33	25 859.48	14 139.92	11 719.56	5 062.20	6 657.36	2 371.35	4 286.01
0.08	94 082.06	68 717.48	25 364.58	13 796.72	11 567.86	4 975.61	6 592.25	2 339.92	4 252.33
0.10	90 691.99	65 808.25	24 883.74	13 464.67	11 419.07	4 890.97	6 528.10	2 309.06	4 219.04
0.12	87 481.91	63 065.46	24 416.45	13 143.31	11 273.14	4 808.27	6 464.87	2 278.72	4 186.15
0.14	84 439.30	60 477.10	23 962.20	12 832.20	11 130.00	4 727.44	6 402.56	2 248.93	4 153.63
0.16	81 552.70	58 032.19	23 520.51	12 530.96	10 989.55	4 648.41	6 341.14	2 219.64	4 121.50
0.18	78 811.63	55 720.71	23 090.92	12 239.16	10 851.76	4 571.15	6 280.61	2 190.88	4 089.73
0.20	76 206.46	53 533.46	22 673.00	11 956.47	10 716.53	4 495.59	6 220.94	2 162.61	4 058.33
0.22	73 728.37	51 462.06	22 266.31	11 682.49	10 583.82	4 421.71	6 162.11	2 134.82	4 027.29
0.24	71 369.22	49 498.74	21 870.48	11 416.92	10 453.56	4 349.45	6 104.11	2 107.50	3 996.61
0.26	69 121.51	47 636.41	21 485.10	11 159.41	10 325.69	4 278.76	6 046.93	2 080.66	3 966.27
0.28	66 978.34	45 868.52	21 109.82	10 909.67	10 200.15	4 209.60	5 990.55	2 054.27	3 936.28
0.30	64 933.32	44 189.03	20 744.29	10 667.40	10 076.89	4 141.94	5 934.95	2 028.32	3 906.63
0.32	62 980.55	42 592.38	20 388.17	10 432.32	9 955.85	4 075.72	5 880.13	2 002.82	3 877.31
0.34	61 114.56	41 073.41	20 041.15	10 204.18	9 836.97	4 010.91	5 826.06	1 977.73	3 848.33
0.36	59 330.29	39 627.38	19 702.91	9 982.70	9 720.21	3 947.48	5 772.73	1 953.07	3 819.66
0.38	57 623.04	38 249.88	19 373.16	9 767.64	9 605.52	3 885.39	5 720.13	1 928.82	3 791.31
0.40	55 988.42	36 936.80	19 051.62	9 558.77	9 492.85	3 824.60	5 668.25	1 904.97	3 763.28
0.42	54 422.39	35 684.38	18 738.01	9 355.87	9 382.14	3 765.07	5 617.07	1 881.51	3 735.56
0.44	53 921.16	34 489.07	18 432.09	9 158.72	9 273.37	3 706.79	5 566.58	1 858.44	3 708.14
0.46	51 481.19	33 347.59	18 133.60	8 967.13	9 166.47	3 649.70	5 516.77	1 835.74	3 681.03
0.48	50 099.21	32 256.91	17 842.30	8 780.89	9 061.41	3 593.79	5 467.62	1 813.41	3 654.21
0.50	48 772.14	31 214.17	17 557.97	8 599.82	8 958.15	3 539.02	5 419.13	1 791.45	3 627.68
0.52	47 497.10	30 216.72	17 280.38	8 423.74	8 856.64	3 485.36	5 371.28	1 769.84	3 601.44
0.54	46 271.42	29 262.10	17 009.32	8 252.47	8 756.85	3 432.79	5 324.06	1 748.58	3 575.48
0.56	45 092.58	28 348.00	16 744.58	8 085.85	8 658.73	3 381.27	5 277.46	1 727.65	3 549.81
0.58	43 958.22	27 472.24	16 485.98	7 923.72	8 562.26	3 330.79	5 231.47	1 707.06	3 524.41
0.60	42 866.14	26 632.81	16 233.33	7 765.94	8 467.39	3 281.32	5 186.07	1 686.79	3 499.28
0.62	41 814.25	25 827.81	15 986.44	7 612.36	8 374.08	3 232.81	5 141.27	1 666.86	3 474.41
0.64	40 800.61	25 055.47	15 745.14	7 462.83	8 282.31	3 185.27	5 097.04	1 647.22	3 449.82
0.66	39 823.38	24 314.12	15 509.26	7 317.21	8 192.05	3 138.66	5 053.39	1 627.91	3 425.48
0.68	38 880.85	23 602.21	15 278.64	7 175.40	8 103.24	3 092.95	5 010.29	1 608.89	3 401.40
0.70	37 971.39	22 918.30	15 053.09	7 037.22	8 015.87	3 048.13	4 967.74	1 590.17	3 377.57
0.72	37 093.47	22 260.90	14 832.57	6 902.66	7 929.91	3 004.18	4 925.73	1 571.74	3 353.99
0.74	36 245.64	21 628.81	14 616.83	6 771.50	7 845.33	2 961.08	4 884.25	1 553.59	3 330.66
0.76	35 426.56	21 020.80	14 405.76	6 643.67	7 762.09	2 918.80	4 843.29	1 535.72	3 307.57
0.78	34 634.93	20 435.70	14 199.23	6 519.06	7 680.17	2 877.33	4 802.84	1 518.12	3 284.72
0.80	33 869.54	19 872.43	13 997.11	6 397.57	7 599.54	2 836.64	4 762.90	1 500.79	3 262.11
0.82	33 129.24	19 329.97	13 799.27	6 279.10	7 520.17	2 796.71	4 723.46	1 483.73	3 239.73
0.84	32 412.96	18 807.36	13 605.60	6 163.55	7 442.04	2 757.54	4 684.50	1 446.93	3 217.57
0.86	31 719.65	18 303.68	13 415.97	6 050.85	7 365.12	2 719.09	4 646.03	1 450.38	3 195.65
0.88	31 048.36	17 818.07	13 230.29	5 940.91	7 289.38	2 681.36	4 608.02	1 434.07	3 173.95
0.90	30 398.15	17 349.72	13 048.43	5 833.62	7 214.81	2 644.33	4 570.48	1 418.02	3 152.46
0.92	29 768.15	16 897.85	12 870.30	5 728.92	7 141.38	2 607.98	4 533.40	1 402.20	3 131.20
0.94	29 157.54	16 461.75	12 695.79	5 626.73	7 069.06	2 572.29	4 496.77	1 386.62	3 110.15
0.96	28 565.52	16 040.72	12 524.80	5 526.96	6 997.84	2 537.26	4 460.58	1 371.27	3 089.31
0.98	27 991.35	15 634.10	12 357.25	5 429.56	6 927.69	2 502.87	4 424.82	1 356.14	3 068.68

56	6	67	7	78	8	89	9	9 10 m	10	α
1 341.23	3 048.26	808.72	2 239.54	524.89	1 714.65	359.87	1 354.78	257.41	1 097.37	0.00
1 326.55	3 028.04	801.25	2 226.79	520.69	1 706.10	357.32	1 348.78	255.78	1 093.00	0.20
1 312.07	3 008.02	793.86	2 214.16	516.53	1 697.63	354.81	1 342.82	254.17	1 088.65	0.40
1 297.81	2 988.20	786.57	2 210.63	512.42	1 689.21	352.31	1 336.90	252.58	1 084.32	0.06
1 283.76	2 968.57	779.36	2 189.21	508.35	1 680.86	349.85	1 331.01	250.99	1 080.2	0.08
1 269.91	2 949.13	772.23	2 176.90	504.33	1 672.57	347.40	1 325.17	249.42	1 075.75	0.10
1 256.26	2 929.89	765.21	2 164.68	500.34	1 664.34	344.98	1 319.36	247.86	1 071.50	0.12
1 242.80	2 910.83	758.26	2 152.57	496.40	1 656.17	342.57	1 313.60	246.32	1 067.28	0.14
1 229.54	2 891.96	751.40	2 140.56	492.50	1 648.06	340.19	1 307.87	244.79	1 063.08	0.16
1 216.45	2 873.28	744.62	2 128.66	488.65	1 640.01	337.84	1 302.17	243.26	1 058.91	0.18
1 203.56	2 854.77	737.92	2 116.85	484.83	1 632.02	335.50	1 296.52	241.76	1 054.76	0.20
1 190.85	2 836.44	731.31	2 105.13	481.04	1 624.09	333.19	1 290.90	240.26	1 050.64	0.22
1 178.32	2 818.29	724.77	2 093.52	477.30	1 616.22	330.90	1 285.32	238.78	1 046.54	0.24
1 165.96	2 800.31	718.31	2 082.00	473.60	1 608.40	328.63	1 279.77	237.31	1 042.46	0.26
1 153.78	2 782.50	711.92	2 070.58	469.94	1 600.64	326.38	1 274.26	235.85	1 038.41	0.28
1 141.77	2 764.86	705.61	2 059.25	466.31	1 592.94	324.15	1 268.79	234.41	1 034.38	0.30
1 129.92	2 747.39	699.38	2 048.01	432.72	1 585.29	321.94	1 263.35	232.98	1 030.37	0.32
1 118.25	2 730.08	693.22	2 036.86	459.17	1 577.60	319.75	1 257.94	231.55	1 026.39	0.34
1 106.72	2 712.94	687.13	2 025.81	455.66	1 570.15	317.58	1 252.57	230.14	1 022.43	0.36
1 095.35	2 695.96	681.12	2 014.84	452.17	1 562.67	315.43	1 247.24	228.74	1 018.50	0.38
1 084.15	2 679.13	675.16	2 003.97	448.74	1 555.23	313.30	1 241.93	227.35	1 014.58	0.40
1 073.09	2 662.47	669.29	1 993.18	445.33	1 547.85	311.18	1 236.67	225.98	1 010.69	0.42
1 062.18	2 645.96	663.48	1 982.48	441.95	1 540.53	309.10	1 231.43	224.61	1 006.82	0.44
1 051.43	2 629.60	657.74	1971.86	438.61	1 533.25	307.02	1 226.23	223.25	1 002.98	0.46
1 040.82	2 613.39	652.06	1 961.33	435.30	1 526.03	304.97	1 221.06	221.91	999.15	0.48
1 030.35	2 579.33	646.44	1 950.89	432.03	1 518.86	302.93	1 215.93	220.58	995.35	0.50
1 020.02	2 581.42	640.90	1 940.52	428.79	1 511.73	300.91	1 210.82	219.25	991.57	0.52
1 009.82	2 565.66	635.42	1 930.24	425.58	1 504.66	298.91	1 205.75	217.94	987.81	0.54
999.77	2 550.04	630.00	1 920.04	422.40	1 497.64	296.93	1 200.71	216.64	984.07	0.56
989.85	2 534.56	624.64	1 909.92	419.26	1 490.66	294.96	1 195.70	215.35	980.35	0.58
980.06	2 519.22	619.34	1 899.88	416.14	1 483.74	293.01	1 190.73	214.07	976.66	0.60
970.39	2 504.02	614.10	1 889.92	413.06	1 476.86	291.08	1 185.78	212.80	972.98	0.62
960.86	2 488.96	608.92	1 880.04	410.01	1 470.03	289.17	1 180.86	211.53	969.33	0.64
951.44	2 474.04	603.80	1 870.24	406.99	1 463.25	287.27	1 175.98	210.29	965.69	0.66
942.16	2 459.24	598.73	1 860.51	404.00	1 456.51	285.38	1 171.13	209.05	962.08	0.68
932.99	2 444.58	593.72	1 850.86	401.03	1 449.83	283.53	1 166.30	207.81	958.49	0.70
923.94	2 430.05	588.77	1 841.28	398.10	1 443.18	281.67	1 161.51	206.59	954.92	0.72
915.01	2 415.65	583.87	1831.78	395.19	1 436.59	279.85	1 156.74	205.38	951.36	0.74
906.19	2 401.38	579.03	1 822.35	392.32	1 430.03	278.02	1 152.01	204.18	947.83	0.76
897.49	2 387.23	574.24	1 812.99	389.46	1 423.53	276.23	1 147.30	202.99	944.31	0.78
888.90	2 373.21	569.51	1 803.70	386.64	1 417.06	274.44	1 142.62	201.80	940.82	0.80
880.42	2 359.31	564.82	1 794.49	383.85	1 410.64	272.67	1 137.97	200.62	937.35	0.82
872.03	2 345.54	560.19	1 785.35	381.08	1 404.27	270.92	1 133.35	199.46	933.89	0.84
863.77	2 331.88	555.61	1 776.27	378.34	1 397.93	269.17	1 128.76	198.31	930.45	0.86
855.61	2 318.34	551.07	1 767.27	375.63	1 391.64	267.45	1 124.19	197.15	927.04	0.88
847.54	2 304.92	546.59	1 758.33	372.93	1 385.40	265.75	1 119.65	196.01	923.64	0.90
839.58	2 291.62	542.16	1 749.46	370.27	1 379.19	264.05	1 115.14	194.88	920.26	0.92
831.72	2 278.43	537.77	1 740.66	367.63	1 373.03	262.37	1 110.66	193.76	916.90	0.94
823.96	2 265.35	533.43	1 731.92	365.02	1 366.90	260.69	1 106.21	192.66	913.55	0.96
816.29	2 252.39	529.14	1 723.25	362.43	1 360.82	259.04	1 101.78	191.55	910.23	0.98

三、实验内容

1. 拍摄钠原子光谱

用光谱纯碳棒做电极,上电极磨成圆锥形、下电极顶端钻一个直径为 2～3mm 的小洞,把纯 NaCl 结晶粉末放进小洞内,拍摄钠原子光谱.

为了使每条待测谱线都有感光合适、适于观测的像,可以利用光阑 B 部分分别拍摄几组不同的钠光谱及供对比的铁光谱. NaCl 粉末对摄谱仪有锈蚀作用,实验时要注意保持仪器清洁.

2. 测量钠原子谱线的波数

底片冲洗风干后,在光谱投影仪下认谱,并在比长仪下测量谱线. 用内插法测量钠原子谱线的锐线系各谱线波长.

各谱线波长测定后,把波长换算成波数,即每一线系中相邻两谱线的波数差为

$$\Delta\tilde{\nu}=\tilde{\nu}_{n+1}-\tilde{\nu}_n=\frac{R}{(n-\Delta_l)^2}-\frac{R}{(n+1-\Delta_l)^2} \tag{1.2.5}$$

为了计算方便,令 $n-\Delta_l=m+\alpha$,其中为 m 整数,α 为正小数,式(1.2.5)可写成

$$\Delta\tilde{\nu}=\tilde{\nu}_{n+1}-\tilde{\nu}_n=\frac{R}{(m+\alpha)^2}-\frac{R}{(m+1+\alpha)^2} \tag{1.2.6}$$

算出 $\Delta\tilde{\nu}$ 后,可借助里德伯表直接查出 m 和 α,代入 $n-\Delta_l=m+\alpha$,已知 n 值,即可求出 Δ_l 值.

3. 求固定项

$$A_{n'l'}=\tilde{\nu}_1+\frac{R}{(n-\Delta_l)^2} \tag{1.2.7}$$

4. 绘制能级图

计算出锐线系有关能级的光谱项值(T_{3P},T_{5S},T_{6S},T_{7S},…),以波数为单位,绘出钠原子的锐线系的能级图. 为了比较起见,在同一能级图上画出主量子数相同的氢原子能级位置,氢原子能级的波数按下式计算:

$$T_{(n)}=\frac{R_H}{n^2}\quad(\text{其中 }R_H=109\,677.58\text{cm}^{-1})$$

*5. 进一步实验

参照上述各步骤,观察并测量钠原子光谱的其他线系(如漫线系)各谱线的波长,计算线系中相邻两谱线的波数差,找出 Δ_l 值和固定值,绘出能级图.

四、思考与讨论

(1) 在拍摄所得的光谱底片上如何判别波长短的方向?

(2) 在实验中你应怎样判别各线系的谱线以及各谱线所对应的主量子数?

附 录

1. 用比较光谱法(或称内插法)测定各谱线波长的方法

如图 1.2.3 所示,用光阑并排拍摄铁谱和钠谱,并在被测谱线 λ_x 两旁各找出最靠近的一条已知波长的铁谱线 λ_1 和 λ_2($\lambda_2>\lambda_1$),测得它们相应位置的读数分别是 d_1、d_x、d_2,用线性内插法可得

$$\frac{\lambda_2-\lambda_1}{d_2-d_1}=\frac{\lambda_x-\lambda_1}{d_x-d_1}$$

则

$$\lambda_x=\lambda_1+\frac{d_x-d_1}{d_2-d_1}(\lambda_2-\lambda_1)$$

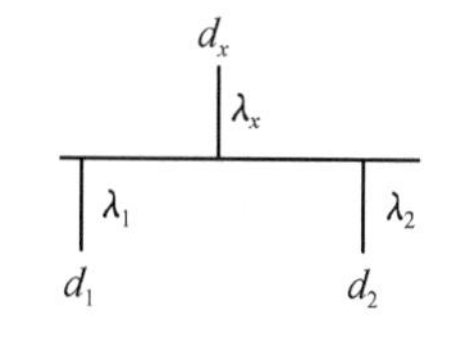

图 1.2.3 用比较光谱法测定谱线波长

2. 计算出波数、波数差后,利用里德伯表及内插法求 m 和 α 并计算 Δ_l 及固定项 $A_{n'l'}$ 的方法

例 测得主线系第二条谱线(3S-4P)与第三条谱线(3S-5P)双线的平均波长分别为 $\lambda_1=330.266\text{nm}$,$\lambda_2=285.293\text{nm}$.

(1) 求 $\Delta\tilde{\nu}$:当算出波数分别为 $\tilde{\nu}_1=30\ 278.62\text{cm}^{-1}$ 及 $\tilde{\nu}_2=35\ 051.68\text{cm}^{-1}$ 后,则 $\Delta\tilde{\nu}=4\ 773.06\text{cm}^{-1}$,这就是 4P 与 5P 能级之间的波数差.

这个数值在里德伯表中介于 4 727.44 和 4 808.27 之间(在 m 为 3 和 4 之间 34 一行),4 727.44 的左侧 11 130.00 即 3P 的项值 T_{3P},其对应的 $m=3$,$\alpha=0.14$,有效量子数 $n_1'^*=3.14$;右侧为 $T_{4P}=6\ 402.56$,对应的 $m=4$,$\alpha=0.14$,其有效量子数为 $n_2'^*=4.14$. 也就是说,4 727.44 实为 $n_1'^*=3.14$ 和 $n_2'^*=4.14$ 两光谱项之差. 同理 4 808.27 实为 $n_1''^*=3.12$ 和 $n_2''^*=4.12$ 两光谱项之差. 可见所测得的 $\Delta\tilde{\nu}=4\ 773.06$(项值差)应为 n_1^* 与 n_2^* 两光谱项之差,而 n_1^* 应介于 3.12 与 3.14 之间,n_2^* 介于 4.12 与 4.14 之间,差别在小数部分.

(2) 求 α、m 和 Δ_l 值.

$$\alpha=0.12+\frac{4\ 808.27-4\ 773.06}{4\ 808.27-4\ 727.44}\times(0.14-0.12)=0.129$$

根据 $n-\Delta_l=m+\alpha$,当 $n=4$ 时(主线系第二条谱线),因为 $(m+\alpha)=n_1^*=3.129$,则 $(m+1+\alpha)=n_2^*=4.129$,即 $m=3$,得到 $\Delta_l=0.871$.

(3) 求固定项.

$$A_{n'l'}=\tilde{\nu}+\frac{R}{(n-\Delta_l)^2}=30\ 278.62+\frac{109\ 737.31}{(4-0.871)^2}=41\ 487.01(\text{cm}^{-1})$$

3. 用光栅光谱仪测量钠原子光谱

近年来,配备计算机控制的光栅光谱仪已比较普遍地应用于国内高等院校的光谱实验教学. 由于其免暗房冲洗,可直接观测谱线分布,读出待测谱线的波长,具有快捷、方便、准确、重复性好、可实时进行数据处理等特点. 在原子光谱实验教学中得到广泛的应用.

光栅光谱仪的基本光路如图 1.2.4 所示,实验中所用光栅光谱仪的具体构造、主要性

能、使用方法及附件可参考生产厂家的产品说明书. 使用光栅光谱仪测钠原子光谱的主要实验内容要求为:①了解光栅光谱仪的结构、工作原理及使用方法;②用光栅光谱仪观察钠原子的各个线系谱线,读出各线系谱线的波长及作出部分能级图.

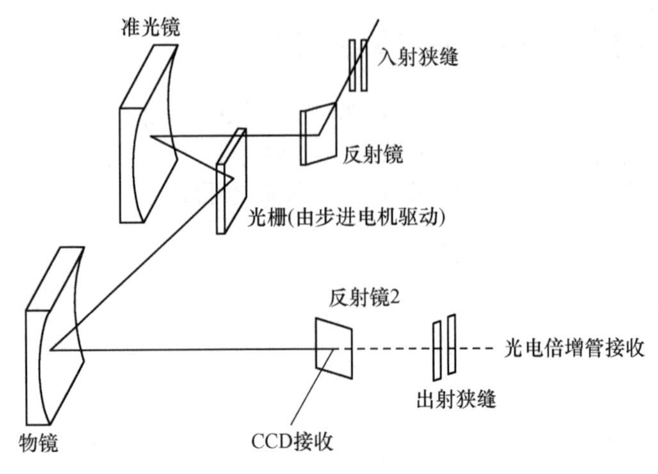

图 1.2.4 光栅光谱仪基本光路图

参 考 文 献

褚圣麟. 1997. 原子物理学. 北京:高等教育出版社.
吴思诚,王祖铨. 1995. 近代物理实验. 2 版. 北京:北京大学出版社.

孙番典 编

1.3 密立根油滴实验

美国物理学家密立根(R. A. Millikan)为证明电荷的量子性,从 1906 年起致力于细小油滴带电量的测量. 起初他是对油滴群进行观测,后来才转向对单个油滴观测. 他用了 11 年的时间,经过多次重大改进,终于以上千个油滴的确凿实验数据,不可置疑地首先证明了电荷的量子性,即任何电量都是某一基本电荷 e 所带电量的整数倍,该基本电荷即是电子所带电荷,他得出基本电荷的电量值为 $(4.770\pm0.005)\times10^{-10}$ 静电单位. 密立根因测出电子电量及其他方面的贡献,荣获 1923 年度诺贝尔物理学奖. 从他的成功过程可看出,在科学探索中,只要具备了基本条件,思想方法正确,百折不挠地干下去,认识就能不断深化,并能最终获得成功.

本实验的目的,是让读者通过亲自验证电荷的颗粒性,并在测定电子电量 e 的过程中,学习密立根的物理思想、实验技术和坚韧不拔的科研精神.

一、实 验 原 理

1. 油滴在电容器内所受的力

如图 1.3.1 所示,在水平放置的空气平行板电容器内,设有一半径为 r 的小油滴,它带

的电量 q 为负，板间电场方向朝下，强度为 E. 通常，它将受到重力 F_ρ、空气浮力 F_σ、电场力 F_E 以及总是跟运动方向相反的斯托克斯黏滞阻力 F_η 的作用. 这些力的大小分别是 $F_\rho=4\pi r^3\rho g/3$，$F_\sigma=4\pi r^3\sigma g/3$，$F_E=qE$，$F_\eta=6\pi\eta rv$，式中 ρ 和 σ 分别是油和空气的密度，g 是当地的重力加速度，η 是空气的黏滞系数，v 是油滴的运动速度.

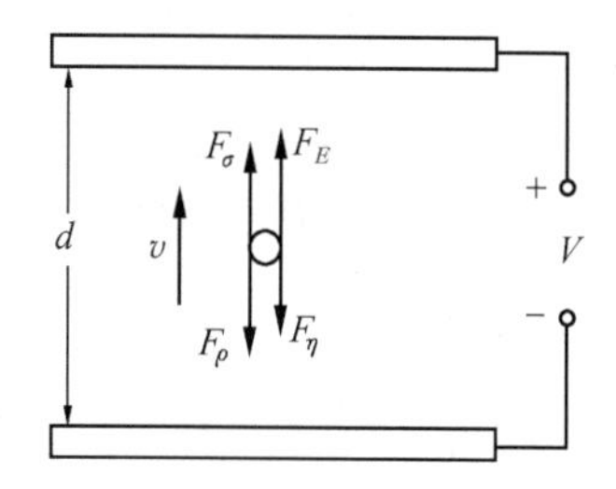

图 1.3.1　油滴的受力和运动

2. 油滴自行下落的速度和油滴大小的关系

当不加电场时，只有 F_ρ、F_σ、F_η 三个力的作用，油滴最终以均匀的速度（下文提到速度均指匀速）v_g 自行下落，所以有

$$6\pi\eta rv_g+4\pi r^3\sigma g/3=4\pi r^3\rho g/3 \tag{1.3.1}$$

由此可得油滴半径

$$r=\left[\frac{9\eta v_g}{2(\rho-\sigma)g}\right]^{1/2} \tag{1.3.2}$$

3. 油滴运动状态和它所带电量的关系

当加上恒定电场 E 时，油滴有多种可能的运动：油滴以 v_E 向上运动；油滴悬浮不动；油滴以原来的速度继续向下运动；油滴以更快的速度继续向下运动等. 这是由油滴带电或不带电，带正电或带负电，带电多或带电少所致. 下面对前两种情况加以分析.

(1) 油滴向上运动. 当 $F_E\geqslant F_\rho$ 时，油滴向上运动，这时是 F_σ、F_E、F_ρ、F_η 四力平衡，所以有

$$4\pi r^3\sigma g/3+qE=4\pi r^3\rho g/3+6\pi\eta r\,v_E \tag{1.3.3}$$

式中 v_E 表示有电场力时油滴向上运动的速度. 我们的目的是测量油滴所带的电量，将式(1.3.2)的 r 代入式(1.3.3)整理得

$$q=\frac{9\sqrt{2}\pi}{E\sqrt{(\rho-\sigma)g}}\eta^{3/2}\cdot[v_E+v_g]v_g{}^{1/2} \tag{1.3.4}$$

(2) 油滴悬浮不动. 油滴悬浮不动，即 $v_E=0$，代入式(1.3.4)得

$$q=\frac{9\sqrt{2}\pi}{E\sqrt{(\rho-\sigma)g}}\eta^{3/2}\cdot v_g^{3/2} \tag{1.3.5}$$

这是(1)的特殊情况，从 F_σ、F_E、F_ρ 三力平衡式可得到同样结果.

4. 黏滞系数 η 和油滴半径 r 的关系

上述黏滞系数 η，应是细小的油滴在空气中的黏滞系数，它跟较大的物体在空气中的黏滞系数 η_0 有差别，η_0 是确定的已知值，而 η 却随 r 而变. 原因是 r 跟空气分子的平均自由程 λ 已可比较，显然 r 越小黏滞作用也越小. 理论和实验都表明，η 和 η_0、r 的一级近似关系为

$$\eta=\eta_0\Big/\left(1+\frac{b}{rp}\right) \tag{1.3.6}$$

式中 p 是电容器内的气压，单位是帕斯卡(Pa)，$b=8.226\times10^{-3}\,\text{Pa}\cdot\text{m}$.

现在来讨论油滴半径 r 的计算. 为了得出 η，必须计算 r，将式(1.3.6)代入式(1.3.2)得

$$r=\left[\frac{9\eta_0 v_g}{2(\rho-\sigma)g}\right]^{1/2}\cdot\left(1+\frac{b}{rp}\right)^{-1/2} \tag{1.3.7}$$

计算方法一:解析法.从上式解出 r 得

$$r=-\frac{b}{2p}+\sqrt{\left(\frac{b}{2p}\right)^2+\frac{9\eta_0 v_g}{2(\rho-\sigma)g}} \tag{1.3.8}$$

测出 v_g,由 η_0 和 p 便可计算出 r.

计算方法二:迭代法.借助计算机,可用迭代法计算 r.令

$$r_0=\left[\frac{9\eta_0 v_g}{2(\rho-\sigma)g}\right]^{1/2} \tag{1.3.9}$$

则

$$r_{k+1}=r_0\Big/\left(1+\frac{b}{r_k p}\right)^{1/2} \tag{1.3.10}$$

k 从 0 开始迭代,当精度 $|r_{k+1}-r_k|/r_{k+1}$ 达到预定的要求时终止迭代,求得的 r_k 值就可以代替式(1.3.8)的 r 值.

5. 油滴带电量的最后计算公式

油滴的运动是用显微镜去观测的.设显微镜内某两根水平叉丝(比如镜尺的某两根水平刻度线)之间对应的板间距离为 l,油滴的像能通过那两根叉丝之间的距离所用的时间为 t,油滴的速度即为 $\frac{l}{t}$,故

$$v_g=\frac{l}{t_g} \tag{1.3.11}$$

$$v_E=\frac{l}{t_E} \tag{1.3.12}$$

式中 t_g、t_E 分别是油滴自行下落、加上 E 后向上运动走过 l 所用的时间.再设两板内表面相距 d,所加直流电压为 V,则电场强度

$$E=\frac{V}{d} \tag{1.3.13}$$

将式(1.3.11)~(1.3.13)代入式(1.3.4)、(1.3.5),分别得

$$q=\frac{9\sqrt{2}\pi d l^{3/2}\eta_0^{3/2}}{V\sqrt{(\rho-\sigma)g}}\left(\frac{1}{t_E}+\frac{1}{t_g}\right)\frac{1}{\sqrt{t_g}}\left(1+\frac{b}{rp}\right)^{-3/2} \tag{1.3.14}$$

$$q=\frac{9\sqrt{2}\pi d l^{3/2}\eta_0^{3/2}}{V\sqrt{(\rho-\sigma)g}}t_g^{-3/2}\cdot\left(1+\frac{b}{rp}\right)^{-3/2} \tag{1.3.15}$$

上两式中的 r 是用式(1.3.8)或式(1.3.9)、(1.3.10)求得的值.

6. 验证电荷的颗粒性并求出电子的电荷量

测量油滴所带的电荷量 q,根据式(1.3.14)求得的叫动态法,根据式(1.3.15)求得的叫平衡法.如果油滴被测量若干次后,由于某种原因,它中途丢失或获得了一些电荷,可对它继续观测,确定它后来所带的电量 q'.设观测全过程中,油滴多次改变了电荷量,测得各次的电

量分别为 q',q'',q''',…,比较这些电荷量,如多次逐差,差值取正,可以发现,电荷的最小改变量有一个几乎恒定的值(几乎为 0 的除外),其他改变量和测得的各个电荷量,都是这个最小值的整数倍,这就表明,这个最小值只能是电荷的基本单元,它就是电子所带的电荷.这样便证实了电荷的颗粒性,并可求出电子的电荷量 e. 当然,若被测油滴数量较少,不能说证明是充分的,所以密立根才要测量几千个油滴.

假如中途难以改变油滴所带的电量,我们也可以对不同的油滴进行观测,同样得到一组 q_1,q_2,q_3,…. 我们可以将前面所述的情况看成观测的是同一个油滴,其质量不变,而电量发生了多次改变;也可以将现在所述的情况看成观测的还是同一个油滴,但是它的质量和电量同时发生了多次改变.根据这一逻辑推理,数据处理的方法是一样的.

二、实验仪器装置

主要设备为油滴仪,其他设备有直流高压稳压电源、放射线装置、显微镜、照明灯、秒表、喷雾器等.

图 1.3.2 是油滴仪的剖面示意图.两块表面光滑的金属圆盘(4 和 6),用一厚度均匀的绝缘垫圈垫开成空气平行板电容器.在垫圈圆周的适当位置,分别开有照明窗口(5)和观测窗口(7)以及射线进入窗口等.照明窗口供外部照明灯光进入以照亮电容器内部的空间.观测窗口供显微镜观测板间油滴的运动.射线进入窗口供 X 射线、紫外线之类的射线进入,使电容器内的少量空气电离,以便改变油滴所带的电量.有的仪器在垫圈边沿放置了放射源,拨开挡片就可以让射线辐照板间空气.电容器的上板(4)中心钻有小孔,上板的上方有两块金属板,一块固定不动,一块可以滑动,中心也钻有小孔(2),推拉滑动板(10),可使两板的小孔对齐或错开,这样既能让油滴便于进入电容器内,又能使电容器内的空气同外部空气隔开,避免外部空气的流动引起电容器内的空气也流动,破坏前面讨论的油滴简单受力产生的有规则运动.为了更好地防风,电容器放置在防风罩(3)之内.防风罩上侧开有喷油口(9),油雾从喷口喷入油雾室(1)后,通过小孔(2)就可以进入电容器内.防风罩固定在底座(11)上,底座下有水平调节螺旋,可以调节它使电容器处于水平状态.

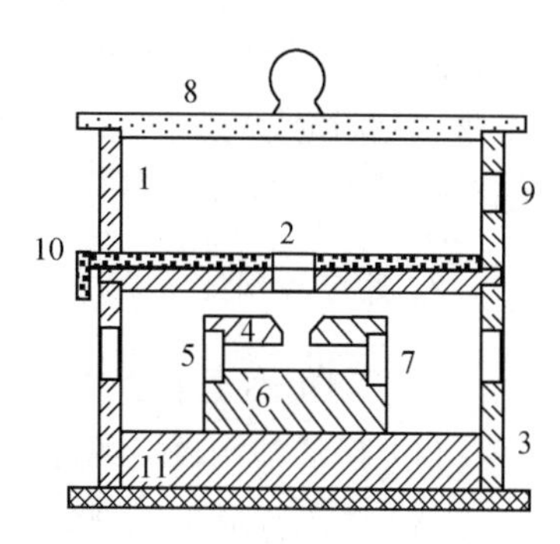

图 1.3.2 油滴仪剖面示意图

直流高压稳压电源会同外部接线,既可以调节板间电压的大小,又可以使两板短接,从而使板间场强一定为 0.有的还可以改变两板极性,从而对带正电的油滴也能方便地测量.显微镜内至少应有两根水平的叉丝,物镜的焦距较长,焦深也就较大,避免油滴微微有一点前后位移就看不清楚.

三、实验内容

注意 实验时应安全用电和安全使用射线装置.

1. 油滴仪的调整

(1) 检查电路.检查接线正确后,接通电源让直流高压稳压器预热,但暂不跟电容器接通.

(2) 调整电容器水平. 拿下油滴仪顶盖(8),调节底座螺旋,使水准器显示电容器水平.

(3) 粗调照明灯光. 调节灯具使灯光从前侧照明窗口水平照向板间中心.

(4) 粗调显微镜. 调节显微镜使镜轴水平,并正对观测窗口,调节目镜使叉丝清楚,并使两根叉丝水平.

(5) 仔细对显微镜调焦. 推动滑板使它的小孔与电容器上板的小孔对齐,把细竹签之类的调焦针,从小孔中插到电容器内部,再一边从显微镜内观察,一边调节显微镜至窗口的距离,直到看清楚调焦针,根据针像两端的位置,调节显微镜的上下位置,使镜轴大致通过板间中心.

(6) 仔细调节照明灯光. 细调灯光俯仰,使针像上下一样亮,调节侧照程度,使针像边缘尽可能亮而背景尽可能暗,这对能否清楚看到油滴很重要. 调好后拔出调焦针,盖上仪器顶盖.

(7) 调好后观察到仪器内的现象. 用喷雾器从喷油口向内急速喷入少量油雾(不要连续几下大量喷雾,不然小孔会被油堵塞)并及时从显微镜中观察,可看到:刚喷雾时,因大量油滴对光的散射,板间亮度明显增大;几秒钟后,因大部分油滴已落下,板间散射光的油滴减少,板间变暗,这时看到的两板空间,很像是点点繁星的夜空,但和夜空又有不同,因油滴在下落,显微镜成的是倒像,看到的“星星”在不断向上移动,特别注意“星星”是在动的. 这说明油滴仪已调整良好.

2. 练习控制油滴和测量

为了测量不至于手忙脚乱而中途失败,先要进行练习:

(1) 接通油滴仪电源.

(2) 练习控制油滴. 喷入少量油雾后,关闭小孔进行观察,利用手动或脚踏开关,一会儿加上电压,一会儿又撤去电压,从中选择一个视上升和视下降速度都适中的油滴进行练习. 由加上或撤去电压的操作,做到让该油滴在两叉丝间,要它下就下,要它上就上,做到得心应手才好. 注意不要让油滴离开两叉丝的外侧太远,不然就会粘到板上而消失.

(3) 练习测量. 能顺利控制油滴后就可练习测量. 若用动态法,可先选一个较慢的油滴,一边控制住它,一边启动秒表,测量它通过那两根水平叉丝间的距离所用的时间 t_g、t_E. 注意:不必测完 t_g 立即就测 t_E,只要控制住它使它仍在你的视场之内就行,待你准备好了后再测 t_E. 你应该利用它做较慢的那种运动的期间去读表记录,以便回头还能再看到它并控制它. 对它测了若干次后,最好停下来计算一下 q,使你往后选择油滴更有目的. 对较快的油滴也应练习一下. 测量中如发现油滴逐渐变模糊,可用显微镜稍微调焦.

若用平衡法,测了 t_g 之后加上电压,把油滴引导到镜尺中央附近后,再调节电压 V,使油滴悬浮在镜尺某一位置几乎不动,记下 t_g 和 V. 然后撤去电压,再测 t_g,再测 V,重复若干次后就可停下来计算 q.

3. 正式测量

喷入油雾后,通过加 V 撤 V,选择出一粒中意油滴. 该油滴经几次受控上下运动,待其他油滴因不同步而消失后,就可对之测量.

(1) 如用动态法,可仿上面练习进行,测了若干次 t_g、t_E 后,应该用射线改变它的电量继续测量. 如果不能改变它的电量，可以重新喷雾寻找别的油滴测量. 为了更好地验证电荷的颗粒性，显然应选电量有小有大但又不太大的各种油滴测量，这就是前面说的要有目的地挑选油滴. 不要忘了测量前后应读下电压 V、气压 p、室温 T.

(2) 如用平衡法，同样应改变它的电量或挑选别的油滴继续测量. 同样应有目的地挑选油滴，注意记下 p、T.

4. 实验数据处理

(1) 根据温度 T 查表算出 η_0，把气压 p 表示成以 Pa 为单位.

(2) 为了避免重复计算，应先把实验室给出的或自测的有关物理量代入公式，计算出不变因子的值，以后每次就只需计算变化的部分了.

(3) 建议用逐差法处理数据，找出 $\Delta q_{\min}$ 后，再用它去确定 q_i 对应的 n_i，然后由 q_i 和取整后的 n_i' 去确定 e_i.

(4) 最后由 e_i 去确定 e，并得出含不确定度的最终结果，将它写在报告上的明显位置.

(5) 希望列成表格，表格中有原始数据，有处理后的数据，能体现测量过程和计算过程. 报告中还应写上实验室提供的数据，确保数据完备.

*5. 进一步实验

改变电荷进行实验，观测油滴所带的正电荷是否也是 e 的大小的整数倍.

四、思考与讨论

(1) 加上电压后，油滴在电容器内可能出现哪些运动？请分别说明原因.

(2) 为什么不挑选带电量很大的油滴测量？

参 考 文 献

史包尔斯基 Э В. 1956. 原子物理学. 第一卷. 周同庆，等，译. 北京：高等教育出版社.
谭树杰，王华. 1987. 物理学上的重大实验. 北京：科学文献出版社.
杨福家. 1990. 原子物理学. 2 版. 北京：高等教育出版社.

刘忠民　燕　安　高长连　编

1.4　塞 曼 效 应

在 19 世纪，人们对光与电磁现象的联系十分关注. 1845 年，英国物理学家法拉第(M. Faraday)发现：当线偏振光在介质中传播时，若在平行于光的传播方向上加一强磁场，则光振动方向将发生偏转，偏转角度与磁感应强度和光穿越介质的长度的乘积成正比. 上述现象称为法拉第效应或磁致旋光效应. 1875 年，英国物理学家克尔(J. Kerr)发现：各向同性的介质，如玻璃、石蜡、水、硝基苯等，在强电场作用下会表现出各向异性的光学性质，表现出双折射现象.折射率差与电场强度的平方成正比,上述现象称为克尔效应.1896年,荷兰物理学家塞曼(P. Zeeman)发现:把光源放在足够强的磁场中,原来的一条光谱线分裂为几条偏振的谱线,分裂的条数随能级的类别而不同.塞曼由于发现了这一效应,荣获了1902年度诺贝尔物理学奖.塞曼效应与法拉第效应和克尔效应一样,是物理学史上关于光与电磁现象之间关系的著名物理实验.塞曼效应证实了原子磁矩的空间量子化,由塞曼效应可得到有关能级的数据,从而可计算原子总角动量量子数 J 和朗德因子 g 的数值,因此至今它仍然是研究能级结构的重要方法之一.

本实验用高分辨率的色散元件来观察和拍摄某一条谱线(汞546.1nm)的塞曼效应,测量它分裂后的波数差,并计算出电子的荷质比(e/m).

一、实 验 原 理

设原子某一能级的能量为 E,在外磁场 B 的作用下,原子将获得附加能量

$$\Delta E = Mg\mu_B B \tag{1.4.1}$$

式中玻尔磁子 $\mu_B = he/(4\pi m)$(e 为电子电荷,m 为电子质量);磁量子数 $M = J, J-1, \cdots, -J$,共有($2J+1$)个值(即原来的一个能级将分裂为 $2J+1$ 个子能级);g 为朗德因子.对于 L-S 耦合的情况

$$g = 1 + \frac{J(J+1) - L(L+1) + S(S+1)}{2J(J+1)} \tag{1.4.2}$$

从式(1.4.1)可以看出,原子的某一能级在外磁场作用下将会分裂为($2J+1$)个子能级,而能级之间的间隔为 $g\mu_B B$.由式(1.4.2)可知,g 因子随量子态不同而不同,因而不同能级分裂的子能级间隔也不同.

设频率为 ν 的谱线是由原子的上能级 E_2 跃迁到下能级 E_1 所产生

$$h\nu = E_2 - E_1$$

在磁场中能级 E_2 和 E_1 分别分裂为($2J_2+1$)个和($2J_1+1$)个子能级,附加的能量分别为 ΔE_2 和 ΔE_1,新谱线频率为 ν',则

$$h\nu' = (E_2 + \Delta E_2) - (E_1 + \Delta E_1)$$

分裂后的谱线与原谱线的频率差为

$$\Delta\nu = \nu' - \nu = (\Delta E_2 - \Delta E_1)/h = (M_2 g_2 - M_1 g_1)eB/(4\pi m)$$

用波数差来表示,则

$$\Delta\tilde{\nu} = (M_2 g_2 - M_1 g_1)eB/(4\pi mc) = (M_2 g_2 - M_1 g_1)L \tag{1.4.3}$$

上式的 $L = eB/(4\pi mc) = 0.467B$ 称洛伦兹单位.若 B 的单位用T(特斯拉),则 L 的单位为 cm^{-1}.

跃迁时 M 的选择定则:$\Delta M = M_2 - M_1 = 0, \pm 1$.

当 $\Delta M = 0$ 时,垂直于磁场方向观察时产生线偏振光,线偏振光的振动方向平行于磁场,叫作 π 线(当 $\Delta J = 0$ 时,不存在 $M_2 = 0 \to M_1 = 0$ 的跃迁).平行于磁场观察时 π 成分不出现.

当 $\Delta M = \pm 1$ 时,垂直于磁场方向观察时产生线偏振光,线偏振光的振动方向垂直于磁场,叫作 σ 线.平行于磁场观察时产生圆偏振光,圆偏振光的转向依赖于 ΔM 的正负、磁场方向以及观察者相对磁场的方向.$\Delta M = +1$,偏振转向是沿磁场方向前进的螺旋转动方向,磁

场指向观察者时，为左旋圆偏振光；$\Delta M=-1$，偏振转向是沿磁场方向倒退的螺旋转动方向，磁场指向观察者时，为右旋圆偏振光.

本实验的汞原子 546.1nm 谱线是由 $6s7s^3\ S_1$ 跃迁到 $6s6p^3\ P_2$ 而产生的. 由式(1.4.3)以及选择定则和偏振定则，可求出它垂直于磁场观察时的塞曼分裂情况.

表 1.4.1 列出$^3S_1$ 和$^3P_2$ 能级的各项量子数 L、S、J、g、M 与 Mg 的数值.

表 1.4.1 $^3S_1$ 和$^3P_2$ 能级的各项量子数值表

	$^3S_1$			$^3P_2$				
L	0			1				
S	1			1				
J	1			2				
g	2			3/2				
M	1	0	−1	2	1	0	−1	−2
Mg	2	0	−2	3	3/2	0	−3/2	−3

在外磁场的作用下，能级分裂情况及分裂谱线相对强度可用图 1.4.1 表示. 即汞 546.1nm 谱线分裂为 9 条等间距的谱线，相邻两谱线的间距都是 1/2 个洛伦兹单位. 该图的上面部分表示能级分裂后可能发生的跃迁，下面部分画出分裂谱线的裂距与强度. 按裂距间隔排列，将 π 成分的谱线画在水平线上，σ 成分的谱线画在水平线下，π 线中间一条谱线的强度最大定义为 100，其他各线的相对强度分别为 75、37.5 和 12.5，图中各线的长短对应其相对强度.

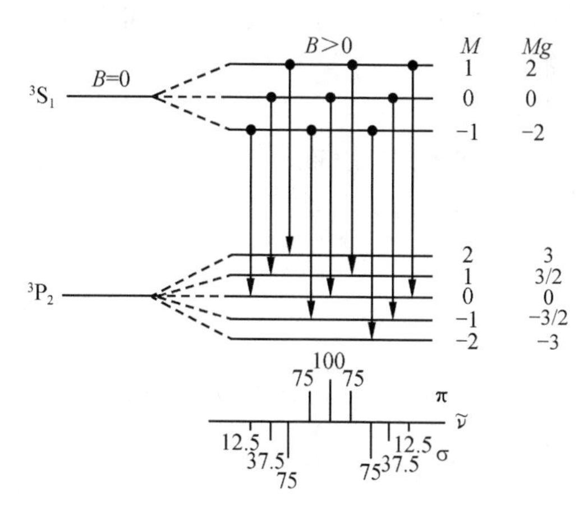

图 1.4.1 能级分裂情况及分裂谱线相对强度

二、实验仪器装置

由式(1.4.3)可得相邻两条谱线的波长差为 $\Delta\lambda=\lambda^2 eB/(4\pi mc)$，当 $B=1\text{T}$ 时，$\lambda=500\text{nm}$ 的光谱线因正常塞曼效应而分裂为 $\Delta\lambda\approx 0.006\text{nm}$. 要测量这样小的波长差，普通的棱镜摄谱仪是不能胜任的，可从常用的色散器件如棱镜、光栅(参见本书的原子光谱部分)和法布里-珀罗标准具(参见本实验附录)等中选取合适的仪器来观察塞曼效应，并考虑怎样设计光路.

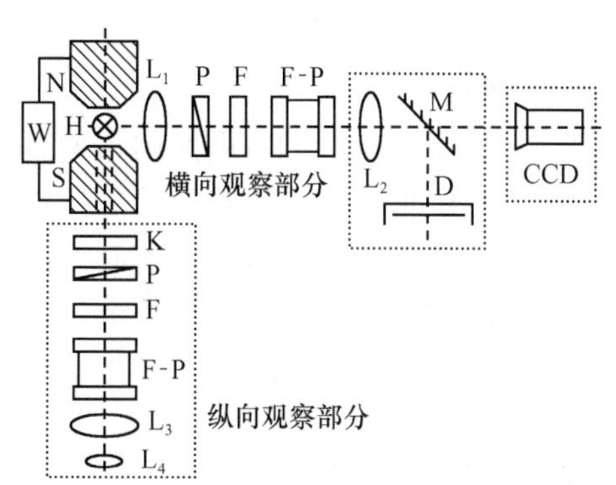

图 1.4.2 实验装置示意图

本实验装置如图 1.4.2 所示，图中 H 为光源，本实验用水银辉光放电管(笔形汞灯)，由交流 220V 通过升压变压器供电；

N、S 为电磁铁的磁极，励磁电流由一低压直

流稳压电源 W 供给;

L_1 为会聚透镜,使整个光路的光强增强;

L_2 为成像透镜,使标准具的干涉图像经反光镜 M 反射后成像在暗箱 D 的焦平面上;

P 为偏振片,在垂直于磁场方向(横向)观察时用以鉴别 π 成分和 σ 成分,在沿磁场方向(纵向)观察时与 1/4 波片 K 一起用以鉴别左旋或右旋圆偏振光;

F 为透射干涉滤光片,根据实验中所观察的波长选用;

F-P 为具有高分辨率的色散元件(如法布里-珀罗标准具);

L_3 和 L_4 分别为望远镜的物镜和目镜,在沿磁场方向观察时用来观察干涉图样.

示意图中沿垂直于磁场方向观察的部分称为横向观察部分,而沿磁场方向观察的部分称为纵向观察部分.

垂直于磁场方向观察时,放在磁场中的光源 H 所发出的光,经会聚透镜 L_1 会聚到色散元件上,产生的干涉图像可以经成像透镜 L_2 和反光镜 M 反射后成像在暗箱的玻璃屏 D 上,用底片代替玻璃屏感光得干涉图像. 也可以用电荷耦合器件(charge coupled device,CCD)即数字照相机代替上述的 L_2、M 和 D,而直接将干涉图像传送到计算机中,在计算机上显示和储存干涉图像. 若要研究某一波长的单色光,可以加透射滤光片或经单色仪、摄谱仪分光获得.

若配用扫描法布里-珀罗干涉仪、光电倍增管(PMT)和函数记录仪等装置,可对干涉图样进行扫描记录观测.

三、实验内容

利用图 1.4.2 的塞曼效应实验装置,选取 546.1nm 的透射滤光片进行观察.

1. 调整光学系统

使光束通过每个光学元件中心. 请思考怎样利用光学的办法调整光路使每个元器件的中心都在一条线上.

2. 法布里-珀罗标准具的调整

(1) 两平行玻璃板平行度的调整:法布里-珀罗标准具的一对玻璃片及间隔圈装在钢制的支架上,靠三个有压紧弹簧的螺丝来调整它的两个内表面的平行度. 平行度的要求是很严格的,判断的标准是:用单色光照明标准具,从它的透射方向观察,可以看见一组同心干涉圆环. 当观察者的眼睛上下左右移动时,如果标准具两个表面是严格平行的,即两内表面各处的距离 d 相等,干涉环的大小应不随眼睛的移动而变化. 若标准具的两个内表面成楔形(楔角很小),当眼睛移动的方向是 d 增大的方向时,有干涉条纹从中心冒出来或中心处的条纹向外扩大,这时应把这个方向的螺丝压紧,或是把相反方向的螺丝放松. 这种调节是非常严格的,必须经过多次仔细调节,使干涉圆环的直径不随眼睛的移动而变化,才能拍摄出理想的干涉条纹照片来.

(2) 标准具方向的调整:调整标准具的方向,使得干涉圆环的圆心位于暗箱的开缝中间.

3. 移动成像透镜 L_2 位置，使干涉圆环清晰地聚焦到暗箱的玻璃屏上

请思考怎样调整光路使干涉圆环既明亮又清楚，且圆环形状为正圆而非椭圆.

4. 谱线的观察与拍摄

汞 546.1nm 谱线在磁场作用下分裂为 3 条子谱线，其裂距相等，都是 1/2 个洛伦兹单位. 每一级中 π 线有 3 条，而 σ 线有 6 条. 请思考如何判断出哪些是 π 线，哪些是 σ 线.

由于各子谱线的相对强度差别较大，如果所用标准具的精细度不够，不容易把 9 条子谱线同时清晰地拍摄出来. 另外，磁极之间的磁场强度 B 也不易准确地测出. 这里我们采用"错序观察法"，即采用加大磁场的方法使某些子谱线错序，并且正好与相邻干涉级序的另一些子谱线重叠(详见本实验附录中的 3).

当干涉圆环中 k 级的 x 条子谱线与相邻 $k-1$ 级的 x 条子谱线两两重合时，在标准具的一个色散范围(或自由光谱范围)内只有$(9-x)$条子谱线，这时相应的磁场强度 B_x 为

$$B_x = \frac{\Delta\tilde{\nu}_R}{(9-x)\times 0.2335} \tag{1.4.4}$$

这里 $\Delta\tilde{\nu}_R=1/(2d)$为标准具的色散范围(或自由光谱范围)，$d$ 为标准具两镜面之间的距离. 如果 d 的单位为"厘米"，则磁场强度 B_x 的单位为"特斯拉".

实验时适当调节磁场强度 B，使 x 为 2，3，4，…，相应得到 7 条，6 条，5 条……子谱线进行观察，把相应的塞曼分裂干涉图样及 $B=0$ 时的干涉图样拍摄下来.

5. 用光谱投影仪或比长仪测量底片上干涉圆环直径，求出子谱线间的波数差

$$\Delta\tilde{\nu} = \frac{1}{2d}\left(\frac{D_{k,\mathrm{b}}^2 - D_{k,\mathrm{a}}^2}{D_{(k-1),\lambda}^2 - D_{k,\lambda}^2}\right) \tag{1.4.5}$$

这一公式的推导见本实验附录. 式中 $D_{k,\mathrm{a}}$和 $D_{k,\mathrm{b}}$分别表示 k 级中 a 和 b 两子谱线干涉圆环的直径，$D_{(k-1),\lambda}$和 $D_{k,\lambda}$表示波长分别为λ 的$(k-1)$和 k 级谱线干涉圆环的直径.

6. 计算荷质比

根据

$$\frac{e}{m} = \frac{4\pi c\Delta\tilde{\nu}}{[(M_2g_2-M_1g_1)_b-(M_2g_2-M_1g_1)_a]\cdot B} \tag{1.4.6}$$

求出电子的荷质比 e/m，与公认值 $e/m=1.76\times10^{11}$C/kg 对比，并分析产生误差的原因.

*7. 观测沿磁场方向的塞曼分裂情况(即纵向塞曼效应)

将电磁铁旋转 90°，并抽出铁芯，放上 1/4 波片与偏振片，以区分左旋和右旋偏振光(若加上 1/4 波片给圆偏振光以附加的 $\pi/2$ 相位差，使圆偏振光变为线偏振光，当偏振片顺时针转 45°时，分裂的两条谱线中的一条消失了；当偏振片逆时针旋转 45°时，消失的一条谱线重现而另一条消失，证明前后这两条分裂的谱线分别是左、右旋圆偏振光).

四、思考与讨论

(1) 请注意 546.1nm 谱线在加磁场后能级的分裂及光谱线的分裂和光强分布，裂距的

大小与什么有关？谱线的偏振状态如何？

(2) 本实验所用光源比较弱，应该怎样优化光路来提高谱线的亮度？

(3) 已知 F-P 标准具两平行玻璃板内表面的间距 $d=5\text{mm}$，本实验怎样得到磁感应强度 B？这样做科学吗？如果不科学，那么科学的办法是什么？

(4) 为了求电子的荷质比，需要测量记录哪些量？

附　录

1. 法布里-珀罗标准具的结构原理

法布里-珀罗标准具是由两块平行的玻璃板及中间夹着的一个间隔圈组成的. 平面玻璃板的内表面加工精度要求高于 1/20 波长. 内表面镀有高反射膜，膜的反射率高于 90%，间隔圈用膨胀系数很小的材料加工成一定厚度，用来保证两块平面玻璃板之间精确的平行度和稳定的间距.

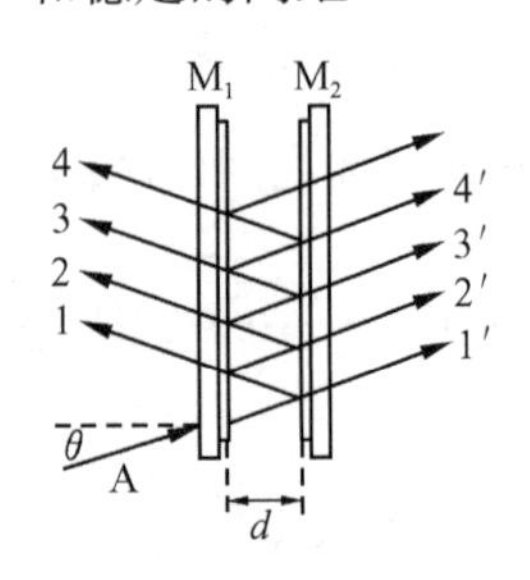

图 1.4.3　标准具光路图

标准具光路如图 1.4.3 所示，当单色平行光束 A 以小角 θ 入射到标准具的 M_1 平面及 M_2 平面时，经多次反射和透射，分别形成一系列相互平行的反射光束 1，2，3，4，… 及透射光束 1′，2′，3′，4′，…. 这些相邻光束之间有一定的光程差

$$\Delta = 2nd\cos\theta \tag{1.4.7}$$

式中 d 为两平行板内表面的间距；n 为两平行板之间介质的折射率，标准具在空气中使用时 $n=1$；θ 为光束入射角. 这一系列互相平行并有一定光程差的光束在无穷远处或用透镜会聚在焦平面上发生干涉. 光程差为波长的整数倍时，产生干涉极大值，即

$$2d\cos\theta = k\lambda \tag{1.4.8}$$

式中 k 为整数，对应不同的级次. 由于标准具的内表面间距 d 是固定的，在波长不变的条件下，同一级次 k 对应相同的入射角 θ，形成一个亮环. 中心亮环 $\theta=0$ 时，$\cos\theta=1$ 的级次最大，$k_{\max}=2d/\lambda$，向外不同直径的亮条纹，依次形成一套同心圆环.

$\Delta\tilde{\nu}_R=1/(2d)$ 称为标准具的色散范围，或称为自由光谱范围，它是标准具的特征常数. 所谓自由光谱范围是指同一光束中不同波长的光通过标准具后所形成的干涉条纹不重序所允许的最大波长差，事实上 $\Delta\tilde{\nu}_R$ 就是在同一波长的光所形成的干涉条纹中相邻两级圆环所对应的波数差. 若被研究的两谱线的波长差大于自由光谱范围，两套干涉条纹之间就要发生重叠或错序，此时就无法测量两谱线的波长差，所以在使用标准具时，要根据被研究对象的光谱范围选择仪器的色散范围.

2. 用法布里-珀罗标准具测量微小波长差的公式

用透镜把法布里-珀罗标准具的干涉圆环成像在焦平面上，干涉条纹的出射角 θ 与干涉圆环的直径 D(图 1.4.4)有如下关系：

$$\cos\theta = f/[f^2+(D/2)^2]^{1/2} \approx 1-D^2/(8f^2)$$

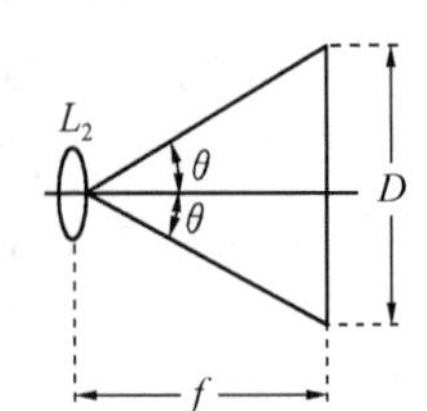

图 1.4.4　出射角 θ 与干涉圆环直径的关系

式中 f 为透镜的焦距. 把上式代入式(1.4.8)得

$$k\lambda = 2d[1-D^2/(8f^2)]$$

由上式可知：干涉级 k 与圆环直径平方呈线性关系，随着圆环直径的增大，条纹越来越密. 上式右边第二项的负号表明，直径越大则干涉环的干涉级越小，中心圆环的干涉级最大. 同理，对于同一干涉级的干涉圆环，直径大则波长小.

对同一波长 λ 的相邻两级 k 和 $(k-1)$ 级圆环的直径平方差为

$$D_{(k-1),\lambda}^2 - D_{k,\lambda}^2 = 4f^2\lambda/d$$

显然，它是与干涉级次 k 无关的常数，正由于相邻两级圆环的直径平方差是一常数，所以随着级次 k 的增加，干涉圆环的直径差就越来越小，因此条纹越来越密.

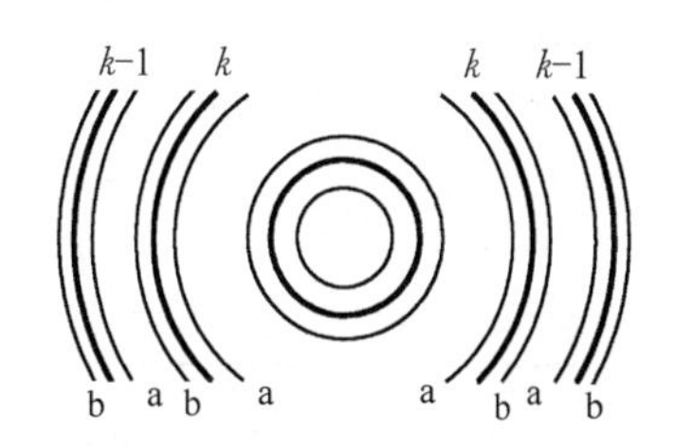

图 1.4.5 同一干涉级中不同波长的干涉圆环

对于同一干涉级 k 的不同波长 λ_a 和 λ_b，谱线的波长差（图 1.4.5）为

$$\lambda_{k,a} - \lambda_{k,b} = \frac{d(D_{k,b}^2 - D_{k,a}^2)}{4f^2k} = \frac{\lambda(D_{k,b}^2 - D_{k,a}^2)}{k[D_{(k-1),\lambda}^2 - D_{k,\lambda}^2]} \tag{1.4.9}$$

式中 $(D_{k,b}^2 - D_{k,a}^2)$ 为同一干涉级 a、b 两子谱线干涉圆环的直径平方差；$(D_{(k-1),\lambda}^2 - D_{k,\lambda}^2)$ 为同一波长相邻两级 k 和 $(k-1)$ 级干涉圆环的直径平方差. 测量时所用的干涉圆环一般是在中心圆环附近. 由于标准具间隔圈的厚度 d 比波长大得多，中心圆环的干涉级次是很大的，用中心圆环的干涉级代替被测圆环干涉级时，引入误差可以忽略不计，即 $k \approx 2d/\lambda$.

把 $k=2d/\lambda$ 代入式(1.4.9)可得

$$\Delta\lambda = \lambda_{k,a} - \lambda_{k,b} = \frac{\lambda^2(D_{k,b}^2 - D_{k,a}^2)}{2d[D_{(k-1),\lambda}^2 - D_{k,\lambda}^2]} \tag{1.4.10}$$

用波数表示，即为式(1.4.6).

3. 错序观察法测磁场

由于各子谱线相对强度差别较大，不容易把同一级中的 9 条谱线同时清楚地拍摄出来，因此，我们采用加大磁场的方法，使各级干涉序某些子谱线正好与相邻干涉序的另一些子谱线重合，这使得在一个标准具的自由光谱范围内子谱线的数目减少、裂距加大，谱线之间的强度差减小，使谱线比较清晰，测量比较方便.

根据图 1.4.1，每一级谱线分为 3 条 π 线和 6 条 σ 线，共有 9 条子谱线. 这些子谱线之间的间隔都是 $L/2$，而洛伦兹单位 L 与磁场成正比. 当磁场为零时，所有的子谱线会合并到 π 线中最亮的中间线上，π 线最亮的中间线的位置不随磁场大小而改变，因为其所对应的上下能级的磁量子数均为零. 当加大磁场时，k 级右半部分的子谱线会以其 π 线最亮的中间线为中心向右移动，而 $(k-1)$ 级左半部分的子谱线会以其 π 线最亮的中间线为中心向左移动（如图 1.4.6(a)所示）；当磁场正好合适的时候，首先会出现 k 级最右边光强为 12.5 的子谱线与 $k-1$ 级最左边光强为 12.5 的子谱线相重合，合成为光强为 25 的一条谱线，如图 1.4.6(b)所示. 随着磁场的进一步加大，会依次出现 k 级的 2 条、3 条、4 条子谱线分别与 $(k-1)$ 级相应条数的子谱线重合，分别出现如图 1.4.6(c)～(e)所示的重合谱线. 根据上述分析可知，当 k 级的子谱线分别与 $(k-1)$ 级的子谱线重合时，肯定确定一个磁场值. 如果磁场的大小正好使 9 条子谱线平分标准具的自由光谱范围 $\Delta\tilde{\nu}_R$（如图 1.4.6(a)所示），则有

$$9 \times L/2 = \Delta\tilde{\nu}_R \tag{1.4.11}$$

当 k 级的 x 条子谱线分别与 $(k-1)$ 级的 x 条子谱线重合时，则有

$$(9-x)\times L/2=\Delta\tilde{\nu}_R \tag{1.4.12}$$

而 $L/2=0.2335B_x$，代入式(1.4.12)，整理后可得

$$B_x=\frac{\Delta\tilde{\nu}_R}{(9-x)\cdot 0.2335}$$

即式(1.4.4). 如果已知标准具内表面的间距 d 和两两重合的子谱线条数 x，由该式即可求出此时所对应磁场的大小，这就是错序观察法测磁场.

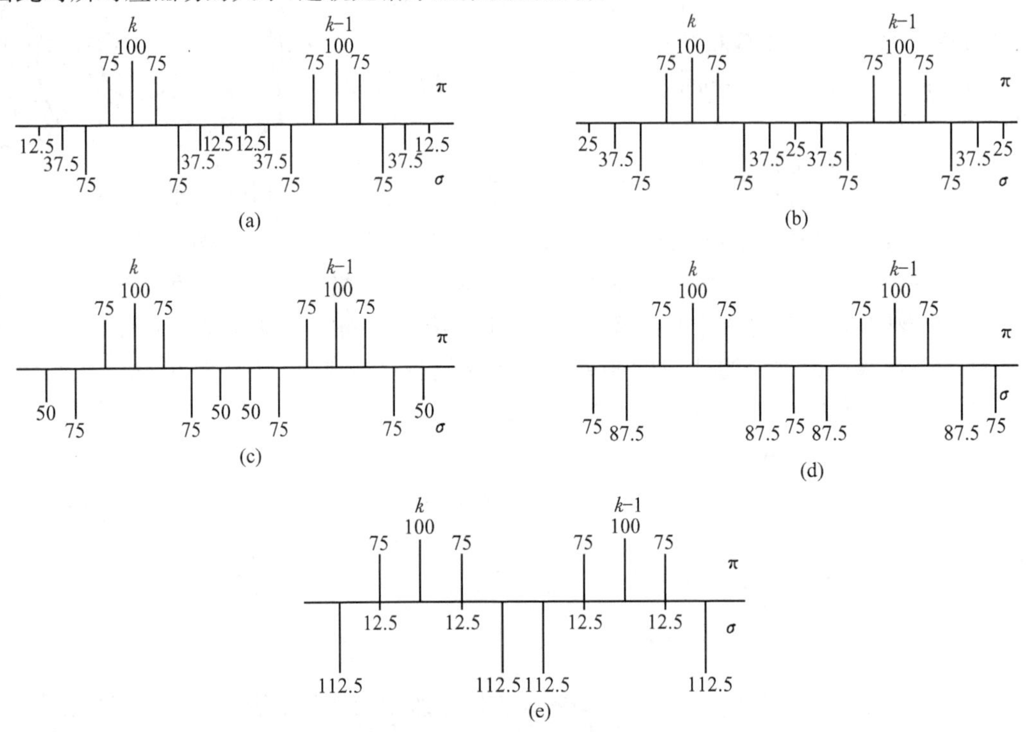

图 1.4.6　谱线随磁场的增加而出现的几次重合

本实验要求调节磁场强度，在出现 k 级和 $(k-1)$ 级的 3 条 σ 子谱线完全重叠的情形(如图 1.4.6(d)所示)下拍摄，此时 $x=3$.

参考文献

褚圣麟. 1979. 原子物理学. 北京：高等教育出版社.

母国光，战元龄. 1979. 光学. 北京：人民教育出版社.

曹镜波　王福合　编

1.5　拉曼光谱

当频率为 ν_0 的单色光入射到介质上时，除了被介质吸收、反射和透射外，总会有一部分被散射. 按散射光相对于入射光波数的改变情况，可将散射光分为三类：第一类，其波数基本

不变或变化小于 $10^{-5}cm^{-1}$，这类散射称为瑞利(Rayleigh)散射；第二类，其波数变化大约为 $0.1cm^{-1}$，称为布里渊(Brillouin)散射；第三类，其波数变化大于 $1cm^{-1}$，称为拉曼(Raman)散射. 从散射光的强度看，瑞利散射最强，拉曼散射最弱，大约为瑞利散射的千分之一.

拉曼散射现象，又称联合散射效应. 在实验上由印度科学家拉曼(C. V. Raman，1888～1970)和苏联科学家曼杰斯塔姆(Л. и. Мандедьщтам，1879～1944)在 1928 年分别发现. 拉曼散射是分子或凝聚态物质产生的一种非弹性散射，其散射线的数目、频移量的大小、谱线强度及偏振特性反映了散射分子的结构、分子中原子的空间排列和相互作用的强弱，因此根据拉曼光谱我们可以研究分子和晶体的组态、结构、排列对称性、相互作用和分子的振动、转动能级结构. 拉曼光谱技术是一种常用的分析测试手段，首先它是一种光谱方法，光谱方法的优越性无须细说. 以前用可见和近紫外光谱分析原子，用红外光谱分析分子和固体，但至今红外光谱的综合性能仍然远比不上可见与近紫外光谱，而拉曼光谱在可见光区，且可通过选用光源而定频段，其灵敏度足可检出 CCl_4 中万分之一的杂质苯，样品量只是 10^{-6}～10^{-3}g 量级. 20 世纪 60 年代前，因为光源能量密度小、单色性差等条件限制，拉曼散射的应用受到限制. 激光技术的问世，光纤探头、单色仪、检测器、光学显微镜和计算机等新技术的发展，使得拉曼光谱技术进入了新的飞速发展期. 拉曼光谱作为一种检测方法，具有无损、快速、准确等特点，尤其适用于分析有机物、高分子、生物制品、药物等，已在化学和材料科学、农业、生物科学、医药、环保及商检等领域得到了广泛的应用. 在凝聚态物理学中，拉曼光谱也是取得结构和状态信息的重要手段.

本实验通过对一些典型分子的常规拉曼光谱进行测量，以对拉曼散射的基本原理和基本实验技术有一定的了解，知道简单的谱线分析方法.

一、实 验 原 理

1. 拉曼光谱的特点

实验得到的拉曼散射光谱图，在外观上有三个明显的特征：第一，拉曼散射谱线的波数随入射光的波数而变化，拉曼散射谱线与瑞利散射谱线的频率差称为拉曼位移，常以波数(cm^{-1})为单位，对同一样品，拉曼位移不变. 第二，在以波数为单位的拉曼光谱图上，拉曼谱线总是对称地分布在瑞利线两侧，对称谱线的拉曼位移(绝对值)完全相等. 频率低于瑞利线的拉曼谱线(因而波长较长)称为斯托克斯(Stokes)线，频率高于瑞利线的拉曼谱线(波长较短)称为反斯托克斯(anti-Stokes)线. 第三，一般情况下，斯托克斯线的光强度比反斯托克斯线大得多. 有意义的是，拉曼位移与激发光的频率完全无关，这也直接说明了拉曼散射只取决于被照射物的分子结构. 可调谐(波长连续可变)激光器出现后，人们仔细选择激发光频率，又发现了共振拉曼效应. 这时，拉曼位移虽不变化，但某些特定的拉曼谱线的强度却可增强 4～6 个数量级. 相干反斯托克斯拉曼光谱和表面增强技术也可使拉曼光谱的某些谱线增强几个数量级. 所有这些，除了使信号大为增强而有利于检测之外，也提供了分子结构的更深层次的丰富信息.

2. 经典理论

在入射光场作用下，介质分子将产生感生电偶极矩 $\boldsymbol{P}$，它与入射光波电场 $\boldsymbol{E}$ 的关系为

$$\boldsymbol{P} = \boldsymbol{A} \cdot \boldsymbol{E} \tag{1.5.1}$$

式中 $\boldsymbol{A}$ 为极化率,通常情况下 $\boldsymbol{P}$ 和 $\boldsymbol{E}$ 未必同方向,因此 $\boldsymbol{A}$ 为一个 3×3 矩阵的二阶张量

$$\boldsymbol{A} = \begin{pmatrix} a_{xx} & a_{xy} & a_{xz} \\ a_{yx} & a_{yy} & a_{yz} \\ a_{zx} & a_{zy} & a_{zz} \end{pmatrix} \tag{1.5.2}$$

它通常是一个实对称矩阵,即 $a_{ij}=a_{ji}$,a_{ij} 的值是由具体介质的性质决定的,通常称不为零的 a_{ij} 为拉曼活性的,称分子振动时导致电极化率变化的物质为“拉曼活性”的. 与之相比,分子的红外光谱是分子振动或转动中电偶极矩发生变化而产生的,此时该物质称为“红外活性”的,拉曼光谱与红外光谱的实验技术和方法不相同,不同分子或同一分子的振动和振动模式或者是拉曼活性的,或者是红外活性的,因此两者结合互补,可以得到分子结构的完整信息.

在入射光场作用下,由于分子振动(令其振动频率为 ν_k),极化率 $\boldsymbol{A}$ 必定改变,尽管改变很小. 这时 $\boldsymbol{A}$ 将是分子内部运动坐标的函数. 在很好的一级近似下,可以认为 $\boldsymbol{A}$ 的某一分量 a 满足

$$a = a_0 + a_1 \sin\omega_k t \tag{1.5.3}$$

式中 a_0 是分子处于平衡位置时的极化率(分量),a_1 是振动时极化率(分量)改变量的振幅. 当然,$a_1 \ll a_0$. 考虑到入射光波和 a 对应的电场分量可表示为

$$E = E_0 \sin\omega_0 t \tag{1.5.4}$$

式中 E_0 是这一电场分量 E 的振幅. 于是,就同一分量而言

$$\begin{aligned} P = aE &= a_0 E_0 \sin\omega_0 t + a_1 E_0 \sin\omega_0 t \cdot \sin\omega_k t \\ &= a_0 E_0 \sin\omega_0 t + (a_1 E_0/2)[\cos(\omega_0 - \omega_k)t - \cos(\omega_0 + \omega_k)t] \end{aligned} \tag{1.5.5}$$

可见,由于分子振动,出现了新的频率成分$(\omega_0-\omega_k)$与$(\omega_0+\omega_k)$,前者为斯托克斯线,后者为反斯托克斯线;而不变的频率成分 ω_0 对应于瑞利线. 当然,这一理论有严重缺陷:它认为$(\omega_0-\omega_k)$与$(\omega_0+\omega_k)$的强度(振幅)完全相同,而事实上前者的强度比后者大得多.

另外,可以导出:拉曼散射的强度正比于入射光强和样品的分子浓度,而且近似地与入射光频率的四次方成正比. 这是符合实验事实的. 量子理论表明,斯托克斯线与反斯托克斯线虽然彼此强度不同,但却都分别遵守上述比例关系,只是比例系数彼此差异很大.

3. 量子解释

入射光与振动分子相互作用可看作碰撞过程入射光子 $h\nu_0$ 与分子碰撞时,如果发生弹性散射,不发生能量交换,光子能量(频率)保持不变,这就是瑞利散射. 如果发生非弹性散射,则入射光子可能把它的一部分能量 ΔE 交给散射系统(分子),散射光子能量减少,频率变低,这对应于斯托克斯线;也可能由散射系统取得能量 ΔE,而使散射光子能量增加,频率变高,这对应反斯托克斯线. 当然,这项 ΔE 只能等于分子各定态之间的能量差.

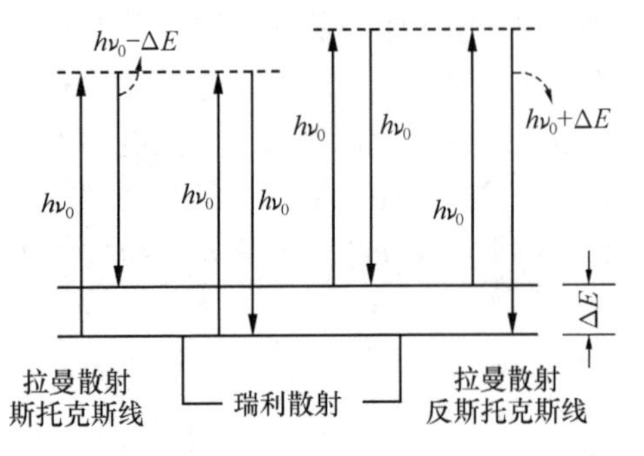

图 1.5.1　光散射系统的能级跃迁

发生碰撞时,能量交换过程可用图 1.5.1 来说明. 其中虚线画的能级并不对应于散射系统的任何可能的能态,而仅给出光量子高于初态的能

量,所以将它称为“虚态”. 在基态和激发态均有大量的分子,当它们受入射光子 $h\nu_0$ 碰撞时,激发到各自的激发虚态. 由于激发虚态不稳定,故迅速向下跃迁,辐射出一个光子. 若光子能量仍为 $h\nu_0$. 则分子仍回到初始能级,这对应于弹性碰撞的瑞利散射;若基态分子通过碰撞后向下跃迁到激发态上,则辐射光的能量为 $h\nu_0-\Delta E$,这种非弹性碰撞所产生的散射光为斯托克斯线;若激发态的分子通过碰撞后向下跃迁到基态,则辐射光的能量为 $h\nu_0+\Delta E$,这种非弹性碰撞所产生的散射光为反斯托克斯线.

顺便说明一下,拉曼效应与荧光过程是不同的. 在荧光过程中,入射光子完全被吸收,系统跃迁到某一激发态,经过一定时间(平均寿命)后,才向下跃迁到各个较低能态. 特别是,对于任何频率的入射光,拉曼效应都会发生;荧光则只对于吸收频率才能发生. 所以两种光谱的结构很不相同.

关于散射强度的差异,量子理论可以作出如下的正确解释. N 个分子的体系,其状态分成若干个分立的能级,其第 k 个振动能级上的粒子数在平衡状态时遵从玻尔兹曼分布. 所以,该体系产生的斯托克斯线光强 $I_{k\text{-s}}$和反斯托克斯线光强 $I_{k\text{-as}}$的强度比为

$$I_{k\text{-s}}/I_{k\text{-as}} \propto \exp[h\nu_k/(kT)] \tag{1.5.6}$$

通常,$\exp[h\nu_k/(kT)]\gg 1$. 这就说明了斯托克斯线强度大得多.

4. 拉曼散射的偏振态及退偏比

许多物质的分子通常都有确定的空间取向,因此对某一分子来说,无论入射光是否为偏振光,该分子的拉曼散射也将呈现某种偏振状态,而且即使入射光是偏振光,该分子的散射光的偏振方向通常也不一定与其一致,因此对拉曼散射的偏振状态的测量,可以确定分子结构的类型及其相应的振动方式.

由于散射体包含大量的分子,各个分子的空间取向不同,因而在宏观上分子的空间取向呈现无规分布,即使入射光是完全偏振光,整体散射光却不是完全偏振的,这一现象称为“退偏”,退偏比就是定量描述这种现象的参数.

在图 1.5.2 中,O 是样品,入射光照射在样品上,使分子产生感应极化,入射光为自然光时,有

$$E_x=0,\quad E_y=E_z\neq 0$$

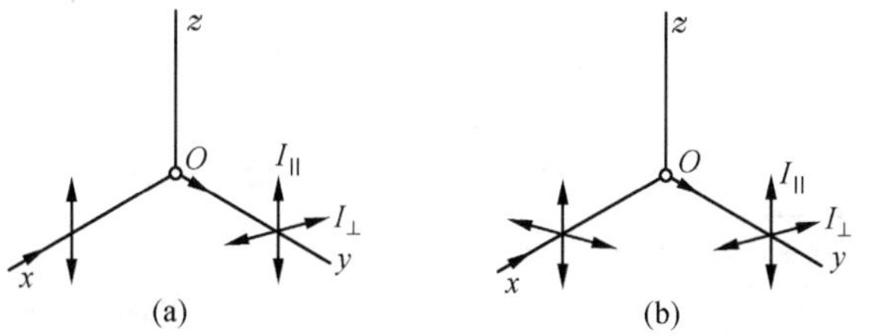

图 1.5.2 拉曼散射光的偏振情况

分子产生的感应电偶极矩为

$$P_x=a_{xy}E_y+a_{xz}E_z$$
$$P_y=a_{yy}E_y+a_{yz}E_z$$
$$P_z=a_{zy}E_y+a_{zz}E_z$$

若只探测沿 y 方向传播的散射光,则 $P_y=0$,只有 P_x 和 P_z 产生的散射光,它们的强度分别用 I_x 和 I_z 表示,因为分子有某一空间取向,通常 I_x 和 I_z 不相等,因此定义

$$\rho_n=\frac{I_z}{I_x} \tag{1.5.7a}$$

为自然光入射时散射光的退偏比. 当入射光为线偏振光时,退偏比为

$$\rho_p=\frac{I_z}{I_x} \tag{1.5.7b}$$

理论计算已得各退偏比有如下结果:

$$\rho_p=\frac{3\gamma^2}{45\overline{A}^2+4\gamma^2} \tag{1.5.8}$$

$$\rho_n=\frac{6\gamma^2}{45\overline{A}^2+7\gamma^2} \tag{1.5.9}$$

式中 $\overline{A}$ 称为平均电极化率;γ 称为各向异性率,是极化率各向异性的量度.

实验测得的退偏比可判断分子振动的对称性. 例如,对某振动,当 $\rho_p=\rho_n=0$ 时,即 $I_z=0$,表明此散射光是完全偏振的,因此分子的各向异性率必为零;当 $\rho_n=\frac{6}{7}$,$\rho_p=\frac{3}{4}$时,散射光是完全退偏的,表明此时平均极化率必为零;而当 $0<\rho_n<\frac{6}{7}$,$0<\rho_p<\frac{3}{4}$时,散射光就是部分偏振的. 散射光的这种偏振特性反映了分子振动模式的对称性质. 例如,某个振动模式拉曼谱线的退偏比 $\rho=0$,则说明无论入射光是否为偏振光,它只激发感生电偶极矩的 P_z 分量,而 P_z 的反射光在 yOz 平面具有相同的最大强度,说明该振动是对称振动. 退偏比越近于 0,散射光越近于完全偏振,分子的对称振动成分越多. ρ_p 越近于 3/4,或 ρ_n 越近于 6/7,则非对称振动成分越多.

二、实验仪器装置

由于拉曼散射光强小于入射光强的 10^{-6} 倍,且比高量子效率、高电流增益的光电倍增管的热噪声还低,故实验技术和装置都是围绕如何尽量增强拉曼(信号)光,抑制杂散光,以及将淹没在背景噪声中的信号提取出来设计的. 为此实验采用高强度、高单色性、高方向性的激光光源,散射光收集能力强的外光路系统,利用脉冲高度甄别和数字计数技术、具有很高信噪比的单光子计数器. 激光拉曼光谱仪的总体结构如图 1.5.3 所示.

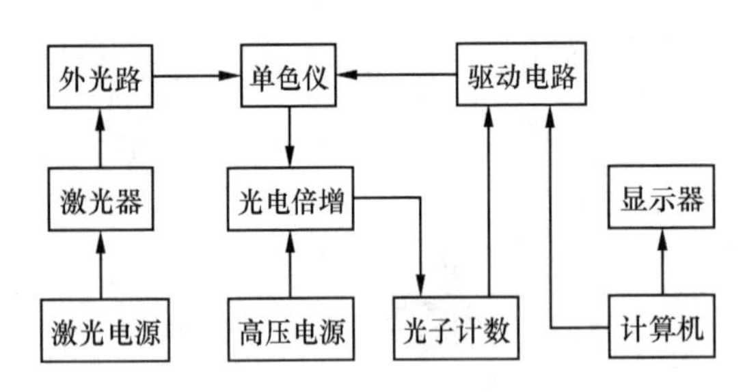

图 1.5.3　激光拉曼光谱仪的总体结构示意图

1. 激光器

最常用的是氩离子激光器,可选用它的两个最强的输出谱线 514.5nm(可达 0.5～2W)、488nm(比 514.5nm 谱线的功率略小),488nm 对单光子计数器较为有利,但有时它易于引起荧光反射,荧光反射是样品的固有频率光谱,通常是宽带连续谱,此时就得改用

514.5nm.也可以用价格便宜得多的 He-Ne 激光器或半导体激光器,但必须选用输出功率较大的,低于 10mW 的很难使用.也可以用 YAG 激光器倍频使其 532nm 连续输出(功率不低,但输出谱线线宽较大,会降低拉曼光谱的分辨率).氪离子激光器是另一种最常用的光源,但是价格也高.观测共振拉曼光谱最常用的是染料激光器.

2. 单色仪

强照射激光束将拉曼散射谱的极弱成分加强到可测水平,但也使光谱仪内部的杂散光的问题突显出来,弱信号将被杂散光淹没.通常规定,在距瑞利线 20cm^{-1} 处,瑞利散射等杂散光的强度应降低至优于 10^{-4}(以瑞利线的强度为 1).普通的光栅单色仪使拉曼散射光按波长在空间展开,但是在本无光强的谱位上分布着杂散光,强度为每一输入单色光的几千分之一,这是不能容忍的.为此开发了双光栅单色仪,由此构成专用的拉曼光电分光计,可测最弱谱线强度小于最强线的 $10^{-9}\sim10^{-13}$.现在好的仪器已可优于 10^{-14},一般都能优于 10^{-7}.常用的双级光栅单色仪是由两个一样的单色仪串接的,前级单色仪的出光缝就是后级单色仪的入光缝,后级的出光波长必须与前级的出光波长精确同步一致(图 1.5.4).

3. 外光路系统

外光路系统主要由激发光源,可调样品支架 S,偏振组件 P_1 和 P_2,以及聚光透镜 C_1 和 C_2 等组成(图 1.5.5).

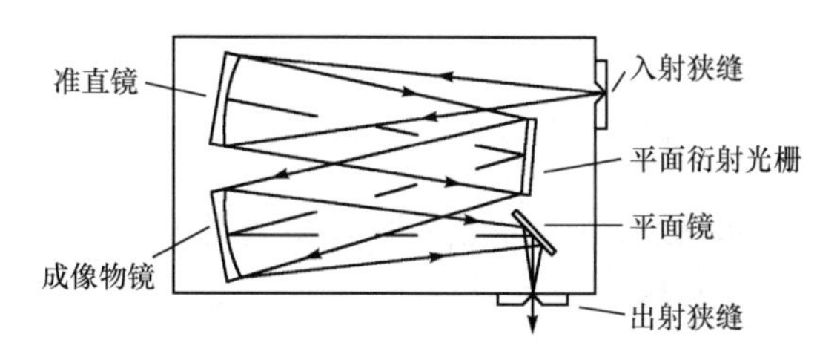

图 1.5.4　单色仪的光学结构示意图

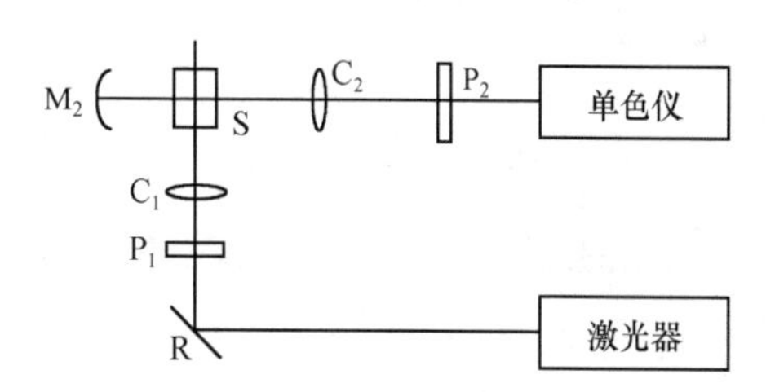

图 1.5.5　外光路系统示意图

激光器射出的激光束被反射镜 R 反射后,照射到样品上.为了得到较强的激发光,采用一聚光镜 C_1 使激光聚焦,在样品容器的中央部位形成激光的束腰.为了增强效果,在容器的另一侧放一凹面反射镜 M_2.凹面镜 M_2 可使样品在该侧的散射光返回,最后由聚光镜 C_2 把散射光会聚到单色仪的入射狭缝上.

调节好外光路,是获得拉曼光谱的关键,首先应使外光路与单色仪的内光路共轴.一般情况下,它们都已调好并被固定在一个刚性台架上.可调的主要是激光照射在样品上的束腰应恰好被成像在单色仪的狭缝上.是否处于最佳成像位置可通过单色仪扫描出的某条拉曼谱线的强弱来判断.

由于对固体、液体的测量光路情况有所不同,在此,我们将几种典型光路图进行了归纳,如图 1.5.6 所示.来自激光器的平行光聚焦后照射在样品 S 上,然后用相对孔径尽可能大的凹面反射镜或透镜将散射光会聚到色散系统的入射狭缝 t 上.

在图 1.5.6 中,(a)、(b)为 90°散射,(a)常用于透明液体和透明固体,(b)常用于粉末或不透明固体;(c)为背向散射,散射光与入射光方向相反;(d)为前向散射,散射光与入射光方向相同.所有这些,常被做成可调的样品架.调节时应该注意,不使入射激光(经过反射、会聚装置)直接进入色散系统.

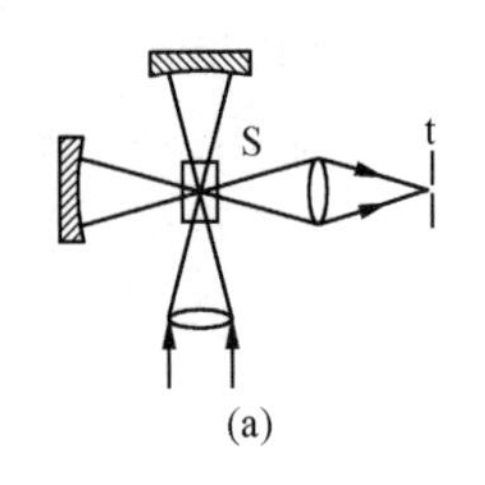

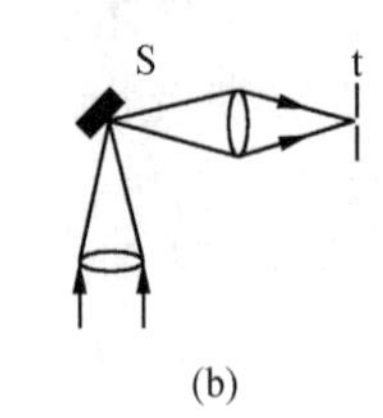

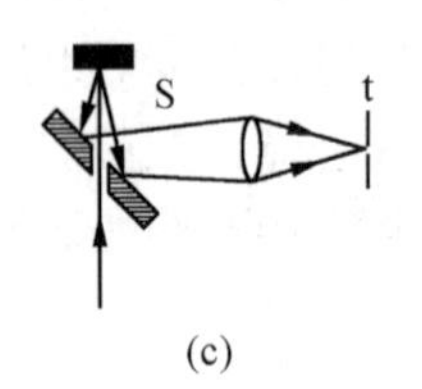

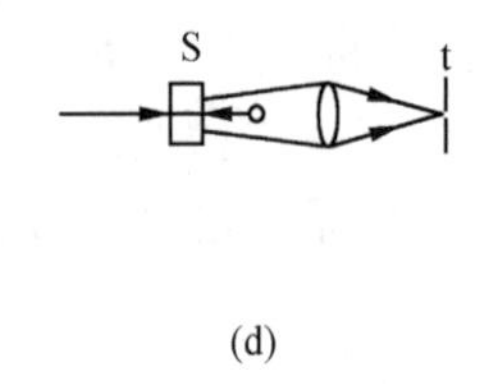

图 1.5.6 外光路的几种典型配置

做偏振测量实验时,应在外光路中样品之前放置偏振部件. 它包括改变入射光偏振方向的偏振旋转器,并且在样品之后加入检偏器. 用这样的方法测量谱线的退偏比.

4. 探测系统

拉曼散射是一种极微弱的光,其强度小于入射光强的 10^{-6},比光电倍增管本身的热噪声水平还要低. 用通常的直流检测方法已不能把这种淹没在噪声中的信号提取出来.

单光子计数器方法利用弱光下光电倍增管输出电流信号自然离散的特征,采用脉冲高度甄别和数字计数技术将淹没在背景噪声中的弱光信号提取出来. 与锁定放大器等模拟检测技术相比,它基本消除了光电倍增管高压直流漏电和各倍增极热噪声的影响,提高了信噪比;受光电倍增管漂移、系统增益变化的影响较小;它输出的是脉冲信号,不用经过模/数(A/D)变换,可直接送到计算机处理. 有关单光子计数器的原理可参阅本书 10.4 单光子计数实验.

5. 陷波滤波器

陷波滤波器旨在减小仪器的杂散光,提高仪器的检出精度,并且能将激发光源的强度大大降低,有效地保护光电管,如图 1.5.7 和图 1.5.8 所示.

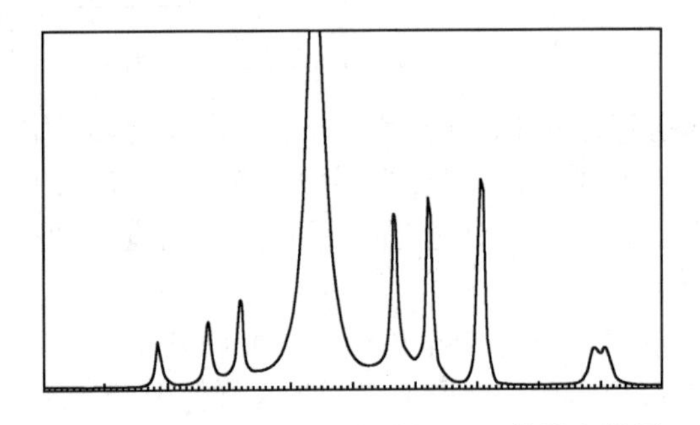

图 1.5.7 未加陷波滤波器的 CCl_4 拉曼光谱图

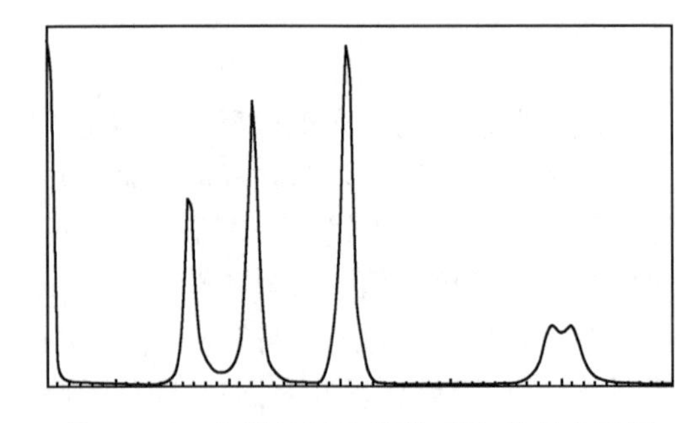

图 1.5.8 加陷波滤波器的 CCl_4 拉曼光谱图

有关各实验装置的详细原理、技术、性能、使用方法和调节技术可阅读实验室提供的激光拉曼光谱仪的使用说明书.

三、实验内容

1. 记录四氯化碳(CCl_4)分子的振动拉曼谱

(1) 打开计算机和单色仪的电源,运行程序.

(2) 将 CCl_4 倒入液体池内. 打开激光器电源，使其输出波长、功率达到要求. 调整好外光路，注意将杂散光的成像对准单色仪的入射狭缝，并将狭缝开至 0.1mm 左右.

(3) 输入激光的波长，在 510～560nm 范围内以 0.1nm 步长单程扫描，测量 CCl_4 分子的拉曼光谱.

(4) 分析拉曼光谱图，确定斯托克斯线和反斯托克斯线的波长和强度，计算拉曼位移.

2. 记录未知样品的拉曼光谱并进行分析

四、注 意 事 项

仪器选定之后，必须仔细调节外电路，这是实验成功的关键. 总的原则是：一方面，尽量使散射光会聚成细小的光斑并照射在色散系统的入射狭缝上；另一方面，却不能让激光直接或经反射、折射进入谱仪(色散系统). 入射光点经容器壁反射、折射而形成的强光像点是容易被忽略而进入谱仪的. 为了避免这一情况，必须使激光束照射在样品的合适位置上.

调节外光路时，要切实注意人眼的安全！确保激光束不会直射人眼，切勿大意！还要防止较强的散射光刺激眼睛. 几人同时做实验，要避免因协调不佳而导致事故！

如果用氩离子激光器等功率较大的光源，还必须妥善设置单道扫描或 OMA 系统的参数，切勿让很强的瑞利线进入探头，强光照射必定会把它烧坏！

五、思考与讨论

(1) 应该怎样调节外光路?

(2) 如何判断激光束照射 CCl_4 样品处于最佳位置?

(3) 如何判断记录的 CCl_4 拉曼光谱已达满意状态?

附录　四氯化碳分子的结构及其振动方式

CCl_4 为正四面体结构，如图 1.5.9 所示. C 原子在中心，4 个 Cl 原子位于四面体的四个顶点. 当四面体绕通过 C 的某一轴旋转某一角度后，分子的几何构形不变，则此轴称为对称轴，这种转动称为对称操作. CCl_4 的对称轴有 13 根，这种对称操作有 24 个，在群论中，这种结构为 T_d 群.

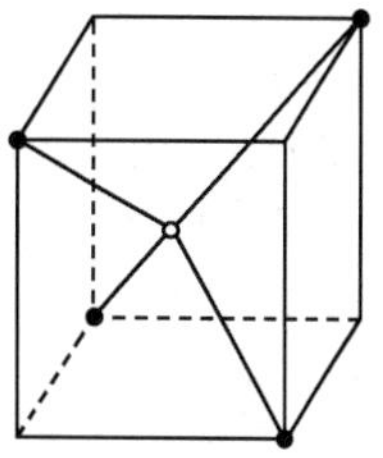

n 个原子组成的分子共有 $3n$ 个自由度. CCl_4 分子 $n=5$，除去 3 个平动自由度和 3 个转动自由度以外，还有 $3n-6=9$ 个振动自由度. 也就是，CCl_4 有 9 种简正振动，它们分别属于以下四类，如图 1.5.10 所示.

○C　●Cl

图 1.5.9　CCl_4 的分子结构

第一类，只有 1 种振动方式，C 原子不动，4 个 Cl 原子沿着与 C 的连线方向同时伸缩，记作 A_1(或 v_1).

第二类，有 2 种振动方式，C 原子不动，两对 Cl 原子的运动使它们和 C 组成的平面发生扭转，或使两个键角作同样的变化，记作 E(或 v_{2a}，v_{2b}).

第三类，有 3 种振动方式，4 个 Cl 原子朝一个方向运动，C 朝相反方向运动，记作 F_2(或 v_{3a}，v_{3b}，v_{3c}).

第四类,有 3 种振动方式,但相邻的一对 Cl 做伸张运动,另一对压缩. 记作 F_2(或 v_{4a}, v_{4b}, v_{4c}).

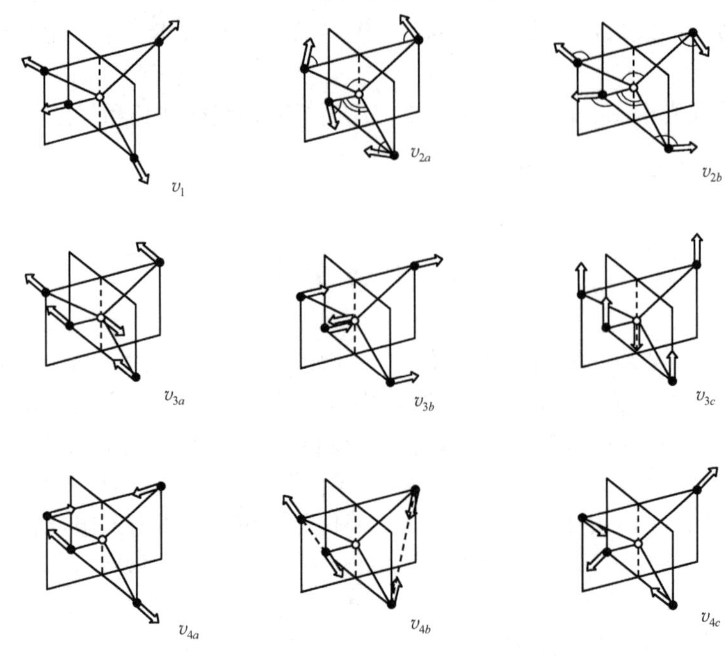

图 1.5.10　CCl_4 分子的 9 种简正振动

同一类振动的 m 种振动方式,其振动能量相同,所以这类振动是 m 重简并的. 这里,E 是二重简并的,F_2 是三重简并的. 每一类简并对应同一条谱线,故 CCl_4 的拉曼光谱应出现 4 条基频谱线. 考虑到振动间耦合引起的微扰,有的谱线会分裂成两条,这就是 CCl_4 拉曼谱中最弱线分裂成两条的原因.

与 CCl_4 分子结构类似的 XY_4 型的分子,由于它们具有相同的空间结构和对称性拉曼光谱的基本面貌,只是各具不同频率、强度而已,因而可以利用这种类似性,将一个结构未知的分子的拉曼光谱与结构已知的分子拉曼光谱进行比对,以确定分子结构及其对称性.

参考文献

赫兹堡 G. 1983. 分子光谱与分子结构. 第一卷. 双原子分子光谱. 王鼎昌,译. 北京:科学出版社.

林木欣. 1994. 近代物理实验. 广州:广东教育出版社.

沙振舜,黄润生. 2002. 新编近代物理实验. 南京:南京大学出版社.

吴思诚,王祖铨. 1995. 近代物理实验. 2 版. 北京:北京大学出版社.

肖新民. 2005. 拉曼光谱的广泛应用及分辨率的重要性. 现代科学仪器,(2):45～48.

燕　安　刘忠民　编

1.6　氢与氘原子光谱

原子光谱的观测为建立量子理论提供了坚实的实验基础. 1885 年,巴耳末(J. J. Balmer)根据人们的观测数据，总结出了氢光谱线的经验公式. 1913 年 2 月，玻尔(N. Bohr)得知巴耳末公式后，在 3 月 6 日就寄出了氢原子理论的第一篇文章，他说："我一看到巴耳末公式，整个问题对我来说就清楚了."1925 年，海森伯(W. Heisenberg)提出的量子力学理论，更是建筑在原子光谱的测量基础之上的. 现在，原子光谱的观测研究，仍然是研究原子结构的重要方法之一.

20 世纪初，人们根据实验预测氢有同位素. 1919 年发明质谱仪后，物理学家用质谱仪测得氢的原子量为 1. 007 78，而化学家由各种化合物测得为 1. 007 99. 基于上述微小的差异，伯奇(Birge)和门泽尔(Menzel)认为氢也有同位素^{2}H(元素左上角标代表原子量)，它的质量约为^{1}H 的 2 倍，据此他们算得^{1}H 和^{2}H 在自然界中的含量比大约为 4000∶1. 由于里德伯(J. R. Rydberg)常量和原子核的质量有关，^{2}H 的光谱相对于^{1}H 的应该会有位移. 1932 年，尤雷(H. C. Urey)将 3L 液氢在低压下细心蒸发至 1mL 以提高^{2}H 的含量，然后将那 1mL 注入放电管中，用它拍得的光谱，果然出现了相对于^{1}H 移位了的^{2}H 的光谱，从而发现了重氢，取名为氘，化学符号用 D 表示. 由此可见，样品的考究、实验的细心、测量的精确，对于科学进步非常重要.

本实验通过氢氘光谱的拍摄、里德伯常量和氘氢质量比的测定，加深对氢光谱规律和同位素位移的认识，并理解精确测量的重要意义.

一、实 验 原 理

巴耳末总结出的可见光区氢光谱线的规律为

$$\lambda_H = 364.56 \times \frac{n^2}{n^2-4}\text{nm} \tag{1.6.1}$$

式中 λ_H 为氢光谱线的波长，n 取 3、4、5 等整数.

若改用波数表示谱线，由

$$\tilde{\nu} \equiv 1/\lambda \tag{1.6.2}$$

则式(1. 6. 1)变为

$$\tilde{\nu}_H = 109\ 678 \times \left(\frac{1}{2^2} - \frac{1}{n^2}\right)\text{cm}^{-1} \tag{1.6.3}$$

式中 109 678cm^{-1}为氢的里德伯常量.

由玻尔理论或量子力学得出的类氢离子的光谱规律为

$$\tilde{\nu}_A = R_A\left[\frac{1}{(n_1/z)^2} - \frac{1}{(n_2/z)^2}\right] \tag{1.6.4}$$

上式的

$$R_A = \frac{2\pi^2 me^4}{(4\pi\varepsilon_0)^2 ch^3(1+m/M_A)} \tag{1.6.5}$$

是元素 A 的理论里德伯常量，z 是元素 A 的核电荷数，n_1、n_2 为整数，m 和 e 分别是电子的质量和电荷，ε_0 是真空介电常量，c 是真空中的光速，h 是普朗克常量，M_A 是核的质量. 显然，R_A 随 A 不同略有不同，当 $M_A \to \infty$时，便得到里德伯常量

$$R_\infty = \frac{2\pi^2 me^4}{(4\pi\varepsilon_0)^2 ch^3} \tag{1.6.6}$$

所以

$$R_A = \frac{R_\infty}{1 + m/M_A} \tag{1.6.7}$$

应用到 H 和 D 有

$$R_H = \frac{R_\infty}{1 + m/M_H} \tag{1.6.8}$$

$$R_D = \frac{R_\infty}{1 + m/M_D} \tag{1.6.9}$$

可见 R_D 和 R_H 是有差别的,其结果就是 D 的谱线相对于 H 的谱线会有微小位移,叫同位素位移. λ_H、λ_D 是能够直接精确测量的量,测出 λ_H、λ_D,也就可以计算出 R_H、R_D 和里德伯常量 R_∞,同时还可计算出 D,H 的原子核质量比

$$\frac{M_D}{M_H} = \frac{m}{M_H} \cdot \frac{\lambda_H}{(\lambda_D - \lambda_H + \lambda_D m/M_H)} \tag{1.6.10}$$

式中 $m/M_H = 1/1836.1527$ 是已知值. 注意,λ 是指真空中的波长. 同一光波,在不同介质中波长是不同的,唯有频率及对应光子的能量才是不变的. 我们的测量往往是在空气中进行的,所以应将空气中的波长转换成真空中的波长. 空气折射率随波长的变化如表 1.6.1 所示.

表 1.6.1 空气折射率随波长的变化(15℃,760mmHg,干燥)

λ/nm	380	420	460	500	540	580	620	660
$(n-1)\times10^7$	2829	2808	2792	2781	2773	2766	2761	2757

二、实验仪器装置

光栅摄谱仪或棱镜摄谱仪,氢氘光谱灯,电弧发生器,光谱投影仪,阿贝比长仪等.

1. 平面光栅摄谱仪

(1) 光路原理. 一般平面光栅摄谱仪的光路如图 1.6.1 所示. 图中 M_1、M_2 是同一大凹球面反射镜的下、上两个不同框形部分. 光源 A 发出的光,经三透镜照明系统 $L_1L_2L_3$ 后均匀照亮狭缝 S. 通过 S 的光经小平面反射镜 N 反射转向 $\pi/2$ 后射向 M_1. 因 S 由 N 所成的虚像正好处在 M_1 的焦面上,所以狭缝上一点发出的光,经 M_1 反射后成了微微向上射出的平行光,并正好射到 N 后上方的平面反射光栅 G 上. G 把入射光向 M_2 方向衍射. M_2 把来自不同刻纹的同一波长的平行衍射光会聚成一点 S′,S′正好落在照相胶版 B 上. G 相邻刻纹的衍射光传播到 S′的程差 $\delta = d(\sin i + \sin\theta)$,式中 d 是光栅常数,i、θ 分别是入射光、衍射光相对于 G 的法线的夹角,$\sin\theta$

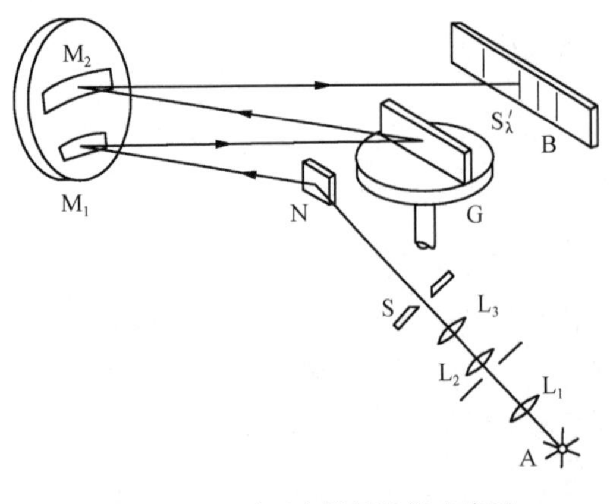

图 1.6.1 平面光栅摄谱仪光路图

取＋号是因为 θ、i 在法线的同侧. 显然，S' 要是个亮点，必须 $\delta=k\lambda$，于是得光栅方程 $d(\sin i+\sin\theta)=k\lambda$，式中 λ 是光波波长，$k=0,\pm1,\pm2,\cdots$叫衍射级. 除 0 外，对同一 k，因 i 相同而不同则 θ 将不同，也就是不同波长的像点 S' 将落在 B 的左右不同位置，成为一个单色像 S'_λ. 狭缝 S 是连续的点的集合，所以 S'_λ 是一条亮线. 对同一 k，A 发出的所有波长所形成的所有单色像构成 A 的光谱，用胶版 B 就可以把它们拍摄下来.

(2) 中心波长和光栅转角的关系. S'_λ 落在 B 中心线附近的波长 λ_0 叫中心波长. 显然这时 $\theta=i$，对 1 级谱，光栅方程变为 $2d\sin i=\lambda_0$，所以中心波长 λ_0 和 i 有一一对应关系. 光栅安装在一个金属齿盘上，盘底的轴插在机座的轴套上，盘边有一蜗杆和齿啮合，蜗杆用一连杆和机壳外的手柄联结；转动手柄就可以转动光栅，并在手柄边上可以读出光栅转角 i. 仪器色散能力较强，一次摄谱 B 只能容下相差约 100nm 的波长范围，所以拍摄不同波段的光谱时，必须把光栅转到相应的 i 角位置.

(3) 谱级分离. 设 B 上某点 $\delta=600$nm，对 $\lambda_1=600$nm 的光波，$k=1$，得到了加强；对 $\lambda_2=300$nm 的光波，$k=2$，也得到了加强. 这样在 B 上 $\delta=600$nm 处出现的谱线，就无法确定它是 λ_1 还是 λ_2，这叫谱级重叠. 但 λ_2 是紫外光，它不能透过玻璃，在狭缝前放一无色玻璃作为滤色片，所有紫外光便都到不了 B，从而简单地实现了 1 级可见光谱和 2 级紫外光谱的分离，滤色后在 $\delta=600$nm 处出现的谱线一定是 λ_1.

(4) 拍摄比较光谱的操作原则. 谱线是狭缝的单色像. 让 12mm 高的狭缝全部露出来被光照亮，可得到 12mm 高的一系列谱线；让上端 6mm 露出，就得到上端 6mm 高的谱；让下端 6mm 露出，就得到下端 6mm 高的谱. 设想用 Na(钠) 黄光照亮 S，先让上端 6mm 露出摄谱后，保持胶版 B 和光栅转角 i 都不动，再换为下端 6mm 摄谱. 这样摄得的 4 条谱线，一定是后两条在前两条的延长线上，因为它们只是同一狭缝上、下两段成像先后不同而已. Na 黄双线的波长大家都很熟悉，由此我们推想：把先摄下的两条谱线看成波长未知的被测谱线，后两条看成“波长标尺”上波长已知的两条刻度线，显然测得的结果非常准确. 由此得出操作原则：拍摄互相比较的两列光谱时，不能移动胶版，不能转动色散元件，只能在换光源后换用狭缝的相邻部位摄谱. 换用狭缝的不同部位很简单，狭缝前有一金属薄圆盘，叫哈特曼光阑盘，盘上不同位置开了不同高度的方孔，转动盘子让狭缝在所需的孔中露出就行了. “波长标尺”也现成，Fe(铁) 的光谱线相当丰富，波长都一一已知，把 Fe 的光谱拍在被测光谱的旁边，也就相当于摆上了一把“波长标尺”. Fe 光谱可以用电弧发生器激发(请联想电焊时的弧光).

2. 棱镜摄谱仪

棱镜摄谱仪的一种光路如图 1.6.2 所示. 图中，A 是要分析的光源，它发出的光经照明透镜 L 会聚后，照亮竖直的狭缝 S. 狭缝上的一点发出的光，经消色差的准直透镜 L_1 后成为平行光. 此平行光经色散棱镜 P 的第一个表面折射后，因波长不同折射率也不同而发生了角色散，不同波长的光线不再相互平行，同一波长的光线仍相互平行. 折射光再经 P 的第二个表面全反射后射向出射表面. 在出射表面上再一次折射，角色散加大. 成像透镜 L_2 把

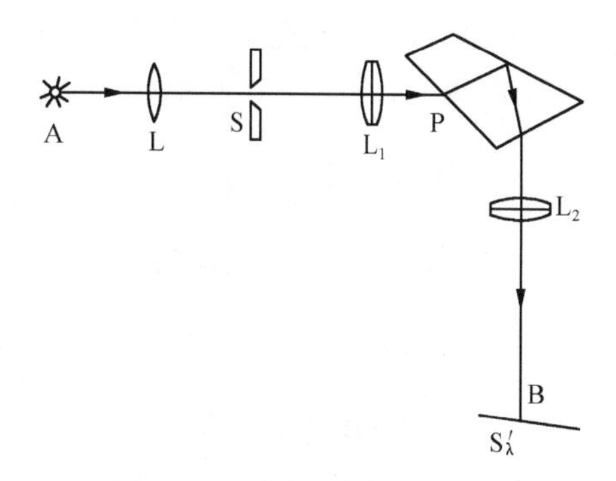

图 1.6.2　棱镜摄谱仪光路图

同一波长的相互平行的出射光会聚在它的后焦面上形成像点 S′,所以 S′是个单色像 S'_λ. 由于不同波长的光出射角不同,各单色像点的位置也就左右不同. 狭缝是连续的点的集合,它的单色像就是左右排列的一条一条的竖直亮线,一条亮线和一个波长对应. 这些亮线是实像,把感光胶版 B 放在 L_2 的后焦面上就能把它们拍摄下来,从而得到光源 A 的光谱.

棱镜摄谱仪没有谱级重叠问题,仪器色散能力较小,也不需要变换中心波长摄谱. 但有的仪器既可作摄谱仪使用,又可作单色仪使用. 作单色仪使用时,需转动色散棱镜,使所需波长的光在出射狭缝处输出,故棱镜有转动机构. 所以,使用这样的仪器拍摄比较光谱时,除不能移动胶版外,同样不能转动色散元件,而只能在换光源后,借助狭缝前的简易哈特曼光阑盘,换用狭缝的相邻部位.

3. 氢氘光谱灯

氢氘光谱灯(或放电管)内所充的纯净氢氘气体,在高压小电流放电时分解成原子并被激发到高能态,在跃迁到低能态的退激过程中发出原子光谱. 灯管的使用请先阅读说明书.

三、实 验 内 容

注意安全用电,未经充分准备,未经确认无误,不能随意给灯具、仪器通电,而且要防止胶版误感光.

1. 拍摄氢氘和铁的光谱

按实验要求,拟好摄谱程序表格,调好光路后,按程序用哈特曼光阑的相应方孔,分别拍下氢氘的光谱和铁的光谱. 注意,每次一定要按程序表格检查有关数据正确后再进行感光.

2. 显示谱片

取下底片盒,到暗室将胶版进行显影、定影、水洗、吹干处理得到谱片.

3. 观察和测量氢氘光谱线的波长

在光谱投影仪上观察谱片上的光谱,区分、熟悉铁光谱和氢氘光谱. 基于在不大的波长范围内可以认为线色散是个常数,在阿贝比长仪上测出有关已知波长铁谱线和氢氘谱线的相对距离后,用线性内插法就可算出氢氘谱线的波长.

4. 数据处理

计算出 R_H、R_D、M_D/M_H、R_∞,以及含不确定度的最后结果.

*5. 实验设计训练

设已知氢核的质量为 M,氘核的质量为 $2M$,设计一个实验,测量质子的质量 m_p 和电子的质量 m_e 之比 m_p/m_e.

四、思考与讨论

（1）拍摄比较光谱的操作原则怎样？

（2）在同一 n 下，氢氘谱线的波长 λ_H 大一点还是 λ_D 大一点？为什么？

参 考 文 献

吴思诚，王祖铨. 1995. 近代物理实验. 2 版. 北京：北京大学出版社.

杨福家. 1990. 原子物理学. 2 版. 北京：高等教育出版社.

高长连　编

单元 2　原子核物理

2.0　核物理实验技术基础知识

核物理实验是研究核反应、核技术应用等的重要手段. 随着人们对核辐射和核与物质相互作用规律的了解，核实验技术已成为许多其他学科诸如固体物理、天体物理、考古学等的重要研究手段，还是材料表面离子注入、辐射损伤、探伤、测厚、环境保护、诊断和治疗肿瘤等的重要方法. 总之，核物理实验技术在当今的科学研究和人们生产生活中有着极其重要的地位.

核物理实验所研究的对象是 α 射线、β 射线、γ 射线、中子、质子及 X 射线等. 它们的特点是尺度小、能量大，当它们与物质发生相互作用时可以检测到它们的各种性质. 因此射线与物质相互作用的规律也是核物理实验的基础.

核物理实验是大学近代物理实验中的一部分，核物理实验技术是物理类本科生必须掌握的实验技术之一. 为了学好本单元的实验，下面介绍一些核物理实验技术的基础知识.

一、防辐射安全知识

核辐射能够对人体产生损伤，损伤是在一定剂量下引起的. 而辐射是可以防护的. 我们要以科学的态度，严肃认真地对待它，不要麻痹大意，也不要过分紧张，谈“核”色变.

在核物理实验中，所用的放射源基本上分成封闭源和开放源两类：封闭源是将放射性物质放在密封的容器里，正常使用中不会泄漏；开放源是将放射性物质黏附在小托盘上或镀在小金属片上，在使用过程中放射性物质有可能向周围环境扩散. 在实验教学中，两类源都可能用到，但源的放射性强度都不会很强，除极个别实验必须用到毫居里(mCi)级的源外，绝大多数实验用放射源强度都在微居里(μCi)级甚至更低. 因此同学们不必太担心.

核辐射对人体的作用方式分为体内照射和体外照射两种. 体内照射是指放射性物质进入体内所产生的照射，此时放射性物质对人体内部组织造成伤害. 体外照射是指放射源处于机体外所产生的照射. 对人体而言，外照射主要来自中子、γ 射线和 X 射线，其次是 β 射线. α 射线在空气中的射程很短，一张纸或一件衣服就能挡住，所以外照射一般不考虑 α 射线的影响. β 射线的穿透能力比 α 射线等重粒子的强，又比 γ 射线的弱，其防护较为简单但不能忽视. β 射线容易被组织表层吸收，引起组织表层的辐射损伤，所以在使用 β 粒子源时应小心皮肤和眼晶体，通常用低原子序数的材料屏蔽 β 射线，实验室里最常用的防护 β 射线的材料是铅玻璃. γ 射线的穿透力很强，可对人体产生深部损伤. 屏蔽 γ 射线的材料很多，根据其能量和活度的大小选择不同的屏蔽物质，如铅、钨、铁、水和混凝土等. 实验室里通常选用的是铅砖或铅玻璃.

1. 外照射防护的基本原则与措施

(1) 控制时间. 接触放射源的时间越短，人体所受的照射量就越小. 因而要求操作人员事前要做好充分准备，操作步骤尽可能简单快捷，同时避免在辐射场所中作不必要的逗留.

(2) 控制距离. 人体受到辐照的剂量与离放射源的距离的平方成反比. 因此，增大人体与放射源的距离，可以显著地减少人体所受的剂量. 如利用镊子或具有不同功用的长柄器械及机械手进行远距离操作，让控制室与放射源之间有足够的距离等.

(3) 实施屏蔽. 利用射线通过物质后能量、强度会损失的性质，在人体与放射源之间设置屏障，可以有效地减少辐射对人体的伤害. 常用的屏蔽材料有砖石、混凝土、有机玻璃以及铅、铁、铝等金属.

在实际工作中，以上三种防护措施常常是综合使用的.

2. 内照射防护的原则与措施

内照射是指放射性物质经过吸入、吃入或伤口渗入等途径进入人体内，造成辐射及其化学毒性对人体器官的双重危害，其防护原则及措施是：

(1) 防止放射性物质由呼吸道进入体内. 在操作开放性液体源时，需在通风橱中进行；操作粉末状放射物质，必须在手套箱中进行，并要戴上口罩.

(2) 防止放射性物质经手转移或直接入口. 放射性工作场所内，严禁进食、吸烟、饮水和存放食物. 正确使用相应的个人防护用品，实验结束后要洗手.

(3) 防止放射性物质经体表进入体内. 面部和手臂等处有伤口者，应暂时停止从事可能受到放射性污染的工作.

3. 放射源的安全操作

(1) 放射源要有固定的存放地点(如保险柜)，并加铅块屏蔽. 实验结束应立即归还原处锁好.

(2) 任何形式封装的放射源，均不得直接用手接触其活性区，取放射源必须使用专用镊子或托盘等工具.

(3) 操作 β、γ、X 射线源时，应佩戴防护眼镜，切忌用眼睛直视活性区，以免损伤角膜.

(4) 收取放射源后最好立即洗手.

二、常用的辐射量及其单位

辐射量是表示辐射的特征并能测定的量. 自放射性现象被发现后，在放射学领域中陆续建立了一些专用单位. 其中一些量的概念和定义日趋完善，另一些量或单位趋于淘汰. 从 1984 年开始，在我国，包括辐射量在内的所有计量单位均采用国际单位制(SI)，部分计量单位暂时与 SI 单位并用.

1. 放射性活度 A

一定量的放射性核素在单位时间内发生的核衰变次数称为该放射源的放射性活度，用 A 表示

$$A=-\frac{\mathrm{d}N}{\mathrm{d}t} \tag{2.0.1}$$

放射性活度的国际单位是每秒(s^{-1}).单位的专门名称叫贝可勒尔(Becquerel),简称贝可(Bq).习惯上也常用居里(Ci)作放射性活度的单位.它们之间的换算关系如下:

$$1\text{Bq} = 1\text{s}^{-1}$$

$$1\text{Ci} = 3.7 \times 10^{10}\text{s}^{-1} = 3.7 \times 10^{10}\text{Bq}$$

$$1\text{mCi} = 3.7 \times 10^{7}\text{Bq}, \quad 1\mu\text{Ci} = 3.7 \times 10^{4}\text{Bq}$$

2. 照射量 X

γ 或 X 射线穿过空气时与空气发生相互作用而产生次级电子,这些次级电子再使空气电离而产生离子对,并不断地损失能量直到本身能量为零为止.照射量即辐射量,是辐射场强弱的标志,其定义是在每单位质量空气内,X 射线或 γ 射线(光子)释放出来的所有电子(正、负电子)被空气完全吸收后产生的任一种符号的离子总电荷的绝对值.设 Q 为电荷,m 为空气质量,则

$$X = \frac{\mathrm{d}Q}{\mathrm{d}m} \tag{2.0.2}$$

照射量 X 的国际单位是库仑·千克$^{-1}$($\text{C} \cdot \text{kg}^{-1}$),常用单位是伦琴(R).

$$1\text{R} = 2.58 \times 10^{-4}\text{C} \cdot \text{kg}^{-1}$$

3. 吸收剂量 D

单位质量 m 的被照射物质吸收的平均辐射能量 ε,称为吸收剂量,简称剂量.即

$$D = \frac{\mathrm{d}\varepsilon}{\mathrm{d}m} \tag{2.0.3}$$

吸收剂量的国际单位是焦耳·千克$^{-1}$($\text{J} \cdot \text{kg}^{-1}$),专用名称叫戈瑞(Gy)或拉德(rad),它们之间的关系如下:

$$1\text{Gy} = 1\text{J} \cdot \text{kg}^{-1} = 100\text{rad}$$

4. 剂量当量 H

由于生物组织在辐照后产生的生物效应和发生这些生物效应的概率不仅与吸收剂量有关,还与射线的种类、能量及照射条件等有关.为了统一表示各种射线对机体的危害程度,采用了剂量当量的概念,它定义为在组织内所关心的某一点上的吸收剂量 D、品质因数 Q 和所有其他修正因素乘积因子 N(对于外照射,$N=1$)的乘积

$$H = DQN \tag{2.0.4}$$

Q 和 N 因射线种类不同、照射部位不同而有不同的数值,请参阅文献(于会明和程子权,2003).

剂量当量与吸收剂量的量纲相同,其国际单位也是 $\text{J} \cdot \text{kg}^{-1}$,但它的专用名称叫希沃特(Sv)和雷姆(rem),它们的关系如下:

$$1\text{Sv} = 1\text{J} \cdot \text{kg}^{-1}$$

$$1\text{Sv} = 100\text{rem}$$

目前中国允许的公众人员剂量当量限值(全身均匀外照射)为 5mSv/a,国际上则规定公众人员剂量当量应小于 1mSv/a.

表 2.0.1 是以上四个辐射量的单位对照表.

表 2.0.1　常用辐射量单位对照表

辐射量	SI 名称	SI 单位	专用单位	换算关系
放射性强度 I	贝可 (Bq)	秒$^{-1}$ (s^{-1})	居里 (Ci)	1Bq=2.7×10^{-11}Ci 1Ci=3.7×10^{10}Bq
辐照量 X	—	库仑·千克$^{-1}$ (C·kg^{-1})	伦琴 (R)	1R=2.58×10^{-4}C·kg^{-1}
吸收剂量 D	戈瑞 (Gy)	焦耳·千克$^{-1}$ (J·kg^{-1})	拉德 (rad)	1Gy=100rad 1rad=0.01Gy
剂量当量 H	希沃特 (Sv)	焦耳·千克$^{-1}$ (J·kg^{-1})	雷姆 (rem)	1Sv=100rem 1rem=0.01Sv

三、核物理实验的一般实验方框图及常用仪器简介

1. 射线探测器

探测器的作用是将射线的能量转换为电子的能量以方便后面的仪器测量. 根据射线与物质相互作用的规律,大致可以分为“信号型”和“径迹型”两大类.

1) 信号型探测器

当一个辐射粒子射到探测器的灵敏区域时,探测器便产生一个电信号,再由其他设备加以记录和分析. 根据工作物质和原理的不同,又可分为以下几种探测器.

(1) 气体探测器. 气体探测器的工作物质是某些特殊气体,当受到射线照射时发生电离,正负离子被电极收集而产生电信号. 如 G-M 计数管、电离室、正比计数器等. 在核物理发展的早期,它们曾经是应用最广的探测器. 气体探测器制作简单,成本低廉,性能可靠,使用方便,信号幅度大,易于记录,但有失效时间长、探测效率低等缺点.

(2) 闪烁探测器. 闪烁探测器的工作物质是有机或无机的晶体闪烁体,射线与闪烁体相互作用,会使其电离激发而发射荧光. 从闪烁体出来的光子与光电倍增管的光阴极发生光电效应而击出光电子,光电子在管中倍增,形成电子流,并在阳极负载上产生电信号. 如 NaI(Tl)闪烁探测器.

(3) 半导体探测器. 这种探测器是用半导体材料制成 pn 结,射线粒子射入结区后,产生电子-空穴对,在电场作用下,电子和空穴分别向两极漂移,于是在输出回路中形成电信号. 如金硅面垒半导体探测器(用于探测 α 射线)、锂漂移探测器(分为硅锂型、锗锂型)、高纯锗探测器等.

以上的几种探测器是低能核物理实验中最常用的探测器.

2) 径迹型探测器

此类探测器能给出粒子运动的径迹,有的还能测出粒子的速度、性质等. 如核乳胶、固体径迹探测器、威耳逊云室、气泡室、多丝正比室等. 这些探测器多用于高能物理实验. 由于篇幅有限,这里不作赘述.

2. 线性脉冲放大器

从探测器出来的电信号通常较小不利于后面仪器测量,所以常用线性脉冲放大器进行放大. 整个放大器由输入缓冲器、第一级成形电路、第一级放大器、第二级成形电路、第二级放大器、同相/反相器及输出缓冲器等组成. 两个缓冲器均为互补式射极跟随器,利用这种电

路输入阻抗高、输出阻抗低的特点,使放大器的输入端与探头,输出端与模数变换器(ADC)匹配得很好;成形电路主要是为了提高信噪比. 放大倍数的调节通常由后面的测量仪器的测量范围决定.

3. 单道脉冲辐度分析器和多道脉冲辐度分析器

单道脉冲幅度分析器主要由上、下两个甄别器和一个反符合电路组成,如图 2.0.1(a)所示. 上甄别器的阈电压较高,下甄别器的阈电压较低,上、下阈电压之差称为道宽,图 2.0.1(b)中的 ΔV 即为道宽.

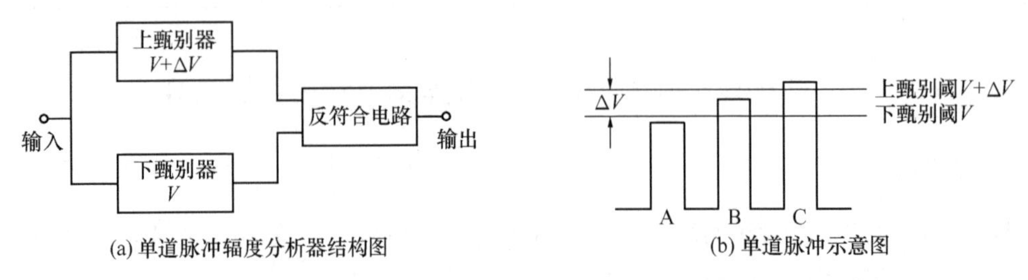

图 2.0.1 单道脉冲幅度分析器原理图

反符合电路的作用是,仅当一个输入端有信号输入时才有信号输出. 这样,脉冲 A 不能通过上、下甄别器,脉冲 C 都能通过上、下甄别器,这两种情况均不能使反符合电路有信号输出. 只有介于上、下甄别阈之间的脉冲 B 才能触发反符合电路使单道脉冲辐度分析器有脉冲输出. 其输出信号再送到定标器进行计数,在道宽不变的情况下,对应一个下阈值测一个脉冲计数率,这样,通过不断改变下阈值,便可得到脉冲计数率随脉冲幅度分布的曲线,该曲线叫作“脉冲谱”. 由于脉冲幅度正比于 γ 射线的能量,所以“脉冲谱”即是 γ 射线的能谱. 以上是单道脉冲辐度分析器作“微分”测量的情形. 当作“积分”测量时,上甄别器不输出脉冲到反符合电路,故只要幅度高于下甄别阈的脉冲均能通过分析器,所以积分谱是一条单调下降的曲线.

多道脉冲辐度分析器相当于多个单道脉冲辐度分析器. 它把分析器的分析范围(5V 或 10V)按不同的测量需要平均分成 256 道、512 道、1024 道、2048 道等. 同时测量各道,可测出介于各窄小道宽内的脉冲强度,在屏幕上同时显示各道的计数,因此能便捷地测量能谱,其谱形和数据还可由打印机打印出来.

4. 定标器

定标器的主要功能是测量某段时间内的脉冲个数.

总之,各种低能核物理实验的方框图基本上与图 2.0.2 相似. 具体到某一实验时,为了

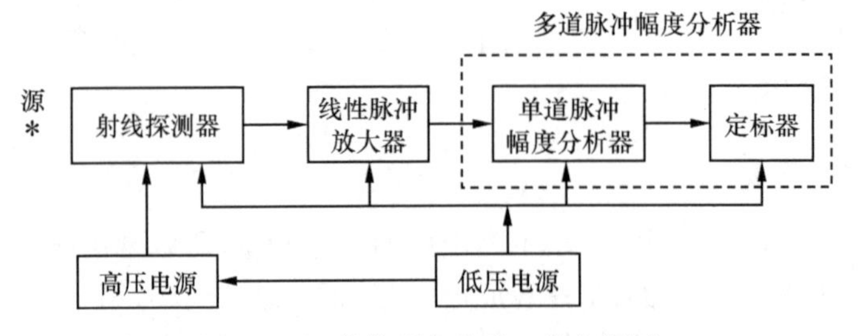

图 2.0.2 核物理实验的一般方框图

方便会有将几种仪器合并在一起成为一个综合仪器的情况，但通过仔细分析就可以分离出上面所述的各个部分.

参考文献

李星洪，等. 1982. 辐射防护基础. 北京：原子能出版社.

于会明，程子权. 2003. 电离辐射危害与防护. 北京：人民卫生出版社.

周孝安，赵咸凯，谭锡安，等. 1998. 近代物理实验教程. 武汉：武汉大学出版社.

唐吉玉　编

2.1　盖革-米勒计数管的特性及放射性衰变的统计规律

盖革-米勒计数管简称 G-M 计数管，属于核辐射气体探测器类. 它是由盖革和米勒两位科学家发明的. 由于它具有结构简单、易于加工、输出信号幅度大、使用比较方便、成本相对低廉、还可以做成便携式仪器等特点，至今在放射性同位素应用和剂量监测工作中，仍是不可缺少的探测器.

本实验要求了解 G-M 计数管的工作原理及特点，学会如何测量其特性参数及确定管子的工作电压，掌握测量物质吸收系数的方法，并验证核衰变的统计规律. 还可进一步自行设计并测量环境等的放射性强度.

一、实验原理

1. G-M 计数管的结构和工作原理

1）G-M 计数管的结构

G-M 计数管的结构类型很多，最常见的有圆柱型和钟罩型两种，它们都是由同轴圆柱形电极构成，如图 2.1.1 所示. 测量时，根据射线的性质和测量环境来确定选择哪种类型的管子. 对于 α 射线和 β 射线等穿透力弱的射线，用薄窗的管子来探测；对于穿透力较强的 γ 射线，一般可用圆柱型计数管.

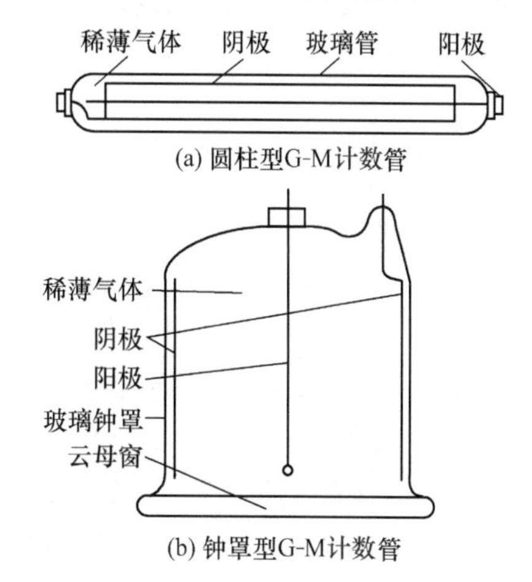

图 2.1.1　G-M 计数管的结构

2）G-M 计数管的工作原理

G-M 计数管工作时，阳极上的直流高压由高压电源供给，于是在计数管内形成一个柱状对称电场. 带电粒子进入计数管，与管内气体分子发生碰撞，使气体分子电离即初电离（γ 粒子不能直接使气体分子电离，但它在阴极上打出的光电子可使气体分子发生电离）. 初电离产生的电子在强电场的作用下将获得很大的动能从而向阳极加速运动，并在运动过程中再与工作气体的分子碰撞产生次级电离. 经过多次碰撞电离，正负离子迅速增殖.由于阳极附近空间电场最强,此区间内发生电离碰撞概率最大,从而倍增出大量的电子和正离子,这个现象称为“电子雪崩”.雪崩产生的大量电子很快被阳极收集,在阳极上便发生放电而产生一个电脉冲输出.

此时,正离子移动得很少,仍然包围着阳极,构成“正离子鞘”,使阳极附近的电场随着正离子鞘的形成而逐渐减弱,雪崩放电停止.此后,正离子鞘在电场作用下慢慢移向阴极,由于途中电场越来越弱,只能与低电离电势的猝灭气体交换电荷,之后被中和,使正离子在阴极上打不出电子,从而避免了再次雪崩.而且在雪崩过程中,由受激原子的退激和正负离子的复合而发射的紫外光子也被多原子的猝灭气体所吸收.这样,一个粒子入射就只能引起一次雪崩.

计数管可看成一个电容器,雪崩放电前加有高压,因而在两极上有一定量的电荷存在,放电后电子中和了阳极上一部分电荷,使阳极电势降低,随着正离子向阴极运动,高压电源便通过电阻 R 向计数管充电,使阳极电势恢复,在阳极上就得到一个负的电压脉冲.

从 G-M 计数管的工作原理可以看出,入射带电粒子只起一个触发放电的作用. G-M 计数管输出的电流和电压信号脉冲幅度的大小与入射粒子的能量和带电量无关,只由计数管的工作电压、灵敏体积和电阻 R 决定.因为工作电压越高,计数管的灵敏体积越大,所以气体放电终止所需的电荷量就越多,计数管输出的脉冲幅度就越大.

2. G-M 计数管的特性

G-M 计数管的主要特性包括坪曲线、分辨时间和探测效率等.

1) 坪曲线

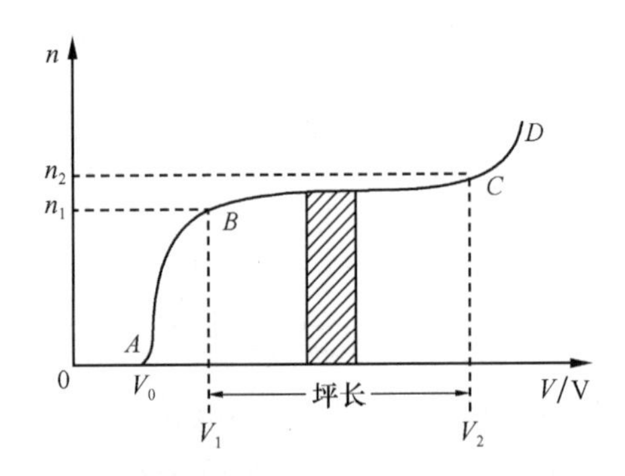

图 2.1.2 G-M 计数管的坪曲线

在强度不变的放射源照射下,G-M 计数管的计数率 n 随外加电压变化的曲线,如图 2.1.2 所示,由于该曲线存在一段随外加电压变化而变化较小的区间即坪区,因此把它叫作坪曲线.坪曲线的主要参数有起始电压、坪长、坪斜和计数管的工作电压.

起始电压即计数管开始放电时的外加电压,图中用 V_0 表示.坪长即坪区的长度,即图中 V_2 与 V_1 之差.坪斜即坪区的坡度,通常用坪区内电压每增加 100V 时计数率增长的百分比表示

$$T=\frac{n_2-n_1}{\frac{1}{2}(n_1+n_2)(V_2-V_1)}\times 10^4 \quad (\text{单位:}\% \cdot (100\text{V})^{-1}) \tag{2.1.1}$$

式中 T 表示坪斜,n_1、n_2 分别对应于 V_1 和 V_2 时的计数率.一只合格的计数管的坪斜应小于 $0.1\% \cdot (100\text{V})^{-1}$,但计数管使用时间越长,管内猝灭气体越少,则坪斜越大.

坪曲线是衡量 G-M 计数管性能的重要指标,在使用前必须测量以鉴别计数管的质量并确定工作电压.一般,工作电压选在离坪区起始点 1/3～1/2 坪长处,如图中的阴影部分处.

坪曲线的形状可作如下解释:外加电压低于 V_0 时,加速电场太弱不足以引起雪崩放电,不能形成脉冲,因此计数管没有计数;电压高于 V_0 时,加速电场可使入射的部分粒子产生雪崩,此时虽有计数但计数率较小;随着电压升高,计数率迅速增大;电压超过 V_1 后,计数率随电压变化很小,这是因为此时无论入射粒子在管内何处发生初电离,加速电场均可使

其产生雪崩放电，外加电压的升高只是使脉冲幅度增大而不影响脉冲的个数，所以计数率几乎不变，但由猝灭不完全和负离子的形成造成的乱真放电会随电压的升高而增多，因而产生坪斜. 当电压继续升高使猝灭气体失去猝灭作用时，一个粒子入射可引起多次雪崩，使计数率急剧增加，即进入连续放电区. 这时管内的猝灭气体会被大量耗损，管子寿命缩短. 使用时应尽量避免出现此种情况，当发现计数率明显增大时，应立即降低高压.

实验室常用的 G-M 计数管的主要参数见表 2.1.1.

表 2.1.1　实验室常用的 G-M 计数管的主要参数

型号	起始电压/V	坪区/V	最大坪斜/(%·(100V)$^{-1}$)	寿命(脉冲数)
J305βγ	280～330	340～420	0.125	1×10^9
J306βγ	280～340	350～450	0.125	5×10^8
J104γ	720～800	800～1 000	0.1	1×10^8
J204γ	720～800	820～1 020	0.075	1×10^8
J125αβ	<1250	1250～1350	0.05	1×10^8

2）死时间、恢复时间和分辨时间

如前所述，入射粒子进入 G-M 计数管引起雪崩放电后在阳极周围形成的正离子鞘削弱了阳极附近的电场，这时再有粒子进入也不能引起放电，即没有脉冲输出，直到正离子鞘移出强场区，场强恢复到刚刚可以重新引起放电的这段时间称为死时间 t_D. 从这之后到正离子到达阴极的时间称为恢复时间 t_R. 在恢复时间内，粒子进入计数管所产生的脉冲幅度低于正常值.

实际上更有意义的是系统的分辨时间 τ，因为任何电子线路总有一定的触发阈，脉冲幅度必须超过触发阈时才能触动记录电路. 因此，从第一个脉冲开始到第二个脉冲的幅度恢复到触发阈的这段时间内，进入计数管的粒子均无法记录下来，这段时间称为系统的分辨时间. 显然，$t_D+t_R>\tau>t_D$. 三个时间的关系如图 2.1.3 所示.

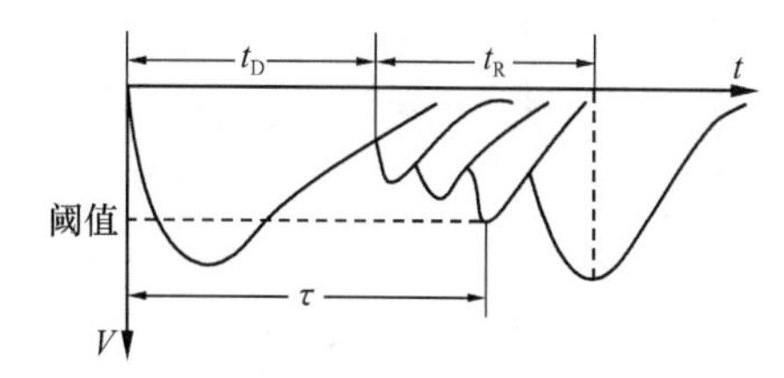

图 2.1.3　G-M 计数管的输出波形

为了真实地测量入射粒子的强度，分辨时间越小越好，然而无论如何，分辨时间总是存在的. 若相继进入计数管的两个粒子的时间间隔小于分辨时间，第二个粒子就会漏记，实测计数率将低于实际计数率，为此，需对测量结果作漏计数校正. 设 n 为单位时间内进入 G-M 计数管的平均粒子数(真计数率)，m 为计数系统实测的平均计数率，在分辨时间不变时，单位时间内的总分辨时间为 $m\tau$，在该时间内进入计数器的粒子数为 $nm\tau$. 因此，计数率的损失为

$$\Delta n = n - m = nm\tau$$

所以

$$n = \frac{m}{1-m\tau} \tag{2.1.2}$$

分辨时间可用示波器测量也可用双源法测量. 双源法是利用两个独立源Ⅰ和Ⅱ，在完全相同的条件下，分别测量各个源的计数率 m_1、m_2 及源Ⅰ、Ⅱ同时存在的计数率 m_{12}. 若忽略本底，则由式(2.1.2)得其真计数率分别为

$$n_1=\frac{m_1}{1-m_1\tau},\quad n_2=\frac{m_2}{1-m_2\tau},\quad n_{12}=\frac{m_{12}}{1-m_{12}\tau}$$

由于实验条件完全相同,则 $n_{12}=n_1+n_2$,即

$$\frac{m_{12}}{1-m_{12}\tau}=\frac{m_1}{1-m_1\tau}+\frac{m_2}{1-m_2\tau}$$

若 $m_{12}\tau\ll1$,可将上式按 $m\tau$ 展开,略去 τ^2 及高次项,整理后即得

$$\tau\approx\frac{m_1+m_2-m_{12}}{2m_1m_2}\tag{2.1.3}$$

式中 n_1、n_2 分别是源Ⅰ和Ⅱ的真计数率,n_{12}是两源同时存在的真实合计数率.

3) 探测效率

计数管的探测效率是指一个粒子进入计数管后引起脉冲输出的概率.对于G-M计数管,如果工作电压合适并加以漏计数修正,则只要辐射粒子能引起电离就能有脉冲输出,因此,探测效率就是辐射粒子引起初电离的概率.所以,G-M计数管对带电粒子的探测效率几乎是100%,对于γ光子,由于它不能直接引起电离,必须通过与管壁碰撞打出的光电子或康普顿电子才能引起电离,初电离概率小,所以探测效率也低,通常只有1%左右.

4) 本底

在没有放射源时,G-M计数管也能测得计数,这个数称为本底,主要来源是周围环境中的微量放射性物质和宇宙射线.实验中测得的计数率必须减去相同条件下的本底计数率才是真正的计数率.

3. β射线的吸收规律

β射线通过一定厚度的物质后,强度减弱的现象叫作β射线的吸收.这是因为β射线进入物质后,与物质中原子的核外电子或原子核发生非弹性碰撞损失能量,使其运动速度变慢,最后某些β射线便终止在物质内部.对于同一种吸收物质,若吸收物质的厚度比β射线的射程小很多,则β射线在物质中的吸收,近似地服从指数衰减规律.若用 I_0 和 I 分别表示β射线被吸收前后的强度(实验上用计数率表示,单位为 s^{-1}),μ 表示物质对β射线的吸收系数,d 表示物质的厚度,则有

$$I=I_0e^{-\mu d}$$

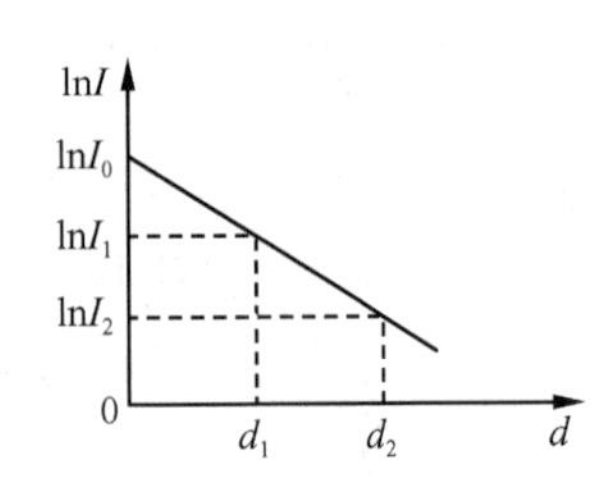

图 2.1.4 β射线的吸收规律

两边取对数,得

$$\ln I=\ln I_0-\mu d\tag{2.1.4}$$

由于 I_0 和 μ 不变,从式(2.1.4)可以看出,$\ln I$ 与 d 呈线性关系,即为一直线,如图2.1.4所示.直线斜率的绝对值就是β射线在该种物质内的吸收系数,即

$$\mu=\left|\frac{\ln I_2-\ln I_1}{d_2-d_1}\right|\tag{2.1.5}$$

若式中的 d 使用几何厚度(单位为cm),则 μ 为线性吸收系数(单位为 cm^{-1}).实际使用中为了避免使用物质的密度,厚度 d 通常使用质量厚度(单位为 $g\cdot cm^{-2}$),此时 μ 为质量吸收系数(单位为 $cm^2\cdot g^{-1}$).

4. 核衰变的统计规律

放射性原子核要发生衰变,但在某一时刻究竟哪些核要发生衰变却并不知道,它们衰变

完全是随机独立的. 由于任一放射性样品都含有大量的放射性原子核,而大量的随机过程又服从统计分布,即核衰变服从统计规律. 也就是说,在放射性测量中,即使所有测量条件都稳定不变,多次重复测量的结果却各不相同,有时甚至相差很大,但却总是围绕着某一平均值上下涨落.

1) 泊松分布

大量实验表明,若某时间间隔内的平均计数 $\overline{N}$ 小于 10,则某次测量(相同时间间隔)的计数为 N 的概率 $P(N)$ 服从不对称的泊松分布

$$P(N) = \frac{(\overline{N})^N}{N!}\mathrm{e}^{-\overline{N}} \tag{2.1.6}$$

可以证明,泊松分布的均方根差 σ_N 为

$$\sigma_N = \left[\sum_{N=0}^{\infty}(N-\overline{N})^2 P(N)\right]^{\frac{1}{2}} = \sqrt{\overline{N}}$$

2) 高斯分布(即正态分布)

当 $\overline{N}>20$ 时,泊松分布可用高斯分布来代替

$$P(N) = \frac{1}{\sqrt{2\pi\overline{N}}}\mathrm{e}^{-(N-\overline{N})^2/(2\overline{N})} \tag{2.1.7}$$

可以证明,高斯分布的均方根差同样为 $\sigma_N=\sqrt{\overline{N}}$.

由此看出,无论是哪种分布,其均方根差 σ_N 均为 $\sqrt{\overline{N}}$,这里 $\overline{N}$ 应是无数次重复测量的加权平均值. 在放射性测量中,由于 N 较大,$\overline{N}$ 与 N 相差不多,因此,可用一次计数值 N 来代替平均值 $\overline{N}$. 习惯上,均方根差又称标准差,所以标准差

$$\sigma_N \approx \sqrt{N} \tag{2.1.8}$$

由分布函数可以计算出平均值 $\overline{N}$ 落在 $(N-\sigma_N)$ 到 $(N+\sigma_N)$ 区间的概率为 68.3%. 由式(2.1.8)可以看出,标准差 σ_N 随计数 N 增大而增大,但不要误认为 N 越大,测量反而越不精确. 事实上,N 越大,测量精度越高. 通常测量精度用相对误差来直接反映. 按定义,相对误差

$$E_N = \frac{\sigma_N}{N} \approx \frac{\sqrt{N}}{N} = \frac{1}{\sqrt{N}} \tag{2.1.9}$$

所以 N 越大,相对误差越小,测量精度越高. 因此,当放射源较弱时,为了保证测量精度,可延长测量时间以增大计数.

设 t 时间内测得的计数为 N,则计数率 n 为 $n=N/t$,所以计数率的标准差 σ_n 及相对误差 E_n 分别为

$$\sigma_n = \frac{\sqrt{N}}{t} = \sqrt{\frac{N}{t^2}} = \sqrt{\frac{n}{t}} \tag{2.1.10}$$

$$E_n = \frac{\sigma_n}{n} = \frac{\sqrt{n/t}}{n} = \sqrt{\frac{1}{nt}} = \frac{1}{\sqrt{N}} \tag{2.1.11}$$

任何放射性测量总存在本底,设 t_b 时间内测得的本底计数为 N_b,本底计数率为 n_b;t_s 时间内测得的样品计数(包括本底)为 N_s,计数率为 n_s;则净计数率 n_0 为 $n_0=n_\mathrm{s}-n_\mathrm{b}$,所以测得的样品真计数率的结果可表示成

$$n_0 \pm \sigma_{n_0} = (n_\mathrm{s}-n_\mathrm{b}) \pm \sqrt{\frac{n_\mathrm{s}}{t_\mathrm{s}} + \frac{n_\mathrm{b}}{t_\mathrm{b}}} \tag{2.1.12}$$

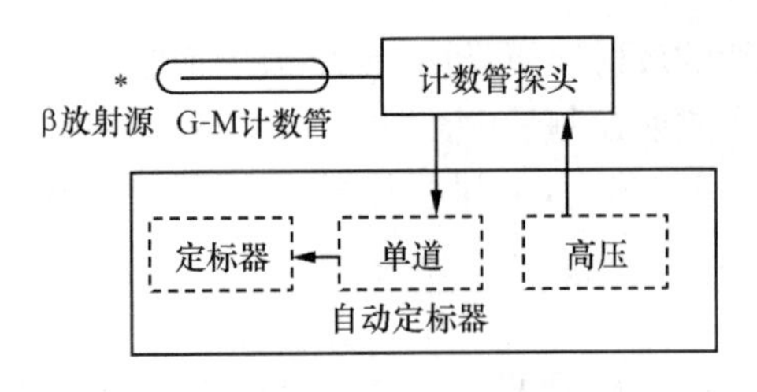

图 2.1.5　G-M 计数管的实验装置示意图

二、实验仪器装置

实验装置如图 2.1.5 所示，包括 G-M 计数管、计数管探头、自动定标器和 β 放射源. 计数管探头是一个前置放大器，用于将计数管产生的脉冲进行放大. 自动定标器已集高、低压电源和定标器为一体，计数管所需高压便由自动定标器提供.

三、实验内容

1. 测量 G-M 计数管的主要性能——坪曲线和分辨时间

1) 测坪曲线

按图 2.1.5 接好线路并检查定标器是否正常工作(用自检挡检查)，取一放射源置于 G-M 计数管旁，并慢慢升高电压，找出起始电压 V_0. 之后按一定的电压间隔测量各个电压对应的计数率，直到计数率显著增长为止. 要求每次测量的相对误差小于 2%.(其计数应为多少？计数时间如何选择?)测完后将高压降到零. 根据记录数据绘出坪曲线，确定 V_0、V_1 及 V_2，计算出坪长和坪斜，并选定工作电压.

2) 用双源法测分辨时间

用上面相同的装置，将高压调到选定的工作电压处. 为满足式(2.1.3)成立的两个条件，必须注意测量先后顺序和限制源强(可用加吸收片等方法)，通常实验室所用的圆柱型 G-M 计数管的分辨时间的数量级为 10^{-3} s，试计算 m 应小于多少. 要求每个计数值的相对误差小于 1%.

2. 验证核衰变所遵从的统计规律

1) 高斯分布

固定高压和源位置，选择计数时间使该段时间内每次的平均计数大于 20，重复测量 300 次以上，记录数据，求出每次计数的加权平均值 $\overline{N}$ 和标准差 σ，并作出实验统计分布直方图，然后将所求得的 $\overline{N}$ 值代入高斯分布公式(2.1.7)，画出理论图形并与实测分布图比较.

2) 泊松分布

取出放射源，选择测量时间，使在此时间内每次计数均小于 10，重复测量 300 次以上，用上面高斯分布相同的方法求出加权平均值 $\overline{N}$ 和标准差 σ. 若 $\overline{N}<10$，则将所求得的 $\overline{N}$ 值代入泊松分布公式(2.1.6)，画出理论图形并与实测分布图比较.

由以上两个实验加深理解核衰变所遵从的统计规律.

3. 测量铝对 β 射线的吸收系数

选用钟罩型 G-M 计数管，高压调到工作电压值，测量一次本底计数率(称为前本底). 然后放入 β 源，在无吸收片及放入不同厚度吸收片时，分别测量相应的计数率. 最后取走放射源再测一次本底计数率(称为后本底). 要求每次测量的相对误差小于 2%,由此定出各次测量的时间. 对前后两次本底取平均得$\overline{n_b}$,以 $\ln(n-\overline{n_b})$为纵坐标,d 为横坐标,作图,求出 μ 值.

*4. 实验设计训练

请参考文献(吴咏华,1992;张哲等,1999),用测 β 射线吸收系数的方法,设计一实验来确定防护 β 射线或 γ 射线所需的屏蔽物质的厚度,实验器材越简单越好.

*5. 鉴定放射性核素

尽管 G-M 计数管输出的电流和电压信号脉冲幅度的大小与入射粒子的能量和带电量无关,但可以通过测 β 射线吸收系数以求出 β 射线的最大能量,查表便可鉴别放射性核素. 请参考文献(北京大学和复旦大学,1984),设计一个实验,鉴定放射性核素.

四、思考与讨论

(1) 计数管在什么情况下出现连续放电? 出现连续放电时应怎样处理? 如何延长计数管的使用寿命?

(2) G-M 计数管的计数与哪些因素有关? 能否用它来测量能量和区分射线种类?

(3) 分辨时间的存在对计数有什么影响? 能否消除分辨时间的影响?

(4) 放射性测量中的统计误差由什么决定? 有哪些途径可以减小统计误差?

(5) 测量 β 射线的吸收系数时,为什么选用钟罩型 G-M 计数管? 计算 μ 值时,为什么不用知道计数管入射窗的厚度?

参考文献

北京大学,复旦大学. 1984. 核物理实验. 北京:原子能出版社:25~31.

复旦大学,清华大学,北京大学. 1981. 原子核物理实验方法(上册). 北京:原子能出版社.

吴思诚,王祖铨. 1995. 近代物理实验. 2 版. 北京:北京大学出版社.

吴咏华. 1992. 大学近代物理实验. 合肥:中国科学技术大学出版社:38~42.

张哲,陈玲燕,李雅,等. 1999. 单能电子和 γ 射线与物质的相互作用. 工科物理,(05):17,20~23.

唐吉玉　编

2.2　γ 能谱的测量

γ 辐射强度按能量的分布即 γ 能谱. 测量能谱的装置称为能谱仪,简称谱仪. 测量 γ 能谱可确定原子核激发态的能级及衰变纲图,还可以分析同位素和鉴定放射性核素. 本实验要求在了解 γ 射线与物质相互作用的基础之上掌握 NaI(Tl)闪烁 γ 谱仪的工作原理与使用方法,并学会如何测定谱仪的能量分辨率及线性和分析^{137}Cs 单能 γ 能谱.

一、实 验 原 理

原子核由高能级向低能级跃迁时会放出γ射线. 它是一种波长极短的电磁波,其能量由原子核跃迁前后的能级差来表示,即 $E_{\gamma}=E_2-E_1=h\nu$. 也就是说,γ射线的能量反映了原子核的激发态的能级差.

1. γ射线与物质相互作用

NaI(Tl)闪烁γ谱仪是利用γ射线与物质相互作用而产生闪烁荧光现象来测量粒子能量的. 当γ射线的能量在30MeV以下时,其主要作用方式有三种:光电效应、康普顿散射和电子对效应.

1) 光电效应

入射的γ射线将其全部能量转移给原子中的束缚电子而使这些电子脱离原子束缚发射出去,γ光子本身消失,发射出去的电子称为光电子,光电子的动能为

$$E_{光电子}=E_{\gamma}-B_i\approx E_{\gamma} \tag{2.2.1}$$

其中 B_i 为该束缚电子所处的电子壳层的结合能. 电子在原子中被束缚得越紧(即越靠近原子核的电子),越容易发生光电效应,即K壳层上发生光电效应的概率最大. 当原子内层电子脱离原子后会留下空位从而形成激发原子,此时其外层电子会填补空位便放出X射线.

2) 康普顿散射

入射γ光子与原子的核外电子发生非弹性碰撞,光子的一部分能量转移给电子,使它反冲出来,而散射光子的能量和运动方向都发生了变化,如图2.2.1所示.

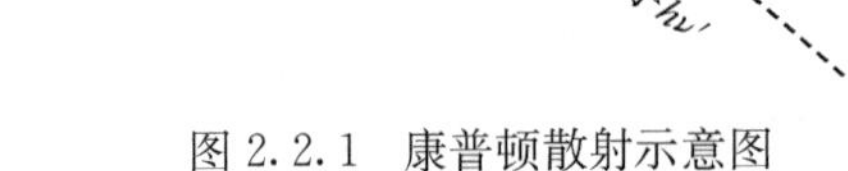

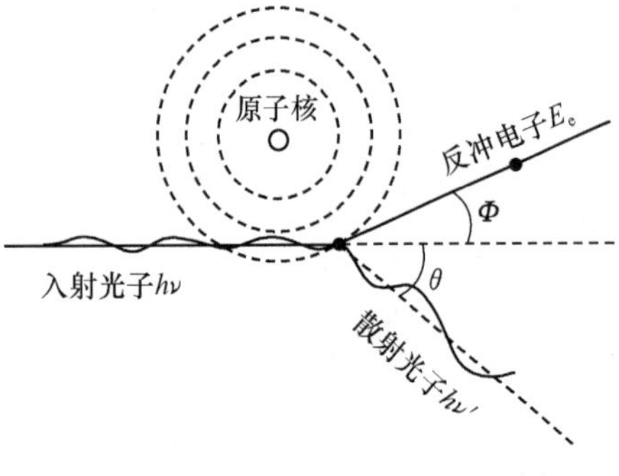

图2.2.1　康普顿散射示意图

由能量和动量守恒不难推出康普顿反冲电子的动能 E_e 和散射光子的能量 E'_{γ} 为

$$E_e=\frac{E_{\gamma}^2(1-\cos\theta)}{m_0c^2+E_{\gamma}(1-\cos\theta)} \tag{2.2.2}$$

$$E'_{\gamma}=\frac{E_{\gamma}}{1+\frac{E_{\gamma}}{m_0c^2}(1-\cos\theta)} \tag{2.2.3}$$

其中 θ 为散射光子与入射光子方向间的夹角即散射角,m_0 为电子静止质量,c 为光速. 从上面两式可以看出:

(1) 当散射角 $\theta=0°$ 时,散射光子能量 $E'_{\gamma}=E_{\gamma}$,达到最大值. 这时反冲电子的能量 $E_e=0$. 这就是说,在这种情况下,入射光子从电子近旁掠过,未受到散射,所以光子能量没有损失.

(2) 当散射角 $\theta=180°$ 时,入射光子与电子对心碰撞后,沿相反方向散射出来,而反冲电子沿着入射光子方向飞出,这种情况称为反散射. 这时散射光子能量最小,反冲电子的能量最大. 其值分别为

$$E'_{\gamma\min}=\frac{E_{\gamma}}{1+2E_{\gamma}/(m_0c^2)} \tag{2.2.4}$$

$$E_{e\max} = \frac{2E_\gamma^2}{m_0c^2 + 2E_\gamma} \tag{2.2.5}$$

(3) 由式(2.2.4)可知,即使入射光子的能量变化很大,反散射光子的能量都在 200keV 左右. 所以在能谱上很容易辨认出反散射峰.

(4) 发生康普顿效应时,散射光子可以向各个方向散射. 对于不同方向的散射光子,其对应的反冲电子能量也不同. 因而即使入射 γ 光子的能量是单一的,反冲电子的能量却是随散射角连续变化的. 散射角 θ 从 0°变化到 180°时,康普顿电子的动能由 0 连续增大到最大值 $E_{e\max}$,在谱上便表现为连续谱.

3) 电子对效应

当入射光子能量 $h\nu$ 大于 $2m_0c^2$,即 $h\nu>1.02$MeV 时,γ 光子从原子核旁经过并受到原子核的库仑场作用,γ 光子可能转化为一个正电子和一个负电子. 即发生电子对效应.

综上所述,γ 光子与物质相遇时,通过与物质原子发生光电效应、康普顿效应和电子对效应而损失能量,其结果是产生次级带电粒子如光电子、反冲电子或正负电子对. 次级带电粒子的能量与入射 γ 光子的能量直接相关. 因此可通过测量次级带电粒子的能量来求得 γ 光子的能量.

2. NaI(Tl) 闪烁能谱仪介绍

图 2.2.2 是 BH1324A(B)型微机多道 NaI(Tl)闪烁能谱仪的方框图. 它是由 NaI(Tl)闪烁探测器、高压电源(HV)、线性放大器(AMP)、4096 道模数变换器(ADC)、计算机串行接口 RS-232 及计算机组成. 其基本工作原理是:高压电源和低压电源供给 NaI(Tl)闪烁探测器工作电压,探测器将探测到的电脉冲信号输入到放大器进行放大,放大后的信号再送入 ADC. ADC 的主要任务是把模拟量(电压幅度)变换为脉冲数码并对模拟量进行选择,变换出的脉冲数码送入计算机的一个特定内存区,此时通过 PHA1.8/UMS38 软件采集计数,其结果可通过打印机打印出来.

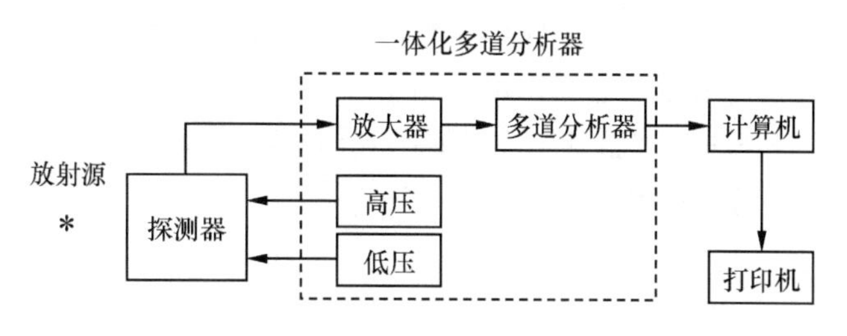

图 2.2.2 NaI(Tl)闪烁谱仪装置方框图

探测器、线性放大器、单道脉冲幅度分析器、多道脉冲幅度分析器和定标器的原理可参阅本章核物理实验技术基础知识部分.

3. ^{137}Cs 能谱分析

图 2.2.3 是 ^{137}Cs 的衰变纲图. 它可发出能量为 1.176MeV 的 β 粒子,成为基态的 ^{137}Ba;而主要的衰变过程是发出能量为 0.541MeV 的 β 粒子,成为激发态的 ^{137}Ba*,激发态寿命约为 2.6min,再跃迁到基态发出能量为 0.662MeV 的单能 γ 射线. 其能谱如图 2.2.4 所示.

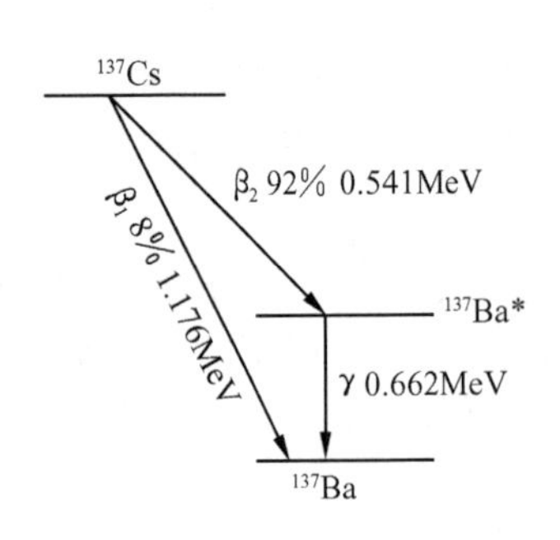

图 2.2.3 ^{137}Cs 的衰变纲图

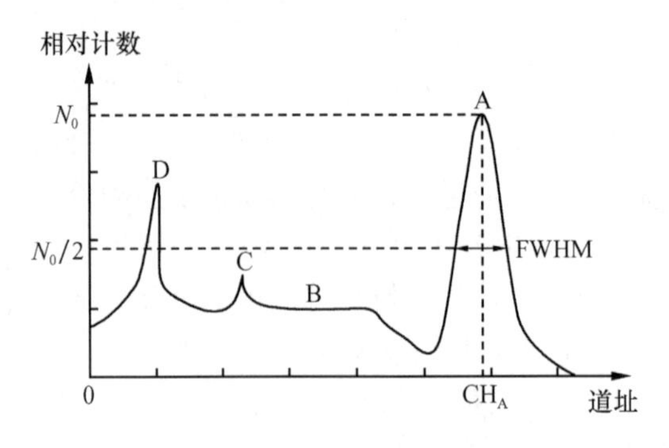

图 2.2.4 ^{137}Cs 的 γ 能谱

能谱图中的纵坐标是某段时间内的脉冲总数目即射线的强度,横坐标是多道的道址即脉冲幅度,也就是射线的能量. 从图中可以看出^{137}Cs 能谱有四个明显的峰,它们分别是光电峰 A、康普顿平台 B、反散射峰 C 和特征 X 射线峰 D. 光电峰又称全能峰,对应于光电效应,其峰位的能量对应于 γ 射线的能量. 平台状曲线 B 是康普顿效应的贡献,它的特征是散射光子逃逸出晶体后留下的一个连续电子谱. 反散射峰是散射角 $\theta=180°$时的反散射光子造成的. 由式(2.2.4)可计算出此时的反散射峰的能量为

$$0.662-\frac{E_\gamma}{1+2E_\gamma/(m_0c^2)}=0.184\text{MeV}$$

当 γ 射线射向闪烁体时,总有一部分 γ 射线没有被吸收而逸出,当它与闪烁体周围的物质发生康普顿散射时,反散射光子可能进入闪烁体发生光电效应,其电脉冲就形成反散射峰. 特征 X 射线峰是处于激发态的^{137}Ba* 在放出内转换电子后,造成 K 壳层空位,外层电子向 K 壳层跃迁后产生的 X 光子进入闪烁体再产生光电效应而引起的,其峰位能量约为 32keV. 由于^{137}Cs 发出的 γ 射线能量为 0.662MeV(小于 1.02MeV),所以它与闪烁体作用不会发生电子对效应.

闪烁谱仪测得的 γ 射线能谱的谱形是由核素的衰变纲图决定的,反映了各核素的衰变特征. 谱上各个峰所对应的脉冲幅度即峰的横坐标与工作条件(如高压、线性放大器的放大倍数等)密切相关,条件变化,各峰的横纵坐标随之变化,但其对应的能量却只与核素有关,放射源不变,则各个峰对应的能量就不变. 因此,利用 γ 谱仪测定未知源的能量时,必须保证整个测量过程中的实验条件一致.

4. γ 谱仪的性能指标

闪烁谱仪的性能指标包括能量分辨率、线性及稳定性等.

1) 能量分辨率

如前所述,在一定工作条件下,输出脉冲幅度大小与入射 γ 射线在闪烁体中的能量损失成正比,即当 γ 射线能量单一时,输出的脉冲幅度也应该是单一的,但实际上却是一个有着某种分布的峰. 原因是整个过程中存在着多种统计涨落,表现在脉冲的微分分布曲线上就是围绕平均值有一宽度分布. 通常把分布曲线极大值一半处的全宽度称为半高宽,用 FWHM 表示(见图 2.2.4 中标注),它反映了谱仪对相邻的脉冲幅度或能量的分辨本领. 因为有些涨落因素与能量有关,故使用相对分辨本领即能量分辨率 η 更为确切. 一般谱仪在线性条件下工作,因此 η 也等于脉冲幅度分辨率,即

$$\eta = \frac{\Delta E}{E} = \frac{\text{FWHM}}{\text{CH}_\text{A}} \tag{2.2.6}$$

式中 CH_A 是全能峰 A 对应的道址. 标准源 ^{137}Cs 的全能峰最为明显和典型,用 NaI(Tl)闪烁体的 γ 谱仪测量其 0.662MeV 的 γ 射线,能量分辨率一般为 8%～10%,理想的能量分辨率为 7.8%. 因此,常用 ^{137}Cs 的 γ 射线的能量分辨率来检验与比较 γ 谱仪性能的优劣.

2) 能量线性

能量线性是指在相同的条件下入射 γ 粒子的能量和它形成的脉冲幅度成正比的特性. 反映在能谱中就是入射 γ 粒子的能量与其对应的峰的峰位道址成正比. 一般 NaI(Tl)闪烁谱仪在较宽的能量范围内(100～1300keV)是近似线性的. 通常,在实验中用系列 γ 标准源,在相同的条件下分别测量它们的能谱,用其全能峰峰位横坐标与其对应的已知的 γ 粒子能量作图,即为能量刻度曲线. 理想的能量刻度曲线是不通过原点的一条直线,即

$$E_\gamma = G \cdot x + E_0 \tag{2.2.7}$$

式中 x 为全能峰位横坐标,G 为增益(每伏对应的能量),E_0 为截距. 利用这条能量刻度曲线还可以测量未知 γ 源的射线能量.

显然,确定未知 γ 射线能量的准确度取决于全能峰位的准确性. 这将与谱仪的稳定性、能量刻度线及增益漂移有关. 因此,一台好的谱仪必须具有长时间的稳定性.

二、实验仪器装置

实验装置如图 2.2.2 所示. 包括 NaI(Tl)闪烁探测器,高压电源,线性脉冲分析器,计算机多道分析,示波器,标准 γ 源 ^{137}Cs、^{60}Co 各一个,未知 γ 源一个.

三、实 验 内 容

1. 开机

按图 2.2.2 连接仪器并接通一体化机上的电源,预热仪器 30min. 之后在探头架上的样品托盘中放上待测样品并打开高压电源.

2. 测 ^{137}Cs 能谱并计算能量分辨率 η

双击计算机桌面上的 PHA 图标,进入采集程序,设置测量时间或计数,单击开始按钮. 观察 ^{137}Cs 谱形,调节高压和线性放大器的放大倍数,使 ^{137}Cs 谱中的四个峰分布合适. 要求测量的相对误差小于 2%. 当计数达到要求时,多道分析器会自动停止计数. 建立重点区、平滑、寻峰并计算能量分辨率 η. 用相同的方法可测量 ^{137}Cs 能谱及本底谱.

3. 测能量刻度曲线

改变放大器的放大倍数,使 ^{60}Co(E_{γ_1} = 1.173MeV,E_{γ_2} = 1.332MeV)的两个全能峰合理地分布在多道显示器范围内. 测定出两个全能峰对应的峰位道址. 在相同条件下再测 ^{137}Cs 的能谱并定出 ^{137}Cs 全能峰峰位的道址. 把三个道址和它们对应的能量代入最小二乘的拟合

公式便可求出能量刻度直线的斜率和截距.

4. 确定未知源的能量

用测能量刻度曲线相同的条件测一个未知的γ源的能谱,找出其全能峰的峰位道址,代入上面的能量刻度曲线公式中即可求出未知源的能量.

*5. 测定装饰材料等的放射性活度

很多装饰材料都含有一定的放射性物质,请参考文献(曹诚彦和卞素珍,2004;谈成龙,2004;侯胜利和樊卫花,2006),设计一个实验测定它们的放射性活度.

四、思考与讨论

(1) 用闪烁γ能谱仪测量单能γ射线的能谱为什么呈连续的分布?

(2) 反散射峰是怎样形成的? 如何从实验上减小这一效应?

(3) 能量分辨率的物理意义是什么?

(4) 为什么要测谱仪的线性? 谱仪线性主要与哪些量有关? 线性的好坏对我们有何意义? 如何测谱仪的线性?

(5) 能量刻度测量 ^{60}Co 和^{137}Cs 的能谱时,其工作条件不同行不行? 为什么?

(6) 若有一能量为 1.9MeV 的单能γ射线源,请预言其谱形.

参考文献

北京大学,复旦大学. 1984. 核物理实验. 北京:原子能出版社.

曹诚彦,卞素珍. 2004. γ能谱法在放射性核素比活度检验中测量不确定度的评定. 岩矿测试,23(1):58~63.

复旦大学,清华大学,北京大学. 1981. 原子核物理实验方法(上册). 北京:原子能出版社:第二章第四节,第四章.

侯胜利,樊卫花. 2006. 低本底多道γ能谱仪在建材放射性测量中的应用研究. 中华放射医学与防护杂志,26(1):87~88.

谈成龙. 2004. 环境核辐射的检测与评估. 铀矿地质,20(2):124~128.

吴咏华. 1992. 大学近代物理实验. 合肥:中国科学技术大学出版社:42~46.

周孝安,赵咸凯,谭锡安,等. 1998. 近代物理实验教程. 武汉:武汉大学出版社:143~153.

唐吉玉 编

2.3 符合测量

在核衰变和核反应等过程中,有许多在时间上、方向上相互关联的事件. 例如,原子核级联衰变时所放射的粒子之间在时间上是相关的,级联衰变的平均时间间隔是确定的,它就是激发态的平均寿命. 而上述衰变所放射的粒子在方向上也是相关的,称为角关联. 人们通过研究这类关联事件来了解原子核的结构及转化的规律,符合法就是研究相关事件的一种方法. 德国科学家博特(W. W. G. Bothe)在 1924 年至 1929 年间首先采用符合法研究了散射 X 射线与反冲电子之间的符合关系,还研究证实了宇宙射线是粒子这一性质,博特因此获得了 1954 年度的诺贝尔物理学奖,至今符合法在核物理实验技术中仍有广泛的应用. 本实验的目的是学习符合测量的基本概念和基本原理,学会符合装置分辨时间的测量,掌握用 β-γ 符合法和 γ-γ 符合法测定放射源绝对活度(强度)的方法.

一、实 验 原 理

1. 符合测量的基本概念

符合事件是指两个或两个以上同时的关联事件. 例如,在^{60}Co 的级联衰变中,它先放出一个 β 粒子成为^{60}Ni 的激发态,再由激发态退激放出两个 γ 粒子 γ_1、γ_2,如图 2.3.1 所示. 因为^{60}Ni 的两个激发态的平均寿命均十分短(分别约为 10^{-20} s 和 7×10^{-13} s),如果 β 粒子和 γ_1 光子分别进入两个探测器,再把两个探测器输出的脉冲引到符合电路时,一般的符合电路不能区分这么短的时间差,则可认为 β 和 γ_1 是一对符合事件. 同理,γ_1 和 γ_2 也认为是一对符合事件. 这样,符合电路便可输出一个符合脉冲,如图 2.3.2 所示.

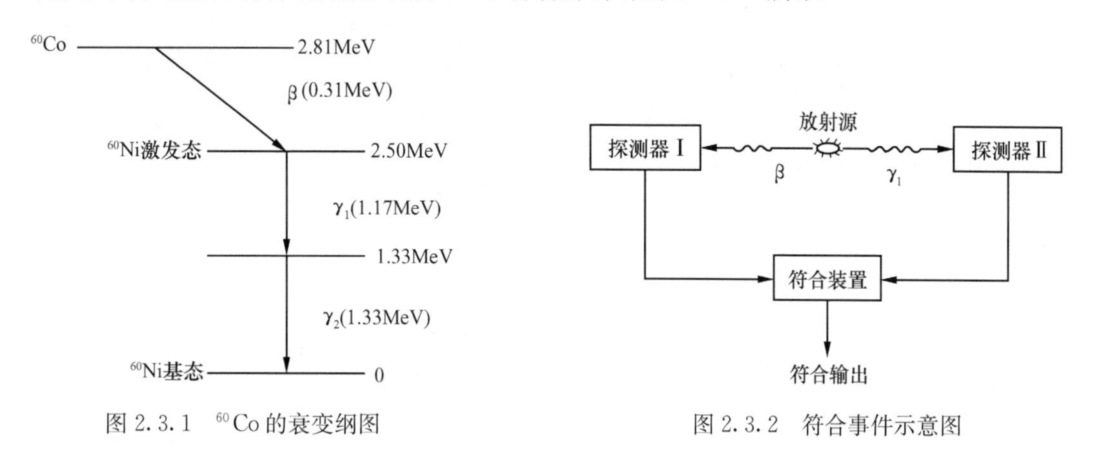

图 2.3.1　^{60}Co 的衰变纲图　　　　图 2.3.2　符合事件示意图

符合测量技术利用符合电路来甄别符合事件在不同探测器的输出脉冲,从中把有时间关联的事件选择出来. 选择同一时刻脉冲的符合称为瞬时符合;选择有一定延迟时间联系的脉冲符合称为延迟符合;而排斥同一时刻脉冲或有延迟时间联系的脉冲的符合称为反符合或延迟反符合.

2. 符合分辨时间

如图 2.3.3 所示为一种典型的符合测量装置,由两路信号通道组成. 两个探头将探测到的射线粒子转换为电信号,经过线性放大和单道分析器的甄别,再由符合装置内部的电路进行延迟、成形后,使输出到符合电路的脉冲成为与探头的输出信号的形状和大小无关,只在时间上有一一对应关系的矩形脉冲. 在符合电路的输入端,如果两道同时有脉冲到达,则符合电路有脉冲输出;如果只有一道有脉冲输入,而另一道没有,则符合电路无脉冲输出. 这样,符合输出的脉冲数目就是两个探头记录到的同时发生的某一核事件的数目. 装置中的脉冲发生器用于辅助调节两个通道的信号的时间关系和符合分辨时间.

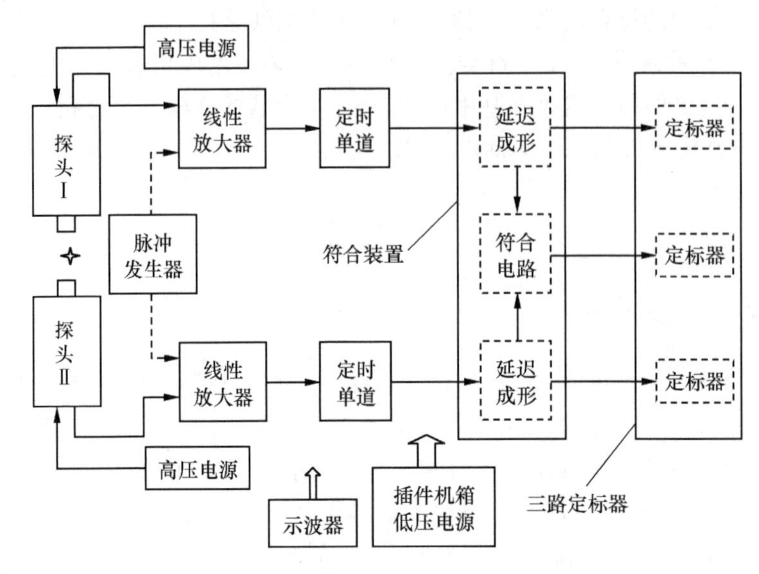

图 2.3.3 符合测量实验装置示意图

事实上,经成形后的脉冲总有一定宽度,任何符合电路都有一定的符合分辨时间,它与输入脉冲的宽度 τ 有关. 在选择同时事件的脉冲符合时,当两个脉冲的起始时间差别很小,以致符合电路不能区分它们的时间差别时,或者说,只要两路脉冲在时间上有重叠部分时,就会被当作同时事件记录下来,如图 2.3.4 所示.

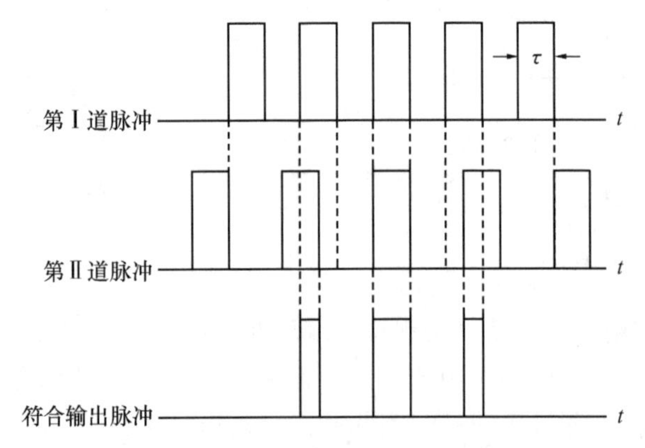

图 2.3.4 符合脉冲输出示意图

可见,产生符合脉冲的条件不一定要求核事件绝对地“同时”. 我们把符合电路能够产生符合输出的两道输入脉冲的最大时间间隔 τ 称为符合分辨时间. 所以,符合事件实际上是指相继发生于时间间隔小于符合分辨时间 τ 的事件,也可称为同时性事件. τ 的大小由符合输入端的脉冲宽度、符合电路的工作特性决定,它决定了符合装置研究各种关联事件的精度.

在所研究的大量核事件中,相互因果关联的同时性事件所产生的符合称为真符合,相互无关的同时性事件所产生的符合称为偶然符合. 例如,某核子在某时刻发生衰变,其 β 粒子被 β 探测器记录,但其级联的 γ 粒子却没有被 γ 探测器记录到,如果此时恰好有另一个核的 γ 粒子被 γ 探测器记录到,那么这两个来自不同核的 β 和 γ 粒子在符合电路中产生的符合就是无时间关联的同时性事件之间的符合，即属偶然符合. 由于符合电路的分辨时间的存在，在符合测量时得到的符合计数包括真符合计数和偶然符合计数，因此在测量计算中偶然符合要剔除. 此外，由于宇宙射线簇射或实验室周围环境放射性所产生的符合叫作本底符合. 一般情况下本底符合计数很小，可忽略不计，但在精确测量中必须加以考虑.

3. 符合分辨时间的测定

(1) 用瞬时符合法测符合分辨时间. 在图 2.3.3 所示的装置中，用脉冲发生器作脉冲信号源，人为地改变两个输入道的相对延迟时间 t_d，即固定第Ⅰ道的脉冲，调节第Ⅱ道的延迟旋钮，使第Ⅱ道脉冲自左向右与第Ⅰ道脉冲发生符合. 得到的符合计数率随延迟时间 t_d 的分布曲线，称为延迟符合曲线. 对于宽度为 τ 的脉冲，它们是在小于符合分辨时间 τ 内符合的瞬发事件，故测得的延迟符合曲线也称为瞬时符合曲线，如图 2.3.5(a)所示. 由于脉冲发生器产生的脉冲基本上没有时间离散，故测得的瞬时符合曲线为对称的矩形分布，其宽度为 2τ，此时的 τ 称为电子学分辨时间.

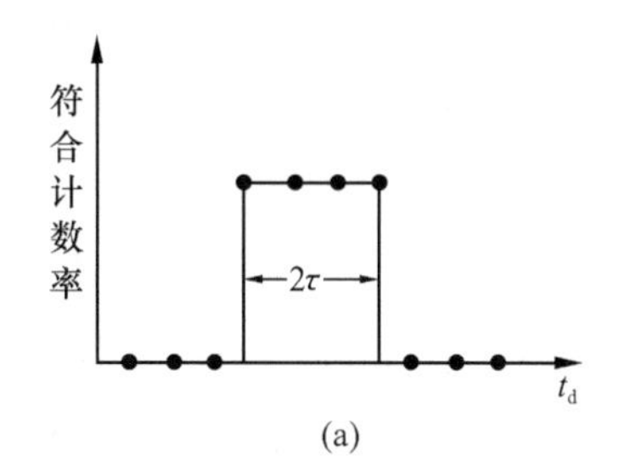

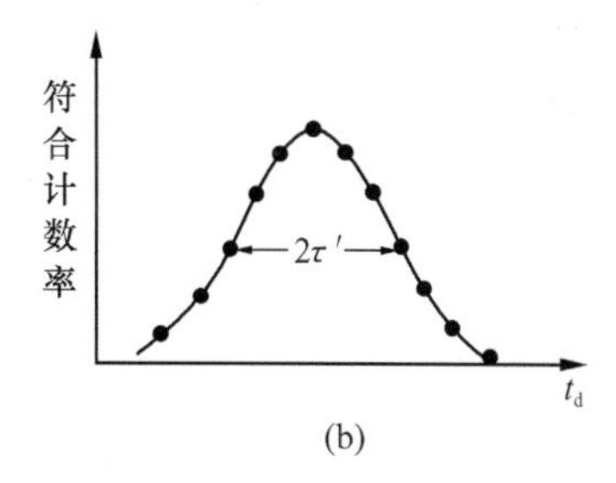

图 2.3.5　瞬时符合曲线

实际上，脉冲前沿的时间离散是探测器的输出脉冲所固有的. 如用探头探测^{60}Co 的 β-γ 信号作瞬时符合测量，可得符合曲线如图 2.3.5(b)所示. 通常以该曲线的半高宽来定义符合分辨时间，其大小为 $2\tau'$，这里的 τ' 称为物理分辨时间. 在慢符合($\tau \geqslant 10^{-7}$ s)情况下，$\tau \approx \tau'$.

(2) 偶然符合法测符合分辨时间. 若对不可能产生真符合计数的两个信号源作符合测量时，符合脉冲均为偶然符合，可求得偶然符合计数率与符合分辨时间的关系. 设进入符合电路的脉冲均为理想的矩形脉冲，其宽度为 τ，再设第Ⅰ道、第Ⅱ道的平均计数率分别为 n_1、n_2. 则在 t_0 时刻，第Ⅰ道的一个脉冲可能与从 $(t_0-\tau)$ 到 $(t_0+\tau)$ 时间内进入第Ⅱ道的脉冲发生偶然符合，如图 2.3.6 所示. 所以在时间间隔为 2τ 的时间内，第Ⅱ道可有 $2\tau n_2$ 个脉冲与第Ⅰ道的 n_1 个脉冲发生偶然符合，故偶然符合计数率

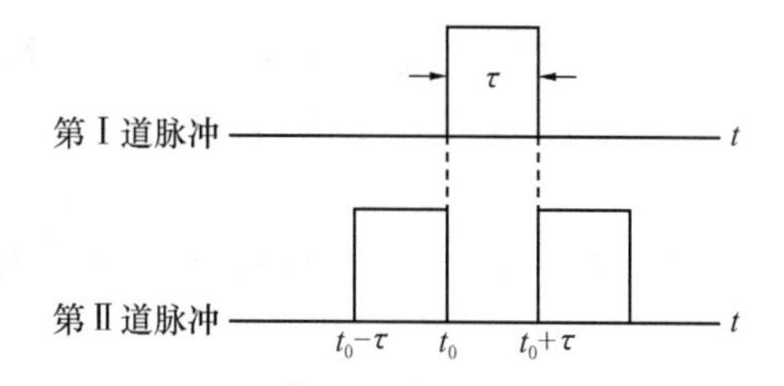

图 2.3.6　偶然符合与符合分辨时间

$$n_{oc} = n_1 \cdot 2\tau n_2 = 2\tau n_1 n_2 \tag{2.3.1}$$

实际测得的符合计数率还包括本底符合计数率 n_{cb}，因此

$$n'_{oc} = 2\tau n_1 n_2 + n_{cb} \tag{2.3.2}$$

可见 n'_{oc} 与 $n_1 n_2$ 呈线性关系，实验中只需改变某些实验条件，使计数率 n_1、n_2 和 n'_{oc} 发生变化，作多次测量，得到一组 n'_{oc} 与 $n_1 n_2$ 关系的数据，画出 n'_{oc}-$n_1 n_2$ 的关系图线(直线)，用最

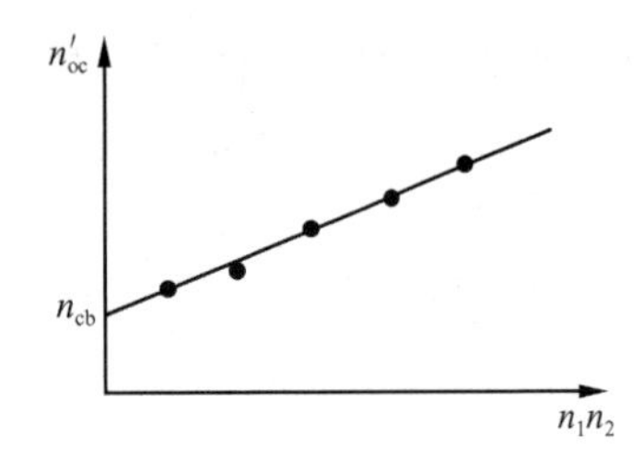

图 2.3.7　n'_{oc}-n_1n_2 关系图

小二乘法拟合,所得直线的斜率为 2τ,便可求得符合分辨时间 τ,如图 2.3.7 所示.

4. 真偶符合比

在进行符合测量时,符合计数中包含真符合计数和偶然符合计数.偶然符合计数是对真符合计数的干扰因素,两者的相对大小对实验结果的影响甚大.因此,有较大的真符合计数率与偶然符合计数率的比值(简称真偶符合比),是进行符合测量时必须考虑的问题.现就 β-γ 级联衰变的情况来讨论.设放射源活度为 A,通常探测器记录到的计数率 n 与放射源的活度 A 之间存在线性关系 $n=\varepsilon A$,其中 ε 为探测效率.用探测器Ⅰ记录 β 粒子,简称 β 道;用探测器Ⅱ记录 γ 光子,简称 γ 道.设 β 道对 β 粒子的探测效率为 ε_1,γ 道对 γ 光子的探测效率为 ε_2,忽略本底计数率,则

β 道计数率　$n_\beta=\varepsilon_1 A$　(2.3.3)

γ 道计数率　$n_\gamma=\varepsilon_2 A$　(2.3.4)

真符合计数率　$n_c=\varepsilon_1\varepsilon_2 A$　(2.3.5)

偶然符合计数率　$n_{oc}=2\tau n_\beta n_\gamma=2\tau\varepsilon_1\varepsilon_2 A^2$　(2.3.6)

真偶符合比　$\dfrac{n_c}{n_{oc}}=\dfrac{1}{2\tau A}$　(2.3.7)

通常要求真偶符合比 $n_c/n_{oc}\geqslant 1$,所以有 $A\leqslant 1/(2\tau)$.这说明源强的大小与符合分辨时间的选择有一定的关系,测量较强的放射源,就要采用分辨时间 τ 较小的符合电路.大致上,τ 的大小与符合装置的成形时间的调节有关.

5. β-γ 符合法测 ^{60}Co 放射源的活度

利用 ^{60}Co 的 β-γ 级联衰变作符合测量可以测定其绝对活度.由式(2.3.3)~(2.3.5)可得

$$A=\frac{n_\beta n_\gamma}{n_c} \tag{2.3.8}$$

(1) 实验中直接测得的 β 道总计数率 n'_β 并不仅是 β 粒子的贡献,还有本底计数率 $n_{\beta b}$ 和由 ^{60}Co 源而来的 γ 射线引起的计数率 $n_{\beta\gamma}$,所以真正的 β 粒子计数率

$$n_\beta=n'_\beta-(n_{\beta b}+n_{\beta\gamma}) \tag{2.3.9}$$

只要在放射源和 β 探测器之间放上足够厚的铝片,挡掉 β 射线,此时的 β 道计数率就是 $n''_\beta=n_{\beta b}+n_{\beta\gamma}$.

(2) 实验中直接测得的 γ 道总计数率 n'_γ 包含本底计数率 $n_{\gamma b}$,而 γ 道探测 β 粒子的效率较低,可以忽略.所以真正的 γ 粒子计数率

$$n_\gamma=n'_\gamma-n_{\gamma b} \tag{2.3.10}$$

(3) 因 β 探测器对 γ 射线也有一定灵敏度,所以符合测量得到总符合计数率 n'_c 应包括 β-γ 的真符合计数率 n_c,偶然符合计数率 $n_{oc}=2\tau n'_\beta n'_\gamma$,进入 β 探测器的 γ 粒子与 γ 道记录到的 γ 粒子的真符合计数率 $n_{\gamma\gamma}$ 和本底计数率 n_{cb},即

$$n'_c=n_c+n_{oc}+n_{\gamma\gamma}+n_{cb} \tag{2.3.11}$$

在放射源和β探测器之间放上足够厚的铝片，挡掉β射线，测得β道的计数率为 $n''_\beta = n_{\beta b} + n_{\beta\gamma}$，γ道计数率为 n'_γ，依式(2.3.11)，此时的符合计数率 n''_c 应有

$$n''_c = 2\tau n''_\beta n'_\gamma + n_{\gamma\gamma} + n_{cb} \tag{2.3.12}$$

其中 $2\tau n''_\beta n'_\gamma = 2\tau(n_{\beta b} + n_{\beta\gamma})n'_\gamma$，为 γ-γ 偶然符合，且 $n_c = 0$.

把式(2.3.12)代入式(2.3.11)，得

$$\begin{aligned} n_c &= n'_c - 2\tau n'_\beta n'_\gamma - n''_c + 2\tau n''_\beta n'_\gamma \\ &= n'_c - n''_c - 2\tau(n'_\beta - n''_\beta)n'_\gamma \end{aligned} \tag{2.3.13}$$

把式(2.3.9)、(2.3.10)、(2.3.13)代入式(2.3.8)，有

$$A = \frac{(n'_\beta - n''_\beta)(n'_\gamma - n_{\gamma b})}{n'_c - n''_c - 2\tau(n'_\beta - n''_\beta)n'_\gamma} \tag{2.3.14}$$

6. γ-γ 符合法测 ^{60}Co 放射源的活度

利用 ^{60}Co 的 γ-γ 级联衰变作符合测量也可以确定其绝对活度 A. 设Ⅰ、Ⅱ道均使用同类型的γ探测器，简称 γ_1 道和 γ_2 道. γ_1 道探测器对 γ_1、γ_2 粒子的探测效率分别为 ε_1、ε_2；γ_2 道探测器对 γ_1、γ_2 粒子的探测效率分别为 η_1、η_2. 则

γ_1 道计数率　　$n_1 = (\varepsilon_1 + \varepsilon_2)A$　　(2.3.15)

γ_2 道计数率　　$n_2 = (\eta_1 + \eta_2)A$　　(2.3.16)

符合道计数率　　$n_{12} = (\varepsilon_1 \eta_2 + \varepsilon_2 \eta_1)A$　　(2.3.17)

整理以上三式可得

$$\frac{n_1 \cdot n_2}{n_{12}} = A\left(1 + \frac{\varepsilon_1 \eta_1 + \varepsilon_2 \eta_2}{\varepsilon_1 \eta_2 + \varepsilon_2 \eta_1}\right) \tag{2.3.18}$$

因使用同一类的探测器，两道探测器对 γ_1 射线和 γ_2 射线的探测效率应是相同的，即

$$\varepsilon_1 = \eta_1,\quad \varepsilon_2 = \eta_2 \tag{2.3.19}$$

此外，如使用闪烁探测器，则其探测效率对核辐射的能量在相当宽的范围内为一常数. 因 ^{60}Co 源的 γ_1 射线、γ_2 射线的能量相差很小，所以又可认为

$$\varepsilon_1 = \varepsilon_2,\quad \eta_1 = \eta_2 \tag{2.3.20}$$

整理式(2.3.18)可得

$$A = \frac{n_1 n_2}{2n_{12}} \tag{2.3.21}$$

实验时对 γ_1 道、γ_2 道和符合道的计数率还要进行偶然符合和本底的修正. 设直接测得的 γ_1 道计数率为 n'_1，γ_2 道计数率为 n'_2，符合道计数率为 n'_{12}，则

$$\begin{aligned} n_1 &= n'_1 - n_{1b} \\ n_2 &= n'_2 - n_{2b} \\ n_{12} &= n'_{12} - 2\tau n'_1 n'_2 - n_{12b} \end{aligned}$$

代入式(2.3.21)即可求得

$$A = \frac{(n'_1 - n_{1b})(n'_2 - n_{2b})}{2(n'_{12} - 2\tau n'_1 n'_2 - n_{12b})} \tag{2.3.22}$$

二、实验仪器装置

图 2.3.3 是进行符合测量的实验装置，用于测量 ^{60}Co 放射源的绝对活度. β探头采用塑

料闪烁体,γ 探头采用 Na(Tl)闪烁体,线性放大器、单道分析器和定标器的作用及使用方法见实验 2.1 和实验 2.2,符合装置对单道输出的脉冲宽度、相对延迟等均可调,请参阅实验室提供的使用说书.

三、实验内容

1. 符合分辨时间的测量

(1) 用脉冲发生器作信号源,用示波器观察各级输出信号的波形及其时间关系.以实验室提供的^{60}Co 源的大致强度,根据真偶符合比的要求,调节"符合成形时间"旋钮选择合适的脉冲宽度 τ.

(2) 两通道的单道分析器拨至"积分"挡.改变符合装置上两道的相对延迟时间 t_d,测量不同延迟时间下的符合计数率,作出瞬时符合曲线,求出电子学分辨时间 τ.换上^{60}Co 放射源,以它的 β-γ 符合信号作瞬时符合曲线,求出物理分辨时间 τ'.

(3) 在符合电路的两个输入端,一端输入脉冲发生器供给的脉冲,另一端输入探测器探测到的脉冲,分别测量Ⅰ、Ⅱ道的计数率 n_1、n_2 和符合道的计数率 n'_{oc},改变脉冲发生器的频率,作多次测量,得出 n'_{oc}-n_1n_2 的关系图线(直线),再由其斜率 2τ 确定符合分辨时间 τ.然后比较一下以上三种方法求出的符合分辨时间.

2. 求^{60}Co 放射源的绝对活度

(1) β-γ 符合法.调节好Ⅰ道和Ⅱ道的符合状态,先测出 β 道、γ 道和符合道的计数率 n'_β、n'_γ、n'_c,再在 β 探头和源之间加上足够厚的铝片,可得 β 道计数率 n''_β和符合计数率 n''_c,最后撤走放射源和铝片,测出 γ 道的本底计数率 $n_{\gamma b}$,把以上数据代入式(2.3.14)求出活度 A.

(2) γ-γ 符合法.选用两个同类型的 γ 探头,调节和 γ_1 道和 γ_2 道的符合状态,先测出 γ_1 道、γ_2 道和符合道的计数率 n'_1、n'_2、n'_{12},然后取走放射源;再测本底计数率 n_{1b}、n_{2b}、n_{12b},代入式(2.3.22)求出活度 A.

(3) 根据放射性测量的统计规律,在测量时间 t 内测得的计数 N,其计数率 $n=N/t$ 的标准差为 $\sqrt{n/t}$,相对标准差为 $1/\sqrt{N}$(见实验 2.1).为了保证测量精度,要求每个计数率的相对标准差小于 1%~2%.为此如何选定合适的测量时间?

(4) 根据误差传递公式,求出活度 A 的相对标准差.参阅本书的 0.4 节.

*(5) 查阅有关文献,选择实验室可提供的 2~3 种放射性同位素,用 β-γ 符合法或 γ-γ 符合法测量它们的活度.

*(6) 以上介绍的是把单道分析器拨至"积分"挡时进行放射源活度测量的方法,试设计把单道分析器拨至"微分"挡时做符合测量实验的方法.

四、思考与讨论

(1) 若所测放射源的活度约为 10mCi,要求真偶符合比 $n_c/n_{oc}\geqslant 5$,符合装置的分辨时间应如何选择?为什么要先测定符合分辨时间?

(2) 如果让探测器分别测量两个独立的放射源来求符合电路的符合分辨时间,具体实验方法如何?

(3) ^{137}Cs 源可否作为偶然符合源?(参考^{137}Cs 的衰变纲图,注意其激发态寿命.)

(4) 试讨论哪一个物理量的测量对活度 A 的相对标准差影响最大.

参 考 文 献

北京大学,复旦大学. 1984. 核物理实验. 北京:原子能出版社.

程敏熙. 2002. 符合测量实验方法研究. 大学物理,21(6):28-32.

复旦大学,清华大学,北京大学. 1981. 原子核物理实验方法(上册). 北京:原子能出版社.

程敏熙　编

2.4　用快速电子验证相对论效应

1895 年,爱因斯坦在瑞士阿劳州立中学学习时,从科普读物中知道光是以约 3×10^5 km · s^{-1}速度前进的电磁波. 他突然想到一个问题:“假如一个人能够以光的速度和光波一起跑,会看到什么现象呢?”他想道:“光是电场和磁场不停地振荡、交互变化而推动向前的波,难道那时会看到只是在振荡着的电磁场而不向前传播吗? 这可能吗?”爱因斯坦凭直觉作出判断:这不可能! 而摆脱这一疑难的唯一出路是“人永远也追不上光”. 这就是爱因斯坦的“追光实验”. 提出“理想实验”,再凭直觉作出判断,这种思维方式对爱因斯坦一生的研究起了极大的作用. 他提出“追光”问题后一直思考、学习和研究了十年之久. 1905 年,爱因斯坦发表了六篇论文,提出了有划时代意义的“光的量子论”“狭义相对论”等. 其中在关于“狭义相对论”的两篇论文中,他提出了“在所有的惯性系中测量到的真空光速 c 都是一样的”这一大胆的假设,解决了“追光疑难”的有关问题,导出了著名的质能关系式 $E=mc^2$. 于是,一系列违反“常识”的结论就产生了……

相对论与量子力学和混沌学一起被称为近代物理学的三大支柱,对于很多人来说,相对论较难理解和接受. 本实验以快速电子作为研究对象,验证其动能与动量的关系,帮助我们了解和掌握相对论中的一些基本概念和基本原理. 同时了解平面半圆形聚焦 β^- 谱仪的工作原理和使用方法.

一、实 验 原 理

要做验证相对论的实验,首先要找一个接近光速运动的实验对象,本实验选择快速运动的电子作为实验对象,它可以来自加速器或放射源的 β^- 衰变. 表 2.4.1 列出了不同能量的电子速度 v 与光速 c 的比值. 从表中可知:当能量为 1MeV 时,其速度是光速的 94.1%;能量是 2MeV 时,其速度已经是光速的 97.9%了. 显然,这样的快速电子已经是接近光速的相对论粒子了,以它作为实验对象,可以把我们带进一个陌生的高速世界,去感知其规律与低速世界之间的不同.

表 2.4.1 不同能量的电子速度与光速的关系

能量/MeV	0.001	0.005	0.020	0.100	1.000	2.000
v/c	0.062	0.139	0.272	0.548	0.941	0.979

经典力学总结了宏观、低速条件下物理的运动规律,它反映了牛顿的绝对时空观:认为时间和空间是两个独立的观念,彼此之间没有联系;同一物体在不同惯性参照系中观察到的运动学量(如坐标、速度)可通过伽利略变换而互相联系.这就是力学相对性原理:一切力学规律在伽利略变换下是不变的.

19 世纪末至 20 世纪初,人们试图将伽利略变换和力学相对性原理推广到电磁学和光学时遇到了困难.实验证明,研究高速运动的物体运用伽利略变换是不正确的.在此基础上,爱因斯坦于 1905 年提出了狭义相对论;并据此导出从一个惯性系到另一惯性系的变换方程,即"洛伦兹变换".

洛伦兹变换下,静止质量为 m_0,速度为 v 的物体,狭义相对论定义的动量 p 为

$$p = \frac{m_0}{\sqrt{1-\beta^2}} v = mv \tag{2.4.1}$$

式中 $m=m_0/\sqrt{1-\beta^2}$,$\beta=v/c$.

相对论的能量 E 为

$$E = mc^2 \tag{2.4.2}$$

这就是著名的质能关系.mc^2 是运动物体的总能量,当物体静止时 $v=0$,物体的能量为 $E_0=m_0c^2$,称为静止能量;两者之差为物体的动能 E_k,即

$$E_k = mc^2 - m_0c^2 = m_0c^2\left(\frac{1}{\sqrt{1-\beta^2}} - 1\right) \tag{2.4.3}$$

当 $\beta \ll 1$ 时,式(2.4.3)可展开为

$$E_k = m_0c^2\left(1 + \frac{1}{2}\frac{v^2}{c^2} + \cdots\right) - m_0c^2 \approx \frac{1}{2}m_0v^2 = \frac{1}{2}\frac{p^2}{m_0} \tag{2.4.4}$$

即得经典力学中的动量-能量关系.因电子的静能量 $m_0c^2=0.511\text{MeV}$.式(2.4.4)可化为 $E_k=\frac{1}{2}\frac{p^2c^2}{m_0c^2}=\frac{p^2c^2}{2\times 0.511}\text{MeV}$,以利于计算和与相对论表达式的比较.

由式(2.4.1)和(2.4.2)可得

$$E^2 - p^2c^2 = E_0^2 \tag{2.4.5}$$

这就是狭义相对论的动量与能量关系.而动能与动量的关系为

$$E_k = E - E_0 = \sqrt{p^2c^2 + m_0^2c^4} - m_0c^2 \tag{2.4.6}$$

这就是我们要通过实验验证的狭义相对论的动量与动能的关系.经典理论和相对论的动能与动量的关系(E_k-pc)曲线如图 2.4.1 所示.为了方便计算和画图,图中横坐标为 pc,用 MeV 作单位.

本实验主要验证从 β^- 放射源中发出的 β^- 粒子(即电子)的动能 E_k 和动量 p 之间的关系.如果用实验分别测出快速电子的动能和动量,并证明两者符合式(2.4.6)的关系,也就验证了爱因斯坦相对论的基本理论及其推论的正确性.

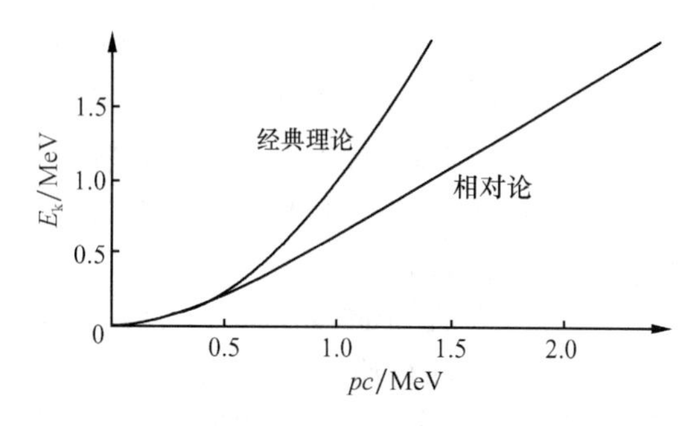

图 2.4.1　经典理论和相对论的动能与动量的关系(E_k-pc)曲线

为了分别测得快速 β^- 粒子的动能和动量，本实验采用类似于平面半圆 β^- 磁谱仪的实验装置，如图 2.4.2 所示.

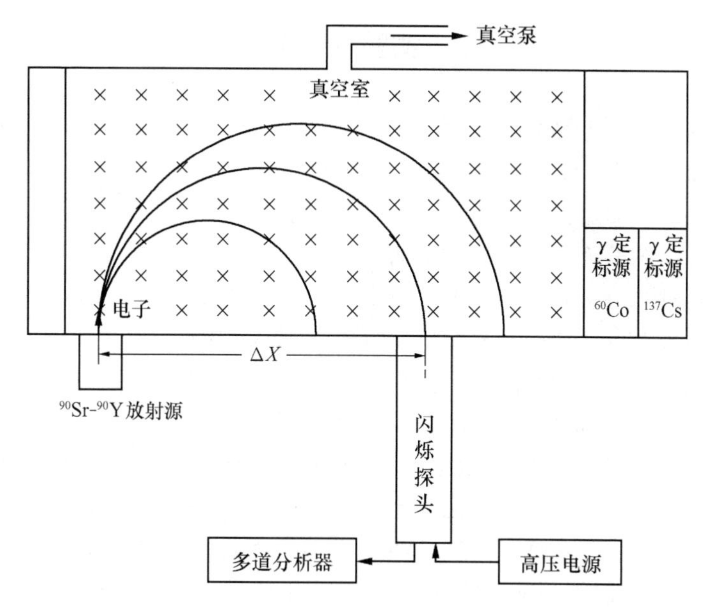

图 2.4.2　实验装置示意图

^{90}Sr-^{90}Y 放射源射出的高速 β^- 粒子经准直后射入一均匀磁场中，其速度方向与磁场方向垂直. 粒子因受到与运动方向垂直的洛伦兹力的作用而做圆周运动. 由于磁场内部同时也是一个真空室，所以不用考虑其在空气中的能量损失，则粒子具有恒定的动量数值而仅仅是方向不断变化. 粒子做圆周运动所受的洛伦兹力也就是 β^- 粒子做圆周运动的向心力，其大小为

$$f = evB \tag{2.4.7}$$

e 为电子电荷，v 为粒子速度，B 为磁感应强度. 由式(2.4.1)可知 $p=mv$，对某一确定的动量数值 p，其运动速率为一常数，故 β^- 粒子圆周运动方程为

$$f = m\frac{v^2}{R} \tag{2.4.8}$$

联立式(2.4.7)和式(2.4.8)，得

$$p = eBR \tag{2.4.9}$$

式中 R 为 β 粒子轨道的半径，为放射源与探测器间距的一半.

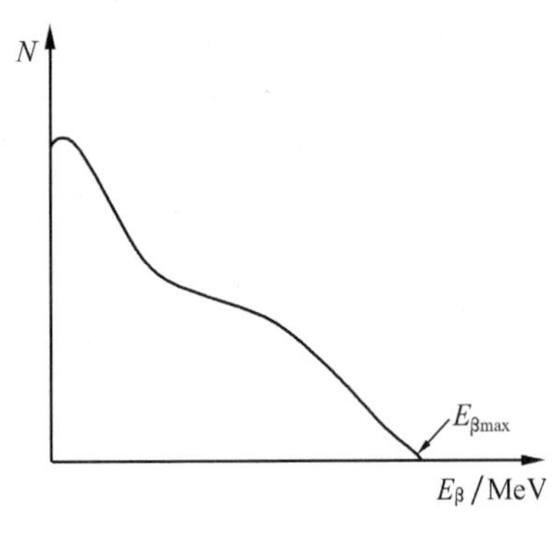

图 2.4.3　^{90}Sr-^{90}Y 的 β 能谱图

在磁场外距 β 源 ΔX 处放置一个探测器来检测从该处出射的 β 粒子，则这些粒子的能量(即动能)可由探测器与多道分析器组成的能谱仪测出，而粒子的动量值即为 $p=eBR=eB\Delta X/2$. 由于 β 源$^{90}_{38}$Sr-$^{90}_{39}$Y 射出的 β 粒子具有连续的能量分布(0～2.27MeV)，如图 2.4.3 所示. 因此探测器在不同位置(不同 ΔX)就可测得一系列不同的能量与对应的动量值. 为使仪器测量 β 粒子有较高的效率，本实验测量 β 粒子的能量范围为 0.5～1.9MeV. 这样就可以用实验方法确定测量范围内动能与动量的对应关系，进而验证相对论给出的这一关系的理论公式的正确性.

二、实验仪器装置

(1) 本实验采用的实验装置为 RES 系列相对论效应实验谱仪. β 放射源为^{90}Sr-^{90}Y，其衰变纲图如图 2.4.4 所示(活度约等于 1mCi). 其中 $E_{\beta max}$(Sr)=0.546MeV，$E_{\beta max}$(Y)=2.27MeV. 根据表 2.4.1，该放射源发射的 β^- 粒子符合相对论效应研究的需要.

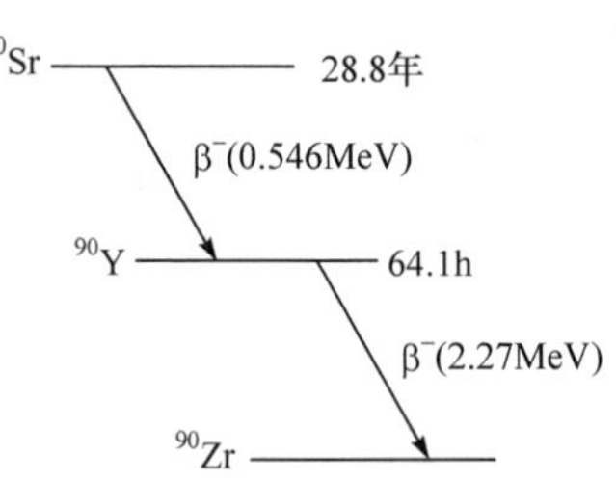

图 2.4.4　^{90}Sr-^{90}Y 的衰变纲图

(2) 探测器采用 200μm 厚的 Al 膜窗 NaI(Tl)闪烁探头，它与多道分析器连接，首先通过能量定标确定谱仪的能量刻度曲线，再通过测量 β 能谱来确定 β^- 粒子的能量和动量. γ、β 射线使闪烁探测器工作的机制是相同的，当 γ 射线进入闪烁体时，在某一地点产生次级电子，它使闪烁体分子电离和激发，退激时发出大量光子，经光电倍增管倍增，最后在阳极负载建立电信号. NaI(Tl)晶体的荧光输出在 150keV<E_γ<6MeV 范围内和射线能量成正比；而电子穿过 Al 膜进入 NaI(Tl)晶体同样使闪烁体有荧光输出，其能量测量也在此范围内，故用 γ 放射源进行能量定标的闪烁探测器也可以直接用来测量 β 粒子的能量.

(3) 磁谱仪能量定标采用 γ 放射源^{137}Cs 和^{60}Co(活度约等于 2μCi)，其中^{137}Cs 的 γ 射线对应的能量为 0.662MeV，^{60}Co 的 γ 射线对应的能量为 1.17MeV 和 1.33MeV. 能量定标是通过测量已知 γ 射线的能谱，确定谱仪多道分析器上测量射线能谱每道道址所对应的能量，以此来测量 β 射线粒子的能量和动量. 定标的原理见实验 2.2.

(4) 磁场由铁氧永磁材料做成，为了减少空气对 β^- 粒子运动时的影响而造成的能量损失，磁场要密封并抽真空. 磁感应强度 B 的大小在仪器出厂时已经标定，请参阅仪器说明书. 同时为了测量不同曲率半径的 β^- 粒子束，必须精确测量放射源的发射口到射线在磁场偏转出射的距离 ΔX，装置配置了螺丝杆平移机构，为探测器提供了平移定位的测量平台.

(5) 实验系统有配套的多道分析器测量软件和数据处理计算软件，还附有学习光盘，方便掌握实验原理和实验方法. 实验系统安装了有机玻璃罩，起屏蔽防护作用.

(6) 实验系统设计时还考虑了磁场的均匀性、磁场内真空度、β 粒子射出磁场密封膜的能量损失等问题，读者可参考仪器系统配套的参考资料.

三、实 验 内 容

(1) 检查仪器线路连接是否正确，然后开启高压电源和计算机，打开多道分析器测量软件.

(2) 打开^{60}Co 的 γ 定标源的盖子，移动闪烁探测器使其狭缝对准^{60}Co 源的出射孔，开始测量.

(3) 调整加到闪烁探测器上的高压和多道分析器的放大倍数，使测得的^{60}Co 能谱的 1.33MeV 峰位道数在一个比较合理的位置. 建议让其落在多道脉冲分析器总道数的 50%～70%，这样既可以保证测量高能 β 粒子(0.5～1.9MeV)时不超出量程范围，又充分利用多道分析器的有效探测范围.

(4) 开始对 NaI(Tl)闪烁探测器进行能量定标. 首先测量^{60}Co 的 γ 能谱，当 1.33MeV 光电峰的峰顶记数达到 1000 以上后(尽量减少统计涨落带来的误差)，记录 1.17MeV 和 1.33MeV 两个光电峰在多道能谱分析器上对应的道数 CH_2、CH_3；移开探测器，收起^{60}Co 源，然后打开^{137}Cs 的 γ 放射源的盖子，移动闪烁探测器使其狭缝对准^{137}Cs 源的出射孔开始测量，待其能谱 0.661MeV 光电峰的峰顶记数达到 1000 后，记录 0.661MeV 光电峰在多道能谱分析器上对应的道数 CH_1.

(5) 收起^{137}Cs 放射源，打开机械泵抽真空(机械泵正常运转 2～3min 即可停止工作，但要留意真空表指示的真空度). 打开 β 源的盖子，开始测量快速电子的动量和动能，探测器与 β 源的距离 ΔX 取值范围在 10～26cm，获得动能范围在 0.5～1.9MeV 的电子.

(6) 选定探测器位置后开始逐个测量单能电子能峰，记下峰位道数 CH 和相应的位置坐标 X.

(7) 全部数据测量完毕后关闭 β 源及仪器电源，打开数据处理软件进行数据处理和计算.

*(8) 本实验系统还可以做验证核衰变的统计规律、测量物质对 γ 射线的吸收系数等实验，试设计进行这几个实验.

四、思考与讨论

(1) 为什么本实验要测量 0.5MeV 以上的 β 粒子?

(2) 为什么用 γ 放射源进行能量定标的闪烁探测器可以直接用来测量 β 粒子的能量?

(3) 试计算^{90}Sr-^{90}Y 放射源能量为 0.5～1.9MeV 的 β 粒子的速度与光速的比值 v/c. 假如要用速度为光速的 85%的快速粒子做相对论实验，其 β 粒子能量至少是多少?

(4) 实验是否可以在非真空状态下进行? 需要注意什么问题?

参 考 文 献

陈玲燕，顾牡，秦树基，等. 2000. 相对论效应实验谱仪的系列教学实验. 物理实验，20(3)：3～5.
林木欣. 1999. 近代物理实验教程. 北京：科学出版社：105～109.

倪光炯,王炎森,钱景华,等. 1999. 改变世界的物理学. 2 版. 上海:复旦大学出版社:376～411.
徐垚,秦树基,等. 2004. 单能电子在聚酯薄膜(PET)中射程的测量. 物理实验,24(2):12～19.
赵凯华,罗蔚茵. 1995. 新概念物理教程——力学. 北京:高等教育出版社:388～436.

程敏熙　编

2.5　利用 γ 射线测量材料的吸收系数和厚度

由于放射性同位素测量具有非接触、无损、测量精度高、可靠性高、测量范围大、稳定性好等特点,在现代工业生产和日常生活中的应用越来越广泛. 相较于其他射线,γ 射线的应用更为广泛. 目前国际上用 γ 射线测量材料的吸收系数和厚度时,一般采用计数装置测量 γ 射线的强度,在源和探测器之间用铅作准直器,这样的装置体积较大,且放射源与探测器的距离较远,因此放射源的活度通常需要在 300μCi 以上.

本实验利用 NaI(TI)闪烁探测器和多道脉冲分析器测全能峰的方法. 通过在 γ 射线能谱中选取一定能量的射线,即可用能谱的方法代替几何准直的方法,还可降低射线与吸收片相互作用产生的康普顿散射,从而提高测量精度. 该方法对放射源活度没有特别要求,因此容易实现安全操作.

一、实验原理

准直成平行束的 γ 射线,通常称为窄束 γ 射线. 窄束 γ 射线在物质中具有一定的衰减规律,当 γ 射线与物质发生相互作用时主要有三种效应:光电效应、康普顿效应和电子对效应. 对于低能 γ 射线,与物质的作用以光电效应为主. 如果 γ 射线能量接近 1MeV,康普顿效应将占主导地位. 当 γ 射线能量超过 1.02MeV 时,就有可能产生电子对效应.

单能的窄束 γ 射线在穿过物质时,由于上述三种效应,其强度会减弱,这种现象称为 γ 射线的吸收. γ 射线强度的衰减服从指数规律

$$I=I_0\mathrm{e}^{-\sigma_\gamma Nx}=I_0\mathrm{e}^{-\mu x} \tag{2.5.1}$$

其中 I_0、I 分别是穿过吸收物质前、后的 γ 射线强度,x 是 γ 射线穿过吸收物质的厚度(单位为 cm),σ_γ 是光电效应截面 σ_{ph}、康普顿截面 σ_{c}、电子对效应截面 σ_{p} 三种效应的截面之和,N 是吸收物质单位体积中的原子数,μ 是吸收物质的线性吸收系数($\mu=\sigma_\gamma N$,单位为 cm^{-1}).

μ 的大小反映了吸收物质吸收 γ 射线能力的大小. 在相同的实验条件下,某一时刻的计数率 n 与该时刻的 γ 射线强度 I 始终呈正比例关系,因此可以用 n 与 x 的关系代替 I 与 x 的关系,则式(2.5.1)变为

$$n=n_0\mathrm{e}^{-\mu x} \tag{2.5.2}$$

两边同时取对数得

$$\ln n=\ln n_0-\mu x \tag{2.5.3}$$

如果在半对数坐标纸上绘制吸收曲线,那么这条吸收曲线就是一条直线. 如图 2.5.1 所示,该直线的斜率绝对值即为线性吸收系数 μ.

需要注意的是,由于 γ 射线与吸收物质相互作用的三种效应的截面都与入射 γ 射线的

能量 E_γ 和吸收物质的原子序数 Z 有关，所以线性吸收系数 μ 是吸收物质的原子序数 Z 和 γ 射线能量 E_γ 的函数，可表示为

$$\mu=\mu_{ph}+\mu_c+\mu_p \tag{2.5.4}$$

式中 μ_{ph}、μ_c、μ_p 分别为光电效应、康普顿效应、电子对效应的线性吸收系数，其中

$$\begin{cases}\mu_{ph}\propto Z^5\\ \mu_c\propto Z\\ \mu_p\propto Z^2\end{cases} \tag{2.5.5}$$

由此可见，线性吸收系数 μ 与吸收物质的原子序数 Z 之间的关系较为复杂．

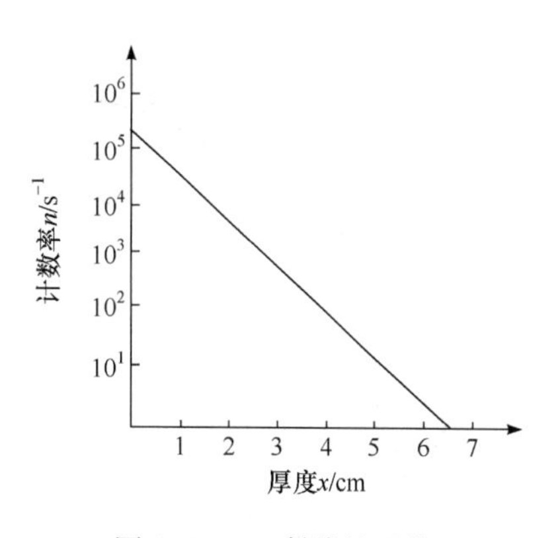

图 2.5.1　γ 射线的吸收

线性吸收系数 μ 与 γ 射线能量 E_γ 之间的关系也较为复杂，并且随吸收物质的不同而存在显著差别．图 2.5.2 为铅、锡、铜、铝的 γ 射线的线性吸收系数 μ 与 γ 射线能量 E_γ 的关系曲线．

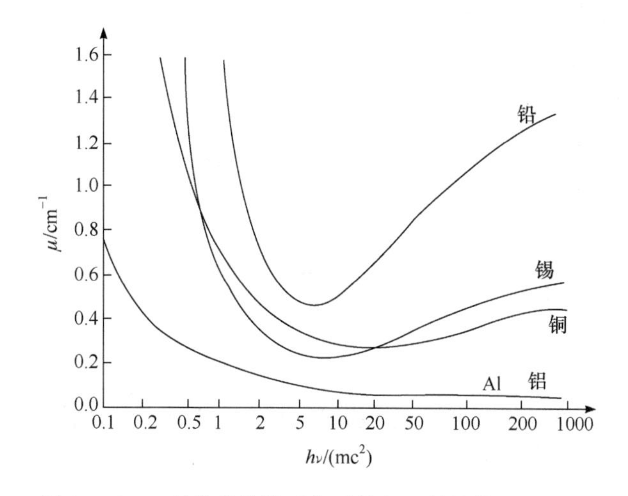

图 2.5.2　γ 射线的线性吸收系数与 γ 射线能量的关系

在实际工作中，物质对 γ 射线的吸收系数通常用质量吸收系数 μ_m（单位为 cm^2/g）表示，μ_m 与 μ 的关系为

$$\mu_m=\frac{\mu}{\rho} \tag{2.5.6}$$

其中 ρ 是吸收物质的密度（单位为 g/cm^3）．

物质的质量吸收系数 μ_m 还可以表示为

$$\mu_m=\frac{\mu}{\rho}=\frac{\sigma_\gamma N}{\rho}=\frac{N_A}{A}(\sigma_{ph}+\sigma_c+\sigma_p) \tag{2.5.7}$$

N_A 是阿伏伽德罗常量，A 是原子量数．由此可见质量吸收系数与吸收物质的密度及物理状态无关，这就为该方法在实际应用中拓宽了途径．

将式(2.5.6)代入式(2.5.1)，则

$$I=I_0 e^{-\mu_m x_m} \tag{2.5.8}$$

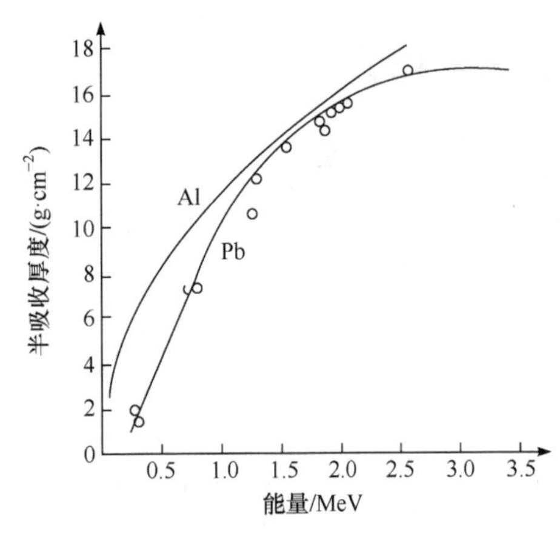

图 2.5.3　半吸收厚度和 γ 射线能量的关系

其中 x_m 称为物质的质量厚度($x_m=x\cdot\rho$,单位为 g/cm^2).

物质对 γ 射线的吸收能力也常用“半吸收厚度”表示. 所谓“半吸收厚度”就是使入射的 γ 射线强度减弱到一半时吸收物质的厚度,记作 $d_{1/2}$. $d_{1/2}$ 和 μ 的关系为

$$d_{1/2}=\frac{\ln 2}{\mu}=\frac{0.693}{\mu} \tag{2.5.9}$$

由此可见,$d_{1/2}$ 也是吸收物质的原子序数 Z 和 γ 射线能量 E_γ 的函数. 图 2.5.3 显示的是铅和铝的半吸收厚度 $d_{1/2}$ 与 γ 射线的能量关系. 通常利用半吸收厚度可以粗略估计出 γ 射线的能量.

二、实验仪器装置

1. NaI(T1)探测器
2. 一体化能谱仪
3. 放射源 ^{137}Cs、^{60}Co　　2 个
4. 铅、铜、铝吸收片　　若干

三、实 验 内 容

1. 开机

(1) 按照图 2.5.4 实验装置框图连接各部分仪器,打开电脑预热 10 分钟.

(2) 打开核探测器信号采集处理综合平台,启动软件 EasySpe 并设置串口参数.

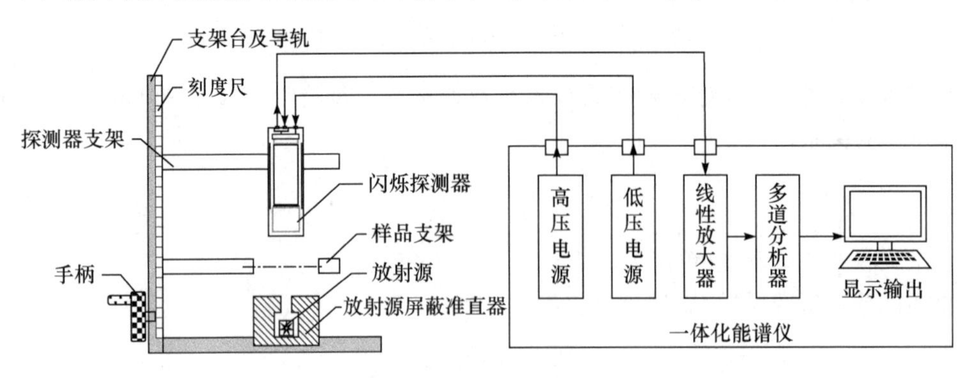

图 2.5.4　实验装置框图

2. 确定测量条件

(1) 调节探头高度于合适位置后固定不变.

(2) 选择合适高压使能谱的全能峰位分布合理．
(3) 根据相对误差要求计算需要的最小总计数．

3. 测量吸收系数及半吸收厚度

(1) 将放射源置于源槽中，测量无吸收片时的能谱．当最小总计数的相对误差满足要求时停止计数，设置合适的加亮区范围，记录相关数据．
(2) 放入若干已知厚度吸收片，分别进行测量并记录数据．
(3) 用最小二乘法求出 γ 射线在相应吸收片中的线性吸收系数及半吸收厚度，并与 NIST 的数据进行比较和分析．

4. 确定未知吸收片厚度和半吸收厚度

(1) 在探测器与放射源之间加入未知厚度吸收片，记录相关数据．
(2) 处理数据，获得未知吸收片厚度，进行误差分析．

5. 关闭高压，关闭软件，断开电源

四、思考与讨论

(1) γ 射线通过物质时是否有确定的射程？为什么？
(2) 如果实验用 γ 射线来自未知源，如何合理选择每次添加的吸收片厚度，使测量既迅速也较准确？

参考文献

北京大学，复旦大学. 1984. 核物理实验. 北京：原子能出版社.
陈伯显，张智. 2011. 核辐射物理及探测学. 哈尔滨：哈尔滨工程大学出版社.
陈英琦，等. 2004. 用 γ 射线能谱法测量材料的吸收系数和厚度. 北京：同位素，17(1)：21～26.
褚圣麟. 1979. 原子物理学. 北京：高等教育出版社.
复旦大学，等. 1982. 原子核物理实验方法(下册). 北京：原子能出版社.
格伦，F. 诺尔. 1988. 辐射探测与测量. 北京：原子能出版社.
庞巨丰. 1990. γ 能谱数据分析. 西安：陕西科学技术出版社.
郑成法. 1983. 核辐射测量. 北京：原子能出版社.

唐吉玉　编

单元 3　激光、光信息处理和光学测量

3.1　He-Ne 激光器特性及其参数的测量

激光(laser)是“受激辐射光的放大”的简称，其理论基础源于物理学家爱因斯坦提出的“光与物质相互作用”. 在此基础上，1960 年 T. H. 梅曼等人发明了世界上第一台红宝石激光器；1961 年 A. 贾文等人制成了氦氖激光器；1962 年 R. N. 霍尔等人研制了砷化镓半导体激光器. 按其工作物质的不同，激光器可分为气体激光器、固体激光器、半导体激光器和染料激光器四大类，近年来还发展了自由电子激光器. 激光作为一种新型的光源，具有方向性强，单色性好以及高亮度等突出的特点，在计量科学、通讯、化学、生物、材料加工、军事、医学和农业等很多方面都有着广泛的应用.

He-Ne 激光器具有工作性质稳定、使用寿命长以及造价低的特点，是一种应用广泛的气体激光器，因此有必要深入研究其特性，了解并测量描述其特性的几种参量. 描述 He-Ne 激光器特性的参量有输出功率、发散角、波长和偏振度.

本实验要求学生了解激光器的原理，学会正确使用激光功率计和读数显微镜，掌握激光特性及其参数的测量原理和方法.

一、实 验 原 理

1. 输出功率特点及测量

测量激光功率可采用光电法，即利用光电探测器输出电流与入射光的功率成正比的性质测量激光的输出功率，也可以采用光热法或光压法.

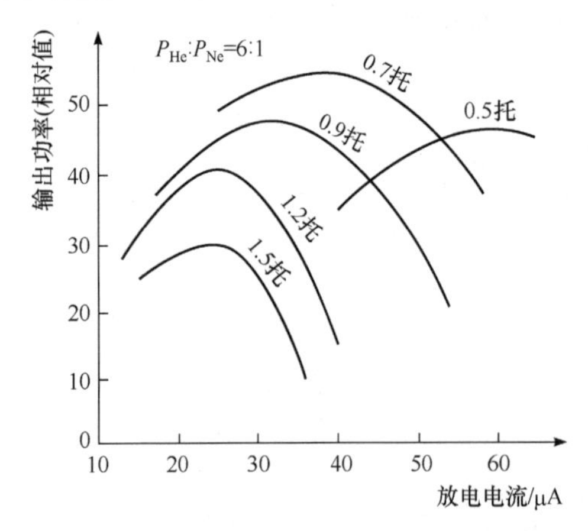

图 3.1.1　He-Ne 激光器的输出功率和放电电流的关系

He-Ne 激光器的输出功率和放电电流的关系与总压强和氦氖配比有关. 在氦氖配比为 6∶1 时，不同压强下激光器的输出功率和放电电流的关系曲线如图 3.1.1 所示. 从图中可以看出，输出功率随放电电流变化有一个极大值，它对应的放电电流称为最佳放电电流. 这是因为随着电流的增加，电子数增加，氦原子亚稳态上电子数增加，从而提高了氖原子的粒子数反转程度. 但当电流较大时，一方面电子浓度增大，亚稳态氦原子密度也增大，而亚稳态的氦原子这时产生了电子回到基态的消激发过程，当激发和消激发过程达到平衡时，亚稳态原子密度不随电流增加而趋于饱和；另一方面电流增加电

子与氖原子也会发生碰撞，使氖原子中处于基态的电子激发到高能级上去，使 2P、3P 能级上的电子数增加，从而使氖原子粒子数反转程度减弱，因此大电流时，输出功率反而下降.

由于放电电流，工作频率，谐振腔的耗损和温度等因素的变动，He-Ne 激光器的输出功率会随时变动，为此引入功率稳定度 S 这一参数，它是评价激光器质量的重要指标之一

$$S=\frac{P_{\max}-P_{\min}}{2\overline{P}} \tag{3.1.1}$$

式中 $P_{\max}$、$P_{\min}$、$\overline{P}$ 分别为在所测量的一段时间内的功率最大值、最小值和算术平均值.

2. 发散角

运行于基横模的 He-Ne 激光器，垂直于它的传播方向（z 轴）的截面上的光强分布为

$$I(r,z)=I_0(z)\exp\left[-\frac{2r^2}{\omega^2(z)}\right] \tag{3.1.2}$$

这是高斯型的强度分布，对应的光束称为高斯光束. 上式 $\omega(z)$ 是光强为光强极大值的$1/e^2$时的点离光束中心点的距离，$\omega(z)$称为光斑半径，满足下面的关系：

$$\frac{\omega^2(z)}{\omega_0^2}-z^2\left[\frac{\pi\omega_0^2}{\lambda}\right]^{-2}=1 \tag{3.1.3}$$

式中 λ 为激光的波长，ω_0 是 $z=0$ 时的光斑半径，称为束腰，这是描述高斯光束的一个特征参量. 光斑半径的轨迹是一个旋转双曲面，在包含 z 轴的一个平面内是双曲线，如图 3.1.2 所示.

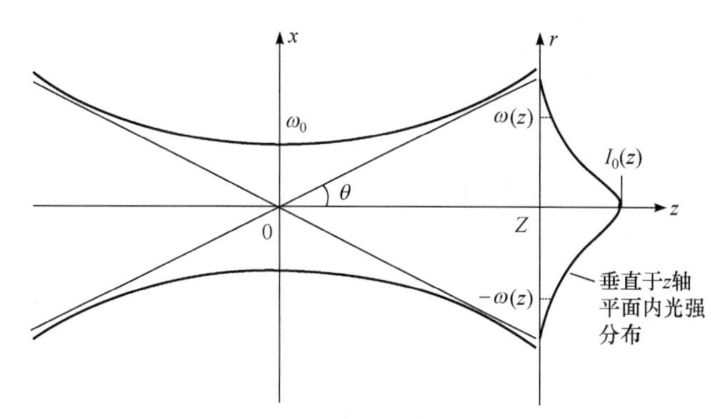

图 3.1.2　基横模光束空间分布

虽然激光具有良好的方向性，但仍有一定的发散性，激光的发散程度一般用发散角来描述，根据图 3.1.2 双曲线的渐近线，只要满足 z 满足 $z\geqslant 7\frac{\pi\omega_0^2}{\lambda}$，由几何关系可以求出发散角

$$\theta\approx\tan\theta=\frac{\omega(z)}{z} \tag{3.1.4}$$

因此只要从实验中测量出 $\omega(z)$ 和 z，就可以求出 θ. z 为测量位置到光束束腰 ω_0 之间的距离. 下面给出两种测量方法：光阑法和光点法.

（1）光阑法. 由式（3.1.2），垂直通过半径为 r_1 光阑的激光功率为

$$P_1=\int_0^{r_1}I(r,z)2\pi r\mathrm{d}r \tag{3.1.5}$$

激光束的总功率

$$P_0=\int_0^{\infty} I(r,z)2\pi r\mathrm{d}r \tag{3.1.6}$$

联解上面两式,并令 $\varphi=2r_1$,就可以得到

$$\omega(z)=\phi\left[2\ln\left(\frac{P_0}{P_0-P_1}\right)\right]^{-\frac{1}{2}} \tag{3.1.7}$$

式中 ϕ 为光阑直径.

(2) 光点法. 用小孔光阑和激光功率计沿光斑直径对激光束进行扫描,得出 I-r 曲线图,确定 $I_{\max}$值以及$\frac{I_{\max}}{e^2}$时对应的光阑的位置,就可以得出光斑半径,求出发散角.

3. 波长测量

测量激光波长的方法有多种,如用光栅、迈克耳孙干涉仪、法布里-珀罗干涉仪等都可以测量激光的波长,这里仅介绍最为简单的光栅法.

如图 3.1.3 所示,图中 G 为衍射光栅,L 为透镜,M 为读数显微镜,当用扩束准直后的激光垂直照射一维光栅时,如果光栅刻线沿竖直方向摆放,在透镜的后焦平面(频谱面)F 上会出现一排沿水平方向排列的等间距的衍射光点,用读数显微镜测量出相邻光点间的距离 x,就可以得出激光波长为

$$\lambda=\frac{d}{f}x \tag{3.1.8}$$

式中 d 为光栅常数,f 为透镜焦距.

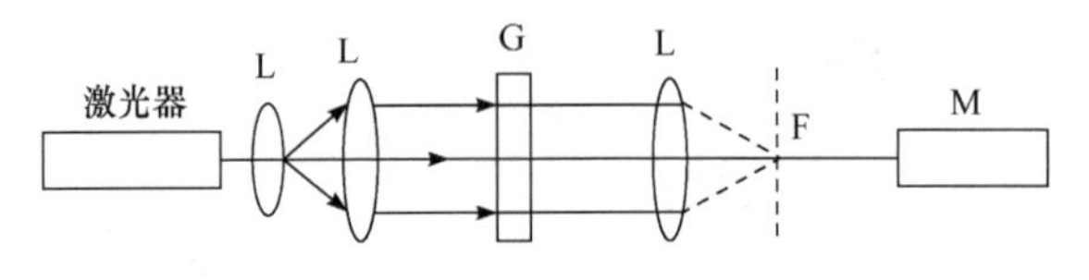

图 3.1.3 光栅法测量波长

4. 偏振度

激光的偏振特性可以用偏振度来描述. 用偏振镜和激光功率计,通过旋转偏振镜得出透射最大光强和最小光强,则可以按式(3.1.9)得出偏振度

$$W=\frac{I_{\max}-I_{\min}}{I_{\max}+I_{\min}} \tag{3.1.9}$$

二、实验仪器装置

He-Ne 激光器,激光功率计,光电探测器,光具座,透镜,偏振镜,光阑,读数显微镜和光栅等.

三、实 验 内 容

1. 功率测量

按图 3.1.4 调整好光路,让激光器预热 20～30 分钟,待激光输出功率基本稳定后开始

测量.

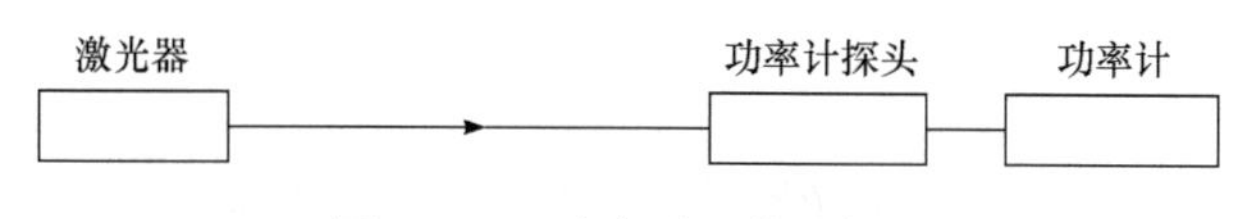

图 3.1.4　功率测量装置框图

(1) 功率计在使用前要选择合适的量程并调零.

(2) 每隔 0.5mA 测量一次功率,画出 P-i 曲线,得出最佳工作电流.

(3) 在最佳工作电流下,每隔一段时间测量一次功率,求出在总测量时间内的功率稳定度.

2. 发散角测量

如图 3.1.5 所示,取 $z\geqslant 7\pi\omega_0^2/\lambda$,用光阑法(采用孔大的光阑)和光点法(采用孔小的光阑)分别测出激光束在 z 处的光斑半径,并测量出相应的 z 的大小,由 3.1.4 式求出远程发散角. 发散角也可以用下式求得:

$$\theta=\frac{\Delta\omega(z)}{\Delta z} \tag{3.1.10}$$

式中 $\Delta\omega(z)$ 为两个的光斑半径之差.

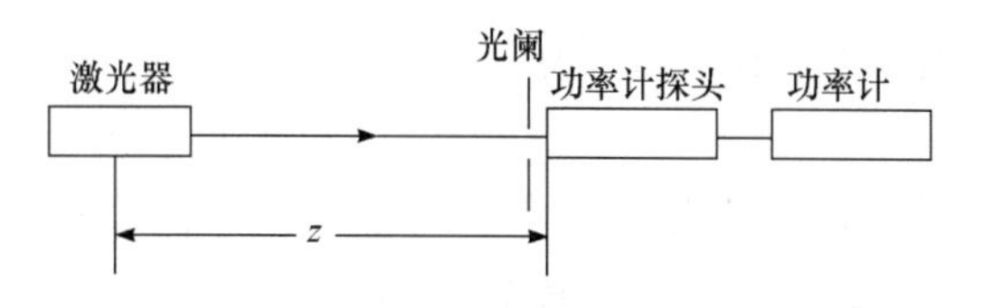

图 3.1.5　发散角测量装置框图

3. 波长测量

按图 3.1.3 调整好光路,测量相邻几个光点的总距离,求出 x 的平均值,由式(3.1.8)就可以求出波长.

4. 偏振度测量

让激光束垂直入射偏振片,再用功率计或其他的探测器测量透射光强,旋转偏振片,测量出 I-ψ 曲线,求出偏振度.

*5. 实验设计训练

(1) 设计一个实验,研究 He-Ne 激光器输出功率与放电条件的关系.

(2) 在本实验所用测量光斑半径的方法和仪器的基础上,设计一个实验方案,测量激光束的束腰半径.

四、思考与讨论

(1) 放电电流和气压保持时,激光器的输出功率存在小的起伏,原因何在?

(2) 用光点法测量光斑半径时,怎样判断光阑在扫描时通过光斑中心?

(3) 用光点法测量光斑半径,应如何确定测量光强时的扫描步长?

(4) 比较光阑法和光点法测量光斑半径的优缺点.

参考文献

陈莫礼.激光导论.北京:电子工业出版社, 1986.
李文成,谷晋骐,王涌萍.激光光斑及束腰光斑尺寸的测量研究.应用光学,2002(03):30～33.
林木欣.近代物理实验.广州:广东教育出版社,1994.
母国光,等.光学.北京:人民教育出版社,1979.
周炳琨,等.激光原理.北京:国防工业出版社,1984.

彭　力　编

3.2　He-Ne激光器纵模间隔测量

激光之所以具有非常窄的谱线宽度,是因为受激辐射光经过谐振腔选频等多种机制的作用和相互干涉,最后形成了一个或多个离散的、稳定的精细谱线,这些精细的谱线称为激光器的模.激光器的模按照产生机理和表现形式的不一样,可分横模和纵模.激光的模式结构是激光器的性能指标中一项重要的参数.许多激光应用要求具有基横模输出的激光器.如全息照相、激光准直和激光打孔等.而激光测长和激光稳频技术中不仅要求基横模而且要求单纵模工作的激光器.因此,有必要了解激光模式状态,掌握分析激光模式的方法,这是激光实验技术中的一项基本内容.

本实验要求学生了解激光器纵模的产生机理,理解共焦球面扫描干涉仪和F-P标准具的工作原理,掌握用共焦球面扫描干涉仪和F-P标准具测量激光器纵模间隔的方法.

一、基本原理

1. 激光器的模式形成

增益介质和谐振腔是激光器的基本部分.在实现工作介质上下粒子数反转的条件下,若有一束频率为$v(v=(E_2-E_1)/h, E_2$上能级,E_1下能级)的光通过介质,由于受激辐射的缘故,光束将被放大.由于能级有一定的宽度,粒子在谐振腔中的运动又受多种因素的影响,激光器输出的光谱宽度是由自然增宽、碰撞增宽和多普勒增宽叠加而成.对于He-Ne激光器而言,谱线增宽以多普勒增宽为主,增宽线型成高斯函数分布,如图3.2.1所示.可见增益介质的增益有一个频率分布,频率落在这个分布里的光在介质里传播时越来越强.

满足上述条件仍不足以产生激光，还必须有光学谐振腔，其作用是提供光学正反馈，以便在腔内建立和维持自激振荡. 光是一种电磁波，由于光的干涉，要来回反复加强必须使光在谐振腔内来回一次的相位差是 2π 的整数倍，因此腔能输出的激光波长必须满足

$$2nL=q\lambda_q \tag{3.2.1}$$

式中 n 是增益介质的折射率，气体介质 $n\approx1$；L 是腔长；通常将整数 q 所表征的腔内纵向场的分布，称腔的纵模. 相邻两个纵模的频率间隔为

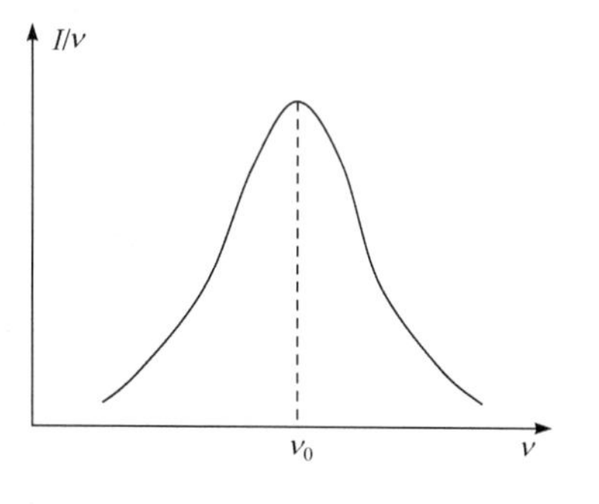

图 3.2.1　光的增益曲线

$$\Delta\nu_q=\frac{c}{2nL}\approx\frac{c}{2L} \tag{3.2.2}$$

由上式可知，对一定的谐振腔，$\Delta\nu_q$ 为一常数. 相邻纵模频率间隔和激光器谐振腔的腔长成反比. 即腔长越长，$\Delta\nu_q$ 越小，满足振荡条件的纵模个数越多；相反腔长越短，$\Delta\nu_q$ 越大，在同样的增宽曲线范围内，纵模个数就越少，因此缩短谐振腔腔长是获得单纵模激光器的有效方法之一.

由以上的分析可知，相邻的纵模频率间隔相等，纵模的相对强度由多普勒线型的分布曲线决定，如图 3.2.2 所示. 实际上激光器可能出现的纵模个数，除腔长的条件外，还与激光器的损耗和增益线宽有关. 在图 3.2.2 中，增益线宽内虽然有五个纵模满足谐振条件，但只有三个纵模的增益大于损耗，能形成相应的激光输出.

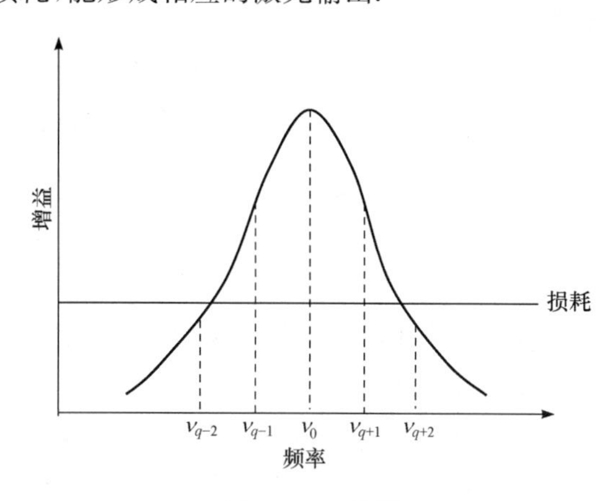

图 3.2.2　纵模

2. 共焦球面扫描干涉仪

共焦球面扫描干涉仪的结构如图 3.2.3 所示，它是一个没有激活介质的光学谐振腔，两块凹面反射镜的曲半径 $R_1=R_2=R$. 反射镜有高反射率的多层介质膜，镜间距离等于 $L=R$，因此两镜的焦点重合. 其中的一面镜固定不动，另一面固定在压电陶瓷环上，1 为由低膨胀系数材料制成的间隔圈，以保证两镜处于共焦状态；2 为压电陶瓷环. 给陶瓷环加上一定的电压，其长度会发生变化. 长度变化量与电压成正比，其值在光波波长量级，不会影响共焦腔的状态.

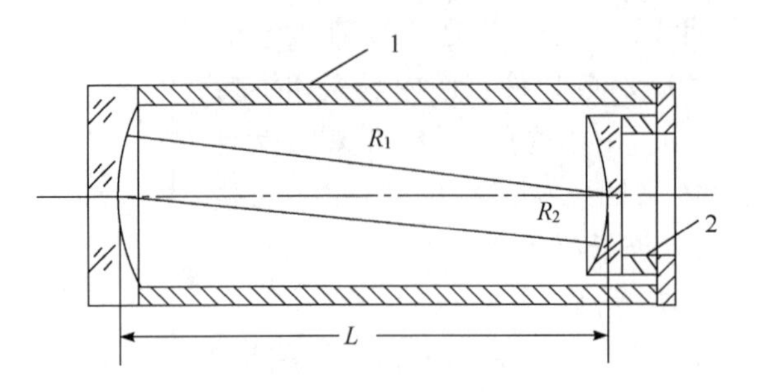

图 3.2.3 共焦球面扫描干涉仪结构示意图

共焦球面扫描干涉仪的光路如图 3.2.4 所示. OO'为干涉仪的光轴. 当激光以小角 θ 入射时,光在共焦腔内走 X 形路线,光程为 $4L$. 光线在腔内每走一个周期,过一次 A 或 B 点,就有一部分光强透射出去,形成透射光束 1, 2, 3,…. 如果相邻两束光的光程差是波长的整数倍,即

$$k\lambda=4L \tag{3.2.3}$$

则透射光束相干叠加,输出光强为极大值. 当共焦腔的腔长变为 λ',满足 $4L'=k\lambda'$的光束也产生干涉极大值. 因此,腔长与透射极大值的波长之间有线形关系,这就是共焦球面扫描干涉仪扫描原理.

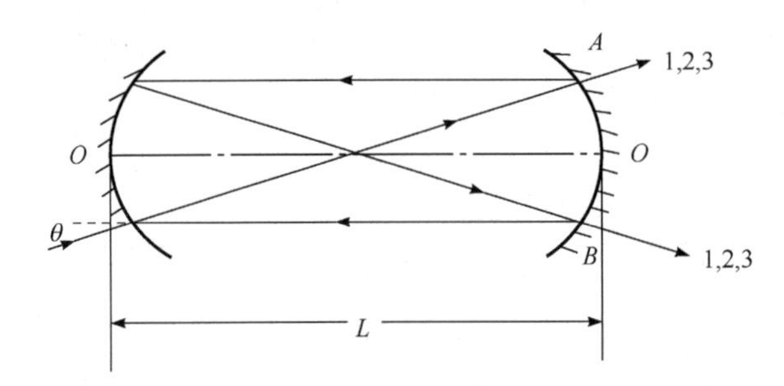

图 3.2.4 共焦球面扫描干涉仪的光路

但是每一腔长值可以对应一系列不同序的透射极大波长值,即

$$4L=k\lambda_1=(k+1)\lambda_2=(k+2)\lambda_3=\cdots \tag{3.2.4}$$

在使用中,要求腔长与透射极大值波长间是单值线性关系,因此必须对进入干涉仪的波长范围有一定的限制. 由上式可知,波长范围小于 $\lambda_1-\lambda_2$ 时,只有一个波长值满足干涉极大值条件,即

$$\lambda_1-\lambda_2\approx\frac{\lambda_1^2}{4L}\approx\frac{\lambda^2}{4L}=\Delta\lambda_{SR} \tag{3.2.5}$$

因 λ_1 和 λ_2 相差很小,上式中 λ_1 可以为 λ_2 或 λ_1 和 λ_2 的平均值,通常将 $\Delta\lambda_{SR}$ 叫做自由光谱范围,用频率表示为

$$\Delta\nu_{SR}=\frac{c}{4L} \tag{3.2.6}$$

自由光谱范围是扫描干涉仪的主要性能指标之一,它决定了扫描干涉仪能够测量的不重序的最大波长差或频率差.

扫描干涉仪另一个重要性能指标叫精细常数,用 N 表示. 它表征了一个自由光谱范围内能够分辨的最大谱线数目.

$$N=\frac{\pi R}{1-R} \tag{3.2.7}$$

式中 R 为凹面镜的反射率. 理论上精细常数只与镜片的反射率有关，实际上精细常数还与共焦腔调整精度、镜片加工精度以及扫描干涉仪的入射和出射光孔等因素有关. 仪器的实际精细常数要通过实验测定. 根据精细常数的定义有

$$N=\frac{\Delta\lambda_{SR}}{\delta\lambda} \tag{3.2.8}$$

$\delta\lambda$ 表示扫描干涉仪能分辨的最小波长，它可用干涉仪的仪器半宽度 $\Delta\lambda$ 代替. $\Delta\lambda$ 可以通过实验测定. 通过扫描干涉仪得到单模激光器输出激光的强度按波长分布，其半强度的波长差即为 $\Delta\lambda$.

3. 用 F-P 标准具测量激光纵模间隔

F-P 标准具主要由两块平面玻璃板及板间的一个间隔圈组成. 平面玻璃板的内表面加工精度要求高于 1/30 波长，表面镀有高反射膜，膜的反射率高于 90%. 间隔圈用膨胀系数很小的石英或铟钢加工成一定的厚度，以保证两块平面玻璃板之间的精确的平行度和稳定的间距.

标准具光路如图 3.2.5 所示. 当单色平行光束 S 以小角度 θ 入射到标准具的 M_1 平面时，经过 M_1 和 M_2 表面的多次反射和透射，分别形成一系列相互平行的反射光束 1，2，3，4，… 和透射光束 $1'$，$2'$，$3'$，$4'$，…. 在透射光束中，相邻两束光的光程差为 $2nd\cos\theta$（一般 $n=1$），d 为 M_1 和 M_2 之间的距离，这一系列互相平行并有一定光程差的光束在无穷远处或在透镜的焦平面上发生干涉. 当光程差为波长的整数倍时产生干涉极大值，即

$$2d\cos\theta=k\lambda \tag{3.2.9}$$

k 为整数，称为干涉级. 干涉条纹是一系列等倾同心圆环.

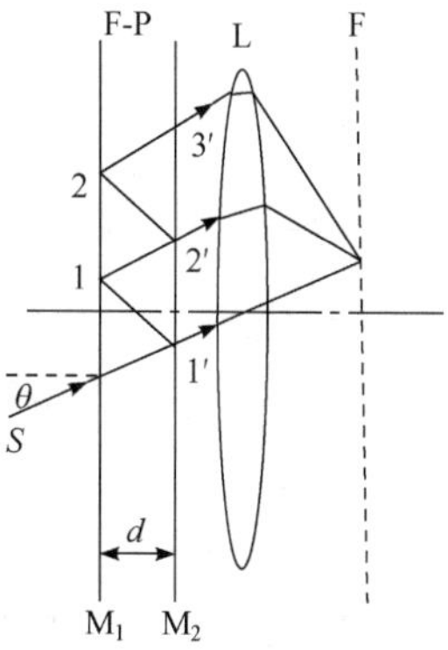

图 3.2.5　标准具光路图

标准具有两个特征参量，即分辨本领和自由光谱范围.

(1) 分辨本领. 定义 $\lambda/\Delta\lambda$ 为光谱仪的分辨本领，对于 F-P 标准具，分辨本领

$$\frac{\lambda}{\Delta\lambda}=kN_e=\frac{2d\pi\sqrt{R}}{\lambda(1-R)} \tag{3.2.10}$$

式中 N_e 为精细常数，它的物理意义是在相邻两个干涉级之间能分辨的最大条纹数，其值依赖于平面内表面反射膜的反射率 R. k 为干涉级. 使用标准具时光近似于正入射，$\cos\theta\cong 1$，因此 $k=2d/\lambda$.

(2) 自由光谱范围. $\Delta\lambda$ 定义为标准具的自由光谱范围. 它表明在给定间隔圈厚度 d 的标准具中，若入射光的波长在 $\lambda\sim\lambda+\Delta\lambda$ 之间则所产生的干涉圆环不重迭，易得

$$\Delta\lambda=\frac{\lambda^2}{2d} \tag{3.2.11}$$

对于不同波长得入射光，在级数相同时，对应不同的干涉圆环，即

$$
\begin{aligned}
2d\cos\theta_k &= k\lambda_1 \\
2d\cos\theta_k' &= k\lambda_2
\end{aligned}
\tag{3.2.12}
$$

假定 $\lambda_2>\lambda_1$，则

$$
\Delta\lambda=\lambda_2-\lambda_1=\frac{2d}{k}(\cos\theta_k'-\cos\theta)
\tag{3.2.13}
$$

由图 3.2.5 可见

$$
\cos\theta_k=\frac{f}{\sqrt{f^2+\left(\frac{D_k}{2}\right)^2}}
\tag{3.2.14}
$$

上式中 f 为透镜的焦距，D 为波长为 λ 的第 k 级干涉圆环的直径，因为 $f\gg D$，所以上式可以用级数展开得

$$
\cos\theta_k=1-\frac{D_k^2}{8f^2}
\tag{3.2.15}
$$

把上式代入式(3.2.13)得

$$
\Delta\lambda=\frac{2d}{8kf^2}(D_k^2-D_k'^2)
\tag{3.2.16}
$$

又根据 $2d\cos\theta_{k-1}=(k-1)\lambda_1$，则

$$
\lambda_1=2d(\cos\theta_k-\cos\theta_{k-1})
$$

$$
\lambda_1=\frac{2d}{8f^2}(D_{k-1}^2-D_k^2)
\tag{3.2.17}
$$

由式(3.2.16)和(3.2.17)可得

$$
\Delta\lambda=\frac{\lambda_1}{k}\left(\frac{D_k^2-D_k'}{D_{k-1}^2-D_k^2}\right)
\tag{3.2.18}
$$

因为 $k=2d/\lambda$，代入式(3.2.18)得

$$
\Delta\lambda=\frac{\lambda_1}{2d}\left(\frac{D_k^2-D_k'}{D_{k-1}^2-D_k^2}\right)
\tag{3.2.19}
$$

因为 λ_1 和 λ_2 相差很小，λ_1 可以直接用激光波长代替. D_k 和 D_{k-1} 分别是波长为 λ_1 的 k 级和 $k-1$ 级干涉环得直径. D' 是波长为 λ_2 的第 k 级干涉环的直径. 因此只要用照相法把 λ_1 和 λ_2 的 F-P 干涉环(如图 3.2.6)记录下来，再用阿贝比长仪测量出相应的直径，就可以得出纵模间隔 $\Delta\lambda$.

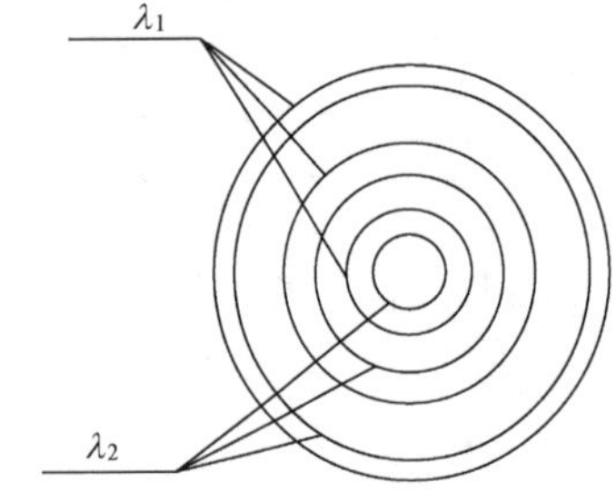

图 3.2.6　凸镜焦平面的干涉圆环

二、实验仪器装置

1. 用扫描干涉仪观察激光模式结构的装置

主要仪器包括激光器、激光电源、扫描干涉仪、接收放大器、锯齿波发生器和示波器等. 实验装置如图 3.2.7 所示.

扫描干涉仪对光过程：激光输出的光束通过小孔光阑对准扫描干涉仪的输入孔. 调整干涉仪的位置使得干涉仪反射的光束的亮斑与小孔大致重合. 将锯齿波电压加到干涉仪的压

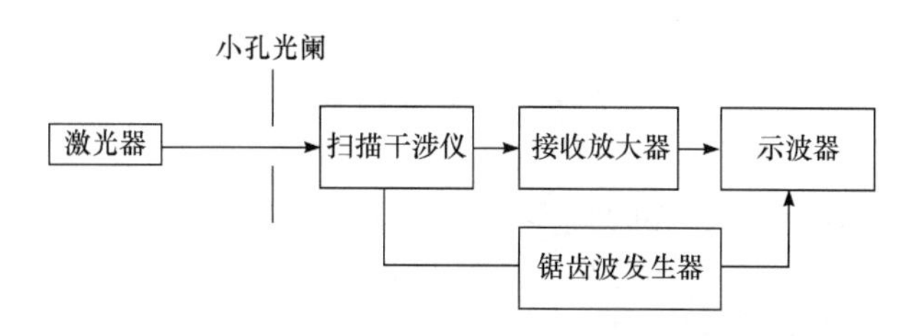

图 3.2.7　扫描干涉仪观察激光模式结构的实验装置

电陶瓷上，再从干涉仪出射孔观察. 微调干涉仪支架上的两个方位螺旋，使输出光点最强. 使输出光点对准光电接收器，并将光电接收器输出信号经放大后接到示波器的 Y 轴上，同时将压电陶瓷上的锯齿波加到示波器的 X 轴上，在示波器的荧光屏上就能得到激光模式的频率谱.

2. 用 F-P 标准具测量激光纵模间隔的装置

主要仪器包括 He-Ne 激光器、透镜 L、F-P 标准具和照相机 P 等. 实验装置如图 3.2.8 所示.

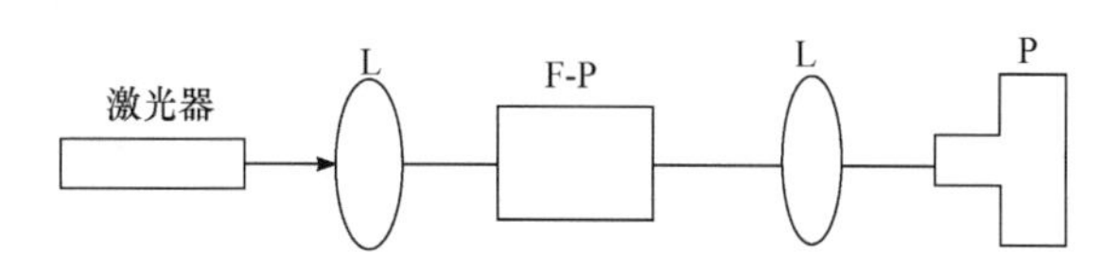

图 3.2.8　F-P 标准具测量激光纵模间隔实验装置

三、实验内容

1. 用扫描干涉仪观察激光模式结构

(1) 用一台已知腔长的(纵模间隔)He-Ne 激光器，标定扫描干涉仪的自由光谱范围.
(2) 用扫描干涉仪扫出激光谱线的半宽度，定出扫描干涉仪的精细常数.
(3) 用扫描干涉仪分析未知模式的激光器模式结构并测量出纵模间隔.

2. 用 F-P 标准具测量激光纵模间隔

(1) 按图调整好光路，在照相机的取景器上可以观察到如图 3.2.6 所示的干涉圆环.
(2) 用阿贝比长仪测量摄下的干涉圆环的直径，求出纵模间隔.

*3. 实验设计训练.

(1) 设计一个实验利用 F-P 标准具实现激光器单纵模运行.
(2) 设计一个实验测量 He-Ne 激光器的横模频率间隔.

四、思考与讨论

(1) 什么是激光纵模? 试估算腔长 $L=250\text{mm}$ He-Ne 激光器发射的 632.3nm 激光可能有的最大纵模数(He-Ne 激光器荧光线宽约为 1500MHz).

(2) 如何判断实验光路中各元件是否同轴?

(3) 用扫描干涉仪能测量激光谱线的线宽吗?

(4) 如何利用本实验的装置测量横模间距?

参考文献

母国光等. 光学. 北京:人民教育出版社,1979.
吴思诚等. 近代物理实验. 2 版. 北京大学出版社,1995.
伍建兵,徐平川,王志红. 激光模式的实验研究. 大学物理实验,2018,31(1):37~40.
赵绥堂,游大江. He-Ne 多纵模激光器改为单纵模激光器工作时其物理机制的研讨. 激光与红外,1987(5):27~30.
周炳琨等. 激光原理. 北京:国防工业出版社,1984.

彭　力　编

3.3 全息技术

全息技术是利用光的干涉和衍射原理,将物体发射的反映物体信息的特定的物光波以干涉条纹的形式记录下来,并在一定条件下使其再现,形成原物体逼真的三维像. 由于记录了物体各点发出的光的全部信息(振幅和相位),因此称为全息技术.

全息技术是英国科学家丹尼斯·伽博(Dennis Gabor)在 1947 年为提高电子显微镜的分辨率,在布拉格(Bragg)和泽尼克(Zernike)工作的基础上提出的. 1971 年,伽博由于此发明获得诺贝尔物理学奖. 由于之前没有强的相干光源,因此直到 1960 年激光出现,在 1962 年利思(Leith)等提出了离轴全息技术,全息技术的研究才进入一个新阶段,相继出现了多种全息方法. 光全息技术的发现到现在可分为四代:第一代是用汞灯记录的同轴全息图,其主要问题是再现原始像和共轭像不能分离;第二代是用激光记录和再现的离轴全息图,实现了再现的原始像和共轭像的分离;第三代是激光记录白光再现的全息技术,出现了反射全息、彩虹全息及合成全息等;第四代是激光记录数字再现(称为数字全息技术).

本实验的目的,是让学生了解全息照相的基本原理和实验方法,学习摄制全息图和再现物体像.

一、实验原理

全息照相是一种二步成像的照相术. 第一步是利用干涉原理,采用激光对物体照明,把物体 O 在感光材料 H 处的光波波前记录下来,如图 3.3.1 所示,经显影、定影后的 H 被称为全息图.第二步利用衍射原理,按一定条件用激光照明全息图 H,原先被 H 记录下的物光波波前就会重新被激活在 H 右侧继续传播,就好像原物 O 仍在原位置处发出的一样,如图 3.3.2 所示,但值得注意的是,在 H 左侧的原物已取走,激活的物光波在 H 左侧不存在.我们在 H 右侧按重建的光波看到的"物",是一个与原物相同的三维像.

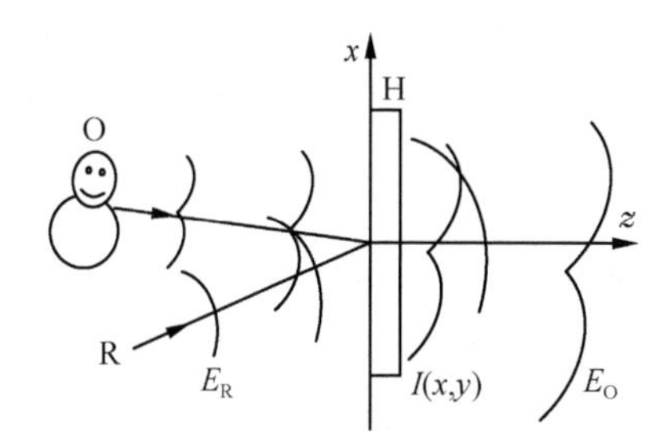

图 3.3.1　物光波前的记录

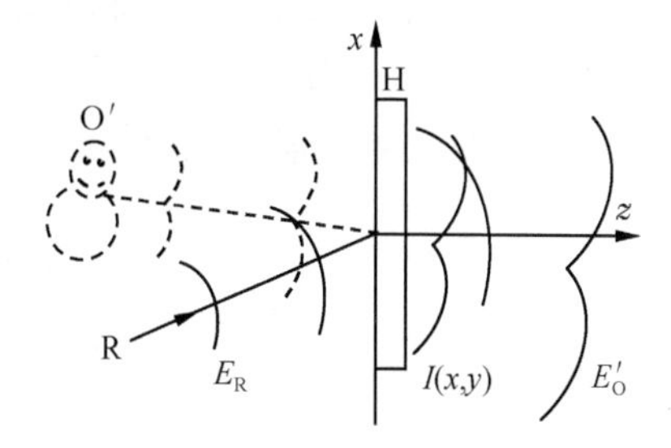

图 3.3.2　物光波前的重建

1. 物体光波波前的记录(即摄制全息图)

1) 物光波与参考光波的干涉

如图 3.3.1 所示,物光波 O 与参考光波 R 是相干的.设物光波和参考光波的光振动矢量 E 在 H 所在的 xy 平面上的分布分别为

$$\widetilde{E}_O(x,y) = e_O(x,y)\cos[\omega t + \varphi_O(x,y)] \tag{3.3.1}$$

$$\widetilde{E}_R(x,y) = e_R(x,y)\cos[\omega t + \varphi_R(x,y)] \tag{3.3.2}$$

其中 $e_O(x,y)$、$e_R(x,y)$ 和 $\varphi_O(x,y)$、$\varphi_R(x,y)$ 分别为物光波 O 和参考光波 R 在 H 位置平面 xy 上的振幅和相位分布,在固定点是定值.需注意的是,$e_O(x,y)$、$\varphi_O(x,y)$ 是物体各点衍射到 H 平面 (x,y) 点的光叠加后的振幅和相位,根据波的独立传播特性,它仍是物体各点的独立衍射波.若用复数表示,并把纯时间因子分离出来,于是物光波 O 和参考光波 R 在 H 平面上的复振幅分布可写为

$$E_O(x,y) = e_O(x,y)\exp[\mathrm{i}\varphi_O(x,y)] \tag{3.3.3}$$

$$E_R(x,y) = e_R(x,y)\exp[\mathrm{i}\varphi_R(x,y)] \tag{3.3.4}$$

在 H 平面上 $E_O(x,y)$、$E_R(x,y)$ 叠加后的振幅分布为

$$E(x,y) = E_O(x,y) + E_R(x,y) \tag{3.3.5}$$

光强分布为

$$I(x,y) = |E(x,y)|^2 = E(x,y) \cdot E^*(x,y) \tag{3.3.6}$$

式中 $E^*(x,y)$ 为 $E(x,y)$ 的复共轭.上式可写为

$$\begin{aligned} I(x,y) &= E_O \cdot E_O^* + E_R \cdot E_R^* + E_O \cdot E_R^* + E_O^* \cdot E_R \\ &= e_O^2(x,y) + e_R^2(x,y) + 2e_O(x,y)e_R(x,y)\cos[\varphi_O(x,y) - \varphi_R(x,y)] \end{aligned} \tag{3.3.7}$$

式中 $e_O^2(x,y)+e_R^2(x,y)$ 是基本恒定的,为 H 平面的平均光强;$2e_O(x,y)e_R(x,y)\cos[\varphi_O(x,y)-\varphi_R(x,y)]$ 是随位置 (x,y) 坐标而变化的.后者携带着物光波和参考光波的振幅和相位信息,因而为信息项,$I(x,y)$ 在 H 平面上按位置坐标 (x,y) 周期性地变化,形成干涉条纹.

特别是,当点物和点参考光源都离 H 无限远,即 O 光和 R 光皆为平行光时,干涉条纹是明暗相间的直线条纹,H 平面上光强的空间频率(即单位长度上的干涉条纹数)是沿着某一方向的单一值. 尤其当 $e_R=e_O$ 时,光强在 $0\sim4e_O^2$ 变化,条纹的可见度最好. 设两平面波传播方向的夹角为 2θ,波长为 λ,对称入射到 H 平面上,易得 H 平面上光强的空间频率为 $N=2\sin\theta/\lambda$. 容易推想,由于物体具有一定的大小,H 平面上的干涉条纹分布极其复杂,它是一系列空间频率的大小、方向都不同的干涉条纹的叠加,形成一个空间频率谱,简称频谱.

把上述的光强分布用感光介质线性地记录下来,也就记录了物光波和参考光波在 H 位置处(x,y)平面上的振幅和相位信息.

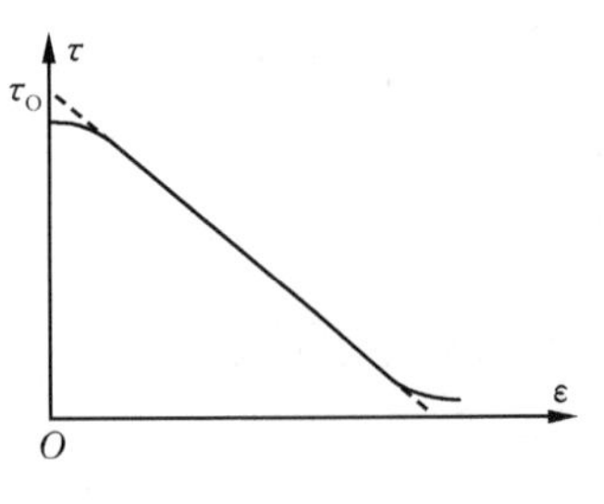

图 3.3.3　乳胶的 τ-ε 特性曲线

2) 记录介质

目前所用的全息记录介质有卤化银乳胶、重铬酸盐明胶、光致抗蚀剂、光致聚合物、光导热塑料、光折变材料、液晶等. 实验室最常用的是卤化银乳胶. 受曝光的卤化银乳胶经显影、定影处理后,得到的是负性乳胶干版,其感光特性,即振幅透过率 τ 与曝光量 $\varepsilon(\varepsilon=It)$ 的关系曲线如图 3.3.3 所示. 当曝光量适中时,所得的振幅透过率 τ 与曝光量 $\varepsilon(\varepsilon=It)$ 的关系是线性的. 可用下式表示

$$\tau=\tau_O+\beta\varepsilon \tag{3.3.8}$$

式中 τ_O、β 为常数,其中 $\beta<0$,曝光处理后的乳胶干版为负片.

3) 物体光波波前的记录

将卤化银乳胶干版放置在图 3.3.1 中 H 位置处,适当选取曝光时间 t,使得曝光量 $I(x,y)t$ 落在线性范围内,经显影、定影处理后,H 位置处的 xy 平面上的光强分布 $I(x,y)$ 就转变成了干版的振幅透过率分布 $\tau(x,y)$,从而得到了物体光波的全息图.

将 $\varepsilon=I(x,y)t$ 代入式(3.3.8),则全息图的振幅透过率分布 $\tau(x,y)$ 为

$$\begin{aligned}\tau(x,y)&=\tau_O+\beta tE_OE_O^*+\beta tE_RE_R^*+\beta tE_OE_R^*+\beta tE_RE_O^*\\&=k+\beta tE_OE_R^*+\beta tE_RE_O^*\end{aligned} \tag{3.3.9}$$

式中

$$k=\tau_O+\beta t\mid E_O\mid^2+\beta t\mid E_R\mid^2=\tau_O+\beta te_O^2+\beta te_R^2$$

近似为常数. 式(3.3.9)可改写为

$$\tau(x,y)=k+2\beta te_O(x,y)e_R(x,y)\cos[\varphi_O(x,y)-\varphi_R(x,y)] \tag{3.3.10}$$

可见,全息图的振幅透过率是随坐标(x,y)变化的. 全息图样为极复杂的干涉条纹,也可看作一块刻纹密度各处不一、方向不一、透光程度不一的极复杂光栅.

2. 物体光波波前的重建(即再现物体的像)

全息照相的第二步如图 3.3.2 所示. 按一定条件用光,最简便的就是用原参考光波,照射上述全息图 H,照射光通过全息图复杂光栅的衍射,全息图中每一点的衍射子波,就包括了原物体上各点照射到全息图上该点的所有光波,全息图中许多的点的衍射子波叠加后,在全息图 H 右侧就合成出了原物光波的波前,并继续向右侧传播. 迎着此光看去就能看到“原物体”. 但此时原物体并没在原位置,光并不是发自原物体,所以看到的实际上是原物的一个虚像. 不用透镜就有成像作用是全息图的一大特点.

物体光波波前重建的数学描述如下，用原参考光 E_{R} 作为照射光，照射全息图 H，透过全息图 H 的光复振幅分布为

$$
\begin{aligned}
E'(x,y)= \tau E_{\mathrm{R}}(x,y) &= kE_{\mathrm{R}} + \beta t \mid E_{\mathrm{R}}(x,y) \mid^2 E_{\mathrm{O}}(x,y) \\
&+ \beta t E_{\mathrm{R}}^2(x,y) E_{\mathrm{O}}^*(x,y) = E_1' + E_2' + E_3'
\end{aligned} \tag{3.3.11}
$$

式中第一项 $E_1'=kE_{\mathrm{R}}$，与再现照射光 E_{R} 仅差一个常数因子，是 E_{R} 透过全息图 H 的 0 级衍射波；第二项 $E_2'=\beta t|E_{\mathrm{R}}(x,y)|^2 E_{\mathrm{O}}(x,y)$，是 E_{R} 透过全息图 H 的 1 级衍射波，它是原物光波的波前，只是被照射光的光强调制，若照射全息图的照射光强均匀，则调制现象消失，即第二项为原物光波波前，由这一项所形成的虚像称为初始像，通常说的再现，就是指这一再现初始像；第三项 $E_3'=\beta t E_{\mathrm{R}}^2(x,y) E_{\mathrm{O}}^*(x,y)$，是 E_{R} 透过全息图 H 的－1 级衍射波，它形成与初始像共轭的有所失真的实像，由于此项含有因子 $E_{\mathrm{R}}^2(x,y)$，则形成的像有所失真. 由于全息图中每一点都载有物体各点光的完全信息，所以全息图的一小块，仍可以再现物体的像，这是全息图的另一个特点.

值得注意的是，拍摄全息图时，若全息干板平面垂直于物体和参考光源的连线，上述 0、1、－1 级三个像就处在连线上，这种全息图称为同轴全息图. 同轴全息图在再现时，三个像在观察时会互相干扰，这是同轴全息图的缺点. 现在制作的全息图通常都是离轴全息图，即全息干板平面不垂直于物体和参考光源的连线，离轴全息图再现的三个像能很方便地分离开.

3. 拍摄全息图的几种光路

在这里仅介绍离轴全息图. 在图 3.3.4～图 3.3.9 光路中，B 为分束镜，M 为反射镜，C 为扩束镜，O 为被摄物体，R 为参考光，L 为透镜，S 为狭缝，G 为漫射器，O' 为被摄物体 O 的像.

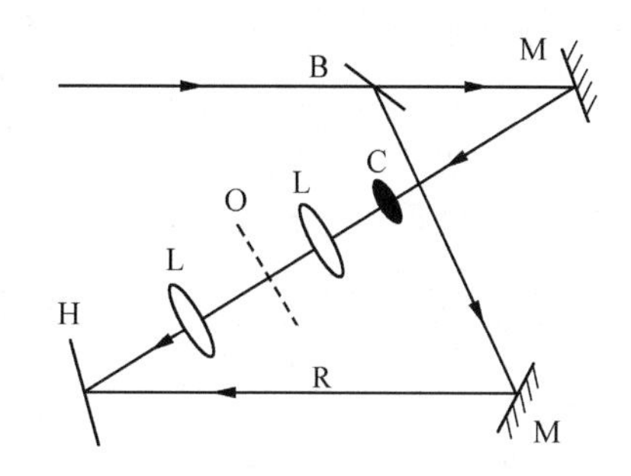

图 3.3.4　傅里叶变换全息拍摄光路

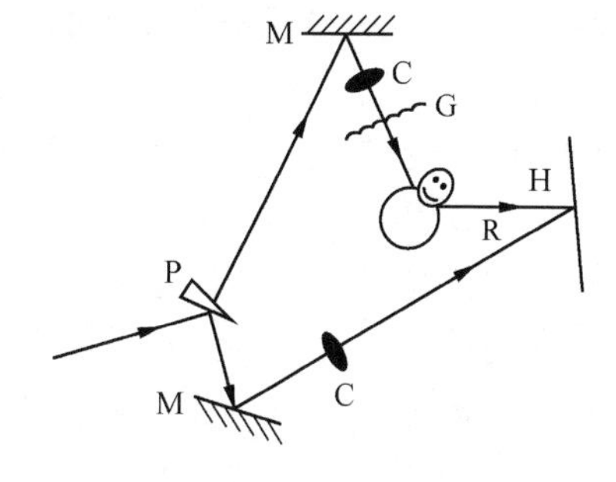

图 3.3.5　菲涅耳变换全息图拍摄光路

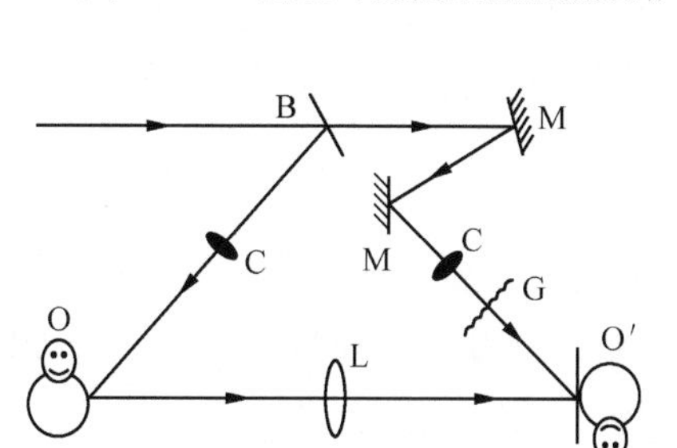

图 3.3.6　像面全息图拍摄光路

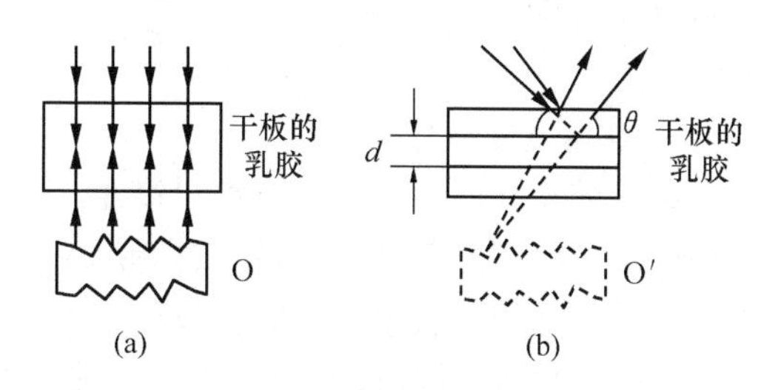

图 3.3.7　体全息图的拍摄和再现

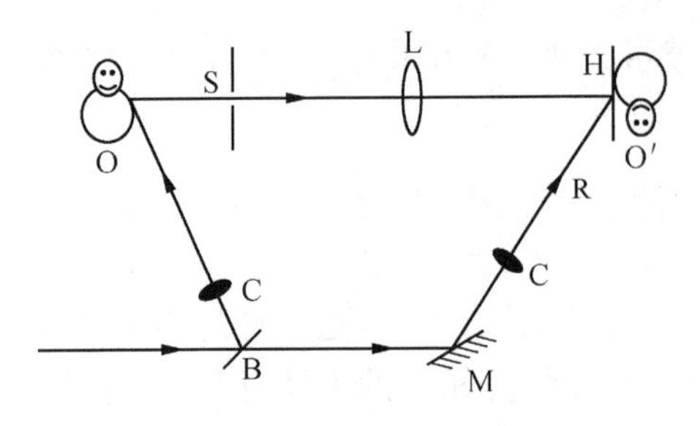

图 3.3.8 彩虹全息图拍摄光路

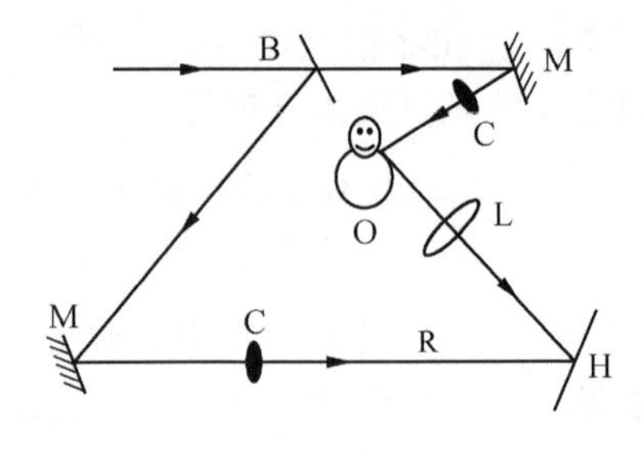

图 3.3.9 二次曝光全息图拍摄光路

1) 傅里叶变换全息图

当物体和点参考光源都离全息干板很远时所摄得的全息图称为傅里叶变换全息图. 图 3.3.4 是其中一种拍摄光路. 拍摄傅里叶变换全息图时,将文字片或幻灯片等半透明物体 O 放在变换透镜 L 的前焦面上,用平行光束照射物体;参考光是由激光分束而得;全息干板放置在透镜 L 的后焦面上. 即全息干板 H 上记录的是物光波经透镜变换的波前. 由于透镜存在傅里叶变换特性,L 后焦面上的光波即为物光波的空间频谱,因此所记录的全息图称为傅里叶变换全息图.

2) 菲涅耳变换全息图

当物体到记录全息干板的距离较近时拍摄的全息图称为菲涅耳变换全息图. 图 3.3.5 是其中的一种拍摄光路.

3) 像面全息图

当由激光照射物体,使物体成像于全息干板面上所拍摄而得的全息图称为像面全息图. 图 3.3.6 是其中一种拍摄光路. 这种全息图可用白光再现.

4) 体全息图

前面描述的三种全息图均为平面全息,信息记录在乳胶的表面上. 体全息是利用乳胶的厚度记录信息,得到的体全息图是一块复杂的三维光栅. 如图 3.3.7(a)所示,记录全息时,物体靠近乳胶,透过全息干板的光波照射到物体上,经物体衍射后,在乳胶层内与入射光波形成驻波,在波腹处的薄层乳胶被感光,波节处不感光,H 经显影、定影处理后,在其内形成一层一层平行的间隔为 d 的布拉格平面. 再现时,用白光以 θ 角掠入射时,如图 3.3.7(b)所示,衍射光满足 $2d\sin\theta=\lambda$ 时,在反射方向可看到物体与波长 λ 相应的颜色的像.

5) 彩虹全息图

图 3.3.8 为反射式一步彩虹全息图的一种拍摄光路. 光路布置使得物体 O 的像成在记录全息干板的附近. 拍得的全息图用参考光的共轭白光来再现时,通过 L 观察,则眼睛在 S 虚像附近左右移动时,就可看到物体的像的颜色在不断变化,犹如雨后彩虹,故称为彩虹全息图.

6) 二次曝光全息图

全息术的实际应用之一是干涉量度术. 二次曝光法是其中的一种,如图 3.3.9 所示. 在拍下物体第一状态的全息图后,用快门遮断光路,保持全息干板等实验装置不动,静待片刻后再拍下物体在第二状态(比如,物体受力产生微小形变后)的全息图. 全息干板经显影、定影处理后进行再现,若物体的第二状态的某些点相对于第一状态有不同的相对位移,则看到的再现像表面就有明暗相间的干涉条纹.

设物体某点的相对位移为 l，拍摄时该点的照明光与 l 的夹角为 Ψ_1，再现时该点的观测方向与 l 的夹角为 Ψ_2，若该点正好处在已知的 m 级亮纹中，则按

$$l(\cos\Psi_1 + \cos\Psi_2) = m\lambda \tag{3.3.12}$$

可以计算得该点的位移量. 二次曝光法也可用于检查工件的损伤，仿上拍摄与再现，可知，有损伤工件再现像表面上的条纹和无损伤工件的不一样.

二、实验仪器装置

1. 实验条件要求

(1) 选用相干性好的光源(实验室中使用激光). 基于干涉原理的全息照相，要求物光波和参考光波应该是相干光波. 激光是相干光，利用分束镜将激光分为两束，一束经扩束后照射到物体上，经物体反射的光波为物光波，另一束即可作为参考光波. 一方面应考虑到物光波必须有足够的光强；另一方面应考虑光的偏振性，最好使物光波和参考光波的电矢量的振动方向都垂直于水平面，这样物光波和参考光波的夹角即使很大仍能极好地相干. 如二者的振动面水平，但二者夹角较大，则因它们的电矢量不在同一直线上而不能很好地相干. 另外得注意激光的空间相干性，一般各横模之间的光是不相干的，所以应使用单模激光，并调整光路，使物光波和参考光波应在宏观零光程差附近. 当使用小型激光器作光源时，因其功率较小，曝光时间就较长，更要注意光路系统的稳定性.

(2) 确保光路系统的机械稳定性. 全息照相记录的是物光波和参考光波的干涉条纹. 若干涉条纹间距为 d，在感光期间由于其他原因条纹移动了 $d/2$，干涉条纹就消失而不能被记录. 因此，光路中每一光学元件及记录全息干板都必须稳固在同一防震光学平台上.

(3) 选用分辨率适当的全息干板，全息干板的分辨率应高于全息图的最大空间频率. 全息图干涉条纹的空间频率与物光波和参考光波的夹角有关. 若二者的夹角为 2θ，对应的干涉条纹的空间频率为

$$u = \frac{2\sin\theta}{\lambda} \tag{3.3.13}$$

式中 λ 为光的波长. 因此两光束的最大夹角要适当. 国产全息干板的分辨率一般约为 3000 条/mm.

此外，物光和参考光的光强度比应适当，一般应在 1∶2～1∶4，使用的光学元件应尽可能少，以减少杂散光和缩短感光时间.

2. 设备器具

应在暗房实验，主要设备是防震的光学平台. 另外得具备激光器、快门、分束镜、反射镜、扩束镜、全息干板架各若干，曝光控制器、照度计以及全息干板、显影定影药水和器皿等.

三、实 验 内 容

注意　千万不能让激光束直接照射眼睛！若选用了功率较大的激光器作光源，还得防

止较强的反射光进入眼睛,否则会导致对眼睛的损伤,严重的会失明;另一方面,要防止全息干板误感光.

(1) 检查光学防震平台的稳定性.用光学元件在平台上摆成迈克耳孙干涉仪,用扩束镜将两光束投射到白墙上,观察干涉条纹由外来震动引起的颤动对干涉条纹清晰度的影响情况.

(2) 按选定的光路布置、调整好各光学元件,并尽量做到使物光和参考光之间接近零光程差.调整光路时全息干板先用白屏代替,以免全息干板误感光.

(3) 测量光强比和总光强.用照度计分别测出物光波和参考光波在白屏处的光强,调整好光强比后测出总光强,确定出感光时间,此项内容也可以凭估计完成.

(4) 拍摄和暗室处理.先用快门关闭光路,用全息干板换下白屏,且注意乳胶面朝向物体,静待片刻消失后,按曝光时间的要求打开光路对全息干板感光(在拍摄二次曝光全息图时,应使物体微小形变后再感光一次).取下全息干板并保护好,进入暗室进行显影、定影、水洗、吹干等处理.

(5) 再现.光路不变,把全息图原样装回干板架,遮住物光波,用原参考光波作再现光波,寻找并观察再现像.若参考光波较弱也可直接使用激光的输出光调成再现光波进行再现.白光再现的全息图,可用白炽灯光或自然光作再现光波进行再现.

(6) 测量.若制作的为二次曝光全息图,可根据式(3.3.12)计算出物体有关部位的相对位移.若实验是检查工件,比较有损、无损工件再现像表面上的干涉条纹,确定哪些是有损工件.

*(7) 设计一个实验,制作一块全息光栅,并通过显微镜实测做成的光栅的刻纹密度 N,与设计的空间频率 u(由式(3.3.13)确定)进行比较.

四、思考与讨论

(1) 如何理解一般全息图每点上均记录了物体各点的完全信息?试分析像面全息是否也是这样,为什么?

(2) 拍摄全息图时,光路布置要注意些什么?

参考文献

丁俊华,等.1987.激光原理及应用.北京:清华大学出版社.

王永昭.1981.光学全息.北京:机械工业出版社.

于美文.1996.光全息学及其应用.北京:北京理工大学出版社.

熊小华 燕 安 高长连 编

3.4 光学信息处理

光学信息处理是信息光学的一个重要组成部分,是研究光学信息的传递、存储和加工处理的学科,它的主要数学工具是傅里叶分析.光学信息处理通常是在频域中进行的,在图像的频谱面上设置各种滤波器，对图像的频谱进行改造，滤掉不需要的信息和噪声，提取或增强感兴趣的信息，最后再利用透镜还原为空域中修改过的图像或信息. 近代光学信息处理具有容量大、速度快、设备简单、可以实时处理二维图形信息等优点，是一门既古老又年轻的迅速发展的学科，在信息存储、遥感、医疗、军事和产品检测等领域有广泛的应用. 本实验目的是要求学生了解空间频率的基本概念和阿贝成像原理，掌握空间滤波的方法，了解用光栅滤波实现图像相加减及光学微分的原理和方法，了解用于观察纯相位物体的相衬法和暗场法.

一、实验原理

光学信息处理系统与电气工程中的通信系统有一定的共同之处，它们都是用来传递和处理信息的，都使用相同的数学分析手段即傅里叶分析方法. 它们的主要区别在于，前者所要处理的信息可以表示为空间坐标的函数(如光振幅的空间分布)，而后者处理的是时间的函数(如电压或电流的波形).

1. 空间频率和空间频谱的概念

我们知道，任一周期函数可以展开为傅里叶级数之和，而任一非周期函数则可用傅里叶积分表示.

在光学上，光场振幅的空间分布或光学元件振幅透过率的空间分布，都可以用空间坐标的周期函数或非周期函数表示，这有可能用傅里叶分析方法来处理光学问题. 如图 3.4.1 所示，当一束单位振幅的单色平面光波垂直照射到一维矩形平面光栅上时，光栅透射光场的振幅空间分布函数为 $g(x)$. $g(x)$是空间坐标 x 的周期函数，其周期为 x_0. 它可以展为傅里叶级数之和，即可用周期为 x_0，$x_0/2$，$x_0/3$，…的正弦函数之和把 $g(x)$表示为

$$
\begin{aligned}
g(x) &= \frac{1}{2}+\frac{2}{\pi}\sum_{n=0}^{\infty}\frac{1}{2n+1}\sin\left[\left(\frac{2\pi}{x_0}\right)(2n+1)x\right] \\
&= \frac{1}{2}+\frac{2}{\pi}\sum_{n=0}^{\infty}S(n)\sin\left[\left(\frac{2\pi}{x_0}\right)(2n+1)x\right]
\end{aligned}
$$

如果用各正弦项的系数 $S(n)$为纵坐标，用空间周期的倒数即空间频率 f_x 作横坐标，就可以用空间频率为 $f_x=1/x_0$，$3/x_0$，$5/x_0$，…的函数集来描述空间周期函数 $g(x)$，即得到如图 3.4.2 所示的 $g(x)$的空间频谱.

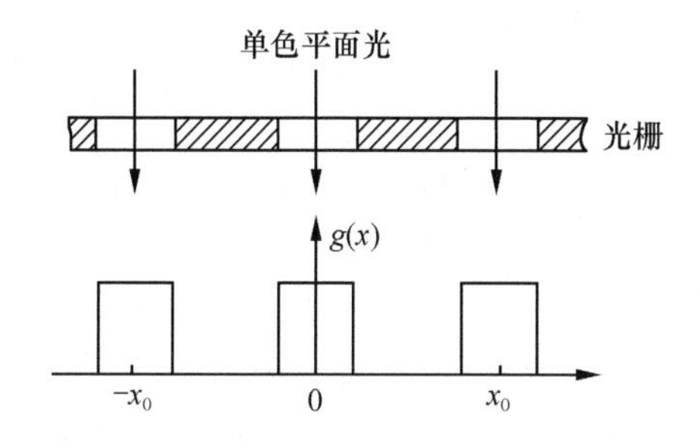

图 3.4.1　一维矩形光栅振幅透过率空间分布图

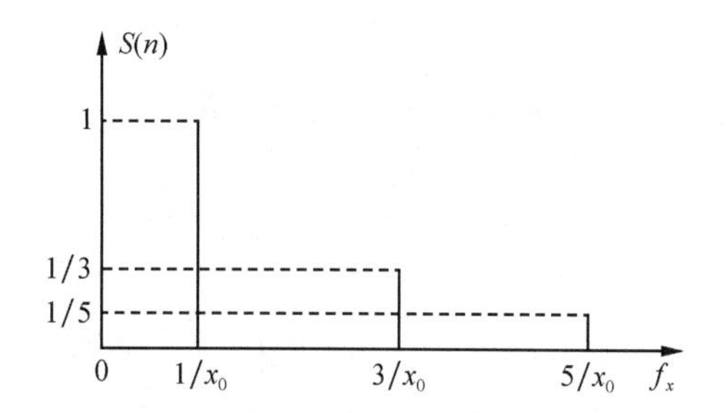

图 3.4.2　一维矩形光栅函数的空间频谱

从这个例子可以看到，空间频率和频谱的概念及频谱分析方法，与熟知的时间频率及其

分析方法相仿.与时间函数的分析类似,空间频率表示单位长度内某个空间周期性分布的物理量重复变化的次数,它就是空间周期的倒数,其量纲为 L^{-1},例如,在 1mm 范围内有 10 个条纹的光栅,它的空间周期是 1/10mm,空间频率就是 $10mm^{-1}$.一张摄有景物的照相底片,其振幅透过率分布函数一般比较复杂.反映景物细节的、线条较密的地方,空间周期很小而空间频率很高,称为"高频";反映景物轮廓或大片不均匀分布之处,空间周期较大而空间频率较低,称为"低频";底片的均匀透光部分,透过率分布函数的空间周期为无限大而空间频率为零,这部分所透射的光称为"直流".

为方便起见,用复指数函数代替正弦函数.于是,空间频率为 $f_0=1/x_0$ 的一维矩形光栅的振幅透过率分布函数可改写为

$$g(x)=\sum_{n=-\infty}^{\infty}G(n)e^{i2\pi nf_0\cdot x}$$

式中各复指数项的空间频率分别为 $f_0, 2f_0, 3f_0, \cdots$,各复指数项系数 $G(n)$ 的集合就是 $g(x)$ 的空间频谱.对其他空间周期函数也可作类似的处理.

当 $g(x)$ 为非周期函数时,其频谱不再是分立的 $G(n)$ 的集合,而将是空间频率 f_x 的连续函数 $G(f_x)$.这时,$g(x)$ 可表示为一系列基元函数 $\exp(i2\pi f_x\cdot x)$ 的线性叠加

$$g(x)=\int_{-\infty}^{\infty}G(f_x)e^{i2\pi f_x x}df_x \tag{3.4.1}$$

而 $g(x)$ 的空间频谱则为

$$G(f_x)=\int_{-\infty}^{\infty}g(x)e^{-i2\pi f_x x}dx \tag{3.4.2}$$

上述两式是一个傅里叶变换对,$G(f_x)$ 是 $g(x)$ 的傅里叶变换,而 $g(x)$ 则是 $G(f_x)$ 的逆变换.

上述结果可推广到二维情形,设 $g(x,y)$ 是二维平面上的振幅分布,$G(f_x,f_y)$ 为其频谱,则傅里叶变换对可变为

$$g(x,y)=\int_{-\infty}^{\infty}\int_{-\infty}^{\infty}G(f_x,f_y)e^{i2\pi(f_x\cdot x+f_y\cdot y)}df_x df_y \tag{3.4.3}$$

及

$$G(f_x,f_y)=\int_{-\infty}^{\infty}\int_{-\infty}^{\infty}g(x,y)e^{-i2\pi(f_x\cdot x+f_y\cdot y)}dxdy \tag{3.4.4}$$

可以证明,波长为 λ 的单色平面光波照射位于透镜前焦面 (x,y) 上的振幅透射率分布函数为 $g(x,y)$ 的物时,透镜后焦面 (x',y') 上的光场复振幅分布为

$$G(x',y')=C\int_{-\infty}^{\infty}\int_{-\infty}^{\infty}g(x,y)e^{-i2\pi[x'x/(\lambda F)+y'y/(\lambda F)]}dxdy \tag{3.4.5}$$

其中 C 为比例常数,F 为透镜焦距.

比较式(3.4.4)及式(3.4.5)即得物的空间频率 f_x、f_y 与透镜后焦面的空间坐标 (x',y') 的关系为

$$f_x=x'/\lambda F,\quad f_y=y'/\lambda F \tag{3.4.6}$$

式(3.4.4)~(3.4.6)说明:除附有一个表示缩放比例的常因子 C 之外,透镜后焦面上的光振幅分布是物的光振幅分布的傅里叶变换.这就是说,在光学上,透镜是一个傅里叶变换器,它具有进行二维傅里叶变换的本领,可以在它的后焦平面上得到物的空间频谱.因此,把透镜的后焦面称为频谱平面.

2. 阿贝成像原理

在相干光照明下，显微镜的成像可以分为两个步骤，第一步是通过物的衍射光在物镜的后焦面上形成一个初级干涉图样，第二步是这个初级干涉图样在像平面上复合为像，这就是显微镜成像的物理解释. 然而从数学角度去看，成像的这两个步骤实质上是两次傅里叶变换，第一次是把一个光场的振幅空间分布变换为它的空间频谱，第二次则是把这空间频谱还原为光场的振幅空间分布.

一般说来，像不与物完全一样. 这是因为，透镜的孔径总是有限的，总有一部分衍射角度较大的高频信息未能通过透镜而到达像平面，因此像所含信息总是少于物所含信息. 已经知道，这些高频信息是反映物的细节的. 所以，如果代表某些细节的高频信息受透镜孔径所限而不能到达像面，则无论显微镜的放大倍数有多大，也不能在像面上分辨这些细节，这正是显微镜分辨率受到限制的根本原因. 一个极端的例子是，当物结构与物镜孔径相比十分精细时(例如物是周期函数极小的光栅)，也就是说，当物镜孔径小得只允许零级衍射(即空间频率为零的直流成分)通过时，像平面上将完全不能形成原物的像. 由此可见，透镜的孔径实际上起着高频滤波的作用.

3. 空间滤波

在透镜的频谱平面(后焦平面)上插入某种形式的滤波器(如不同形式的光阑、移相板或吸收板)以改变该平面上原物的频谱的振幅或相位，从而在像平面上获得所需要的、与原物有一定区别的像，这种方法称为空间滤波.

只改变频谱的振幅的滤波方法，称为振幅滤波. 在振幅滤波中，滤波器只有 0 或 1 两种振幅透过率，即某些地方让光完全通过，另一些地方则完全不能通过. 根据形状及所允许通过的频率成分不同，振幅滤波器可分为低通滤波器(只让低频成分通过，用以消除“高频噪声”)、高通滤波器(用以突出细节部分)、带通滤波器及方向滤波器，它们的形状如图 3.4.3 所示.

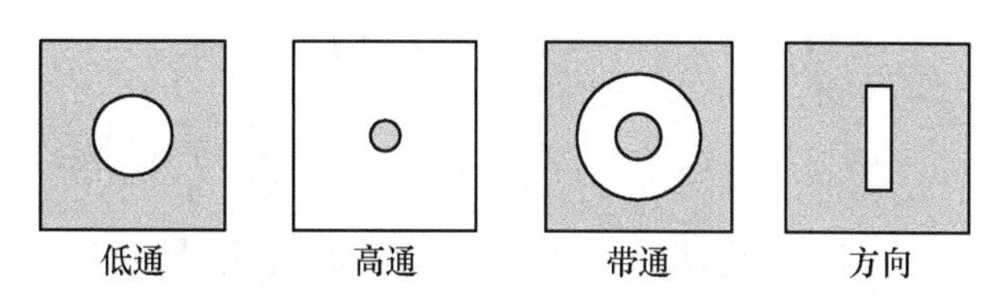

图 3.4.3　几种振幅滤波器(灰色表示不透光部分)

相位调制则是滤波元件可改变频谱相位的滤波方法. 下面将谈及的实现相-幅转换以观察“相位物体”的相衬法，即为相位调制一例.

4. 图像相加减和光学微分

1) 图像相加减

设正弦光栅的空间频率为 f_0，将其置于典型相干光信息处理系统(简称 $4F$ 系统)的滤波平面 P_2 上，如图 3.4.4 所示. 光栅的复振幅透过率为

$$H(f_x,f_y)=\frac{1}{2}+\frac{1}{2}\cos(2\pi f_0 x_2+\phi_0)=\frac{1}{2}+\frac{1}{4}\mathrm{e}^{\mathrm{i}(2\pi f_0 x_2+\phi_0)}+\frac{1}{4}\mathrm{e}^{-\mathrm{i}(2\pi f_0 x_2+\phi_0)} \quad (3.4.7)$$

式中 $f_x=x_2/(\lambda F)$,$f_y=y_2/(\lambda F)$,F 为傅里叶变换透镜的焦距;f_0 为光栅频率;ϕ_0 表示光栅条纹的初相位,它决定了光栅相对于坐标原点的位置.

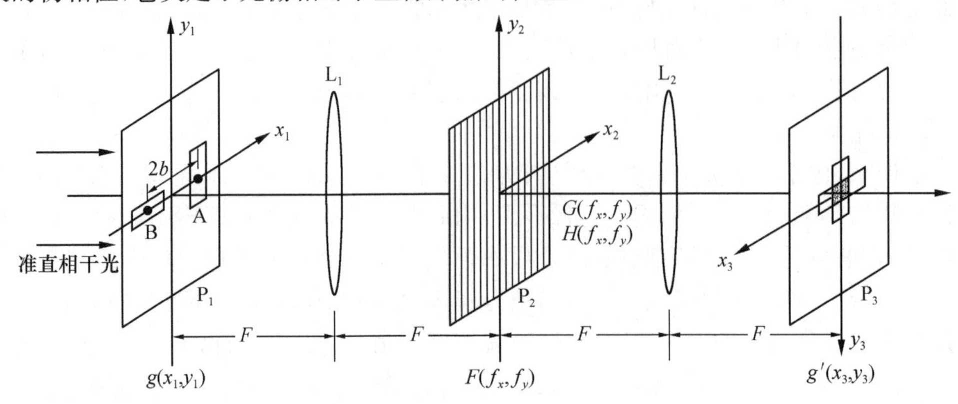

图 3.4.4 利用光栅实现图像相加

将图像 A 和图像 B 置于输入平面 P_1 上,且沿 x_1 方向相对于坐标原点对称放置,图像中心与光轴的距离均为 b. 选择光栅的频率为 f_0 使得 $b=\lambda F f_0$,以保证在滤波后两图像中 A 的+1 级像和 B 的−1 级像能恰好在光轴处重合. 于是,输入光场分布可写成

$$g(x_1,y_1)=g_A(x_1-b,y_1)+g_B(x_1+b,y_1) \quad (3.4.8)$$

其在 P_2 上的频谱为

$$\begin{aligned}G(f_x,f_y)&=G_A(f_x,f_y)\mathrm{e}^{-\mathrm{i}2\pi f_x b}+G_B(f_x,f_y)\mathrm{e}^{\mathrm{i}2\pi f_x b}\\&=G_A(f_x,f_y)\mathrm{e}^{-\mathrm{i}2\pi f_0 x_2}+G_B(f_x,f_y)\mathrm{e}^{\mathrm{i}2\pi f_0 x_2}\end{aligned} \quad (3.4.9)$$

经光栅滤波后的频谱为

$$\begin{aligned}G(f_x,f_y)H(f_x,f_y)=&\frac{1}{4}[G_A(f_x,f_y)\mathrm{e}^{\mathrm{i}\phi_0}+G_B(f_x,f_y)\mathrm{e}^{-\mathrm{i}\phi_0}]\\&+\frac{1}{2}[G_A(f_x,f_y)\mathrm{e}^{-\mathrm{i}2\pi f_0 x_2}+G_B(f_x,f_y)\mathrm{e}^{\mathrm{i}2\pi f_0 x_2}]\\&+\frac{1}{4}[G_A(f_x,f_y)\mathrm{e}^{-\mathrm{i}(4\pi f_0 x_2+\phi_0)}+G_B(f_x,f_y)\mathrm{e}^{\mathrm{i}(4\pi f_0 x_2+\phi_0)}]\end{aligned} \quad (3.4.10)$$

再通过透镜 L_2 进行逆傅里叶变换(取反演坐标系统),在输出平面 P_3 上的光场为

$$\begin{aligned}g'(x_3,y_3)=&\frac{1}{4}\mathrm{e}^{\mathrm{i}\phi_0}[g_A(x_3,y_3)+g_B(x_3,y_3)\mathrm{e}^{-2\mathrm{i}\phi_0}]\\&+\frac{1}{2}[g_A(x_3-b,y_3)+g_B(x_3+b,y_3)]\\&+\frac{1}{4}[g_A(x_3-2b,y_3)\mathrm{e}^{-\mathrm{i}\phi_0}+g_B(x_3+2b,y_3)\mathrm{e}^{\mathrm{i}\phi_0}]\end{aligned} \quad (3.4.11)$$

当光栅条纹的初相位 $\phi_0=\pi/2$,即光栅条纹偏离轴线 1/4 周期时,上式第一行的因子 $\mathrm{e}^{-\mathrm{i}2\phi_0}=-1$,于是上式变为

$$g'(x_3,y_3)=\frac{\mathrm{i}}{4}[g_A(x_3,y_3)-g_B(x_3,y_3)]+\text{其余 4 项} \quad (3.4.12)$$

结果表明，在输出面 P_3 上系统的光轴附近，实现了图像相减.

当光栅条纹的初相位 $\phi_0=0$，即光栅条纹与轴线重合时，上式第一行中的指数因子均为1，结果在输出面 P_3 上的系统光轴附近实现了图像相加.

2）光学微分

利用复合光栅代替正弦光栅作为滤波器，可以实现对图像的微分. 设复合光栅的振幅透过率为

$$H(x_2)=\alpha-\beta[\cos 2\pi\nu x_2+\cos 2\pi(\nu+\Delta\nu)x_2] \tag{3.4.13}$$

在输入面 P_1 上待处理图片的振幅透过率为 $t(x_1,y_1)$，在如图 3.4.4 所示的 $4F$ 系统中，透镜 L_1 对 $t(x_1,y_1)$ 进行傅里叶变换. 在频谱面上得到物函数的空间频谱为

$$T(f_x,f_y)=F[t(x_1,y_1)] \tag{3.4.14}$$

式中空间频谱坐标 (f_x,f_y) 与频谱面上的位置坐标 (x_2,y_2) 的关系同前面.

为了运算方便，把复合光栅的振幅透过率写成

$$H(x_2)=\alpha-b[\mathrm{e}^{\mathrm{i}2\pi\nu x_2}+\mathrm{e}^{-\mathrm{i}2\pi\nu x_2}+\mathrm{e}^{\mathrm{i}2\pi(\nu+\Delta\nu)x_2}+\mathrm{e}^{-\mathrm{i}2\pi(\nu+\Delta\nu)x_2}]$$

式中 $b=\frac{\beta}{2}$，通过复合光栅 H 后面的光场为 $T\left(\frac{x_2}{\lambda F},\frac{y_2}{\lambda F}\right)H(x_2)$，经过透镜的逆傅里叶变换，在输出面 $P_3(x_3,y_3)$ 上得到复振幅分布为

$$\begin{aligned}t'(x_3,y_3)\propto&\alpha t(x_3,y_3)-b[t(x_3-\nu\lambda F,y_3)+t(x_3+\nu\lambda F,y_3)]\\&-b\{t[x_3-(\nu+\Delta\nu)\lambda F,y_3]+t[x_3+(\nu+\Delta\nu)\lambda F,y_3]\}\end{aligned} \tag{3.4.15}$$

上式包含五项，其物理意义为：当用复合光栅进行空间滤波时，输出面 P_3 上共得五幅图像，其中心位置分别为 $x_3=0$，$\nu\lambda F$，$-\nu\lambda F$，$(\nu+\Delta\nu)\lambda F$，$-(\nu+\Delta\nu)\lambda F$. 如果沿 x_2 方向移动复合光栅，使得在 P_3 面上两幅位置相近的图像相位差为 π，则上式可变为

$$\begin{aligned}t'(x_3,y_3)\propto&\ \alpha t(x_3,y_3)-b[t(x_3-\nu\lambda F,y_3)+t(x_3+\nu\lambda F,y_3)]\\&-b\left\{t[x_3-(\nu+\Delta\nu)\lambda F,y_3]+t[x_3+(\nu+\Delta\nu)\lambda F,y_3]\right\}\mathrm{e}^{\mathrm{i}\pi}\\=&\ \alpha(x_3,y_3)-b\left\{t(x_3-\nu\lambda F,y_3)-t[x_3-(\nu+\Delta\nu)\lambda F,y_3]\right\}\\&-b\left\{t(x_3+\nu\lambda F,y_3)-t[x_3+(\nu+\Delta\nu)\lambda F,y_3]\right\}\end{aligned} \tag{3.4.16}$$

可见，式(3.4.16)已实现了光学微分.

5. 相衬法和暗场法

相位物体是由相位差或光程差（可由折射率或厚度差引起）所表示的物体. 这种物体的振幅透过率分布是均匀的，但其折射率或厚度的空间分布是不均匀的，由于人眼或其他任何光探测器都只能辨别光强度的变化，所以人们只能判断物体所导致的振幅变化而无法判断相位的变化，因此也就不能“看见”相位物体，即不能区分相位物体内厚度或折射率不同的各部分.

为了讨论方便，引入像的反衬度概念，表征像图光强度分布的对比程度，是衡量图像被观察到或被清晰分辨的一个量，其定义式为

$$r=\frac{I_{\max}-I_{\min}}{I_{\max}+I_{\min}} \tag{3.4.17}$$

易见 $0\leqslant r\leqslant 1$. 当 $r=0$ 时，将无法区分像与背景，当然也就不能看到物体的像.

相衬法和暗场法是用来观察相位物体的特殊方法，能够把相位物体所产生的相位转换

为像的振幅差,即实现相-幅转换,相位物体像的反衬度从零变至不为零,从而使相位物体变为可见.

图 3.4.5 是相衬法实现相位物体相-幅转换的原理图. 设平面平行玻璃板 P 中有一个厚度为 e 的小区域 A,其折射率 n 与 P 中其余部分的折射率 n' 略有不同. 穿过 A 的光线与不穿过 A 的附近任一光线间的光程差为 $\Delta=(n-n')e$,其相应相位差为 $\phi=2\pi\Delta/\lambda$. 由于折射率差$(n-n')$极小,故 Δ 和 ϕ 都是极小的量. 这样,包含了区域 A 的物体 P 就是由光程差 Δ 或相位差 ϕ 所表征的相位物体.

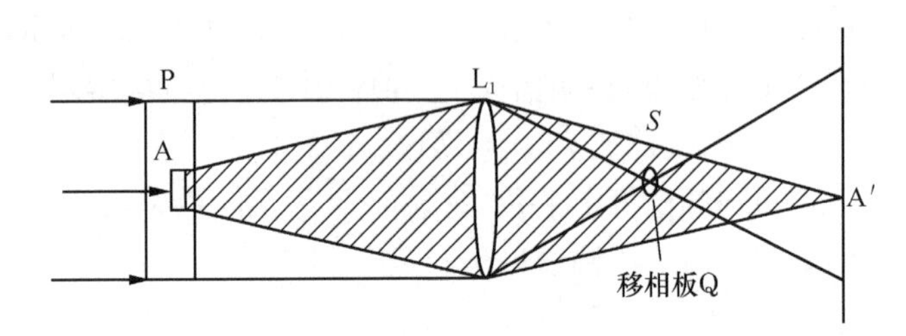

图 3.4.5　相衬法实现相-幅转换的原理图

一束单色平面光波垂直透射玻璃板 P,通过玻璃板及透镜后会聚于透镜的焦点 S 处,继而在 A′的像处扩散开来. 而 A 的细节则使光发生衍射,这种衍射光被透镜会聚于 A′内. 因此,像 A′是由产生相干背景的直射光及反映 A 的细节的衍射光干涉而成. 像 A′的复振幅可写为 $e^{i\phi}$,故由式(3.4.17)得到像点 A′的反衬度为零. 无法把相位物体的像与背景加以区别. 考虑到 $\phi\ll1$,则像 A′处的复振幅 $e^{i\phi}$ 可展开为

$$e^{i\phi}\approx1+i\phi \tag{3.4.18}$$

式中第一项 1 代表直射光,第二项 $i\phi$ 代表衍射光.

在透镜的焦点 S 处置一块很小的移相板 Q,会聚于 S 点的直射光将全部通过 Q;而衍射光在 S 点附近则是发散的,故可忽略 Q 对衍射光的影响. 如果使移相板 Q 的光学厚度为 $\lambda/4$,即令通过 Q 的直射光相对于通过 Q 以外区域的衍射光相位滞后 $\pi/2$,则像 A′处的复振幅变为

$$e^{-i\pi/2}+i\phi=e^{-i\pi/2}(1-\phi) \tag{3.4.19}$$

考虑 ϕ 很小,像强度为

$$I_A=[e^{-i\pi/2}(1-\phi)][e^{i\phi/2}(1-\phi)]=(1-\phi)^2\approx1+2\phi \tag{3.4.20}$$

由上式可见,相位物体的相位分布已转换为像的强度分布(或振幅分布),且像的强度分布与物的相位分布呈线性关系,可得到像的反衬度为 $r\approx\phi$. 这样,反衬度不再为零,可以看到相位物体. 但由于 ϕ 很小,像的反衬度也较小.

为了提高相衬法像的反衬度,使用有吸收的相板. 设相板 Q 有一定的吸收而使直射光强度降低至原值的 $1/N$,则像的强度为

$$I_A=(1/\sqrt{N}-\phi)^2\approx(1-2\phi\sqrt{N})/N \tag{3.4.21}$$

因此,像的反衬度为 $r\approx\phi\sqrt{N}$. 即可把反衬度提高到无吸收移相板时的 $\sqrt{N}$ 倍,而像强度分布仍与物相位分布呈线性关系. 这是现代相衬显微镜常用的技术.

如果用一不透明板代替移相板来挡住全部直射光,这样,像 A′的复振幅为 $i\phi$,强度为 $I_A=\phi^2$,像的反衬度为 $r=1$. 这种方法称为暗场法,可惜由于 ϕ 很小,ϕ^2 更小,故像的强度较弱.

二、实验仪器装置

1. 实验光路

本实验采用如图 3.4.6 所示的实验光路，称为相干光学成像系统，其中 L_1 为扩束镜；L_2 为准直镜；L_3 为傅里叶变换透镜，把物体变为它的频谱；L_4 为傅里叶变换透镜，使频谱逆变换为原物的像；P_1 为输入平面，放置被处理的物体；P_2 为频谱面，该处的光强分布即为物体的频谱，滤波器放在此面上以实现空间滤波；P_3 为输出面，在此处得到处理后的图像，各平面与透镜 L_3，L_4 的距离均为透镜的焦距 F，该系统又称 $4F$ 系统.

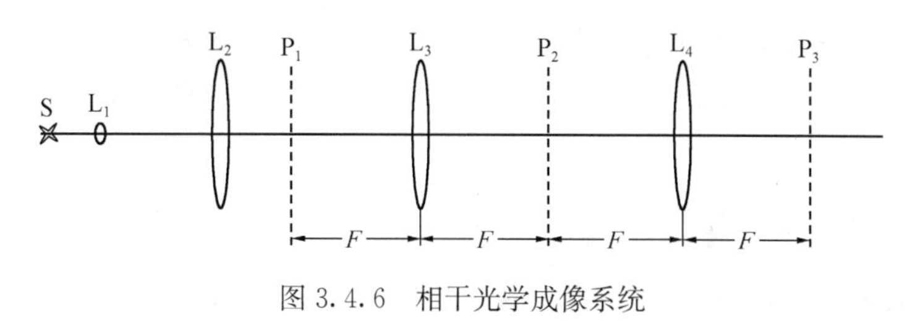

图 3.4.6　相干光学成像系统

2. 光路调整的要点

各光学元件共轴，照射到物面上的光束为平行光，滤波器在物体的频谱面上，像屏调节在成像清晰的位置.

(1) 利用带十字的光靶，调节激光器支架使激光器发出的激光束与光具座导轨平行. 这一步的调节要细心和准确.

(2) 各光学元件的调节，以调整好的激光器和光靶为基准，调节各元件的位置使之共轴.

(3) 平行光的调节. 可把一束细的激光束变为具有较大截面的平行光，按照图 3.4.6 中 L_1、L_2 两个透镜位置摆放. 其中 L_1 为焦距很短的凸透镜或显微物镜，其作用是把激光束聚为一点再发散为球面波. L_2 把这束发散的球面波变为平面波，即当 L_1 与 L_2 的焦点重合时，L_2 出射的是平行光.

三、实 验 内 容

1. 实验光路调节

2. 阿贝成像原理及简单的空间滤波

(1) 在物面上放置一个二维正交光栅，分别在频谱面和像面观察光栅的频谱和像，在频谱面上放置低通滤波器(圆孔)，分别让 0 级和±1 级通过；放置方向滤波器，分别让 0 级和 x 轴上各级极大，0 级和 y 轴上各级极大，0 级和与 x 轴成 45°的直线上各级极大通过；放置小黑屏挡住 0 级，让其他频谱通过，分别观察和记录各种情况下的频谱和成像情况.

(2) 在频谱面上用读数显微镜测量正交光栅频谱两相邻极大之间的距离 x'，再用读数显微镜直接测量该光栅的空间周期 d. 利用 $f_x=\dfrac{1}{d}$ 验证 $f_x=\dfrac{x'}{\lambda F}$. 其中 f_x 为光栅的空间频率,F 为傅里叶透镜焦距,$\lambda=632.8\text{nm}$ 为激光波长.

3. 图像相加减

在物面上放置图片 A 和 B,A 代表一种图像,B 代表另一种图像,在频谱面放置以正弦光栅作为滤波器,调节图片 A 和 B 的距离 $2b$,使得像面上 A_{+1} 与 B_{-1} 图像重合,平移正弦光栅,实现两者之间相位差为 $\pi,2\pi,\cdots$,观察像面上的图像变化,并做好记录.

4. 光学微分

在物面上放置图片 C,在频谱面上放置一复合光栅,沿与光轴正交方向平移复合光栅,使得 ±1 级像的相移量为 π. 在平移复合光栅的同时观察像面上像的变化,并分析其光学微分的实验结果.

5. 相衬法和暗场法实验

在物面放置的相位物体,在频谱面放置的相板,或中心带有小圆黑点的玻片分别做相衬法和暗场法实验,观察像面图像变化,并与未加滤波器时进行比较和分析.

*6. 试设计一个实验,制作一块用于光学微分实验的复合光栅

*7. 设计和制作一块 $\pi/2$ 相板,用于相衬法实验

四、思考与讨论

(1) 如何比较精确地判断一束光为平行光?
(2) 怎样利用图像相加减来实现图像对比度反转?
(3) 相衬法与暗场法实现相位物体成像的差别在哪里?
(4) 如何从波前变换及频谱分析这两方面来理解空间滤波器的意义?

参考文献

顾德门 J W. 1979. 傅里叶光学导论. 北京:科学出版社.
林木欣. 1999. 近代物理实验教程. 北京:科学出版社.
母国光,战元龄. 1978. 光学. 北京:人民教育出版社.
钟锡华. 2003. 现代光学基础. 北京:北京大学出版社.

黄佐华　编

3.5　椭圆偏振法测量薄膜厚度、折射率和金属复折射率

椭圆偏振法简称椭偏法,是一种先进的测量薄膜纳米级厚度的方法. 由于数学处理上的

困难，椭偏法的基本原理及应用直到20世纪40年代计算机出现以后才发展起来.椭偏技术与仪器经过几十年来的不断改进，已从手动进入全自动、变入射角、变波长和实时监测，有些椭偏仪还具有成像功能，极大地促进了纳米薄膜技术的发展.椭偏法的测量精度很高(比一般的干涉法高一至两个数量级)，测量灵敏度也很高(可探测生长中的薄膜小于0.1nm的厚度变化).利用椭偏法可以测量薄膜的厚度和折射率，也可以测定材料的吸收系数或金属的复折射率等光学参数.因此，椭偏法在半导体材料、光学、化学、生物学和医学等领域有着广泛的应用.

本实验采用单波长消光法椭偏测厚仪.通过实验，读者应了解椭偏法的基本原理，学会用椭偏法测量纳米级薄膜的厚度和折射率，以及金属的复折射率.

一、实验原理

椭偏法测量的基本思路是，起偏器产生的线偏振光经取向一定的1/4波片后成为特殊的椭圆偏振光，把它投射到待测样品表面时，只要起偏器取适当的透光方向，被待测样品表面反射出来的将是线偏振光.根据偏振光在反射前后的偏振状态变化(包括振幅和相位的变化)，便可以确定样品表面的许多光学特性.

设待测样品是均匀涂镀在衬底上的透明同性膜层.如图3.5.1所示，n_1、n_2和n_3分别为环境介质、薄膜和衬底的折射率，d是薄膜的厚度，入射光束在膜层上的入射角为φ_1，在薄膜及衬底中的折射角分别为φ_2和φ_3.按照折射定律有

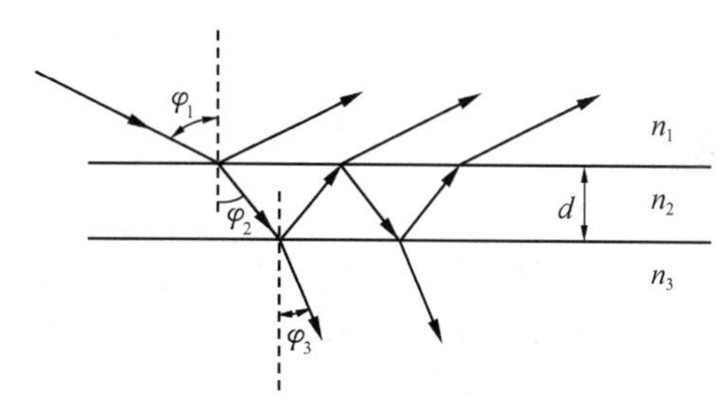

图3.5.1　入射光束在待测样品上的反射和折射

$$n_1\sin\varphi_1 = n_2\sin\varphi_2 = n_3\sin\varphi_3 \tag{3.5.1}$$

光的电矢量分解为两个分量，即在入射面内的p分量及垂直于入射面的s分量.根据折射定律及菲涅耳反射公式，可求得p分量和s分量在第一界面上的复振幅反射率分别为

$$r_{1p}=\frac{n_2\cos\varphi_1-n_1\cos\varphi_2}{n_2\cos\varphi_1+n_1\cos\varphi_2}=\frac{\tan(\varphi_1-\varphi_2)}{\tan(\varphi_1+\varphi_2)}$$

$$r_{1s}=\frac{n_1\cos\varphi_1-n_2\cos\varphi_2}{n_1\cos\varphi_1+n_2\cos\varphi_2}=-\frac{\sin(\varphi_1-\varphi_2)}{\sin(\varphi_1+\varphi_2)}$$

而在第二界面处则有

$$r_{2p}=\frac{n_3\cos\varphi_2-n_2\cos\varphi_3}{n_3\cos\varphi_2+n_2\cos\varphi_3},\quad r_{2s}=\frac{n_2\cos\varphi_2-n_3\cos\varphi_3}{n_2\cos\varphi_2+n_3\cos\varphi_3}$$

从图3.5.1可以看出，入射光在两个界面上会有多次的反射和折射，总反射光束将是许多反射光束干涉的结果.利用多光束干涉的理论，得p分量和s分量的总反射系数

$$R_p=\frac{r_{1p}+r_{2p}\exp(-2i\delta)}{1+r_{1p}r_{2p}\exp(-2i\delta)},\quad R_s=\frac{r_{1s}+r_{2s}\exp(-2i\delta)}{1+r_{1s}r_{2s}\exp(-2i\delta)}$$

其中

$$2\delta=\frac{4\pi}{\lambda}dn_2\cos\varphi_2 \tag{3.5.2}$$

是相邻反射光束之间的相位差,而λ为光在真空中的波长.

光束在反射前后的偏振状态的变化可以用总反射系数比(R_p/R_s)来表征. 在椭偏法中,用椭偏参量ψ和Δ来描述反射系数比,其定义为

$$\tan\psi\exp(i\Delta)=\frac{R_p}{R_s} \tag{3.5.3}$$

分析上述各式可知,在λ、φ_1、n_1、n_3确定的条件下,ψ和Δ只是薄膜厚度d和折射率n_2的函数,只要测量出ψ和Δ,原则上应能解出d和n_2. 然而,从上述各式却无法解析出$d=(\psi,\Delta)$和$n_2=(\psi,\Delta)$的具体形式. 因此,只能先按以上各式用电子计算机算出在λ,φ_1、n_1和n_3一定的条件下(ψ,Δ)与(d,n)的关系图表,待测出某一薄膜的ψ和Δ后再从图表上查出相应的d和n(即n_2)的值.

测量样品的ψ和Δ的方法主要有光度法和消光法. 下面介绍用椭偏消光法确定ψ和Δ的基本原理. 设入射光束和反射光束电矢量的p分量和s分量分别为E_{ip}、E_{is}、E_{rp}、E_{rs},则有

$$R_p=\frac{E_{rp}}{E_{ip}},\quad R_s=\frac{E_{rs}}{E_{is}}$$

于是

$$\tan\psi\exp(i\Delta)=\frac{E_{rp}/E_{rs}}{E_{ip}/E_{is}} \tag{3.5.4}$$

为了使ψ和Δ成为比较容易测量的物理量,应该设法满足下面的两个条件:

(1) 使入射光束满足

$$|E_{ip}|=|E_{is}|$$

(2) 使反射光束成为线偏振光,也就是令反射光两分量的相位差为0或π.

满足上述两个条件时,有

$$\left.\begin{aligned}&\tan\psi=\pm\frac{|E_{rp}|}{|E_{rs}|}\\&\Delta=(\beta_{rp}-\beta_{rs})-(\beta_{ip}-\beta_{is})\\&(\beta_{rp}-\beta_{rs})=0\text{ 或 }\pi\end{aligned}\right\} \tag{3.5.5}$$

其中β_{ip}、β_{is}、β_{rp}、β_{rs}分别是入射光束和反射光束的p分量和s分量的相位.

图3.5.2是本实验装置的示意图. 在图中的坐标系中,x轴和x'轴均在入射面内且分别与入射光束或反射光束的传播方向垂直,而y和y'轴则垂直于入射面. 起偏器和检偏器的透光轴t和t'与x轴和x'轴的夹角分别是P和A.

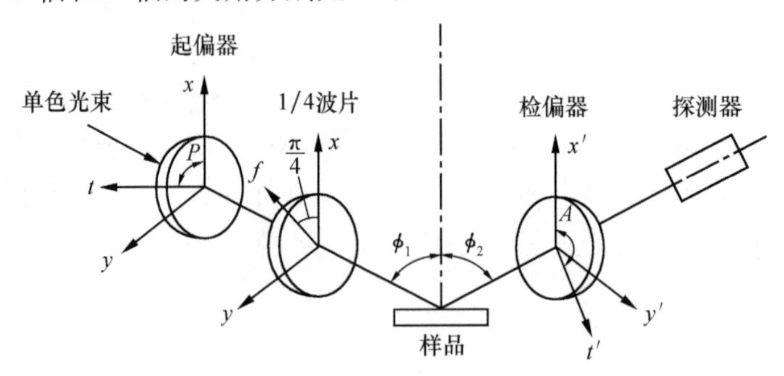

图3.5.2　实验装置示意图

下面将会看到，只需让 1/4 波片的快轴 f 与 x 轴的夹角为 $\pi/4$(即 45°)，便可以在 1/4 波片后面得到所需的满足条件 $|E_{ip}|=|E_{is}|$ 的特殊椭圆偏振入射光束.

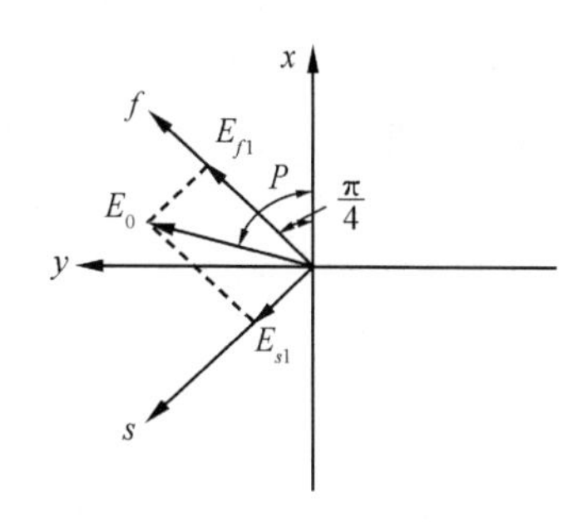

图 3.5.3　1/4 波片快轴的取向

图 3.5.3 中的 E_0 代表由方位角为 P 的起偏器出射的线偏振光. 当它投射到快轴与 x 轴夹角为 $\pi/4$ 的 1/4 波片时，将在波片的快轴 f 和慢轴 s 上分解为

$$E_{f1}=E_0\cos\left(P-\frac{\pi}{4}\right),\quad E_{s1}=E_0\sin\left(P-\frac{\pi}{4}\right)$$

通过 1/4 波片后，E_f 将比 E_s 超前 $\pi/2$，于是在 1/4 波片之后应有

$$E_{f2}=E_{f1}\exp\left(\mathrm{i}\frac{\pi}{2}\right)=E_0\cos\left(P-\frac{\pi}{4}\right)\exp\left(\mathrm{i}\frac{\pi}{2}\right)$$

$$E_{s2}=E_{s1}=E_0\sin\left(P-\frac{\pi}{4}\right)$$

把这两个分量分别在 x 轴及 y 轴上投影并再合成为 E_x 和 E_y，便得到

$$\begin{aligned}E_x&=E_{f2}\cos\left(\frac{\pi}{4}\right)-E_{s2}\sin\left(\frac{\pi}{4}\right)=\left(\frac{\sqrt{2}}{2}\right)(E_{f2}-E_{s2})\\&=\left(\frac{\sqrt{2}}{2}\right)E_0\left[\exp\left(\frac{\mathrm{i}\pi}{2}\right)\cos\left(P-\frac{\pi}{4}\right)-\sin\left(P-\frac{\pi}{4}\right)\right]\\&=\left(\frac{\sqrt{2}}{2}\right)E_0\exp\left(\frac{\mathrm{i}\pi}{2}\right)\left[\cos\left(P-\frac{\pi}{4}\right)+\mathrm{i}\sin\left(P-\frac{\pi}{4}\right)\right]\\&=\left(\frac{\sqrt{2}}{2}\right)E_0\exp\left(\frac{\mathrm{i}\pi}{2}\right)\exp\left[\mathrm{i}\left(P-\frac{\pi}{4}\right)\right]=\left(\frac{\sqrt{2}}{2}\right)E_0\exp\left[\mathrm{i}\left(P+\frac{\pi}{4}\right)\right]\end{aligned}$$

$$E_y=E_{f2}\cos\left(\frac{\pi}{4}\right)+E_{s2}\sin\left(\frac{\pi}{4}\right)=\left(\frac{\sqrt{2}}{2}\right)E_0\exp\left[\mathrm{i}\left(\frac{3\pi}{4}-P\right)\right]$$

可见，E_x 和 E_y 也就是即将投射到待测样品表面的入射光束的 p 分量和 s 分量，即

$$E_{ip}=E_x=\left(\frac{\sqrt{2}}{2}\right)E_0\exp\left[\mathrm{i}\left(\frac{\pi}{4}+P\right)\right]$$

$$E_{is}=E_y=\left(\frac{\sqrt{2}}{2}\right)E_0\exp\left[\mathrm{i}\left(\frac{3\pi}{4}-P\right)\right]$$

显然，入射光束已经成为满足条件 $|E_{ip}|=|E_{is}|$ 的特殊圆偏振光，其两分量的相位差为

$$\beta_{ip}-\beta_{is}=2P-\frac{\pi}{2}$$

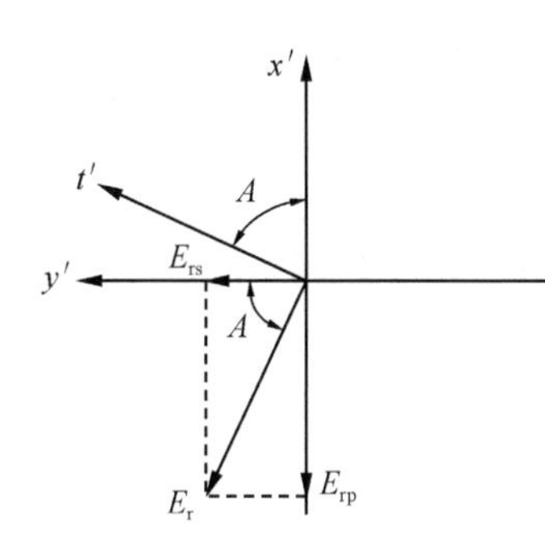

图 3.5.4　检偏器透光轴的取向

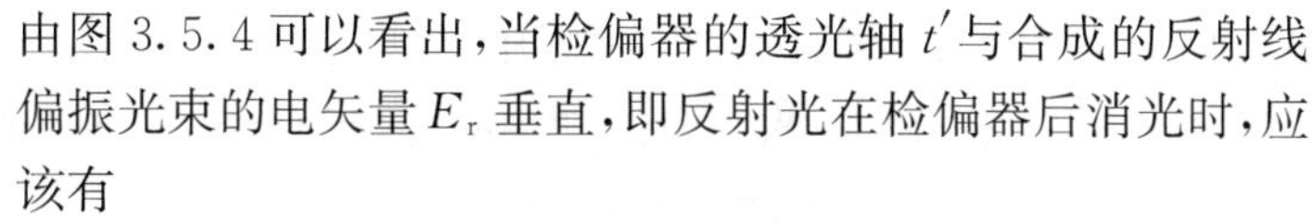

由图 3.5.4 可以看出，当检偏器的透光轴 t' 与合成的反射线偏振光束的电矢量 E_r 垂直，即反射光在检偏器后消光时，应该有

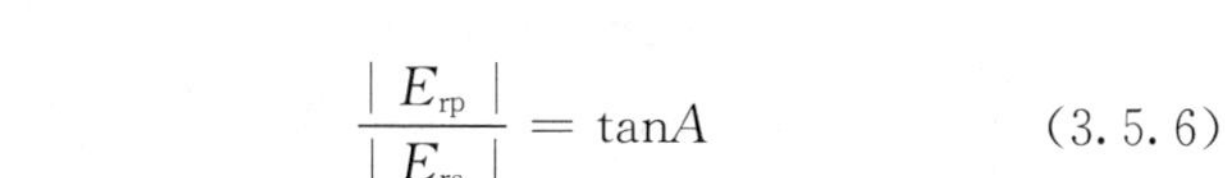

$$\frac{|E_{rp}|}{|E_{rs}|}=\tan A \tag{3.5.6}$$

这样，由式(3.5.5)可得

$$\left.\begin{aligned}&\tan\psi=\tan A\\&\Delta=(\beta_{rp}-\beta_{rs})-\left(2P-\frac{\pi}{2}\right)\\&\beta_{rp}-\beta_{rs}=0\text{ 或 }\pi\end{aligned}\right\}\tag{3.5.7}$$

可以约定,A 在坐标系(x',y')中只在第一及第二象限内取值.下面分别讨论$(\beta_{rp}-\beta_{rs})$为 0 或 π 时的情形.

(1) $\beta_{rp}-\beta_{rs}=\pi$. 此时的 P 记为 P_1,合成的反射线偏振光的 E_r 在第二及第四象限里,于是 A 在第一象限并记为 A_1. 由式(3.5.7)可得到

$$\left.\begin{aligned}\psi &= A_1\\ \Delta &= \frac{3\pi}{2}-2P_1\end{aligned}\right\}\tag{3.5.8}$$

(2) $\beta_{rp}-\beta_{rs}=0$. 此时的 P 记为 P_2,合成的反射线偏振光 E_r 在第一及第三象限里,于是 A 在第二象限并记为 A_2,由式(3,5.7)可得到

$$\left.\begin{aligned}\psi &= \pi-A_2\\ \Delta &= \frac{\pi}{2}-2P_2\end{aligned}\right\}\tag{3.5.9}$$

从式(3.5.8)和式(3.5.9)可得到(P_1,A_1)和(P_2,A_2)的关系为

$$\left.\begin{aligned}&A_1=\pi-A_2\\ &P_1=P_2+\frac{\pi}{2},\quad P_1>P_2\\ &\text{或 } P_1=P_2-\frac{\pi}{2},\quad P_1<P_2\end{aligned}\right\}\tag{3.5.10}$$

因此,在图 3.5.2 的装置中只要使 1/4 波片的快轴 f 与 x 轴的夹角为 $\pi/4$,然后测出检偏器后消光时的起、检偏器方位角(P_1,A_1)或(P_2,A_2),便可按式(3.5.8)或式(3.5.9)求出(ψ,Δ),从而完成总反射系数比的测量.再借助已计算好的(ψ,Δ)与(d,n)的关系图表,即可查出待测薄膜的厚度 d 和折射率 n_2.

附带指出,当 n_1 和 n_2 均为实数时

$$d_0=\frac{\lambda}{2n_2\cos\varphi_2}=\frac{\lambda}{2}\Big/\sqrt{n_2^2-n_1^2\sin^2\varphi_1}$$

也是一个实数. d_0 称为一个厚度周期,因为从式(3.5.2)可见,薄膜的厚度 d 每增加一个 d_0,相应的相位差 2δ 也就改变 2π,这将使厚度相差 d_0 的整数倍的薄膜具有相同的(ψ,Δ)值,而(ψ,Δ)与(d,n)关系图表给出的 d 都是以第一周期内的数值为准的,因此应根据其他方法来确定待测薄膜厚度究竟处在哪个周期中.不过,一般须用椭偏法测量的薄膜,其厚度多在第一周期内,即在 0 到 d_0 之间.能够测量微小的厚度(纳米量级),正是椭偏法的优点.

用椭偏法也可以测量金属的复折射率.金属复折射率 n_2 可分解为实部和虚部,即

$$n_2=N-\mathrm{i}NK\tag{3.5.11}$$

据理论推导(参见本实验附录),上式中的系数 N、K 与椭偏角 ψ 和 Δ 有如下的近似关系:

$$\left.\begin{aligned}N&\approx(n_1\sin\varphi_1\tan\varphi_1\cos2\psi)/(1+\sin2\psi\cos\Delta)\\ K&\approx\tan2\psi\sin\Delta\end{aligned}\right\}\tag{3.5.12}$$

可见,测量出与待测金属样品总反射系数比对应的椭偏参量 ψ 和 Δ,便可以求出其复折射率 n_2 的近似值.

二、实验仪器装置

椭偏测厚仪有手动和自动两种.本实验使用华南师范大学物理系研制的 HST-1 型多

功能自动椭偏测厚仪.它的基本结构如图 3.5.5 所示.光源采用 635.0nm 的单模半导体激光器,探测器是集成光电二极管.入射角在 30°～90°内连续可调,适用于不同衬底材料表面的薄膜样品.整个过程可以由计算机自动完成,也可部分由手工操作.

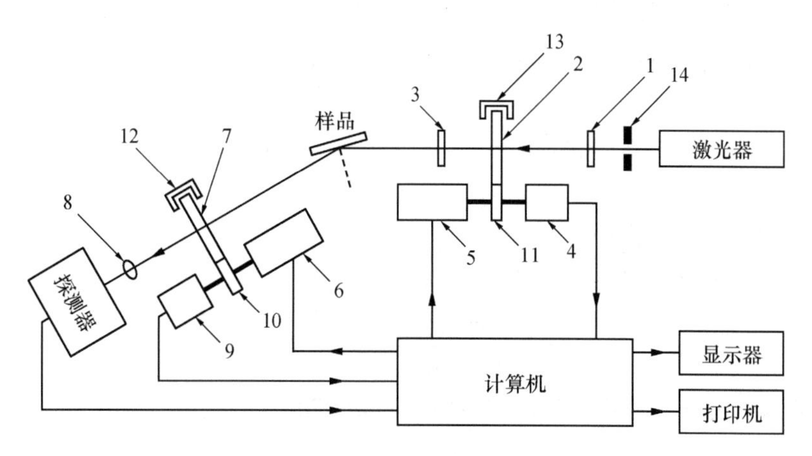

图 3.5.5　多功能自动椭偏测厚仪基本结构

1. 补偿器;2. 起偏器;3. 1/4 波片;4,9. 角度编码器;5,6. 电机;7. 检偏器;8. 透镜;10,11. 精密齿轮;12,13. 光耦合器;14. 光阑

三、实验内容

(1) 椭偏测厚仪的调节.按仪器说明书调节好起偏器、检偏器和 1/4 波片的位置.确定入射角,如 70°,放上样品,打开仪器主机电源和计算机电源,使仪器处于待测状态.

(2) 测量硅(Si)衬底表面的 SiO_2 薄膜厚度和折射率 n_2.其中硅的复折射率取 3.85－0.02i,空气折射率取 $n_1=1$.

(3) 测量玻璃衬底表面上生长的 TiO_2 薄膜厚度 d 和折射率 n_2.其中玻璃的折射率取 1.51.

(4) 测量硅片或玻璃的复折射率 n_2.

(5) 进一步实验.改变入射角,使其等于 65°和 60°.分别测量同一块薄膜样品(如 SiO_2)的厚度和折射率,并分析结果的相对误差和产生误差的原因.

*(6) 用单波长椭偏仪测量薄膜厚度时,如样品的薄膜厚度超过一个周期,试设计一个实验确定未知样品薄膜的真实厚度.

*(7) 研究和分析椭偏仪系统误差的来源,设计一个实验测定单波长椭偏仪的系统误差.

四、思考与讨论

(1) 椭偏测厚仪设计的基本思想是什么?各主要光学部件的作用是什么?

(2) 试列举椭偏法测量中可能的误差来源,并分析它们对测量结果的影响.

附录　金属复折射率 n_2 与椭偏参量 (ψ,Δ) 的关系

设光束从具有实折射率 n_1 的物质中以入射角 φ_1 入射复折射率为 n_2 的金属表面，在金属中的复折射角为 φ_2. 据式(3.5.3)和式(3.5.1)以及前面关于复振幅反射率、总反射系数和相位差的各表达式可得

$$\tan\psi\exp(\mathrm{i}\Delta) = -\cos(\varphi_1+\varphi_2)/\cos(\varphi_1-\varphi_2)$$

以及

$$\begin{aligned}\frac{1-\tan\psi\exp(\mathrm{i}\Delta)}{1+\tan\psi\exp(\mathrm{i}\Delta)} &= \frac{\cos(\varphi_1-\varphi_2)+\cos(\varphi_1+\varphi_2)}{\cos(\varphi_1-\varphi_2)-\cos(\varphi_1+\varphi_2)} = \frac{\cos\varphi_1\cos\varphi_2}{\sin\varphi_1\sin\varphi_2} \\ &\approx \frac{n_2\cos\varphi_2}{n_2\sin\varphi_2\tan\varphi_1} = \frac{\sqrt{n_2^2-n_1^2\sin^2\varphi_1}}{n_1\sin\varphi_1\tan\varphi_1}\end{aligned} \tag{3.5.13}$$

另一方面，直接使分母实数化并利用三角公式又会得到

$$\frac{1-\tan\psi\exp(\mathrm{i}\Delta)}{1+\tan\psi\exp(\mathrm{i}\Delta)} = \frac{\cos2\psi-\mathrm{i}\sin2\psi\sin\Delta}{1+\sin2\psi\cos\Delta} \tag{3.5.14}$$

比较上面两式便得到

$$\sqrt{n_2^2-n_1^2\sin^2\varphi_1} = \frac{n_1\sin\varphi_1\tan\varphi_1\cos2\psi}{1+\sin2\psi\cos\Delta} - \frac{n_1\sin\varphi_1\tan\varphi_1\sin2\psi\sin\Delta}{1+\sin2\psi\cos\Delta} \tag{3.5.15}$$

设

$$\left.\begin{aligned}&\sqrt{n_2^2-n_1^2\sin^2\varphi_1} = a-\mathrm{i}b \\ &A = a^2-b^2+n_1^2\sin^2\varphi_1 \\ &B = 2ab\end{aligned}\right\} \tag{3.5.16}$$

则由式(3.5.16)和式(3.5.11)，有

$$\left.\begin{aligned}N &= \sqrt{\frac{\sqrt{A^2+B^2}+A}{2}} \\ K &= \sqrt{\frac{\sqrt{A^2+B^2}-A}{B}}\end{aligned}\right\} \tag{3.5.17}$$

此外，据式(3.5.15)和式(3.5.16)，又有

$$\left.\begin{aligned}a &= \frac{n_1\sin\varphi_1\tan\varphi_1\cos2\psi}{1+\sin2\psi\cos\Delta} \\ b &= \frac{n_1\sin\varphi_1\tan\varphi_1\sin2\psi\sin\Delta}{1+\sin2\psi\cos\Delta}\end{aligned}\right\} \tag{3.5.18}$$

可见，只要在 n_1 和 φ_1 确定的条件下测量出椭偏参量 ψ 和 Δ，便可依次利用式(3.5.18)、(3.5.16)、(3.5.17)以及式(3.5.11)算出金属的复折射率 n_2.

特别地，当 n_2^2 的实部 $N^2(1-K^2)\gg n_1^2\sin^2\varphi_1$ 时

$$\sqrt{n_2^2-n_1^2\sin^2\varphi_1}\approx n_2$$

比较式(3.5.11)和(3.5.16)即可知道

$$\left.\begin{aligned} N &\approx a \\ NK &\approx b \end{aligned}\right\} \tag{3.5.19}$$

这样，便从式(3.5.18)得到了 N、K 与椭偏参量 ψ，Δ 的近似关系式(3.5.12).

参考文献

黄佐华，何振江，杨冠玲，等. 2001. 多功能椭偏测厚仪. 光学技术，27(5)：432～434.

黄佐华，吴雪忠，何振江，等. 2006. 椭偏测厚仪数据处理软件设计. 大学物理，23(9)：41～45.

母国光，战元龄. 1978. 光学. 北京：人民教育出版社.

王祖铨. 1983. 椭偏仪测量反射系数比的系统误差分析及修正. 物理实验，3(6)：244～247.

吴思诚，王祖铨. 2005. 近代物理实验. 3 版. 北京：高等教育出版社.

Azzam R M A，Bashara N M. 1977. Ellipsometry and Polarized Light. Oxford：North-Holland Publishing Company.

黄佐华　编

3.6　光拍频法测量光的速度

光在真空中的传播速度是一个极其重要的基本物理常数，许多物理概念和物理量都与它有密切的联系. 光速值的精确测量将关系到许多物理量值精确度的提高，所以长期以来对光速的测量一直是物理学家十分重视的课题. 尤其近几十年来天文测量、地球物理、空间技术的发展以及计量工作的需要，对光速的精确测量已变得越来越重要.

光速的测量始于 17 世纪 70 年代，在以后的各个时期，人们都用当时最先进的技术和方法来测量光速.

早在 1676 年，天文学家罗默(Romer)第一个测出了光的速度. 1941 年，美国人安德森(H. L. Anderson)用克尔盒调制光弹法，测得光速值为 $2.997\,76\times10^8\,\mathrm{m\cdot s^{-1}}$. 此值的前四位与现在的公认值一致.

1966 年，卡洛路斯(Karolus)和赫姆伯格(Helmberger)用声光频移法产生光拍频波，测量光拍频波的波长和频率，测得光速 $c=(299\,792.47\pm0.15)\times10^3\,\mathrm{m\cdot s^{-1}}$.

而当高稳定的激光出现以后，人们渴望更精确地测量光速. 1970 年，美国国家标准局和美国国立物理实验室最先用激光作了光速测定. 根据波动基本公式 $c=\lambda\nu$，光的波长用迈克耳孙干涉仪直接测量，光的频率用较低频率的电磁波通过一系列混频、倍频、差频技术测量较高频率，再以较高频率测量更高频率的方法测得. 1975 年，第十五届国际计量大会提出了真空中光速为 $c=(299\,792\,458\pm0.001)\,\mathrm{m\cdot s^{-1}}$.

1983 年，国际计量局召开的第七次米定义咨询委员会和第八次单位咨询委员会决定，以光在真空中 1/299 792 458s 的时间间隔内所传播的距离为长度单位 m. 这样光速的精确值被定义为 $c=299\,792\,458\,\mathrm{m\cdot s^{-1}}$.

本实验是用声光频移法获得光拍，通过测量光拍的波长和频率来确定光速. 读者应掌握光拍频法测光速的原理和实验方法，并对声光效应有初步的了解.

一、实验原理

1. 两列波的相位差

与探测器距离相同的两个相同光源发出的两列光波到达探测器的时间相同，两列波重合，相位相同，如图 3.6.1(a)所示. 如果两光源错开距离 L，它们发出的两列波到达探测器的时间不同，第一列波的波峰就不一定与第二列波的波峰重合，这两列波存在相位差，如图 3.6.1(b)所示. 不过如果 L 等于一个波长 λ，第一列波的波峰与第二列波的波峰又重合，这时两列波相位相差 2π，如果 $L=2\lambda$，则相位相差 4π. 一般的，x 等于 L/λ 个波长，则两列波相位相差 L/λ 个 2π，即

$$\Delta\varphi=\frac{2\pi}{\lambda}L \tag{3.6.1}$$

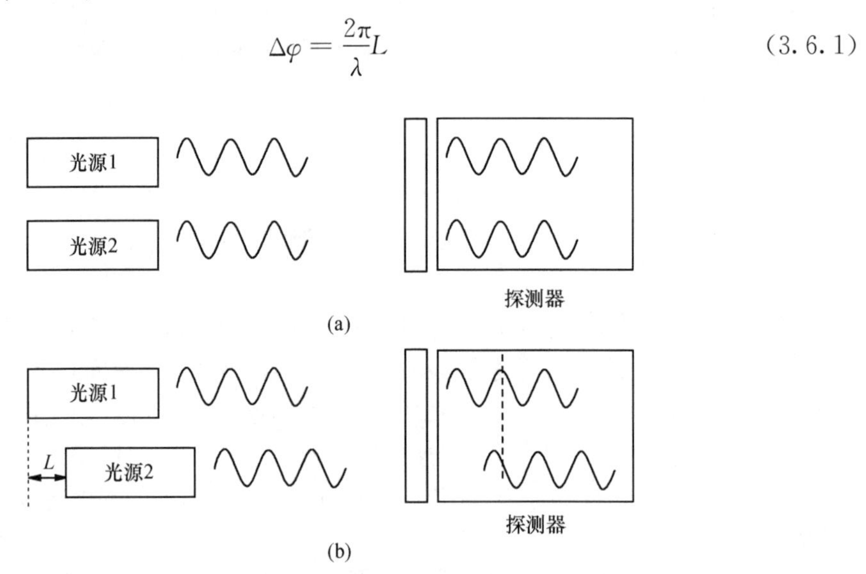

图 3.6.1 两列波的相位差

(a) 两光源与探测器距离相同，它们发出的两列波到达探测器的时间相同，相位差为零；
(b) 光源 2 与光源 1 错开一定距离 L，两列光波到达探测器的时间不同，有相位差

从上式可以看出相位差和 L 呈线性关系. 利用式(3.6.1)可以得到波长，如果知道光波的频率，我们可以计算光速 $c=\lambda f$.

请思考，红光的波长为 650nm，图 3.6.1 中的光源 2 要和光源 1 错开多少距离，两列波的相位会相差 $\pi/2$?

为了使用上面所说的方法，需要波长较长的电磁波. 我们可以利用无线电波或者微波作为波源. 在本实验中，我们将两列频率相近的可见光叠加形成光拍频波. 光拍频波的波长比单色光的波长要长得多，从而可以利用相位比较的方法测量光速.

2. 光拍的形成及特征

根据振动叠加原理，两列速度相同、振面相同、频差较小而同向传播的简谐波的叠加即形成拍. 设有两列振幅 E 相同(为了讨论问题方便)，频率分别为 f_1 和 f_2(频差 $\Delta f=f_1-f_2$

很小)的光波

$$E_1 = E\cos(\omega_1 t - k_1 x + \varphi_1)$$
$$E_2 = E\cos(\omega_2 t - k_2 x + \varphi_2)$$

式中 $k_1 = 2\pi/\lambda_1$ 和 $k_2 = 2\pi/\lambda_2$ 为波数，φ_1 和 φ_2 为初相位. 这两列波叠加后得

$$E_S = E_1 + E_2 = \left\{2E\cos\left[\frac{\omega_1 - \omega_2}{2}\left(t - \frac{x}{c}\right) + \frac{\varphi_1 - \varphi_2}{2}\right]\right\} \times \cos\left[\frac{\omega_1 + \omega_2}{2}\left(t - \frac{x}{c}\right) + \frac{\varphi_1 + \varphi_2}{2}\right] \tag{3.6.2}$$

上式是沿 x 轴方向的前进波，其角频率为$\frac{\omega_1 + \omega_2}{2}$，振幅为

$$A = 2E\cos\left[\frac{\omega_1 - \omega_2}{2}\left(t - \frac{x}{c}\right) + \frac{\varphi_1 - \varphi_2}{2}\right] \tag{3.6.3}$$

因为该光波的振幅以频率为 $f = \Delta f/2 = \Delta\omega/(4\pi)$ 周期性地变化，所以被称为光拍频波，其拍频为 Δf ，如图 3.6.2 所示.

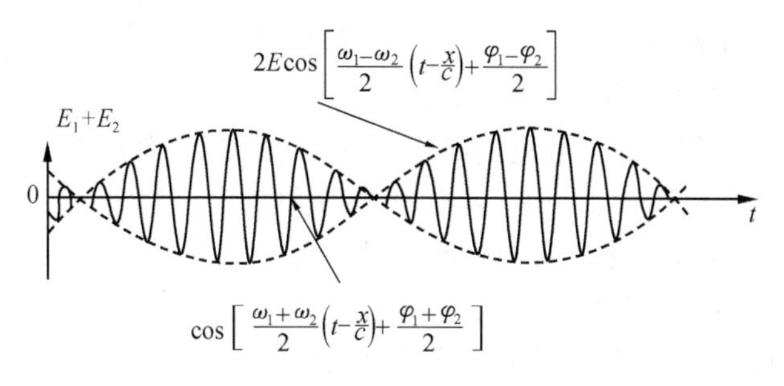

图 3.6.2　光拍频波

考虑一下，光拍频波的波速和光速相等吗？

3. 光拍信号的检测

用光电检测器(如光电倍增管等)接收光拍频波，可把光拍信号变为电信号. 因光检测器光敏面上光照反应所产生的光电流与光强(即电场强度的平方)成正比，即

$$i_0 = gE_S^2 \tag{3.6.4}$$

g 为接收器的光电转换常数.

把式(3.6.2)代入式(3.6.4)，同时注意：由于光频非常高($f_0 > 10^{14}$ Hz)，光敏面来不及反映频率如此之高的光强变化，迄今仅能反映频率 10^8 Hz 左右的光强变化，并产生光电流；将 i_0 对时间积分，并取对光检测器的响应时间 $t\left(\frac{1}{f_0} < t < \frac{1}{\Delta f}\right)$ 的平均值. 结果，i_0 积分中高频项为零，只留下常数项和缓变项. 即

$$\bar{i}_0 = \frac{1}{\tau}\int_{\tau} i_0 \mathrm{d}t = gE^2\left\{1 + \cos\left[\Delta\omega\left(t - \frac{x}{c}\right) + \Delta\varphi\right]\right\} \tag{3.6.5}$$

其中缓变项即是光拍频波信号，$\Delta\omega$ 是与拍频 Δf 相应的角频率，$\Delta\varphi = \varphi_1 - \varphi_2$ 为初相位. 可见光检测器输出的光电流包含有直流和光拍信号两种成分. 滤去直流成分 gE^2，检测器输出

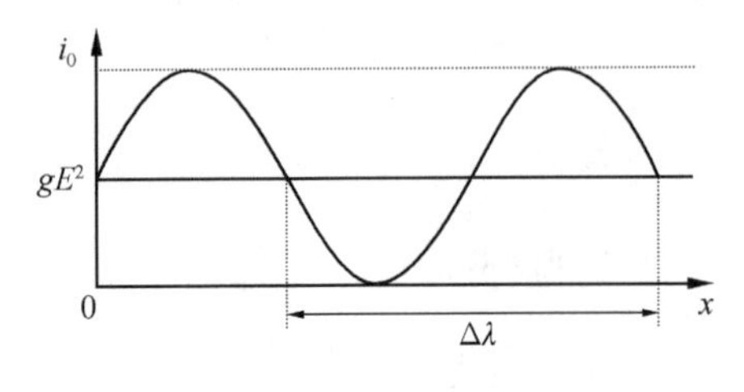

图 3.6.3　光拍的空间分布

频率为拍频 Δf、初相位 $\Delta\varphi$、相位与空间位置有关的光拍信号. 图 3.6.3 就是光拍信号 i_0 在某一时刻的空间分布. 图中 $\Delta\lambda$ 为光拍的波长. 如果接收电路将直流成分滤掉,即得纯粹的拍频信号在空间的分布. 这就是说,处在不同空间位置的光检测器,在同一时刻有不同相位的光电流输出. 这就提示我们可以用比较相位的方法决定光拍频波的波长.

4. 光拍的获得

光拍频波产生的条件是两光束具有一定的频率差. 使激光束产生固定频移的办法很多. 最常用的一种办法是使超声与光波互相作用. 超声(弹性波)在介质中传播,引起介质光折射率发生周期性变化,就成为一相位光栅. 这就使入射的激光束发生了与声频有关的频移. 后者达到了使激光束频移的目的. 关于声光效应的详细讨论参考文献(袁学德,2004;张天喆和董有尔,2004).

利用声光相互作用产生频移的方法有两种. 一种是行波法,如图 3.6.4(a)所示. 行波法中的声光器件由声光介质、压电换能器和吸声材料组成. 吸声材料的作用是吸收通过介质传播到端面的超声波以建立超声行波. 将介质的端面磨成斜面或牛角状,也可起到吸声的作用. 压电换能器又称超声发生器,由铌酸锂晶体或其他压电材料制成. 它的作用是将高频电振动利用压电效应转化成高频机械振动,在声光介质中建立起超声场. 压电换能器既是一个机械振动系统,又是一个与功率信号源相联系的电振动系统,或者说是功率信号源的负载. 为了获得最佳的电声能量转换效率,换能器的阻抗与信号源内阻应当匹配. 声光器件有一个衍射效率最大的工作频率,此频率称为声光器件的中心频率,记为 f_c. 对于其他频率的超声波,其衍射效率将降低. 声、光相互作用的结果是,激光束产生对称多级衍射. 第 l 级衍射光的角频率为 $\omega_l=\omega_0+l\Omega$,其中 ω_0 为入射光的角频率,Ω 为声角频率,衍射级 $l=\pm1,\pm2,\cdots$. 对于 $+1$ 级的衍射光,频率为 $\omega_0+\Omega$,衍射角为 $\theta=\lambda/\lambda_S$,λ 和 λ_S 分别为介质中的光波长和声波长. 通过适当的光路系统,我们可使 $+1$ 级与 0 级两光束平行叠加,产生频差为 Ω 的光拍频波.

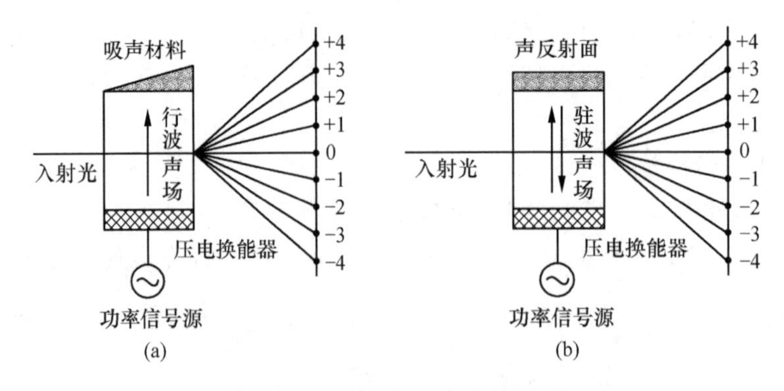

图 3.6.4　行波法(a)和驻波法(b)

另一种是驻波法,如图 3.6.4 (b)所示. 驻波法中使用的声光器件与行波法类似,只是在声光介质内与声源(压电换能器)相对的端面上敷以声反射材料. 利用声波的反射,使介质中存在驻波声场(相应于介质传声的厚度为半声波长的整数倍的情况). 它也产生 l 级对称

衍射，而且衍射光比行波法时强得多(衍射效率高)，第 l 级的衍射光频为

$$\omega_{l,m} = \omega_0 + (l + 2m)\Omega$$

其中 $l,m = 0,\pm1,\pm2,\cdots$，可见同一级衍射光束内就含有许多不同频率的光波的叠加(强度各不同). 由同级的衍射光就能获得不同的拍频波，而不需要通过光路的调整使不同频率的光叠加. 例如，选取第1级，由 $m = 0$ 和1的两种频率成分叠加得到拍频为 2Ω 的拍频波.

比较两种方法，驻波法明显优于行波法，本实验即采用驻波法.

请思考，行波法的衍射光是单色光吗？查阅相关文献，设计一种光路，将两束衍射光合成光拍.

请考虑一下，驻波法的一束衍射光是单色光还是复色光？一束衍射光包含多少种频率的拍频波？怎样取出 2Ω 的拍频波？

想一想，如果超声波的频率为15MHz，2Ω 的拍频波的频率是多少？波长是多少？与单色可见光相比，利用光拍频波测光速有什么优点？

5. 光速的测量

本实验对光速 c 的测量主要是通过实验专用装置产生：①远程光和②近程光两束光拍信号，在示波器上对两光拍信号波形的相位进行比较，测出两光拍信号的光程差及相应光拍信号的频率，从而间接测出光速值.

当两光拍信号的相位差为 2π 时，示波器荧光屏上的两光束的波形就会完全重合，如图3.6.5(a)所示，光程差等于光拍波的波长 $\Delta\lambda$，量出两束光的光程差即得到光拍波长. 由公式 $c=\Delta\lambda\cdot\Delta f=L\cdot(2F)$ 便可测得光速值 c. 式中 L 为光程差，F 为功率信号发生器的振荡频率. 请考虑一下在实验中如何减少波形重合时的调节次数.

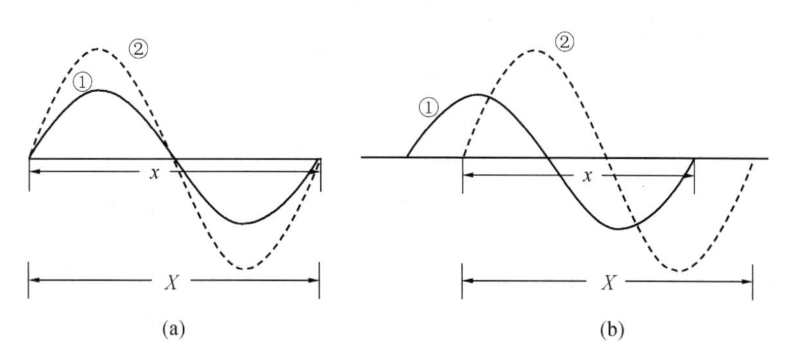

图3.6.5　两光拍信号波形的比较

若①、②光拍信号的相位差小于 2π，则两波形的光程差小于 $\Delta\lambda$，由于示波器的X轴扫描是从左到右的，①光束总是落后于②光束，如果选波形与标尺的X轴的交点为特征点，则由标尺可读出 X 与 x 值，如图3.6.5(b)所示. 这时两光拍的相位差 $\Delta\varphi$ 及光拍波长 $\Delta\lambda$ 分别为

$$\Delta\varphi = 2\pi\frac{x}{X} \tag{3.6.6}$$

$$\Delta\lambda = \frac{2\pi}{\Delta\varphi}L \tag{3.6.7}$$

将式(3.6.6)及式(3.6.7)代入波的基本关系式，则得

$$c = \Delta\lambda \cdot \Delta f = \frac{X}{x} L (2F) \tag{3.6.8}$$

根据式(3.6.8),只要测出 X、x、L 和 F 即可计算出光速 c 的值.

想一想,若两光拍信号的相位差大于 2π,光程差将大于 $\Delta\lambda$,这时 x 与 X 将是什么关系?

二、实验仪器装置

光速测定仪一般主要由光路和电路两部分组成.

1. 光路组成

光速测定仪的光路示意图如图 3.6.6 所示. 超高频功率信号源产生的频率为 F 的信号输入声光频移器,在声光介质中产生驻波超声场. He-Ne 激光通过介质后发生衍射,第一级(或零级)衍射光中含有拍频为 $\Delta f = 2F$ 的成分. 衍射光通过小孔光阑选择衍射级次(例如第一级)后,半反镜 1 将衍射光分成两路,近程光束①经过半反镜 2 反射后,入射到光电接收器;因为实验中拍频波长很长,为了使实验装置紧凑,远程光路②采用折叠式,依次经过全反镜多次反射后,透过半反镜 2,也入射到光电接收器. 光电接收器的输出电流经滤波放大电路后,滤掉了频率为 $2F$ 以外的其他所有信号,只将频率为 $\Delta f = 2F$ 的拍频信号输入示波器的 Y 轴;频率为 F 的功率信号作为示波器的外触发信号,输入示波器的外触发通道. 用斩光器依次切断光束①和②,则在示波器屏幕上同时出现光束①和②的正弦波形.

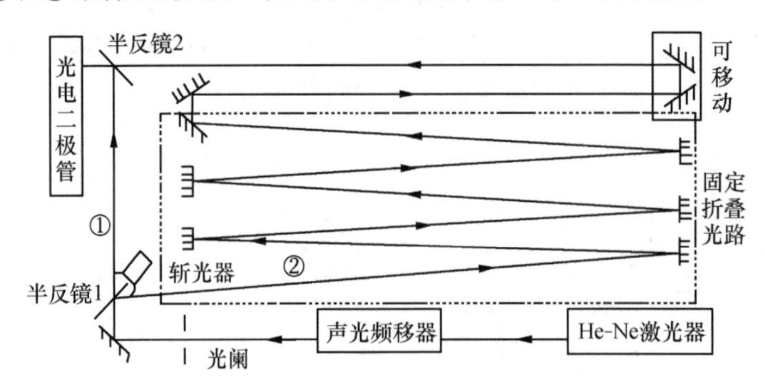

图 3.6.6　光速测定仪的光路示意图

2. 电路组成

电路的原理框图如图 3.6.7 所示,它主要由高频振荡器、光电检测器、变频和电源四部分组成.

(1) 高频振荡器能产生大约 15MHz 的高频正弦信号,经高频功放后驱动超声换能器. 调节振荡频率等于调制器的谐振频率,这时介质中便有驻波产生.

(2) 光电检测器中的光电二极管先把入射光转换成电信号,但考虑到 He-Ne 激光本身的噪声,其频谱主要在 25MHz 以下,在调幅光中除了频率为 2Ω 的有用信号外,也包含多种谐波成分,为此光电检测器中设置了带通滤波器,用于提高信噪比,对 30MHz 左右的信频信号进行选频,然后信号经放大后送变频电路.

(3) 为便于放大和用普通示波器观察,变频电路把光电检测器输出的频率约为 30MHz

的高频信号通过差频电路降频. 29.7MHz 的本机振荡信号与 30MHz 的光拍信号送混频器 1，它把接收到的信号频率降至 300kHz 输入示波器 Y 轴. 同时，29.7MHz 的本振信号经二分频后与来自功率信号源的 15MHz 的信号送混频器 2，它把 15MHz 左右的调制信号降到 150kHz，输入示波器的“外触发”端，作为示波器的外同步信号，使显示波形稳定（对于不同仪器，各频率值可能与这里列举的数值不同，但滤波后的信号与功率源的信号总是倍频关系，输入 Y 轴与输入“外触发”端的信号也总是倍频关系）.

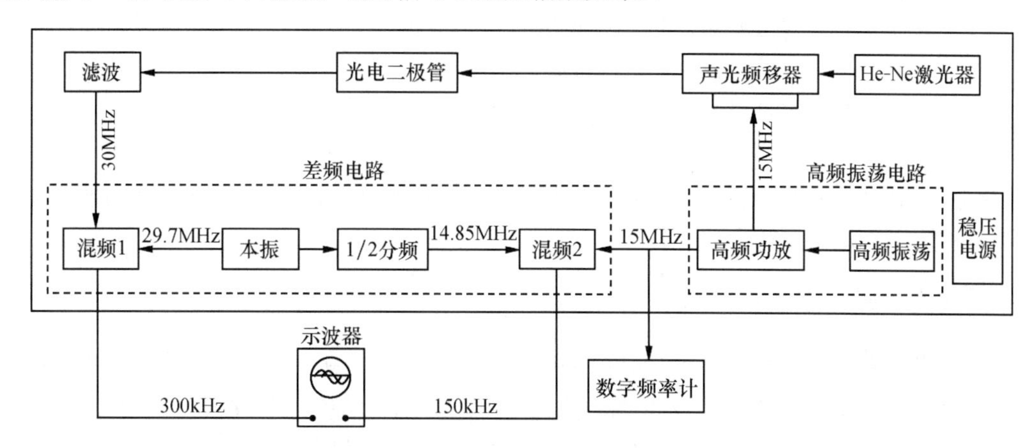

图 3.6.7　光速测定仪的电路原理框图

（4）电源电路包括直流电机调速电路、激光管的泵电源以及仪器所需的各种稳压电源.

差频法是避免高频下测相困难的常用方法，它的特点是把待测高频信号转化为中、低频信号处理，而不改变两信号之间的相位差，所以，降频信号的相位差与原信号的相位差相等. 下面证明差频前后两信号之间的相位差保持不变.

我们知道，将两频率不同的正弦波同时作用于一个非线性元件（如二极管、三极管）时，其输出端包含两个信号的差频成分. 非线性元件对输入信号 X 的响应可以表示为

$$y(x) = A_0 + A_1 x + A_2 x^2 + \cdots \tag{3.6.9}$$

忽略上式中的高次项，我们将看到二次项产生混频效应.

设基准高频信号为

$$u_1 = U_{10}\cos(\omega t + \varphi_0) \tag{3.6.10}$$

被测高频信号为

$$u_2 = U_{20}\cos(\omega t + \varphi_0 + \varphi) \tag{3.6.11}$$

现在我们引入一个本振高频信号

$$u' = U_0'\cos(\omega' t + \varphi_0') \tag{3.6.12}$$

式(3.6.10)、(3.6.12)中，φ_0 为基准高频信号的初相位 φ_0' 为本振高频信号的初相位，φ 为调制波在测线上往返一次产生的相移量. 将式(3.6.11)和式(3.6.12)代入式(3.6.10)有（略去高次项）

$$y(u_2 + u') \approx A_0 + A_1 u_2 + A_1 u' + A_2 u_2^2 + A_2 u'^2 + 2A_2 u_2 u'$$

展开交叉项

$$2A_2 u_2 u' \approx 2A_2 U_{20} U_0' \cos(\omega t + \varphi_0 + \varphi)\cos(\omega' t + \varphi'_0)$$

由上面推导可以看出,当两个不同频率的正弦信号同时作用于一个非线性元件时,在其输出端除了可以得到原来两种频率的基波信号以及它们的二次和高次谐波之外,还可以得到差频以及和频信号,其中差频信号很容易和其他的高频成分或直流成分分开. 同样的推导,基准高频信号 u_1 与本振高频信号 u' 混频,其差频项为

$$A_2U_{10}U_0'\cos[(\omega-\omega')t+(\varphi_0-\varphi_0')]$$

为了便于比较,我们把这两个差频项写在一起:

基准信号与本振信号混频后所得差频信号为

$$A_2U_{10}U_0'\cos[(\omega-\omega')t+(\varphi_0-\varphi_0')]$$

被测信号与本振信号混频后所得差频信号为

$$A_2U_{20}U_0'\cos[(\omega-\omega')t+(\varphi_0-\varphi_0')+\varphi]$$

比较以上两式可见,当基准信号、被测信号分别与本振信号混频后,所得到的两个差频信号之间的相位差仍保持为 φ.

3. 斩光器的作用

用相位法测拍频波的波长,须经过很多电路,必然会产生附加相移. 设置一个由电机带动的斩光器,使从声光器件射出来的光在某一时刻(t_0)只射向内光路,而在另一时刻(t_0+t)只射向外光路,周而复始. 同一时刻在示波器上显示的要么是内光路的拍频波,要么是外光路的拍频波. 由于示波管的荧光粉的余辉和人眼的记忆作用,看起来两个拍频重叠显示在一起. 两路光在很短的时间间隔内交替经过同一套电路系统,相互间的相位差仅与两路光的光程差有关,消除了电路附加相移的影响.

三、实验内容

(1) 测量功率信号发生器的振荡频率 f. 开启 He-Ne 激光电源开关,调节工作电流使激光输出稳定. 打开超高频功率信号发生器开关,预热一定时间后,调节输出电流和输出至声光器件的工作频率,使衍射光点出现. 观察衍射光的强弱与输出电流和输出工作频率是否有关系. 仔细调节频率,使衍射光最强. 用数字频率计测出此时功率信号发生器的振荡频率 f. 考虑一下,光拍频波的频率应是多少?

(2) 调整小孔光阑位置使激光束完全通过,并照射在 45°放置的全反射镜片上. 反射光再经一半反射镜片分成两束光(一束透射光、一束反射光),一束透射光直接经过另一个半反射镜反射后进入光电二极管接收器,这束光是近程光信号. 另一束反射光经过台面上左右两排反射镜的几次反射,最后也经过同一个半反射镜进入信号接收器,这束光是远程光信号.

(3) 依次调节各全反镜和半反镜的调整架螺丝,使远程和近程两光束在同一水平面内反射、传播,最后垂直入射到光电二极管接收器上. 光电二极管接收器封装在左侧的小箱内,可以移开小天窗盖并调节光电二极管接收器位置. 手动斩光器,使斩光器的喇叭口开槽置于遮断远程光而使近程光进入接收器位置. 观察近程光信号是否照在了光电二极管接收器上. 再手动斩光器于遮断近程光而使远程光进入接收器位置. 观察远程光信号是否照在了光电二极管接收器上. 整个调节的目的是使近程和远程光信号以最大光强度照射到光电二极管接收器上.

(4) 开启示波器并按常规调好示波器，注意要应用功率信号做示波器的外触发同步信号. 微调两光束使其入射于光电倍增管的光敏面上，同时在示波器的荧光屏上能分别看到幅度相对较大且清晰的正弦波形. 先后打开实验装置的低压和高压(供光电倍增管工作用)开关. 接通斩光器电源，斩光器开始旋转使示波器上同时呈现相位差为 2π 即完全重合的正弦波形.(若两正弦波形不重合，如何调节滑动平板的位置?)用米尺测出光程差 L，重复多次，求取平均值及标准偏差，并与标准值比较.(斩光器的作用是什么? 若实验中不用斩光器，在示波器上将观察到的是什么波形? 两个正弦波形重合时，远程光和近程光的相位差一定是 2π 吗? 能不能是 0 或 4π? 结合光拍的波长和仪器的尺寸考虑. 示波器为什么要用外触发?)

(5) 移动滑动平板，改变两光束的相位差，在其相位差小于 2π 和大于 2π 的情况各做一次. 按上述方法调节光路和调出波形，在示波器荧光屏的标尺上直接读 X、x 的值，同时测出 L. 计算出光在空气中的速度，根据各个量的测量精度，估算单次测量结果的误差范围.

想一想，用米尺测量光程差相对误差是多少? 误差大吗? X、x 的相对误差是多少? 怎样做可以尽量减小误差?

*(6) 设计实验.

在测量光程差时，需要测量固定折叠光路中平面反射镜间的距离，工作量大，而且会增大误差. 设计一种测量方法，不用测量固定折叠光路的光程而得到光速. 提示：实验中进行两次测量，测得光程差 L_1、L_2，对应的 x 分别为 x_1、x_2，由式(3.6.8)可得

$$c = 2fX\frac{L_2 - L_1}{x_2 - x_1}$$

式中 L_2-L_1 是两次测量的光程差之差，由光路图可知这就是可移动反射镜的位置差的两倍，x_2-x_1 是示波器上远程光波形的两位置之差，L_2-L_1 与固定折叠光路的光程无关. 再深入想一想，如何将上式变形得到反射镜位置和波形位置的线性关系，使光速出现在斜率中，从而可以通过对多组反射镜位置和波形位置进行数据拟合，得到光速. 比较一下，这种方法有什么优点?

参 考 文 献

蔡秀峰，蔡德发. 2007. 光速测量方法的改进. 大学物理，26(3)：44.

季家镕. 2007. 高等光学教程. 北京：科学出版社：437.

袁学德. 2004. 光拍法测量光速实验中的声光调制. 大学物理实验，17(4)：39～42.

张天喆，董有尔. 2004. 近代物理实验. 北京：科学出版社：208～214.

Baird R C. 1967. R F measurements of the speed of light. Proceedings of The IEEE, 55(6)：1032～1039.

Razdan K, Van Baak D A. 2002. Demonstrating optical beat notes through heterodyne experiments. Am. J. Phy., 70(10)：1061～1067.

张国英　编

3.7　各向异性晶体光学性质的观测和研究

各向异性晶体是其光学性质随光在晶体内传播的方向不同而不同的晶体. 许多晶体如

某些岩石、宝石、液晶等都是各向异性晶体. 各向异性晶体方面的研究成果已不仅被应用于矿物和岩石结构的研究中,而且已被广泛应用于建材、化工、医药等领域中各种人工合成材料的光学特性研究.

本实验主要是利用偏光显微镜观察光通过各种光轴方向不同的各向异性晶体后,其强度、偏振和干涉等现象,使同学们综合运用已有的光学知识分析研究具体的各向异性晶体的性质,培养分析解决问题的能力.

一、实 验 原 理

光进入各向异性晶体后,一般情况下由于 o 光和 e 光的传播速度和折射率不同而会发生双折射现象;当沿某一特定方向传播时不发生双折射现象,则该方向即为该晶体的光轴方向. o 光为寻常(ordinary)光,其折射率不随传播方向而改变;e 光为非寻常(extraordinary)光,其折射率随传播方向而改变. o 光和 e 光的振动方向分别垂直和平行于主截面(光轴和光的传播方向所决定的平面称为主截面). 若以原点为中心,沿传播方向以折射率大小为半径,在整个空间画出折射率的大小则形成折射率椭球,如图 3.7.1(a)和(b)所示;若以原点为中心,沿偏振方向以折射率大小为半径,在整个空间画出折射率的大小则形成光率体,如图 3.7.1(c)和(d)所示. 在此我们主要讨论单轴晶体,折射率的最大和最小值分别记为 N_g 和 N_p. 当 $n_e \geqslant n_o$ 时,该晶体称为正光性晶体,否则称为负光性晶体. 在分析问题时可根据具体情况来分别选取折射率椭球和光率体来讨论.

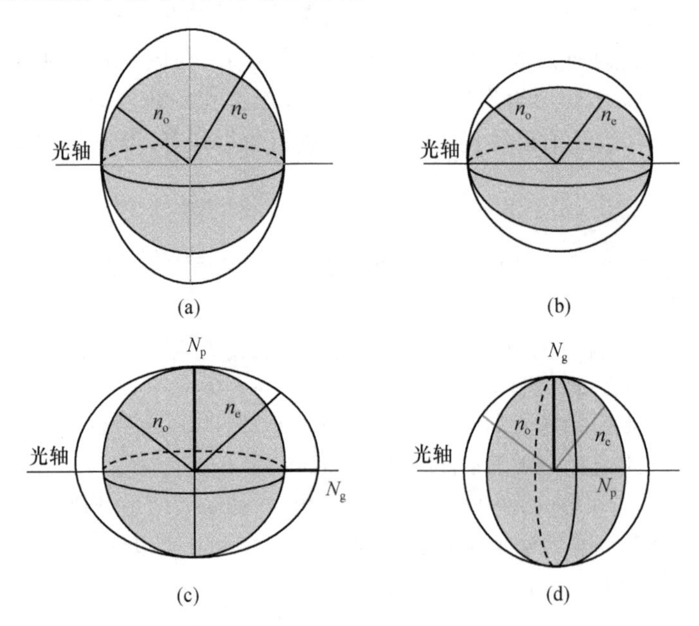

图 3.7.1 光轴、折射率椭球及光率体

(a)和(c)为正光性晶体,(b)和(d)为负光性晶体

当一束自然光通过一线偏振片后,只剩下单一振动方向的光向前传播. 偏光显微镜与一般光学显微镜的主要区别在于,在偏光显微镜中有两个线偏振片,这两个线偏振片被称为上、下偏振片(或偏光镜),上、下偏振片的偏振方向分别记为 AA、PP. 当上、下偏振片的振动

面互相垂直时，我们称此时的光路为正交偏振光路，如图 3.7.2 所示. 请同学们思考当自然光通过正交偏振光路后，视野应该是明亮还是完全黑暗.

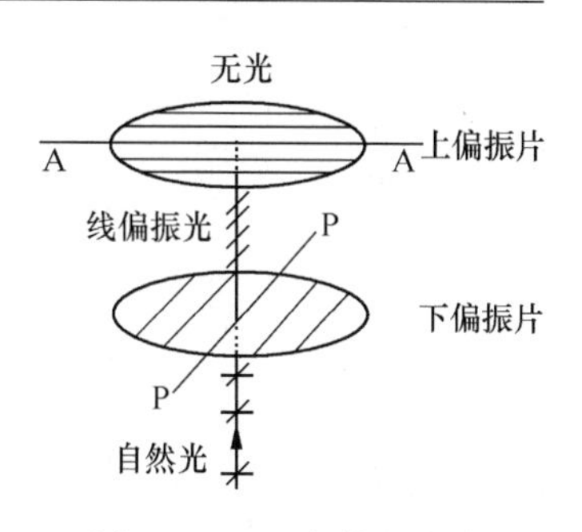

图 3.7.2　正交偏振光路

1. 消光

实验中所观测的晶片，其光轴方向可能是垂直于或平行于晶片表面，也可能是既不垂直也不平行于晶片表面，这三种晶片我们分别称为垂直、平行和斜切晶片. 在正交偏光下不放任何晶片时，视域是黑暗的；放入晶片后，则因晶片的性质、特点不同而产生消光、干涉现象. 参看图 3.7.3，AA 表示上偏振片的振动方向，PP 表示下偏振片的振动方向. 当自然光由下向上垂直入射时，设透过下偏振片的偏振光振幅为 A，光线到达厚度为 d 的晶片后，分解成振幅分别为 A_e 和 A_o 的 e 光和 o 光，假定 K_1K_1 为主截面在晶片面上的投影(请思考怎样根据主截面的定义确定出主截面)，e 光的振动方向平行于主截面 K_1K_1，o 光的振动方向 K_2K_2 垂直于主截面，K_1K_1 与 PP 的夹角为 α，则 $\boldsymbol{A}$ 在 K_1K_1 和 K_2K_2 上的分量分别是

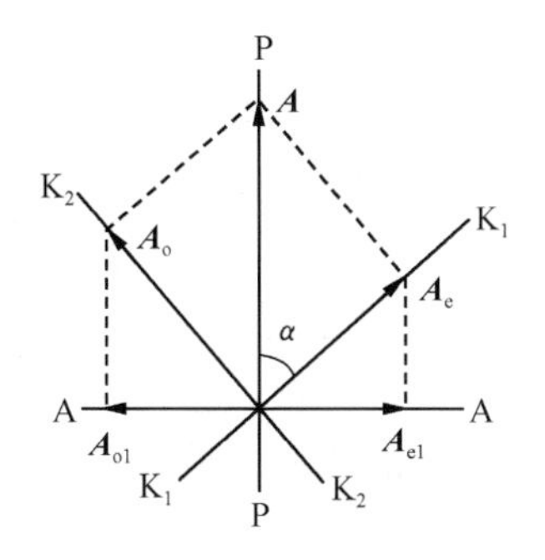

图 3.7.3　正交偏振光下的干涉现象

$$A_e = A\cos\alpha,\quad A_o = A\sin\alpha \tag{3.7.1}$$

光线透过晶片后，继续前进至上偏振片，则 A_e 和 A_o 在上偏振片 AA 方向上的投影分别是

$$A_{e1} = A_e\sin\alpha = A\cos\alpha\sin\alpha \tag{3.7.2}$$

$$A_{o1} = A_o\cos\alpha = A\sin\alpha\cos\alpha \tag{3.7.3}$$

可见 A_e 和 A_o 这两种振动方向的光通过上偏振片 AA 后，大小相等而振动方向相反(见图 3.7.3). 这种处于同一振动面内、频率相同、大小相等而方向相反的 e 光和 o 光必发生干涉. 由叠加原理可求出通过上偏振片 AA 后合成光波的振幅

$$A_{+}^{2} = A^2\sin^2 2\alpha\sin^2\left[\frac{2d(n_e - n_o)}{\lambda}\pi\right] \tag{3.7.4}$$

其中 λ 为入射光波波长，n_e 和 n_o 分别是该晶片 e 光和 o 光的折射率，$d(n_e - n_o)$ 为通过晶体后 e 光和 o 光的光程差，相应的 $2\pi d(n_e - n_o)/\lambda$ 为 e 光和 o 光的相位差. 因光强 $I \propto A_{+}^{2}$，由此可以解释各种消光现象. 由于光线是垂直于晶片入射，当光轴不垂直于晶体表面时，$n_e \neq n_o$，式(3.7.4)中的第二个正弦项不等于零，当 α 分别取 0、$\pi/2$、π 和 $3\pi/2$ 时，第一个正弦项等于零，所以当 α 在 $0 \sim 2\pi$ 变化时，视野中会出现四次明暗变化，称为四次消光. 当光轴垂直于晶体表面时，$n_e = n_o$，式(3.7.4)中的第二个正弦项等于零，无论 α 取什么值，光强均为零，视野总是黑暗，称为全消光. 请同学们思考怎样将式(3.7.4)中的 α 与旋转载物台联系起来.

2. 消色

石英楔子是将单轴晶体的石英沿光轴方向从薄至厚磨成一个楔子形，其结构如图 3.7.4 所示，其上面一般标出慢方向，其意义是当光沿该方向振动时传播速度慢，所以该方向为折射率最大(N_g)的方向，所以如果用光率体表示的话，该方向是长轴(N_g)方向(参看

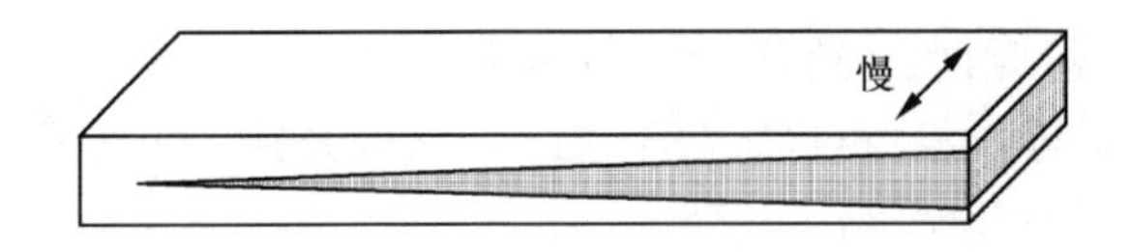

图 3.7.4　石英楔子结构图

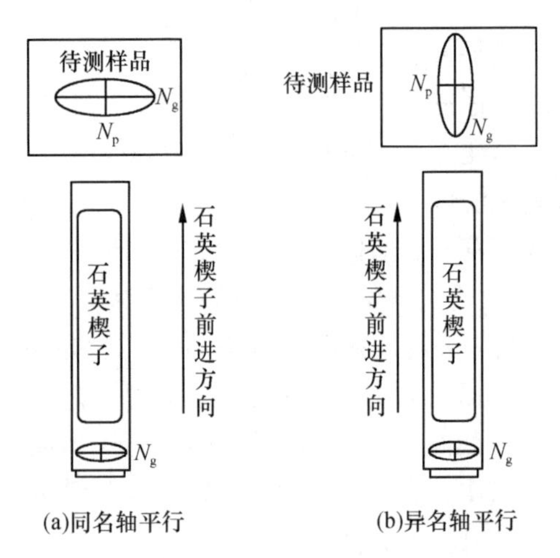

图 3.7.5　消色法示意图

图 3.7.1(c)和图 3.7.5). 若以单色光为光源,取一石英楔子插入偏光显微镜的试片孔中(注意:该试片孔的插入方向与 PP 成 45°角),随着楔子插入的厚度递增,在视域中会观察到明带与暗带交替出现的现象. 此时 $\alpha=45°$,则

$$A_{+}^{2}=A^{2}\sin^{2}\left[\frac{2d(n_{e}-n_{o})}{\lambda}\pi\right] \quad (3.7.5)$$

λ 为入射光波波长,因此随着石英厚度 d 的增加,当 A_{+} 为最大值时,视域中出现明带,此时 $A_{+}=A$;而当 A_{+} 为最小值时,视域中出现暗带,此时 $A_{+}=0$.

若以白光为光源,由于白光是复色光,对于某一个 d 值,不可能同时让所有波长的单色光均为最大值,也不可能同时让所有单色光均为最小值,而只能是 A_{+} 不为零的各种单色光的混合,形成干涉色. 光程差越大则干涉色级序越高,参看表 3.7.1.

表 3.7.1　干涉色级序表

第一级序					第二级序					第三级序				
暗灰色	灰白色	浅黄色	橙色	红色	蓝色	蓝绿色	绿色	黄色	紫红色	蓝绿色	绿色	黄色	橙色	红色

如果在正交偏振片间放两个晶片,设光线通过晶片 1(待测样品)和晶片 2(石英楔子)的光程差分别为 Δ_1 和 Δ_2,当两晶片同名轴平行(即两晶片的 N_g 方向相互平行)时,如图 3.7.5(a)所示,则通过两晶片的总光程差为 $\Delta=\Delta_1+\Delta_2$;当两晶片异名轴平行(即一晶片的 N_g 方向与另一晶片的 N_p 方向平行)时,如图 3.7.5(b)所示,则通过两晶片的总光程差为 $\Delta=\Delta_1-\Delta_2$. 当慢慢推入石英楔子,使石英楔子的厚度 d 和 Δ_2 逐渐增加时,如果晶片 1 与石英楔子同名轴平行,如图 3.7.5(a)所示,总光程差 Δ 是递增的,导致干涉色逐渐升高;如果晶片 1 与石英楔子异名轴平行,如图 3.7.5(b)所示,总光程差 Δ 是递减的,导致干涉色逐渐降低. 因为石英楔子上已标出了折射率最大(N_g)的振动方向,则可根据此原理确定晶片 1 上光率体的长轴和短轴方向.

3. 锥光

消光和消色虽然能观测晶体的某些光学性质,但对于轴性、光性正负、光轴角等问题,则要通过锥光观测才能确定.

在正交偏振光路中加入聚光镜(即凸透镜),则平行光通过聚光镜后会聚到焦点上,把焦点看作点光源,光线将发散地射入晶体中. 以光轴为对称轴,光线好像沿一系列的圆锥面入

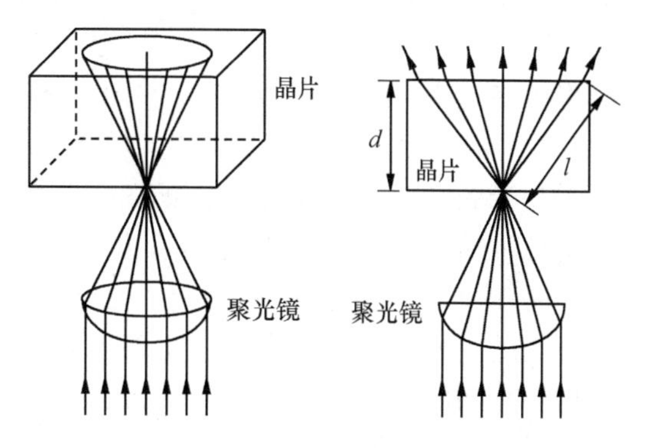

图 3.7.6　锥光光路示意图

射，所以称为锥光，如图 3.7.6 所示. 在锥光下视域中呈现的是干涉图，锥光干涉图不是晶片本身的像，而是锥形偏振光通过晶片后到达上偏振片所发生的消光与干涉效应的总和.

对于垂直晶片，当光源为单色光时，在视域中会出现如图 3.7.7 所示的黑十字和明暗相间的同心圆环；当光源为白光时，同心圆环为干涉彩环. 首先讨论锥光的消光现象：在锥光下光线的传播方向很多，每条光线都有自己的主截面，当主截面与下偏振片 PP 平行时，在晶体中只能分解出 e 光，而此时的 e 光又垂直于上偏振片 AA，所以不能通过上偏振片而出现消光，如图 3.7.7(b) 中的 B 和 B' 点即为消光点，只要光的主截面与下偏振片 PP 平行，这些光通过的地方都应该消光，所以出现一条沿 BB' 方向的黑线. 同理，只要光的主截面与上偏振片 AA 平行，这些光通过的地方也都应该消光，所以出现一条沿 CC' 方向的黑线. 对于其他方向的光，例如，光从 D 点出射，平行于下偏光镜 PP 的矢量 $\mathbf{A}$ 将既分解出 e 光又分解出 o 光，它们在上偏振片 AA 上的分量将因通过晶体后有光程差和相位差而发生干涉不出现消光. 综上所述，垂直晶片的消光现象应在视野中出现一个黑色十字，黑十字中心定义为光轴出露点.

类比于垂直晶片，对于斜切晶片，也应该在视野中出现一个黑色十字，但由于光轴是斜的，所以其光轴出露点将偏离视野中心，光轴方向偏离晶片法线方向越远，光轴出露点偏离视野中心越远，且可能出现在视野之外，此时只能看到黑色十字的一支臂在视野中扫描，如图 3.7.8 所示. 请思考在旋转载物台时，在斜切晶片的锥光现象中为什么会有一条横或竖的黑线在视野中扫描.

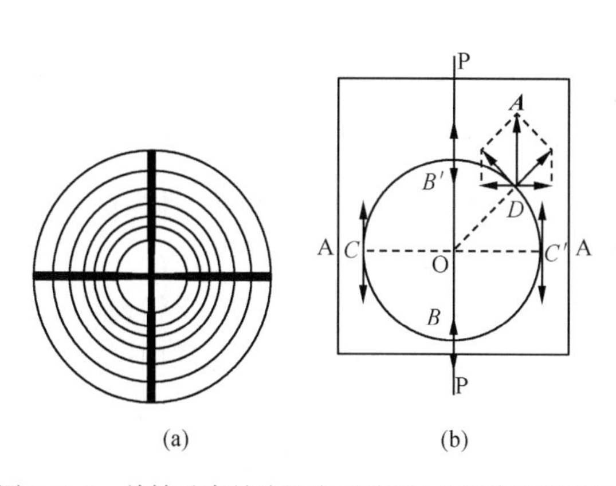

图 3.7.7　单轴垂直晶片锥光干涉图(a)及其原理图(b)

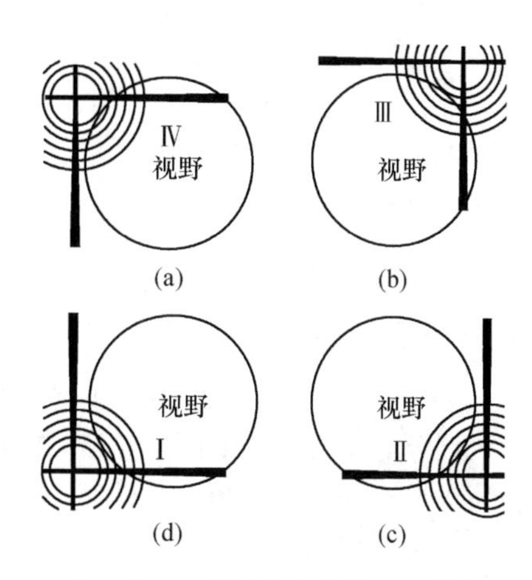

图 3.7.8　斜切晶片的锥光干涉图

现在我们来讨论锥光的干涉现象. 根据图 3.7.3，o 光和 e 光在上偏振片振动方向上的分量由于分解的原因而方向相反，即由于光的分解而引入了相位差 π，换算成光程差则为 $\lambda/2$，因此 o 光和 e 光通过上偏振片后总光程差为 $\Delta+\lambda/2$，其中 Δ 为通过晶体后 o 光和 e 光的光程差. 根据干涉加强条件 $\Delta+\lambda/2=k\lambda$ 可得，当

$$\Delta=(2k-1)\lambda/2 \tag{3.7.6}$$

时形成亮条纹.(请根据图 3.7.1 和图 3.7.6,以垂直晶片为例分析从视野中心到视野边缘 o 光和 e 光的光程差是怎样变化的,以及能否形成干涉圆环.)

对于平行晶片,锥光干涉图如图 3.7.9 所示.当光轴与上偏振片(或下偏振片)的偏振方向平行时(如图 3.7.9(a)所示),大部分光线由于其主截面平行于上偏振片(或下偏振片)偏振方向,此时只能分解出 o 光(或 e 光),而 o 光(或 e 光)又垂直于上偏振片振动方向,所以无法通过上偏振片而出现消光.但对于光线沿与上、下偏振片振动方向成 45°角且在视野边缘出射时,由于光是横波,其偏振方向必须与传播方向垂直,此时不仅主要分解出 o 光(或 e 光),同时还可分解出少量的 e 光(或 o 光),这些少量的 e 光(或 o 光)在上偏振片振动方向的分量并不为零,所以在视野中不仅出现一个粗大的黑十字,而且还在四个象限接近边缘的地方出现少许亮光.此时稍微转动载物台,黑十字立即分裂成一对双曲线,并迅速地沿光轴方向离开视域.(因其变化迅速,又称为瞬变干涉图.)继续转动载物台,当光轴与上下偏光镜振动方向成 45°角时,视域最亮,出现对称的双曲干涉带,其干涉色是由光程差 $\Delta=l(n_e-n_o)$ 所决定的,因而不同的样品的干涉图不尽相同,图 3.7.9(b)为其中之一.

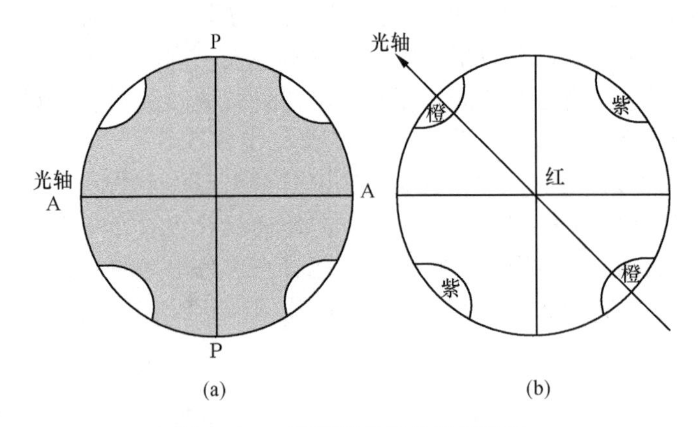

图 3.7.9　平行晶片的锥光干涉图

4. 光性正负

对于单轴晶体而言,当 $n_e>n_o$ 时晶体的光性为正,当 $n_e<n_o$ 时晶体的光性为负.如果要判断某个晶体光性的正负,则需要测出 n_e 和 n_o 的相对大小.

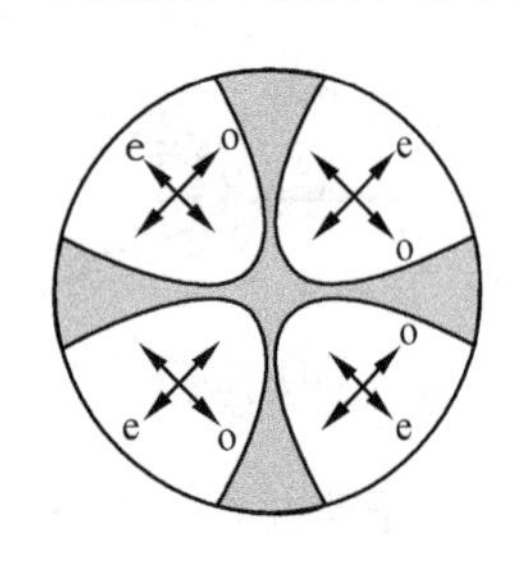

图 3.7.10　垂直晶片锥光干涉图中 o 光和 e 光的振动方向

在垂直晶片的锥光干涉图上,消光产生的黑色十字把视野划分出了四个象限,根据光的传播方向和光轴方向在四个象限中可定出 o 光和 e 光的振动方向(如图 3.7.10 所示).此时沿 Ⅱ、Ⅳ 象限插入试板(石英楔子或 λ/4 波片等),观察干涉图中四个象限内干涉色级序的升降,或根据消光原理判定 n_e 是 N_g 还是 N_p,从而确定待测样品的光性正负.图 3.7.11 给出了判别光性正负的原理图.根据锥光下不同光线的主截面的方向,以圆形视野的中心为圆心,e 光的振动方向沿该圆半径方向,而 o 光的振动方向垂直于半径方向.对于正(负)光性晶体,由于 $n_e>n_o$($n_e<n_o$),所以沿半径方向折射率大(小)而垂直于半径方

向的折射率小(大);图 3.7.11(a)和(b)以光率体的方式给出了四个象限中折射率的相对大小.

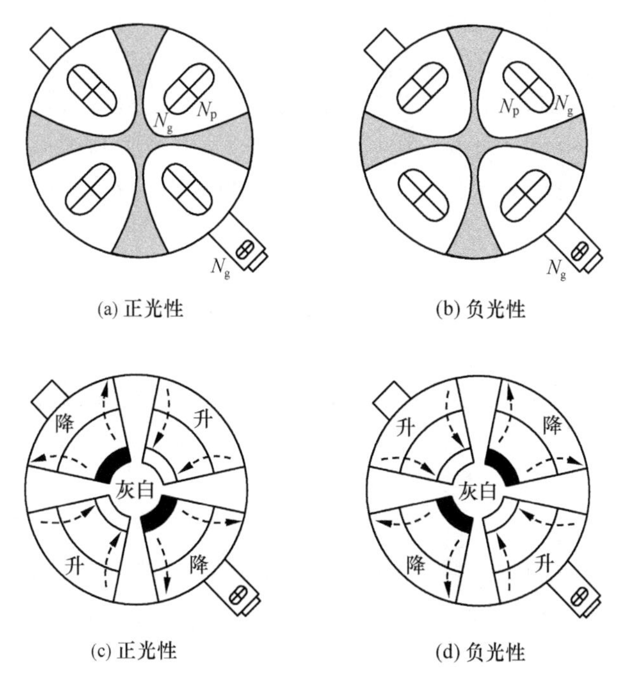

图 3.7.11　单轴垂直晶片光性正负的测定原理图

(a)和(b)为光率体分布,(c)和(d)为插入试板后光性正负的判据

当在Ⅱ、Ⅳ象限中渐渐插入石英楔子,如果在Ⅰ、Ⅲ象限中干涉色级序升高,而在Ⅱ、Ⅳ象限中干涉色级序降低,或在Ⅰ、Ⅲ象限中干涉彩环向内收缩,Ⅱ、Ⅳ象限中干涉彩环向外扩张,如图 3.7.11(c)所示,则待测样品为正光性;反之,如图 3.7.11(d)所示,待测样品为负光性. 其原理正如在消色部分中讨论的那样,对于正光性晶体,当在Ⅱ、Ⅳ象限中渐渐插入石英楔子时,根据图 3.7.11(a),在Ⅱ、Ⅳ象限中相当于两晶片异名轴平行,通过两晶片后的总光程差$\Delta=\Delta_1+\Delta_2$ 是递减的,导致干涉色级序逐渐降低;而在Ⅰ、Ⅲ象限中相当于两晶片同名轴平行,通过两晶片后的总光程差 $\Delta=\Delta_1+\Delta_2$ 是递增的,导致干涉色级序逐渐升高.

当在Ⅱ、Ⅳ象限中插入 $\lambda/4$ 波片时,如果在Ⅱ、Ⅳ象限靠近黑十字中心附近出现黑点,而在Ⅰ、Ⅲ象限相应位置上没有黑点,如图 3.7.11(c)所示,则待测样品为正光性;反之,如图 3.7.11(d)所示,待测样品为负光性. 其原理是利用总的光程差 Δ 为零出现消光. 光通过 $\lambda/4$ 波片后 o 光和 e 光的光程差 $\Delta_2=\lambda/4$,对于正光性晶体,根据图 3.7.11(a),在Ⅱ、Ⅳ象限中相当于待测样品与 $\lambda/4$ 波片异名轴平行,通过两晶片后的总光程差为 $\Delta=\Delta_1-\Delta_2$,当 $\Delta_1=\lambda/4$ 时,总光程差 $\Delta=0$,所以在 $\Delta_1=\lambda/4$ 的位置出现消光而产生黑点;而在Ⅰ、Ⅲ象限中相当于两晶片同名轴平行,通过两晶片后的总光程差 $\Delta=\Delta_1+\Delta_2$ 是不可能为零的,所以不会出现黑点.

二、实验仪器装置

偏光显微镜与一般的光学显微镜相比,主要增加了两块偏振片,同时还增加了聚光镜、勃氏镜和补偿器等.除了可旋转的下偏振片和可旋转的工作台之外,其他各光学元件均可以根据需要而加入光路中,或从光路中撤出.

偏光显微镜中的目镜、聚光镜等均为透镜组.物镜座上有两个调节螺丝,用来调节物镜中心.每台仪器均配有几个不同放大倍数的物镜和目镜.下偏振片也叫起偏振镜,它是用冰洲石制成的尼科耳棱镜或人造偏振片.上偏振片也叫检偏振镜或分析镜,其构造与下偏振片相同.同学们在实验中常用的是中级偏光显微镜和高级偏光显微镜,二者的复杂程度有所不同,但总体结构大同小异.请根据具体的实验仪器,在实验室中参看相应的仪器说明书.

三、实 验 内 容

首先,要求同学们在预习中复习下列概念:各向异性晶体、光轴、折射率椭球、主截面、o光、e光、光程差等.

1. 仪器调节

(1) 调光.将光阑开至最大,移出上偏光镜与勃氏镜,光路中不要有任何光学元件,转动反光镜至视域最亮.推入上偏光镜,转动下偏光镜,使上、下偏振片正交(请思考上、下偏振片正交的判据是什么).

(2) 准焦.选择10×目镜和40×物镜安装到偏光显微镜上,将一个晶片放到载物台中心(晶片的盖玻片一定要朝上,否则不能准焦),移出上偏光镜,然后调焦至晶片物像清楚为止.在调焦过程中,为避免镜头与晶片相撞而造成二者的损坏,必须按下列要求进行操作:先从侧面看着镜头,转动聚焦粗调旋钮,将镜头下降,至物镜几乎与晶片接触(但并未接触)时为止.然后从目镜中观察,同时转动聚焦粗调旋钮,使镜筒缓缓上升,直至视域内物像较清楚,再转动聚焦微调旋钮,使物像完全清楚.

(3) 校正中心.在偏光显微镜的光学系统中,载物台的旋转轴、物镜中轴和镜筒中轴(目镜中轴)应当严格在一条直线上.此时转动载物台,视域中的所有物像均绕视域中心做圆周运动,而不会把视域内的物像转出视域之外.如果载物台的旋转中心与物镜不共轴,则转动载物台时,视域中的所有物像均绕另一中心O'旋转,并且有的物像会转出视域之外,如图3.7.12(a)所示,这将导致某些光学性质根本不能鉴定.显微镜的镜筒中轴和载物台的旋转轴都是不可调的,只能通过调节物镜座上的两个校正螺丝进行物镜中轴的校正,直到旋转中心O'与视域中心O重合为止.

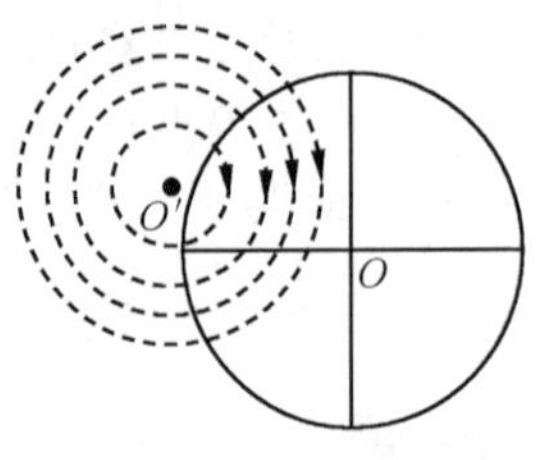

(a) 物镜中心偏离视野中心

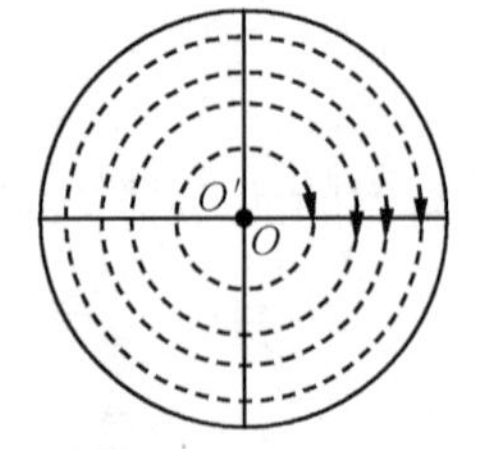

(b) 物镜中心与视野中心重合

图 3.7.12　物镜中心的校正

2. 实验观测

实验室为大家提供了两组样品.第一组样品的每个晶片都标明了晶体材料及其切割面与光轴的大致关系(垂直、平行和斜切),未标出晶片厚度.对第一组样品的观测是本实验的基本内容.第二组样品都是未知晶片,仅供做完基本实验内容而又有余力的同学练习晶体鉴定之用.因此对第二组样品的观测更接近于实际应用,其晶片在选材上特意增加了鉴定难度.

(1) 观察消光现象.在正交偏振光路中,将晶片放在载物台中心,缓缓转动载物台一周,在目镜中仔细观察,准确、完整、简练地描述和记录你所观察到的原始实验现象.对各个样品分别进行上述操作,然后对比各个晶片的实验现象,找出它们的共同点和不同点,并分析产生这些现象的原因.同时对那些出乎你预料的实验现象进行分析,并给出合理的解释.

(2) 用消色法则确定晶片慢光振动方向.在正交偏振光路中,将晶片放在载物台中心,缓缓转动载物台,找到o光和e光与上下偏振片成45°角的位置(请同学们考虑如何寻找这一位置),然后在试片孔中缓缓插入石英楔子,记录视域中出现的干涉色(不可遗漏、不可颠倒顺序),查阅表3.7.1,根据其色序升降确定样品的慢光振动方向.对所有的斜切和平行切片进行上述操作并不困难,有余力的同学还可以对垂直切片进行观测,看看能得出什么结果.

(3) 锥光干涉研究.正交偏振光路中加入锥光镜,同时还要加入勃氏镜(即一个小凸透镜,因为光通过聚光镜后以发散的锥光形式进入晶体,为了观察锥光干涉现象,则需加入勃氏镜把发散的光进行会聚).请仔细观察晶片的锥光干涉图,然后转动载物台,观察图形的变化.对各种样品都进行观察和记录,找出这些干涉图的相同点和不同点,并解释产生这些现象的原因.

(4) 鉴定光性正负.依据实验原理所提供的方法,确定所有垂直晶片的光性正负.然后开动脑筋,想办法鉴定斜切样品的光性正负.除了石英楔子试板之外,还有云母试板和石膏试板供大家选用,同学们不妨一试.

*3. 选做内容

有时间、有兴趣的同学,可以用测微尺测量视域直径,还可以从第二组晶片中选择一些未知样品,观测其可能观测的光学性质,并总结出快速鉴定样品光学性质的最佳操作步骤.如果条件允许的话,可以观察一下双轴晶体.

四、思考与讨论

(1) 光轴满足什么条件才会出现四次消光现象?出现四次消光现象的原因是什么?

(2) 根据图3.7.3,分解后的e光和o光在上偏振片振动方向上的分量大小相等,方向相反,其矢量和是否为零?为什么?

(3) 对于垂直晶片,在平行光的消光过程中它应该全消光还是不消光?

(4) 什么是1/4波片?光通过1/4波片后,e光和o光的光程差是多少?

(5) 怎样判断斜切晶片的光性正负?

(6) 根据锥光的干涉和消光现象能否判断样品的薄厚和光轴与样品表面的夹角?怎样判断?

参 考 文 献

季寿元,王德滋.1961.晶体光学.北京:人民教育出版社.
金石琦.1995.晶体光学.北京:科学出版社.
母国光,战元龄.1978.光学.北京:人民教育出版社.
汪相.2003.晶体光学.南京:南京大学出版社.
王曙.1978.偏光显微镜与显微摄影.北京:地质出版社.

王福合 编

3.8 拉曼-奈斯型声光衍射效应

声波是物体机械振动的传播形式,在固体材料中亦有横波和纵波之分,当声波的传播方向与介质质点振动方向相互垂直时为横波(S 波),如金属材料;当声波的传播方向与介质质点振动方向一致时为纵波(P 波),如弹性介质材料.当声波振动频率大于 20000Hz 以上时,超出了人耳听觉的上限,因此称之为超声波.超声波具有很强的穿透能力,与良好的定向性,比较容易获得较为集中的声能,在水中的传播距离远,广泛运用于军事(声纳定位)、工业(超声清洗)、医疗(B 超成像)等领域.1922 年,布里渊(L. Brillouin)曾预言,当高频声波在液体中传播时,如果有可见光通过该液体,可见光将发生衍射效应.这一预言在 10 年后被验证,这一现象被称为声光效应.1935 年拉曼(Raman)和奈斯(Nath)对这效应进行研究发现,超声波的声压使液体密度产生周期性的变化,即液体周期性地被压缩或者膨胀.这使得液体的折射率产生相对应的周期性变化,形成疏密波,这一分部类似于普通的相位光栅,所以也称为液体中的超声光栅,包含驻波超声光栅与行波超声光栅二种.随着激光技术的出现以及超声技术的发展,声光效应得到了广泛的应用,如制成声光调制器及偏转器,可以快速有效地控制激光光束的频率、强度和方向.目前,声光效应在激光技术、光信号处理和集成通讯技术等方面均有非常重要的应用.

通过本实验,使学生了解超声光栅的形成过程及激光超声光栅声光衍射效应的基本原理,验证超声光栅衍射与成像规律,探讨利用超声光栅衍射测量超声在介质中的声速、波长或频率.

一、实 验 原 理

声波在液体中传播时是纵向弹性波,通过液体介质传播时,将引起液体介质在时间和空间上的周期性弹性应变.由于液体的折射率与液体的密度有关,当液体被压缩,其液体密度增大,此时折射率增大;当液体膨胀,其液体密度减小,此时折射率变小.故声波使液体的折射率产生周期性变化,犹如一个动态的位相光栅,即形成了超声光栅,如图 3.8.1 所示,当光经过超声光栅时,会产生类似经过光学相位光栅一样的衍射效应.

1. 行波超声光栅

超声波 $u(x,y,t)=u_0\cos(\omega_s t-k_s x)$ 沿 x 方向传播,它引起介质在 x 方向上的弹性应变为

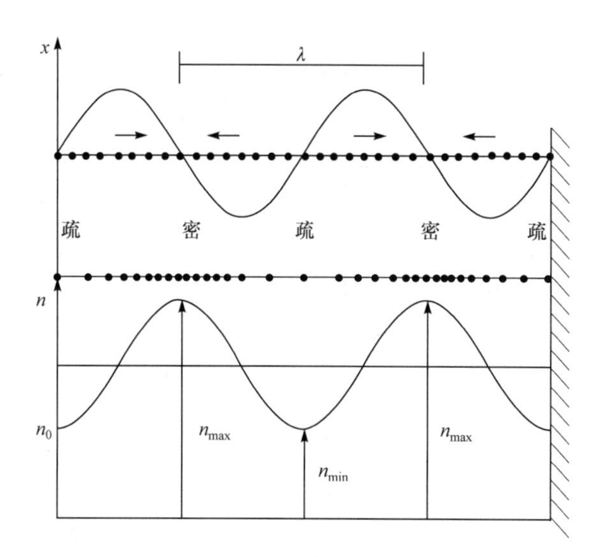

图 3.8.1　某时刻超声驻波场中介质折射率分布

$$s=\frac{\partial u}{\partial x}=-u_0\sin(\omega_s t-k_s x) \tag{3.8.1}$$

其中 ω_s 为超声波的圆频率，k_s 为超声波的波数.

用折射率椭球方程描述光在介质中的传播则有

$$\frac{x^2}{n_x^2}+\frac{y^2}{n_y^2}+\frac{z^2}{n_z^2}=1 \tag{3.8.2}$$

由胡克定律可知，在 x 方向上，由弹性应力引起的折射率椭球系数的变化为

$$\Delta\left(\frac{1}{n_0^2}\right)=ps \tag{3.8.3}$$

其中 p 称为弹光系数 .

由上式可得

$$\Delta n=-\frac{n_0^3}{2}ps \tag{3.8.4}$$

所以当超声波 u 进入介质后，介质的折射率由 n_0（为不存在超声波时的介质折射率）变为 n，其中 n 可以表示为

$$n(x,y,t)=n_0+\frac{1}{2}n_0^3 p u_0\sin(\omega_s t-k_s x) \tag{3.8.5}$$

由上式可以看出，当超声波在介质 n_0 沿着 x 方向传播，介质折射率有周期性变化，并以 $v=\frac{\omega}{k}$ 的速度向 x 方向移动，可谓“运动的超声光栅”.

如图 3.8.2 所示，入射激光沿 z 轴正向传播，超声波沿 x 轴传播，它们的圆频率分别为 ω、ω_s，波长分别为 λ、λ_s，波数分别为 $k=2\pi/\lambda$、$k_s=2\pi/\lambda_s$. 图 3.8.2 中，PZT 为压电陶瓷型的超声换能器，当 A 为吸声橡胶时，超声光栅处于行波状态 . 当超声光栅的厚度 l 很小，满足 $l\ll(\lambda_s^2/2\pi\lambda)$，即满足拉曼-奈斯衍射条件时，光波穿过此超声光栅后引起的相位差可表示为

$$\Delta\varphi(x,y,t)=\Delta\varphi_0+\delta\varphi_m\sin(\omega_s t-k_s x) \tag{3.8.6}$$

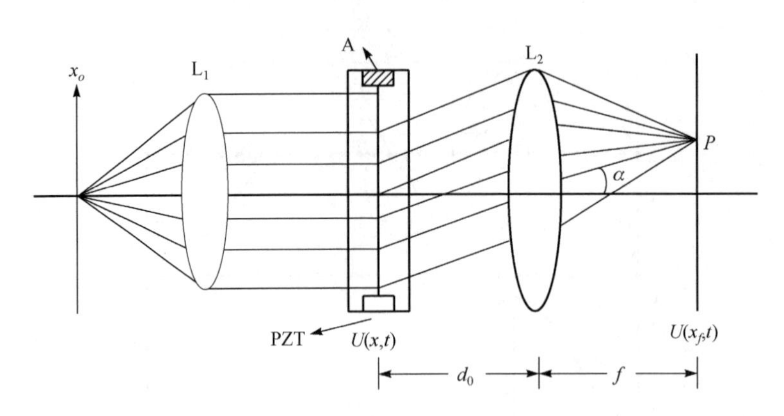

图 3.8.2　行波超声光栅测声速原理图

式中 $\Delta\varphi_0=kdn_0$ 为不存在超声波时光波通过介质时的相位差,$\delta\varphi_m=kd\Delta n_m$ 为超声波引起的相位差变化的幅值,其中 d 激光通过超声光栅的厚度. 其相应的透射率函数为

$$T(x,y,t)=\exp[\mathrm{i}\Delta\varphi(x,y,t)] \tag{3.8.7}$$

式中忽略了常数相位因子. 光波通过此超声光栅后其光场分布可表示为

$$U(x,y,t)=\exp[\mathrm{i}\omega t]T(x,y,t) \tag{3.8.8}$$

在不考虑透镜的孔径与舍去常数值的情况下,由傅里叶变换原理可知,透镜后焦面 $U_f(x_f,y_f,t)$ 的光场分布可以表示为

$$U(x_f,y_f,t)=\exp\left[\mathrm{i}\frac{k}{2f}\left(1-\frac{d_0}{f}\right)(x_f^2+y_f^2)\right]F[U(x,y,t)],\quad f_x=\frac{x_f}{\lambda f},\quad f_y=\frac{y_f}{\lambda f} \tag{3.8.9}$$

将式(3.8.6)、式(3.8.7)及式(3.8.8)代入式(3.8.9),且利用数学恒等式

$$\exp(-\mathrm{i}\alpha\cos\theta)=(-\mathrm{i})^p\sum_{p=-\infty}^{\infty}J_p(\alpha)\exp(\mathrm{i}p\theta)\text{（}J_p(p)\text{ 是 }P\text{ 阶贝塞尔函数）}$$

可得

$$U(x_f,y_f,t)=\sum_{q=-\infty}^{\infty}J_q(\delta\varphi_m)\exp[\mathrm{i}(\omega+q\omega_s)t]\times\exp\left[\mathrm{i}k\frac{q^2\lambda^2}{2\lambda_s^2}(f-d_0)\right]\delta\left[x_f+\frac{q\lambda f}{\lambda_s}\right]\delta(y_f) \tag{3.8.10}$$

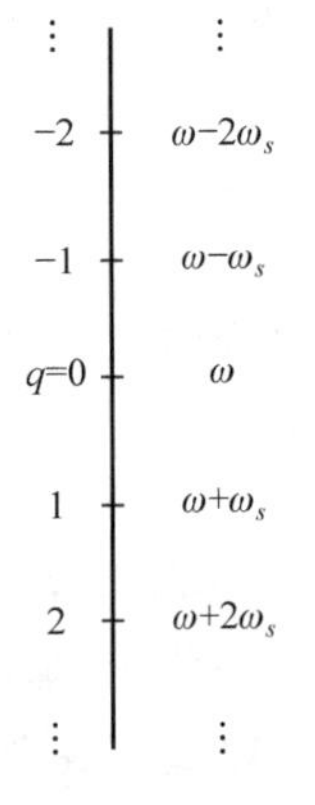

图 3.8.3　行波超声光栅成像透镜后焦面光场分布

式中忽略了常数相位因子,其中 $q\in Z$. 从式(3.8.10)中 δ 函数可见,透镜 L$_2$ 后焦面的光场只分布在 x_f 轴的一些分立的点上. 具体分布情况如图 3.8.3 所示,第 q 级衍射点处光的圆频率为 $\omega+q\omega_s$,其位置为 $x_f=-q\lambda f/\lambda_s$. 设 $K=-q$,则

$$x_{fq}=K\lambda f/\lambda_s \tag{3.8.11}$$

通过读数显微镜可测得相邻两衍射点之间的间距

$$\Delta x_f=\lambda f/\lambda_s \tag{3.8.12}$$

这样,通过上式就可以计算得到超声波在声光介质中的波长 λ_s,最后由式子 $V_s=\nu_s\lambda_s$ 得到超声波在声光介质中的声速,式中 ν_s 为声频,可以由信号发生器读取.

分析图 3.8.3 可知,每一衍射级的光频率受到调制,且每级光频率不一样. 通过对二个衍射级的相干叠加光强信号的混频测量，也可以得到超声波的圆频率 $\omega_s(\omega_s=2\pi\nu_s)$. 因此，通过对行波超声光栅频谱测量与分析，可以测量得到超声的参数，如波长、频率或速度.

2. 驻波超声光栅

在超声波传播的方向上放置一平面反射材料，如平面镜、玻璃挡板等，且保证该反射板与超声波源面之间的距离为所用超声波半波长的整数倍. 此时，前进的超声波与反射的超声波相互耦合，形成超声驻波 $u(x,y,t)=u_0[\cos(\omega_s t-k_s x)+\cos(\omega_s t+k_s x)]$，如图 3.8.4 所示，它引起介质在 x 方向的应变为

$$s=\frac{\partial u}{\partial x}=-u_0[\sin(\omega_s t-k_s x)+\sin(\omega_s t+k_s x)] \tag{3.8.13}$$

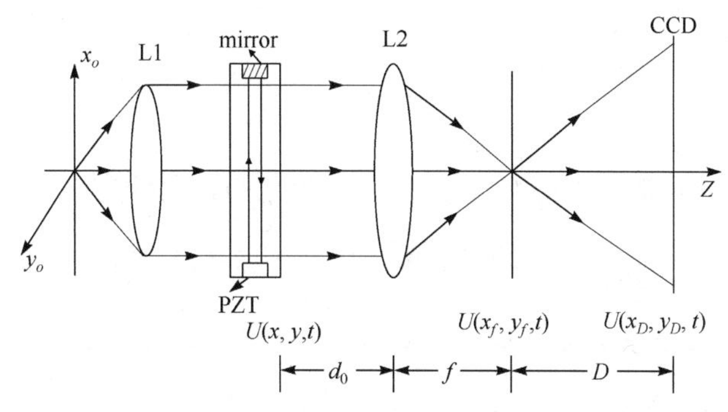

图 3.8.4　驻波超声光栅光路图

应变引起介质的折射率变化如式(3.8.4)所示，则此时介质的折射率变为

$$n(x,y,t)=n_0+\frac{1}{2}n_0^3 p u_0[\sin(\omega_s t-k_s x)+\sin(\omega_s t-k_s x)] \tag{3.8.14}$$

当一束光穿过驻波超声光栅，产生的相位差可以表示为

$$\Delta\phi(x,y,t)=\Delta\phi_0+\delta\phi_m\sin[\omega_s t-k_s(x+\Delta x)]+\delta\phi_m\sin[\omega_s t+k_s(x+\Delta x)] \tag{3.8.15}$$

Δx 为光穿过超声光栅时产生的光程差.

结合式(3.8.15)、式(3.8.7)、式(3.8.8)、式(3.8.9)，可得频谱面光场为

$$\begin{aligned}U(x_f,y_f,t)=&\sum_{n=-\infty}^{\infty}\sum_{p=-\infty}^{\infty}J_{n-p}(\delta\phi_m)J_p(\delta\phi_m)\exp[\mathrm{i}(\omega+n\omega_s)t]\\&\exp\left[\mathrm{i}k\frac{(2p-n)^2\lambda^2}{2\lambda_s^2}(f-d_0)\right]\\&\times\exp[\mathrm{i}(2p-n)k_s\Delta x]\delta\left[x_f-\frac{(2p-n)\lambda f}{\lambda_s}\right]\delta(y_f)\end{aligned} \tag{3.8.16}$$

可见，频谱面的光场只分布在 x_f 轴的一些分立的点上. 具体分布情况如图 3.8.5 所示，第 $u(u=2p-n,u\in z)$ 级衍射点的位置为 $(u\lambda f/\lambda_s,0)$，即

$$x_{fu}=u\lambda f/\lambda_s \tag{3.8.17}$$

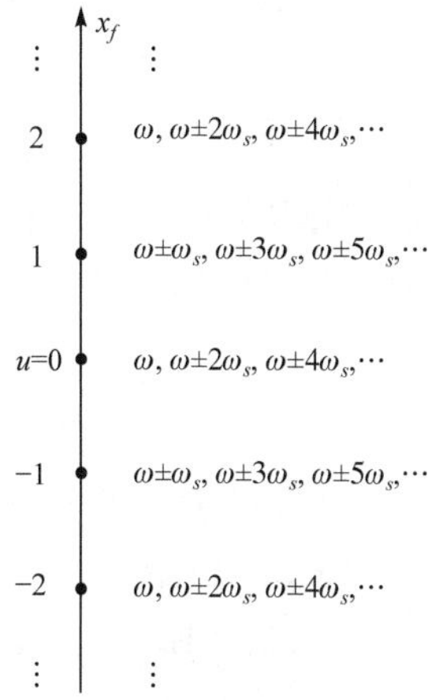

图 3.8.5　驻波超声光栅成像透镜后焦面的光场分布

上式还可以表示为

$$\lambda_s \sin\alpha = u\lambda \tag{3.8.18}$$

其中 $\sin\alpha = x_{fu}/f$，α 为 u 级衍射点的衍射角. 由上式可知，驻波状态下的超声光栅的光栅常数为 λ_s. 至此，驻波状态超声光栅的光栅常数得到了严格理论的确定.

3. 拉曼-奈斯型声光衍射光强分布解析表达式

从(3.8.16)式可知，第 u 级衍射点的光场分布在忽略常数因子后为

$$\begin{aligned} U_u = &\sum_{p=-\infty}^{+\infty} J_{p-u}(\delta\varphi_m) J_p(\delta\varphi_m) \exp\{\mathrm{i}[\omega + (2p-u)\omega_s]t\} \\ &\times \exp\left[\mathrm{i}k \frac{u^2\lambda^2}{2\lambda_s^2}(f-d_0)\right] \exp(\mathrm{i}uk_s\Delta x) \end{aligned} \tag{3.8.19}$$

相应的光强为

$$I_u = \langle U_u U_u^* \rangle = \sum\nolimits_{p=-\infty}^{\infty} J_{p-u}^2(\delta\varphi_m) J_p^2(\delta\varphi_m) \tag{3.8.20}$$

以后的分析中用 J_p 表示 $J_p(\delta\varphi_m)$ 以简化表达.

当光从透镜 L_2 后焦面传播到 CCD 面符合菲涅尔衍射条件时，CCD 面上的光场分布为

$$U(x_D, y_D, t) = F\left[\exp\left(\mathrm{i}k \frac{x_f^2 + y_f^2}{2D}\right) U(x_f, y_f, t)\right], \quad f_D = \frac{x_D}{\lambda D}, \quad f_D = \frac{y_D}{\lambda D} \tag{3.8.21}$$

式中忽略了对后面分析无关紧要的因子. 将式(3.8.16)代入式(3.8.21)得

$$\begin{aligned} U(x_D, y_D, t) = &\sum_{n=-\infty}^{\infty} \sum_{p=-\infty}^{\infty} J_{n-p} J_p \exp[\mathrm{i}(\omega + n\omega_s)t] \exp\left[\mathrm{i}k \frac{(2p-n)^2\lambda^2}{2\lambda_s^2}\left(\frac{f^2}{D} + f - d_0\right)\right] \\ &\times \exp\left[-\mathrm{i}k \frac{(2p-n)\lambda f}{D\lambda_s} x_D\right] \exp[\mathrm{i}(2p-n)k_s\Delta x] \end{aligned} \tag{3.8.22}$$

相应的光强分布为

$$I(x_D, y_D) = \langle U(x_D, y_D, t) U^*(x_D, y_D, t) \rangle \tag{3.8.23}$$

将式(3.8.22)代入式(3.8.23)展开，整理归并成不同频率和相同频率的两大项，可以看出时间积分项具有以下形式：

$$\lim_{T\to\infty} \frac{1}{2T} \int_{-T}^{T} \exp[\mathrm{i}(\omega + n_1\omega_s)t] \exp[\mathrm{i}(\omega + n_2\omega_s)t] \mathrm{d}t \tag{3.8.24}$$

当 $n_1 \neq n_2$ 时，积分项为零，即不同频率的光之间互不相干. 而当 $n_1 = n_2$ 时，积分项为常数，即相同频率的光是相干的. 所以 CCD 面上的总光强分布应为所有圆频率为 $\omega + n\omega_s$ 的光单独在 CCD 面上产生的干涉光强分布的线性叠加，即

$$I(x_D, y_D) = \sum\nolimits_{n=-\infty}^{\infty} I_n(x_D, y_D) = \sum\nolimits_{n=-\infty}^{\infty} \langle U_n(x_D, y_D, t) U_n^*(x_D, y_D, t) \rangle \tag{3.8.25}$$

由于 n 为奇数或者偶数，$I_n(x_D, y_D)$ 的表达式不同，所以需分开讨论.

首先当 n 为奇数时，设 $n=2b+1$，另设 $p=b+h$，$b, h \in Z$. 此时用 b, h 替换式(3.8.22)中的 n, p，从变换后的式(3.8.22)可知，圆频率为 $\omega + (2b+1)\omega_s$ 的光单独在 CCD 面上产生的光场分布为

$$U_{2b+1}(x_D, y_D, t) = \sum\nolimits_{h=-\infty}^{\infty} J_{b+h} J_{b+1-h} \exp[\mathrm{i}[\omega + (2b+1)\omega_s]t] \exp\left[\mathrm{i}k \frac{(2h-1)^2\lambda^2}{2\lambda_s^2}\left(\frac{f^2}{D} + f - d_0\right)\right]$$

$$\times \exp[\mathrm{i}(2h-1)k_s\Delta x]\exp\left[-\mathrm{i}k\frac{(2h-1)\lambda f}{D\lambda_s}x_D\right] \tag{3.8.26}$$

将式(3.8.26)代入式(3.8.25)得

$$\begin{aligned}I'_1(x_D,y_D) &= \sum_{b=-\infty}^{\infty}\langle U_{2b+1}(x_D,y_D,t)U^*_{2b+1}(x_D,y_D,t)\rangle \\ &= \sum_{b=-\infty}^{\infty}\left|2\sum_{h=1}^{\infty}J_{b+h}J_{b+1-h}\exp\left[\mathrm{i}k\frac{(2h-1)^2\lambda^2}{2\lambda_s^2}\left(\frac{f^2}{D}+f-d_0\right)\right]\right. \\ &\quad \left.\cdot\cos(2h-1)\left(\frac{k\lambda f x_D}{D\lambda_s}-k_s\Delta x\right)\right|^2\end{aligned} \tag{3.8.27}$$

上式表示所有圆频率为 $\omega+(2b+1)\omega_s$ 的光在CCD面上产生的总光强分布．而当 n 为偶数时，设 $n=2b$，另设 $p=b+h, b, h\in Z$. 通过与上面类似的分析，可得所有圆频率为 $\omega+2b\omega_s$ 的光在CCD面上产生的总光强分布为

$$I'_2(x_D,y_D) = \sum_{b=-\infty}^{\infty}\left|J_b^2+2\sum_{h=1}^{\infty}J_{b+h}J_{b-h}\exp\left[\mathrm{i}k\frac{2h^2\lambda^2}{\lambda_s^2}\left(\frac{f^2}{D}+f-d_0\right)\right]\cos 2h\left(\frac{k\lambda f x_D}{D\lambda_s}-k_s\Delta x\right)\right| \tag{3.8.28}$$

将式(3.8.27)、式(3.8.28)代入式(3.8.25)得CCD面上的总光强分布为

$$\begin{aligned}I'(x_D,y_D) &= I'_1(x_D,y_D)+I'_2(x_D,y_D) \\ &= \sum_{b=-\infty}^{\infty}\left\{\left|2\sum_{h=1}^{\infty}J_{b+h}J_{b+1-h}\exp\left[\mathrm{i}k\frac{(2h-1)^2\lambda^2}{2\lambda_s^2}\left(\frac{f^2}{D}+f-d_0\right)\right]\right.\right. \\ &\quad \left.\cdot\cos(2h-1)\left(\frac{k\lambda f x_D}{D\lambda_s}-k_s\Delta x\right)\right|^2 \\ &\quad \left.+\left|J_b^2+2\sum_{h=1}^{\infty}J_{b+h}J_{b-h}\exp\left[\mathrm{i}k\frac{2h^2\lambda^2}{\lambda_s^2}\left(\frac{f^2}{D}+f-d_0\right)\right]\cos 2h\left(\frac{k\lambda f x_D}{D\lambda_s}-k_s\Delta x\right)\right|^2\right\}\end{aligned} \tag{3.8.29}$$

当 D 足够大，满足 $D\gg(ku^2\lambda^2 f^2/2\lambda_s^2)_{\max}$ 时，上式表示远场光场强度分布．至此理论上推导出了拉曼-奈斯衍射条件下激光垂直穿过超声驻波后的光强分布表达式．

上式中 $J_p^2(\delta\varphi_m)$ 随 $\delta\varphi_m$ 值的变化如图3.8.6所示.

设满足 $J_p^2(\delta\varphi_m)\gg J_q^2(\delta\varphi_m)(|p|<|q|, p, q\in Z)$. 对式(3.8.29)进行简化，简化时只考虑系数含有 $J_0^4, J_0^2J_{\pm1}^2$ 这三个值的项，其他值为系数的项相对来说为小值可以忽略. 据此，可对式(3.8.27)和式(3.8.28)进行简化. 令式(3.8.27)中 h 只取1，b 只取0和-1，其简化为

$$I'_1(x_D,y_D)=4J_0^2J_1^2\left[1+\cos 2\left(\frac{k\lambda f x_D}{D\lambda_s}-k_s\Delta x\right)\right] \tag{3.8.30}$$

(3.8.27)式中 h 只取1，表示只考虑±1级衍射点在CCD面上产生的光强分布，而 b 只取0和-1，表示只考虑圆频率为 $\omega+\omega_s$ 和 $\omega-\omega_s$ 的光在CCD面上产生的光强分布，所以式(3.8.30)表达的物理含义为±1级衍射点之间，圆频率分别为 $\omega+\omega_s$ 和 $\omega-\omega_s$ 的光单独在CCD面上产生的干涉光强分布的线性叠加. 同时式(3.8.30)也可表示简化的±1级衍射点在CCD面上产生的光强分布，它是一组平行于 y 轴的直条纹，条纹间距为 $T=(D\lambda_s/2f)$，对于 Δx 的周期为 $\dfrac{\lambda_s}{2}$.

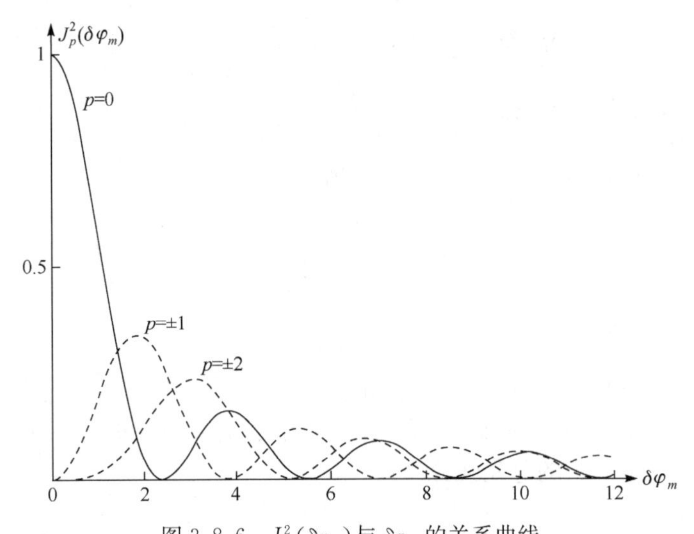

图 3.8.6　$J_p^2(\delta\varphi_m)$与$\delta\varphi_m$的关系曲线

式(3.8.28)中h只取0和1,b只取0,其简化为

$$I_2'(x_D,y_D)=J_0^4-4J_0^2J_1^2\cos\frac{2k\lambda^2}{\lambda_s^2}\left(\frac{f^2}{D}+f-d_0\right)\cos 2\left(\frac{k\lambda f x_D}{D\lambda_s}-k_s\Delta x\right) \tag{3.8.31}$$

式中忽略了系数为$4J_1^4$的项.式(3.8.28)中h只取0和1,表示只考虑0级和±2级衍射点在CCD面上产生的光强分布,而b只取0,表示只考虑圆频率为ω的光在CCD面上产生的光强分布,所以式(3.8.31)表达的物理含义为0,±2级衍射点之间,圆频率为ω的光单独在CCD面上产生的干涉光强分布.同时式(3.8.31)也可表示简化的0,±2级衍射点在CCD面上产生的光强分布,它是一组平行于y轴的直条纹,条纹间距为$T=(D\lambda_s/2f)$,对于Δx的周期为$\frac{\lambda_s}{2}$.

可得此时CCD面上的总光强分布简化为

$$I'(x_D,y_D)=J_0^4+4J_0^2J_1^2+4J_0^2J_1^2\left[1-\cos\frac{2k\lambda^2}{\lambda_s^2}\left(\frac{f^2}{D}+f-d_0\right)\right]\cos 2\left(\frac{k\lambda f x_D}{D\lambda_s}-k_s\Delta x\right) \tag{3.8.32}$$

此式表明此时CCD面上的总光强分布是一组平行于y轴的直条纹,条纹间距为$T=(D\lambda_s/2f)$,对于Δx的周期为$\frac{\lambda_s}{2}$,衬比度为

$$\gamma=\frac{4J_1^2\left[1-\cos\frac{2k\lambda^2}{\lambda_s^2}\left(\frac{f^2}{D}+f-d_0\right)\right]}{J_0^2+4J_1^2} \tag{3.8.33}$$

二、实验装置

1. 实验仪器与光路

实验仪器:激光器组件、扩束镜组件、准直镜组件、超声换能器、信号发生器、水槽、滤波

器组件和白屏组件、CCD、计算机．

实验光路如图 3.8.7 所示．

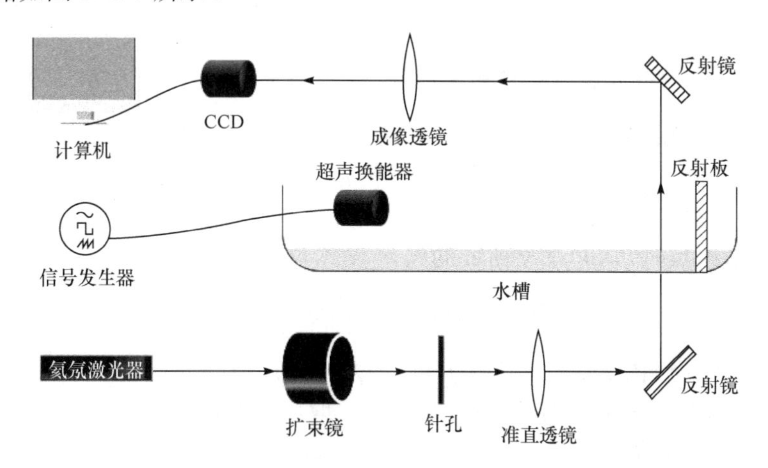

图 3.8.7　实验装置图

2. 系统搭建

首先进行系统光路的调节．先利用两个等高小孔光阑调节激光器出射后的准直，其高度应与水槽侧面的通光窗口中心一致．再调节显微物镜高度，使光从其光轴穿过，接着在显微物镜后面加上针孔，调节针孔，使得针孔后光最亮最均匀，此时针孔处于显微物镜后焦面中心．接着调节激光的水平，使针孔后的小孔光阑处于出射光束的中心．

接着调节超声波场，使其处于驻波状态. 为保证声光介质中超声波处于驻波状态，实验时在超声波前行方向上放置一个与超声波波阵面平行的平面镜. 到达平面镜的超声波将反射而沿反方向传播. 当换能器表面与镜面之间的距离为超声波在声光介质中波长一半的整数倍时，前进波与反射波叠加形成驻波．实验时，平面镜可由有机玻璃水槽的槽壁代替. 在对超声驻波场进行调节的过程中，可通过观察 CCD 处接收的条纹图像的衬比度来判断超声场内驻波的成分. 当 CCD 处接收的条纹图像的衬比度达到最大时，可以判断此时超声场为驻波状态．

实验时超声换能器的驱动频率为 4MHz，驱动电压最大值为 20V. 水温为 26℃，此时超声波在纯水中的速度为 1499.6m/s. 此时透镜后焦面的衍射光强分布如图 3.8.8 所示.

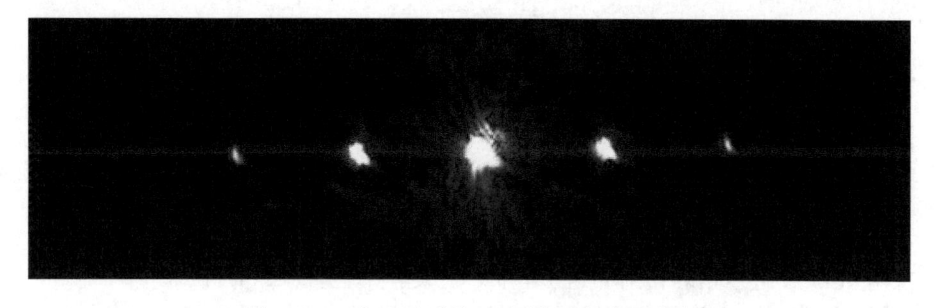

图 3.8.8　实验时透镜 L2 后焦面的光强分布

三、实验内容

1. 不同衍射级的驻波超声光栅成像实验

为验证透镜 L_2 后焦面上各级衍射点单独存在时与全部衍射点都存在时,CCD 面上所成像之间的关系,制作一些空间滤波器. 这些滤波器放置在透镜 L_2 后焦面上,可以使得透镜 L_2 后焦面上分别只保留±1 级和 0,±2 级衍射点. 记录透镜 L_2 后焦面上分别只存在±1 级和 0,±2 级衍射点时,CCD 面上所成的像.

2. 驻波超声光栅衍射总光强分布衬比度为 0 的实验

为证明当文字说明? $2k\lambda^2(f^2/D+f-d_0)/\lambda_s^2=2a\pi, a\in Z$ 时,不对透镜 L_2 后焦面进行空间滤波时,CCD 面上光强分布的衬比度 $\gamma=0$ 采取单一变量法,具体实验如下.

(1) 验证当 $d_0=f$ 时,且 $D=2\lambda f^2/a\lambda_s^2, a\in Z^+$ 时,$\gamma=0$.

实验所用透镜 L_2 的焦距为 $f=30.5$ cm. 实验时先调节透镜 L_2,利用毫米尺及微小位移台,使得 $d_0=f$,接着慢慢由远及近调节 CCD 的位置,当 CCD 上显示的条纹图案衬比度最低时记录此时的 D 值. 记录前四个 D 值,并分析百分误差.

(2) 验证当 D 远大于 d_0 的变化量 Δd,且当 D 足够大,使 $2\lambda f^2/D\lambda_s^2\approx 0$, $\cos(2k\lambda f^2/D\lambda_s^2)\approx 1$ 时,且当 $d_0=f+a\lambda_s^2/2\lambda, a\in Z$ 时,$\gamma=0$.

此实验所用透镜 L_2 的焦距为 $f=10.5$cm,而在 d_0 由小变大过程中 CCD 面上条纹衬比度首次为 0 时,此时的 $D=369$cm,使得 $2\lambda f^2/D\lambda_s^2=0.027\approx 0$, $\cos(2k\lambda f^2/D\lambda_s^2)=0.986\approx 1$,满足上面的第二个条件. 因为当 $D=369$cm 时,接收屏幕上所显示的条纹图案的条纹间距很大,肉眼能够清楚的辨认. 所以此实验中 CCD 面上实际放的是一个屏. 使 D 值满足上面的第一个要求,测四个 d_0,且令变化量 Δd 的理论值为 33.3cm 远小于 D 值 369cm,分析百分误差.

四、思考与讨论

(1) 超声光栅与普通光栅的衍射有何异同?

(2) 超声行波光栅与驻波光栅的衍射光场有何区别?

(3) 空间频谱面不同衍射极点代表的物理含义?

参考文献

顾德门. 1979. 傅里叶光学导论. 詹达三,董经武,顾本源 译. 北京:科学出版社,96~101.

梅振林,隋成华. 2004. 超声光栅测量声速的研究及仪器化实现. 大学物理实验,17(1):28~31.

阮立锋,唐志列,刘雪凌. 2013. 基于傅里叶分析的拉曼-奈斯声光衍射光强分布的研究. 光学学报,33(3):0307001.

石顺祥,张海兴,刘劲松. 2000. 物理光学与应用光学. 西安:西安电子科技大学出版社,265~267.

吴庚柱,王建华. 1999. 超声光栅测液体声速原理和实验. 大学物理实验,12(4):4~8.

易明,刘立新,吴志贤,等. 1987. 超声驻波波面的激光相关成像. 光学学报,7(2):175~180.

吴泳波 编

3.9　光学自成像实验

1836 年，塔尔博特(H. F. Talbot)用一束单色源照射一个光栅时，在光栅后面一定距离处观察到了光栅自身的像. 人们把这种现象定义为塔尔博特效应(Talbot effect)，由于不需要使用透镜，所以又叫作无透镜成像. 大约半个世纪之后，1881 年，瑞利(L. Rayleigh)第一次在理论上做出分析并给出了这个实验现象的解释，他认为这是由空间相干平面波的干涉衍射效应产生的. 从塔尔博特效应的发现到瑞利对它做出了解释，大约经历了 50 年. 此后，在 20 世纪初，Winkelmann、Weisel 和 Wolfke 在显微镜的光栅成像中再次发现了塔尔博特效应. 直到许多年后，Cowley 和 Moodie 重新提出了这个效应. 在 20 世纪 50 年代中期，Cowley 和 Moodie 在他们的开创性工作中对周期性物体后面菲涅耳衍射场的性质做了深入的研究，发现在纵向某些整数倍的 z_T 距离上光栅结构会重复出现. 他们把这些定义清楚的(well-defined)物体图像称作傅里叶图像(Fourier image)，而把在傅里叶图像之间的中等强度的图像称作菲涅耳图像(Fresnel image). 在后来的研究中，这种菲涅耳图像引起了 Rogers 尤其是 Winthrop 和 Worthington 等人极大的兴趣，使得他们在这方面做了大量的研究工作. 70 年代，Montgomery 提出了“自成像”的说法形象地描述了塔尔博特效应，从此以后，塔尔博特效应也被称为自成像效应，这两个词都被广泛使用. 塔尔博特效应看似只是一个很简单的光学现象，其实它包含了很多深层次的物理意义，正是这种简单而又完美的效应，吸引了大量科研工作者对它不断地研究. 时至今日，仍有一些物理现象未能得到合理的解释.

本实验将介绍光学自成像的原理和方法，通过实验，了解光学自成像现象，掌握光学光路和各类光学元件水平调节方法，熟悉 CCD 使用操作，呈现出一维光栅光学自成像现象，并计算它的塔尔博特距离.

一、基 本 原 理

光学自成像效应，又称为塔尔博特效应，是指当一束单色平面光照射到周期性物体上时，会在其后方一定距离处出现其自身的像. 由于不需要使用透镜，所以也叫作无透镜成像. 实验中使用的周期性物体可以是最简单的一维光栅结构，也可以是二维点阵结构. 这一现象最早在 1836 年被塔尔博特发现，其后对于光学自成像的研究一直持续. 目前在 X 射线成像技术、光学精密测量等领域有着广泛的应用.

图 3.9.1 给出了一幅经典一维塔尔博特效应在 x-z 平面的光场强度分布图，其中 z 轴沿着水平方向，光的传播方向就是沿 z 方向；x 轴沿竖直方向，光栅在 x 方向是周期性分布的. 在 $z=0$ 时相当于光栅的后表面光强分布，它反映的是光栅的透射函数. 我们从图 3.9.1 中可以清楚地看到：当传播的长度为 z_T 时，得到的干涉图样和光栅的周期完全相同，而且沿 x 轴的位置分布也完全相同，z_T 就被定义为塔尔博特距离. 距离为 z_T 处的衍射场完美再现了光栅后表面的光强分布，以 $z_T/2$ 为分界面，前后两边的图形呈对称分布.

对于一维周期结构，从图 3.9.1 我们可以看到，当光传播到距离为 $z=\frac{1}{2}z_T$ 时，衍射光强分布形状以及周期大小和 $z=0$、$z=z_T$ 时都相同，但是在 x 轴方向上相同位置处的分布却

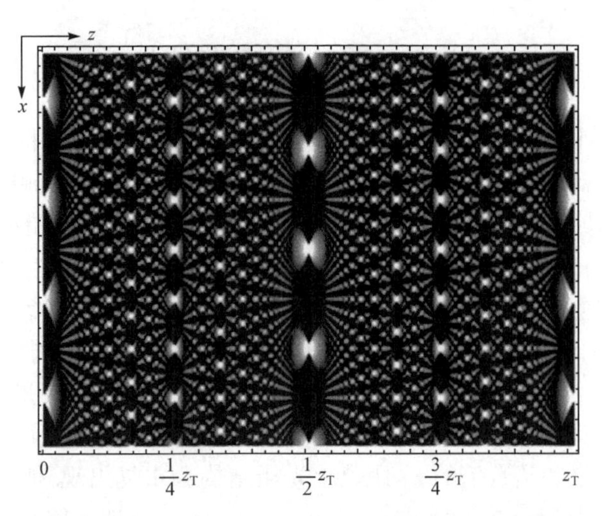

图 3.9.1 塔尔博特效应在平面的光场强度分布图

不完全一致,对比于 $z=0$ 时,干涉图像有一个小的平移,平移的距离是光栅周期的一半. 当传播距离为 $z_T/4$ 时,所得到的图像变得小而密,相比于原光栅,干涉图像的周期变为原来的一半. 当传播距离为 $z_T/3$ 时,干涉图像的周期变为光栅的 1/3.

以一维光栅为例,假定一维线性光栅的周期为 T,使用单色平面光波照射,则在光栅的后表面光场的分布可以写成一个卷积的形式,其中 $u_0(x)$代表一个周期内的光场分布,$*$ 代表卷积

$$U(x)=u_0(x)*\sum_{n=-\infty}^{\infty}\delta(x-nT) \tag{3.9.1}$$

卷积的一个重要特性:两个函数卷积的傅里叶变换等于两个函数分别做傅里叶变换后的乘积,对上式两边同时做傅里叶变换,并令

$$F[U(x)]=A(f_x) \tag{3.9.2}$$

$$F[u_0(x)]=A_0(f_x) \tag{3.9.3}$$

其中 f_x 是空间频率,注意到

$$\sum_{n=-\infty}^{\infty}\delta(x-nT)=\sum_{n=-\infty}^{\infty}\delta\left(T\left(\frac{x}{T}-n\right)\right)=\frac{1}{T}\sum_{n=-\infty}^{\infty}\delta\left(\frac{x}{T}-n\right)=\frac{1}{T}\mathrm{Comb}\left(\frac{x}{T}\right) \tag{3.9.4}$$

其中 Comb 是梳状函数,利用 Comb 函数的特性

$$F\left[\mathrm{Comb}\left(\frac{x}{T}\right)\right]=T\mathrm{Comb}(f_xT) \tag{3.9.5}$$

则式(3.9.1)傅里叶变换后的形式可以写出

$$A(f_x)=A_0(f_x)\cdot\mathrm{Comb}(f_xT) \tag{3.9.6}$$

光在空间中自由传播的传递函数为

$$H(f_x,f_y)=\begin{cases}\exp\left(\mathrm{i}2\pi\dfrac{z}{\lambda}\sqrt{1-(\lambda f_x)^2-(\lambda f_y)^2}\right) & \sqrt{f_x^2+f_y^2}<\dfrac{1}{\lambda}\\ 0, & 其他\end{cases} \tag{3.9.7}$$

其中 f_x,f_y 为平面波的空间频率. 在傍轴近似下可以对式(3.9.7)做进一步近似,有

$$H(f_x,f_y)=\exp\left(\mathrm{i}2\pi\frac{z}{\lambda}\right)\exp(-\mathrm{i}\pi z\lambda f_x^2)\exp(-\mathrm{i}\pi z\lambda f_y^2)\ \sqrt{f_x^2+f_y^2}<\frac{1}{\lambda} \tag{3.9.8}$$

对于一维的光栅,不考虑 y 方向的长度,仅分析 x 方向的光场分布从而可以简化计算过程,

在光栅后面距离为 z 的平面上，空间频谱可以写为

$$A(f_x,z)=A(f_x)H(f_x)=A_0(f_x)\mathrm{Comb}(f_xT)\exp\left(\mathrm{i}2\pi\frac{z}{\lambda}\right)\exp(-\mathrm{i}\pi z\lambda f_x^2) \tag{3.9.9}$$

由式(3.9.9)我们就可以直接得到光栅后距离为 z 的平面上的光场分布，对式(3.9.9)做傅里叶逆变换

$$U(x,z)=\exp\left(\mathrm{i}2\pi\frac{z}{\lambda}\right)F^{-1}\left[A_0(f_x)\mathrm{Comb}(f_xT)\exp\left(-\mathrm{i}\pi z\lambda\frac{1}{T^2}h^2\right)\right] \tag{3.9.10}$$

其中 h 为整数，当

$$z\lambda\frac{1}{T^2}h^2=2m \tag{3.9.11}$$

时，m 为任意整数，则

$$\exp\left(-\mathrm{i}\pi z\lambda\frac{1}{T^2}\right)=1 \tag{3.9.12}$$

此时，显而易见，式(3.9.10)的表达式变得尤为简单，在 z 处的光场可以写为 $U(x)$ 与一个相位乘积的形式，即

$$U(x,z)=\exp\left(\mathrm{i}2\pi\frac{z}{\lambda}\right)U(x) \tag{3.9.13}$$

此时，可以得到塔尔博特距离

$$z_{\mathrm{T}}=\frac{2T^2}{\lambda} \tag{3.9.14}$$

一维光栅的自成像可以在塔尔博特距离的整数倍得到.

由此可以很明显地看出，当传播的距离为塔尔博特距离的整数倍时，衍射光场在 z 处与光栅后表面($z=0$ 处)相比仅相差一个相位因子，该相位因子仅与传播的距离有关，不影响衍射光场的强度分布，这正是在塔尔博特距离上重复出现物体自身像的原因，也就是“自成像”.

二、实验仪器装置

He-Ne 激光器、Ri-2 CCD 相机、50 倍物镜、一维线性光栅、三维位移调节平台等.

三、实 验 内 容

1. 实验光路调节

本实验的光路如图 3.9.2 所示. 实验采用的光源是波长为 632.8nm 的 He-Ne 激光器，物面位置放置一维平面光栅样品，最后利用一台连接计算机的尼康 Ri-2 CCD 相机获得图像. 通过调节各光学元件位置，从而完成光路调节，获得整个光路的准直.

2. 定标

由于光路中使用了物镜，对成像结果进行了放大，就需要对实验的图像结果进行定量标定. 在物面位置放置标尺，聚焦到最清晰像，标定此时光路下标尺所对应的成像大小. 计算图像中单像素点对应的尺寸大小.

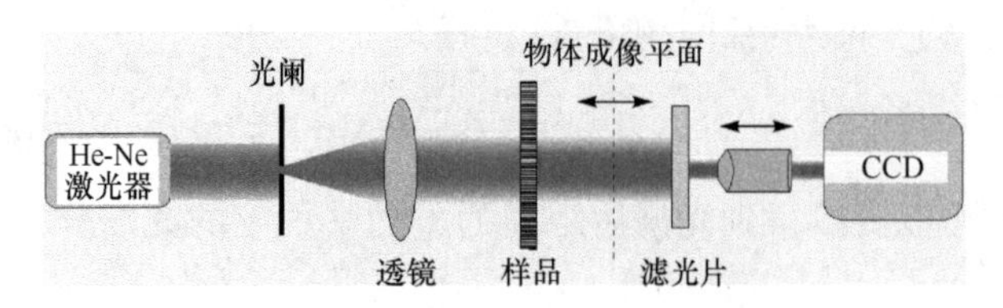

图 3.9.2　实验光路图

3. 测量

将一维光栅放置于物面位置，调节光栅和物镜位置，使光栅在CCD中呈现清晰的像，对图像进行观察并拍摄，调节物镜位置，每间隔一段距离拍摄一张图片.

4. 图像处理

利用MATLAB软件对拍摄的图像进行处理，计算出样品光栅的周期，并代入式(3.9.1)中计算得到光栅的塔尔博特距离. 从拍摄的图片中找出1/4和1/2塔尔博特距离的图像，与理论进行对比.

四、思考与讨论

(1) 请描述光学系统如何进行准直.
(2) 光学自成像效应在目前社会中的应用有哪些? 请举例说明.

参考文献

苏显渝. 2010. 信息光学原理. 北京：电子工业出版社.

顾　敏　编

单元4 真空技术

4.1 高真空的获得与测量

真空是指压强低于一个大气压的气态空间，即分子密度小于 $2.5\times10^{19}\text{cm}^{-3}$ 的给定空间. 由于真空的压强低于一个标准大气压，故真空容器表面承受着大气的压力作用，压力的大小由容器内外压强差决定；真空中气体较稀薄，故分子之间或分子与其他粒子(如电子、离子)之间的碰撞频率就较低，在一定时间内气体分子与容器表面的碰撞次数也相应减少. 真空的这些特点，被广泛应用于工业生产、科学研究的各个领域. 例如，利用压差可制成真空吸盘、真空送料(液体、粉末、谷物等)；而原子能科学研究中常用的高能粒子加速器内部也需要良好的真空，它利用了真空中分子密度较小的特点，使被加速的粒子与分子之间的碰撞次数减少，从而减少粒子运动过程中的能量损失.

真空技术是研究真空这个特殊空间里的气体状态，基本内容有真空物理，真空的获得、测量、检漏，以及真空系统的设计和计算等. 本实验的目的是使学生了解真空技术的基本知识，掌握高真空的获得、测量和检漏的基本原理及方法.

一、实验原理

1. 真空度及真空区域的划分

真空高低的程度是用真空度这个物理量来衡量的，即用真空度来描述气体的稀薄程度. 容器中单位体积中的分子数即分子密度 n 越小，表明真空度越高. 但由于气体分子密度这个物理量不易度量，真空度的高低便常以同温下气体的压强来表示，所以真空度的单位也就是压强的单位. 根据公式 $p=nkT$，相同温度下，气体压强 p 越高，分子密度 n 就越大，真空度当然就越低；相反，气体压强 p 越低，分子密度 n 就越小，真空度也就越高. 显然，真空度的单位就是压强的单位，其国际单位是 Pa，它与单位 Torr 的关系：1Torr＝133.3Pa.

由于气体在不同真空度下表现出的物理特性不同，根据真空泵和真空规的有效使用范围以及真空技术应用特点，国内通常把真空度定性地划为如下五个区段(这种划分并非唯一)：

粗真空	$10^{6}\sim10^{4}$ Pa	(760～10Torr)
低真空	$10^{4}\sim10^{-1}$ Pa	($10\sim10^{-3}$ Torr)
高真空	$10^{-1}\sim10^{-6}$ Pa	($10^{-3}\sim10^{-8}$ Torr)
超高真空	$10^{-6}\sim10^{-10}$ Pa	($10^{-8}\sim10^{-12}$ Torr)
极高真空	$<10^{-10}$ Pa	($<10^{-12}$ Torr)

就物理现象来说，粗真空以分子相互碰撞为主；低真空中分子相互碰撞和分子与器壁碰撞不相上下；高真空时主要是分子与器壁碰撞；超高真空下分子碰撞器壁的次数减少而形成

一个单分子层的时间已达到数分钟以上；极高真空时分子数目极为稀少以致统计涨落现象比较严重(大于5%)，经典统计规律产生了偏差.

2. 真空的获得

各级真空均可通过各种真空泵来获得. 目前，真空泵可分为两种——外排型和内吸型. 所谓外排型是指将气体排出泵体之外，如旋片式机械泵、扩散泵和分子泵等；内吸型是指将气体吸附在泵体之内的某一固体表面上，如吸附泵、离子泵和冷凝泵等. 但无论何种泵，都不可能在整个真空范围内工作，图 4.1.1 标出了它们适应的工作范围. 从图中可以看出，有些泵可直接从大气压下开始工作，但极限真空度都不高，如机械泵和吸附泵，通常这类泵用作前级泵；而有些泵则只能在一定的预备真空条件下才能开始正常工作，如扩散泵、离子泵等，这类泵需要前级泵配合，可作为高真空泵.

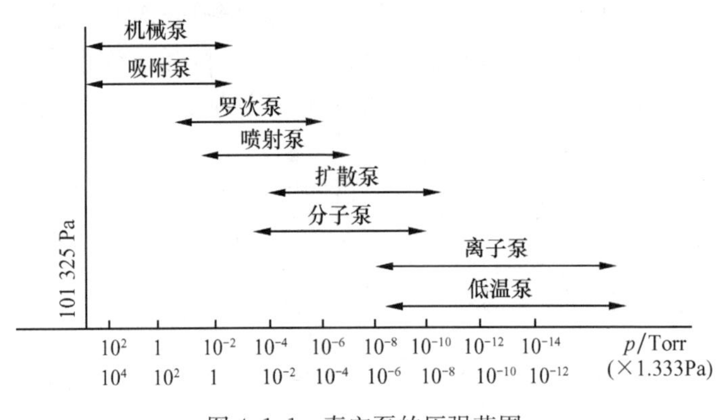

图 4.1.1 真空泵的压强范围

1) 低真空的获得

获得低真空常用的方法是采用机械泵. 机械泵是运用机械方法不断地改变泵内吸气空腔的容积，使被抽容器内气体的体积不断膨胀从而获得真空的泵. 机械泵的种类很多，目前常用的是旋片式机械泵. 其主要性能指标是极限真空度(一般可达 $10^{-2}\sim10^{-3}$ Torr)和抽气速率(一般为 60～240L·s^{-1}).

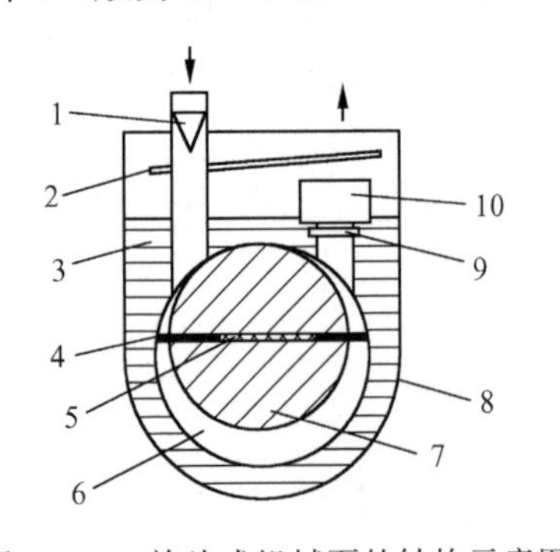

图 4.1.2 旋片式机械泵的结构示意图

1. 滤网；2. 挡油板；3. 真空泵泵油；4. 旋片；5. 旋片弹簧；6. 空腔；7. 转子；8. 油箱；9. 排气阀门；10. 弹簧板

图 4.1.2 是旋片式机械泵的结构示意图，它是由一个定子和一个偏心转子构成的. 定子为一圆柱形空腔，空腔上装着进气管和出气阀门，转子顶端保持与空腔壁相接触，转子上开有两个槽，槽内安放两个旋片，旋片间有一弹簧. 当转子旋转时，两旋片的顶端始终沿着空腔的内壁滑动. 整个空腔放置在油箱内.

工作时，转子带着旋片不断旋转，就有气体不断排出完成抽气作用. 旋片旋转时的几个典型位置如图 4.1.3 所示. 当刮板 A 通过进气口如图 4.1.3(a)所示的位置时开始吸气，随着旋片 A 的运动，吸气空间不断增大，到图 4.1.3(b)所示位置时达到最大. 旋片继续运动，当旋片A运动到如图4.1.3(c)所示位置时，开始压缩气体，压缩到压强大于一个标准大气压时，排气阀门自动打开，气体被排到大气中，如图4.1.3(d)所示. 之后就进入下一个循环.

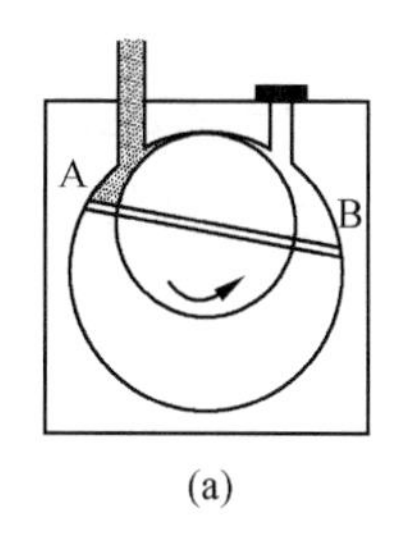

(a)

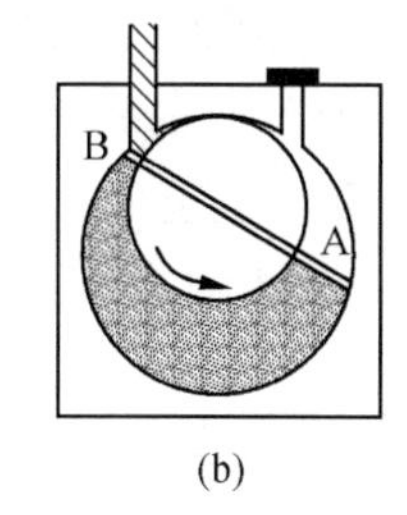

(b)

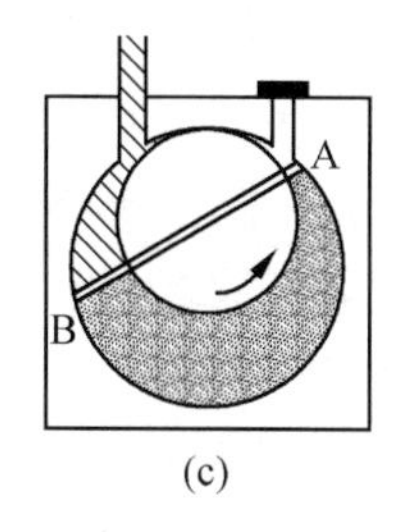

(c)

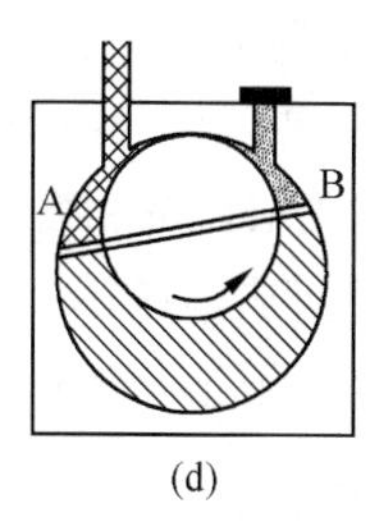

(d)

图4.1.3　旋片旋转时的几个典型位置

蒸气压较低而又有一定黏度的机械泵油的作用是作密封填隙，以保证吸气和排气空腔不漏气，另外还起润滑和在气体压强较低时帮助打开阀门的作用.

注意　由于机械泵工作时是靠电动机的动力维持着抽气口和排气口的压强差，一旦停止工作，排气口的大气压将把真空泵油压到定子腔中，造成返油事故. 因此，机械泵停止工作后必须使抽气口与大气相通，使泵的进气口和排气口气压平衡.

2）高真空的获得

最早用来获得高真空的泵是扩散泵，目前依然广泛使用. 它是利用气体扩散现象来抽气的，通常根据结构材料不同可分为玻璃油扩散泵和金属油扩散泵两类. 图4.1.4是玻璃油扩散泵的剖面图，底部为储油罐，当扩散泵油被加热后，油蒸气可以沿蒸气导管上喷，然后被喷口帽阻挡后折反向下喷射，高速定向喷射的油分子在喷嘴出口处的蒸气流中形成一低压，将扩散进入蒸气流的气体分子带至泵口被前级泵抽走，而油蒸气在到达泵壁后被冷却水套冷却后凝聚，返回泵底再被利用.

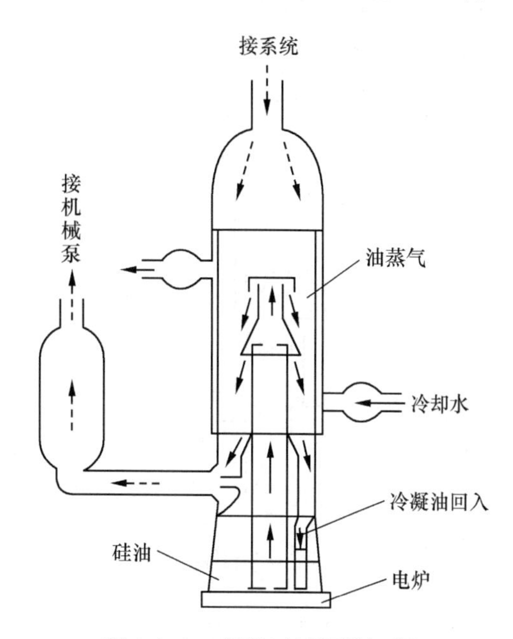

图4.1.4　玻璃油扩散泵剖面图

注意　为了防止泵油在高温下被氧化变质失效和降低汽化点使之容易沸腾，油扩散泵必须在被前级泵抽至预备真空(压强在10^{-2}～10^{-3}Torr或以下)状态下才能开始加热.

油扩散泵的极限真空度主要取决于油蒸气压和反扩散两部分，目前一般能达到10^{-6}～10^{-8}Torr. 其抽气速率为250～25 000L·s^{-1}.

3. 真空的测量

测量真空度的装置称为真空计或真空规.

1）粗真空的测量——U形管压强计

U形管压强计是最简单的绝对压强计，分为开管和闭管两种. 本实验采用闭管式. 测量时将U形管开口端与待测系统相接,U形管两侧的水银液面高度差值便是待测的真空度.

2) 低真空的测量——热偶真空计

热偶真空计是利用气体的热传导与压强成正比的特点制成的,其结构如图4.1.5所示.加热灯丝通以恒定电流,管压强越低,即管内气体分子密度越小,气体碰撞灯丝带走的热量就越少,则灯丝的温度就越高,热偶丝所产生的电动势也越大.用绝对真空计进行校准,热偶丝所产生的电动势就可以用来指示真空度了.其可测范围为$10^{-1}\sim10^{-3}$ Torr.

3) 高真空的测量——电离真空计

电离真空计是根据电子与气体分子碰撞产生电离的原理制成的,测量范围为$10^{-3}\sim10^{-8}$ Torr,结构如图4.1.6所示.灯丝发出的电子与气体分子碰撞使气体分子电离产生的正离子被板极收集,形成离子电流I_+,它与栅极电流I_e及气体压强p成正比,即

$$I_+=KI_ep \tag{4.1.1}$$

式中K是比例常数,称为电离真空计的灵敏度.通常使I_e不变,经绝对真空计进行校准,由I_+的值指示真空度.当压强高于10^{-3} Torr或系统突然漏气时,I_+值很大,灯丝会被烧毁.因此,必须在真空度达到10^{-3} Torr以上时,才能开始使用电离真空计.

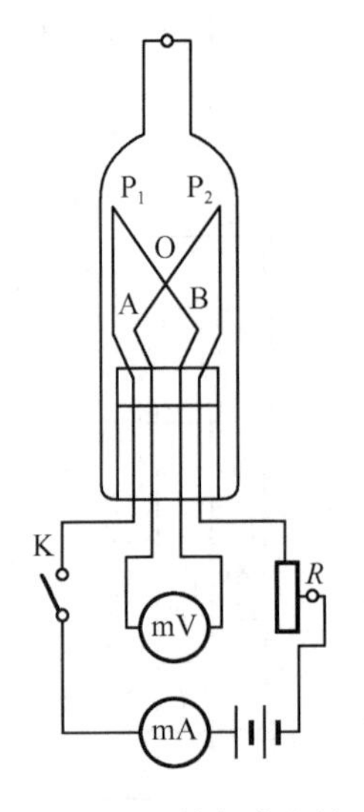

图4.1.5　热偶真空计

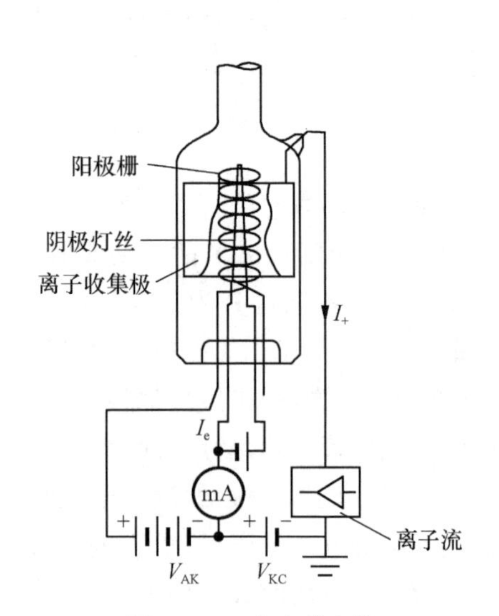

图4.1.6　电离真空计

一般的复合真空计是由热偶真空计和电离真空计两部分组成的,使用时一定要小心其注意事项.

4. 真空检漏

真空检漏是真空技术中非常重要的一环.实际的真空系统,如果达不到预计的极限真空,在排除掉材料放气和泵工作不正常外,主要是对系统进行检漏.检漏的方法很多,下面简单介绍常用的两种.

1) 高频火花检漏法

高频火花检漏器实际上是一个高频火花发生器,它是利用气体放电原理来检漏的.当一高频放电尖端靠近玻璃的真空系统时,高频电场就透过玻璃激发内部低压气体放电,同时尖

端发出的电火花穿过大气打在玻璃外壁上. 由于玻璃不是良导体,火花的击中点只能是随机的,即跳跃不定的. 当玻璃上有漏孔时,大气不断流入,这对于高频放电是一良好通路,火花就顺着气流往内钻. 此时,火花击中处特别明亮,且尖端稍有移动时,火花仍然击中此点,这就是漏孔所在. 解决漏气的应急方法是用真空泥或真空醋加以封补.

2) 真空计检漏法

有一些真空计,如热偶真空计、电离真空计等,它们的读数与气体种类有关,选用适当的气体作为示漏气体,这些真空计就是很好的探测器. 做法是将示漏气体喷吹到可疑部位,如遇漏孔,示漏气体便会进入系统,真空计读数就会变化.

二、实验仪器装置

高真空系统装置如图 4.1.7 所示,包括机械泵及油扩散泵各一台. 此外还有给油扩散泵加热的电炉一只,调压器一台,复合真空计一台,高频火花发生器一台,计时器一只.

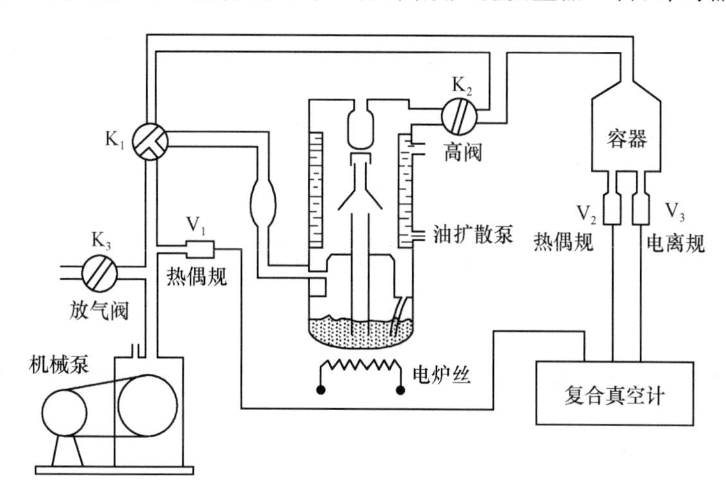

图 4.1.7 高真空系统装置

三、实 验 内 容

1. 抽低真空

检查各阀门的状态是否正确(请思考开机前 K_1、K_2、K_3 应该处于何位置). 接通机械泵电源,使机械泵工作,给 K_1 阀门与机械泵进气口之间的管道抽气,用热偶真空计 V_1 监测其真空. 然后,旋转 K_1 阀门使被抽容器与机械泵连通,并用热偶真空计 V_2 测量容器的真空度,同时用 V_1 监测(V_1、V_2 所测的结果是否相同? 为什么?). 这期间可用高频火花发生器对系统各节点检漏,若存在漏气,请设法消除.

2. 抽高真空

当 V_2 测得的压强小于 6.665Pa 时,转动 K_1 使机械泵与扩散泵相通,接通扩散泵的冷却水,然后用电炉给扩散泵油加热(电炉功率要缓慢升高,为什么?).当油沸腾,扩散泵工作正常后,才能打开高阀 K_2 使扩散泵与容器相通.当容器真空度高于 0.1333Pa 时,便可用电离真空计 V_3 进行高真空测量.真空计的用法请参看说明书.

上述两项实验过程中,要详细记录各时刻的 V_1、V_2、V_3 的值,作出机械泵对被抽容器的抽气曲线(容器压强随抽气时间变化的曲线),并分析各状态真空度变化的机理.

*3. 实验设计训练

利用本实验思想设计一套系统,以实现对 He-Ne 激光器进行排气和充气(一定比例的 He 和 Ne)及测试,请写出实验方案.

注意 (1) 关机顺序:先将电离计的发射电流降为零,再关其电源;接着关闭高阀 K_2,然后将电炉的功率降到零后切断其电源,待扩散泵油冷却到 50℃以下时,关水、关低阀 K_1(使容器、机械泵、扩散泵三者互不相通).最后切断机械泵电源并将大气放入机械泵.当容器的真空度达到要求时便可关机.

(2) 高频火花发生器不可在同一地点停留太长时间,因为玻璃局部受热过久会熔化产生小孔,造成漏气.

(3) 无冷却水时扩散泵不能使用.因此若突然断水则应即刻切断扩散泵电炉电源.

(4) 玻璃易碎,转动阀门要当心.

四、思考与讨论

(1) 机械泵的极限真空度是如何产生的?能否克服?

(2) 油扩散泵为何要在预备真空状态下工作?预备真空度至少应为多少?

(3) 用热偶规测高真空、用电离规测低真空行不行?为什么?如何知道电离规已被烧坏?怎样避免?

(4) 关机时为何要将大气放入机械泵?

参考文献

罗思 A. 1980. 真空技术. 北京:机械工业出版社.
王欲知. 1981. 真空技术. 成都:四川人民出版社.
吴思诚,王祖铨. 1995. 近代物理实验. 2 版. 北京:北京大学出版社.
吴咏华. 1992. 大学近代物理实验. 合肥:中国科学技术大学出版社.
周孝安,赵咸凯,谭锡安,等. 1998. 近代物理实验教程. 武汉:武汉大学出版社.

唐吉玉 编

4.2 真空镀膜

早在一个多世纪前,人们从辉光放电管壁上就观察到了溅射的金属薄膜.根据这一现象,后来逐步发展起真空镀膜的方法. 真空镀膜技术,在现代工业和科学技术方面有着广泛的应用. 例如,光学仪器上的各种反射膜、增透膜、滤光片等,都是真空镀膜技术的产物;电子器件中用的薄膜电阻,特别是平面型晶体管和超大规模集成电路也有赖于薄膜技术来制造;硬质保护膜可使各种经常磨损的器件表面硬化,大大增强耐磨程度;磁性薄膜具有记忆功能,在电子计算机中用作存储记录介质而占有重要地位……因此,真空镀膜技术目前正在向各个重要的科学领域延伸,引起了人们广泛的注意.

本实验将介绍真空镀膜的原理及方法. 通过实验,学习并掌握在玻璃基片上蒸镀单层高反射金属膜的原理和方法.

一、实验原理

1. 常用的真空镀膜方法简介

真空镀膜中常用的方法是真空蒸发和离子溅射. 真空蒸发镀膜是在一定真空度下,把要蒸发的材料加热到一定温度,使大量分子或原子蒸发和升华,并直接淀积在基片上形成薄膜. 离子溅射镀膜是利用气体放电产生的正离子在电场的作用下高速轰击作为阴极的靶,使靶材中的原子或分子逸出而淀积到被镀工件的表面,形成所需要的薄膜.

真空蒸发镀膜最常用的是电阻加热法. 其优点是加热源的结构简单,造价低廉,操作方便;缺点是不适用于难熔金属和耐高温的介质材料. 此外还有电子束加热法,它是利用聚焦电子束直接对被轰击材料加热,电子束的动能变成热能,使材料蒸发. 用大功率的激光作为加热源也是一种方法,但由于大功率激光器的造价很高,目前只能在少数研究实验室使用.

阴极溅射技术与真空蒸发技术有所不同. 充有稀薄气体的放电管的两电极上加有直流电压时,开始只有很小的电流,即只有少数电子和离子形成电流. 随着电压升高,电子和离子能量变大,与气体分子碰撞使之电离,产生更多的离子. 正离子在电场中以很高的速度轰击阴极靶,使靶的中性原子溅射出来,穿过工作空间而淀积到基片上. 为了提高溅射速率,可引入一个与电场正交的磁场,使电子沿螺旋形路径运动,增加电子与气体分子碰撞的概率,称为磁控溅射法. 对绝缘材料,因打到靶上的正离子会在材料上积累,使表面电势升高,直流溅射不能持续下去,为此可采用高频(RF)电场,使溅射能持续进行,称之为高频溅射法.

此外,将蒸发法与溅射法结合,即为离子镀. 这种方法的优点是,得到的膜与基片间有极强的附着力,淀积速率较高,膜的密度高.

2. 真空度对蒸发的影响

固体物质在常温和常压下,蒸发量极微. 蒸发离开固体表面的分子因周围气体压强高又易于回到该物质中去. 如果将固体材料置于真空室中,由于周围气体压强很低,将该物质加热到熔化温度,被加热材料的分子易于离开表面向四周散射. 热蒸发材料的分子在散射途中如遇障碍物或真空室四壁,就淀积成一层该材料的薄膜.

电阻加热蒸发镀膜属于“物理气相淀积”(physical vapor deposition,PVD)工艺. 在这里,薄膜是由飞抵基片的原子或分子在基片上凝聚而成的. 在真空蒸镀中,薄膜的形成大致是这样进行的:飞抵基片的气化原子或分子,除一部分被反射外,其余的被吸附在基片的表面上;被吸附的原子或分子在基片表面上进行扩散运动,一部分在运动中因相互碰撞而结合成聚团;另一部分经过一段时间的滞留后,被再蒸发而离开基片表面. 聚团可能会与表面扩散原子、分子发生碰撞时捕获原子、分子而增大,也可能因单个原子、分子脱离而变小. 当聚团增大到一定程度时,便会形成稳定的核;核再捕获到飞抵的原子、分子或表面扩散原子、分子会生长. 在生长过程中核与核合成而形成网络结构,网络被填实即生成连续的薄膜.

蒸发淀积薄膜的厚度和质量与气体压强的大小、基片放置的位置、加热蒸发源温度等多种因素有关.

真空室内的残余气体分子越少,固体物质蒸发的分子与气体分子碰撞的概率也就越小,反之则越大. 当真空度低到一定程度时,由于碰撞概率大,蒸镀就很难进行. 例如,5×10^{-2} Pa 以上的真空度蒸镀 ZnS 时,不会出现由于剩余气体分子的碰撞而 ZnS 膜发生显著变化的现象. 但是,真空度在 0.1Pa 以下时,蒸镀的 ZnS 膜便呈灰白色并趋于不透明;真空度降到 10Pa 时,淀积物就变成为白色粉末了.

为使蒸发物质的分子顺利到达基片的表面,必须尽可能减少与气体分子碰撞的机会,即应使真空室内气体分子的平均自由程 $\bar{\lambda}$ 大于蒸发物与被镀基片的距离 d. 由分子动力学可知,气体分子的平均自由程

$$\bar{\lambda}=\frac{1}{\sqrt{2}\pi n\sigma^{2}} \tag{4.2.1}$$

式中 n 为单位体积内的气体分子数,σ 为气体分子有效直径. 对空气分子,其有效直径可取 $\sigma=0.37\text{nm}$. 由理想气体状态方程可得压强的表达式为

$$p=nkT \tag{4.2.2}$$

式中 p 为压强,k 为玻尔兹曼常量($k=1.38\times10^{-23}\text{J}\cdot\text{K}^{-1}$),$T$ 为热力学温度. 根据以上两式,气体的平均自由程决定于单位体积内的分子数 n,而在 T 一定时,n 正比于压强 p,即 $\bar{\lambda}\propto1/p$. 取 T 为 293K,并将其他常量代入以上两式,可得

$$\bar{\lambda}=\frac{6.6\times10^{-3}}{p}(\text{m}) \tag{4.2.3}$$

式中 p 的单位用 Pa,$\bar{\lambda}$ 的单位为 m. 当 $p=0.1\text{Pa}$ 时,$\bar{\lambda}=0.066\text{m}$,当 $p=5\times10^{-3}\text{Pa}$ 时,$\bar{\lambda}=1.32\text{m}$.

当平均自由程等于蒸发源到基片的距离时,约有 63%的分子会在途中发生碰撞,当平均自由程 10 倍于蒸发源到基片的距离时,就只有 9%左右的分子在途中发生碰撞. 可见只有当 $\bar{\lambda}\gg d$ 时,蒸发物质分子才能沿途无阻挡地、直线达到被镀基片或零件的表面. 蒸发时一般要选择 $\bar{\lambda}$ 比 d 大 2~3 倍,因为在蒸发过程中,真空室内温度升高后要放出大量气体,会使真空度降低. 要得到足够大的 $\bar{\lambda}$,就要求 p 足够小. 一般实验室的真空镀膜中 d 在 30cm 左右. 因此镀膜时常用的真空室气体压强在 $10^{-2}\sim10^{-4}$ Pa,这时的平均自由程与蒸发源到基片的距离相比要大得多.

3. 蒸发物质的加热

淀积速率是影响镀膜质量的一个重要因素,它不但影响膜的光学性能,也影响膜的力学性能. 淀积速率较低时,大多数气体的凝结分子从基片返回,凝结只能在大的聚团上进行,所以低速率下淀积的膜,结构松散且产生大颗粒淀积. 较高的淀积速率,使膜层结构致密均匀,

机械性能变好，牢固性增加，光散射减小．此外，由于真空室内总有一定的剩余气体分子，特别是氧分子，会在基片表面和蒸镀材料分子发生化学反应，使膜的纯度降低，从而使某些物质对光的吸收增加．淀积速率越低，膜层的纯度也就越差．因而提高膜层的淀积速率有利于改善其光学性能和牢固性．当然，如果淀积速率过高，也会使膜的内应力加大，易引起膜破裂．

基片的温度对淀积速率和膜的质量也有一定的影响．基片的温度高，蒸气分子就容易在基片上运动或者被基片再次蒸发，于是所需要的凝结分子的临界蒸气压高一些，容易形成大颗粒结晶．但另一方面，由于在温度升高时易于排除基片表面吸附的气体分子，这将使淀积分子与基片间的结合力变大．同时，基片与蒸气分子结晶的温差变小，可减少膜层的内应力，使膜层在基片上附着得更牢固．但蒸镀金属膜时，为了减少大颗粒对膜层反射效率的影响，一般采用冷基片更有利．

真空热蒸发多采用电阻大电流加热，一般用高熔点的金属（如钨、钼、钽、铂等）或铝土、石墨等作为蒸发源，其形式有丝源和舟源（图 4.2.1）．对加热器材料的主要要求：在蒸发温度下的蒸气压足够低，高温下的热稳定性好，不易与高温状态下的蒸发材料形成合金．实验中镀的铝在 660℃下熔化，到 1100℃时开始迅速蒸发．蒸发源的加热温度应能达到上述蒸发温度．一定质量的蒸发源的升温快慢就决定了蒸发速率的大小．这里用钨作蒸发源材料，其熔化温度为 3382℃．当使用点蒸发源时，基片上淀积的蒸发物的厚度 t 可写成

$$t = m\cos\theta/(4\pi r^2\rho) \tag{4.2.4}$$

其中 m 为蒸发物质的质量(g)，ρ 为密度($\mathrm{g\cdot cm^{-3}}$)，r 为蒸发源 S 至某一点 B 处的距离（图 4.2.2），θ 为蒸发源处铅直线与 r 的夹角．当蒸发源 S 位于基片 A 正下方时，其厚度 t 可写成

$$t = m/(4\pi\rho h^2) \tag{4.2.5}$$

式中 h 为垂直高度．根据以上两式，可以由已知的 m、r、θ、ρ 求出 t，也可由 t、θ、ρ、r 确定 m．对非点状蒸发源，可视为许多点的集合，情况要复杂得多．

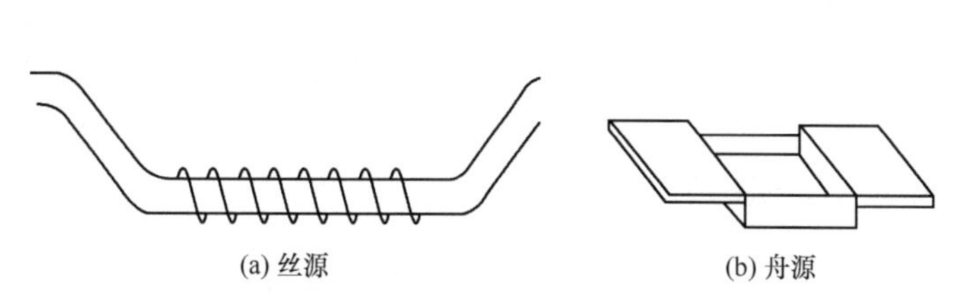

图 4.2.1 常见热蒸发源的形状

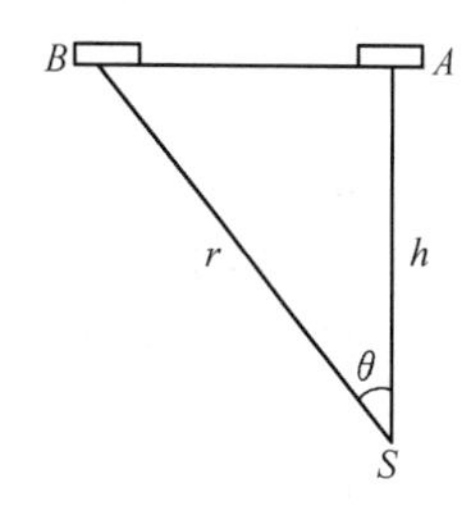

图 4.2.2 点蒸发源与基片的放置位置

铝膜对基底的附着力较强，由于铝膜表面总是存在着一层透明的 Al_2O_3 保护薄膜，所以铝膜的机械强度和化学稳定性都比较好．铝膜的反射率会随着暴露于大气中时间的增加而不断降低．在铝膜上应用保护涂层（如 MgF_2 膜层），可以得到无氧化物铝膜的最高反射率．保护涂层不但可以防止铝膜氧化，还能大大增加铝膜的反射率．

4．镀膜中应注意的几个问题

为了蒸镀得到质量较好的薄膜，还应当注意以下几个问题：

(1) 注意基片表面保持良好的清洁度.被镀基片表面的清洁程度直接影响薄膜的牢固性和均匀性.基片表面的任何微粒、尘埃、油污及杂质都会大大降低薄膜的附着力,改变薄膜的特性.基片必须在较大的温度范围内与薄膜有很强的附着力.为了使薄膜有较好的反射光的性能,基片表面应平整光滑.镀膜前基片必须经过严格的清洗和烘干;基片放入镀膜室后,在蒸镀前有条件时应进行离子轰击,以去除表面上吸附的气体分子和污染物,增加基片表面的活性,提高基片与膜的结合力.

(2) 将材料中的杂质预先蒸发掉.蒸发物质的纯度直接影响着薄膜的结构和光学性质,因此除了尽量提高蒸发物质的纯度外,还应设法把材料中蒸发温度低于蒸发物质的其他杂质预先蒸发掉,而不要使它蒸发到被镀零件的表面上.我们采取"预熔"的办法,在预熔时用活动挡板挡住蒸发源,使蒸发材料中的杂质不能蒸发到被镀零件的表面.预熔时会有大量吸附在蒸发材料和电极上的气体放出,真空度会降低一些,故不能马上进行蒸发,应测量真空度并继续抽气,待真空度恢复到原来的状态后,方可移开挡板,加大蒸发电极加热电流,进行蒸镀.在一定条件下,铝膜的反射率随淀积速率的增加而增加,因而蒸发时间应适当短些.

还应注意的是,只要真空室充过气,即使前次已"预熔"过、蒸发过的材料也必须重新预熔.

(3) 注意使膜层厚度分布均匀.均匀性不好会造成膜的某些特征随表面位置的不同而变化.让蒸发源与工件的距离适当远些,如有条件还可以使工件在蒸镀时慢速转动,同时使工件尽量靠近转动轴线放置.

5. 用光的干涉法测薄膜厚度的原理

以单色平行光照到一个光学劈尖形薄膜上,就会形成等厚干涉条纹.在劈尖上相同厚度的地方将产生同级干涉条纹;在劈尖上不同厚度的地方将产生不同级次的干涉条纹.

由空气薄膜形成的劈尖相邻两亮纹(或暗纹)间的薄膜厚度之差为$\lambda/2$(其中λ为光波长).如图4.2.3所示,一单色平行光束以约45°入射到半反半透镜P上,有一部分光被反射到产生干涉的劈尖装置上,用低倍显微镜M对条纹宽度进行测量,如果形成劈尖的两块玻璃内表面上都有适当的反射效率且间距很小,干涉条纹就可以调整得非常清晰,且条纹平行于两平板的接触线.如果平板玻璃F的平面镀有厚度带有台阶的铝反射膜,使台阶分界线方向垂直于两平板玻璃接触线时,在台阶处看到的条纹会发生错位.如图4.2.4所示,以L表示相邻条纹的间距,ΔL表示条纹错开的距离,则铝反射膜的台阶厚度为

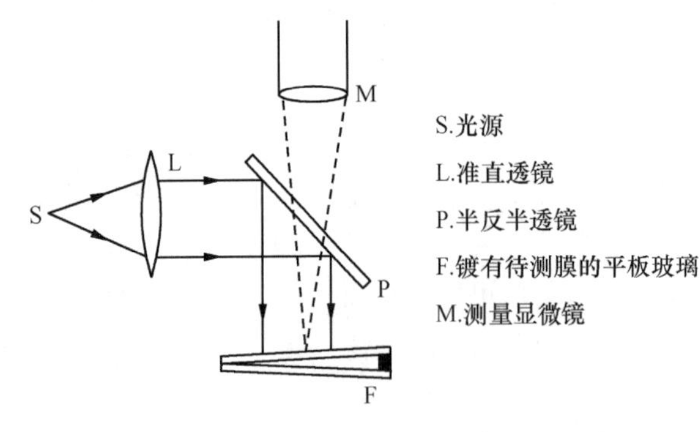

图4.2.3　光学劈尖干涉法测膜厚的光路

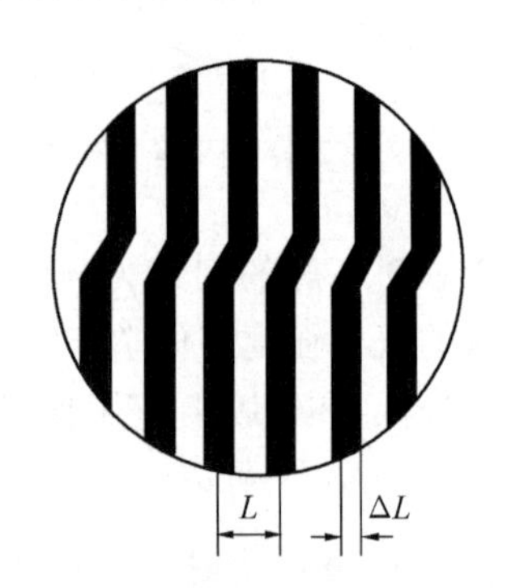

图4.2.4　在薄膜台阶处干涉条纹的错位

$$t = \frac{\Delta L}{L} \cdot \frac{\lambda}{2} \tag{4.2.6}$$

为便于测量,制作时要注意使 F 的铝反射膜的台阶平直整齐.

二、实验仪器装置

1. 高真空镀膜机

高真空镀膜机由镀膜室(钟罩),真空系统,钟罩的升降系统,以及镀膜时使电极加热、工件回转、电离轰击的电气系统等部分组成,见图 4.2.5.

(1) 镀膜室为钟罩形,一般用不锈钢制成,钟罩上有观察窗,钟罩与升降机构相连.

镀膜室内装有电阻加热电极,因为加热电流很大,为减小电阻,电极用紫铜制成.电极与真空镀膜室底板之间用橡胶圈密封.镀膜室一般装有离子轰击电极,当真空度达到 4Pa 左右时,交流电经升压整流后输送到真空室轰击电极上,稀薄气体发生辉光放电,产生大量离子,这些离子撞击基片表面与真空室壁,起到清洁表面、提高真空度的作用.真空室内还有可转动的挡板,用于预熔时遮挡杂质;旋转工件架转动起来,可以使工件的膜层厚度分布均匀.

(2) 真空系统由各种真空器件组成,主要包括:被抽的真空容器;机械泵、扩散泵;测量真空度用的热偶规管、电离规管及复合真空计;储气筒、各种阀门和真空管道;扩散泵的冷却水管等.

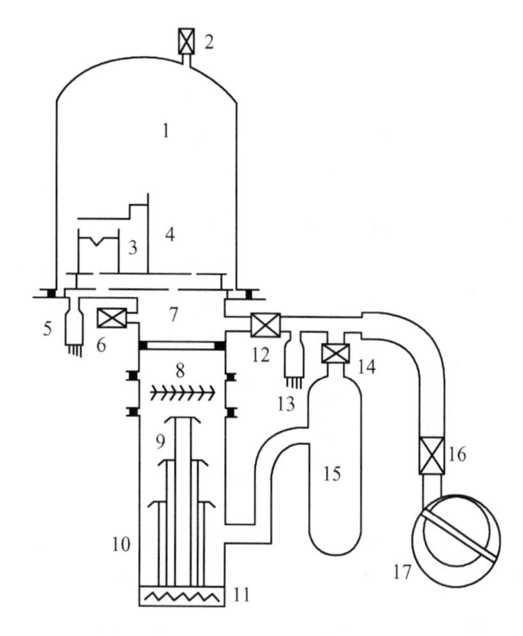

图 4.2.5 高真空镀膜机

1. 镀膜室;2. 针形阀;3. 蒸发电极;4. 挡板;5. 电离规管;6. 充气阀;7. 高真空阀;8. 水冷挡板;9. 蒸气流导管和喷嘴;10. 扩散泵体;11. 加热电炉;12. 预抽阀;13. 热偶规管;14. 前置阀;15. 储气筒;16. 电磁阀;17. 机械泵

扩散泵的外壳用金属制成,扩散泵与钟罩之间可用高真空阀密封.为防止扩散泵内反流的油蒸气分子跑到钟罩内造成污染,扩散泵上端一般装有用水冷却的挡油器.扩散泵通过储气筒可与机械泵相通,储气筒的作用是当机械泵停机或对镀膜室进行预抽时仍能保持一定的真空度,因而可以保持扩散泵所需的前级压强.

机械泵与真空系统的其他部分用粗的胶管相连,以尽量减少抽气的阻力,同时又可以防止机械泵的振动对系统工作的影响.机械泵的抽气口处有一电磁阀,可使机械泵停机时将机械泵与真空管道自动断开,并对泵充气,使泵不至于向系统漏气或进油.

2. 干涉显微镜

测量薄膜厚度的方法有很多种.按图 4.2.3 的光路,用一般测量显微镜即可,但须单独制作一块半反半透的玻璃片,若用干涉显微镜则可直接测出膜厚.

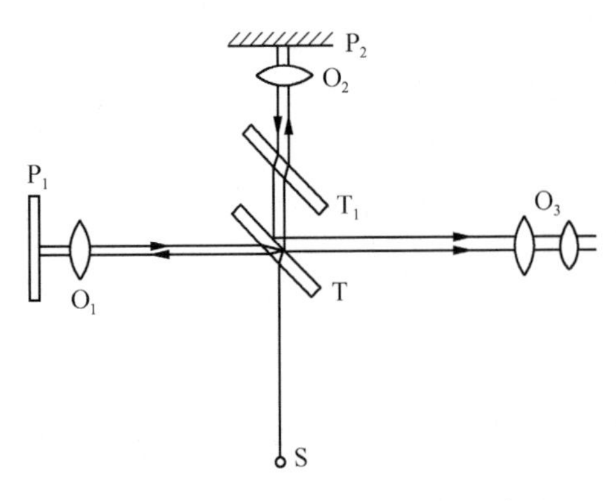

图 4.2.6　干涉显微镜的简化光路图

干涉显微镜可视为迈克耳孙干涉仪和显微镜的组合,其简化光路如图 4.2.6 所示. S 发出的光束经分光板 T 分成两束,一束透过分光板 T、补偿板 T_1、显微物镜 O_2 射向被测工件 P_2 的表面,由 P_2 反射后经原路返回至分光板 T,再经 T 反射向观察目镜 O_3;另一束由分光板 T 反射后经过物镜 O_1 射到标准镜 P_1 上,由 P_1 反射后通过物镜 O_1 并透过分光板 T,也射向观察目镜 O_3,它与第一束光相遇,产生干涉. 通过目镜 O_3,可以看到定位于工件表面附近的干涉条纹.

分光板 T、补偿板 T_1、标准镜 P_1 都经过精密加工,如果被测工件表面也是同样平整光洁,那么就可以得到没有曲折的直线状干涉条纹.

当经 P_1、P_2 镜反射回来的两束光的光程相等时,将在目镜中看到零级干涉条纹. 若用白光照明,视场中出现两条近似黑色的条纹,两侧分布着数条彩色条纹.(你还记得怎样调整迈克耳孙干涉仪的彩色条纹吗? 它的彩色条纹分布的特点是怎样的?)

将 P_2 作高低方向的微量调整时,视场中的干涉条纹也作相应的位移. P_2 的移动量 l 与视场中干涉条纹的移动量 ΔN 有确定的关系,其中 ΔN 为移过某一点的条纹数目,它可以是几条,也可以是几分之一条条纹. 当 $l=\lambda/2$ 时,视场某一点中的干涉条纹刚好移过一条,因此当移过 ΔN 条时

$$l=\frac{\lambda}{2}\cdot\Delta N \tag{4.2.7}$$

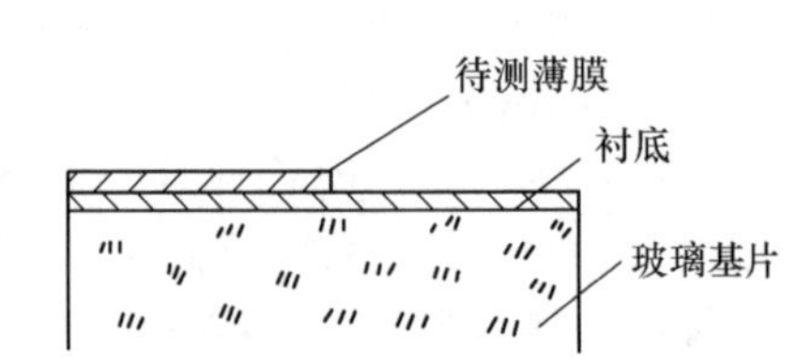

图 4.2.7　测量膜厚使用的样品

其中 λ 为单色光波长. 测量薄膜厚度时,使用的样品一般做成如图 4.2.7 所示的形状,样品两个表面将出现光程差,目镜中就可以看到如图 4.2.4 所示的弯曲条纹. 按式(4.2.6)的原理即可计算出薄膜的厚度. 可以用白光照明进行测量. 尤其当薄膜较厚、台阶较陡时,单色光条纹错移量不易判断. 使用白光照明条纹测量更方便一些,但精度要低一些. 若用白光测量,λ 可用 $\bar{\lambda}=530\text{nm}$ 代替.

三、实 验 内 容

(1) 清洗玻璃基片是影响镀膜质量的关键环节之一,因此要认真清洗和烘干基片.

(2) 清理镀膜室. 钟罩内原有一定的真空度,设想一下如果不先向钟罩内充气而直接提升钟罩会出现什么后果.(设钟罩内的压强为 50Pa,钟罩内径为 45cm,不考虑其自重的情况下,要升起钟罩需要多大的力?)充气到一个标准大气压后,提起钟罩,清理镀膜室,装好基片、电极钨丝和蒸发料(用电子天平测出蒸发料的质量),降下钟罩.

(3) 开机械泵,先对钟罩抽真空,达到一定真空度后,开扩散泵预热一定时间,借助机械泵和扩散泵,将镀膜室抽到 5×10^{-3} Pa 的真空度时(用复合真空计测量真空度),进行“预熔”,“预熔”时真空度会有所降低. 想一想这些气体是怎样产生的,以及为什么要将其抽去.

（4）注意观察“预熔”时的现象，“预熔”完毕移开挡板，加大电流进行蒸发. 待蒸发材料全都蒸发后，转动挡板挡住蒸发源，迅速将电流减到零，断开蒸发电路. 蒸镀的工作完成以后，还应作哪些操作？其顺序应如何安排？请事先拟好步骤再操作.

（5）将低真空阀置于适当位置，停机械泵，对钟罩充气，开钟罩取出镀好的零件，清洗镀膜室，扣下钟罩，开机械泵，对钟罩抽低真空 3～5min，维持机械泵对扩散泵抽气约 30min. 最后关机械泵、总电源和冷却水.

（6）用干涉显微镜测量所镀薄膜的厚度. 记录膜厚和蒸发料质量的数据，为以后实验的同学提供参考数据.

*（7）将一焦距 30cm 以上的薄双凸透镜的一个光学面镀上铝反射膜，使之成为厚反射镜. 镀膜前测出其焦距 f_1，镀膜后测定其焦距，进而算出其光焦度 P，由公式 $P=2P_1+P_2$ 计算出镀膜面的曲率半径（其中 P_1、P_2 分别表示薄透镜和凹面反射镜的光焦度），光路可自行设计.

*（8）因镀膜机比较复杂，操作步骤比较严格，若违反操作规程，就可能酿成事故；而初次接触它的同学，如果仅仅按步骤一步一步操作，又不能深刻理解其中的道理，影响实验效果. 故建议在正式实验前，利用高真空镀膜物理实验预习软件进行虚拟的实验操作练习，便于对实验仪器的熟练掌握和深刻了解.

四、思考与讨论

（1）要进行真空镀膜为什么要求有一定的真空度？如达不到要求的真空度可能会出现什么问题？

（2）镀膜前为什么要对基片进行认真清洗？为了使膜层比较牢固，可以怎样对基片进行处理？

（3）蒸发速率对所形成膜的质量有什么影响？蒸发速率受哪些因素的影响？

（4）为什么油扩散泵必须在一定的预真空条件下才能工作？油扩散泵的冷却水起什么作用？

（5）调整干涉显微镜应注意哪些要领？为什么用彩色条纹测量？测量时如何读数？

（6）为什么用干涉显微镜可以测量薄膜厚度？若用测量显微镜按图 4.2.3 的光路测量，还应做哪些准备工作？若用单色光源测量，使铝反射膜的台阶处缓慢过渡，有什么好处？

参 考 文 献

陈国平. 1993. 薄膜物理与技术. 南京：东南大学出版社：12～30.

尚世铉，吕斯骅，朱印康. 1993. 近代物理实验技术（Ⅱ）. 北京：高等教育出版社：336～360.

钟迪生. 2001. 真空镀膜——光学材料的选择与应用. 沈阳：辽宁大学出版社：73～91.

Eckertova L. 1977. Physics of thin films. New York：Plenum Press：28～51，60～67.

Jenkins F A，White H E. 1990. 光学基础（上）. 杨光熊，郭永康，译. 北京：高等教育出版社：118～120.

刘战存　编

4.3　蒸气冷凝法制作纳米颗粒

随着材料科学和微加工技术的进展,功能材料已经开始由天然材料向人工设计的结构发展,材料组成由单一性向复合性、杂化性转化,颗粒大小由微米级向纳米级过渡.纳米材料微观结构的奇异性和特殊的物理、化学性质为寻找和制造具有特异功能的新材料开辟了道路.纳米材料的研究是一个涉及众多学科领域的交叉科学,其研究应用使电磁、光学、超导、化工、陶瓷、生物、农业等许多行业都出现崭新的局面.

纳米材料是一种既不同于晶态也不同于非晶态的第三类固体材料,它是以组成纳米材料的结构单元——晶粒、非晶粒、分离的超微粒子等的尺度大小来定义的.目前,国际上将处于1～100nm尺度范围内的超微颗粒及其致密聚合体,以及由纳米微晶所构成的材料,统称为纳米材料,包括金属、非金属、有机、无机和生物等多种粉末材料.它们是由$2\sim10^6$个原子、分子或者离子所构成的相对稳定的集团,其物理和化学性质随着包含的粒子数目和种类而变.纳米材料的颗粒尺寸是肉眼和一般显微镜下看不到的微小粒子,只能用高倍电子显微镜进行观察.各种颗粒的粒径范围见图4.3.1.

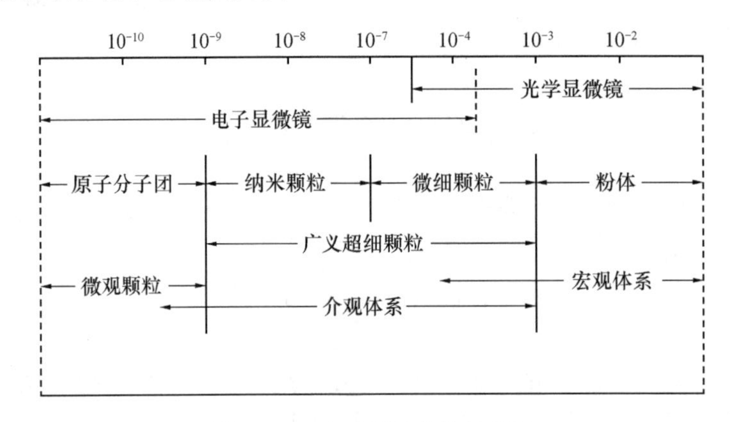

图4.3.1　各种颗粒的粒径范围

本实验是用蒸气冷凝法制备金属纳米微粒,通过改变惰性气体气压来控制微粒尺寸.学生应该掌握蒸气冷凝法制备纳米微粒的原理和实验方法,并且能够利用电子成像法、X射线衍射峰宽法或其他方法测量微粒的粒径.

一、实验原理

1. 微粒制备

利用宏观材料制备微粒,通常有两种途径.一种是由大变小,即所谓粉碎法;另一种是由小变大,即由原子气通过冷凝、成核、生长过程,形成原子簇进而长大为微粒,称为聚集法,由于各种化学反应过程的介入,实际上聚集法已发展了多种制备方法.

1) 粉碎法

粉碎法是用研磨或气流、液流、超声的方法将大块固体破碎.图4.3.2示意了几种最常见的粉碎法. 实验室使用得最多的是球磨粉碎. 球磨粉碎一开始粒径下降很快,但粉碎到一定程度时,由冷焊或冷烧结引起的颗粒重新聚集过程与粉碎过程之间达到动态平衡,粒径不再变小. 进一步细化的关键是阻止微晶的冷焊,这往往通过添加助剂完成. 1988 年,Shingu 利用该方法制备出粒径小于 10nm 的 Al-Fe 纳米晶. 球磨粉碎法对脆性金属比较有效,例如 bbc 结构的材料(如 Cr、Fe、W 等)和 hcp 结构的材料(如 Zr、Ru 等)的纳米微粒较易制备. 但对于非脆性金属,例如 fcc 结构的材料(如 Cu),则难于形成纳米微晶. 球磨粉碎法的优点是工艺较简单,产率较高,能制备出常规方法难于获得的高熔点金属或合金纳米材料及制备那些不能参与化学反应的粉末. 但其缺点是微粒尺寸的均匀性不够,同时可能会引入杂质成分.

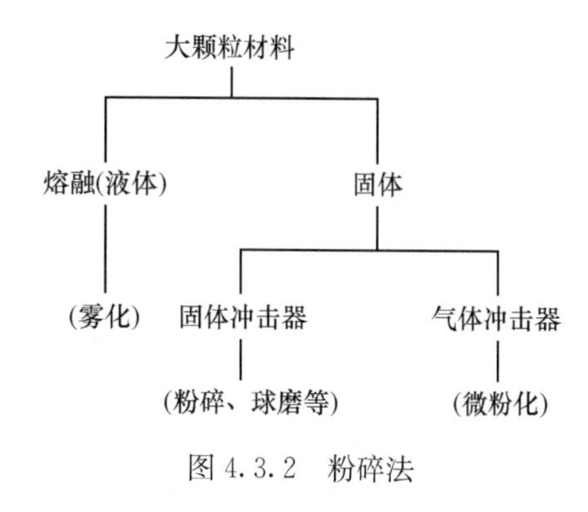

图 4.3.2　粉碎法

2) 化学液相法

化学液相法近年来获得很大的进展,目前已发展成液相化学还原法、激光化学气相沉积法、溶胶-凝胶法、临超界流体干燥法等. 利用化学液相法已制备出许多种类的纳米金属、非金属单晶微粒及各种氧化物、非氧化物以及合金、固溶体等纳米微粒.

3) 气相法(聚集法)

气相法制备纳米微晶可以追溯到古代,我们的祖先就曾利用蜡烛火焰收集炭黑制墨. 文献记录表明,1930 年,Rufud 为了研究红外吸收,在空气中制备了 Ni 等 11 种金属的纳米微粒. 1962 年,日本物理学家 Kubo 提出量子尺寸效应,引起了物理学工作者的极大兴趣,促进了纳米微粒的制备及检测. 1963 年,Kimoto 等在稀薄氩气氛的保护下利用金属加热蒸发再冷凝,成功地制备了 20 多种金属材料的纳米微粒. 时至今日,除了在加热方法上已发展了电阻加热法、等离子喷射法、溅射法、电弧法、激光法、高频感应法及爆炸法等各种方法,在制备原理上亦已发展了化学气相沉积(CVD)法、热解法及活性氢-熔融金属反应法、蒸气冷凝法等. 它们为不同的用途,提供各自适宜的制备方法. 以上对纳米粒子的物理制造方法进行了概述. 用物理方法可以制备出粒径极小的粉末,而且纯度高,粒度分布集中,但其设备结构复杂,造价昂贵,操作不便. 另外,粉末产物的收集也比较困难. 较新的收集方法是将粉末沉积在流动油面上,随油的流动收集在容器中,然后分离. 现在物理方法主要用于制备少量的纳米粒子进行研究.

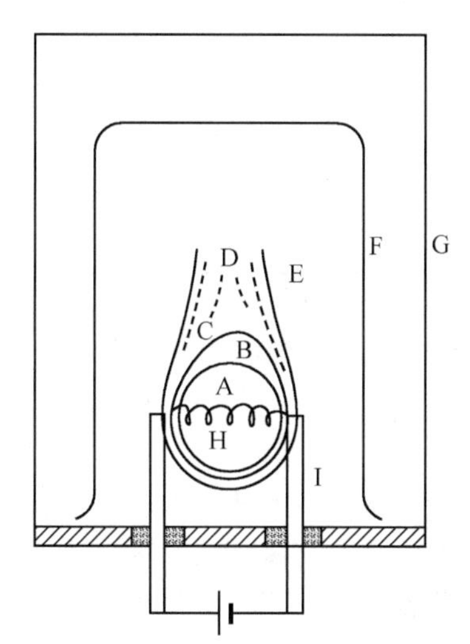

图 4.3.3　蒸气冷凝法原理
A. 原材料的蒸气;B. 初始成核;C. 形成纳米微晶;D. 长大了的纳米微粒;E. 惰性气体,气压约为 kPa 数量级;F. 纳米微粒收集器;G. 真空罩;H. 加热钨丝;I. 电极

在各类制备方法中,最早被采用并进行较细致实验研究的是蒸气冷凝法. 图 4.3.3 显示蒸气冷凝法制备纳米微粒的过程. 首先利用抽气泵对系统进行真空抽吸,并利用惰性气体进行置换,惰性气体为 Ar、He. 作为教学实验,本实验使用 N_2 气体. 经过几次置换后,将真空反应室内保护气的气压调节控制至所需的参数范围,通常为 0.1～10kPa 范围,与所需粒子粒径有关. 当原材料被加热至蒸

发温度时(此温度与气体压力有关,可以从材料的蒸气压-温度相图查得)蒸发成气相.由于气体的对流,金属蒸气向上移动.在移动过程中,金属蒸气的原子与气体的分子(77K)碰撞,能量迅速降低而骤然冷却.骤冷使得原材料的蒸气中形成很高的局域过饱和,这种小范围内发生的局部大幅度密度涨落非常有利于成核.图4.3.4显示成核速率随过饱和度p/p_e的变化,其中p_e为不考虑表面能时的饱和蒸气压,p为液滴所处的蒸气氛围的压强.图4.3.4可用液滴的生成机制来说明.由相变理论可知,p/p_e越大,临界半径r_n越小,当液滴半径一旦超过临界半径时,就能存在并不断增大,所以临界半径越小,由于涨落,液滴越容易形成并变大.成核与生长过程都是在极短的时间内发生的,图4.3.5给出总自由能随核生长的变化,一开始自由能随着核生长的半径增大而变大,但是一旦核的尺寸超过临界半径,自由能开始下降,核将迅速成长.首先形成原子簇,然后继续生长成纳米微晶,最终在收集器上沉积下来形成纳米粒子.为理解均匀成核过程,可以设想另一种情况,即抽掉气体使系统处于高真空状态.如果此时对原材料加热蒸发,则材料蒸气在真空中迅速扩散并与容器壁碰撞而冷却,此过程是典型的非均匀成核,它主要由容器壁的作用促进成核、生长并淀积成膜.而在制备纳米颗粒的过程中,由于成核与生长过程几乎是同时进行的,微粒的大小与过饱和度p/p_e有密切的关系,这导致如下几项因素与微粒尺寸有关:①气体的压力,压力越小,碰撞概率越低,原材料原子的能量损耗越小,饱和蒸气压p_e降低越慢;②气体的分子量越小,一次碰撞的能量损失越小,p_e值也就降低越慢;③蒸发速率越快,p/p_e值越大;④收集器离蒸发源越远,微粒生长时间越长;⑤投料质量越大,碰撞概率越大,p/p_e值也就越大.实验中可根据上述几方面因素调节p/p_e值,从而控制微粒的尺寸.

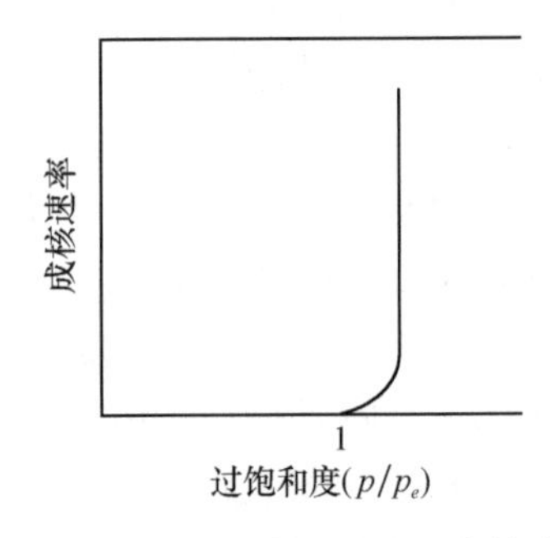

图4.3.4　成核速率随过饱和度的变化

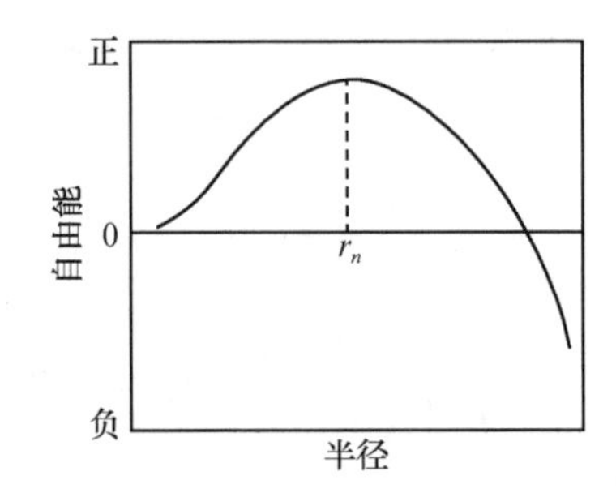

图4.3.5　总自由能随核生成的变化

2. 微粒尺寸检测

有许多种物理测量方法可以用于检测微粒的尺寸分布或平均粒径.其中最常用的是透射电子显微镜(TEM)成像法和X射线衍射峰宽法,但是常规的方法还是X射线衍射峰宽法,可定量地给出统计的变化规律.随着扫描隧道显微镜(STM)技术的发展,STM法有可能成为更常用的测量手段.这里只介绍X射线衍射峰宽法,另外考虑教学实验的条件介绍了称重法.

1) X射线衍射峰宽法

X射线衍射峰宽法适用于微粒晶粒度的测量,对纳米微粉,测得的是平均晶粒度.但是根据X射线衍射理论,有两方面的因素可以引起峰线变宽.一方面晶粒细小导致衍射线峰线宽化,而另一方面晶格应变、位错、杂质以及其他缺陷都可以导致峰线宽化.问题是如何将这两方面引起的峰线变宽效应分开,所以尽管理论上这种衍射线宽化可以适用到500nm以下的晶粒范围，但实际上只当晶粒小于约 20nm 时，晶粒细小引起的宽化效应才能压倒其他因素引起的宽化效应. 也有文献指出，当晶粒小于 50nm 时，测量值已与实际值相近.

根据谢乐(Scherrer)关系，衍射线半高强度处的衍射线半高峰宽度 β 与晶粒尺寸 d 之间的关系为

$$d=\frac{K\lambda}{\beta\cos\theta} \tag{4.3.1}$$

式中 λ 为 X 射线波长，θ 为布拉格角，K 为形状因子. 谢乐公式是一个近似公式，使用时 K 值为 0.95～1.15. 具体测量时用一晶粒径大于 1μm 的同种材料作对比，将待测纳米微粒样品衍射线半高峰宽值减去对比样品的半高峰宽值，即得到式(4.3.1)中的 β 值.

2）称重法

虽然对纳米微粒尺寸的检测有多种方法，但在实际教学环节中往往难于安排这些实验. 邵鹏等从教学实验的条件入手，利用称重法得到纳米微粒的视比重，并用 TEM 法观察 Cu 纳米微粒的尺寸的统计分布. 实验发现 Cu 纳米粉视比重与 Cu 纳米微粒的粒径分布之间有定量的依存关系，图 4.3.6 给出 Cu 纳米微直径与纳米粉视比重关系. 这样就可以通过测量 Cu 纳米粉视比重后，对照已有的曲线估算出微粒的粒径.

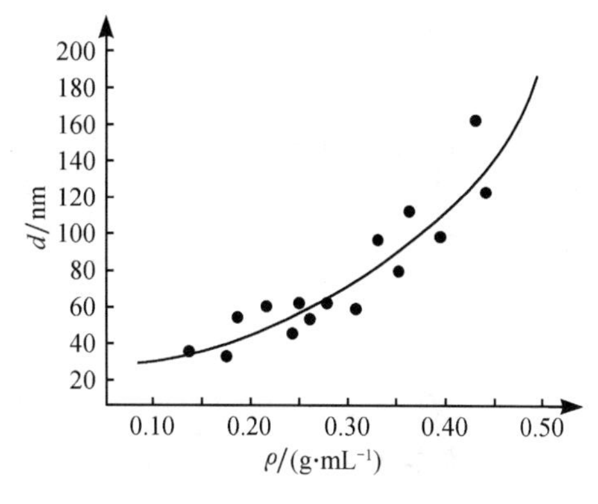

图 4.3.6　Cu 纳米微直径与纳米粉视比重关系

二、实验仪器装置

本实验采用如图 4.3.7 所示的实验装置，称为纳米微粒制备实验仪. 玻璃真空罩 G 置

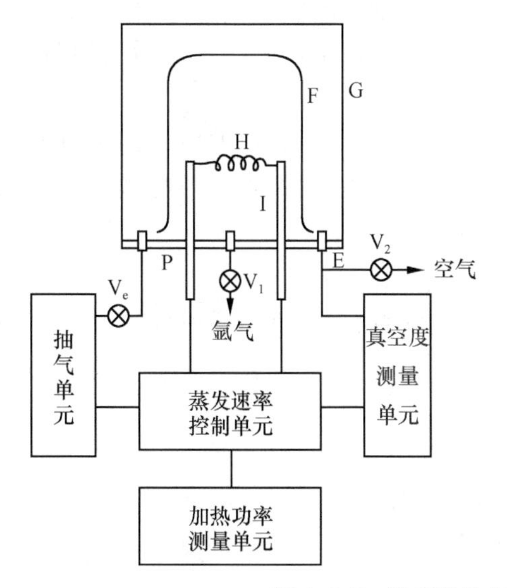

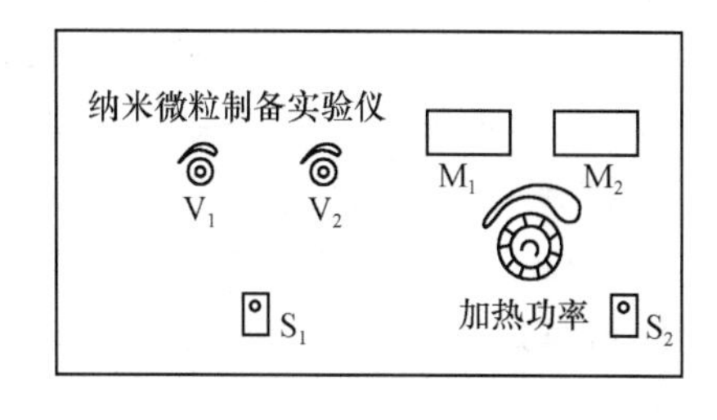

图 4.3.7　纳米微粒制备实验仪原理及面板图

E. 气体压力传感器；F. 微粒收集器；G. 真空罩；H. 钨丝；I. 铜电极；P. 真空室底盘；V_1. 惰性气体阀门；V_2. 空气阀门；V_e：电磁阀；S_1：电源总开关；S_2. 抽气单元开关；M_1. 气体压力表；M_2. 加热功率表

于仪器顶部真空橡皮圈的上方. 平时真空罩内保持一定程度的低气压,以维护系统的清洁. 当需要制备微粒时,打开阀门 V_2 让空气进入真空室,使得真空室内外气压相近即可掀开真空罩. 真空罩下方真空室底盘 P 的上部倒置了一只玻璃烧杯 F,用作纳米微粒的收集器. 两个铜电极 I 之间可以接上随机附带的螺旋状钨丝 H. 铜电极接至蒸发速率控制单元,若在真空状态下或低气压惰性气体状态下启动该单元,钨丝上即通过电流并可获得 1000℃以上的高温. 真空室底盘 P 开有四个孔,孔的下方分别接有气体压力传感器 E,以及连接阀门 V_1、V_2 和电磁阀 V_e 的管道. 气体压力传感器 E 连接至真空度测量单元,并在数字显示表 M_1 上直接显示实验过程中真空室内的气体压力. 阀门 V_1 通过一管道与仪器后侧惰性气体接口连接,实验时可利用 V_1 调整气体压力,亦可借助 V_e 调整压力. 阀门 V_2 的另一端直通大气,主要为打开钟罩而设立. 电磁阀 V_e 的另一端接至抽气单元并由该单元实行抽气的自动控制,以保证抽气的顺利进行并排除真空泵油倒灌进入真空室. 蒸发控制单元的加热功率控制旋钮置于仪器面板上. 调节加热器时数字显示表 M_2 直接显示加热功率.

三、实验内容

1. 准备工作

(1) 检查仪器系统的电源接线、惰性气体连接管道是否正常. 惰性气体最好用高纯 Ar 气,亦可考虑使用化学性质不活泼的高纯 N_2 气.

(2) 利用脱脂白绸布、分析纯酒精、仔细擦净真空罩以及罩内的底盘、电极和烧杯.

(3) 将螺旋状钨丝接至铜电极.

(4) 从样品盒中取出铜片(用于纳米铜粉制备),在钨丝的每一圈上挂一片,罩上烧杯.

(5) 罩上真空罩,关闭阀门 V_1、V_2,将加热功率旋钮沿逆时针方向旋至最小,合上电源总开关 S_1. 此时真空度显示器显示出与大气压相当的数值,而加热功率显示值为零. 由于实验装置预置了不当操作报警,如果加热功率旋钮未调节至最小,蜂鸣器将持续发出信号直至纠正为止.

(6) 合上开关 S_2,此时抽气单元开始工作,电磁阀 V_e 自动接通,真空室内压力下降. 下降至一定值时关闭 S_2,观察真空度是否基本稳定在该值附近,如果真空度持续变差,表明存在漏气因素,检查 V_1、V_2 是否关闭. 正常情况下不应漏气.

(7) 打开阀门 V_1,此时惰性气体进入真空室,气压随之变大.

(8) 熟练上述抽气与供气的操作过程,直至可以按实验的要求调节气体压力.

(9) 准备好备用的干净毛刷和收集纳米微粉的容器.

2. 制备铜纳米微粒

(1) 关闭 V_1、V_2 阀门,对真空室抽气至 0.05kPa 附近.

(2) 利用氩气(或氮气)冲洗真空室. 打开阀门 V_1 使氩气(或氮气)进入真空室,边抽气边进气(氩气或氮气)约 5min.

(3) 关闭阀 V_1,观察真空度至 0.13kPa 附近时关闭 S_2,停止抽气. 此时真空度应基本稳定在 0.13kPa 附近.

(4) 沿顺时针方向缓慢旋转加热功率旋钮，观察加热功率显示器，同时关注钨丝. 随着加热功率的逐渐增大，钨丝逐渐发红进而变亮. 当温度达到铜片(或其他材料)的熔点时铜片熔化，并由于表面张力的原因，浸润至钨丝上.

(5) 继续加大加热功率时可以见到用作收集器的烧杯表面变黑，表明蒸发已经开始. 随着蒸发过程的进展，钨丝表面的铜液越来越少，最终全部蒸发掉，此时应立即将加热功率调至最小.

(6) 打开阀门 V_2 使空气进入真空室，当压力与大气压最近时，小心移开真空罩，取下作为收集罩的烧杯. 用刷子轻轻地将一层黑色粉末刷至烧杯底部再倒入备好的容器，贴上标签. 收集到的细粉即是纳米铜粉.

(7) 在 2×0.13kPa，5×0.13kPa，10×0.13kPa 及 30×0.13kPa 处重复上述实验步骤制备，并记录每次蒸发时的加热功率，观察每次制备时蒸发情况有何差异.

3. 纳米微粉粒径检测

(1) 利用 X 射线衍射仪进行物相分析，确定晶格常数并与大晶粒的同种材料进行对比.

(2) 比较纳米粉与大晶粒同种材料的衍射线半高峰宽，判断不同气压下制备的材料的晶粒平均尺寸. 给出气压与晶粒尺寸之间的关系.

(3) 用刷子将 Cu 纳米微粒移送至小容器内，并将该容器放到振动台上，在振动频率为 40Hz，振幅为 0.4mm 的条件下振动 15min 以上后，用一平直的细片刮平小容器口的 Cu 纳米粉，再放至最小分度值为 1mg 的电子秤上测量 Cu 纳米微粒的视比重，由图 4.4.6 估算微粒粒径.

四、注意事项

(1) 为便于教学上的直观观察，真空钟罩为玻璃制品，移动钟罩时应轻拿轻放.

(2) 使用阀门 V_1、V_2 时力量应适中，不要用暴力猛拧，但也不要过分谨慎不敢用力以致阀门不能完全关闭. 通过实验的实际操作过程，提高基本的实验能力.

(3) 蒸发材料时，钨丝将发出强烈耀眼的光. 其中的紫外部分已基本被玻璃吸收，在较短的蒸发时间内用肉眼观察未见对眼睛的不良影响. 但为安全起见，请尽量戴上保护眼镜.

(4) 制成的纳米微粉极易弥散到空气中，收集时要尽量保持动作的轻慢.

(5) 若需制备其他金属材料的纳米微粒，可参照铜微粒的制备. 但熔点太高的金属难以蒸发，而铁、镍与钨丝在高温下易发生合金化反应，只宜闪蒸，即快速完成蒸发.

(6) 亦可利用低气压空气中的氧或低气压氧，使钨丝表面在高温下局部氧化并升华制得氧化钨微晶.

五、思考与讨论

(1) 为什么对真空系统的密封性有严格要求? 如果漏气，会对实验有什么影响?

(2) 为什么要利用纯净氩气或氮气对系统进行置换、清洗?

(3) 从成核和生长的机理出发，分析不同保护气气压对微粒尺寸有何影响.

(4) 为什么实验制得的铜微粒呈现黑色?

(5) 实验制得的铜微粒的尺寸与气体压力之间呈何关系? 为什么?

(6) 实验中在不同气压下蒸发时,加热功率与气压之间呈何关系? 为什么?

(7) 不同气压下蒸发时,观察到微粒“黑烟”的形成过程有何不同? 为什么?

参考文献

沙振舜,黄润生. 2002. 新编近代物理实验. 南京:南京大学出版社.

邵鹏,包文中,何晓晓,等. 2005. 对纳米微粒制备教学实验中微粒尺寸表征的探讨. 物理实验,(7):44~48.

张立德,牟季美. 2001. 纳米材料与纳米结构. 北京:科学出版社.

燕 安 刘忠民 编

4.4 等离子体特性和参数测量

等离子体(plasma)是物质自然存在的第四态. 人们熟悉的火焰、闪电、气体光源、空间中的电离层以及太阳等都处在等离子体状态. 据印度天体物理学家沙哈(M. Saha,1893~1956)的计算,宇宙中 99%以上的物质都处于等离子体状态. 等离子体这个名称是朗缪尔(I. Langmuir)和汤克斯(L. Tonks)于 1928 年首先提出来的. 等离子体理论和技术已被广泛用于金属加工、电子工业、医学技术、显示技术、薄膜制造及广播通信等诸多领域. 目前等离子体物理研究主要集中在热核聚变能源研究、空间等离子体物理和天体等离子体物理、气体放电和电弧的工业应用以及涉及强流带电粒子束的现代高科技应用等几个相对独立的领域. 在热核聚变能源研究方面,2006 年 9 月 28 日,我国具有自主知识产权的全超导托卡马克核聚变实验装置(EAST)成功获得电流大于 200kA,时间接近 3s 的高温等离子体放电,为未来稳态、安全、高效的先进商业聚变堆提供了物理和工程技术基础.

通过本实验可以了解等离子体的产生、特性,掌握一些诊断等离子体基本参量的常用方法.

一、实验原理

1. 等离子体及其物理特性

等离子体(又称等离子区)定义为包含大量正负带电粒子,而又不出现净空间电荷的电离气体,即其中正负电荷的密度相等,整体上呈现电中性. 由于导致气体电离的能量来源不同,等离子体的产生可分为热电离、光电离和碰撞电离三种主要方式. 因而产生的等离子体也有等温等离子体和不等温等离子体两种不同的类型. 等温等离子体的特点是所有的粒子具有相同的温度,粒子依靠自身的热能做无规则运动,如高温星球的大气和热核聚变等;不等温等离子体的特点是没有热运动平衡关系,即所有粒子不是处在同一温度下,如存在于辉光放电、低压弧光放电和高频等放电空间的等离子体.

等离子体有一系列不同于普通气体的特性：

(1) 高度电离，是电和热的良导体，具有比普通气体大几百倍的比热容；

(2) 带正电的和带负电的粒子的密度几乎相等；

(3) 宏观上是电中性的；

(4) 具有固有振荡频率；

(5) 会受到磁场的约束；等等.

虽然等离子体宏观上呈现电中性，但是由于电子的热运动，等离子体局部会偏离电中性. 电荷之间的库仑作用，使这种偏离电中性的范围不能无限扩大，最终电中性得以恢复. 偏离电中性的区域的最大尺度称为德拜长度 λ_D，当系统尺度 $L>\lambda_D$ 时，系统呈现电中性，当 $L<\lambda_D$时，系统可能出现非电中性.

2. 等离子体的主要参量

描述等离子体的一些主要参量有电子温度、带电粒子密度、电场强度、电子平均动能、空间电势分布等.

(1) 电子温度 T_e. 电子温度是等离子体的一个主要参量. 在等离子体中电子碰撞电离是主要的，而电子碰撞电离与电子的能量有直接关系，即与电子温度相关联. 电子温度一般比离子温度(T_i)高得多，由于电子质量小，作为电流的载体，可以直接从外部电场获得能量；正离子则只能在与电子的碰撞中间接获得能量，并且由于离子的质量远大于电子质量，碰撞后只能从电子获得很小的一部分能量，所以电子温度远高于离子温度.

(2) 等粒子体密度. 表示单位体积内所带电粒子数目的多少. 等离子体内同时存在正离子、负离子和中性离子，所以各种性能的离子密度分别表示为中性离子密度 n_0、正离子密度 n_i 和电子密度 n_e，在等离子体中 $n_e\approx n_i$.

等离子体中带电离子密度与中性离子密度之比称为等离子体的电离度，用 α 表示

$$\alpha=\frac{n_i(n_e)}{n_0} \tag{4.4.1}$$

(3) 德拜长度 λ_D. 由于带正电的电荷置于等离子体内部时，其周围必然形成一个异号电荷的“鞘层”，从而屏蔽了带电体的电场，等离子体内部不受外界影响. “鞘层”的半径称为德拜长度，德拜长度不仅表示了屏蔽离子场所占的空间尺寸，又表示了等离子体内部保持非电中性的最小尺度. 德拜长度的大小取决于电子温度和电子密度. 其大小为

$$\lambda_D=\left(\frac{kT_e}{4\pi n_e e^2}\right)^{\frac{1}{2}} \tag{4.4.2}$$

此外，由于等离子体中带电粒子间的相互作用是长程库仑力，它们在无规则的热运动之外，能产生某些类型的集体运动，如等离子振荡，其振荡频率 f_p 称为朗缪尔频率或等离子体频率. 电子振荡时辐射的电磁波称为等离子体电磁辐射.

3. 稀薄气体产生的辉光放电

辉光放电是实验室获取等离子体的主要方法之一. 当放电管内的压强保持在 $10\sim10^2$ Pa 时，在两电极上加高电压，就能观察到管内有放电现象. 强大的电场导致管内有少量自由电子产生，这些自由电子被电场加速，获得很大的能量. 当它们与气体分子碰撞时，使气

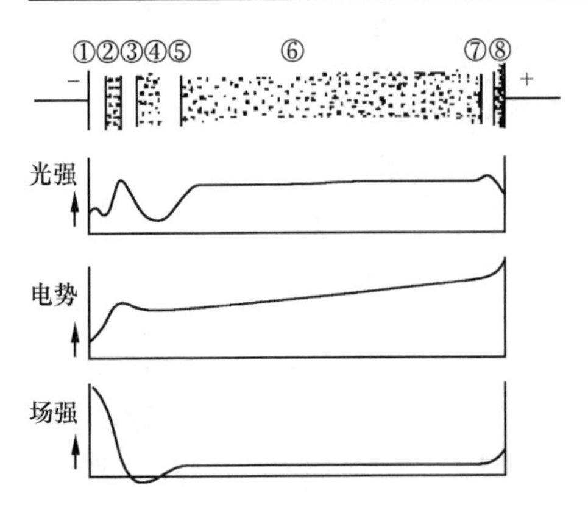

图 4.4.1　辉光放电光强、电势、场强分布

体分子电离，产生更多的自由电子. 这些自由电子再被电场加速，导致雪崩式电离，从而产生辉光放电. 辉光放电区间内有 8 个明暗相间的区域，管内两个电极间的光强、电势和场强分布如图 4.4.1 所示. 8 个区域分别为：①阿斯顿区；②阴极辉区；③阴极暗区；④负辉区；⑤法拉第暗区；⑥正辉区(即正辉柱)；⑦阳极暗区；⑧阳极辉区.

正辉区是本实验研究的等离子区. 它有气体高度电离，电场强度很小，且沿轴向有恒定值等特征. 这使得它们的无规则热运动胜过它们的定向运动，所以它们基本上遵从麦克斯韦速度分布律. 由其具体分布可得到一个相应的温度，即电子温度. 由于电子质量很小，所以电子的平均动能比其他粒子大得多，这是一种非平衡状态. 因此，虽然电子温度很高(约为 10^5K)，但放电气体的温度并不明显升高，放电管的玻璃壁并不软化.

4. 等离子体的诊断

测试等离子体的方法称为诊断，是等离子体物理实验的重要部分. 等离子体诊断的常用方法有探针法、霍尔效应法、微波法、光谱法等. 这里只对探针法和霍尔效应法进行介绍.

1) 探针法

探针法是由朗缪尔提出来的，故又称为朗缪尔探针法，分为单探针法和双探针法两种.

(1) 单探针法.

单探针法是将探针作为一个小金属电极封入等离子体中，如图 4.4.2 所示. 电极的形状可以是平板形、圆柱形或球形. 以放电管的阳极或阴极作为参考点，改变探针电势，测出相应的探针电流，得到探针电流与其电势之间的关系，即探针的伏安特性曲线，如图 4.4.3 所示. 伏安特性曲线中各段所表征的意义为：

在 AB 段，探针的负电势很大，电子受负电势的拒斥，而速度很慢的正离子被吸向探针，在探针周围形成正离子构成的空间电荷层，即所谓“正离子鞘”，它把探针电场屏蔽起来. 等离子区中的正离子只能靠热运动穿过鞘层抵达探针，形成探针电流，所以 AB 段为正离子流，这个电流很小.

过了 B 点，随着探针负电势减小，电场对电子的拒斥作用减弱，使一些快速电子能够克服电场拒斥作用，抵达探针，这些电子形成的电流抵消了部分正离子流，使探针电流逐渐下降，所以 BC 段为正离子流加电子流.

到了 C 点，电子流刚好等于正离子流，互相抵消，使探针电流为零. 此时探针电势就是悬浮电势 U_F.

如果继续减小探针电势绝对值，到达探针的电子数比正离子数多得多，探针电流转为正向，并且迅速增大，所以 CD 段为电子流加离子流，以电子流为主. 当探针电势 U_P 和等离子体的空间电势 U_S 相等时，正离子鞘消失，全部电子都能到达探针，这对应于曲线上的 D 点. 此后电流达到饱和. 如果 U_P 进一步升高，探针周围的气体也被电离，探针电流又迅速增大，甚至探针烧毁.

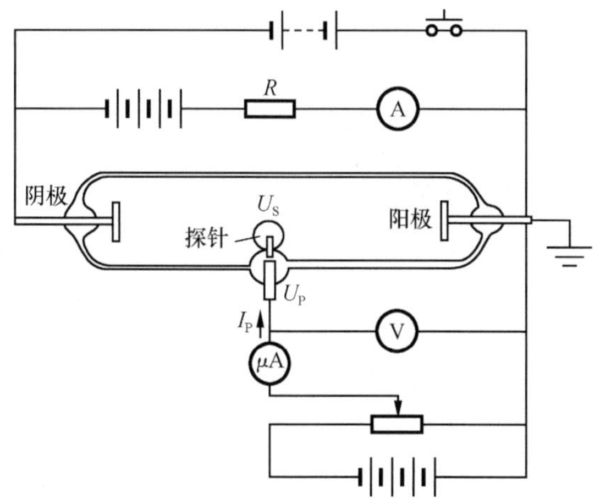

图 4.4.2 单探针法实验原理图

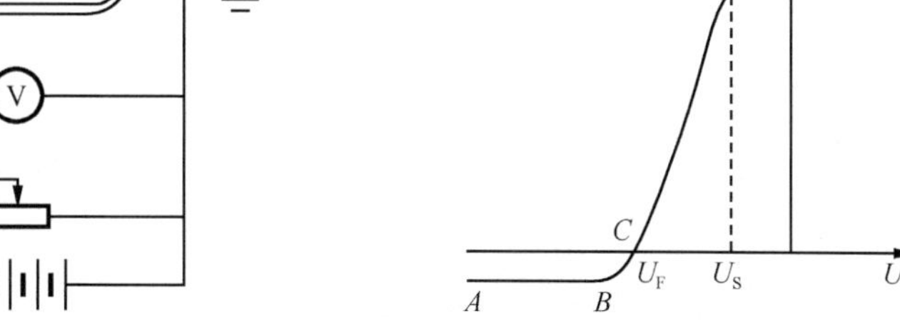

图 4.4.3 单探针法 U-I 曲线

由单探针法得到的伏安特性曲线，可求得等离子体的一些主要参量.

对于曲线的 CD 段，由于电子受到减速电势 (U_P-U_S) 的作用，只有能量比 $e(U_P-U_S)$ 大的那部分电子能够到达探针. 假定等离子区内电子的速度服从麦克斯韦分布，则减速电场中靠近探针表面处的电子密度 n_e，按玻尔兹曼分布应为

$$n_e = n_0 \exp\left[\frac{e(U_P-U_S)}{kT_e}\right] \tag{4.4.3}$$

式中 n_0 为等离子区中的电子密度，T_e 为等离子区中的电子温度，k 为玻尔兹曼常量.

当电子平均速度为 $\bar{v}_e$ 时，单位时间内落到表面积为 S 的探针上的电子数为

$$N_e = \frac{1}{4} n_e \bar{v}_e S \tag{4.4.4}$$

将式(4.4.3)代入式(4.4.4)得探针上的电子电流为

$$I = N_e e = \frac{1}{4} n_e \bar{v}_e S e = I_0 \exp\left[\frac{e(U_P-U_S)}{kT_e}\right] \tag{4.4.5}$$

其中

$$I_0 = \frac{1}{4} n_0 \bar{v}_e S e \tag{4.4.6}$$

对式(4.4.5)两边取对数有

$$\ln I = \ln I_0 - \frac{eU_S}{kT_e} + \frac{eU_P}{kT_e}$$

其中

$$\ln I_0 - \frac{eU_S}{kT_e} = 常数$$

故

$$\ln I = \frac{eU_P}{kT_e} + 常数 \tag{4.4.7}$$

可见电子电流的对数和探针电势呈线性关系，作半对数曲线，如图 4.4.4 所示，由直线部分的斜率 $\tan\varphi$，可决定电子温度 T_e，即

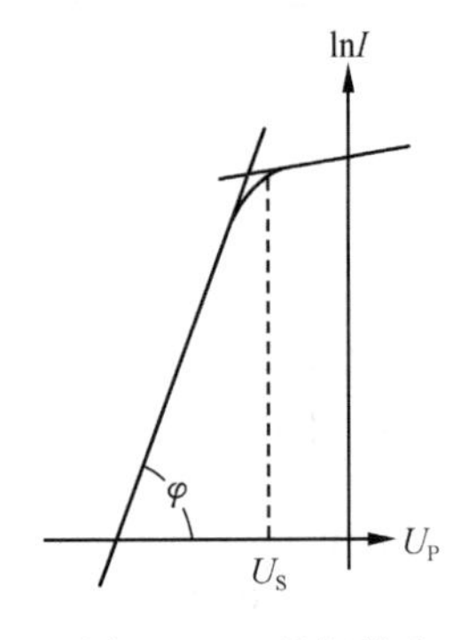

图 4.4.4　单探针法 lnI-U 曲线

$$\tan\varphi = \frac{\ln I}{U_P} = \frac{e}{kT_e}$$

$$T_e = \frac{e}{k\tan\varphi} = \frac{11\,600}{\tan\varphi}(\mathrm{K}) \tag{4.4.8}$$

若取以 10 为底的对数，则常数 11 600 应改为 5040.

电子平均动能 $\overline{E}_e$ 和平均速度 $\overline{v}_e$ 分别为

$$\overline{E}_e = \frac{3}{2}kT_e \tag{4.4.9}$$

$$\overline{v_e} = \sqrt{\frac{8kT_e}{\pi m_e}} \tag{4.4.10}$$

式中 m_e 为电子质量.

由式(4.4.6)可求得等离子区中的电子密度

$$n_e = \frac{4I_0}{eS\overline{v}_e} = \frac{I_0}{eS}\sqrt{\frac{2\pi m_e}{kT_e}} \tag{4.4.11}$$

式中 I_0 为 $U_P=U_S$ 时的电子电流，S 为探针裸露在等离子区中的表面面积.

所以，由图 4.4.4 所示曲线可求出电子温度 T_e、电子平均动能 $\overline{E}_e$ 和平均速度 $\overline{v}_e$，从而可获得电子密度 n_e.

由于单探针法的电势要以放电管的阳极或阴极的电势作为参考点，而且一部分放电电流会对探针电流有所贡献，造成探针电流过大和特性曲线失真，所以有一定的局限性.

(2) 双探针法.

双探针法是在放电管中装两根相隔一段距离的探针，如图 4.4.5 所示. 双探针法的伏安特性曲线如图 4.4.6 所示. 由于两探针所在的等离子体电势稍有不同，所以外加电压为零时，电流不为零.

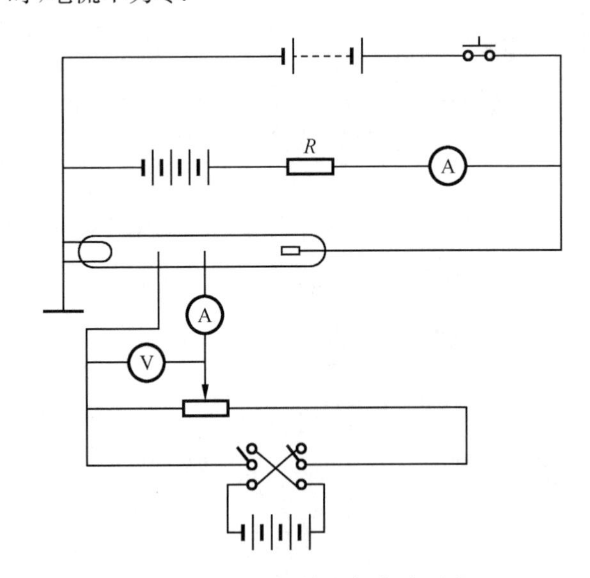

图 4.4.5　双探针法实验原理图

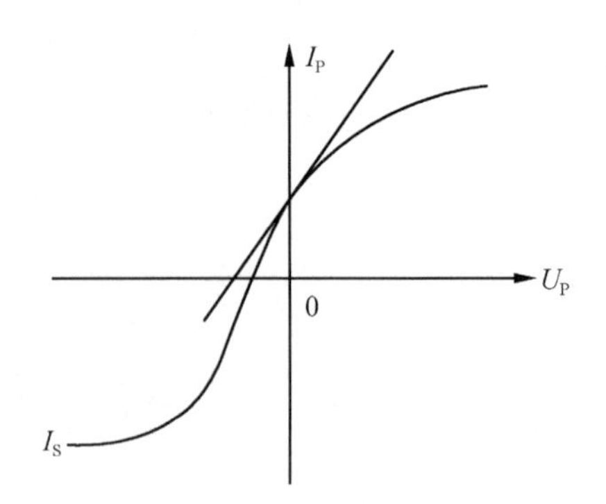

图 4.4.6　双探针法 U-I 曲线

随着外加电压逐步增加，电流趋于饱和. 最大电流是饱和离子电流 I_{S1}、I_{S2}.

由于流到系统的电子电流总是与相等的离子电流平衡，总电流绝不会大于饱和离子电流,所以探针对等离子体的干扰大为减少.

由双探针法的特性曲线同样可得到电子温度

$$T_e = \frac{e}{k}\frac{I_{i1}I_{i2}}{I_{i1}+I_{i2}}\frac{dU}{dI}\bigg|_{U=0} \tag{4.4.12}$$

式中 e 为电子电荷,k 为玻尔兹曼常量,I_{i1} 和 I_{i2} 分别为流到探针 1 和 2 的正离子电流,它们由饱和离子电流确定;$\frac{dU}{dI}\Big|_{U=0}$ 是 $U=0$ 附近伏安特性曲线切线斜率的倒数.

电子密度 n_e 为

$$n_e = \frac{I_S}{eS}\sqrt{\frac{M}{kT_e}} \tag{4.4.13}$$

式中 M 是放电管所充气体的离子质量,S 是两根探针的平均表面面积,I_S 是正离子饱和电流.

由双探针法可测定等离子体内的轴向电场强度 E_L. 只要分别测得两根探针所在处的等离子体电势 U_1 和 U_2,由下式可得

$$E_L = \frac{U_1 - U_2}{l} \tag{4.4.14}$$

2) 霍尔效应法

在等离子体中"悬浮"一对平行板,在与等离子体中带电粒子漂移垂直的方向加磁场,保持磁场方向、漂移方向和平行板方向三者互相垂直,则具有电荷 e 和漂移速度 v_L 的电子在磁场中受到的洛伦兹力为

$$\boldsymbol{F}_L = e\boldsymbol{v}_L \times \boldsymbol{B} \tag{4.4.15}$$

式中 $\boldsymbol{B}$ 为磁感应强度. 这个力使电子向平行板法线方向偏转,从而建立起霍尔电场 E_H,这个电场对电子也将产生作用力 $F_e=eE_H$,当磁力和电场力平衡时,有

$$v_L = \frac{E_H}{B} = \frac{U_H}{Bd} \tag{4.4.16}$$

式中 d 是平行板间距,U_H 为霍尔电压. 实验证明,在弱磁场中,霍尔电压和磁场之间保持线性关系,所以要对式(4.4.16)进行修改

$$v_L = \frac{8U_H}{Bd} \tag{4.4.17}$$

设电流密度为 j,则通过放电管的电流为 $dI=jdA$,设放电管半径为 r,则 $dI=n_e(r)ev_L \cdot 2\pi r dr$,在只考虑数量级时,可假定 $n_e(r)$ 是常数,则有

$$I = n_e e\pi r^2 v_L \tag{4.4.18}$$

由式(4.4.17)和式(4.4.18)可推出电子密度

$$n_e = \frac{I}{e\pi r^2 v_L} = \frac{IBd}{8\pi e r^2 U_H} \tag{4.4.19}$$

亥姆霍兹线圈轴中央的磁感应强度为

$$B = 0.724\frac{\mu_0 Ni}{R} \tag{4.4.20}$$

式中 μ_0 为真空磁导率,N 为线圈匝数,i 为线圈电流,R 为线圈半径.

二、实验仪器装置

本实验可采用等离子体物理实验组合仪.该组合仪包括气体放电管、接线板、等离子体放电电源、测试仪表、数据采集卡和辅助分析软件等几大部分.本实验也可以采用分立仪器组装,并选用适当型号的等离子体放电管.

三、实验内容

1. 单探针法测等离子体参量

(1) 手动逐点改变探针电势,列表记录测得的探针电压和电流,用坐标纸绘制 $\ln I\text{-}V_P$ 曲线,由曲线求出 $\tan\varphi$,利用式(4.4.2)、(4.4.8)~(4.4.11)计算德拜长度、电子温度、电子密度、平均动能等相关参数.

(2) 利用 X-Y 函数记录仪直接记录探针电势和探针电流,自动描绘出单探针法伏安特性曲线,求出电子温度、电子密度、平均动能等参数,打印相关实验曲线和实验结果,并与单针手动法的实验结果进行比较.

2. 双探针法测等离子体参量

(1) 手动逐点改变探针电势,列表记录测得的探针电压和电流,用坐标纸绘制 $I\text{-}V_P$ 曲线,由曲线求出 $U=0$ 附近伏安特性曲线切线斜率,利用式(4.4.9)、(4.4.10)、(4.4.12)~(4.4.14)计算相关参数.

(2) 利用 X-Y 函数记录仪直接记录探针电势和探针电流,自动描绘出双探针法伏安特性曲线,求出相关参数,打印相关实验曲线和实验结果,并与双针手动法的实验结果进行比较.

*3. 霍尔效应法测等离子体参量

查阅相关资料,给出测量方案,并说明方案的依据和可行性.

请在实验方案中,考虑如何消除霍尔平行板相对阴极不完全对称和本身形状的不均匀的影响.

四、注意事项

(1) 探针法测量等离子体参量时,不管是用手动记录还是用函数记录仪,都不要使探针电流太大,否则会烧毁放电管.如果产生异常辉光放电现象,则应马上减小探针电压 V_P,结束该项实验.

(2) 用 X-Y 函数记录仪可以得到比手动逐点法好的数据,因为等离子体电势在几分钟内可以有 25%的漂移,而用手动逐点法测试所需的时间与离子体电势发生较大变化的时间是可以比拟的,这会使得到的曲线失真.

五、思考与讨论

(1) 气体放电等离子体有什么特性?

(2) 等离子体有哪些参数?

(3) 如何用探针法确定电子温度和电子密度?

(4) 进行单探针手动逐点法实验时,若要获得比较好的测量结果,伏安曲线中的哪一段需要较密的测量间距,尤其是要测量探针电流为何值的数据点?

参考文献

池凌飞,林揆训,林璇英,等. 2004. 氩等离子体的电子能量分布函数分析. 汕头大学学报(自然科学版), 19(2):7~12.

崔执风. 2006. 近代物理实验. 合肥:安徽人民出版社.

南京大学近代物理实验室. 1993. 近代物理实验. 南京:南京大学出版社.

孙杏凡. 1982. 等离子体及其应用. 北京:高等教育出版社.

王鑫,吴先球,肖化,等. 2005. 等离子体诊断仿真实验设计. 华南师范大学学报(自然科学版),(1):51~54.

姚若河,池凌飞,林璇英,等. 2000. 射频辉光放电等离子体的电探针诊断及数据处理. 物理学报,49(5):922~925.

余云鹏,林舜辉,林旭升,等. 2004. 氩直流辉光放电等离子体中电子运动及能量的模拟. 核聚变与等离子体物理,24(3):236~240.

赵寿柏 陈俊芳 编

单元5　X射线衍射技术

5.0　X射线衍射的基础知识

一、X射线的发现与影响

X射线是1895年11月8日由伦琴发现的，故又名伦琴射线. 伦琴因这一伟大的发现而荣获首届诺贝尔物理学奖.

后来，X射线学在透射、衍射、能谱和射线源等方面与其他新兴学科互相渗透和交叉，衍生出许多新的分支领域，例如，高功率X射线源、X射线的产生机理、X射线能谱、X射线显微镜、X射线衍射、X射线貌相术、X射线荧光谱分析等. 就X射线衍射来说，它对近代科学（化学、药学、金属学、矿物学、物理学、生物化学、生理学、遗传学及其相关科学）和近代技术（晶体管、激光、固体器件、新材料等）的发展都有广泛影响.

二、X射线的产生与谱线

X射线常由X射线管产生. X射线管由阴极（发射热电子的钨丝）和阳极（纯金属制成的靶）两部分组成. 给阳极与阴极之间施加一定高压（一般为10～60kV）后电子得到加速而轰击金属靶时便产生X射线. X射线分特征X射线与连续X射线两类.

1. 特征X射线谱

特征X射线由靶材内层紧束缚电子被阴极飞来的高速电子轰出后，由外层电子跃迁填充其空位时产生. 这种谱线有固定的波长值与相对强度值；而固定的波长值跟管子的工作条件无关，只由靶材料的原子序数Z决定.

$$\sqrt{\nu} = A(Z-\delta) \tag{5.0.1}$$

式中A与δ都为常量，ν为某线系X射线的频率，这就是著名的莫塞莱定律. 该定律表明，把实验得到的未知元素的特征X射线谱（一般用离散的两条谱线）与计算的结果（或标准样品的实验线谱）相比较，两者相符就可证实发射该X射线的靶材料中含有标准样品中那种化学元素. 该定律是电子探针仪鉴定化学元素与X射线波谱分析的基础. 本线谱因可通过其波长值来识别产生它的化学元素，而被称为标识X射线或特征X射线.

2. 连续X射线谱

连续X射线谱是由高能电子受靶原子电场“连续”减速而产生的. 若一个电子在电压为

V 的外加电场中获得的能量全转变为 X 射线光子，那么此光子的能量

$$E = eV = h\nu_{\max} = hc/\lambda_{\min}$$

式中 c 为光速，最大频率 $\nu_{\max}$ 对应的最短波长 $\lambda_{\min} = 1239.9/V(\text{nm})$，$V$ 以伏(V)为单位. 但是，具有 eV 能量的电子一次性转变成一个光子的概率很小，一般是逐次递减，$\Delta E_1 = h\nu_1$，$\Delta E_2 = h\nu_2$，…(h 为普朗克常量)，这样就形成一条如图 5.0.1 所示的馒头状"连续"曲线；该曲线相对于"线状"的特征谱线就习惯称为"连续"X 射线谱. 图 5.0.1 还表明：①各元素的 $\lambda_{\min}$ 是相同的，即短波限只和管压有关，和元素的原子序数无关；②连续谱的强度随原子序数的增加而增加.

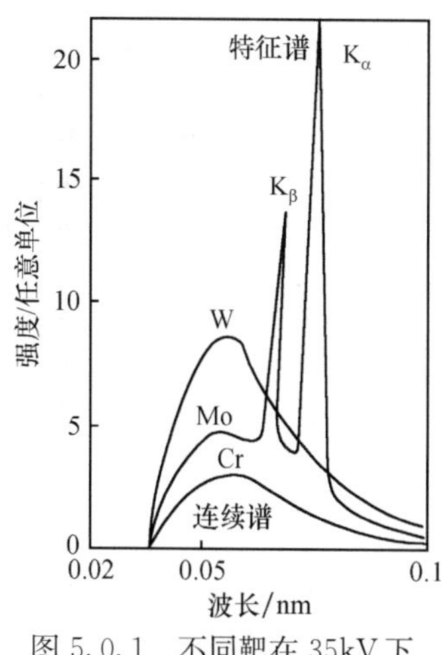

图 5.0.1　不同靶在 35kV 下发出的 X 射线谱

三、X 射线的性质

X 射线和可见光一样，都显示波粒二象性，都会产生干涉、衍射、吸收和光电效应等现象，所以两者的本质是相同的. 两者的差别主要是波长值不同. X 射线波长比可见光的波长小得多，其范围一般定为 10^{-3}～10nm，同步辐射的 X 射线波长定为 5×10^{-4}～2.5×10nm，常用于衍射技术的 X 射线波长是 0.05～0.25nm. 1973 年测得最准的 Cu K_α 辐射 $\lambda_{K\alpha_1} = 0.154\ 059\ 81$nm.

在 X 射线诸性质中，"衍射"这一性质用途最广. 这是由于各种固体材料中的原子或原子团之间的距离跟 X 射线的波长值相当.

四、晶 体 点 阵

1. 固体与晶体

固体分为三大类：晶体、准晶体与非晶体. 固体中原子排列的具体情况是划分三大类的依据：原子在三维空间周期性地排列构成的固体是晶体；非晶体中原子排列是无序的、没有周期性的；1984 年从实验上发现的准晶体既不同于晶体又不同于非晶体，其原子排列尚在研究之中.

晶体分单晶与多晶，单晶粉碎后变成多晶(粉末状态的多晶又叫粉晶).

2. 阵点与点阵

为了反映晶体中原子排列的周期性，在三维空间以一个点代表一个原子或一个原子团，这样的点叫阵点. 阵点在空间作周期性无限分布所形成的阵列叫空间点阵，简称点阵. 如图 5.0.2 所示，通过点阵中的阵点，可作许多相互平行的直线族(或叫直线系)，这些直线族就叫晶列；这些晶列构成网格，所以点阵又称晶格，阵点又称格点或节点.

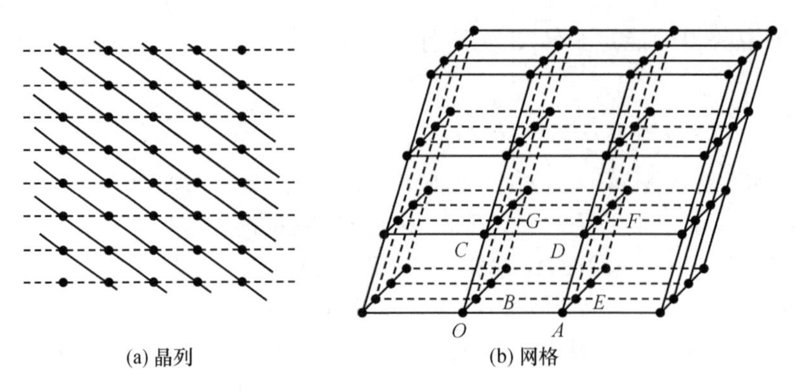

(a) 晶列　　(b) 网格

图 5.0.2　晶体点阵

3. 晶向与晶向指数

图 5.0.2(a)中用实线与虚线表示两个不同的晶列. 由图可见,同一格子可以形成多个方向不同的晶列,而每个晶列定义了一个方向,称为晶向. 取点阵中某一阵点为原点,则点阵中任一阵点的位矢为 $\boldsymbol{R}=m\boldsymbol{a}+n\boldsymbol{b}+p\boldsymbol{c}$,式中 m、n、p 都是有理数,$\boldsymbol{a}$、$\boldsymbol{b}$、$\boldsymbol{c}$ 是选定的基矢(如图 5.0.3 所示),所以 m、n 与 p 能标志 $\boldsymbol{R}$ 的方向与大小. 结晶学上将 m、n、p 连比($m:n:p$)并化为互质整数 $u:v:w(=m:n:p)$后得到的 u、v、w 这三个数字称为晶向指数,符号[uvw]称为晶向. 例如,立方晶系中立方体的一条棱的晶向为[100],则 $\boldsymbol{R}=1\cdot\boldsymbol{a}$;一个表面对角线的晶向为[110],则 $\boldsymbol{R}=1\cdot\boldsymbol{a}+1\cdot\boldsymbol{b}$;对顶角线的晶向为[111],则 $\boldsymbol{R}=1\cdot\boldsymbol{a}+1\cdot\boldsymbol{b}+1\cdot\boldsymbol{c}$. 当然,立方体的棱边、面对角线、体对角线都不止一条,而且其他的晶向指数都按以上的确定方法来确定;不过 u、v、w 中的一个或全部有的时候会遇到负号而变成负值,按惯例,负值的指数是用头顶上加一横来表示,例如,立方体的棱边共有六个不同的晶向,如图 5.0.4 所示,分别用[100]、[010]、[001]、[$\bar{1}$00]、[0 $\bar{1}$0]、[00$\bar{1}$]表示. 由于对称性,这六个晶向并没有什么区别,即晶体在六个晶向上的性质是完全相同的,这六个晶向叫等效晶向,记成⟨100⟩. 推而广之,等效晶向的通式记成⟨uvw⟩.

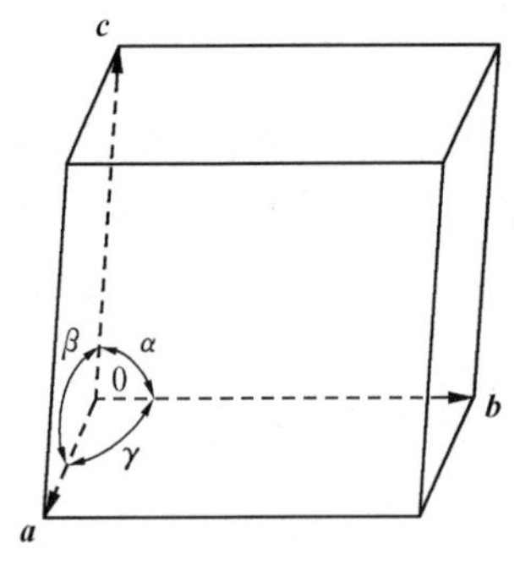

图 5.0.3　点阵参数

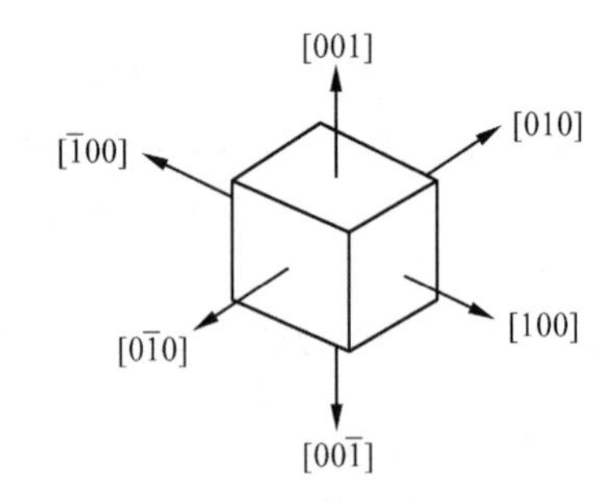

图 5.0.4　[100]及其等效晶向

4. 晶面与晶面指数

一个平面的方位可用该平面法线的方向余弦来表示,也可用该平面在三个坐标轴上的截距来表示. 后者通过其截距来求晶面指数:如果该平面在三个坐标轴上的截矩为 $m'a$(=

$m'|\boldsymbol{a}|$)，$n'b$($=n'|\boldsymbol{b}|$)，$p'c$($=p'|\boldsymbol{c}|$)，而m'、n'、p'三者的最小公倍数为s；那么$h=s/m'$，$k=s/n'$，$l=s/p'$这三个数就叫晶面指数或米勒指数，而标成的(hkl)被称为晶面.(注意：有的书把晶面(hkl)误称为晶面指数). 如图5.0.5所示，在立方晶系中，立方体的一个表面为(100)；对角面为(110)；过顶角及其相对的对角线的平面为(111). 这三个晶面的指数h、k、l分别为$h=1$，$k=l=0$；$h=k=1$，$l=0$；$h=k=l=1$. 因为平面族(xh xk xl)平行于(hkl)，所以(hkl)不光代表一个晶面，还代表一个晶面族. 类似于等效晶向，晶面也存在等效晶面，用花括号代替圆括号记成$\{hkl\}$；它表示这些点阵平面族是对称等效的，如(100)、(010)和(001)统称$\{100\}$.

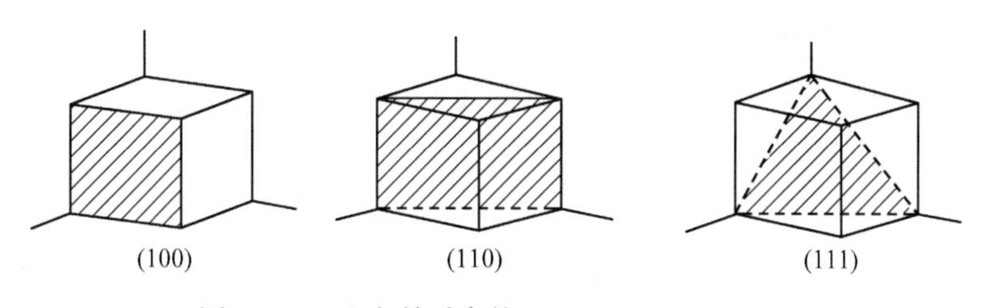

图5.0.5　立方晶系中的(100)、(110)、(111)面

5. 晶带、晶带轴与晶带定律

我们常看到晶体的晶面和表面围绕着晶体排列成带状，一个给定带的所有晶面都平行于通过晶体中心的一条假想直线或方向. 晶面的这种带称为晶带. 各晶面及其交线都与之平行的那条假想直线叫晶带轴. 识别一个晶带的关键在于这个晶带轴的方向，常用$[uvw]$表示. 如果晶面(hkl)平行于晶带轴$[uvw]$，那么晶面的法线垂直于晶带轴

$$hu+kv+lw=0 \tag{5.0.2}$$

式(5.0.2)称为晶带定律.

由晶带定律知，用一个晶带中任意两个晶面($h_1k_1l_1$)与($h_2k_2l_2$)就可由下式求晶带轴的u、v、w：

$$\left.\begin{aligned} u &= k_1l_2-k_2l_1 \\ v &= l_1h_2-l_2h_1 \\ w &= h_1k_2-h_2k_1 \end{aligned}\right\} \tag{5.0.3}$$

6. 晶面间距与点阵参数

晶面间距是指两个相邻的平行晶面之间的垂直距离，通常用d_{hkl}或简写d来表示. d($=|\boldsymbol{d}_{hkl}|$)的有关公式如下：

立方晶系 $d=a(h^2+k^2+l^2)^{-1/2}$

四方晶系 $d=[(h/a)^2+(k/a)^2+(l/c)^2]^{-1/2}$

正交晶系 $d=[(h/a)^2+(k/b)^2+(l/c)^2]^{-1/2}$

其余晶系的公式较繁，可见参考文献(黄胜涛，1985；丛秋滋，1997；刘奉朝和刘广胜，2007).

由于晶体点阵的周期性，可在其中任取一个阵点为顶点、以三条不共面的直线上的点阵周期为边长的平行六面体作为重复单元，如图5.0.2(b)中的$OADFEBGCO$，用来反映晶体结构的周期特征. 这样的重复单元称为晶胞. 晶胞沿其三个棱的方向以边长为周期分别作无穷多次平移就给出整个晶格. 因此,代表晶胞棱的方向和长度的三个矢量可作为描述晶格的基本矢量,称为基矢,以 $\boldsymbol{a}$、$\boldsymbol{b}$ 和 $\boldsymbol{c}$ 表示. 晶胞有六个参量: $\boldsymbol{a}$、$\boldsymbol{b}$、$\boldsymbol{c}$ 和面间角 α、β、γ,如图 5.0.3 所示. 这六个参量称为晶胞参数或晶格参数或点阵参数. 对于立方晶系,$a=b=c$,$\alpha=\beta=\gamma=90°$,所以测定点阵常数就是测定某一温度的对应的 a 值.

五、布拉格定律

如图 5.0.6 所示,用波长为 λ 的 X 射线以掠射角 θ 投射到点阵面族 $(h'k'l')$ 上,当两个相邻的点阵平面所反射的线束的光程差

$$\Delta=(\overline{BO_2}+\overline{O_2B'})-(\overline{AO_1}+\overline{O_1A'})=\overline{CO_2}+\overline{O_2E}=2d_{h'k'l'}\sin\theta$$

恰好等于 λ 的整数倍,即

$$2d_{h'k'l'}\sin\theta=n\lambda \tag{5.0.4}$$

的时候,发生反射,式中 n 为反射级数:$n=1$ 称一级反射,$n=2$ 称二级反射,等等. 令 $d_{hkl}=d_{h'k'l'}/n$,这样 $(h'k'l')$ 面族的 n 级反射可看作 (hkl) 面族的第一级反射,上面式(5.0.4)就可变为

$$2d\sin\theta=\lambda \tag{5.0.5}$$

这就是著名的布拉格定律.

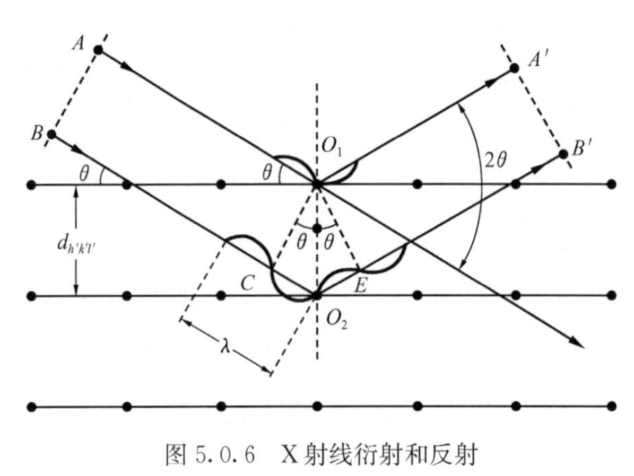

图 5.0.6 X 射线衍射和反射

六、仪 器

X 射线衍射分析常用的仪器是普通 X 光机加粉末照相机,或一台多用途的 X 射线衍射仪.

1. X 光机

X 光机又叫 X 射线发生器,如图 5.0.7 所示,它由 X 射线管、高压发生器、冷却 X 射线管阳极与高压发生器的供水装置、控制与稳定管压与管流的线路以及各种安全保护电路所组成. 常用的 X 射线管为热阴极式二极管,分为密封式固定靶管和可析式旋转靶管两大类.

X 射线衍射仪的 X 射线发生器的原理跟普通 X 光机完全相同.

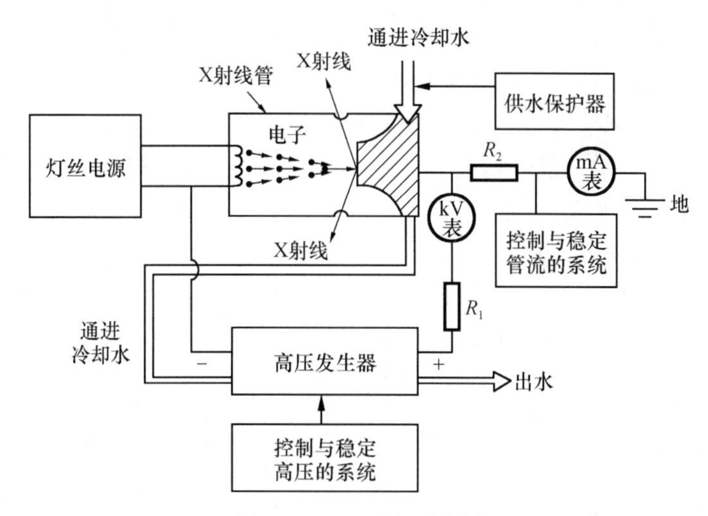

图 5.0.7　X 光机示意图

2. 德拜相机

粉末照相机较为常用的是德拜相机. 德拜相机的构造如图 5.0.8 所示. 为了得到接近平行的细小光束,要利用如图 5.0.9(a)所示的入射光阑的小孔 A_1 与 A_2;为了消除原射线在 A_2 上的散射,在其外开一较大的孔 B. 图 5.0.9(b)中的黑纸是为防止可见光进入,荧光屏用于调相机位置,铅玻璃可透过荧光同时可吸收 X 射线. 实验中要注意使样品中心与相机壳的轴重合,使底片与相机内壁贴紧.

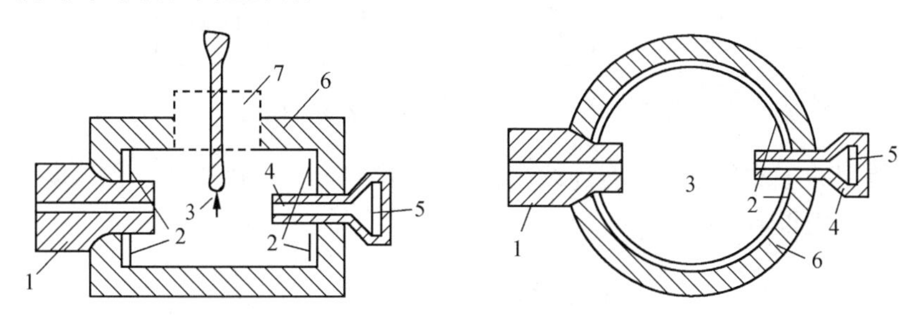

图 5.0.8　德拜相机

1. 入射光阑;2. 底片;3. 样品;4. 后光阑;5. 荧光屏;6. 相机壳;7. 样品位置调节件

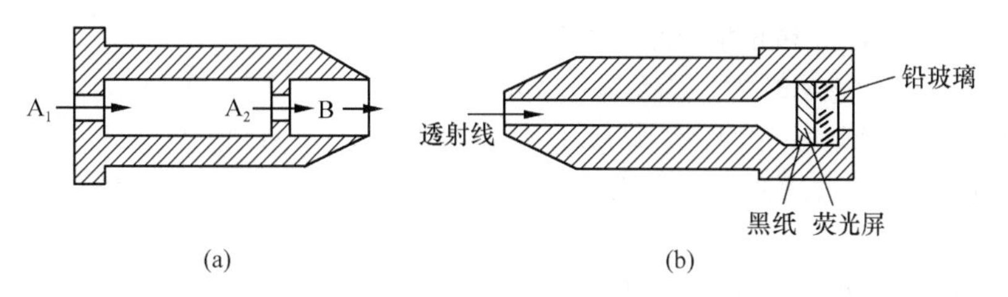

图 5.0.9　入射光阑(a)与后光阑(b)

3. X 射线衍射仪

20 世纪 50 年代以前的 X 射线衍射分析,大多是利用照相底片来记录衍射线的强度的. 设备比较简单,只包括 X 光机及各种用途的照相机就足够了. 50 年代以后,出现了利用测角仪与计数器来记录射线的位置和强度的X射线衍射仪，衍射仪技术就逐渐代替照相机技术，并在各个领域得到日益广泛的普及和使用.

图5.0.10为X射线衍射仪的结构方框图. X射线从X射线发生器射入测角仪(测量衍射角的仪器)，经测角仪中的晶体衍射后再进入探测器. 在探测器里X射线信号转变为电信号后经电容C耦合而先后进入前置放大器与主放大器. 如果探测器是正比计数管或闪烁计数器，为了消除那些无用的混杂信号，就须把经过线性放大后的脉冲信号先输入脉冲幅度分析器，再输入计数率器或定标器，最后由计数率器进入纸带自动记录器而得到所需的衍射花样图，或由定标器输入电传打字机等而被打印出来.

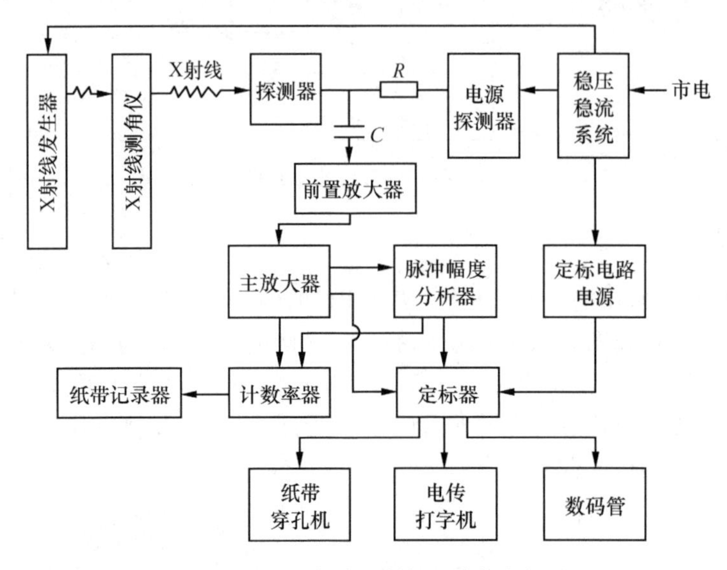

图5.0.10　X射线衍射仪的结构方框图

衍射仪常用的主要测量方法有连续扫描法、阶梯(步进)扫描法和累积强度测量法三种，其中连续扫描法用得最多.

参考文献

丛秋滋. 1997. 多晶二维X射线衍射. 北京：科学出版社.

郭常霖，马利泰. 1980. 测定非立方晶系晶胞参数的X射线衍射线对法. 科学通报，25(18)：48～49.

韩建成. 1989. 多晶X射线结构分析. 上海：华东师范大学出版社.

黄昆，韩汝琦. 1988. 固体物理学. 北京：高等教育出版社.

黄胜涛. 1985. 固体X射线学(一). 北京：高等教育出版社.

克鲁格 H P，亚历山大 L E. 1986. X射线衍射技术(多晶体和非晶质材料). 2版. 盛世雄，等，译. 北京：冶金工业出版社.

梁敬魁. 2003. 粉末衍射法测定晶体结构. 北京：科学出版社.

刘奉朝，刘广胜. 2007. 科学创新思路. 广州：暨南大学出版社.

吴思诚，王祖铨. 1995. 近代物理实验. 2版. 北京：北京大学出版社.

中华人民共和国冶金工业部. 1987. 金属点阵常数的测定方法　X射线衍射仪法(GB 8360—87).

刘奉朝　编

5.1　立方晶系点阵常数的测定

点阵参数是晶体结构的基本数据.任何晶体的点阵参数在一定状态下都有确定的值(点阵常数).当条件(温度、压强与成分等)变化时,点阵常数要作相应的变化.人们常借此来测绘平衡图固液体区的相界,测定溶剂中固溶杂质含量、金属中残余宏观内应力、晶体的密度和热膨胀系数、半导体等材料与元件的掺杂程度、化合物配比、表面层错配度、外延层与表面膜厚度等.有的因素变化微小,因而引起点阵常数的变化也微小,这就必须作极其精确的测定.

点阵常数的精确测定方法,根据样品是多晶(粉晶)还是单晶分为多晶(粉晶)法与单晶法两大类.多晶(粉晶)法中主要是德拜相法与衍射仪法.在数据处理上又有图解外推法等多种方法.

本实验的目的是在学会识别立方晶系及其点阵类型的基础上精确测定其点阵常数.本实验可选德拜法或衍射仪法.

一、实验原理

1. 立方晶系的识别

由布拉格定律与立方晶系的晶面间距公式得 $\sin^2\theta_{hkl}=\lambda^2(h^2+k^2+l^2)/(4a^2)=A(h^2+k^2+l^2)$,$A=\lambda^2/(4a^2)$.在一张衍射图谱中,如果各条衍射线的 $\sin^2\theta_{hkl}$ 值具有公因子 A,则产生该图谱的样品必然属于立方晶系.

2. hkl 的获得

A 与某线条的 θ_{hkl} 得到后,$(h^2+k^2+l^2)$ 就可得,再查表5.1.1,就可找出其相应的晶面指数 h,k,l 值.

表5.1.1　立方晶系的二次式

$h^2+k^2+l^2$	点阵类型	hkl	$h^2+k^2+l^2$	点阵类型	hkl
1		100	13		320
2	B	110	14	B	321
3	FD	111	15		
4	BF	200	16	BFD	400
5		210	17		410,322
6	B	211	18	B	411,330
7			19	FD	331
8	BFD	220	20	BF	420
9		300,221	21		421
10	B	310	22	B	332
11	FD	311	23		
12	BF	222	24	BFD	422

续表

$h^2+k^2+l^2$	点阵类型	hkl	$h^2+k^2+l^2$	点阵类型	hkl
25		500,430	43	FD	533
26	B	510,431	44	BF	622
27	FD	511,333	45		630,542
28			46	B	631
29		520,432	47		
30	B	521	48	BFD	444
31			49		700,632
32	BFD	440	50	B	710,550,543
33		522,441	51	FD	711,551
34	B	530,433	52	BF	640
35	FD	531	53		720,641
36	BF	600,442	54	B	721,633,552
37		610	55		
38	B	611,532	56	BFD	642
39			57		722,544
40	BFD	620	58	B	730
41		621,540,443	59	FD	731,553
42	B	541			

注:所有各栏对简单立方点阵都是可能有的反射.字母 F,B 和 D 分别表示面心立方点阵、体心立方点阵和金刚石立方点阵可能有的反射.

3. 点阵类型的决定

识别点阵类型的依据是消光规律.立方晶系的消光规律汇于表 5.1.1 中,表中显示了面心、体心与金刚石型点阵的 h、k、l 三者之规律性(请自行总结其规律).

4. 线对法精测点阵常数

由两个布拉格方程 $2d_1\sin\theta_1=\lambda_1$ 与 $2d_2\sin\theta_2=\lambda_2$ 而得

$$4\sin^2\delta = (\lambda_1/d_1)^2 + (\lambda_2/d_2)^2 - 2[\lambda_1\lambda_2/(d_1d_2)]\cos\delta$$

式中 $\delta=\theta_2-\theta_1$. 对于立方晶系,$d_i=a/\sqrt{N_i}$,$N_i=h_i^2+k_i^2+l_i^2$,$i=1,2,\cdots$,上式变为

$$a^2 = (N_1\lambda_1^2 + N_2\lambda_2^2 - 2\lambda_1\lambda_2\sqrt{N_1N_2}\cos\delta)/(4\sin^2\delta) \tag{5.1.1}$$

将式(5.1.1)两边取对数并微分,化简后得

$$\Delta a/a = -\cos\theta_1 \cdot \cos\theta_2 \cdot \Delta\delta/\sin\delta \tag{5.1.2}$$

式中 $\Delta\delta$ 为 δ 测量误差,它决定于实验仪器和测量仪器的精度,也与衍射轮廓线的形状有关.式(5.1.2)指明了提高准确度的方向.

式(5.1.1)与式(5.1.2)就是线对法精测立方晶系材料的点阵常数的总公式.对于测量非立方系晶体点阵常数的线对法,请参阅前面 5.0 节的参考文献(郭常霖和马利泰,1980).

二、实验仪器装置

(1) X射线粉末衍射仪(用于粉末衍射仪法).

(2) 一台X光机加一部德拜相机(用于粉末照相法——德拜相法).

三、实验内容

1. 德拜相法

1) 样品的制备与安装

把所用的样品破碎磨细后放入玛瑙钵中碾成能通过250～320目筛子的粉末.对于合金样品,要将其粉末放在抽成真空的硬质玻璃管或石英管中退火,以消除在锉屑与碾磨中所产生的应力.

把制好的粉末装入内径约0.3mm、长5mm的薄壁胶管中,或用胶水粘成上述大小的小圆棒形.

把制好的小圆棒形样品安到暗盒针状装样台的针顶上,转动螺丝调节样品到正中位置.

2) 调准光路

眼看后光阑的荧光屏,调准相机机身、平行光管与样品的位置,检查X射线是否正好投射到样品的合适位置上.

3) 装片与拍摄

按照底片相对于入射线束与透射线束的方位不同而有三种装片法:在底片中心打一个小洞,底片安装时将小洞装在X射线的入射口的叫高角对称装片法;小洞装在X射线的出射口的叫低角对称装片法;在底片的两端约1/4长度处各打一个小洞,装片时一个小洞在X射线的入口处而另一个在出射口处的叫不对称装片法.不对称装片法不需要准确知道照相机直径就可以准确地测量2θ,故较常用.

在暗室里装片时注意别碰到样品.用Cu K_α单色辐射样品.拍摄时间按底片性质、样品情况与功率大小而具体决定.例如,对过了250目筛的硅粉,用国产X光胶片对38kV×20mA的功率,拍照时间为1h.记下拍照时的温度(控制试样温度在±0.1℃或更小为好).

取下拍好了照片的相机,到暗室里取出底片并对底片进行显影、定影与烘干等处理.

4) θ的测量

图5.1.1简示了德拜相成相原理、衍射环与衍射角的对应关系、展平的德拜相底片.

从一张德拜相的线条位置测算θ的步骤如下:

(1) 高低角的确定.高低角的主要判据是K_α双线,辅助判据是样品在底片中的影子.

(2) 布拉格角θ的测算.如图5.1.1(c)所示的不对称装片法,用高精度的比长仪或其他底片测量仪测定跟2θ对应的圆弧长(即某一根衍射线条与X射线出射孔中心点之距离)l、0°到180°对应的圆弧长(即X射线入射孔中心点与出射孔中心点之距离)L,那么布拉格角$\theta=(l/L)\cdot 90°$.

5) 晶系、晶型与衍射指数的确定

按原理部分所述的方法进行.有条件者可在老师指导下根据三强线的d值来找出相应

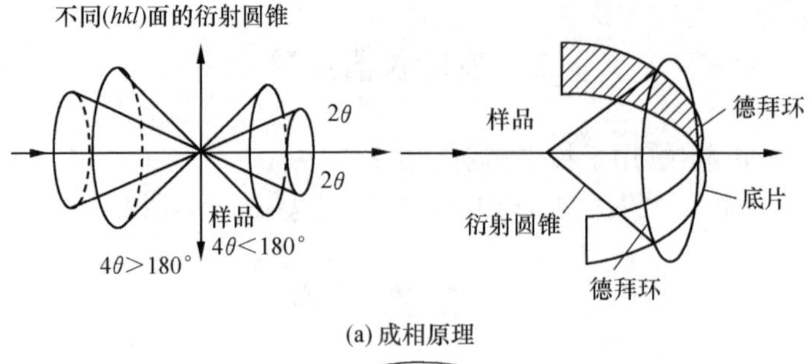

(a) 成相原理

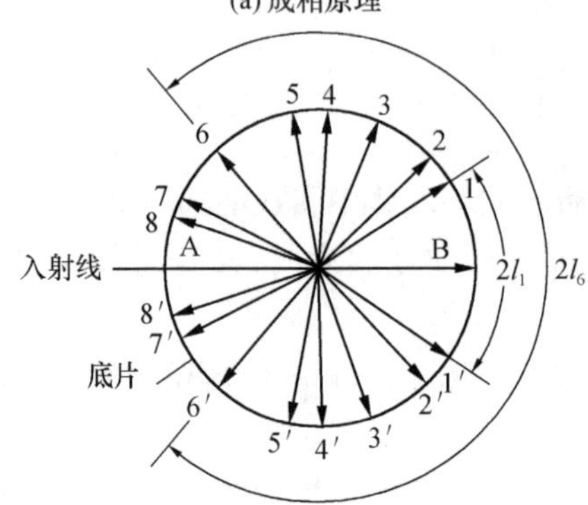

(b) 衍射环与衍射角的对应关系

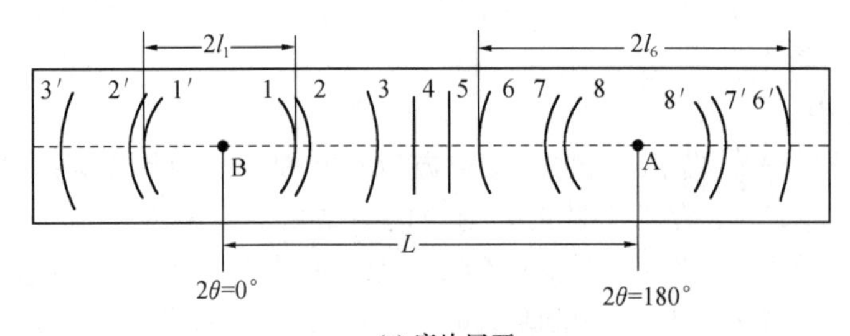

(c) 底片展开

图 5.1.1　德拜相

的 JCPDS 卡(通过 Powder Diffraction File Search Manual Hanawalt Method);找出后,晶系、晶型与有关的 hkl 值,卡片中均有.

6) 点阵常数的精确测量

为了获得高准确度的结果,一方面是选用高精度的仪器,另一方面是选用高角度衍射线及大的衍射角度差.选 $\lambda_1=\lambda_2$ 的叫单波双线法,选 $\lambda_1\neq\lambda_2$ 的叫双波双线法.例如,选 $\lambda_1=\lambda_2=0.154\ 059\ 81\text{nm}$,第一根线条测算得布拉格角为 $\theta_1=(l_1/L)90°$,$\Delta\theta_1=90°[(L\Delta l_1-l_1\Delta L)/L^2]$,指数为 h_1、k_1、l_1;第二根线条的 $\theta_2=(l_2/L)90°$,$\Delta\theta_2=90°[(L\Delta l_2-l_2\Delta L)/L^2]$,指数为 h_2、k_2、l_2,那么 $\delta=\theta_2-\theta_1$,$\Delta\delta=\Delta\theta_2-\Delta\theta_1$.

2. 衍射仪法

1) 样品的制备与安装

样品的制备跟德拜相法的相同.装样品的试样架采用瓢曲度小于 0.01mm 的凹形试样架或具有相同瓢曲度的中空试样架.

对于中空试样架，装样品的程序为：把试样架放在一块瓢曲度不大于 0.01mm 的毛玻璃上，将试样粉末均匀地撒在试样架的空心处，用一块玻璃垂直压样成型；也可以在试样上滴入一至两滴无水乙醇再压样成型，干燥后使用；均用它们的底面做测量面.

对于凹形试样架，装样程序为：将试样粉末撒在凹槽内，用瓢曲度不大于 0.01mm 的毛玻璃板压样成型，使试样表面与试样架参考平面一致.

2) I-2θ 曲线的获得

用 Cu K_α 辐射：$\lambda_{K_{\alpha_1}}=0.154\,059\,81$nm，$\lambda_{K_{\alpha_2}}=0.154\,442\,8$nm；铜靶管电压用 35～40kV，管电流用 15～25mA. 发散狭缝为 1°，接收狭缝为 0.1～0.2mm，防散射狭缝为 1°. 每个峰顶计数要等于或大于 2×10^4CPS 强度，硅(111)的 K_{α_1} 与 K_{α_2} 衍射峰要可分辨或能分辨出来.

用连续扫描或步进扫描在 2θ 的一定范围内(如 $20°\leqslant2\theta\leqslant100°$)快速扫描来获得一张衍射图谱，即衍射强度 I-衍射角度 2θ 的曲线图(I-2θ 曲线又叫衍射轮廓线). 用弦中线法(见下面 3)中所叙)对图谱中的每个峰定峰位得布拉格角后再按前叙的方法标注衍射指数 hkl.

选择 θ 较大而且 δ 也较大的两个衍射峰与下面的条件进行精测：扫描速度 $V_S\leqslant\frac{1}{8}(°)\cdot\text{min}^{-1}$，记录纸的运行速度 $V_P\geqslant40\text{mm}\cdot\text{min}^{-1}$(对于连续扫描)，时间常数为 4s，每个峰从低角到高角扫描获得后反向(即从高角到低角)再扫描获得，那么两向扫描所得的结果再取平均值才是消除了时间常数滞后误差的峰位真正值. 记下扫描过程的温度.

3) 衍射峰位测定

衍射峰位的测定法有峰值法、抛物线法、切线法、质心法、弦中线法与弦中点法等(黄胜涛，1985)，这里主张用弦中线法，因为它简便准确，尤其适用于由“线对法”求点阵常数.

弦中线法定峰位的步骤：在强度 1/2 及其以上区域任找三处各绘一条平行于背底的弦，取各弦的中点并把三个中点连成线(三个中点若不在直线上，就用最靠近峰顶的中点与下面两个中点之连线的中心画直线)，把中点连线外推到衍射峰轮廓线顶部相交于 P 点，过 P 点作 2θ 线的垂线得的 $2\theta_P$ 就是(如图 5.1.2 所示).

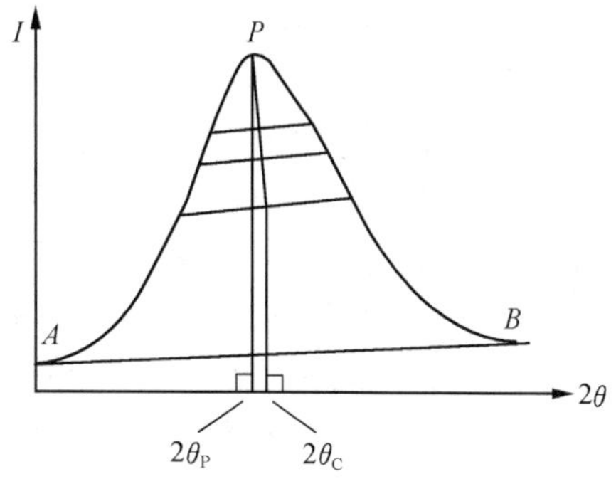

图 5.1.2　弦中线法

4) 点阵常数的准确测定

将精确测定的 θ_1、θ_2 与 N_1、N_2、$\lambda_1(=\lambda_2)$代入式(5.1.1)中便可算出 a_0.

假设测 $2\theta_1$ 时的测量误差为 Δr_1(mm)，那么 $\Delta\theta_1=(\Delta2\theta_1)/2=(V_S/V_P)\cdot\Delta r_1/2$. 假设测 $2\theta_2$ 时的测量误差为 Δr_2(mm)，那么 $\Delta\theta_2=(V_S/V_P)\cdot\Delta r_2/2$. 这样就可得 $\Delta\delta=\Delta\theta_2-\Delta\theta_1$. 将 $\Delta\delta$，δ 等代入式(5.1.2)，并注意到 a_0 已求得，就可算出 Δa 值. 最后，写出对应于温度 t(℃)的点阵常数 $a=a_0+\Delta a$.

*3. 实验设计训练

请自行设计一个双波双线法的实验.

*4. 用 X 射线粉末衍射仪测定单晶的点阵常数和晶体的热膨胀

请参考文献(刘奉朝和刘广胜，2007)的第二章和附录三所讲的新方法.

四、思考与讨论

(1) 表 5.1.1 告知面心立方点阵、体心立方点阵与金刚石型点阵的 h,k,l 三者的关系各是什么关系?

(2) 为什么说衍射仪法正逐渐代替德拜相法?德拜相法至今仍有用的原因何在?

(3) 如何确定德拜相中的高低角位置?

(4) 当仪器设备选定后,如何提高用线对法测定晶体点阵常数的准确度?试举一例.

参考文献

与 5.0 节所列文献相同.

刘奉朝 编

5.2 劳厄相法测定单晶取向

以 X 射线连续谱投射到固定的单晶体上来获得其衍射花样的实验方法叫劳厄相法.用照相底片来记录的这种衍射花样叫劳厄相.因劳厄相法设备简单,可说明 X 射线和晶体中原子周期性排列的内在关系,所以成为研究单晶体的完整性、对称性、取向及无序性的常用方法.

许多单晶具有各向异性,在不同晶向上的力学的、物理的和化学的性质常常不同;要在理论上研究晶体的性能、在工业上定向切割晶体、在研究相变机理时知道不同相之间的取向关系等,都一定要准确测定晶体取向,即确定单晶主要晶向相对于某一选定的宏观坐标系的位置关系.确定这种位置关系的常用方法就是劳厄相法.

本实验的目的就是学会拍好一张背射劳厄相或一张透射劳厄相,通过分析劳厄相来确定单晶的主要晶轴或晶向(如[100]、[110]与[111]等)相对于已选定的某一宏观坐标系(如晶片表面法线为 x 轴,与 x 轴垂直的一条棱边为 y 轴等)的位置关系.

一、实验原理

1. 实验布置

平板装的照相底片垂直于投射线束来安放.底片安放在投射线束穿过样品后的区域的叫透射法,底片安在投射线束未射到晶体之前的光路上某一位置的叫背射法,如图 5.2.1 所示.

2. 衍射花样(劳厄相)

图 5.2.2(a)与(b)分别为透射劳厄相与背射劳厄相.劳厄相是由一些分立的斑点构成的,这些斑点叫劳厄斑点.劳厄相的一个重要特征是斑点分布在通过中心斑点的椭圆、抛物线和直线上(透射相),或分布在双曲线上和通过中心斑点的直线上(背射法).

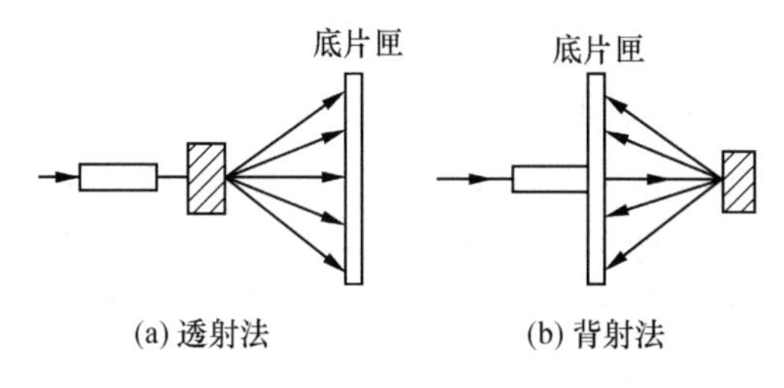

图 5.2.1　劳厄法的实验布置

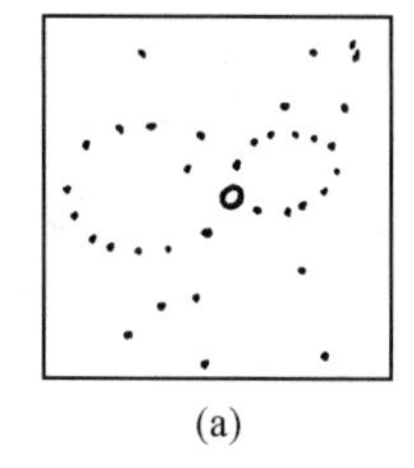

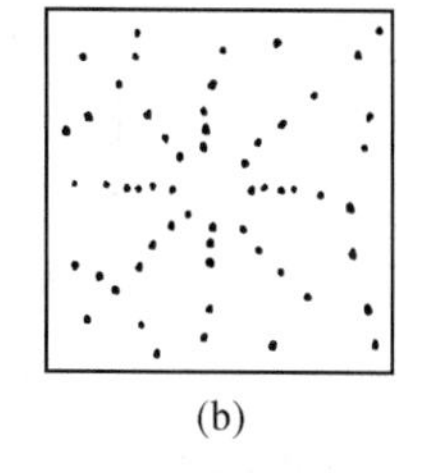

图 5.2.2　透射劳厄相(a)与背射劳厄相(b)

3. 劳厄相的形成

由布拉格定律知，虽然掠射角 θ(即布拉格角)与面间距 d 是固定的，但入射的 X 射线波长 λ 是连续变化的，因此总存在能满足布拉格定律而发生衍射的波长. 衍射线穿过照相底片时就产生劳厄斑点.

为什么劳厄斑点会分布在椭圆、抛物线、双曲线或穿过中心点的直线上？由几何学知，一个平面(劳厄相法的底片)与一个圆锥面(一些以样品为顶点的按布拉格定律产生的衍射线束所构成的圆锥面)相交时，其交线是椭圆(图 5.2.3(a))或双曲线(图 5.2.3(b))或抛物线和直线(未绘出)，取决于图 5.2.3 中的 α 的大小. 当 $\alpha<45°$ 时，图 5.2.3(a)中底片上的斑点都在通过原点(入射线与底片的交点)的椭圆上，图 5.2.3(b)中的底片上记录不到斑点；当 $\alpha \geqslant 45°$ 时，图 5.2.3(a)中底片上的斑点都在通过原点的抛物线上；当 $45°<\alpha<90°$ 时，图 5.2.3(b)中底片上的斑点成双曲线；当 $\alpha=90°$ 时，图 5.2.3(b)中底片上的斑点都在通过原点的直线上.

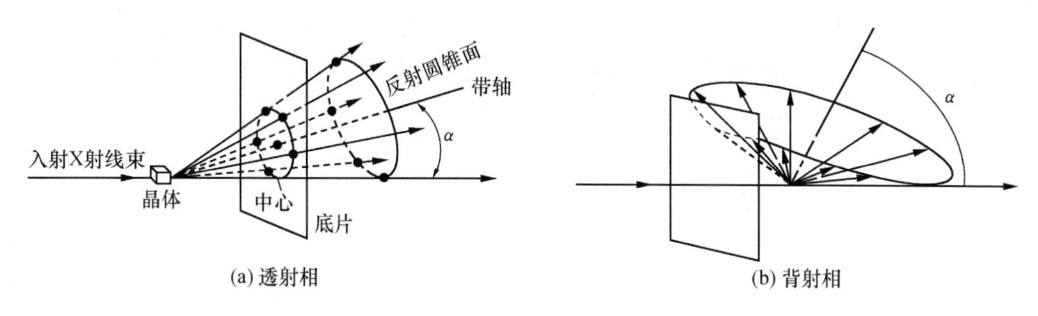

图 5.2.3　劳厄相之椭圆与双曲线的产生

4. 劳厄相法测定单晶取向

1) 极射赤面投影与乌氏网

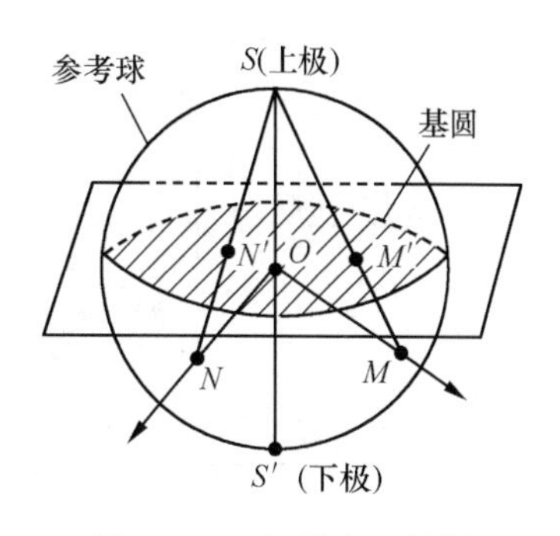

图 5.2.4　极射赤面投影

极射赤面投影的方法如下：①如图 5.2.4 所示，以原点 O 为中心作一大球(这相当于把一颗小晶体缩成一个点 O，以点 O 为中心作个大球)，此球称为参考球. 质心处于 O 点的小晶体的各个晶面法线通过 O 点而向外辐射，辐射线(如 $\overline{OM}$ 与 $\overline{ON}$)跟参考球的球面相交，其交点(如 M 点与 N 点)被称为极点. 球面上诸极点相对位置可以用来表示晶体内的各个晶面之间的相对取向，这就是球投影. ②在参考球面上任选一

极点 S,S 点与球心的连线的延长线交下球面于 S'. 以通过原点 O 并垂直于直径$\overline{SS'}$的赤道平面为投影面,投影面与参考球的交线为一个大圆. 此大圆被称为基圆. ③分别用直线连接上极点 S 和各晶面在球面上的投影点(如 N'点),各线(如$\overline{SN}$线)与投影面相交,每个交点(如 N'点)就对应着一个晶面族. 这就相当于以参考球面上的极点 S 为观测点,而投影面就在通过赤道的平面上. 这些交点(如 N'点等)被称为晶面族极射赤面投影点. 这样,晶体内各晶面间的相对取向,就可由基圆内各个极射赤面投影点的相对位置来表征.

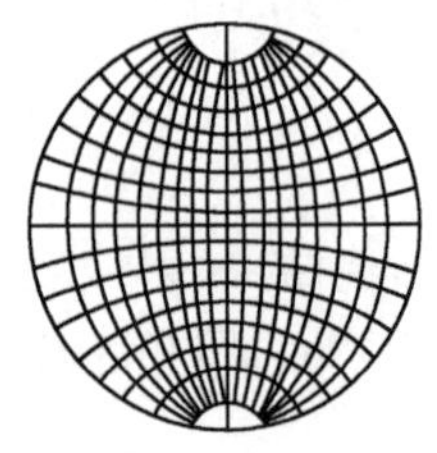

图 5.2.5　乌氏网

乌氏网是一种坐标网,是将刻有经纬度的球在通过该球南北极轴的平面上作极射赤面投影而制成的经纬线网. 这是俄国的乌尔夫首先发明并用来研究晶体而得名的. 乌氏网上的纬线是自一边画向另一边的小圆,而经线(子午线)则是连接南北极的大圆,网的圆周即为基圆,如图 5.2.5 所示.

若选取劳厄衍射花样的极射赤面投影图的基圆半径与乌氏网的基圆半径相同,则基圆内诸投影点之间的角距离便可用乌氏网来量度.

2) 用投影尺作劳厄相的极射投影

在背射劳厄相法中,反射晶面 $\pi\pi'$产生的劳厄斑点 M 与它在极射赤道平面 S_0S_0'上的投影点 M''之间的几何关系如图 5.2.6 所示. 图中的$\overline{CN}$为晶面 $\pi\pi'$的法线,底片 FF'至晶面的距离$\overline{OC}=D$,劳厄斑点 M 与入射线之距离为$\overline{OM}=L$,那么 $L/D=\tan 2\varphi$,$\overline{CM''}=r\tan(\varphi/2)$,$r$ 为基圆半径. 若令 $D=30.0\text{mm}$,$r=91.0\text{mm}$,那么$\overline{CM''}=91.0\text{mm}\times\tan\{[\arctan(L/30.0)]/4\}$. 这样,$\overline{CM''}$与 L 的关系尺(投影尺)就可以作出来了. 有了投影尺,就可描绘出每个斑点相应的投影点了. 描绘中要注意眼睛是放在 S 点对着 X 射线的入射方向看过去的,所以 M 点与 M''点位于通过投影面中心的一条直线上(当底片 FF'与极射赤道平面 S_0S_0'同心重合时)并位于投影面中的同一侧. (眼睛若放在 S'点,即目光顺着入射线看,投影点 M'将在哪里?)

在透射劳厄相法中,反射晶面 $\pi\pi'$产生的劳厄斑点 M 与它在极射赤道平面 S_0S_0'上的投影点(如 M'点)之间的几何关系如图 5.2.7 所示. 设入射线$\overline{SO}$与底片 FF'的交点 O 为底片的中心点,样品到底片的距离$\overline{CO}=D$,那么

$$L=\overline{OM}=D\tan 2\theta \tag{5.2.1}$$

$$\overline{CM'}=r\tan(45°-\theta/2) \tag{5.2.2}$$

式中 r 为以 C 点为中心的参考球的半径.

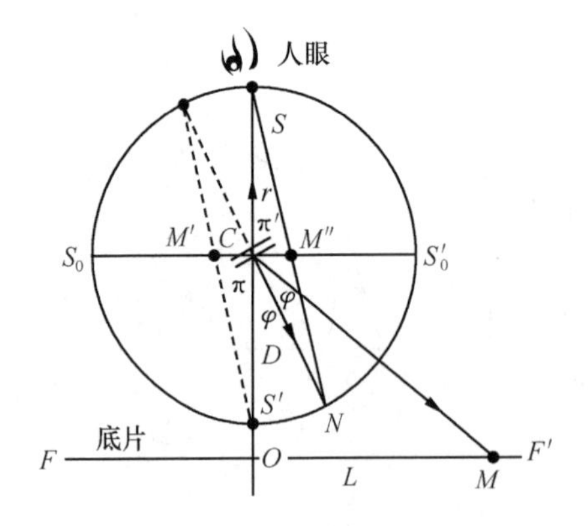

图 5.2.6　背射的投影尺的原理

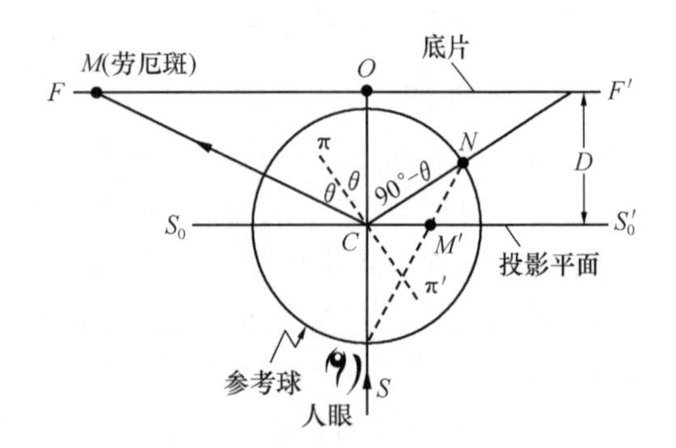

图 5.2.7　透射的投影尺的原理

根据式(5.2.1)与式(5.2.2),投影尺就可制作了.因为 D 与 r 是预知的,L 为测量值,θ 由式(5.2.1)算出后代入式(5.2.2)便得$\overline{CM'}$值.要注意的是,M'点跟 M 点是异侧还是同侧,取决于观测者眼睛是放在 S 点(顺着入射光方向)还是放在 O 点(对着入射光方向).

作好投影图(通过投影尺)并标出晶体外观坐标点后把投影图放到乌氏网上,量出各投影点(如[100]、[110]与[111]等)与晶体外观坐标点的夹角,晶体取向测定工作就算完成了.

二、实验仪器装置

(1) X 射线发生器(与实验 5.1 相同).

(2) 劳厄相机(主要由光阑、样品架与平板照相匣构成).

三、实 验 内 容

1. 拍摄劳厄相图

1) 样品

样品尺寸只要大于入射 X 射线束和样品表面相交的截面即可,最好选一片立方晶系的单晶样品.对透射法,样品要尽量薄;对背射法,样品厚度不限.将样品安定在样品架上,调节样品与底片之间距离为 30.0mm.

2) 光路调节

调整导轨上的水平、垂直与仰俯螺丝,使从窗口射出的 X 射线经光阑后垂直入射到样品表面上.调节中可用荧光屏来检查 X 射线是否正好照在样品预选位置上.注意安全防护!

3) 装片与拍摄

装片时须将底片的某一角剪去并安在有记号的匣的相应角,底片对着样品的面要划好记号.拍摄中要根据不同样品情况与不同的 X 射线靶材选好管压、管流与拍摄时间.例如,对背射法,硅样与 Cu 靶,可选 35kV,20mA 与 1h 拍摄时间.

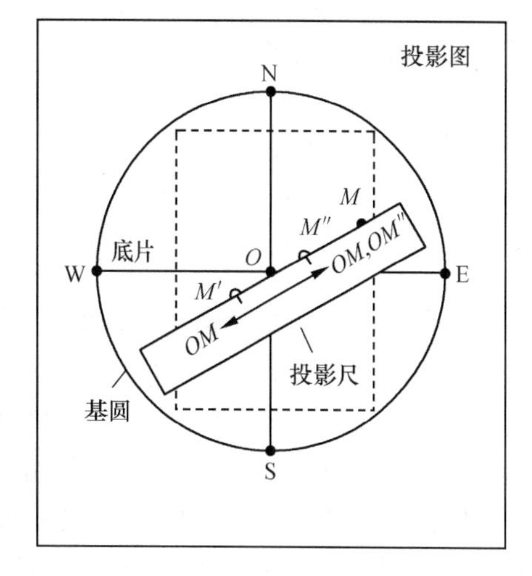

图 5.2.8　用投影尺作背射劳厄相的极射投影

2. 测量与分析

1) 准备工作

取一张透明绘图纸,在其上画一个与乌氏网图半径相同的基圆,过圆心作两条相互垂直的直线(如图 5.2.8 中的$\overline{NS}$与$\overline{WE}$)与基圆相交.将描图纸放在劳厄相底片上使底片中心与基圆的圆心重合,注意放片时底片朝上的面是划好记号的面,剪角与样品的某一条外坐标轴相平行.描下各斑点并标好其号数.

2) 衍射斑点转换为极射赤面投影点

如图 5.2.8 所示,把投影尺放在录好劳厄斑点的描图纸上,使尺子的 O 点与基圆圆心重合. 让投影尺绕 O 点转动,尺子每遇到一个劳厄斑点 M 就有一个相应的 L 及其对应的 $\overline{CM'}$ 或 $\overline{CM''}(=\overline{CM'})$,就得到了 M'(或 M'')点. 各 M 点的投影点 M'(或 M'')都得到后就完成了投影图工作.

3) 极射赤面投影点的指数化

(1) 尝试法. 在立方晶系中,晶面族或晶向夹角 Φ 可由下式求出:

$$\cos\Phi=(h_1h_2+k_1k_2+l_1l_2)/[(h_1^2+k_1^2+l_1^2)(h_2^2+k_2^2+l_2^2)]^{1/2}$$

按上式算出一些低指数晶面族之间的 Φ 并列成表. 例如,(100)与(110)之夹角 $\Phi=45°$,[100]与[110]之夹角也是 45°,等等.

将投影图放在乌氏网上,使两者圆心对准并同心地转动投影图或乌氏网,直到投影图上要测量的两个不同投影点落在乌氏网的同一条经线上或落在相对称的两条经线上,则它们的角距离就是沿此条经线量得的纬度差.

将量得的各投影点间的角距离与已计算的 Φ 值相对比,便可定出投影点的面指数. 注意,同一晶型中$\{h_1k_1l_1\}$与$\{h_2k_2l_2\}$晶面间的夹角 Φ 可能有好几个,所以至少要读三个投影点的相互间角距离,并仔细查对它们之间的角距离和应具有的面指数互不矛盾后才可最后确定. 底片中较黑的斑点往往对应着低指数的晶面族,实际工作中只需定出这些斑点的即可.

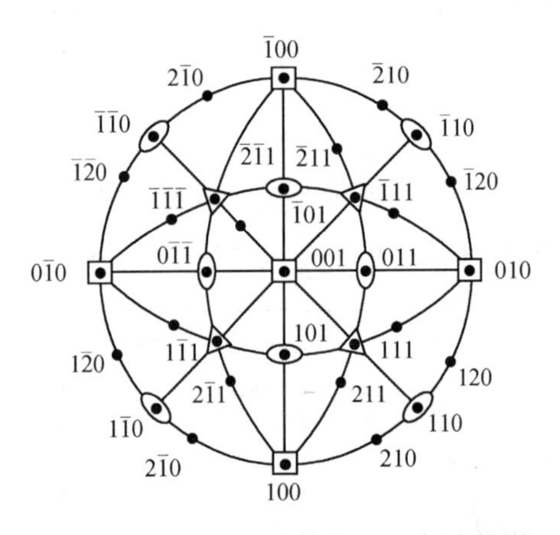

图 5.2.9　立方系晶体的(001)标准投影

(2) 应用标准图法. 将实验所得的投影图与各晶面(例如(001)、(110)、(111)等)的标准图(例如图 5.2.9 所示的(001)面的标准图)相比较,两者完全重合便可标定.

如果找不到可完全重合的标准图,就利用乌氏网使原投影图的投影面转换成跟某一标准图相符合的投影图. 转换的方法是选择一组黑而密的在同一椭圆线上(对透射法)或在同一双曲线上或一条直线上(对背射法)的斑点所对应的投影点,同心地转动投影图或乌氏网,使这组投影点(构成一晶带)落在乌氏网同一条经线上. 再从此经线与赤道的交点开始沿赤道向网中心所在的一侧移过 90°,所得的点便是该晶带的晶带轴的极射赤面投影点. 最后将落在同一条经线上的各投影点沿纬线移到基圆圆周上,投影圆中其他各投影点(包括 x、y、z 轴的投影点)也沿着它们所在的纬线向相同方向移过同样的角度,这样晶带轴投影点就正好移到了基圆圆心. 这时所得的新投影图,是以跟投影点在基圆圆周上的各晶面的晶带轴垂直的平面为投影面的. 因此,如果选定的晶带确为低指数的主要晶带,则此新投影图定会与某一标准图重合. 若仍不能重合,则应另选晶带,重作投影图. 有时投影图只能跟标准图基本上重合,这可能是原点取得不标准或作图不准等原因造成的. 有时有个别点与标准图有偏差,这可能是由晶体内部的缺陷所致. 新投影图与某一标准图重合时,便可按标准图中各数据标出各投影点的晶面指数.

4) 测定晶轴与外坐标轴的夹角

(1) 外坐标轴的选定. 外坐标系一般用直角坐标系:以几乎平行于样品表平面的底片平面为 yOz 平面,x 轴垂直于底面而跟 X 射线的方向相反(被测晶体表面的法线平行于 x

轴)，y 轴就是底片盒上的铁片在底片上留下的痕迹——水平方向，z 轴竖直向上(样品棱边就尽量平行于 y 轴或 z 轴). 对于上面规定的外坐标轴，在底片平面上的极射投影点的位置是：x 轴在基圆中心，y 轴和 z 轴分别在基圆上纬度差 90°的地方. 在变换投影平面时，它们也同样改变位置.

(2) 夹角的测定. 根据实验具体要求，同心地转动投影图或乌氏网，使某一待定晶轴分别与外坐标 x 轴、y 轴、z 轴的投影点同落在乌氏网的一条经线上，分别读出待定晶轴的投影点与 x、y、z 轴的投影点之间的纬度便可知该晶轴与 x、y、z 轴之间的夹角了，晶轴的位置也就知道了(有条件者可采用衍射仪法，既快又简).

四、思考与讨论

(1) 透射劳厄相的椭圆、背射劳厄相的双曲线与直线是如何形成的？为什么位于同一双曲线上的斑点，其极射赤面投影点必定落在乌氏网的同一条经线上？

(2) 测定单晶某一晶带轴与外坐标轴之间的夹角有什么实际意义？如何测定？

(3) 按指导老师的要求，测定或计算立方晶系样品某一晶轴与样品的[100]、[001]、[111]等基本晶轴之夹角.

参 考 文 献

与 5.0 节所列文献相同.

刘奉朝　编

单元 6　低温和固体物理

6.0　低温基础知识

低温物理和固体物理是物理学中两个不同的重要分支,鉴于在我们的实验选题中,这两个方面的实验内容有许多地方密切相关,故把它们安排在同一单元.

低温物理实验是把样品温度从室温开始冷却到 120K 以下进行的各种测量研究. 在低温状态下,许多物质都具有一些与常温状态下不同的独特性质. 特别是一些固体材料,在低温状态下,其光学、电学和磁学等性质都会发生很大的变化,甚至可以观察到宏观尺度的量子效应,如超导电性、量子霍尔效应等.

在该单元所选的实验中,相当部分是在低温状态下进行的,为了能安全、合理地使用低温装置及仪器,我们首先介绍一些低温基础知识.

我们可以通过各种不同的途径获得低温. 在实验室中常用低温流体或微型制冷机获得低于 120K 的温度.

一、低温流体和杜瓦瓶

由热学知识可知,物质在相变过程中,总伴随有相变潜热——在一定的压强和温度下,当物质的状态发生改变时,将会吸收或放出一定的热量. 因此把需要冷却的系统置于低温流体中,利用低温流体在汽化的过程中吸收汽化潜热,可使系统降温. 系统所能达到的温度,取决于低温流体相变的温度.

在实验中常用的低温流体有液氮和液氦,液氦又分有^{3}He 和^{4}He,它们分别由质量数为 3 和 4 的两种稳定的同位素组成. 由于^{3}He 十分昂贵,所以一般只用于封闭式的循环制冷系统. 低温流体的特点是它们的沸点很低. 当压强为一个标准大气压时,液氮的沸点约为 77.3K,液氦(^{4}He)的沸点为 4.2K. 把需要冷却的系统浸入低温流体中,利用低温流体汽化吸热,可使系统温度降低,如果结合电加热法或漏热法,还可以使系统维持一定的低温.

低温流体的制冷性质与流体的沸点、三相点、汽化潜热等有密切的关系. 例如,流体的沸点越低,我们可获得的低温温度就越低. 又例如,如果能设法使液氮的饱和蒸气压小于一个标准大气压,由于相应的饱和温度也随之降低,我们就可以得到低于 77.3K 的低温,这就是减压降温法的基本原理. 但是利用这一方法降温一般只能到液氮的三相点 63.15K,当液氮固化后,利用此方法降温就很困难了.

液氮的汽化潜热($160.62\mathrm{kJ}\cdot\mathrm{L}^{-1}$)比液氦的($2.55\mathrm{kJ}\cdot\mathrm{L}^{-1}$)大,因此液氮的制冷效率高于液氦的,而且液氮远比液氦便宜,因此如果要获得 63.15K 以上的低温,可选用液氮而不用液氦;即使要用液氦获得 63.15K 以下的低温,也先用液氮把样品预冷到 77K 后才用液氦,采取这一方法可以大大地减少液氦的消耗量.

在低温物理实验中，低温流体常用杜瓦瓶盛装. 杜瓦瓶是带有真空夹层的容器，夹层的高真空状态，使得容器的传导和对流大大减少，提高了容器的绝热性能，如在夹层内壁再镀上一层反光膜，还可以减少辐射传热，使容器内绝热性能进一步提高. 液氮杜瓦瓶的真空夹层是采取封闭形式的，在未灌液氮前，真空度为 $10^{-2}\sim10^{-3}$Pa，装入液氮后，由于残留气体凝结，真空度还可大大提高. 液氦杜瓦瓶采用活真空方式绝热，即真空隔层留有抽气口.

杜瓦瓶有金属的也有玻璃的. 玻璃杜瓦瓶制作方便，价格便宜，还可以根据需要在内壁镀银时留出观察液面用的观察缝. 玻璃杜瓦瓶的缺点是易损坏，使用时要小心. 金属杜瓦瓶结构类似于玻璃杜瓦瓶，可以根据实验需要选取不同的金属外壳，例如，用于磁学实验时，可选用无磁的不锈钢或玻璃钢. 金属杜瓦瓶的特点是不易破碎，易于搬动.

在利用低温流体制冷时，一般在汽化后不回收气体，称为单向制冷. 但是由于氦的资源稀少且价格昂贵，所以利用液氦制冷时，汽化后的氦气要注意回收.

二、低温制冷机

在实验室中常用的低温制冷机一般是采取封闭式的循环制冷系统，即制冷剂（循环工质）在封闭系统内经一系列状态变化后，又恢复到原来的状态，周而复始，并不消耗制冷剂，这样的过程称为循环制冷过程. 制冷剂在循环的过程中对外界提供一定的冷量.

低温制冷机根据其不同的制冷方式分有热电（半导体）制冷、绝热放气膨胀制冷、绝热去磁制冷等类型. 我们可根据实际情况，选用合适的制冷机. 下面仅简单介绍绝热放气膨胀制冷的基本原理.

G-M 制冷机和索尔文制冷机是常用的气体绝热放气膨胀型制冷机，它们的制冷原理相同，差别在于组成的封闭系统方式不同，因而热力循环不同. 我们以索尔文制冷机为例简述其工作过程. 图 6.0.1 是其基本结构，它主要由压缩机、冷凝器、滤油器、吸附器和膨胀机等构成，压缩机与膨胀机分体安装，其间用金属软管连接，它的工作循环过程如下：从膨胀机排出的低压工质（氦气，$p_0=0.4$MPa），进入压缩机的汽缸经压缩机绝热压缩，消耗了机械功成为高温高压（$p_K=1.25$MPa）带油的气体再进入冷凝器（水冷式），把从低温端（热负载）吸收的热量和在压缩机消耗机械功转化的热量排出，工质冷却为室温的高压气体，然后经过滤油器把气体中的油去掉，并由吸附器对气体纯化，以保证进入膨胀机的气体是清洁气体. 从吸

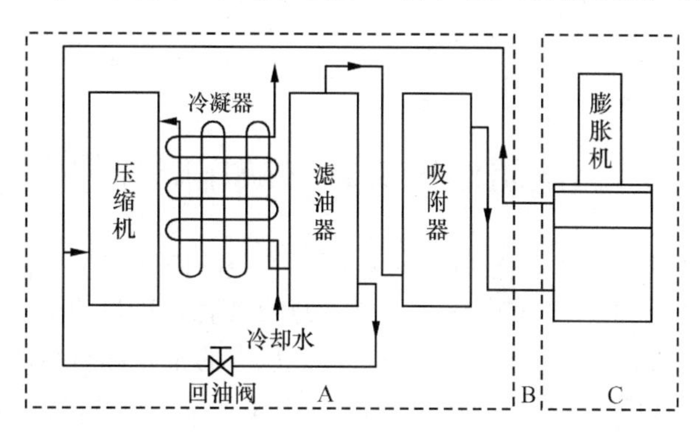

图 6.0.1　索尔文制冷机基本结构

A. 压缩机单元；B. 金属软管；C. 膨胀机单元

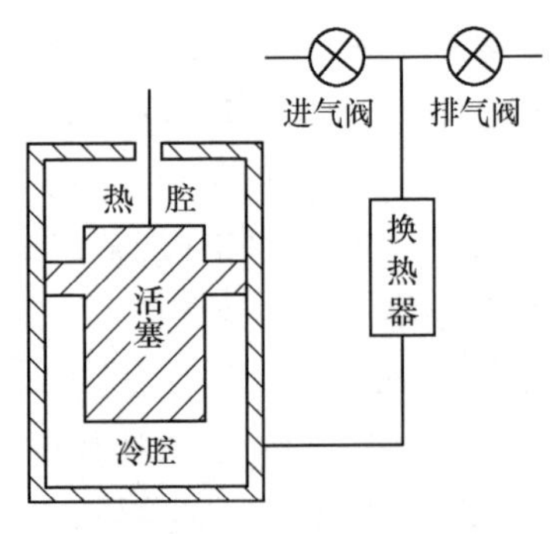

图 6.0.2 膨胀机结构示意图

附器出来的清洁气体从排气管进入膨胀机,膨胀机的结构如图 6.0.2 所示,当膨胀机活塞处于缸的最底部时,进气阀门开启,高压气体通过换热器进入活塞的下部空间(冷腔),此时活塞的上部空间(热腔)体积最大.随着高压气体的进入,活塞在上下压强差的作用下,迅速向上移动到顶部,此时冷腔体积最大.这时进气阀关闭,冷腔停止进气,并开启排气阀,冷腔中的气体向低压排气管道绝热放气,气体压强降低.随着冷腔气体压强的降低,气体温度也下降,从而得冷量.当冷腔压强降到一定值后,活塞在热腔的残余高压气体的作用下,回到汽缸的最下端,排气阀门关闭,又开启进气阀,开始膨胀机的下一个循环动作.从膨胀机排出的低压气体经进气金属软管又回到压缩机.由此工质完成一个循环过程.制冷机周而复始地连续工作,就可以在制冷机的冷端获得冷量.

制冷机一般还带有温度控制单元,它主要由直流加热电阻器、温度传感器和温度控制仪组成.当样品温度达到所需温度时,传感器把温度信号送入温控仪,由温控仪输出一个一定功率的直流电源给加热电阻器,该电阻器一般置于制冷机的冷指上,当制冷机输出的冷量与加热器提供的热量相等时,样品的温度将稳定在所设定的温度点上.

三、温 度 测 量

低温温度测量常用电阻型温度计或热电偶型温度计.前者是利用感温材料的电阻率与温度的函数关系(一般是线性关系)来测量温度.感温元件可选用铂电阻(10～473K)、碳电阻和锗电阻(1～20K)等;为了准确地测量温度,需要测量真实有效的电阻,因此要采取四引线法测量,即电流引线与电压引线分开,电压引线的电压测量要注意选择适当精度的电压测量仪.此外还可以选用硅二极管,尽管它不属于电阻温度计,但它的工作方式与这类温度计类似,都是采取四线法测量.后者是根据热电效应,形成一个闭合回路的一对不同材料的导体,当两个接点存在温差时,会在回路中产生电流,在两个接点之间存在热电动势,如果我们把其中一端接点的温度固定作为参考点,另一端接点作为样品的感温元,则可利用热电动势与样品温度的函数关系来测量温度.常用的低温热电偶有铜-康铜(70～623K)、镍铬-镍铝(70～1373K)、铬镍-康铜(20～1273K)热电偶等.

熊予莹　编
吴先球　改编

6.1 电阻温度关系和减压降温技术

测量物质材料电阻随温度变化关系,可以揭示物质的内在属性.许多新材料的发现和应用,是与深入研究材料电阻随温度变化关系分不开的.例如,1911 年超导电性的发现和近几年来对高温超导材料的研究,以及广泛应用于电子技术的半导体材料的研究等,都是以研究其电阻的温度关系为基础的.另外,利用某些材料的电阻温度关系特性,可制成不同测温要求的温度计.本实验要求学生了解在低温下某些材料的电阻温度特性,掌握电阻温度测量的基本方法以及减压降温技术.

一、实 验 原 理

1. 电阻温度关系

1）金属导体电阻与温度关系

在纯金属中，导电的电子被晶格中的缺陷和晶格本身的热振动所散射，这种作用过程决定了电阻率 ρ 的大小. 我们知道电子的平均自由程，部分地受与温度有关的晶格热振动频率限制，因而是一个与温度有关的量. 因此在决定电阻率随温度变化时，电子的平均自由程是一个主要考虑的因素. 根据金属导电理论的马德森(Mathiessen)定则，金属中总电阻率 ρ 可由下式表示：

$$\rho = \rho_i(T) + \rho_\gamma \tag{6.1.1}$$

式中 ρ_γ 是杂质和缺陷对自由电子散射所引起的电阻率，在高纯度、低缺陷密度的纯金属中可近似认为它与温度无关，只与材质的纯度和缺陷密度有关，称为剩余电阻率；$\rho_i(T)$ 是晶格热振动对自由电子散射引起的电阻率，是一个与温度 T 有关的量. 金属能带理论计算表明，在高温区，当 $T>\Theta/2$ 时，可得

$$\rho_i(T) \approx AT/(4M\Theta^2) \propto T \tag{6.1.2}$$

显然，$\rho_i(T)$ 与 T 呈线性关系；但在低温区，当 $T<\Theta/10$ 时，$\rho_i(T)$ 却为

$$\rho_i(T) \approx 124.4AT^5/(M\Theta^6) \propto T^5 \tag{6.1.3}$$

式中 A 为常量；M 为金属原子质量；Θ 称为金属元素特征温度，与德拜温度数值近似，可看作德拜温度 Θ_D，如铜和铂的德拜温度分别为 310K 和 225K. 显然，纯金属的电阻率在高温区主要是以晶格对自由电子散射的贡献为主，呈 $\rho \approx \rho_i(T) \propto T$ 关系. 而在低温区，晶格对电子散射的作用很弱，$\rho_i(T)$ 相对于 ρ_γ 认为可忽略，而主要由杂质作贡献，此时 ρ 与温度 T 无关，呈 $\rho \approx \rho_\gamma$ 关系. 图 6.1.1 显示出铂金属电阻 R 与温度 T 关系曲线. 由图可见，在 $\Theta_D/3=75$K 处有良好的线性关系. 因此，只要足够纯的金属就可利用其 $R \propto T$ 的关系达到测温目的. 由此可见，作为电阻温度计的理想金属需要有高纯度(99.999%以上)、R-T 关系线性好、有较低的德拜温度，还要具有较好的稳定性和重复性，以及易加工等特性. 金属元素铂较好地具备这些特性，因此铂电阻温度计是复现 13.8～630.74K 温度范围的国际实用基准温度计，其纯度要求高达 99.999%，此时 $W(100℃)=R(100℃)/R(0℃) \geqslant 1.3925$.

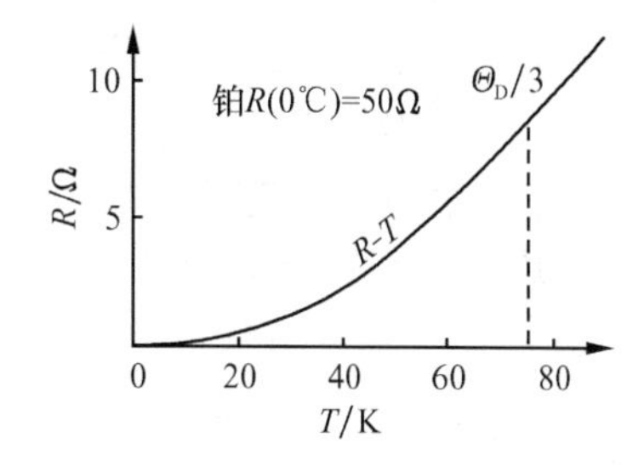

图 6.1.1　铂电阻与温度关系

对于合金，电阻主要是由杂质散射引起. 大多数情况下，电子平均自由程对温度的变化很不敏感，因而总电阻率 $\rho \approx \rho_\gamma$，近似与温度无关，例如，不锈钢、铜镍合金等. 但有些纯金属中熔入少量过渡元素形成的稀释合金，如铑铁、金铁合金等，在很低的温度下，电阻会出现极小值，然后又随温度降低，电阻反而上升，即所谓近藤(Kondo)效应. 利用这个性质可作为低温下某一温区的测温温度计. 另外，根据噪声理论，对于某些特定材质(如硅青铜)，其电阻 R 处于温度 T 时，其热噪声的噪声电压方均值为 $\bar{V}^2=4kTR\Delta f$，式中 k 为玻尔兹曼常量，T 为

热力学温度，Δf 为频率间隔. 利用约瑟夫森效应，可以观测出噪声电压，从而确定温度 T. 此即为噪声温度计，其测温范围为 1mK～1K.

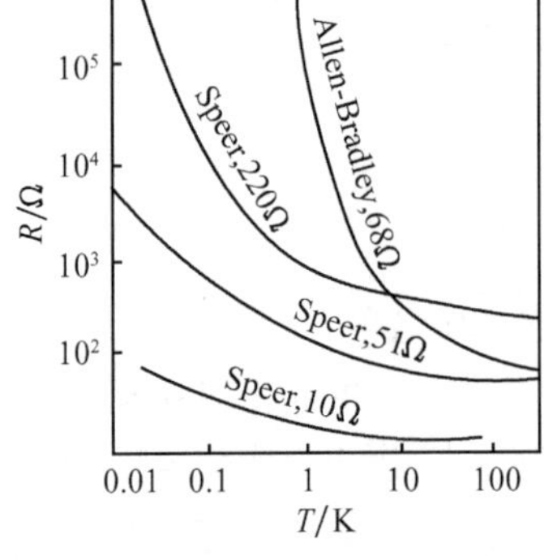

图 6.1.2　几种电阻 R-T 关系

2) 碳电阻温度特性

碳电阻是由微小石墨晶粒聚合成，这些小晶粒具有高度各向异性. 其多晶的性质、杂质的存在以及颗粒间的接触差异，对电阻有较大的影响. 因而理论上是很难找到碳电阻的阻值与温度关系的解析式子，实际应用中往往是通过实验测定或由经验公式所确定. 例如，图 6.1.2 中 68Ω Allen-Bradley 碳电阻 R-T 曲线可以用如下近似公式来描述：

$$\lg R + \frac{K}{\lg R} = A + \frac{B}{T}$$

只要在应用的温区内选取三个已知温度测定其阻值，并由此确定三个常数值 K、A 和 B，就可以给出该碳电阻 R-T 关系. 在 2～20K 温区内可精确到 0.5%. 大多数碳电阻像半导体那样具有负电阻温度系数，阻值随温度下降而上升. 很多碳电阻样品很好地服从 $\lg R$-$(1/T)$的关系，因此碳电阻温度特性亦可作为某一温区的温度计. 特别适用于低温区且具有较大的灵敏度，价格低廉，对环境磁场、辐射和压力等因素不敏感，不足的是其稳定性较差. 但如果使用中注意保持干燥，避免过快过大的冷热循环，利用小电流，以及测量时达到热平衡，其性能一般可满足应用要求. 图 6.1.2 是国外几种牌子的无线电碳电阻的R-T 关系曲线，在低温区其灵敏度相当高而在高温区灵敏度就很低. 本实验使用一支国产普通无线电用的碳膜电阻样品.

3) 半导体 pn 结正向电阻温度关系

半导体 pn 结的正向电阻随温度变化而变化，具有负电阻温度特性. 当硅、锗或砷化镓二极管的正向电流恒定时，其正向电压随温度的降低而升高. 图 6.1.3 示出硅(Si)、砷化镓(GaAs)正向电流为 10μA 时，正向电压与温度的关系. 显然在相当宽的温度范围内有较好的线性关系和较高的灵敏度. 本实验测试样品是一只国产普通 2CP 型硅二极管.

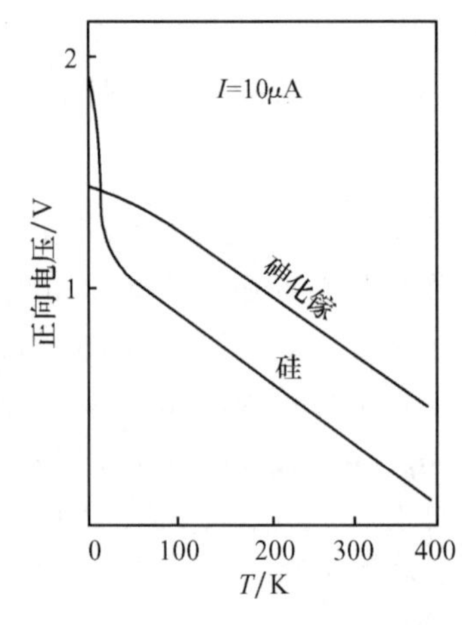

图 6.1.3　三极管 pn 结正向电压与温度的关系

2. 减压降温技术

要获得液态气体正常沸点以上的温度，可以采用辅助电加热或漏热法，而要获得沸点与三相点间任何一点温度，则要用减压降温技术才能达到. 根据热力学的相平衡原理，单元系两相平衡时，饱和蒸气压与温度有一一对应关系，对于液态氮，p 与 T 之间遵循下列关系：

$$\lg p = 7.781\,845 - 341.619/T - 0.006\,264\,9 \cdot T \tag{6.1.4}$$

式中 p 的单位为 mmHg(1mmHg=133.3Pa)，T 的单位为 K. 实际应用时为了方便查找，往往列成数表形式. 表 6.1.1 列出了液氮的饱和蒸气压与温度的对应关系.

表 6.1.1　液氮的饱和蒸气压-温度对照表

蒸气压/Torr	温度 T/K	蒸气压/Torr	温度 T/K	蒸气压/Torr	温度 T/K
800	77.78	460	73.32	210	67.88
780	77.57	440	72.99	200	67.57
760	77.34	420	72.64	190	67.25
740	77.12	400	72.28	180	66.91
720	76.89	380	71.91	170	66.56
700	76.65	360	71.52	160	66.19
680	76.41	340	71.12	150	65.81
660	76.17	320	70.69	140	65.40
640	75.92	300	70.24	130	64.97
620	75.66	290	70.01	120	64.51
600	75.39	280	69.77	110	64.02
580	75.12	270	69.53	100	63.49
560	74.84	260	69.27	93.983	63.15
540	74.56	250	69.01	90	62.94
520	74.26	240	68.74	80	62.39
500	73.96	230	68.47	70	61.77
480	73.65	220	68.18		

注：表中所列蒸气压数值是在 0℃和标准重力加速度 g=980.665cm · s^{-2}下的测量值(1Torr=1mmHg=133.3Pa).

如果系统是绝热的，当液体表面蒸气压降低时，液体便会很快地蒸发成气体. 蒸发过程要吸取液体表面的热量，致使液体表面温度下降，由于对流作用，液池内的温度将很快趋于平衡. 因此，只要用真空泵不断地抽吸蒸气，维持需要的压力就能使液池内获得相应的温度. 改变液池上的蒸气压力就能改变其内的温度，蒸气压强越低，所获温度就越低，直到液体变成固态，此后如果继续用减压来降温就显得很困难了，因固态难于蒸发. 减压降温是以消耗一部分液体为代价的，例如，液氮从正常沸点减压降温到三相点，需要消耗液氮总量的 1/7(体积比)，而使液体全部凝固又要消耗 1/8.

调节并维持液面上的蒸气压强，往往采用恒压器来完成. 恒压器结构形式有多种，图 6.1.4 所示是薄膜式恒压器的结构示意图. 它是一种较灵敏而稳定的压强控制器，采用厚度 0.06～0.1mm 的聚乙烯薄膜作为控制元件，通过开关 K_1 可以设定参考压强 p_0. 当 $p>p_0$ 时，薄膜鼓向金属网方向，使抽气孔道畅通，液体表面蒸气被抽走. 当 $p<p_0$ 时则相反，薄膜把抽气孔封堵，抽气速率下降，这样就可以使液池内的蒸气压强与参考室内压强 p_0 保持相等，其压强波动率为 $\Delta p/p=\pm 0.03\%$. 只要参考压强 p_0 不太低(不低于 3mmHg)，对于液氮来说，温度的起伏可控制在 5～10mK 内，然而参考压强 p_0 会受到室温变化的影响，室温变化 3℃会使 p_0 变化 1%左右，使控温有较大漂移. 因此精密测量时要求室温恒定和参考室有较大的容积.

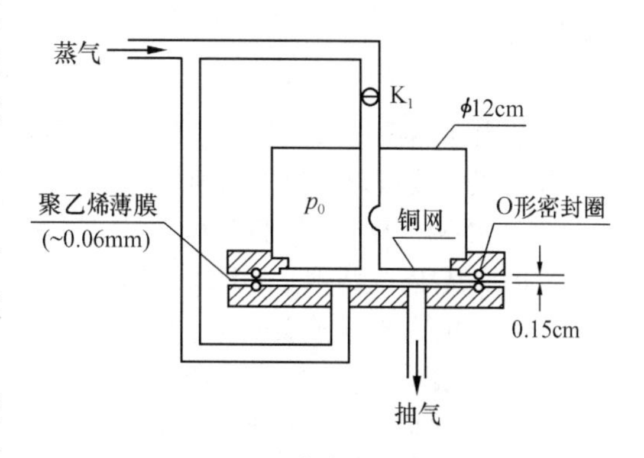

图 6.1.4　薄膜式恒压器

另外,使用恒压器控温过程,要注意控温顺序,通常是从较高的温度减压降温到所控温度.若不慎减压过头,温度低于所控的温度后要回升就较麻烦,即除要降低抽气速率外,还得在液池底部加热,同时搅拌液体强迫对流,才能使液体迅速均匀地回升.

二、实验仪器装置

图6.1.5所示为本实验减压降温系统,蒸气压强由0.4级精密真空表 V_1 读出.真空表 V_1 平时不测量时应处于大气压下,免使表内弹簧长时间处于形变状态而降低测量精度.

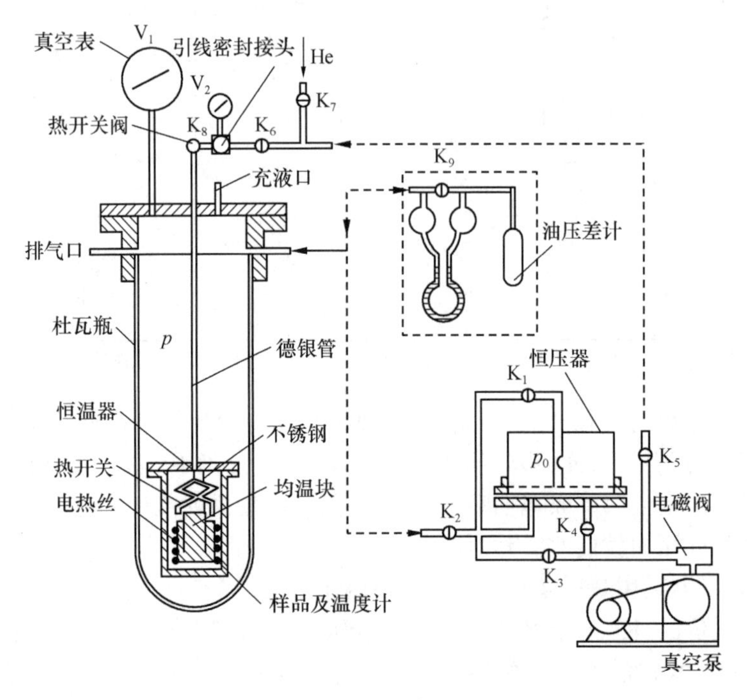

图6.1.5　减压降温系统

(1) 减压系统由带电磁阀真空泵、薄膜式恒压器、杜瓦瓶及相关阀门管路组成.作精密控制测量时,需加装油压差计(图中虚线部分),用以监视压强的微小变化,提高控温精度和稳定性.

减压时先关闭 K_4 和 K_5 阀,开动真空泵后,先打开 K_1、K_2 和 K_9(装有油压差计者,以下同)后再开 K_3,然后用胶套封闭排气和充液口,开始抽气减压.须注意 K_3 开度不宜过大,改变 K_3 阀的开度可以调节抽气速率.系统内蒸气压强由 V_1 显示,对应温度由表6.1.2查得.当到达控制的蒸气压时,迅速关闭 K_3、K_1 和 K_9 同时打开 K_4,通过恒压器即可自动维持原来的压强.欲再次减压,先将 K_1 和 K_9 打开,同时将 K_3 慢慢打开小许(开度小便于控制压强变化),待达到要求的压强时迅速关闭 K_3、K_1 和 K_9,如此循环直到到达三相点为止.若要系统恢复正常压强状态,需同时打开 K_1、K_3 和 K_9 后再松开排气和充液口方可停止真空泵抽气.

(2) 低温恒温器及样品的安装.恒温器是一个能使测量样品温度保持均匀、可调的紫铜质密封容器,容器封头通过不锈钢棒与紫铜质均温块相连接,均温块上钻有若干个 $\Phi 6\text{mm}$ 深孔,深孔内安装了标准低温铂电阻温度计和测量样品(2CP二极管、碳膜电阻、锰铜和普通铂电阻等)并填满真空油脂增强导热性能. 均温块外绕有2组(约50Ω)电阻加热丝作升温用. 测量引线经德银管和密封接头向外引出. 封头与均温块之间装有一只机械热开关,通过尼龙(或不锈钢丝)受热开关阀 K_8 控制,热开关阀打开时阀芯向上,热开关与均温块热接触进行热传导,关闭时脱离. 在减压降温时应把 K_8 打开,通过热开关与均温块的机械接触,把热量迅速传给液池,使样品温度降低,升温时则相反.

(3) 测量电路低温标准铂电阻温度计和各待测样品均采用四引线法,如图6.1.6所示. 系统内电流引线采用 Φ0.2mm纯铜导线,各样品电压测量引线采用 Φ0.2mm康铜(或锰铜)导线. 电流由恒流源提供,经标准电阻 R_{n2} 测出 $I_n = V_{n2}/R_{n2}$. V_{n2} 和 V_T 使用电势差计测量,V_x 用5位半数字电压表测量,用波段开关更换待测样品,图6.1.6中序号为各测量引线编号.

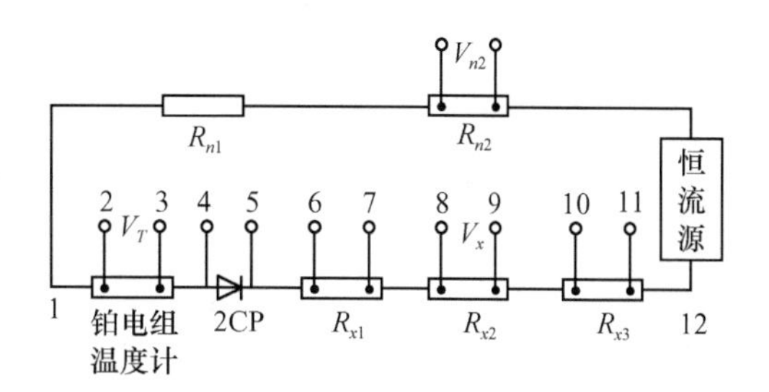

图6.1.6　测量引线图

三、实验内容

(1) 本实验采用液态氮作为冷源,由充液口向杜瓦瓶内充入液氮(使用手动液氮泵充注并在老师指导下进行)并同时打开 K_8 热开关阀使样品冷却到77.4K. 调节恒流源向测量回路提供100μA测量电流,测出液氮温度时各样品的阻值.

(2) 在77.4～63K选取3～4个温度点,用减压降温法按降温顺序降温冷却样品,待样品与液池热平衡后分别测出样品的阻值(热开关 K_8 打开).

(3) 在77.4～300K用电加热法对样品加热升温(热开关 K_8 关闭脱离热接触),调节加热电压控制升温速率,温度每隔20K测出样品的阻值,样品温度使用一支低温基准铂电阻温度计,其温度与阻值间对应关系由表6.1.2给出.

表6.1.2　铂电阻温度计分度值

T/K	R/Ω	T/K	R/Ω	T/K	R/Ω	T/K	R/Ω	T/K	R/Ω	T/K	R/Ω
60	2.91	75	4.47	90	6.02	105	7.57	120	9.12	135	10.67
61	3.02	76	4.57	91	6.12	106	7.67	121	9.23	136	10.78
62	3.12	77	4.67	92	6.23	107	7.78	122	9.33	137	10.88
63	3.23	78	4.78	93	6.33	108	7.88	123	9.43	138	10.98
64	3.33	79	4.88	94	6.43	109	7.98	124	9.54	139	11.09
65	3.43	80	4.98	95	6.54	110	8.09	125	9.64	140	11.19
66	3.54	81	5.09	96	6.64	111	8.19	126	9.74	141	11.29
67	3.64	82	5.19	97	6.74	112	8.29	127	9.85	142	11.4
68	3.74	83	5.29	98	6.85	113	8.4	128	9.95	143	11.5
69	3.85	84	5.4	99	6.95	114	8.5	129	10.05	144	11.6
70	3.95	85	5.5	100	7.05	115	8.6	130	10.16	145	11.71
71	4.05	86	5.6	101	7.16	116	8.71	131	10.26	146	11.81
72	4.16	87	5.71	102	7.26	117	8.81	132	10.36	147	11.92
73	4.26	88	5.81	103	7.36	118	8.92	133	10.47	148	12.02
74	4.36	89	5.92	104	7.47	119	9.02	134	10.57	149	12.12

续表

T/K	R/Ω	T/K	R/Ω	T/K	R/Ω	T/K	R/Ω	T/K	R/Ω	T/K	R/Ω
150	12.23	186	15.95	222	19.67	258	23.40	294	27.12	330	30.85
151	12.33	187	16.05	223	19.78	259	23.50	295	27.23	331	30.95
152	12.43	188	16.16	224	19.88	260	23.61	296	27.33	332	31.05
153	12.54	189	16.26	225	19.98	261	23.71	297	27.43	333	31.16
154	12.64	190	16.36	226	20.09	262	23.81	298	27.54	334	31.26
155	12.74	191	16.47	227	20.19	263	23.92	299	27.64	335	31.36
156	12.85	192	16.57	228	20.29	264	24.02	300	27.74	336	31.47
157	12.95	193	16.67	229	20.4	265	24.12	301	27.85	337	31.57
158	13.05	194	16.78	230	20.5	266	24.23	302	27.95	338	31.67
159	13.16	195	16.88	231	20.61	267	24.33	303	28.05	339	31.78
160	13.26	196	16.98	232	20.71	268	24.43	304	28.16	340	31.88
161	13.36	197	17.09	233	20.81	269	24.54	305	28.26	341	31.98
162	13.47	198	17.19	234	20.92	270	24.64	306	28.36	342	32.09
163	13.57	199	17.29	235	21.02	271	24.74	307	28.47	343	32.19
164	13.67	200	17.40	236	21.12	272	24.85	308	28.57	344	32.29
165	13.78	201	17.50	237	21.23	273	24.95	309	28.67	345	32.40
166	13.88	202	17.60	238	21.33	274	25.05	310	28.78	346	32.50
167	13.98	203	17.71	239	21.43	275	25.16	311	28.88	347	32.61
168	14.09	204	17.81	240	21.54	276	25.26	312	28.98	348	32.71
169	14.19	205	17.92	241	21.64	277	25.36	313	29.09	349	32.81
170	14.29	206	18.02	242	21.74	278	25.47	314	29.19	350	32.92
171	14.4	207	18.12	243	21.85	279	25.57	315	29.29	351	33.02
172	14.5	208	18.23	244	21.95	280	25.67	316	29.40	352	33.12
173	14.6	209	18.33	245	22.05	281	25.78	317	29.50	353	33.23
174	14.71	210	18.43	246	22.16	282	25.88	318	29.61	354	33.33
175	14.81	211	18.54	247	22.26	283	25.98	319	29.71	355	33.43
176	14.92	212	18.64	248	22.36	284	26.09	320	29.81	356	33.54
177	15.02	213	18.74	249	22.47	285	26.19	321	29.92	357	33.64
178	15.12	214	18.85	250	22.57	286	26.29	322	30.02	358	33.74
179	15.23	215	18.95	251	22.67	287	26.4	323	30.12	359	33.85
180	15.33	216	19.05	252	22.78	288	26.5	324	30.23	360	33.95
181	15.43	217	19.16	253	22.88	289	26.61	325	30.33		
182	15.54	218	19.26	254	22.98	290	26.71	326	30.43		
183	15.64	219	19.36	255	23.09	291	26.81	327	30.54		
184	15.74	220	19.47	256	23.19	292	26.92	328	30.64		
185	15.85	221	19.57	257	23.29	293	27.02	329	30.74		

(4) 作出 63～300K 不同样品的 R-T 曲线，碳膜电阻作 $\lg R$-$(1/T)$曲线，并对结果进行讨论.

(5) 实验设计训练.

① 设计一个对某一温区实用温度计进行定标的实验.

② 设计一个能在更低温区(例如 1～60K)对样品 R-T 特性进行测量的系统.

提示：

③ 采用何种性能的测量介质?

④ 采用何种测温标准温度计?

⑤ 图 6.1.5 测量系统需作何改动?

⑥ 提出原理、方法和步骤.

四、注 意 事 项

(1) 向系统充注液氮时，必须先检查排气口是否畅通，保证有逸气通道. 要有适当的防护设施(如防冻手套等)并在老师指导下进行，切勿让液氮溅射到皮肤上以致冻伤.

(2) 减压降温时必须按二中(1)要点进行操作，回到大气状态时，必须先松开排气口和同时打 K_1、K_9 阀，才停止真空泵抽气. 实验完毕同样须保持杜瓦瓶有逸气口，即保证排气口畅通，以防止气体热膨胀引起杜瓦瓶等爆破.

五、思考与讨论

(1) 为什么铂金属可作为 13.8～630.74K 温区的基准温度计? 其材料纯度有什么要求?

(2) 在减压降温过程中如何判断样品温度与液池温度达到热平衡?

(3) 为什么进行减压抽气时，先开真空泵抽气然后打开 K_4、K_3 和 K_9 后才封闭排气口和充液口，而停止抽气时却是相反顺序?

(4) 为什么测量样品电阻要采用四引线法? 测量回路为什么要采用小测量电流?

(5) 为什么加热升温时，热开关 K_8 要脱离热接触?

参 考 文 献

吴思诚，王祖铨. 1995. 近代物理实验. 2 版. 北京：北京大学出版社.
阎守胜，陆果. 1985. 低温物理实验的原理与方法. 北京：科学出版社.

黎夏生　编

6.2　高温超导体基本特性的测量

根据固体物理理论，实际的金属材料由于存在杂质和缺陷对电子运动的散射，在温度趋向绝对零度时，金属的电阻率将趋近一个定值，称为剩余电阻率. 但是，1911 年荷兰物理学家昂内斯(H. K. Onnes)发现利用液氦把汞冷却到 4.2K 左右时，水银的电阻率突然由正常的剩余电阻率值减少到接近零. 以后在其他的一些物质中也发现这一现象，这些物质包括 Nb、Tc、V 等金属元素，称为元素超导体，还有 Nb_3Ge、Nb_3Sn、$NbC_{0.3}N_{0.7}$ 等合金或化合物，称为合金或化合物超导体. 这两类超导体也常称为常规超导体. 除此以外还有非常规超导体，包括重费米子超导体、有机超导体、非晶超导体，超晶格超导体等. 由于这些超导体的临界温度 T_c 很低，例如 Nb_3Ge，$T_c=23.2K$(是以上超导体中临界温度最高的超导材料)，虽然它已属于液氢温区，但是在实际应用的过程中受多种因素的制约，仍需在液氦温区运行，因此人们又称这些需在液氦温区运行的超导体为低温超导体.

1986 年 6 月，贝德诺(J. G. Bednorz)和缪勒(K. A. Müller)发现金属氧化物 Ba-La-Cu-O

材料具有超导电性,其超导起始转变温度为 35K,在 13K 达到零电阻.这一发现使超导体的研究有了突破性的进展.随后美中科学家独立地发现了 Y-Ba-Cu-O 体系超导体,起始转变温度为 92K 以上,在液氮温区!冲破了阻碍超导应用的"温度壁垒".此后的十多年间,还发现了 Bi-Sr-Ca-O 系超导体,$T_c = 90 \sim 100$K;Tl-Ba-Cu-O 系超导体,T_c 最高为 125K;Hg-Ba-Ca-Cu-O 系超导体,常压下 T_c 最高达 133K.这些 T_c 高于液氮温度的氧化物超导体又称为高温超导体.

超导电性的应用十分广泛.例如,超导磁悬浮列车、超导重力仪、超导计算机、超导微波器件等;超导电性还可以用于计量标准,在 1991 年 1 月 1 日开始生效的伏特和欧姆的新的实用基准中,电压基准就是以超导电性为基础的.

本实验的目的是,通过利用直流测量法测量超导体的临界温度和零电阻,观察磁悬浮现象,了解超导体的两个基本特性——零电阻和迈斯纳效应.

一、实验原理

同时具有完全导电性和完全抗磁性的物质称为超导体.完全导电性和完全抗磁性是超导电性的两个最基本的性质.

1. 零电阻现象

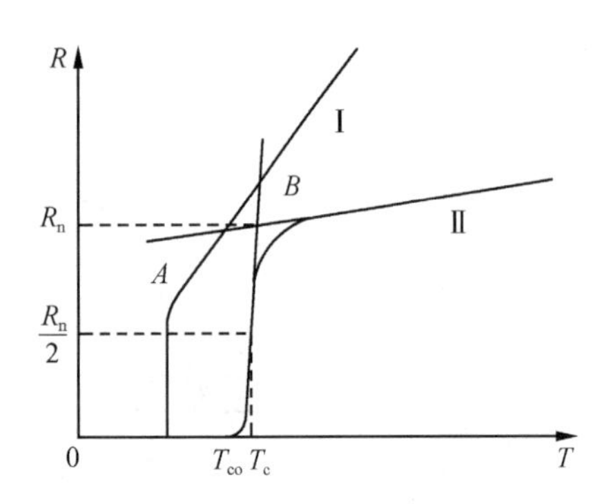

图 6.2.1 超导体 R-T 曲线示意图

当物质的温度下降到某一确定值 T_c(临界温度)时,物质的电阻率由有限值变为零的现象称为零电阻现象,也称为物质的完全导电性.临界温度 T_c 是一个由物质本身的内部性质确定的、局域的内禀参量.若样品很纯且结构完整,超导体在一定温度下,由正常的有阻状态(常导态)急剧地转为零电阻状态(超导态),见图 6.2.1 的曲线Ⅰ.在样品不纯或不均匀等情况下,超导转变所跨越的温区会展宽,见图 6.2.1 的曲线Ⅱ,这时临界温度 T_c 有以下几种定义:

(1) 临界温度 T_c.理论上,超导临界温度的定义为:当电流、磁场及其他外部条件(如应力、辐照等)保持为零或不影响转变温度测量的足够低时,超导体呈现超导态的最高温度.实验上,可以根据测得的 R(或 ρ)-T 曲线,将远离电阻发生急剧变化高温端的数值拟合成直线 A,将电阻急剧变化部分的数据拟合成直线 B,直线 A 与直线 B 的交点所对应的电阻为 R_n(称为正常态电阻),取 $R_c = (1/2)R_n$ 所对应的温度就为 T_c,见图 6.2.1.

(2) 零电阻温度 T_{c0}.是指超导体保持直流电阻 $R=0$(或电阻率 $\rho = 0$)时的最高温度.

(3) 转变宽度 ΔT_c.超导体由正常态向超导态过渡的温度间隔.实验上常取 $10\% R_n \sim 90\% R_n$ 对应的温度区域宽度为转变宽度.ΔT_c 的大小一般反映了材料品质的好坏,均匀单相的样品 ΔT_c 较窄,反之较宽.

2. 迈斯纳效应

1937 年,迈斯纳(W. Meissner)和奥森菲尔德(R. Ochsefeld)发现,具有上述完全导电性的物质还具有另外一个基本特性——完全抗磁性：当物质由常导态进入超导态后，其内部的磁感应强度总是为零，即不管超导体在常导态时的磁通状态如何，当样品进入超导态后，磁通一定不能穿透超导体. 这一现象也称为迈斯纳效应.

零电阻和迈斯纳效应是超导电性的两个基本特性. 这两个基本特性既相互独立又相互联系，因为单纯的零电阻现象不能保证迈斯纳效应的存在，但它又是迈斯纳效应存在的必要条件.

3. 超导临界参数

约束超导现象出现的因素不仅仅是温度. 实验表明，即使在临界温度下，如果改变流过超导体的直流电流，当电流强度超过某一临界值时，超导体的超导态将受到破坏而回到常导态. 如果对超导体施加磁场，当磁场强度达到某一值时，样品的超导态也会受到破坏. 破坏样品的超导电性所需要的最小极限电流值和磁场值，分别称为临界电流 I_c(常用临界电流密度 J_c)和临界磁场 H_c.

临界温度 T_c、临界电流密度 J_c 和临界磁场 H_c 是超导体的三个临界参数，这三个参数与物质的内部微观结构有关. 在实验中要注意，要使超导体处于超导态，必须将其置于这三个临界值以下；只要其中任何一个条件被破坏，超导态都会被破坏.

二、实验仪器装置

1. R-T 曲线测量

1) 样品准备

实验选用高温氧化物超导体 $YBa_2Cu_3O_{7-\delta}$ 块材或薄膜，采用直流测量法测量 R-T 曲线. 为了减少漏热，样品的电极引线一般选用很细的银丝或金丝，用压铟法焊接在样品表面上，样品与引线之间必须具有良好的欧姆接触. 但是，由此引入的引线电阻和引线与样品的接触电阻往往远大于超导体正常态的电阻，为了消除这些电阻对测量的影响，实验中采用四引线法测量，即把供电电流引线和测量电势的引线分开.

2) 测量线路

具体的测量线路如图 6.2.2 所示 . 测量样品电压的电压表灵敏度应优于 1μV，样品的电流源的稳定度优于 0.05%，测温的传感器可用电阻型或电偶型的.

3) 低温的获得

可以利用微型制冷机或低温流体冷却待测样品. 如用微型制冷机，把样品用导热脂贴在制冷机的冷指上. 如用低温流体，图 6.2.3 是用于测量零电阻的低温恒温器，它由低温杜瓦瓶、样品室等组成，样品室内主要由紫铜恒温块、样品、温度传感器和密封紫铜套等组成，在恒温块上还有用电阻丝无感绕制的加热器(阻值约 100Ω)，可用于控制样品的温度. 把样品用导热脂粘在紫铜恒温块上，进行 R-T 测量.

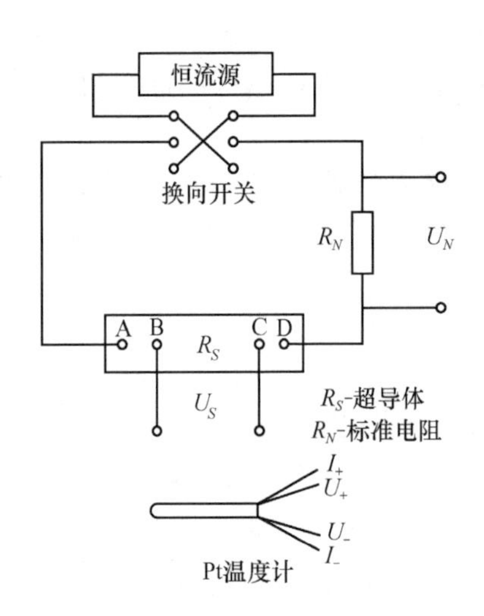

图 6.2.2 R-T 测量线路图

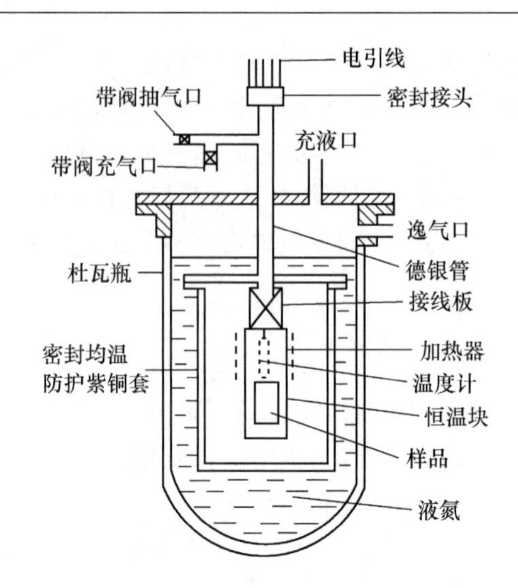

图 6.2.3 R-T 测量的低温恒温器

2. 磁悬浮观察

样品选用块材 $YBa_2Cu_3O_{7-\delta}$(ϕ=10～20mm)以及一块直径相仿的钕铁硼小磁铁,一个能盛装样品的泡沫塑料盒.

三、实验内容

1. 测量 R-T 曲线

(1) 按测量线路图 6.2.2 接好线路,根据样品的具体情况,选择适当的恒流值. 温度测量要根据所选的温度传感器适当地选取测量仪器. 例如,选取电阻型的感温元件,可根据实验室的条件或直接用温度显示仪测量或采用四引线法测量.

(2) 把样品冷却至液氮温度并注意观察 R_n 所对应的温度及 T_{c0},然后用提拉法(提拉样品盒的中心德银管以改变恒温块与液氮面的距离)或电加热法(控制加热器的电功率大小)升温测量 R-T 曲线: 从 77K 到 150K 逐点测量,在超导转变区内的取点尽可能密,至少取 5 个点,其余每 10K 一个点. 为了消除温差电势和接触电势等寄生电势对低温下电阻测量的影响,每个测量点必须改变样品电流的方向测量,$U_{BC}=(U'_{BC}-U''_{BC})/2$. 根据所测数据作出 R-T 曲线并从曲线求出 R_n、T_c、T_{c0} 和 ΔT_c. T_c 的确定也可以通过求导数法: 根据 R-T 曲线求 $\mathrm{d}R/\mathrm{d}T$ 的曲线,曲线极大值对应的温度即为 T_c. 比较两种方法求出的 T_c.

(3) 如果有 X-Y 记录仪,也可以用 X-Y 记录仪记录 R-T 曲线. 在图 6.2.2 的基础上添画 X-Y 记录仪的接线图,然后按图接线、测量,注意在测量过程中温度改变要足够慢,并且注意观察接在样品电压端的电压表以判断样品是否进入零电阻状态. 如有条件的话,也可以利用计算机采集和处理数据.

2. 观察迈斯纳效应

把钕铁硼永久磁铁放在 YBaCuO 超导体之上,然后把它们置于泡沫塑料盒内,缓缓充入液氮,让液氮浸没样品,注意观察小磁铁的位置变化;或者可以先把样品冷却至超导态,然后才把小磁铁放到样品上面. 注意观察两次结果的差异,试解释之.

*3. 你能用四引线法测量超导体在外磁场为零、温度为 77K 时的临界电流密度吗? 请给出测量方案并说明方案的依据,然后实现它

四、注 意 事 项

(1) 使用液氮时要格外小心. 灌注液氮时开始要缓慢,让容器预冷后才灌入所需量. 盛装液氮的容器必须留有供蒸气逸出的逸气口,以防液氮汽化后容器压强逐渐增大而引起爆炸. 操作过程中防止人体接触液氮,否则会造成冻伤.

(2) 氧化物超导体对氧含量极为敏感,因此在测量过程中注意不能让样品在低于 0℃状态下暴露在大气中,测量完毕后样品要注意干燥保存.

五、思考与讨论

(1) 在零电阻实验中应该如何确定测量电流的大小? 如果测量信号太小,能否用增大电流的方法来增大测量的信号?

(2) 在零电阻实验中应如何判断样品是否进入超导态?

(3) 在磁悬浮现象实验中,如果有两个大小相同而超导品质不同的样品,能否通过实验判断哪一个质量更佳? 为什么?

参 考 文 献

邓廷璋,戴远东. 1997. YBCO 超导薄膜临界温度 T_c 的直流测量方法的研究. 低温物理学报,(6):403～409.

吴思诚,王祖铨. 1995. 近代物理实验. 2 版. 北京:北京大学出版社.

Bednorz J G, Müller K A. 1986. Possible high Tc superconductivity in the Balacuo system. Z. Phys. B,(64):189.

熊予莹　编

吴先球　改编

6.3　用电容-电压法测半导体杂质浓度分布

在半导体器件的设计和制造过程中,如何控制半导体内部的杂质浓度分布,从而达到对器件电学性能的要求,是半导体技术中一个重要的问题,因此对杂质浓度分布的测量,也就成为半导体材料和器件的基本测量之一. 测量杂质分布的方法有很多种,如逐次去层利用四探针法、霍尔效应法等,但这些方法都要去层,既麻烦又具破坏性. 用电容-电压法进行测量,既简单快速,又不破坏样品,是较常用的测量方法之一.

本实验的目的,是让读者了解半导体的一些基本概念及 pn 结的势垒电容和外加偏压的关系,学习用电容-电压法测量半导体的杂质浓度分布.

一、实 验 原 理

1. 半导体基本概念

半导体材料大部分是共价键晶体. 晶体中相邻的两个原子由一对属两个原子共有的电

子联结形成共价键.硅原子有 4 个价电子,因此硅晶体中每一个硅原子都与 4 个和它邻近的硅原子有规则地排列着,这种有规排列在空间延伸就构成共价键硅晶体.

孤立原子有自己的能级.晶体中由于原子相互邻近的影响,对应于原子的一个能级,在晶体中就形成相互靠近的 m 个能级,m 为晶体中的原子数目,很大,因此这 m 个能级之间的间隙非常小,故使用"能带"的概念代替这一组能级,如图 6.3.1 所示.一个能带和另一个能带之间有一较宽的间隔,间隔内没有能级,称这个间隔为禁带.晶体中与原子内层电子能级对应的能带被电子填满,这样的能带叫满带,处于满带的电子是不能导电的.晶体中与原子外层价电子能级对应的能带叫价带.原子中价电子已填充能级的外面还有空着的能级,与它们对应,晶体中有空着的能带,称为空带.空带中最低的能带叫导带.处于导带中的电子吸收外加电场很小的能量就可以在导带能级间跃迁,因而可以导电.

半导体中价带也正好被电子填满成为满带,但价带外的禁带宽度 E_g 比较窄,硅为 1.21eV,禁带上面就是导带底,如图 6.3.2 所示.在常温下,热运动价带中的少数电子能够跳到导带底部能级,从而使半导体具有一定的导电能力.电子从价带跳到导带,就是电子摆脱共价键的束缚成为自由电子的过程,在外场作用下,自由电子获得定向运动的速度,这就是导带电子导电.电子从满带跳到导带后,满带中就出现空着的能级成为不满带,处于邻近能级上的电子就可以跳到这个空能级上,因此处于不满带上的电子也可以导电.在这一过程中,一个价电子离开原子成了自由电子,留下了一个空位,叫空穴,空穴使邻近价键上的电子可以跳过来填充,从而使空穴移到了另一个键位上,在外场作用下,它的定向移动就表现为导电.纯净且无缺陷的半导体叫本征半导体,本征半导体由热激发产生"电子-空穴对",这种激发叫本征激发,它产生的电子和空穴的数目是相等的.

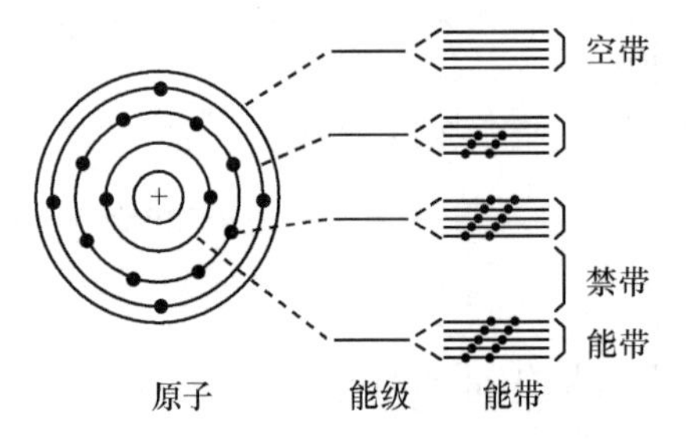

图 6.3.1　原子的能级和晶体的能带

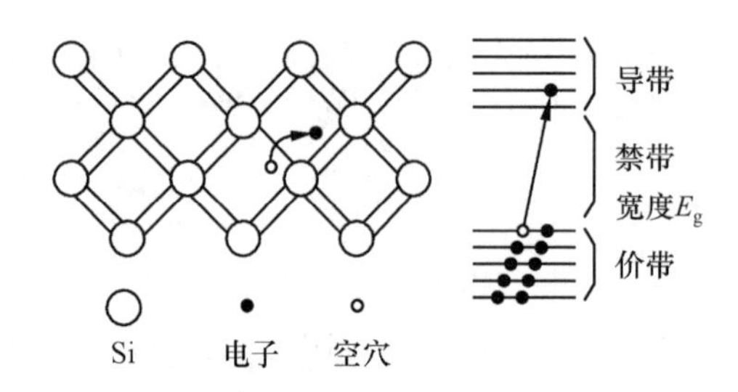

图 6.3.2　自由电子和空穴的产生

绝大部分半导体(Ⅳ族)都掺有少量Ⅲ族或Ⅴ族浅能级杂质,如在硅中掺Ⅲ族元素硼、铝等,或掺Ⅴ族元素磷、砷等.以硅中掺硼为例,硼原子只有 3 个价电子,当硼原子取代了晶体中部分硅原子的位置,硼原子跟硅原子组成共价键时,还缺一个电子,邻近硅原子的价电子只需要不多的能量就可以跳过来填补这个缺位,从而使那个邻近硅原子的价键上形成一个空穴,而硼原子获得那个电子后则成为一个带负电的离子.像硼这样能接受电子的杂质叫受主杂质,受主原子获得电子的过程也叫受主电离.掺入的Ⅴ族元素(有五个价电子)杂质相应地叫施主杂质,施主原子失去电子的过程叫施主电离.由于电离不需要很多能量,所以受主原子的能级在禁带中离价带顶部很近的地方,如图 6.3.3 所示;

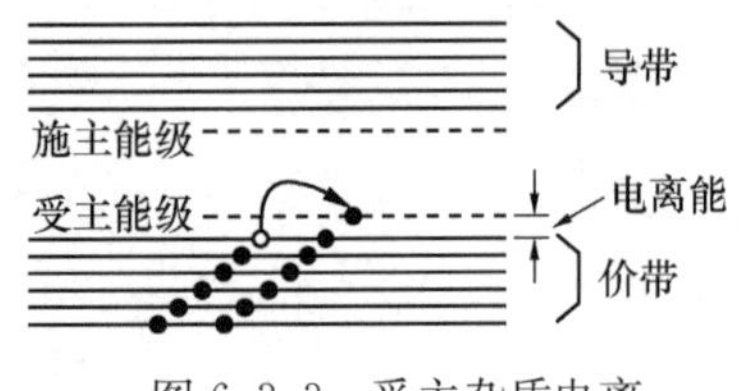

图 6.3.3　受主杂质电离提供空穴导电

或者，施主原子的能级在禁带中离导带底部很近的地方（图中虚线位置），因此称Ⅲ、Ⅴ族杂质为浅（能级）杂质. 硼在硅中的电离能为 0.045eV，磷在硅中的电离能为 0.044eV. 所以在室温下，微掺杂半导体的杂质原子可以认为已全部电离. 掺受主杂质的半导体主要由空穴导电，叫 p 型半导体，杂质浓度用 N_A 表示；掺施主杂质的半导体主要由电子导电，叫 n 型半导体，杂质浓度用 N_D 表示. 半导体中的载流子存在产生、扩散、漂移等运动.

2. pn 结的势垒电容和外加偏压的关系

在一块半导体的一侧掺入受主杂质，另一侧掺入施主杂质，在二者的分界面处就形成所谓 pn 结，如图 6.3.4 上部所示. pn 结可以用合金法、扩散法等工艺制成. 在 p 区和 n 区交界处，若杂质的分布发生突变，这种结叫突变结. 若杂质浓度一侧比另一侧高得多，这种结叫单边突变结. 金属和半导体接触，如汞和硅外延片接触所形成的结叫肖特基结，它的特性跟 pn 结类似.

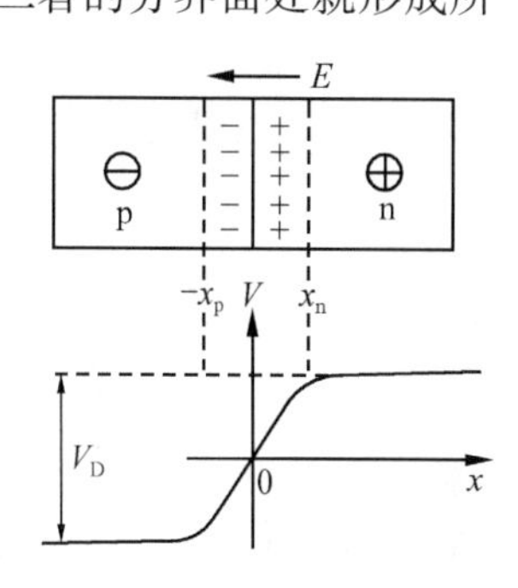

图 6.3.4　平衡 pn 结及其势垒

由于界面两侧的多数载流子不同，空穴浓度 p 区大于 n 区，电子浓度 n 区大于 p 区. 这种浓度梯度将引起两种载流子从各自的高浓度区向低浓区扩散（空穴向 n 区，电子向 p 区），结果在界面附近的 p 区留下了不能移动的带负电的受主离子，n 区留下了不能移动的带正电的施主离子，从而形成一个空间电荷区. 另一方面，空间电荷区的形成将产生电场，叫自建场，电场方向由 n 区指向 p 区，使结两端产生接触电势差 V_D，见图 6.3.4 下部. 这时带电量为 q 的空穴及电子要扩散到结对面的边界，都将受到势垒 qV_D 的阻挡，只有动能较大的载流子才能越过势垒扩散到结的边界，因而扩散电流很小；而且，在电场力的作用下，空穴还将由 n 区向 p 区漂移，电子还将由 p 区向 n 区漂移，最后，扩散电流与方向相反的漂移电流达到动态平衡，形成一稳定的空间电荷区，宽度（结宽度）为 l，而且形成稳定的接触电势差 V_D 和势垒 qV_D. 结还表现出具有一定的势垒电容 C. 若在 pn 结上再加上一反向外电压 V_R，外场方向跟自建场方向相同，结果势垒加高，结宽 l 加大，结电容 C 减小. 下面定量分析 C 和 V_R 的关系.

设结内场强为 $E(x)$，则电位移 $D(x)=\varepsilon_r\varepsilon_0E(x)$，这里 $\varepsilon_0=8.854\text{pF}\cdot\text{m}^{-1}$ 是真空电容率，ε_r 是半导体的相对介电常量，硅的 $\varepsilon_r=11.8$. 耗尽层理论认为，pn 结内的载流子已全部移走，外加电压也全部降落在结上，结外为电中性区. 用 ρ 表示电荷的体密度，则电位移矢量 D 的发散度 $\text{div}D=\rho$；因此，对于可用一维表示的结的两侧，有

$$\frac{\mathrm{d}E_1(x)}{\mathrm{d}x}=\frac{\rho_1(x)}{\varepsilon_r\varepsilon_0}=\frac{-qN_A(x)}{\varepsilon_r\varepsilon_0}\quad(-x_p<x<0)\tag{6.3.1}$$

$$\frac{\mathrm{d}E_2(x)}{\mathrm{d}x}=\frac{\rho_2(x)}{\varepsilon_r\varepsilon_0}=\frac{+qN_D(x)}{\varepsilon_r\varepsilon_0}\quad(0<x<x_n)\tag{6.3.2}$$

又 $E(x)=-\mathrm{d}V(x)/\mathrm{d}x$，代入有（以下诸式不注适用区间）

$$-\frac{\mathrm{d}^2V_1}{\mathrm{d}x^2}=\frac{-qN_A}{\varepsilon_r\varepsilon_0},\quad -\frac{\mathrm{d}^2V_2}{\mathrm{d}x^2}=\frac{qN_D}{\varepsilon_r\varepsilon_0}$$

将以上两式积分一次得

$$-\frac{\mathrm{d}V_1}{\mathrm{d}x}=E_1(x)=\frac{-qN_A}{\varepsilon_r\varepsilon_0}x+C_1,\quad -\frac{\mathrm{d}V_2}{\mathrm{d}x}=E_2(x)=\frac{qN_D}{\varepsilon_r\varepsilon_0}x+C_2$$

利用 $E_1(-x_p)=E_2(x_n)=0$,确定 C_1,C_2 后得

$$-\frac{dV_1}{dx}=-\frac{qN_A}{\varepsilon_r\varepsilon_0}(x+x_p) \tag{6.3.3}$$

$$-\frac{dV_2}{dx}=\frac{qN_D}{\varepsilon_r\varepsilon_0}(x-x_n) \tag{6.3.4}$$

在 $x=0$ 处电场最强,为 $E_m(0)$,由电场的连续性有

$$E_m(0)=-qN_Ax_p/(\varepsilon_r\varepsilon_0)=-qN_Dx_n/(\varepsilon_r\varepsilon_0) \tag{6.3.5}$$

设结宽为 l,即

$$x_p+x_n=l \tag{6.3.6}$$

解式(6.3.5)和式(6.3.6)联立的方程组得

$$x_p=\frac{N_D}{N_A+N_D}l,\quad x_n=\frac{N_A}{N_A+N_D}l$$

对单边突变结,设 $N_A \gg N_D$,代入得

$$x_p=0,\quad x_n=l \tag{6.3.7}$$

式(6.3.7)说明,结宽主要在杂质低浓区一侧. 将式(6.3.3)、式(6.3.4)再积分一次,考虑到式(6.3.7)得

$$V_1=\frac{qN_A}{\varepsilon_r\varepsilon_0}\left(\frac{1}{2}x^2+C_3\right)$$

$$V_2=-\frac{qN_D}{\varepsilon_r\varepsilon_0}\left(\frac{1}{2}x^2-lx+C_4\right)$$

取 $V_1(0)=V_2(0)=0$,得 $C_3=C_4=0$,所以

$$V_1(-x_p)=\frac{qN_A}{2\varepsilon_r\varepsilon_0}x_p^2=0,\quad V_2(x_n)=\frac{qN_D}{2\varepsilon_r\varepsilon_0}l^2$$

结两端的电势差

$$V=V_2(x_n)-V_1(-x_p)=\frac{qN_D}{2\varepsilon_r\varepsilon_0}l^2$$

这一电势差等于自建场 V_D 和外加反向偏压 V_R 之和

$$\frac{qN_Dl^2}{2\varepsilon_r\varepsilon_0}=V_D+V_R$$

$$l=\left[\frac{2(V_D+V_R)\varepsilon_r\varepsilon_0}{qN_D}\right]^{1/2} \tag{6.3.8}$$

式(6.3.8)说明,结宽 l 随偏压 V_R 增大而加大. pn 结一侧的电荷量为

$$Q=qN_DSl$$

式中 S 是结面积. 电荷 Q 是体电荷,它不同于平行板电容器的面电荷. 但当 V_R 有一变化 dV_R 时,结宽也有一变化 dl,从而在结的两边有一薄层电荷增量 $dQ=qN_DSdl$,这一相距 l 的 $\pm dQ$ 就相当于平行板电容器上的面电荷,所以 pn 结的势垒电容 C 是一微分电容.

$$C=\frac{dQ}{dV_R}=\frac{dQ}{dl}\cdot\frac{dl}{dV_R}=\left[\frac{\varepsilon_r\varepsilon_0qN_D}{2(V_D+V_R)}\right]^{1/2}S \tag{6.3.9}$$

式(6.3.9)说明,电容 C 是 V_R 的函数,它随反向偏压 V_R 的增大而减小. 考虑到式(6.3.8),上式变为

$$C=\frac{\varepsilon_r\varepsilon_0 S}{l} \tag{6.3.10}$$

与平行板电容器的电容计算公式完全相同.在已知结面积 S 时,测出 C 便可计算对应的结宽 l.记

$$K=\varepsilon_r\varepsilon_0 qS^2 \tag{6.3.11}$$

将式(6.3.9)两边平方得

$$C^2=\frac{KN_D}{2(V_D+V_R)} \tag{6.3.12}$$

$$C^4=\frac{K^2N_D^2}{4(V_D+V_R)^2}$$

$$N_D=\frac{4(V_D+V_R)^2C^4}{K^2N_D} \tag{6.3.13}$$

对式(6.3.12)微商一次得

$$2C\left(\frac{dC}{dV_R}\right)=\frac{-KN_D}{2(V_D+V_R)^2}$$

把式(6.3.13)和式(6.3.11)的 N_D 和 K 代入整理得

$$N_D(l)=-\frac{C^3}{\varepsilon_r\varepsilon_0 qS^2}\left(\frac{dC}{dV_R}\right)^{-1} \tag{6.3.14}$$

C 可直接测出,根据 C-V_R 曲线,就可计算出不同 C 时的$\frac{dC}{dV_R}$和 l,见式(6.3.10),从而计算出离界面不同深度 l 处的杂质浓度 $N_D(l)$.

二、实验仪器装置

高频 Q 表,或高频电容-电压测试仪,或锁相放大器,信号源,X-Y 记录仪等.

1. 用高频 Q 表测结电容

如图 6.3.5 所示,把具有结电容 C 的样品和较大的隔直电容 C_1 串联后接到高频 Q 表,与 L、C_0 构成串联谐振电路.由于 $C_1\gg C$,C_1C 支路的电容量为 C,再和 C_0 并联后的电容为 C_0+C.设 C_1C 支路开路而电路谐振时的可调电容值为 C_0,而 C_1C 支路并入后电路谐振时的可调电容值为 C_0',显然

$$C=C_0-C_0' \tag{6.3.15}$$

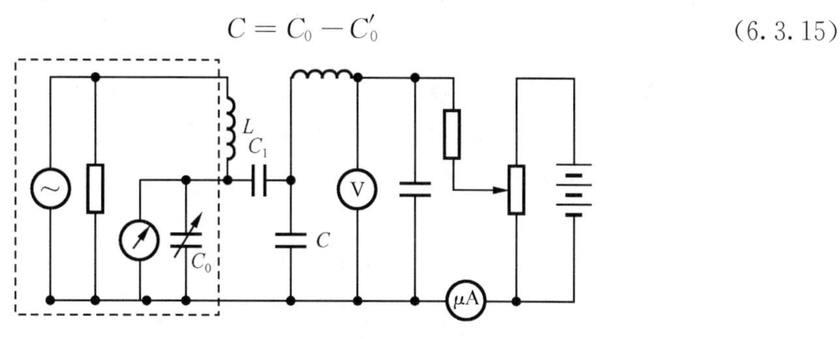

图 6.3.5　高频 Q 表测结电容图

通常,C_0-C_0'即C的值由Q表直接示出.样品的偏置电压由图的右侧电路供给,并从电压表Ⓥ中可读出偏压大小,从电流表Ⓐ中可监视结电流的大小.

2. 用高频电容-电压测试仪测结电容

CTG-1型高频电容-电压测试仪框图如图6.3.6所示.图中1MHz振荡器是一个内阻很低、频率稳定度很高的正弦信号发生器,它的输出电压U加在具有结电容C的样品和R组成的串联电路两端,R约50Ω,一般$C<200\text{pF}$,容抗

$$Z_C=\frac{1}{\omega C}=(2\pi\times10^6\times200\times10^{-12})^{-1}\Omega=796\Omega\gg50\Omega$$

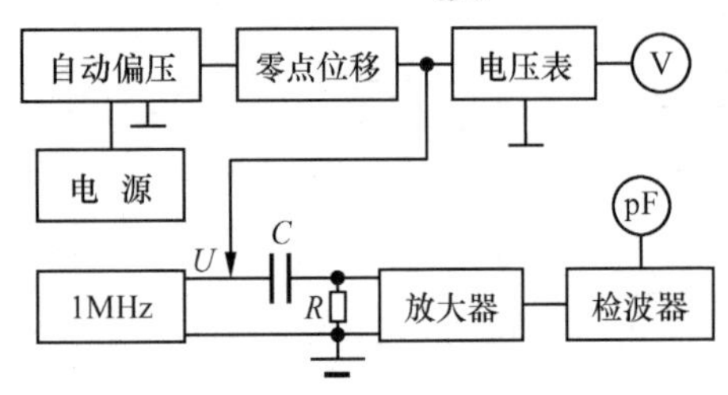

图 6.3.6 高频电容-电压测试仪框图

R上分得的电压

$$U_R=\frac{UR}{\sqrt{R^2+[1/(\omega C)]^2}}\approx UR\omega C$$

所以U_R跟C成正比.U_R经线性放大和检波后,输出的直流电压也跟C成正比,并接到一直流电压上来测量,当用机内标准电容标定电表后,电表就成为可直接指示被测电容值的ⓟⓕ表.样品上的偏压V_R由自动偏压发生器产生的锯齿波经零位调整后供给,偏压的大小由Ⓥ表指示.当把电容-电压测试仪的检波输出接到X-Y记录仪的Y输入,偏压同时接到X输入时,X-Y记录仪可自动描出样品的C-V_R曲线.

3. 用锁相放大器测结电容

如图6.3.7所示,音频信号发生器S输出的等幅正弦波,经隔离变压器T降压后的固定电压U,加到具有结电容C的样品和电容C_0组成的串联电路两端,且$C_0\gg C$,C_0两端分得的电压为

$$U_{C_0}=\frac{U}{1/(\omega C_0)+1/(\omega C)}\cdot\frac{1}{\omega C_0}\approx\frac{U}{C_0}C \tag{6.3.16}$$

即C_0两端的电压跟C成正比.由于这一电压很小,所以经保护电路后用锁相放大器来测量,锁相放大器的参考信号从变压器初级取得.这里,锁相放大器相当于一台能检测出淹没在噪声之中的微弱电压信号的电压表.当用一已知小电容C'代替C确定出C'/U'_{C_0}的值后,测出U_{C_0}就可算出结电容C.C的偏压V_R由直流偏压电路供给,并可用电压表直接测出.当把锁相放大器放大后的直流输出送至X-Y的Y输入,直流偏压也同时送至X输入时,随着V_R的变化,X-Y记录仪就可描出C-V_R曲线.

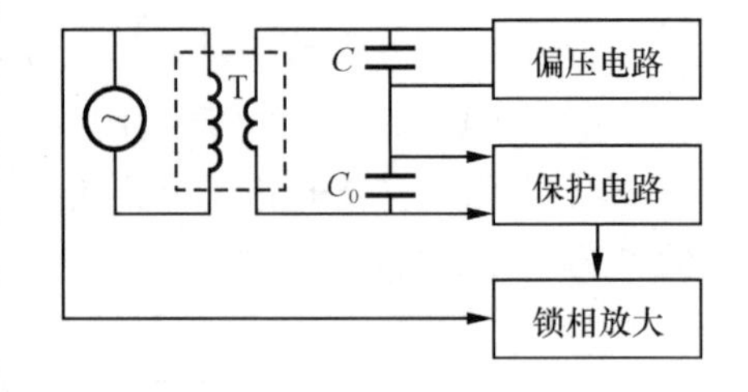

图 6.3.7 锁相放大器测结电容

三、实验内容

注意 经老师检查后才能给仪器通电.

(1) 选变容二极管或其他具有单边突变结的面结型二极管的 pn 结供测试用.

(2) 按所用仪器连接好电路(注意 pn 结接法),经教师检查后开始实验.

(3) 调节校准所用仪器.

(4) 测出各不同样品的 C-V_R 曲线.

(5) 用 X-Y 记录仪描出各不同样品的 C-V_R 曲线.

(6) 计算样品的杂质浓度分布 $N(l)$,并描出浓度分布曲线.

(7) 制备样品和汞探针形成的肖特基结,然后进行以上测试.

四、思考与讨论

(1) 半导体的能带和原子的能级有何联系和不同? 为什么常温下本征半导体也具有一定的导电能力?

(2) 若 N_A、N_D 相差不大,用电容-电压法能测出杂质浓度分布吗? 为什么?

参考文献

孙恒慧,包宗明. 1985. 半导体物理实验. 北京:高等教育出版社.
吴思诚,王祖铨. 1995. 近代物理实验. 2 版. 北京:北京大学出版社.

刘忠民　燕　安　高长连　编

6.4　霍尔效应

对通电的导体或半导体施加一磁场与电流方向相互垂直,则在垂直于电流和磁场方向上有一横向电势差出现. 这个现象于 1879 年为物理学家霍尔(E. H. Hall)所发现,故称为霍尔效应. 利用霍尔效应,可以确定半导体的导电类型和载流子浓度. 如果进一步测量霍尔系数随温度的变化,还可以确定半导体的禁带宽度、杂质的电离能及迁移率的温度特性等. 所以,霍尔效应实验是研究半导体材料电学性能的重要方法,根据霍尔效应的原理还可以制成霍尔器件,用于测量磁场和功率等,在自动控制和信息处理等方面有广泛用途.

通过本实验应掌握霍尔效应的原理、霍尔系数和电导率的测量方法,了解霍尔器件的应用,并进一步理解半导体的导电机制.

一、实验原理

1. 半导体内的载流子

根据半导体导电理论,半导体内载流子的产生有两种不同的机构:本征激发和杂质电离.

1) 本征激发

半导体材料内共价键上的电子有可能受热激发后跃迁到导带上,在原共价键上却留下一个电子缺位——空穴,这个空穴很易受到邻键上的电子跳过来填补而转移到邻键上. 因此,半导体内存在参与导电的两种载流子:电子和空穴.这种不受外来杂质的影响,由半导体本身靠热激发产生电子-空穴对的过程,称为本征激发.显然,导带上每产生一个电子,价带上必然留下一个空穴.因此,由本征激发的电子浓度 n 和空穴浓度 p 应相等,并统称为本征浓度 n_i,由经典的玻尔兹曼统计可得

$$n_i = n = p = (N_c N_v)^{1/2} \exp[-E_g/(2kT)] = K' T^{3/2} \exp[-E_g/(2kT)] \quad (6.4.1)$$

式中 N_c、N_v 分别为导带、价带有效状态密度,K' 为常数,T 为温度,E_g 为禁带宽度,k 为玻尔兹曼常量.

2) 杂质电离

在纯净的第Ⅳ族元素半导体材料中,掺入微量Ⅲ或Ⅴ族元素杂质,称为半导体掺杂.掺杂后的半导体在室温下的导电性能主要由浅杂质决定.

如果在硅材料中掺入微量Ⅲ族元素(如硼或铝等),这些第Ⅲ族原子在晶体中取代部分硅原子位置,与周围硅原子组成共价键时,从邻近硅原子价键上夺取一个电子成为负离子,而在邻近失去一个电子的硅原子价键上产生一个空穴.这样满带中的电子激发到禁带中的杂质能级上,使硼原子电离成硼离子,而在满带中留下空穴参与导电,这种过程称为杂质电离.产生一个空穴所需的能量称为杂质电离能.这样的杂质叫作受主杂质,由受主杂质电离而提供空穴导电为主的半导体材料称为 p 型半导体.当温度较高时,浅受主杂质几乎完全电离,这时价带中的空穴浓度接近受主杂质浓度.

同理,在Ⅳ族元素半导体(如硅、锗等)中掺入微量Ⅴ族元素,如磷、砷等,那么杂质原子与硅原子形成共价键时,多余的一个价电子只受到磷离子(P^+)的微弱束缚,在室温下这个电子可以脱离束缚使磷原子成为正离子,并向半导体提供一个自由电子.通常把这种向半导体提供一个自由电子而本身成为正离子的杂质称为施主杂质,以施主杂质电离提供电子导电为主的半导体材料叫作 n 型半导体.

2. 霍尔效应

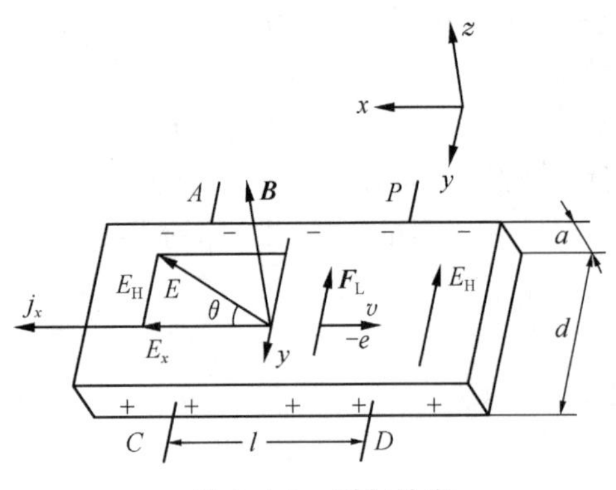

图 6.4.1　霍尔效应

一矩形载流的半导体材料,如果在与电流垂直方向上施加一磁场 $\boldsymbol{B}$(如图 6.4.1 所示),结果在半导体内与电流和磁场相互垂直的方向上,产生一横向电势差 V_H,这种现象称为霍尔效应,V_H 称为霍尔电势.

1) 一种载流子导电的霍尔系数

假设一块厚为 a、宽为 d 的 n 型(电子型)半导体样品,如图 6.4.1 所示.沿 x 方向的电流密度为 j_x,$\boldsymbol{B}$ 沿 z 方向,以平均漂移速度 v 沿垂直于 $\boldsymbol{B}$ 的 $-x$ 方向运动的载流子,受到洛伦兹力 $\boldsymbol{F}_L = q(\boldsymbol{v} \times \boldsymbol{B})$ 的作用.向 $-y$ 方向偏转,则载流子在边界侧沿 y 轴方向渐渐积累而建立起一电场 $\boldsymbol{E}_H$,对载流子受洛伦兹力的偏转产生一阻力 $\boldsymbol{F}_B = q\boldsymbol{E}_H$,直到与洛伦兹力相平衡为止,即

$$q(\boldsymbol{v} \times \boldsymbol{B}) = q\boldsymbol{E}_H \quad (6.4.2)$$

上式用标量表示为

$$E_H = vB_z \quad (6.4.3)$$

由此可知，合成电场 $\boldsymbol{E}=\boldsymbol{E}_x+\boldsymbol{E}_{\mathrm{H}}$ 与 x 轴构成一夹角 θ，称为霍尔角. 考虑到 n 型半导体中多数载流子是带负电荷的电子，则有 $q=-e$(其中 $e=1.60\times10^{-19}\,\mathrm{C}$)是电子电荷. 因此 n 型半导体多数载流子的平均漂移速度

$$v=\frac{j_x}{n(-e)}=-\frac{Ix}{nead} \tag{6.4.4}$$

式中 n 为导带电子浓度，a 为样品厚度. 因此，霍尔电压

$$V_{\mathrm{H}}=E_{\mathrm{H}}d=RI_xB_x/a \tag{6.4.5}$$

式中 R 为霍尔系数

$$R=-1/(ne) \tag{6.4.6}$$

同理，对于 p 型半导体样品(空穴型)，考虑到多数载流子是带正电的空穴，对式(6.4.4)以 e 替换 $-e$ 同样得到式(6.4.5)的形式，但 p 型的霍尔系数 R 应为

$$R=1/(pe) \tag{6.4.7}$$

式中 p 为价带空穴浓度. 由式(6.4.5)可得，霍尔系数表达式

$$R=\frac{V_{\mathrm{H}}a}{I_xB_z}\ (\mathrm{m^3\cdot C^{-1}}) \tag{6.4.8}$$

式中 V_{H}、I_x、a、B_z 单位分别为伏特(V)、安培(A)、米(m)和特斯拉(T)，若测出 I_x、B_z 和 V_{H} 的大小和方向就可以按上式计算出霍尔系数 R，并按 R 的符号根据式(6.4.6)和(6.4.7)确定样品的导电类型.

以上讨论是基于载流子具有一个恒定的漂移速度，但实际上载流子运动的速度是遵循麦克斯韦速度分布且不断受到晶格和电离杂质散射等影响而改变运动速度. 因此精确计算时式(6.4.6)和(6.4.7)应进行修正

$$\text{p 型半导体}\quad R=(\mu_{\mathrm{H}}/\mu_{\mathrm{p}})\frac{1}{pe} \tag{6.4.9}$$

$$\text{n 型半导体}\quad R=-(\mu_{\mathrm{H}}/\mu_{\mathrm{n}})\frac{1}{ne} \tag{6.4.10}$$

式中 μ_{p}、μ_{n} 分别为空穴、电子迁移率，μ_{H} 称为霍尔迁移率. 对于以晶格散射(长声学波散射)为主的等能面为球形的非简并样品，比值($\mu_{\mathrm{H}}/\mu_{\mathrm{p}}$)和($\mu_{\mathrm{H}}/\mu_{\mathrm{n}}$)可近似为 $3\pi/8$；以电离杂质散射为主的低阻样品，比值($\mu_{\mathrm{H}}/\mu_{\mathrm{p}}$)和($\mu_{\mathrm{H}}/\mu_{\mathrm{n}}$)可取 1.93；高度简并情况的低阻样品，比值可取 1.

2) 两种载流子导电的霍尔系数

如果在半导体中同时存在数量级相同的两种载流子，那么在考虑霍尔效应时，就必须同时计及两种载流子在磁场下偏转的结果，它们有可能使横向的电子电流和空穴电流大小相等、方向相反，其横向的总电流为零. 从理论上可以证明，电子和空穴混合导电并计及载流子速度的统计分布时，霍尔系数为

$$R=\frac{\mu_{\mathrm{H}}}{\mu}\cdot\frac{1}{e}\frac{p-nb^2}{(p+nb)^2} \tag{6.4.11}$$

式中 $b=\mu_{\mathrm{n}}/\mu_{\mathrm{p}}$，$\mu$ 为载流子迁移率. 对于单纯一种载流子导电，p 型($n=0$)或 n 型($p=0$)公式(6.4.11)就变为式(6.4.9)或(6.4.10)的形式.

3. 变温霍尔系数

半导体内载流子的产生存在两种不同机构：杂质电离和本征激发. 在一般半导体中，两

种导电机构总是同时起作用，即载流子既可来自杂质电离，又可来自本征激发，但要看哪一种占优势而起主导作用，因两者所需要的能量不同，取决于所处的温度，因此霍尔系数将随温度变化而变化. 图 6.4.2 是半导体霍尔系数 R 随温度 T 变化曲线. 图中 A 为 n 型半导体 R-T 变化曲线. B 表示 p 型半导体 R-T 变化曲线，其中：a 为低温杂质电离饱和区，$R>0$；在温度为室温附近的 b 点，$R\approx0$；随温度 T 继续增高，R 将快速增大并在 c 点出现极值；d 段为本征激发区，随温度 T 上升而呈指数下降，最后所有杂质类型或杂质含量不同的曲线均趋聚在一起.（请读者通过上述公式进行推导分析.）下面以 n 型为例分三个温度范围讨论 R-T 关系，并根据曲线斜率求出禁带宽度 E_g、杂质电离能 E_i.

1) 本征导电区

图 6.4.3 中 A 点左侧，属于电子和空穴混合型导电，本征载流子浓度 $n_i=n=p$，即为式(6.4.1). 根据式(6.4.11)，霍尔系数表达式为

$$R=\frac{\mu_H}{\mu}\cdot\frac{1}{e}\cdot\frac{1+b}{1-b}\cdot\frac{1}{n_i} \tag{6.4.12}$$

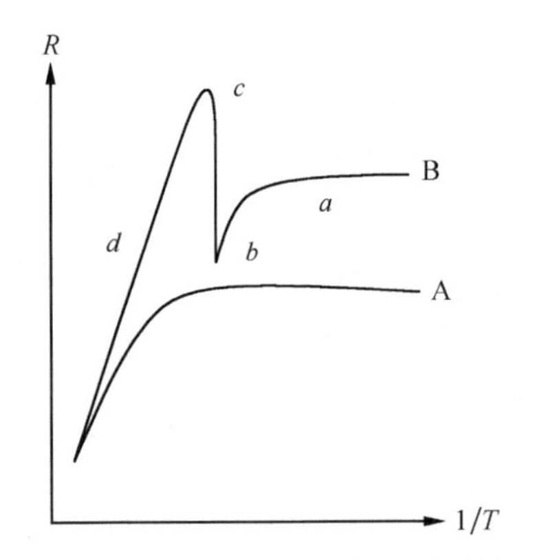

图 6.4.2　半导体霍尔系数与温度关系

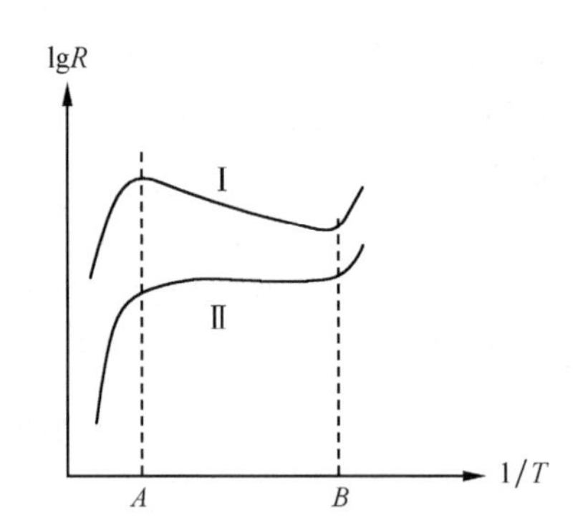

图 6.4.3　n 型霍尔系数与温度关系

本征导电时，本征载流子浓度 n_i 随温度变化远大于迁移率 μ 随温度的变化，因此载流子浓度与温度关系起主导作用，而 μ 认为与 T 无关，由式(6.4.1)和(6.4.12)简化为

$$R=AT^{-3/2}e^{E_g/(2kT)}$$

高温时 $T^{-3/2}$ 项对 R 的影响远小于 $e^{E_g/(2kT)}$ 项的影响，因而 R 与 T 的关系可近似为

$$R=Be^{E_g/(2kT)} \tag{6.4.13}$$

上式两边取对数后得

$$\lg R=\lg B+[E_g\lg e/(2k)]\frac{1}{T} \tag{6.4.14}$$

由此，可作 $\lg R$-$(1/T)$ 曲线，并由曲线斜率求出禁带宽度 E_g 的表达式

$$E_g=\frac{\Delta(\lg R)}{\Delta(1/T)}\cdot\frac{2k}{\lg e} \tag{6.4.15}$$

式中 k 为玻尔兹曼常量，$\lg e=0.4343$.

2) 杂质饱和电离区

图 6.4.3 中 AB 之间为杂质饱和电离区. 饱和区范围内杂质已全部电离，载流子浓度与

电离杂质的浓度相等($n \approx N_d$)且为一恒定值. 霍尔系数由式(6.4.10)得

$$R = -\frac{\mu_H}{\mu_n e N_d} \tag{6.4.16}$$

由于 μ_H/μ_n 的值随散射过程而异,所以 R 与 T 的关系取决于载流子散射机理. 对于以晶格散射为主的 n 型高阻样品,(μ_H/μ_n)将随温度 T 升高而增大,所以 $\lg R$ 随 $1/T$ 增大而减小,如图 6.4.3 中曲线Ⅰ所示;以杂质散射为主的 n 型低阻样品,(μ_H/μ_n)几乎与温度 T 无关,$\lg R$-$(1/T)$曲线近似为一水平直线,如图 6.4.3 中曲线Ⅱ所示.

3) 杂质电离区

如图 6.4.3 所示,当 B 点右侧区域的温度很低时,杂质未能全部电离,样品载流子浓度 n 小于施主杂质浓度 N_d($n < N_d$),载流子浓度与温度关系

$$n = K'T^{3/4}\mathrm{e}^{-E_i/(2kT)} \tag{6.4.17}$$

式中 K' 为常数,E_i 为施主杂质电离能,玻尔兹曼常量 $k = 8.62 \times 10^{-5}\ \mathrm{eV \cdot K^{-1}}$. 把式(6.4.17)代入式(6.4.10),其中(μ_H/μ_p)项可认为与温度无关,则得

$$R = A'T^{-3/4}\mathrm{e}^{E_i/(2kT)} \tag{6.4.18}$$

式中 A' 为常数. 由于温度很低,$T^{-3/4}$ 项不能忽略,于是改写为

$$RT^{3/4} = A'\mathrm{e}^{E_i/(2kT)} \tag{6.4.19}$$

同理可以求出样品的杂质电离能 E_i(请读者自己推出公式和方法).

4. 电导率

若样品沿 x 方向通以电流 I,在电极 A、P(或 C、D)间,可测得电导电势 V_σ,样品材料的电导率表达式为

$$\sigma = \frac{1}{\rho} = \frac{I_x l}{V_\sigma a d} \quad (\Omega^{-1} \cdot \mathrm{cm}^{-1}) \tag{6.4.20}$$

式中 l 为两电极 A、P 间距,a、b 分别为样品的厚度和宽度. 只要测得 I_x 和 V_σ 就可以按上式计算出半导体材料的电导率 σ,算出霍尔迁移率 μ_H,即

$$\mu_H = |R|\sigma \quad (\mathrm{cm^2 \cdot V^{-1} \cdot s^{-1}}) \tag{6.4.21}$$

从理论可知,电导率 σ 与导电类型和载流子浓度有关. 当混合导电时,有

$$\sigma = e(p\mu_p + n\mu_n) \tag{6.4.22}$$

仅有电子导电时($p=0$),$\sigma = en\mu_n$;仅有空穴导电时($n=0$),$\sigma = ep\mu_p$. 由此可知,电导率 σ 与温度有关. 图 6.4.4 为 p 型半导体电导率 σ 与温度之间关系. 图中曲线 a 段为低温区,σ 随温度 T 的增高而增加;b 段显示室温附近,σ 将随 T 增高而下降;c 段显示高温区,本征激发使载流子浓度随温度增高呈指数剧增,σ 随 T 上升而急剧增大. 下面以 n 型半导体进行分析说明. 图 6.4.5 表示 n 型半导体 $\lg\sigma$-$(1/T)$关系的一组曲线,同样可分三个区间进行讨论.

(1) 本征导电区(A 点左侧). 电导率表达式为

$$\sigma = C\mathrm{e}^{-E_g/(2kT)} \tag{6.4.23}$$

(2) 杂质电离区(B 点右侧). 由于 $\mu \propto T^{3/2}$,电导率表达式为

$$\sigma = C'T\mathrm{e}^{-E_i/(2kT)} \tag{6.4.24}$$

(3) 杂质饱和电离区(A、B 之间). 由于 $n = N_d$ 与温度无关,因而 σ 取决于迁移率 μ 与温度关系,即取决于载流子散射机理,图中曲线Ⅰ为以晶格和杂质散射共存的中电阻率样

品;曲线Ⅱ是以晶格散射为主的高电阻率样品;曲线Ⅲ是以电离杂质散射为主的低电阻率样品的 $\lg\sigma$-$(1/T)$关系曲线.这里不作具体讨论.同样可以按式(6.4.23)和(6.4.24)作出 $\lg\sigma$-$(1/T)$关系曲线并由其斜率可以求得材料的禁带宽度和杂质电离能.

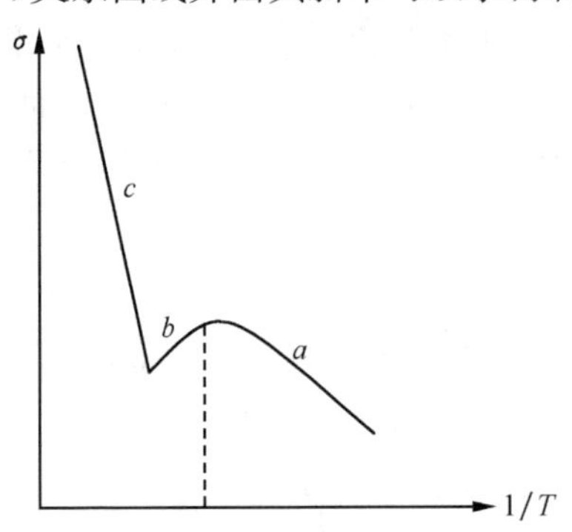

图 6.4.4　p型半导体电导率与温度关系

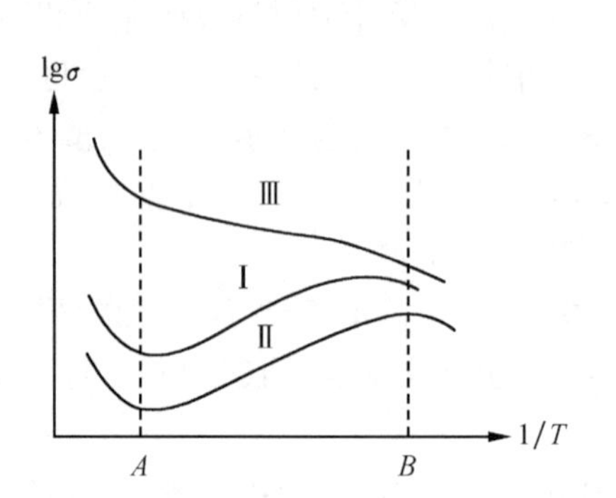

图 6.4.5　n型半导体电导率与温度关系

5. 实验中存在的副效应

测量霍尔电势过程伴着一些热磁效应所产生的电势,叠加在测量值 V_H 上,引起测量误差.这些副效应是:

(1) 埃廷斯豪森(Ettingshausen)效应.载流子在电场和磁场作用下发生偏转时,其动能以热能形式释放出来,在 y 方向会产生温差$(\partial T/\partial y)_E$,引起一温差电势 $V_E \propto I_x B_z$,其方向取决于电流 I 和磁场 B 方向;

(2) 里吉-勒迪克(Righi-Leduc)效应.当沿 x 方向有一热流 Q 流过样品时,在 z 方向存在磁场 B,则 y 方向上存在一温度梯度场$(\partial T/\partial y)_{RL}$,引起温差电势 $V_{RL} \propto Q_x B_z$,其方向由 B 方向决定.

(3) 能斯特(Nernst)效应.样品即使没有电流通过,只要 x 方向有一热流 Q,z 方向存在 B,则 y 方向有一电势 $V_N \propto Q_x B_z$,其方向由 B 方向决定.

(4) 样品两侧电极不在理想的等位面时,存在一差值电阻 r,即使不加 B 仍存有一电势差,$V_0 = I_x \cdot r$,其数值与 V_H 可能同一数量级,而方向由 I_x 方向决定.另外,样品所处空间沿 y 方向存在温度梯度场时,也会引起温差电势 V_T.在实际测量中,为了求得 V_H 的真值,消除上述效应带来的误差,改变流过样品上的电流和磁场方向,使 V_0、V_N、V_{RL} 和 V_T 从测量结果中消去.

当 $+B,+I$ 时,$V_1 = +V_H + V_E + V_{RL} + V_N + V_0 + V_T$;

当 $+B,-I$ 时,$V_2 = -V_H - V_E + V_{RL} + V_N - V_0 + V_T$;

当 $-B,-I$ 时,$V_3 = +V_H + V_E - V_{RL} - V_N - V_0 + V_T$;

当 $-B,+I$ 时,$V_4 = -V_H - V_E - V_{RL} - V_N + V_0 + V_T$;

由下式计算可得

$$V_{AC} = \frac{(V_1 - V_2) + (V_3 - V_4)}{4} = V_H + V_E \tag{6.4.25}$$

结果表明,对 V_H 的影响只剩下 V_E 未能消除,但它带来的误差很小,以致可忽略不计.

二、实验仪器装置

图 6.4.6 为测量系统示意图.

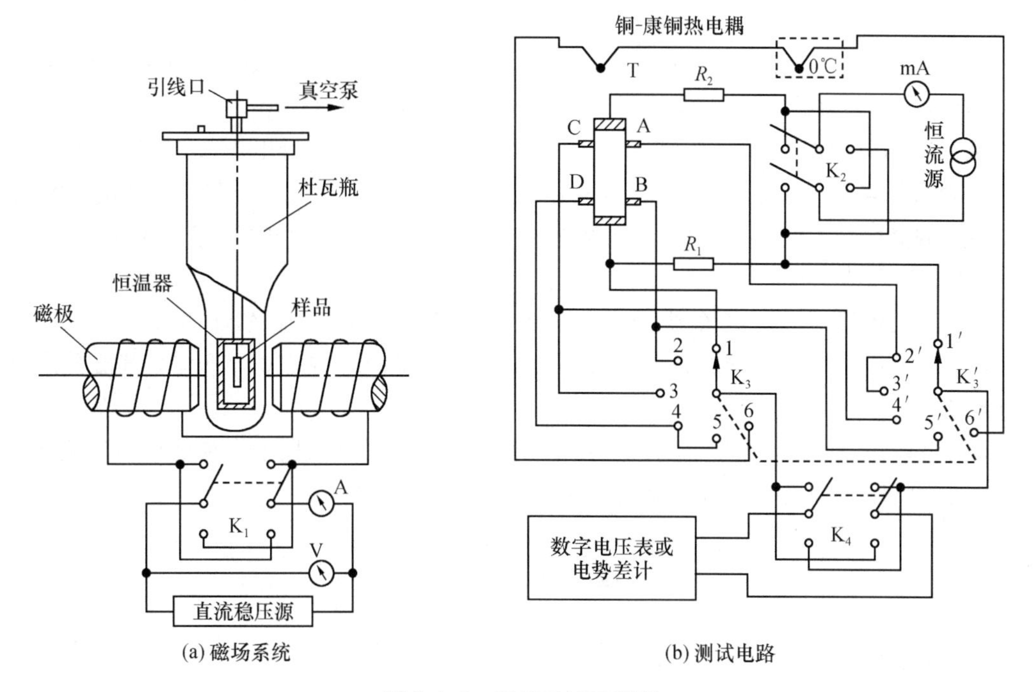

图 6.4.6　测量系统示意图

1. 样品

测试样品安放在紫铜恒温器内的样品架上，样品平面法线与磁极轴线重合. 电流和电压测量引线经德银管和密封接头引出与测量电路连接. 恒温器处在杜瓦瓶内，样品电流由恒流器提供，由开关 K_2 转换. 电流选用 1mA，过大会使以样品发热，过小则信号弱.

2. 磁场部分

磁铁电流由直流恒压源供给，磁场方向由 K_1 控制. 调节电流大小可获得不同 B 值，并预先用高斯计进行定标. 为避免磁阻效应，必须在弱场条件下进行测量，一般取值在 0.2～0.4T 范围.

3. 温度测量与控制

样品的温度测量使用标准铜-康铜热电偶(pn 结温度计或标准低温铂电阻温度计)，用数字式电压表或测温仪显示，样品升温加热电阻丝(约 $2\times50\Omega$)安装在样品架上，可由温控仪或手动调压方式控制，温度误差控制在±1℃范围内.

4. 测量部分

样品电流 I 的测量，通过串接在回路上的标准电阻上的压降，换算出电流值，V_H、V_σ 通

过同步开关 K_3、K_3'进行转换,由数字式电压表或高阻电势差计测出. 开关 K_4 保证输入测量信号极性一致,使用数字式测量仪表时可省略. 电阻 R_2 是一个限流保护电阻.

三、实 验 内 容

(1) 首先将样品用液氮冷却到 77.4K(在老师指导下用手动液氮泵充注),然后用小电流控制加热升温,每隔 30K 测量一次;200~350K 时每隔 10K 测量一次;以后逐渐加大加热电流并每隔 5K 测量一次,直到 460K(最高不超过 480K). 测出 V_1、V_2、V_3 和 V_4,用式(6.4.25)计算 V_H 值,作 $\lg R$-$(1/T)$曲线,求出样品材料的禁带宽度 E_g 和杂质电离能 E_i.

(2) 按上述的温度间隔,测出不同温度下 $+I$ 和 $-I$ 的电导电势 V_σ,求出平均电导率 σ,作 $\lg\sigma$-$(1/T)$曲线.

(3) 求出室温下(或 300K 时)样品的霍尔系数 R、电导率 σ 和霍尔迁移率 μ_H.

(4) 根据样品材料的散射机理,确定 μ_H/μ_n 值,求出室温(或 300K)下样品载流子浓度 n 和迁移率 μ_n.

(5) 实验设计训练:根据实验原理设计一个用计算机进行数据采集和处理的实验(参考南京大学的 HT-648 型变温霍尔效应实验说明书等).

四、思考与讨论

(1) 怎样确定样品材料的导电类型?

(2) 在本实验的条件下,如何减少测量中的误差?

(3) 从实验曲线如何确定样品散射机理和 μ_H/μ_n 值?

(4) 如何计算出样品载流子浓度 n 和迁移率 μ_H?

(5) 如何求得样品的杂质电离能 E_i?

参 考 文 献

黄昆,谢希德. 1958. 半导体物理学. 北京:科学出版社.

南京大学物理系. 1981. 近代物理实验讲义.

吴思诚,王祖铨. 1995. 近代物理实验. 2 版. 北京:北京大学出版社.

黎夏生　编

6.5　铁电体电滞回线及居里温度的测量

自从 1921 年 J. Valasek 发现罗息盐是铁电体以来,迄今为止陆续发现的新铁电材料已达一千种以上. 铁电材料不仅在电子工业部门有广泛的应用,而且在计算机、激光、红外、微波、自动控制和能源工程中都开辟了新的应用领域. 电滞回线是铁电体的主要特征之一,电滞回线的测量是检验铁电体的一种主要手段. 通过电滞回线的测量可以获得铁电体的一些重要参数. 在居里温度处,铁电材料的许多物理性质将发生突变,因此居里温度的测量对研究铁电体的性质有重要的意义. 通过本实验可以了解铁电体的基本特性,掌握电滞回线及居里温度的一种测量方法.

一、实 验 原 理

1. 电滞回线

我们知道,全部晶体按其结构的对称性可以分成 32 类(点群). 32 类中有 10 类在结构上存在着唯一的"极轴",即此类晶体的离子或分子在晶格结构的某个方向上正电荷的中心与负电荷的中心重合. 所以,不需要外电场的作用,这些晶体中就已存在着固有的偶极矩 P_s,或称为存在着"自发极化".

如果对具有激发极化的电介质施加一个足够大(如 kV · cm^{-1})的外电场,该晶体的自发极化方向可随外电场而反向,则称这类电介质为"铁电体". 众所周知,铁磁体的磁化强度与磁场的变化有滞后现象,表现为磁滞回线. 正如铁磁体一样,铁电体的极化强度随外电场的变化亦有滞后现象,表现为"电滞回线",与铁电体的磁滞回线十分相似. 铁电体其他方面的物理性质与铁磁体一样也有某种对应的关系. 比如电畴对应于磁畴. 激发极化方向一致的区域(一般 $10^{-8}\sim10\mu$m)称为铁电畴. 铁电畴之间的界面称为磁壁. 两电畴反向平行排列的边界面称为 180°磁壁,两电畴互相垂直的畴壁称为 90°畴壁. 在外电场的作用下,电畴取向态改变 180°的称为反转,改变 90°的称为 90°旋转. 晶体中每个电畴方向都相同的则称为单畴,若每个电畴的方向各不相同,则称为多畴.

电滞回线是铁电体的主要特征之一,电滞回线的测量是检验铁电体的一种主要手段. 通过电滞回线的测量可以获得铁电体的自发极化强度 P_s、剩余极化强度 P_r、矫顽场 E_c 及铁电耗损等重要参数,如图 6.5.1 所示.

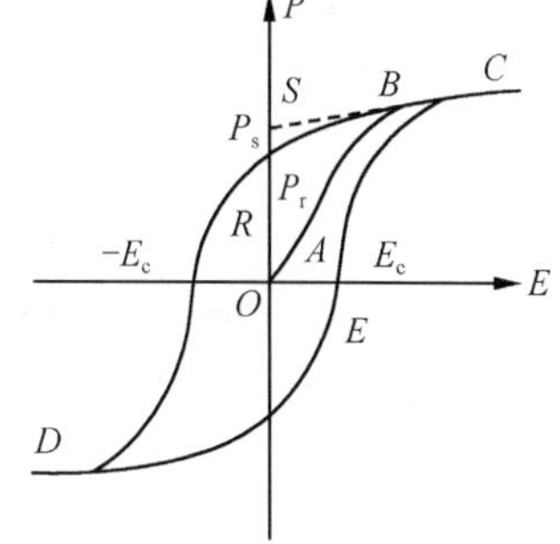

图 6.5.1　电滞回线

图 6.5.1 是典型的电滞回线. 当外电场施加于晶体时,极化强度方向与电场方向平行的电畴变大,而与之反平行方向的电畴则变小. 随着外电场的增加,极化强度 P 开始沿图 6.5.1 中 OA 段变化,电场继续增大,P 逐渐饱和,如图中的 BC 段所示,此时晶体已成为单畴. 将 BC 段外推至电场 $E=0$ 时的 P 轴(图中虚线所示),此时在 P 轴上所得截距称为饱和极化强度 P_s,P_s 是每个电畴原来已经存在的自发极化强度.

当电场由图中 C 处开始降低时,晶体的极化强度 P 随之减小,但不是按原来的 $CBAO$ 曲线降至零,而是沿着 $CBRD$ 曲线变化,当电场降至零时,其极化强度 P_r 称为剩余极化强度. 剩余极化强度是对整个晶体而言的(电场强度为零后,晶体部分回到多畴状态,极化强度又被抵消了一部分). 当反向电场增加至 $-E_c$ 时,剩余极化强度全部消失,E_c 称为矫顽电场强度. 当反向场继续增加时,沿反向电场取向的电畴逐渐增多,直至整个晶体成为一个单一极化方向的电畴为止(即图中 D 点). 如此循环便成为电滞回线.

剩余极化强度 P_r 一般小于自发极化强度 P_s. 但如果晶体成为单畴,则 P_r 等于 P_s. 所以，某一材料的 P_r 与 P_s 相差越多，则该材料越不易成为单畴. 图 6.5.2 表示了钛酸钡单晶和多晶(陶瓷)的电滞回线对比. 由图可见，陶瓷体虽经过电场极化，仍不容易成为单畴，单晶体的 P_s 等于 P_r.

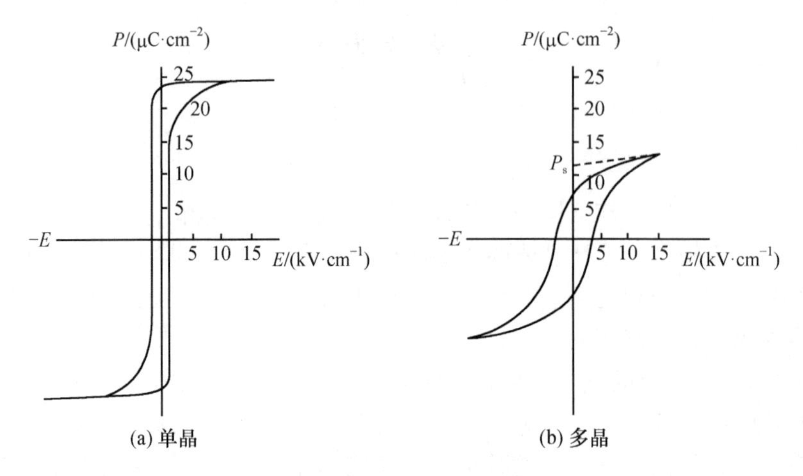

图 6.5.2　钛酸钡的电滞回线

1) 电滞回线的测定

测量铁电材料电滞回线的方法通常有两种：①冲击检流计描点法；②示波器图示法. 本书介绍第二种方法.

示波器图示法又称 Sawer-Tower 电路法. 图 6.5.3 便是 Sawer-Tower 电路原理图. 图中 C_x 为待测样品. C 为大电容，与 C_x 串联. 为了消除 U_1 和 U_2 之间的相位差，在电容 C 上并联了一个电阻 R，调整 R 的大小便可使 U_1，U_2 的相位相同. 因为 C_x 和 C 是串联的，故两个电容器上的电荷是一样多的，$Q_x=Q_c=Q$，即

$$C_xU_1 = CU_2$$

$$U_i = \frac{C_xU_1}{C} = \frac{Q}{C} = \frac{AD}{C} \propto D \tag{6.5.1}$$

式中 A 为样品的有效电极面积，D 为电位移. 对于铁电陶瓷，$\varepsilon_r \geqslant 1$，故 $D \simeq P$，从而 U_2 与极化强度 P 成正比，即

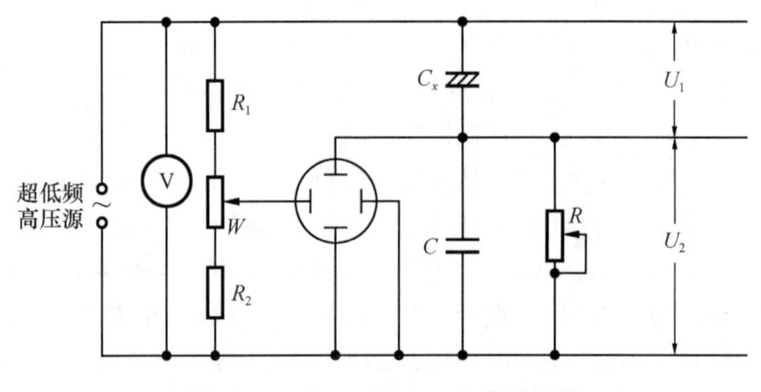

图 6.5.3　Sawer-Tower 电路原理图

$$U_2 = \frac{AP}{C} \tag{6.5.2}$$

由于 $C_x \ll C$，故 $U_1 \gg U_2$，$U_1 \approx U$，所以

$$U_x \propto U \approx U_1 \propto E \tag{6.5.3}$$

式中 E 为样品两端的电场强度. 上式表明，从 R_2 上取出的电压 U_x 正比于样品的电场强度 E. 若将 U_y、U_x 分别接到示波器的 Y、X 轴上，便可以在示波器上看到 P-E(或 D-E)曲线，即电滞回线.

图 6.5.3 中的 R 叫补偿电阻，用于校正因样品漏电导和感应极化耗损而产生的 U_2 和 U_1 之间的相位差. 这个相位差会给电滞回线带来畸变. 补偿电阻的调整是容易的，但不容易准确. 所以此法不适宜弱电性和高损耗的样品.

2) P_r，P_s 和 E_c 的测量

测出样品的电滞回线后，根据示波图上 Y 轴和 X 轴的比例尺，便可以求出 P_r，P_S 和 E_c 的数值.

Y 轴(电量 Q)比例尺的确定：使示波器 X 轴输入短路，屏示高度为 H(mm)，则纵轴比例尺为

$$m_y = \frac{2\sqrt{2}C_0U_y}{H} \quad (\mu\text{C} \cdot \text{mm}^{-1}) \tag{6.5.4}$$

式中 C_0 为标准电容(μF)，U_y 为电压有效值(V)，H 为示波图上的高度(mm).

X 轴(电压 U)比例尺的确定：使示波器上 Y 轴输入短路，示波器宽度为 L(mm)，若此时电源电压为 U_y，则 X 轴比例尺为

$$m_x = \frac{2\sqrt{2}U}{L} \quad (\text{V} \cdot \text{mm}^{-1}) \tag{6.5.5}$$

P_r 的测量：从示波器图上量得横轴(电压)的原点相应的纵轴(电量)的读数为 Y_r(mm)(即图 6.5.1 中的 OR 线段)，纵轴比例尺为 m_r(μC · mm^{-1})，样品的电极面积为 A(cm^2)，则剩余极化强度为

$$P_r = \frac{m_rY_r}{A} \quad (\mu\text{C} \cdot \text{cm}^{-2}) \tag{6.5.6}$$

P_s 的测量：从示波图上得电滞回线中饱和段外推至 $E=0$ 时交于 S 点，测得所截线段(图 6.5.1 中线段 OS)的长度为 Y_s 格(即 OS 的数值为 Y_s)，设纵轴比例尺为 m_y(μC · cm^{-1})，则自发极化强度为

$$P_s = \frac{Y_sm_y}{A} \quad (\mu\text{C} \cdot \text{cm}^{-2}) \tag{6.5.7}$$

E_c 的测量：设测得样品厚度为 t(mm)，已知示波图的横轴(电压)的比例尺为 m_x(V · mm^{-1})，从示波器图上量得纵轴(电荷轴)为零时相应的横轴(电压)的长度(图 6.5.1 中的 OE 线段)为 X_s(mm)，则矫顽力场强为

$$E_c = \frac{m_xX_s}{t} \quad (\text{V} \cdot \text{mm}^{-1}) \tag{6.5.8}$$

2. 铁电体的居里温度测量

铁电压电陶瓷材料在某一温度范围内具有铁电特性，即具有激发极化和电滞回线的特性. 当温度达到某一临界值时，这些材料会发生相变，由铁电相变为非铁电相，自发极化随之

消失,这一临界温度称为居里(点)温度或居里点,通常用 T_c 表示.在居里温度 T_c 处,铁压电材料的许多物理性质(如介电常量、热容量、热膨胀系数等)都将发生突变.在有些铁压电体中,在低于居里点温度时,还可以发生从一种铁电相转变为另一种铁电相的相变.如钛酸钡在 $T_c=120℃$处(居里温度),由立方顺电相变为四方铁电相,然后在$(0\pm5)℃$附近由四方相变为正交铁电相,在$(-90\pm9)℃$处由正交相变为三方铁电相.这样极化状态变化的温度称为转变温度.因此只要测定这种突变点的温度就能定出铁压电体材料的居里点的温度.

实验表明,在温度高于居里点温度时,介电常量 ε 和温度 T 的关系遵从居里-外斯定律

$$\varepsilon=\frac{c}{T-T_0},\quad \beta=\frac{1}{c}(T-T_0) \tag{6.5.9}$$

式中 c 为居里常数;T_0 为特征温度,称为居里-外斯温度,它等于或者稍低于居里温度.

测量居里温度 T_c 的方法很多,有 Sawer-Tower 电路示波器观察电滞回线突变法、传输线路法、扫描仪法、电容电桥法、直读式线性电容仪(自动记录)法、电畴观察法、热膨胀系数突变测量法等.本书仅介绍第一种方法.此种方法的原理是,当铁电压电材料的温度高于居里温度时,它的自发极化消失,电滞回线也就消失,测出刚刚消失时的这个温度便为居里温度 T_c.测量方法如下:

(1) 使用图 6.5.3 的线路,将试样放在带有自动控温的烘箱或电炉内(材料的居里温度不高时用烘箱,居里温度高时用电炉),在居里点附近逐渐升温,根据样品尺寸大小,在每个温度点保持 3~5min,以保证试样体内外温度均匀,逐点试验直至示波器上电滞回线消失为止,记下此时的温度 T_A.

(2) 将加热器温度升高,使高于居里温度 T_c,然后逐渐降温,每个温度点保持 5~10min,直至示波器上又出现电滞回线,记下此时温度 T_B.

(3) 按下式算出试样居里温度

$$T_c=\frac{T_A+T_B}{2} \tag{6.5.10}$$

二、实验仪器装置

实验所需仪器设备及材料包括:低频信号发生器,示波器,电炉,电阻器,$BaTiO_3$ 样品.

三、实 验 内 容

1. 电滞回线的测量

(1) 装上样品($BaTiO_3$,$T_c<120℃$),在室温下调出恰当的电滞回线.

(2) 描下曲线(x 轴用电场强度($V\cdot mm^{-1}$)定标,y 轴用极化强度($\mu C\cdot mm^{-2}$)定标),并从回线上求出样品的自发极化强度 P_S,剩余极化强度 P_r 及矫顽场 E_c.

*2. 实验设计训练

设计一个实验,用 Sawer-Tower 电路示波器观察电滞回线突变法测居里温度 T_c.

四、思考与讨论

(1) 什么是铁电体？铁电体的主要特征是什么？如何判断一种晶体是否是铁电体？
(2) 什么是铁电畴？什么是单畴？什么是多畴？
(3) 本实验中居里温度的测量根据什么原理？
(4) 为什么要用升温和降温曲线的 T 和 T 的平均值作为居里温度 T_c？

参 考 文 献

李远，秦自楷，周至刚. 1984. 压电与铁电材料的测量. 北京：科学出版社.
孙慷慷，张福学. 1984. 压电学. 北京：国防工业出版社.
谢希德，方俊鑫. 1962. 固体物理学(下册). 上海：上海科学技术出版社.
郑裕芳，李仲荣. 1989. 近代物理实验. 广州：中山大学出版社.

冯显灿　编

6.6　扫描隧道显微镜实验

20世纪80年代初，IBM苏黎世实验室的科学家宾宁(G. Binnig)和罗雷尔(H. Rohrer)巧妙地利用量子力学中的隧道效应(也称为势垒贯穿)共同研制成功了世界上第一台新型的表面分析仪器——扫描隧道显微镜(scanning tunneling microscope，STM). STM具有很高的分辨率，可分辨出单个原子，使人们第一次能够直接观察到原子在物质表面的排列状态和与表面电子行为有关的物理化学性质，对表面科学、材料科学、生命科学和微电子技术的研究有着重要的意义. 为此，他们很快与电子显微镜的发明人Ernst Ruska一起荣获1986年的诺贝尔物理学奖.

STM与其他高分辨显微镜如透射电子显微镜(transmission electron microscope，TEM)和场离子显微镜(field ion microscope，FIM)相比有许多明显的优势：①具有更高的分辨率，平行和垂直于样品表面的分辨率分别可达0.1nm和0.01nm；②STM使用环境宽松，可在大气、溶液中对样品直接观测，有利于对表面反应、扩散等动态过程的研究，而TEM和FIM均在高真空条件下测量；③STM还具有价格低、样品制备容易，且操作简单等优点. 与低能电子衍射(low energy electron diffraction，LEED)和X射线衍射等相比又具有下列优势：①STM能给出实空间的信息，而不是较难理解的倒易空间的信息；②STM可对各种局域结构或非周期性结构(如缺陷、生长中心等)进行研究，而不仅仅局限于晶体或周期结构. 另外，STM还能够操纵原子，是未来纳米加工、纳米电子学研究的重要工具. 自从STM发明之后，为了突破STM要求样品必须是导体或半导体的限制，人们又发明了原子力显微镜(atomic force microscope，AFM)、磁力显微镜(magnetic force microscope，MFM)、近场光学显微镜(scanning near-field optical microscope，SNOM)等，目前将这些显微镜统称为扫描探针显微镜(scanning probe microscope，SPM).

本实验通过STM的操作和调试,观测石墨等样品的表面形貌,学习和了解STM的原理和结构,验证量子力学中的隧道效应,并利用计算机软件对原始图像数据进行分析讨论.

一、实验原理

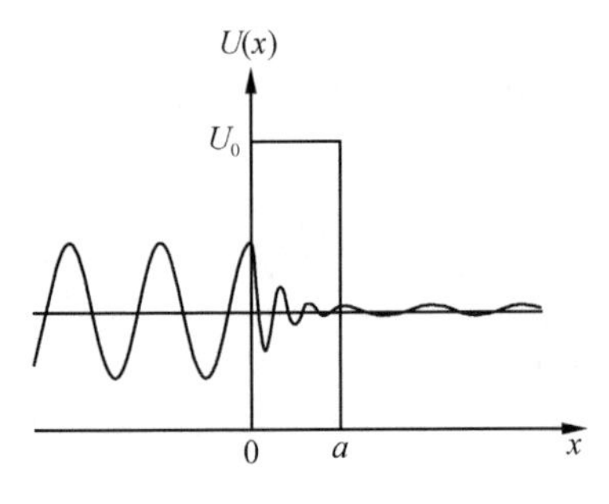

图6.6.1　能量为E的粒子在方形势垒附近的运动

在经典力学中,当一个粒子的动能E低于前方势垒的高度U_0时,它不可能越过此势垒,即透射系数等于零,粒子将完全被弹回.而在量子力学中,对于微观粒子,在一般情况下,其透射系数不等于零.如图6.6.1所示,当质量为m的粒子从左向右运动遇到高度为U_0、宽度为a的方形势垒时,描述粒子运动的薛定谔方程为

$$\begin{cases}\dfrac{d^2\psi}{dx^2}+\dfrac{2m}{\hbar^2}E\psi=0 & (x<0,x>a) \quad (6.6.1)\\[2mm] \dfrac{d^2\psi}{dx^2}+\dfrac{2m}{\hbar^2}(E-U_0)\psi=0 & (0<x<a) \quad (6.6.2)\end{cases}$$

令$k_1=\dfrac{\sqrt{2mE}}{\hbar}$,$k_2=\dfrac{\sqrt{2m\ (U_0-E)}}{\hbar}$,则满足方程(6.6.1)和(6.6.2)的粒子波函数分别为

$$\begin{cases}\psi_1=Ae^{ik_1x}+A'e^{-ik_1x} & (x<0)\\ \psi_2=Be^{ik_2x}+B'e^{-ik_2x} & (0<x<a)\\ \psi_3=Ce^{ik_1x} & (x>a)\end{cases}$$

根据边界条件,经过一定的推算可得粒子透过势垒的透射系数D为

$$D=D_0e^{-\frac{2}{\hbar}\sqrt{2m(U_0-E)}\cdot a} \tag{6.6.3}$$

由式(6.6.3)可以看出透射系数D随势垒的宽度呈指数衰减,因此粒子透过势垒的概率对势垒的宽度很敏感.上述现象称为势垒贯穿,也被人们形象地称为隧道效应.此时在势垒中x处发现电子的概率密度为

$$w\propto|\ \psi_1(0)\ |^2e^{-\frac{2}{\hbar}\sqrt{2m(U_0-E)}\cdot x} \tag{6.6.4}$$

STM的基本原理就是基于上述的隧道效应.将原子线度的极细针尖和被研究物质的表面作为两个电极,当针尖与样品的距离非常接近时(通常小于1nm),就会形成如图6.6.2所示的针尖-真空-样品隧道结.在图6.6.2中,横坐标为空间位置,纵坐标为电子的能量,ϕ为样品的逸出功,E_F为样品的费米能级,以真空能级为势能参考点,则有$E_F=-\phi$.在外加电场的作用下,电子会穿过两个电极之间的绝缘层流向另一电极,产生隧道电流.类比于式(6.6.4),隧道电流的大小为

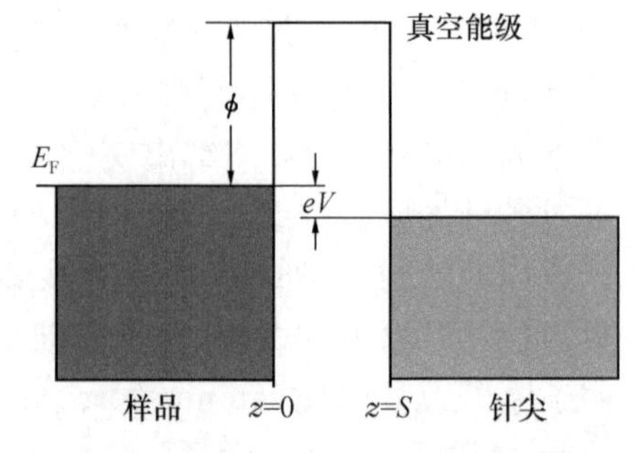

图6.6.2　针尖和样品构成的隧道结

$$I \propto V \cdot \rho(0, E_F) \cdot \exp(-\phi c \sqrt{\phi} \cdot S) \tag{6.6.5}$$

其中 V 和 S 分别为针尖和样品间的偏压和距离，ϕ 为样品的逸出功，c 为与针尖结构等相关的常数，$\rho(0, E_F)$ 为 $z=0$ 处即样品表面，电子能量为 $E \sim E_F$ 即费米能级附近的局域态密度. 由此可以看出，隧道电流的大小与针尖和样品表面之间的距离 S 成负指数关系，所以隧道电流对 S 极其敏感，如果 S 减小 0.1nm，则隧道电流将增加一个数量级. 因此，在扫描过程中，根据隧道电流的变化，我们就可以得到样品表面微小的高低起伏变化的信息.

扫描隧道显微镜主要有两种工作模式：恒流模式和恒高模式. 图 6.6.3 给出了这两种模式的示意图.

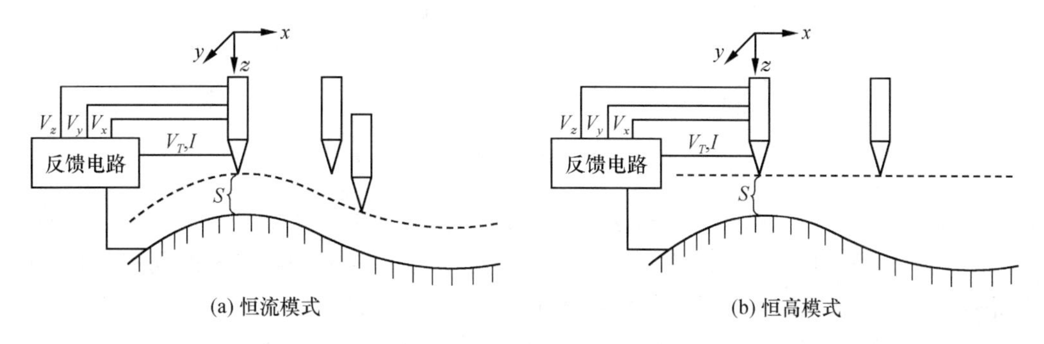

图 6.6.3　STM 的两种工作模式

所谓恒流模式，即在扫描过程中，保持隧道电流不变. 首先设定隧道电流为一恒定值，在 x、y 方向进行扫描时，在 z 方向加上电子反馈电路，当样品表面凸起时，隧道电流比设定的恒定值大，通过反馈电路使针尖向上移动，直到隧道电流等于设定的恒定值；反之，样品表面凹下时，反馈电路就使针尖向下移动，以控制隧道电流的恒定. 将针尖在样品表面扫描时的运动轨迹输出来，就得到了样品表面的局域态密度的分布或原子大致排列的图像. 此模式可用来观察表面形貌起伏较大的样品，而且可以通过加在 z 方向上驱动的电压值推算表面起伏高度的数值.

所谓恒高模式，即在扫描过程中，保持针尖的高度不变. 在扫描过程中保持针尖的高度不变，通过记录隧道电流的变化来得到样品的表面形貌信息. 这种模式通常用来测量表面形貌起伏不大的样品.

二、实验仪器装置

实验所用仪器因生产厂家不同而不同，但其基本原理都是一样的. 图 6.6.4 给出了 STM 的结构原理示意图，STM 主要由三部分组成：(a)针尖扫描系统；(b)电流检测和反馈电路控制系统；(c)数据显示系统.

1. 针尖扫描系统

在针尖扫描系统中，最重要的就是微小位移的控制，一般情况下多用压电陶瓷来精确地

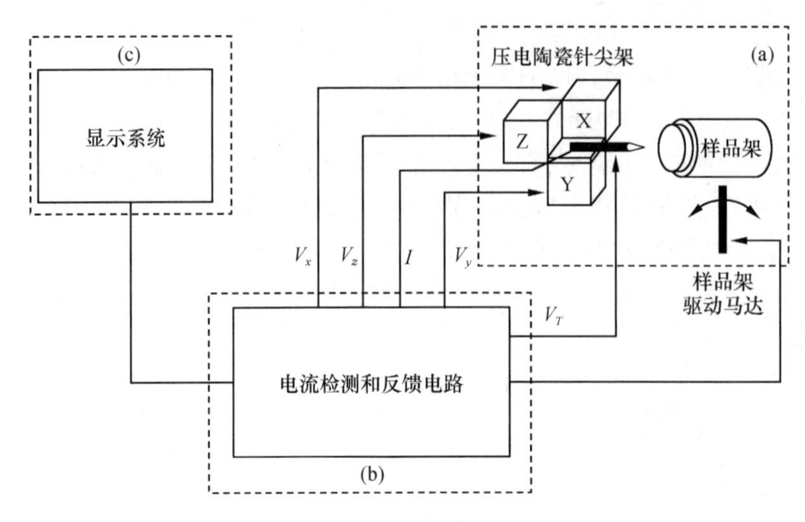

图 6.6.4 STM 的结构原理示意图

控制针尖的移动. 所谓压电陶瓷是指这样的陶瓷材料:在受到压力发生形变时在其两端会产生电压,当给这种材料加电压时它会产生物理形变. 目前广泛采用的是多晶陶瓷材料,如钛酸锆酸铅 $Pb(Ti,Zr)O_3$(简称 PZT)和钛酸钡等. 压电陶瓷材料能以简单的方式将 1mV～1000V 的电压信号转换成十几分之一纳米到几微米的位移. 目前用压电陶瓷材料制成的三维扫描控制器主要有三脚架型和单管型,图 6.6.4 所示的是三脚架型扫描控制器,三块独立的压电陶瓷材料以相互正交的方向结合在一起,通过加偏压来分别独立地控制每块压电陶瓷的伸缩,从而控制针尖沿 x、y、z 三个方向运动. 值得一提的是,由于 STM 具有原子级的高分辨率,为了得到原子级别的分辨率,周围环境的影响就必须考虑(请思考哪些环境因素会影响 STM 的分辨率). 最重要的因素就是减震,由于仪器工作时针尖与样品的间距一般小于 1nm,同时隧道电流与隧道间隙呈指数关系,因此任何微小的震动都会对仪器的稳定性产生影响. 扫描隧道显微镜的底座常常采用大理石和橡胶垫叠加的方式,其作用主要是降低大幅度冲击震动所产生的影响. 另外,有些仪器通常对探测部分采用弹簧悬吊的方式.

2. 电流检测和反馈电路控制系统

扫描隧道显微镜是一个纳米级的随动系统,因此,电子学控制系统也是一个重要的部分. 一般情况下,电流检测和反馈电路控制系统设计为一个独立单元. 该单元共有 4 路控制系统(参见图 6.6.4):第 1 路用来驱动步进马达以控制样品架靠近或远离针尖;第 2 路用来在样品和针尖之间加偏压 V_T;第 3 路用来调整偏压 V_x,V_y,V_z 以控制压电陶瓷三个方向的伸缩,进而控制针尖的扫描;第 4 路用来采集隧道电流 I,比较实际隧道电流和设定电流的相对大小,通过输出电流的移动和差值信号给第 3 路调整偏压 V_z 来控制压电陶瓷沿 z 方向的伸缩,以达到恒定电流.

3. 数据显示系统

数据系统一般是将软件安装在计算机上,利用计算机来显示和处理数据. 需要的是将电流检测和反馈电路控制系统用R232串行线之类的传输线与计算机相连，在STM开机时，计算机在STM软件的支持下直接从电路控制系统中读取用来控制STM操作的固化软件，并实现数据的显示和STM界面的操控.

在STM实验中，为了实现扫描过程，得到高分辨率的样品表面图像，一些基本参数必须预先设定，且在扫描过程中有些参数还需不断调整. 下面对一些主要参数给以说明：

(1) "隧道电流"(Set Point)：隧道电流的大小意味着恒电流模式中要保持的恒定电流大小，也代表着恒电流扫描过程中针尖与样品表面之间的"恒定距离"的大小. 该数值设定越大，这一恒定距离越小. 测量时电流一般设在"0.5～1.0nA"的范围内.

(2) "针尖偏压"(Gap Voltage)：指加在针尖和样品之间、用于产生隧道电流的电压. 这一数值设定越大，针尖和样品之间越容易产生隧道电流，恒流模式中保持的恒定距离越小，恒高模式中产生的隧道电流也越大. "针尖偏压"值一般设定在"50～100mV"范围.

(3) "采集目标"(或显示系统的输入Input)：只包括"高度"和"隧道电流"两个选项，选择扫描时采集的是针尖高度变化的信息还是隧道电流变化的信息，从而确定扫描模式是"恒流模式"还是"恒高模式".

(4) "输出方式"(Output)：决定了将采集到的数据显示成平面图像(顶视图 Top-view)、曲线图(Lineview)和三维立体图(3D view)等.

(5) "扫描范围"(Scan Range)：用来设置探针扫描区域的大小，其调节的最大值由仪器设计指标决定，一般在500nm左右. 扫描范围越小，扫描的精度越高. 值得注意的是，改变扫描范围的方式有多种，一种是直接通过改变"扫描范围"的数值来实现，另一种是通过"缩放"(Zoom)选择要观察的区域大小来改变扫描范围.

(6) "针尖运动范围"(Z-Range)：用来设置探针在z方向上的可移动范围，该参数要与扫描范围配合进行调节. 针尖运动范围越小，扫描的精度越高. 一般情况下，"扫描范围"和"针尖运动范围"应该由大到小逐步减小，直到所需要的分辨率为止.

(7) "扫描时间"(Time/Line)：用于控制探针扫描的快慢，每条线扫描的时间越小，扫描越快. 要注意的是"扫描时间"应根据"扫描范围"的改变而适当调整.

(8) "中心偏移"(Offset)：在显示系统中，为了描述针尖的运动，体系有自己的坐标系. "中心偏移"是指扫描面的中心在该坐标系中与坐标原点的偏移距离，改变"中心偏移"的数值能使针尖发生微小尺度的偏移(如图6.6.5所示).

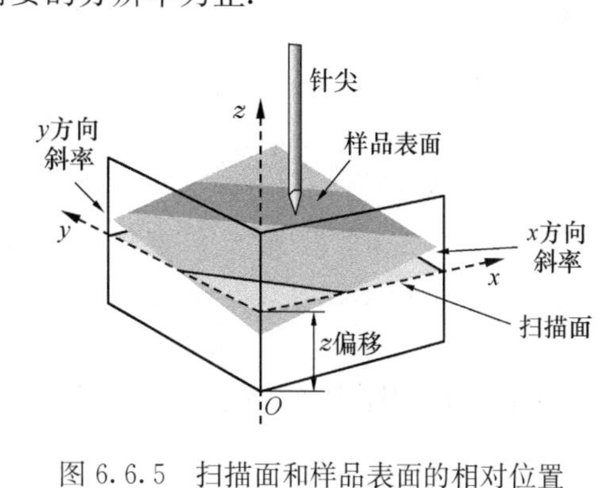

图6.6.5 扫描面和样品表面的相对位置

(9) "斜面校正"(Slope)：一般情况下，样品表面不会正好与针尖的扫描面平行，这时可通过"斜面校正"即改变扫描线的斜率(slope)，使扫描面与样品表面平行(如图6.6.5所示).

(10) "角度走向"(Rotation)：用来控制针尖在扫描面Oxy中的扫描方向，改变角度的数值，会使扫描得到的图像发生旋转(如图6.6.5所示).

(11) "马达控制"：马达控制软件将控制电动马达以一个微小的步长移动样品架，使针尖缓慢靠近样品，直到进入隧道区为止.

三、实验内容

1. 针尖的制作

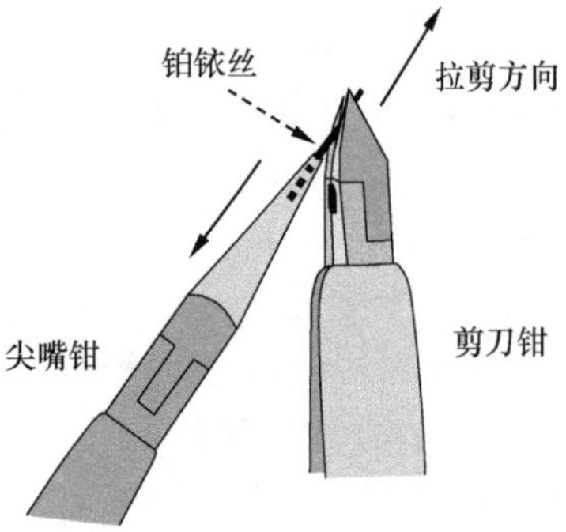

在STM实验中,针尖的好坏是决定实验成功与否的关键之一.目前常用的制作方式有两种:剪切法和电化学腐蚀法.剪切法主要用于材料较软的针尖的制作,如铂铱丝针尖.制作前,首先用酒精清洗所用钳子和剪子,然后根据需要剪取适当长度的铂铱丝(不同的仪器所需针尖长度有所不同),用钳子夹住铂铱丝一端,用剪刀轻轻地夹住另一端,接着握剪刀的手用劲既剪又拉把铂铱丝剪断,目的是剪成尽量尖的针尖(如图6.6.6所示).有关电化学腐蚀法请参考文献(吴思诚和王祖铨,2005).

图6.6.6　剪切法制作针尖

2. 针尖和样品的安装

对于不同的仪器,针尖和样品的安装方式可能不同,图6.6.7和图6.6.8分别给出了一种针尖和样品的安装方式.安装针尖时,首先用酒精清洗过的镊子夹住新制作的针尖,按照图6.6.7(a)所示的方式将针尖从侧面沿方向1放到针尖架上,然后将镊子的两个脚跨过固定针尖用的弹簧,沿图6.6.7(b)中方向2拨动针尖,使其落入针尖固定槽中即可.

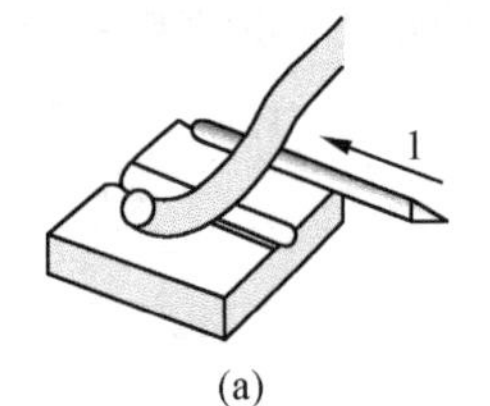

(a)　(b)

图6.6.7　针尖的安装

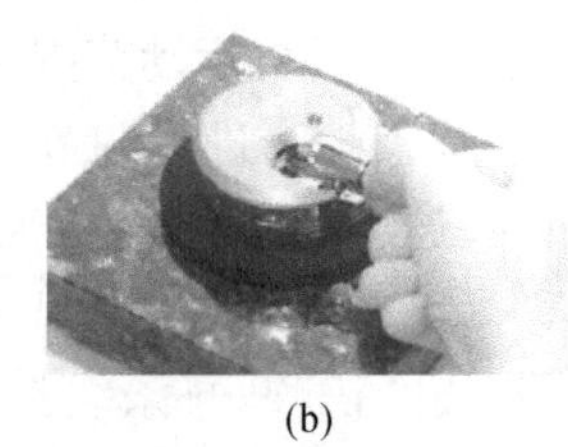

(a)　(b)

图6.6.8　样品的安装

安装样品时,首先一手拿住样品架,另一手用酒精清洗过的镊子夹住样品,按照图6.6.8(a)所示的方式把样品放到样品架上,靠样品架和样品托之间的磁力将样品固定在样品架上.然后按照图6.6.8(b)所示的方式把样品架轻轻地放到STM扫描头的滑槽上.接着轻轻地推动样品架,并用放大镜观察,直到样品与针尖的距离为0.5mm左右停下.

3. 参数的设定和实验操作

反馈电路参数的设定:设定恒流模式下的隧道电流(Set Point),一般在"0.5～1.0nA"范围内;设定针尖和样品间的偏压(Gap Voltage),一般在"50～100mV"范围.工作模式一般选恒流模式.

在开始扫描之前,使扫描范围达到最大,同时将Z-Range也调至最大.然后点击"马达控制"(或接近面板中)的"接近(Approach)",使针尖自动接近样品,当隧道电流等于设定的电流时,仪器自动开始扫描.

在扫描过程中要根据需要，分别调整扫描面板中的各参数，达到预期测量.

(1) 斜面校正：当“Rotation＝0”时，调整“X-方向斜率(Slope)”的大小，使扫描线为一水平线；改变“Rotation＝90”，调整“Y-方向斜率(Slope)”的大小，也使扫描线为一水平线.

(2) 扫描范围的调整：逐渐减小扫描范围(Scan Range)，同时也逐渐减小针尖运动范围(Z-Range). 针尖运动范围越小，图像分辨率越高，但要注意避免针尖与样品的碰撞. 另外一种常用的方法是利用“缩放”(Zoom)选定感兴趣的区域逐步缩小扫描范围.

(3) 扫描速度的调整：根据扫描范围的大小，改变每行的扫描时间(Time/Line)，扫描范围越大，扫描时间越长，反之亦然.

要特别注意在扫描结束后一定要通过“马达控制”加大样品和针尖之间的距离，以便取出样品.

4. 测量内容

(1) 观察金膜表面，测量金膜中一些金颗粒的大小.

(2) 测得石墨的原子分辨像，测量原子的间距和原子链之间的夹角等. 将测量结果与理论模型(如图 6.6.9 所示)进行对比.

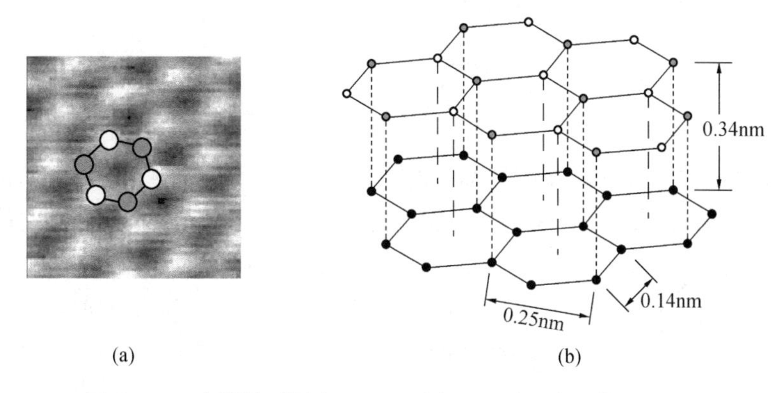

图 6.6.9　实测的石墨表面 STM 图(a)和石墨表面模型图(b)

5. 数据分析

可利用 STM 图像分析软件如“SPIP”(The Scanning Probe Image Processor)(见 http://www.imagemet.com)来分析所得的 STM 图，常用的图像分析与处理功能如下：

(1) 平滑：平滑的主要作用是使图像中的高低变化趋于平缓，消除数据点发生突变的情况.

(2) 滤波：滤波的基本作用是可将一系列数据中过高的削低、过低的添平. 因此，对于测量过程中由针尖抖动或其他扰动给图像带来的很多毛刺，采用滤波的方式可以大大消除.

(3) 傅里叶变换：快速傅里叶变换(FFT)对于研究原子图像的周期性很有效.

(4) 图像反转：将图像进行黑白反转，会带来意想不到的视觉效果.

(5) 数据统计：用统计学的方式对图像数据进行统计分析.

(6) 三维生成：根据扫描所得的表面型貌的二维图像，生成直观美丽的三维图像.

(7) 原子间距测量：获得原子之间的距离，对样品表面的原子结构进行定量分析.

大多数的软件中还提供很多其他功能,如原子链之间夹角的测量和台阶高度的测量等.综合运用各种数据处理手段,最终得到自己满意的图像.

四、思考与讨论

(1) 隧道电流的大小与哪些因素有关?

(2) 恒流和恒高模式各有什么特点?各用于什么情况?

(3) 为了得到清晰的图像,应注意哪些方面?

(4) 针尖的形状和大小对实验结果有什么影响?

(5) 隧道电流的大小应该在什么量级?针尖和样品之间所加的偏压在什么量级?估计针尖和样品间的电场强度在什么量级.

(6) 为了得到原子分辨的图像,扫描范围应在什么量级?扫描时间应该怎样相应地调整?

(7) STM 所测图像是否为真正的表面原子位置的排布?

(8) 高序石墨的原子排列为六角密排,6 个碳原子构成一个六边形,但实验结果只能显示出 3 个碳原子(参见图 6.6.9),为什么?

附　　录

从式(6.6.5),我们知道隧道电流强度与样品表面的局域态密度 $\rho(0,E_F)$ 成正比,那我们测得的 STM 图像究竟反映的是样品表面的什么东西?根据固体物理学,任何样品表面都有自己的局域态密度,由于电子遵从泡利不相容原理,电子在能量空间中的填充是从能量最低的态开始填起,直到所有的电子填完为止,这时最高的占据态所对应的能级即为费米能级.位于费米能级之上、下的态分别被称为空态、填充态(如图 6.6.10 所示).当在样品上加正偏压 V 时,针尖上的电子所获得的能量为 eV,这些电子将从针尖跑向样品填入样品的空态中,费米能级处空态的态密度越大,隧道电流强度就越大,此时 STM 图像中的相应点就明亮.这种在样品上加正偏压所测得的 STM 图像称为空态图.当在样品上加负偏压 V 时,样品中的电子所获得的能量为 eV,这些电子将从样品的填充态跑向针尖的空态中,费米能级处填充态的态密度越大,隧道电流强度就越大,此时 STM 图像中的相应点就明亮.这种在样品上加负偏压所测得的 STM 称为填充态图.

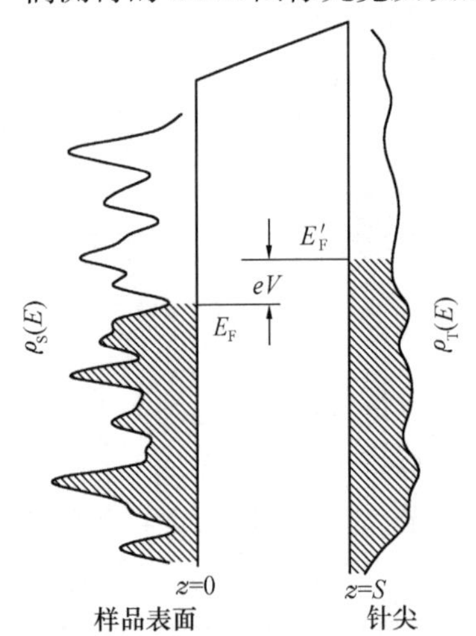

图 6.6.10　样品和针尖表面的局域态密度

Si(111)7×7 表面的 STM 图是一个很好的例子(如图 6.6.11 所示).图 6.6.10 中上部的 STM 图分别为在样品上加＋2V(a)、－0.35V(b)、－0.8V(c)、－1.8V(d)所得到的(Hamers et al.,1986).下部(e)和(f)分别为 Si(111)7×7 表面的顶视图和侧视图(Takayanagi et al.,1985;陈成钧,1996).从侧视图可以看出:12 个顶戴原子位置最高,其悬挂键电子态只被填充 30%;6 个静止原子的位置次高,其悬挂键电子态几乎填满;另外一个就是位于元胞角洞深处的中心原子,该原子的高度与其他表面原子相比低一个多原子层,其悬挂键电子态全部填满.

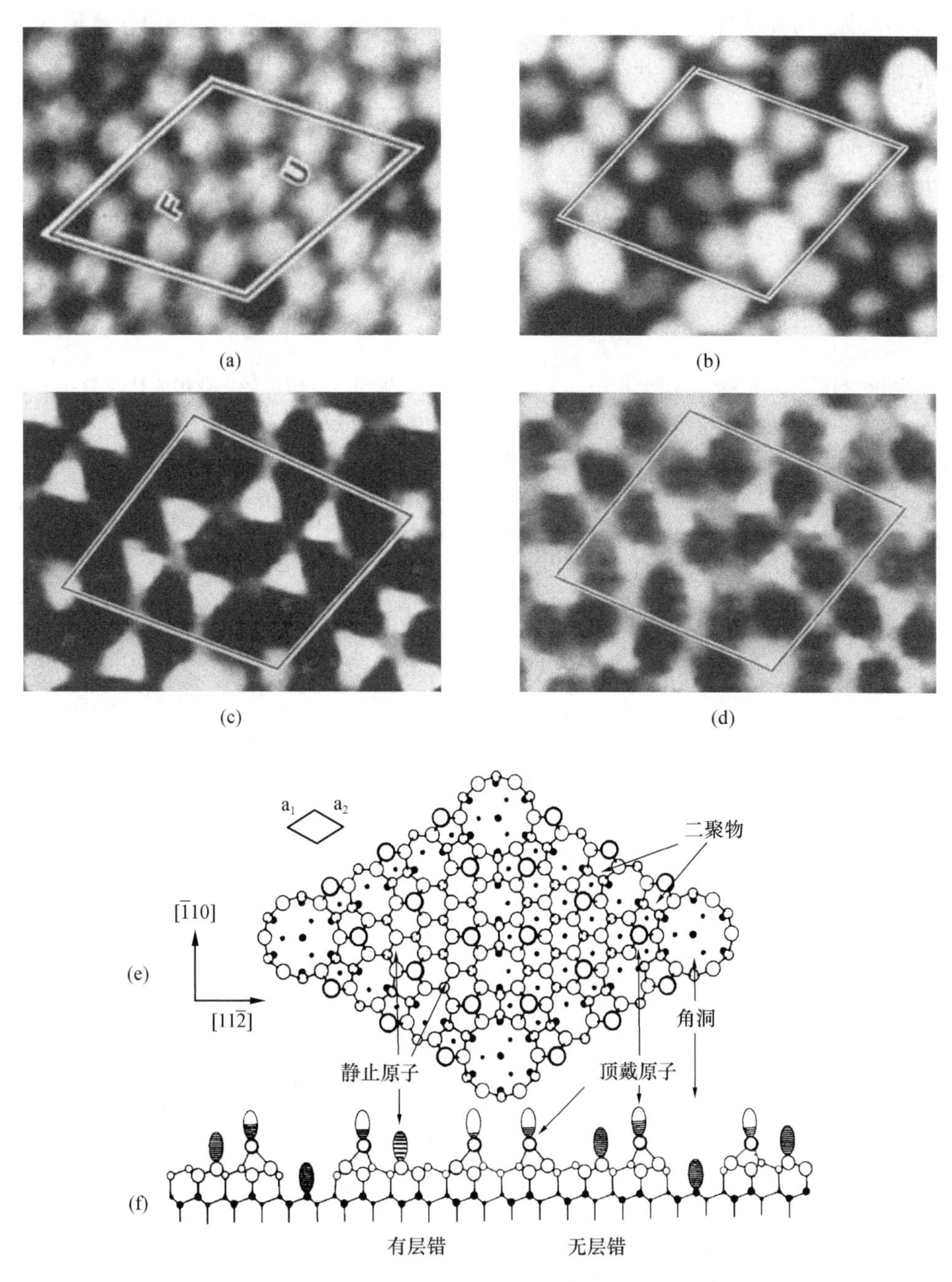

图 6.6.11　Si(111)7×7 表面结构的 STM 图[5]及其原子位置示意图[4,6]

由图 6.6.11(a)可以看出,当在样品上加+2V 的偏压时,隧道电流主要来自 12 个顶戴原子悬挂键电子态空态的贡献;由图 6.6.11(b)可以看出,当在样品上加−0.35V 的偏压时,隧道电流仍主要来自 12 个顶戴原子,但主要来自其悬挂键电子态填充态的贡献,此时的图像与图(a)相比可以看出,左边的 6 个原子的亮度不如右边的 6 个原子高,从而可以确定 Si(111)7×7 表面结构左右并不对称,左边有层错,而右边无层错;随着负偏压绝对值的增加,隧道电流主要来自静止原子和角洞深处中心原子的悬挂键的深能级电子填充态,尽管角洞深处中心原子的位置相对较低,但其悬挂键在样品表面的较深能级局域电子密度并不小,从而能在 STM 填充态图像中显现出来(如图 6.6.11(c)所示).随着负偏压绝对值进一步增加,位于深能级的原子间键合态电子密度对隧道电流的贡献起主要作用,从而出现图 6.6.11(d)那样的图像.由此看来,STM 图所反映的是表面局域电子态密度的大小,并不一定是原子高低的真实分布.

参考文献

陈成钧.1996.扫描隧道显微学引论.华中一,朱昂如,金晓峰,译.北京:中国轻工业出版社.

彭昌盛,宋少先,谷庆宝.2007.扫描探针显微技术理论与应用.北京:化学工业出版社.

吴思诚,王祖铨.2005.近代物理实验.北京:高等教育出版社.

周世勋.1979.量子力学教程.北京:高等教育出版社.

Hamers R J, Tromp R M, Demuth J E. 1986. Surface Electronic Structure of Si(111)-(7×7) Resolved in Real Space. Phys. Rev. Lett., (56):1972~1975.

Takayanagi K, Tanishiro Y, Takahashi S, et al. 1985. Structure-analysis of Si(111)-(7×7) Reconstructed Surface by Transmission Electron-diffraction. Surf. Sci., (164):367~392.

王福合　编

单元7 声　　学

7.1 超声探伤和超声速测量

机械波中，频率 f 在 20～20kHz 的波（人耳可以感觉到）称为声波. $f<20\text{Hz}$ 和 $f>20\text{kHz}$ 的机械波人耳不能感知，因此分别称为次声波和超声波. 超声波是一种频率很高的机械波. 超声波因频率高，衍射效应小，故能定向传播. 超声探伤，就是利用超声波的定向传播的特点和材料本身或其内部缺陷对超声波传播的影响，去探测材料的性质或其内部的缺陷. 超声探伤选用的频率一般在 MHz 量级. 超声探伤因不具有破坏性，灵敏度高，探测深度大，检测速度快，设备简单和对环境、人员无害等优点，现已广泛应用于工业、国防、医疗和科研等领域.

本实验目的，是了解超声探伤的物理基础，学习超声探伤的一些基本方法，并做超声波速度的相对测量.

一、实验原理

1. 超声波传播的基本特性

1）波和波型

一切波均可用波动方程对其进行描述. 波动方程可写为 $\zeta=a\sin(\omega t-kz)$ 或 $\zeta=a\sin[\omega(t-z/c)]$. 式中 ζ 表示振动的某一物理量，a 为振动量的振幅，ω 为角频率，t 为时间，z 为波传播方向的坐标，$k=2\pi/\lambda$ 为波数，λ 为波长，c 为波速. 对机械波，ζ 为质点对平衡位置的位移，位移量 ζ 的位移方向和传播方向（z 方向）平行的波，称为纵波，记为 L 波；位移量 ζ 的位移方向和传播方向（z 方向）垂直的波，则称为横波，记为 T 波.

2）超声波的反射、折射及其间的波型转变

如图 7.1.1 所示，当一窄束超声波入射到介质 1、2 的分界面上时，存在反射、折射及波型转变现象，这和光学中的反射、折射具有相似的规律，但光的传播不存在波型转变现象. 若用一个公式概括反射和折射规律，可写为

$$\frac{\sin\alpha_{1\text{U}}}{\sin\beta_{2\text{V}}}=\frac{c_{1\text{U}}}{c_{2\text{V}}} \tag{7.1.1}$$

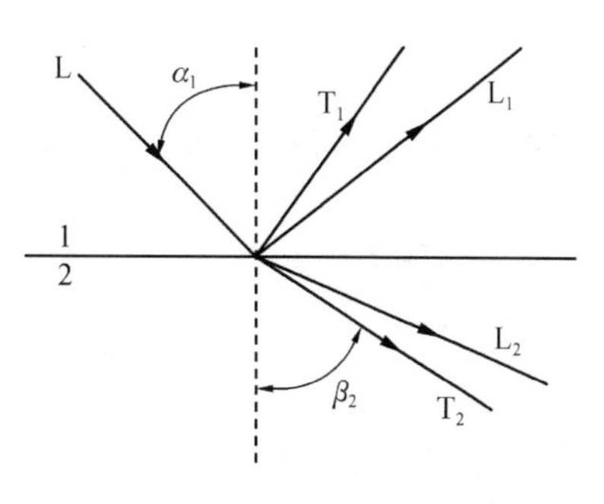

图 7.1.1　超声波的反射和折射

式中 α 表示入射角，β 表示折射角或反射角，下标中 1、2 表示介质 1、2，U 和 V 均可以是 L 或 T. 例如，U 是 L，V 是 T，则 $\sin\alpha_{1\text{L}}/\sin\beta_{2\text{T}}=c_{1\text{L}}/c_{2\text{T}}$ 表示的是纵波入射，折射出现的横波成分跟入射波的角度关系；若 $\beta_{2\text{T}}$ 换为 $\beta_{1\text{T}}$（反射角），则 $c_{2\text{T}}$ 换为 $c_{1\text{T}}$，由于 $c_{1\text{T}}\neq c_{1\text{L}}$，则 $\beta_{1\text{T}}\neq\alpha_{1\text{L}}$，就是说反射的横波成分，其反射角不等于入射纵波的入射角. 这是因为这里

有波型转变问题.值得注意的是,当声波倾斜入射到声速不同的两种介质分界面上时,L和T两种成分的反射波和折射波可以同时产生,但由于气体和液体不能传播机械横波,所以不是任何情况下反射波和折射波都有波型转变.

超声波也存在全反射现象.设入射波为L波,当$\beta_{2V}=90°$时,开始出现全反射,有$\sin\alpha_{1L}=c_{1L}/c_{2V}$.如V是L,记这时的临界角$\alpha_{1L}$为$\alpha_S$,则

$$\sin\alpha_S = c_{1L}/c_{2L} \tag{7.1.2}$$

如V是T,记这时的临界角α_{1L}为α_r,则

$$\sin\alpha_r = c_{1L}/c_{2T} \tag{7.1.3}$$

将式(7.1.2)除以式(7.1.3),且对于一般固体,有$c_L\approx 2c_T$,所以

$$\alpha_s < \alpha_r \tag{7.1.4}$$

可见,L波入射时,L波全反射临界角小于T波全反射临界角.故α_s、α_r分别叫第一、第二临界角.为保证探伤时一个入射界面只有一个透入信号,在用L波探伤时应垂直工件界面入射;L波入射,用T波探伤时,L波的入射角α应取$\alpha_s<\alpha<\alpha_r$.例如,有机玻璃(发射L波)对钢的界面,$28°<\alpha<58°$.

3) 超声场的特征量

充满超声波的空间称为超声场.超声场的特征量是声压、声强和声阻抗,声压对探伤是最重要的量.

声压p定义为场中某点某时刻的压强和无超声波时静态压强之差,声压p的单位为Pa.

4) 纵波声源的声场

(1) 点状源.不计介质散射和吸收的衰减,则液体声场中任一点的声压可用下式表示:

$$p(r) = p_0' \mathrm{d}S r^{-1}\sin(\omega t - kr) \tag{7.1.5}$$

式中dS为点源的面积,r为考察点到源的距离,p_0'是源单位面积产生的在离其单位距离处的声压.

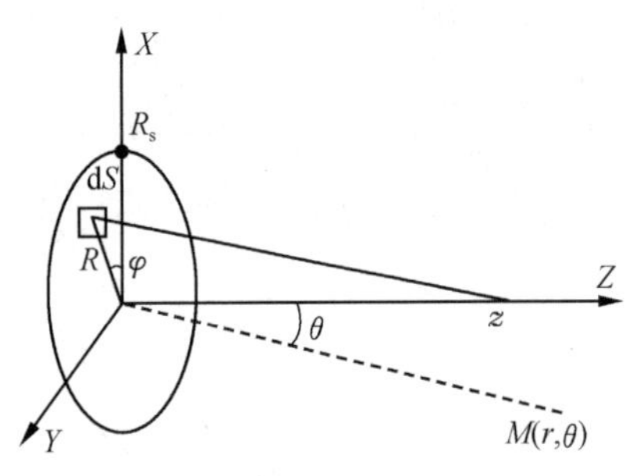

图 7.1.2 圆盘源轴上声压公式推导图

(2) 圆盘源.如图7.1.2所示,盘轴上与盘中心距离为z的点处的声压,考虑到液体中声压可线性叠加而不必考虑声压方向,根据式(7.1.5)有

$$p(z) = \int_0^{R_s}\int_0^{2\pi} \frac{p_0}{\sqrt{R^2+z^2}} \cdot \sin(\omega t - k\sqrt{R^2+z^2}) R\mathrm{d}R\mathrm{d}\varphi$$

式中R_s为圆盘源的半径,(R,φ)是盘面上点的极坐标.上式积分可得

$$p(z) = \left\{2p_0\sin\left[\frac{\pi}{\lambda}\left(\sqrt{R_s^2+z^2}-z\right)\right]\right\}\sin\left(\omega t - k\frac{\sqrt{R_s^2+z^2}+z}{2}\right) \tag{7.1.6}$$

式中$p_0=p_0'\lambda$,分析盘轴上各点的振幅:当$\sqrt{R_s^2+z^2}-z=n\lambda$时,$p=0$;当$\sqrt{R_s^2+z^2}-z=(2n+1)\dfrac{\lambda}{2}$时,$p=2p_0$;其他各点介于$0\sim 2p_0$. $\sqrt{R_s^2+z^2}-z$的值随z增大而减小.所以$\sqrt{R_s^2+z^2}-z=\dfrac{\lambda}{2}$是第一个极大,此后振幅随$z$增大而一直减小,记这点的$z$值为$N$,有

$\sqrt{R_s^2+N^2}-N=\frac{\lambda}{2}$，所以

$$N \approx \frac{R_s^2}{\lambda} \tag{7.1.7}$$

N 称为近场长度. 即在近场区附近，声压 p 随 z 的分布是振荡的. $z>3N$ 的区域称为远场区，远场区内声压 p 随 z 是单调下降的. 当 $z>3N$ 时，声压

$$p(z) \approx 2p_0\sin\left(\frac{\pi R_s^2}{2\lambda z}\right) \approx p_0\ \frac{\pi R_s^2}{\lambda z} \tag{7.1.8}$$

可见 $z>3N$ 时，$p(z)$随 z 的变化，跟点状源一样跟 z 成反比.

对于盘外点 $M(r,\theta)$，$r(r\gg N)$是 M 点到盘心的距离，θ 是 r 和轴 z 的夹角，则 $p(r,\theta)$是 r,θ 的复杂函数，推导较为烦琐. 然而，从圆孔衍射理论，可得声压第一极小值对应的角度 θ_0，称为第一发散角，且满足

$$\sin\theta_0 = 0.61\frac{\lambda}{R_s} \tag{7.1.9}$$

即超声波是限制在一定角度范围内呈发散状传播的，θ_0 与 R_s 有关. 定义 θ 方向的声压 $p(r,\theta)$ 与轴上点声压 $p(r,0)$之比为超声波的指向系数 $D(\theta)$，即

$$D(\theta) = p(r,\theta)/p(r,0) \tag{7.1.10}$$

在 θ_0 范围内，$D(\theta)$是关于 θ 的一个钟罩形函数. 由于超声波存在指向系数，因此超声探伤实验中应予于注意.

固体中声场与液体中声场有相似的结果.

5）压电换能器

压电材料有两种，一种为压电单晶，另一种为压电陶瓷. 经恰当切割得到的压电单晶片、陶瓷片，沿它的两个端面施加压力，在两端面会出现异号束缚电荷；若给两端施加电压，则端距会缩短或伸长，这就是正的和逆的压电效应. 用这样的切片，就可以制成超声探伤中的压电换能器(即探头).

6）标准试块

在超声探伤中常用到标准试块，用它可以校验探伤仪的水平线性、垂直线性，确定斜探头的发射点、折射角、指向系数等，从而为探伤提供依据.

7）超声衰减

除发散衰减外，还存在散射衰减和吸收衰减，即内摩擦衰减，它们会影响定量的准确性.

2. 超声探伤的方法

这里仅介绍纵波、横波接触脉冲反射探伤法. 探伤回答的问题是，伤痕在工件内什么位置？它有多大？是什么性质的(气泡、夹渣、层折)？

1）缺陷定位

如图 7.1.3 所示，探头直接接触工件，为使接触良好，可在探头与工件之间涂一薄层机油之类的耦合剂. 探伤仪输出的高频电脉冲，通过探头转换，变成等时间间隔地向工件发射的超声波脉冲. 在同步电路的控制下，扫描示波器的扫描电路同时开始实现 x 轴线性扫描，即 x 轴实际上为时间轴. Y 偏转由探头上的脉冲电压或其检波后的电压决定. 图 7.1.3(b)为示波器显示的某一探测的波形，波形中 T 为始波，是表面反射的超声波到达探头的声压

所对应的电压显示值,脉冲发射完毕,示波器显示的光点无 Y 偏转,等到超声波碰到缺陷反射回探头被接收时,经压电换能,在屏上对应显示出缺陷波 F,它的波高和探头上接收到的声压成正比,再过一段时间后,工件底面反射的超声波到达探头,屏上显示出对应的底波 B. 所以,y 轴实际上是声压轴. 如果缺陷波及底波到达探头的时间小于一个扫描周期,示波器屏上将依次出现这些波,而且下一个脉冲时,扫描和图形与上一次完全一样,图形重叠,即示波器屏上有稳定的波形图.

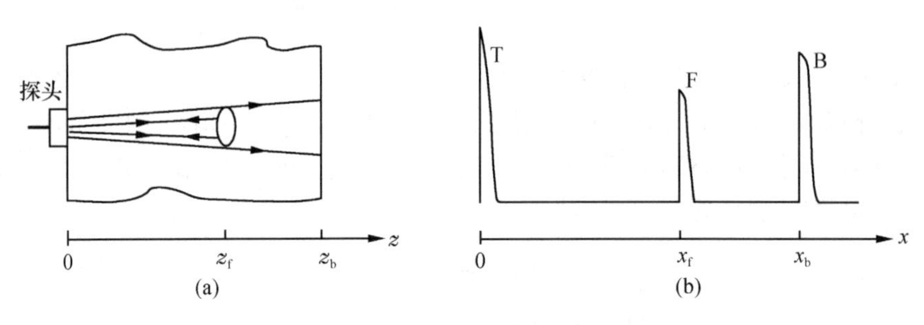

图 7.1.3　纵波探伤示意图

超声波从探头到反射体所经的路程称为声程. 声程和所用的时间成正比,故若将 x 轴标定成工件(如钢材)中的声程,则缺陷位置 z_f 可直接在 x 轴上读出. 将 x 轴标定成声程(或钢程)的过程叫扫描量程校准. 若 x 轴不标成声程,在工件厚度 z_b 已知时,可以从示波器屏上读出 F、B 相对 T 的位置坐标 x_f、x_b,然后由 $z_f=lx_f$,$z_b=lx_b$(式中 l 为比例系数),则缺陷的深度位置 z_f 可由下式计算:

$$z_f=\frac{z_b}{x_b}x_f \tag{7.1.11}$$

用探伤仪还可做超声波速度的相对测定. 如已知钢材中超声 L 波的速度为 c_1($c_1=5900\text{m}\cdot\text{s}^{-1}$),若厚度为 z_1 的钢材块底波位置为 x_1,则 $l=z_1/x_1$ 为示波器显示屏上 x 轴每格代表钢中声程的多少,在扫描量程已校准时,l 为已知. 现测得厚度为 z 的某介质对应的底波为 x,则对应钢中声程为 lx,由此可算出超声波返回探头的时间为 $\Delta t=2lx/c_1$,这一时间也就是超声波在被测介质中由表面传播至底面返回到探头所用的时间. 设超声波在此介质中的速度为 c,则有

$$c=\frac{2z}{\Delta t}=\frac{z}{lx}c_1 \tag{7.1.12}$$

2) 缺陷定量

缺陷定量问题较复杂,只有在若干理想假设的情况下,才能导出圆片形缺陷的波高 H_f、底波高 H_b 和探头起始声压对应的波高 H_0 的关系. 设缺陷面对正入射超声波束的半径为 R_f,在入射超声波辐照下,由波的衍射可知缺陷变成了一个新波源,缺陷波向探头方向传播,其近场长度为

$$N_f=\frac{R_f^2}{\lambda} \tag{7.1.13}$$

在离缺陷距离 $z_f>3N_f$ 处的缺陷波声压 p_f 为

$$p_f=\frac{p\pi R_f^2}{\lambda z_f} \tag{7.1.14}$$

圆片缺陷产生全反射时，缺陷起始声压就是入射波在缺陷处的声压

$$p = \frac{p_0 \pi R_s^2}{\lambda z_s} \tag{7.1.15}$$

单探头探伤时有 $z_f = z_s$，由式(7.1.14)和式(7.1.15)整理得

$$\frac{p_f}{p_0} = \frac{\pi^2 R_s^2 R_f^2}{\lambda^2 z_f^2} \tag{7.1.16}$$

由于波高与声压成正比，所以

$$\frac{H_f}{H_0} = \frac{\pi^2 R_s^2 R_f^2}{\lambda^2 z_f^2} \tag{7.1.17}$$

一般平滑的底面就可以看成超声波的镜面，距探头 z_b 的大底面的反射波在探头处的声压，等于距探头 $2z_b$ 处的声压，即 $p_b = p_0 \pi R_s^2/(2\lambda z_b)$，故

$$\frac{H_b}{H_0} = \frac{\pi R_s^2}{2\lambda z_b} \tag{7.1.18}$$

测出缺陷的波高、距离及起始声压波高，就可算出理想化缺陷的大小，即当量大小，但不一定等于缺陷的实际大小. 另一方面，将缺陷波高 H_f，跟无遮挡时的底波波高 H_b 比较，也可算出缺陷的当量大小. 由式(7.1.17)和式(7.1.18)相比取对数，用分贝表示为

$$V(\mathrm{dB}) = 20\lg(H_f/H_b) = 20\lg[2\pi z_b R_f^2/(\lambda z_f^2)] \tag{7.1.19}$$

调节探伤仪的衰减器，使底波波高 H_b 等于缺陷波高 H_f，相差的分贝数就是 V；而 z_f，z_b 可从屏的 x 轴读出，于是可以算出 $2R_f$.

当缺陷大于入射超声波束直径时，可以在工件上移动探头的位置，使缺陷波高降为其最大波高的一半，则探头从左侧的半波高位置移到右侧的半波高位置时，探头的移动量就是缺陷的大小，此方法称为半波高法.

上面叙述的是对直探头的探伤，对于斜探头探伤有类似的情况.

3) 缺陷定性

缺陷性质和工件从材料到成品的整个工艺过程有关，定性需要很多的经验，本实验中不进行讨论.

二、实验仪器装置

有超声探伤仪、实验试块等. A 型脉冲反射式超声探伤仪的框图如图 7.1.4 所示.

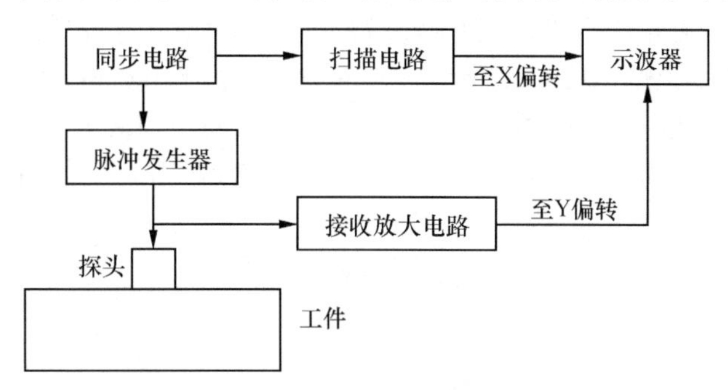

图 7.1.4 超声探伤仪框图

三、实 验 内 容

(1) 开机,熟悉仪器面板和各旋钮的作用及操作.

(2) 检查仪器的水平线性、垂直线性,确定斜探头的发射点、折射角,测试某探头超声波指向系数等.

(3) 若要将示波器 X 轴直接标成声程,请作扫描量程校准.

(4) 用直接探头对工件作探伤练习, 对缺陷定位定量, 用视图或立体图将缺陷表示出来.

(5) 依照步骤(4),用斜探头作探伤练习.

(6) 用相对方法,测定超声波在有机玻璃、水、变压器油、铝、钢等介质中的速度.

*(7) 在盛有水的玻璃槽内放入超声探头,调节水槽高度使之产生驻波,由此得到的超声光栅使入射光在屏上形成明暗条纹. 使水槽缓慢上升或下降 $\lambda/2$,可使条纹由清晰经过模糊再变清晰. 测出频率和相邻两次出现清晰条纹改变的距离,即可测出超声波在水中传播的速度.

四、思考与讨论

(1) 纵波超声波入射界面会出现哪些现象?

(2) 缺陷定量有哪几种方法? 各方法如何进行?

(3) 声程是几何距离吗? 为什么?

参 考 文 献

《超声波探伤》编写组. 1985. 超声波探伤. 北京:水利电力出版社.

胡建恺,张谦琳. 1993. 超声检测原理和方法. 合肥:中国科学技术大学出版社.

熊小华　刘忠民　高长连　编

7.2　噪声测量和频谱分析

噪声通常对人产生一种不愉快的具有刺激性的影响. 凡是人们不愿意听到的各种声音都属于噪声,它来源于工厂生产、建筑工地施工、交通运输工具、各种设备的振动和社会生活中所产生的各种干扰周围生活环境的声音.

对这些噪声进行测量和分析,有利于针对各类噪声的特点进行综合治理,也是制定相应科学管理法规的基本技术手段. 环境噪声一般可分为稳态噪声和动态噪声两大类,测量技术主要有计权测定和频谱分析. 本实验的目的是通过实际操作和数据处理了解噪声测量和频谱分析的基本原理,掌握常用测量方法,以及学会正确使用一些现代的有关仪器.

一、实 验 原 理

1. 声压

由声波引起的压强变化称为声压,记作 p,单位是帕(Pa)或微帕(μPa),1Pa=10μPa,声压与大气压相比是很小的，喷气机起飞时的声压仅是一个标准大气压的千分之二. 人们正常说话时，离开嘴唇 0.5m 处的声压约是 1μPa，0.0002μPa 则是人耳听到的最低声压，人耳可听到 0.0002～200μPa 的声压范围.

2. 声压级

由于人耳可以听到的声压范围非常大，用声压来表示和计算都不方便。另外，人耳对声音大小即响度的感觉不与声压值成正比，而是近似地与它们的对数值成正比，为了能比较准确地反映声压对人耳的实际效果，也为了方便计算，人们引用声压的相对大小称之为声压级来表示声压的强弱并用对数的标度来表示，以分贝(dB)为单位的声压级用下式表示：

$$L_P = 20\lg\frac{p}{p_0} \quad (\mathrm{dB}) \tag{7.2.1}$$

式中 p_0 为基准声压，在空气中取 $p_0=0.0002\mu\mathrm{Pa}$，其声压级为 0dB，即人耳最低可闻阈.

3. 计权声级

大量测试结果表明，人耳对 1000～4000Hz 的声音最敏感. 当声音的频率低于 1000Hz 时，人耳听觉的灵敏度随频率降低而降低；高于 4000Hz 时，人耳的听觉灵敏度也逐渐下降. 为了使声压级的测试结果更正确地反映人耳的感觉特性，人们设计了一种特殊滤波器，叫计权网络 A、B、C、D 等，插入计权网络测得噪声声压级，已不再是客观物理量的声压级，而称为计权声级. 如果插入 A 计权网络测得噪声的声压为 60dB，那么这个噪声的 A 声级是 60dB，可直接成 60dB(A). 表 7.2.1 是几种计权网络在某些频点上的幅频修正量. 在各种计权网络中，A 计权比较逼近普通噪声环境中人耳对不同频率声音的敏感程度，因此目前在噪声测量中经常使用 A 声级来表示噪声的强弱.

表 7.2.1　频率计权特性

标称频率/Hz	A计权	B计权	C计权	D计权
20	−50.0	−24.2	−6.2	−20.6
31.5	−39.4	−17.1	−3.0	−16.7
63	−26.2	−9.3	−0.8	−10.9
125	−16.1	−4.2	−0.2	−5.5
250	−8.6	−1.3	−0.0	−1.6
500	−3.2	−0.3	−0.0	−0.3
1 000	0	0	0	0
2 000	+1.2	−0.1	−0.2	+7.9
4 000	+1.0	−0.7	−0.8	+11.1
8 000	−1.1	−2.9	−3.0	+5.5
16 000	−6.6	−8.4	−8.5	−0.7
20 000	−9.3	−11.1	−11.2	−2.7

4. 稳态噪声测量

固定机械设备如空调、电钻、砂轮机、车床等发出的噪声强度随时间起伏不大，这类噪声称为稳态噪声. 稳态噪声的强度可用等效(连续)声级 L_{eq} 表示,L_{eq} 是在某规定时间内计权声级的能量平均值,可由下式求出:

$$L_{eq} = 10\lg\left(\frac{1}{T}\int_0^T 10^{0.1L_{PA}}\, dt\right) \tag{7.2.2}$$

式中 L_{PA} 为某时刻的瞬时计权声级,T 为规定的测量时间. 当测量是以等间隔时间 Δt 采样时,上式可表示为

$$L_{eq} = 10\lg\left(\frac{1}{n}\sum_{i=1}^{n} 10^{0.1L_{PAi}}\right) \tag{7.2.3}$$

式中 n 为在规定的时间 T 内的采样总数,$n=T/\Delta t$;L_{PAi} 为第 i 个瞬时计权声级.

使用普通声级计测定等效声级的一般方法是在 T 时间内先测量多个声级值 $L_{PAi}(i=1,2,3,\cdots,n)$,然后由式(7.2.3)计算得到 T 时间内的等效声级 L_{eq}.

标准偏差 S 表示为

$$S = \sqrt{\frac{1}{n-1}\sum_{i=1}^{n}(\overline{L_{PA}} - L_{PAi})^2} \tag{7.2.4}$$

$\overline{L_{PA}}$ 为全部被测计权声级的算术平均值,即

$$\overline{L_{PA}} = \frac{1}{n}\sum_{i=1}^{n} L_{PAi} \tag{7.2.5}$$

5. 动态噪声的测量

公路中交通噪声的强度起伏变化较大,是典型的动态噪声,交通噪声的测量点一般选在道路的两侧,按照有关的规定,测量时传声器距地面 1.2m,距声源和围墙 1m 以外,在规定的时间 T 内,等时间间隔 Δt 测量 100 个瞬时计权声级,将这些数据按从大到小的顺序排列,第 N 个声级的值就作累积百分声级 L_N.

在累积百分声级中,L_{10} 表示噪声的平均峰值,L_{50} 表示噪声的平均值,L_{90} 表示噪声的背景值,动态噪声的等效声级可以从式(7.2.3)得到.

6. 噪声的频谱分析

通过对噪声的频谱分析,可以看出噪声能量主要集中在那些频段和频点上,从而有助于在噪声控制中进行有效的设计施工. 测试分析噪声的频率成分可采用滤波器和音频分析仪. 滤波器有倍频程和三分之一倍频程滤波器. 倍频程是指一段从 $0.707f$ 至 $1.414f$ 的频带. 它使频带内的信号尽量保持平直的同时频带外的信号尽量得到衰减. 三分之一倍频程滤波器是较为精细一档的频带分析器,它的频带是 $0.89f$ 至 $1.12f$. 而音频分析仪是更专用的音频分析工具,利用其 FFT 功能可以对噪声信号进行极其精细的等带宽频谱分析. 在噪声测量中,将滤波器插入声级计,就可以对噪声信号进行频率成分分析,而采用音频分析仪时,可把声级计的交流输出接口与音频分析仪的输入接口相接,即可进行精细的频谱分析.

二、实验仪器装置

噪声测量中最基本的仪器就是声级计,通常它由标准测量电容式传声器 M、前置级、衰

减器、放大器、频率计权网络以及有效值指示表等组成，如图 7.2.1 所示.

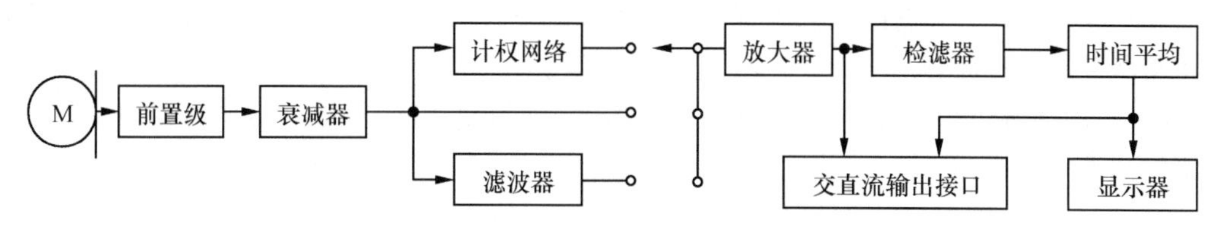

图 7.2.1 声级计的基本结构

声级计的工作原理是：由传声器将声音转换成电信号再由前置级变换阻抗，使传声器与前置级匹配，再由衰减器选择合适量程，信号根据需要选择计权网络、线性直通或外接滤波器，然后经放大器将信号电平提高到一定的幅值，送到有效值检滤器，在显示器上给出噪声声级的数值. 时间平均一般分两挡：快挡(F)指数平均时间 0.125s；慢挡(S)指数平均时间 1s. 一般声级计还可以直接设定取样平均时间，自动连续测量，存储指定信息以及配备与计算机的对话接口等.

根据精度和功能的差别，声级计分为 0 型、1 型、2 型和 3 型. 0 型为基准级，1 型为精密级，2 型为工程级，3 型为普查级.

结合频谱分析测试可选用倍频程、三分之一倍频程滤波器和音频分析仪，对噪声的频谱成分进行测量分析.

三、实验内容

1. 了解有关仪器的使用

参照仪器使用说明书，熟识仪器面板上各个开关的作用和使用注意事项，检查系统连接方法是否正确. 如果声级计尚未校准，应在教师指导下用专用校准器仔细校准标准值. 滤波器、音频分析仪的使用应仔细阅读使用说明书.

注意 声级计传声器的膜片厚度只有 5μm，使用时必须轻拿轻放，绝对避免撞击.

2. 实验测量

(1) 在实验室中用声级计测量稳态噪声值. 选取实验室中 4 个角点和中点共 5 个测试位置，开启噪声源测 5 次 A 声级，关闭噪声源测 5 次背景 A 声级. 共计 50 个数据，计算每个测点上的开机噪声等效 A 声级 L_N，背景等效 A 声级 L_B，噪声声源贡献的等效 A 声级 L_s，以及中点测试位置开机噪声标准偏差 S 值. 实际噪声声源贡献的等效 A 声级 L_s，应该是从开机噪声的能量中减去背景噪声的能量，即

$$10^{0.1L_S} = 10^{0.1L_N} - 10^{0.1L_B} \tag{7.2.6}$$

(2) 动态噪声测量. 在公路边上按有关规定将声级计安装在三脚架上，等时间间隔测 100 个 A 声级数据，找出 L_{10}、L_{50}、L_{90}的值，再按式(7.2.3)计算等效 A 声级.

*3. 进一步实验

(1) 采用倍频程或三分之一倍频程滤波器插入声级计，在稳态噪声源周围选 1 个测试

点,按滤波器的每个频带处测量等效噪声 A 声级 L_{eq}.并在直角坐标系作出频点声级图.

(2) 将声级计交流输出接入音频分析仪中,音频分析仪处于 FFT 工作状态,直接测量稳态噪声源的频率成分.

(3) 利用音频分析仪,对滤波器的性能进行分析测试,可测量滤波器的频带宽度、Q 值、谐波失真等电性指标.

四、思考与讨论

(1) 什么是计权声级、背景声级和累积百分声级?

(2) 在稳态噪声源附近某一点的开机噪声为 80.0dB,关机背景噪声为 79.0dB,计算开机噪声源实际贡献噪声值有多大.

(3) 倍频程和三分之一倍频程滤波器有哪些特点?

(4) 测量噪声能量的频率分布有何作用?

参 考 文 献

林木欣. 1999. 近代物理实验教程. 北京:科学出版社.
马大猷,沈嶸. 1983. 声学手册. 北京:科学出版社.

张　诚　编

单元8　微波技术

8.0　微波基本知识

一、微波及其特点

微波通常是指波长范围为 1mm 至 1m，即频率范围为 300GHz 至 300MHz 的电磁波. 根据波长的差异还可以将微波分为米波、分米波、厘米波和毫米波. 不同范围的电磁波既有其相同的特性，又有各自不同的特点，下面对微波的特点作简要介绍.

(1) 微波的波长很短，其波长比建筑物、飞机、船舶等的几何尺寸要小得多. 因此，微波与几何光学中光传输的特点很接近，具有直线传播的性质. 利用这个特点可制成方向性极强的天线、雷达等.

(2) 微波的频率很高，其电磁振荡周期短到跟电子管中电子在电极间渡越所经历的时间可以相比拟，因此，普通的电子管已经不能用作微波振荡器、放大器和检波器，必须采用原理上完全不相同的微波电子管(速调管、磁控管、行波管等)来代替. 另外，微波传输线、微波元器件和微波测量设备的线度与波长有相近的数量级，因此分立的电阻器、电容器、电感器等已不适用于微波段，必须采用原理上完全不同的微波元器件.

(3) 微波段在研究方法上不像低频无线电那样去研究电路中的电压和电流，而是研究微波系统中的电磁场，以波长、功率、驻波系数等作为基本测量参量.

(4) 许多原子、分子能级间跃迁辐射或吸收的电磁波的波长正好处在微波波段，人们利用这一特点去研究原子、原子核和分子的结构，发展了微波波谱学、量子无线电物理等尖端学科，以及研究低噪声的量子放大器和极为准确的原子、分子频率标准.

(5) 某些波段的微波能畅通无阻地穿过地球上空的电离层，因此，微波为宇宙通信、导航、定位以及射电天文学的研究和发展提供了广阔的前景.

由此可见，在微波波段，不论处理问题时所用的概念、方法，还是微波系统的原理结构，都与普通无线电不同. 微波实验是近代物理实验的重要组成部分之一.

微波技术的应用十分广泛，已经深入到国防军事(雷达、导弹、导航)，国民经济(移动通信、卫星通信、微波遥感、工业干燥)，科学研究(射电天文学、微波波谱学、量子电子学、微波气象学)，医疗卫生(肿瘤微波热疗、微波手术刀)，以及家庭生活(微波炉)等各个领域，正在成为日常生活和尖端科学发展所不可缺少的一门现代技术.

二、常用的微波振荡源

1. 反射速调管振荡器

反射速调管振荡器由反射速调管、稳压电源和高频结构三部分组成，核心部分是反射速调管.

反射速调管的结构如图 8.0.1 所示,它由阴极、反射极和栅极(谐振腔)三部分组成.阴极发射电子;栅极相对阴极成正电势,用来加速电子;反射极相对栅极为负电势,反射极与栅极之间的空间称为反射空间.微波段的电磁振荡在栅极的谐振腔中产生,产生的微波功率由耦合环经同轴线输出到波导传输线.

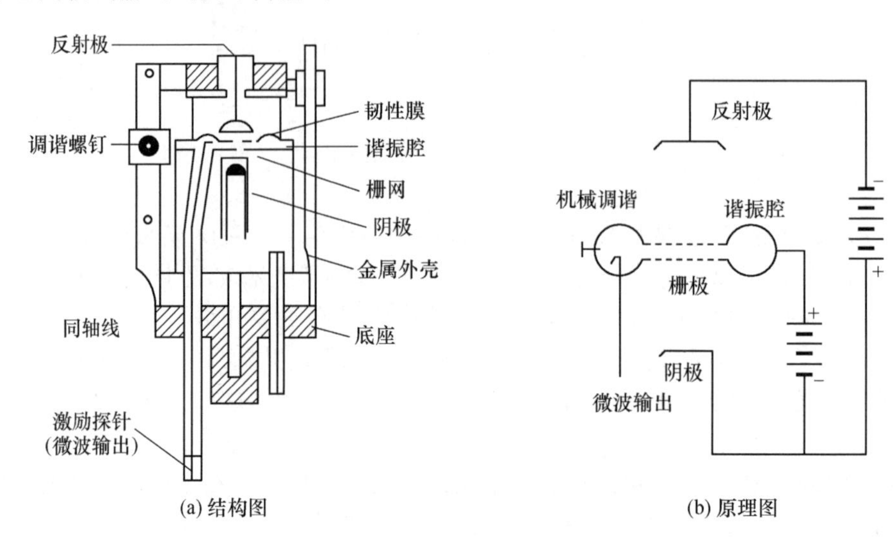

图 8.0.1　反射速调管示意图

反射速调管的基本工作原理:从阴极飞出的电子被栅极(谐振腔)上的正电压 V_0 加速,电子在栅极电场的作用下经栅网飞入谐振腔,在上下栅网间的腔中激起感应电流脉冲,电流脉冲中与谐振腔固有频率相同的分量使谐振腔产生电磁振荡,在两个栅网之间形成一个微弱的微波电场.这个交变电场对经过的电子流起调速的作用,即在正半周它对电子流起加速作用,微波电场将能量传给电子;在负半周它对电子流起减速作用,微波场从电子中取得能量,电子与场的相互作用使得穿越栅网的电子速度受到微波电场的调制.

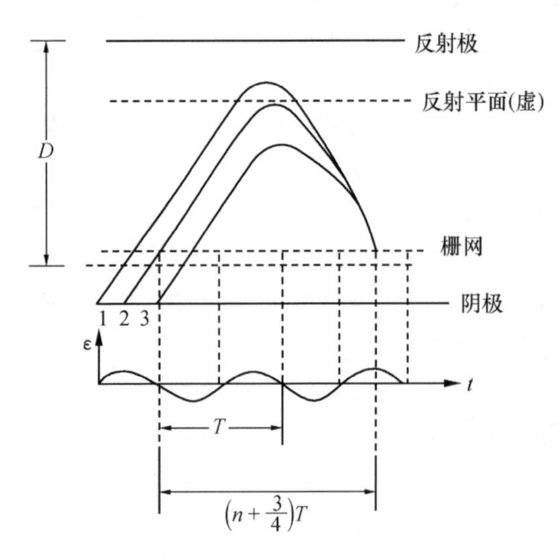

图 8.0.2　电子群聚过程

经过速度调制的电子流进入反射空间后,受到反射极电场的作用返回谐振腔.速度大的电子在反射空间飞越较长的时间和距离后才返回栅网,而速度小的电子返回栅网的时间和距离都较短.选择适当的反射极电压,可使得速度不等的电子同时返回栅极,形成一团团的电子流,这种现象称为电子的群聚.如图 8.0.2 所示,将电子离开栅网至回到栅网所需的时间取作渡越时间 τ,则群聚中心电子流的渡越时间为

$$\tau=\frac{4D\sqrt{mV_0/(2e)}}{V_0+|V_R|}\tag{8.0.1}$$

式中 D 为上栅网与反射极之间的距离,m 为电子质量,e 为电子电量,V_0 为谐振腔电压,

V_R 为反射极电压;适当选择 V_0、V_R 和 D,就有可能做到当微波电场为最大时,密集的电子流正好折回到栅网,且此时返回栅极的电子流受到微波电场的最大减速,使得谐振腔从运动电子取得的能量最大. 可以证明,渡越时间 τ 与微波振荡周期 T 之间满足

$$\tau = (n + 3/4)T, \quad n = 1,2,3,\cdots \tag{8.0.2}$$

即微波振荡频率满足

$$\frac{4D\sqrt{mV_0/(2e)}}{V_0 + |V_R|}f = n + 3/4 \tag{8.0.3}$$

时,电子电流给出的功率最大,这一条件相当于振荡的相位条件.

满足了相位条件,只说明振荡可能产生. 如果电子流太小,由电子流传输给微波电场的功率不足以克服谐振腔和负载中的损耗,振荡也不会发生. 要使振荡发生,还需要满足幅值条件:使电子流大于某一个最小值 i_0(称为起始电流),即

$$i > i_0 \tag{8.0.4}$$

当相位和幅值两个条件都满足时,谐振腔中才可能有稳定的微波振荡.

在实验中,若将反射速调管的其他各极电压固定,而将反射极电压逐渐增大,可以观察到如图 8.0.3 所示的所谓反射速调管的特性曲线,其特点为:

(1) 反射速调管并不是在任意的反射极电压下都能发生振荡,只在某些特定的反射极电压值才能振荡,每一个有振荡输出功率的区域,叫作反射速调管的振荡模.

(2) 对每一个振荡模,当反射极电压 V_R 变化时,速调管的输出功率 P 和振荡频率都将随之变化. 在振荡模中心的反射极电压上,输出功率最大,且输出功率 P 和振荡频率 f 随反射极电压的变化也比较缓慢.

(3) 输出功率最大的振荡模叫作最佳振荡模,为使速调管具有最大输出功率和稳定的工作频率,通常使速调管工作在最佳振荡模的中心反射极电压上.

(4) 各个振荡模中心频率相同,通常称之为反射速调管的工作频率.

反射速调管的振荡频率可以在一定范围内调节,调节反射速调管的振荡频率有两种方法:一种是机械调谐,即通过缓慢旋转速调管调谐螺钉改变谐振腔的大小来实现频率的变化,这种方法可获得较大范围的频率调节;另一种是电子调谐,即通过改变反射极电压来实现频率的变化,这种方法的频率变化范围较小,优点是可通过外加调制电压,进行小范围的扫频.

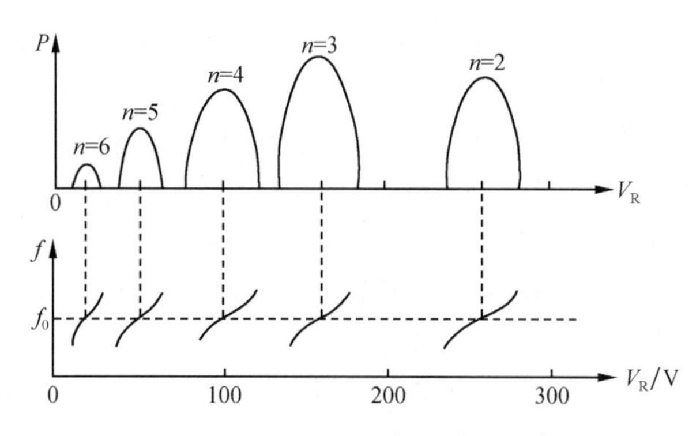

图 8.0.3 反射速调管的功率和频率特性

反射速调管一般有三种工作状态:连续振荡状态、方波(或矩形波脉冲)调幅状态、锯齿波(或正弦波)调频状态. 如图 8.0.4 所示.

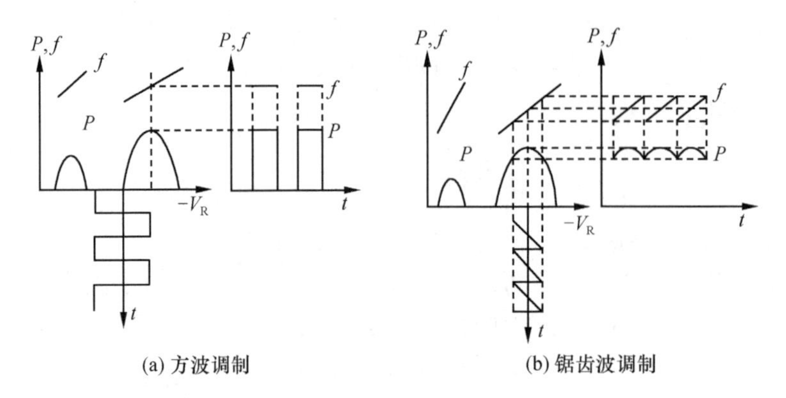

图 8.0.4　反射速调管的调制特性

连续振荡状态就是在反射极不加任何调制电压时,反射速调管处于某一振荡点反射极电压(通常调至对应最佳振荡模的最大功率输出处)时的工作状态. 用方波调幅时,为了获得纯粹的幅度调制,调制电压应为严格的方波,且要选择合适的反射极电压的直流工作点使得调制电压波形的其中一个半周处在两个振荡模的不振荡区域内,而另一个半周使速调管处在振荡模的功率最大点. 在用锯齿波调频时,反射极电压的直流工作点应选择在某一振荡模的功率最大点,当锯齿波的幅度比振荡模的宽度小得多时,可得到近似线性的调频信号输出且附加的调幅很小.

2. 耿氏(Gunn)二极管振荡器

教学实验室常用的微波振荡器除了反射速调管振荡器外,还有耿氏(或称体效应)二极管振荡器,也称之为固态源.

耿氏二极管振荡器的核心是耿氏二极管,耿氏二极管主要是基于 n 型砷化镓的导带双谷——高能谷和低能谷结构. 1963 年,耿氏在实验中观察到:在 n 型砷化镓样品的两端加上直流电压,当电压较小时,样品电流随电压增高而增大;当电压 V 超过某一临界值 V_{th}后,随电压增高电流反而减小(这种随电场的增加电流下降的现象称为负阻效应);电压继续增大($V>V_b$),则电流趋向饱和(如图 8.0.5 所示),这说明 n 型砷化镓样品具有负阻特性.

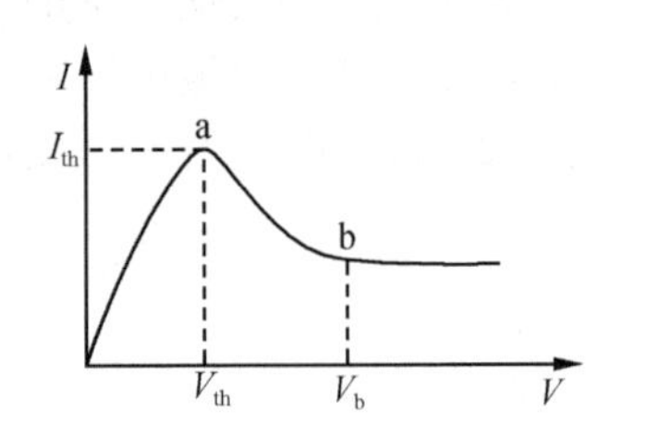

图 8.0.5　耿氏管的电流-电压特性

砷化镓的负阻特性可用半导体能带理论解释:如图 8.0.6 所示,砷化镓是一种多能谷材料,其中具有最低能量的主谷和能量较高的临近子谷具有不同的性质. 当电子处于主谷时,有效质量 m^* 较小,则迁移率 μ 较高;当电子处于子谷时,有效质量 m^* 较大,则迁移率 μ 较低. 在常温且无外加电场时,大部分电子处于电子迁移率高而有效质量低的主谷,随着外加电场的增加,电子平均漂移速度也增加;当外加电场足够使得主谷的电子能量增加至 0.36eV 时,部分电子转移到子谷,在那里迁移率低而有效质量较大,这使得随着外加电压的增大,电子的平均漂移速度反而减小.

图 8.0.7 所示为一耿氏二极管示意图，在管两端加电压，当管内电场 E 略大于 E_T（E_T 为负阻效应起始电场强度）时，由于管内局部电量的不均匀涨落（通常在阴极附近），在阴极端开始生成电荷的偶极畴；偶极畴的形成增加了畴内电场而使畴外电场下降，从而进一步使畴内的电子转入高能谷，直至畴内电子全部进入高能谷，畴不再长大. 此后，偶极畴在外电场作用下以饱和漂移速度向阳极移动直至消失. 而后整个电场重新上升，再次重复相同的过程，周而复始地产生畴的建立、移动和消失，构成电流的周期性振荡，形成一连串很窄的电流，这就是耿氏二极管的振荡原理.

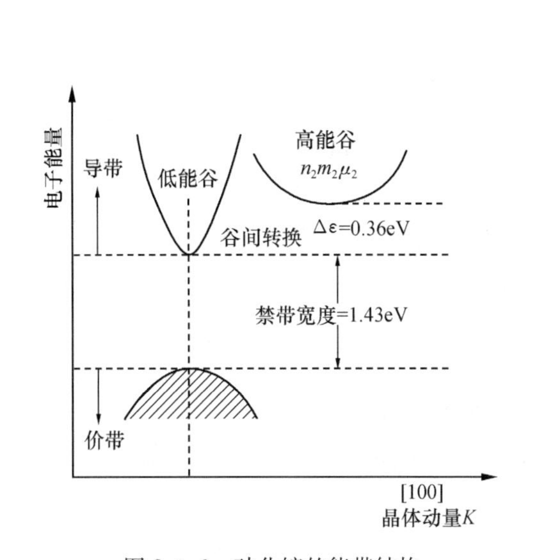

图 8.0.6　砷化镓的能带结构

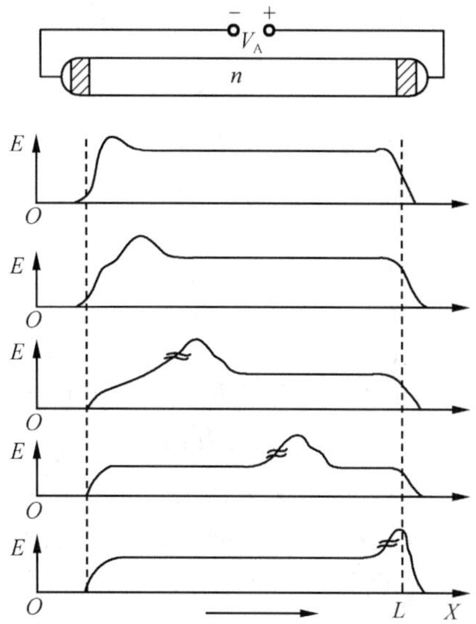

图 8.0.7　耿氏二极管中畴的形成、传播和消失过程

耿氏二极管的工作频率主要由偶极畴的渡越时间决定. 实际应用中，一般将耿氏管装在金属谐振腔中做成振荡器，通过改变腔体内的机械调谐装置可在一定范围内改变耿氏振荡器的工作频率.

三、微波传输线

1. 概述

常用的微波传输线有同轴传输线、波导传输线、微带传输线等. 由于辐射损耗、介质损耗、承受功率和击穿电压等的影响，同轴线和微带线的使用受到一定的限制，而波导传输线由于无辐射损耗和外界干扰、结构简单、击穿强度高等特点，在微波段得到了广泛的应用.

传输线中某一种确定的电磁场分布称为波型，通常用 TEM、TE 或 TM 表示. 同轴线、微带线中传输的基本波型是 TEM 波（横电磁波），而波导中传输的却是 TE 波（横电波）或 TM 波（横磁波）. 选择合适的坐标系并将麦克斯韦方程组用于波导管就可求得波导管中的电磁场各分量. 实际应用中通常是将波导管设计成只能传输单一波型. 矩形波导中的 TE_{10} 波由于具有可单模传输、频带宽、损耗低、模式简单稳定、易于激励和耦合等优点，成为应用最广泛的一种波型.

2. 矩形波导管中的 TE_{10} 波

矩形波导管是一个横截面为矩形 $a\times b$ 的均匀、无耗波导管,如图 8.0.8 所示. 实验室常用的 X 波段波导管,宽边 $a=22.86$mm,窄边 $b=10.16$mm. 设矩形波导管内壁为理想导体且波导管沿 z 轴方向为无限长,根据麦克斯韦方程可得矩形波导管中 TE_{10} 波的各电磁场分量为

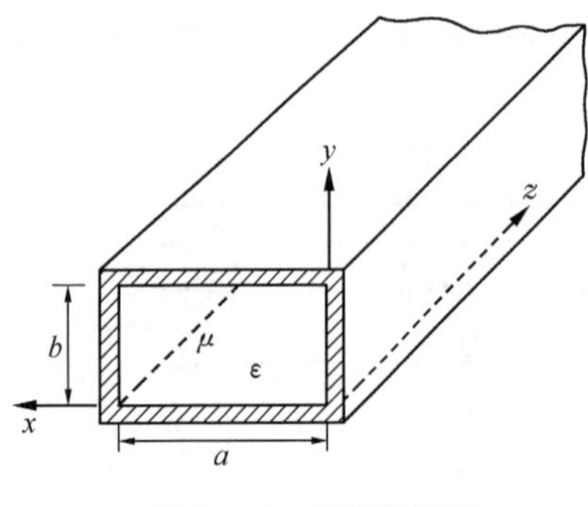

图 8.0.8　矩形波导管

$$\left.\begin{aligned}
&E_y=E_0\sin\left(\frac{\pi x}{a}\right)e^{j(\omega t-\beta z)}\\
&E_x=E_z=0\\
&H_x=\frac{-\beta}{\omega\mu}E_0\sin\left(\frac{\pi x}{a}\right)e^{j(\omega t-\beta z)}\\
&H_z=j\frac{\pi}{\omega\mu^2 a}E_0\cos\left(\frac{\pi x}{a}\right)e^{j(\omega t-\beta z)}\\
&H_y=0
\end{aligned}\right\}\tag{8.0.5}$$

相应的电磁场结构如图 8.0.9 所示,它具有以下特性:

(1) $E_z=0,H_z\neq 0$,电场在 z 方向无分量,为横电波.

(2) 电磁场沿 x 方向为一个驻立半波,沿 y 方向为均匀分布.

(3) 电磁场沿 z 方向为行波状态. 在该方向,电磁场分量 E_y 与 H_x 的分布规律相同,与 H_z 的相位则相差 $\pi/2$.

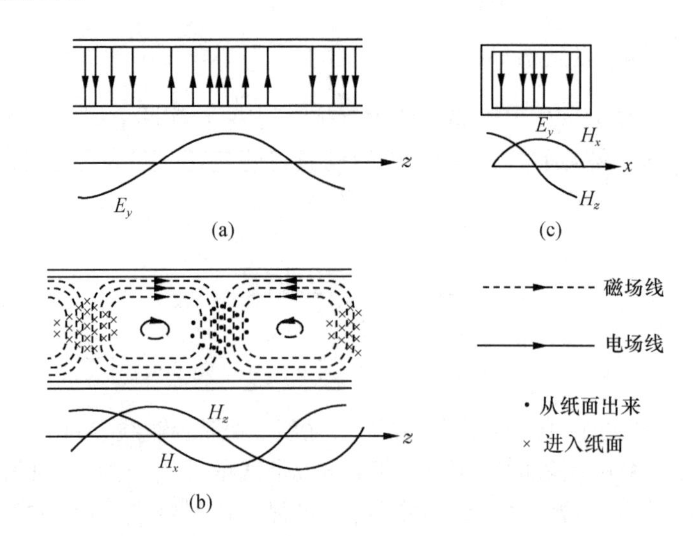

图 8.0.9　TE_{10} 波的电磁场结构

3. 传输线的特性参量与工作状态

在波导中常用相移常数、波导波长、驻波系数等特性参量来描述波导中的传输特征,对于矩形波导中的 TE_{10} 波

$$\left.\begin{aligned}
&\text{自由空间波长} && \lambda = c/f \\
&\text{截止(临界)波长} && \lambda_c = 2a \\
&\text{波导波长} && \lambda_g = \lambda/\sqrt{1-(\lambda/\lambda_c)^2} \\
&\text{相移常数} && \beta = 2\pi/\lambda_g \\
&\text{反射系数} && \Gamma = E_{\text{反}}/E_{\text{入}} \\
&\text{驻波比} && \rho = E_{\max}/E_{\min}
\end{aligned}\right\} \tag{8.0.6}$$

由此可见,微波在波导中传输时,存在着一个截止波长 λ_c,波导中只能传输 $\lambda<\lambda_c$ 的电磁波. 波导波长 $\lambda_g>$自由空间波长 λ.

在实际情况中,传输线并非是无限长,此时传输线中的电磁波由入射波与反射波叠加而成,传输线中的工作状态主要决定于负载的情况.

(1) 波导终端接匹配负载时,微波功率全部被负载吸收,无反射波,波导中呈行驻波状态. 此时 $|\Gamma|=0$,$\rho=1$.

(2) 波导终端短路(接理想导体板)、开路或接纯电抗性负载时,形成全反射,波导中呈纯驻波状态. 此时 $|\Gamma|=1$,$\rho=\infty$.

(3) 波导终端接一般性负载(有电阻又有电抗)时,形成部分反射,波导中呈行驻波状态. 此时 $0<|\Gamma|<1$,$1<\rho<\infty$.

4. 微波谐振腔

谐振腔是一段封闭的金属导体空腔,具有储能、选频等特性. 常用的谐振腔有矩形和圆柱形两种,下面介绍矩形谐振腔.

矩形谐振腔由一段长度 L 为 $\lambda_g/2$ 的整数倍的矩形波导管,两端用金属片封闭而成. 其输入输出的能量通过金属片上的小孔耦合.

矩形谐振腔中可能存在无穷多个 TE 或 TM 振荡模式,通常用 TE_{mnp} 和 TM_{mnp} 表示,其中下标 m、n、p 为整数,p 不能为零. 此外,对 TE 模 m、n 不能同时为零,对 TM 模 m、n 均不能为零.

矩形谐振腔的谐振频率为

$$f_{mnp} = \frac{c}{2}\sqrt{\left(\frac{m}{a}\right)^2 + \left(\frac{n}{b}\right)^2 + \left(\frac{p}{l}\right)^2} \tag{8.0.7}$$

矩形谐振腔的固有品质因数定义为

$$Q_0 = \frac{\text{腔内的总储能}}{\text{一周期内损耗}} \tag{8.0.8}$$

矩形谐振腔分为通过式谐振腔和反射式谐振腔. 通过式谐振腔有两个耦合孔,一个孔输入微波以激励谐振腔,另一个孔输出微波能量.

通过式谐振腔的输出功率 $P_o(f)$ 和输入功率 $P_i(f)$ 之比称为腔的传输系数 $T(f)=P_o(f)/P_i(f)$.

通过式谐振腔的有载品质因数 Q_L定义为谐振曲线的中心频率与半功率点的宽度比,即

$$Q_L = \frac{f_0}{2\Delta f_{1/2}} = \frac{f_0}{|f_2 - f_1|} \tag{8.0.9}$$

相应的谐振曲线如图 8.0.10 所示.

反射式谐振腔只开一个孔,该孔既是能量的输入口又是能量的输出口.反射式谐振腔的相对反射系数 $R(f)$ 定义为输入端的反射功率 $P_r(f)$ 与入射功率 $P_i(f)$ 之比,即 $R(f)=P_r(f)/P_i(f)$. 反射式谐振腔的相对反射系数与频率的关系曲线称为反射式谐振腔的谐振曲线,如图 8.0.11 所示.从图上可看出,谐振腔的 Q 值越高,谐振曲线越窄.因此,Q 值的高低除了表征谐振腔效率的高低外,还表示频率选择性的好坏.

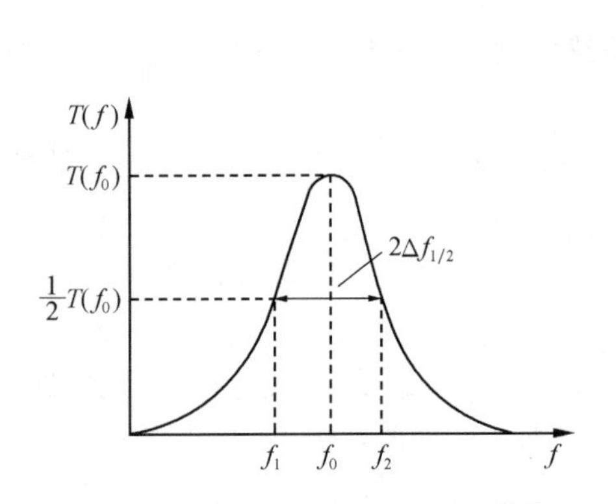

图 8.0.10　通过式谐振腔的谐振曲线

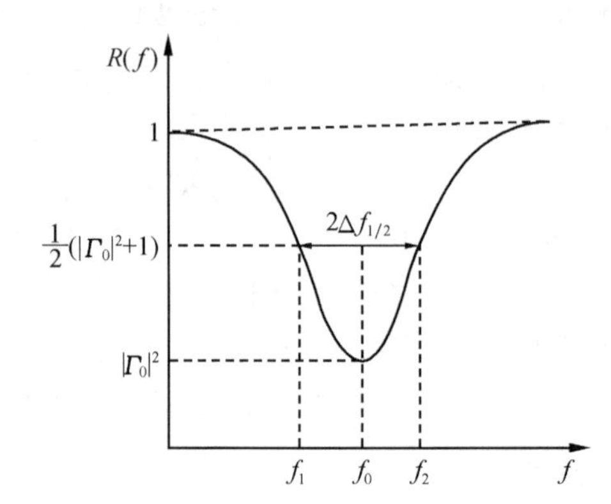

图 8.0.11　反射式谐振腔的谐振曲线

四、常用的微波元件简介

工程上的微波元件有波导型、同轴型、微带型等不同类型,这里主要介绍几种常用的波导型微波元件,如图 8.0.12 所示.

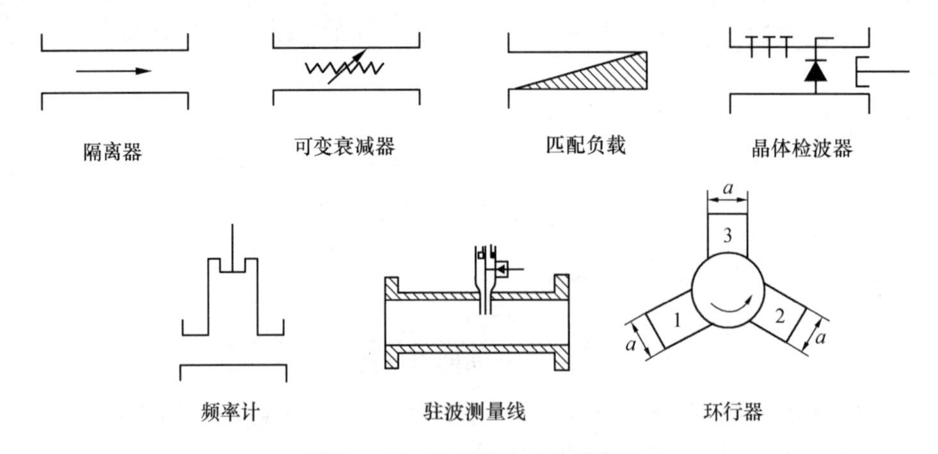

图 8.0.12　常用微波元件示意图

1. 隔离器

这是一种铁氧体非互易性器件,通常是将微波铁氧体(有的还要附加吸收片)置于一段直波导内的恰当位置,并外加恒定磁场而成.隔离器只允许微波沿一个方向传输,对相反方向传输的微波呈电阻性吸收. 隔离器常用于振荡器与负载之间,起隔离和单向传输作用.

2. 衰减器

这是一种电阻性器件,分为固定式和可变式两类. 在实验中应用较多的可变衰减器是通过在直波导内加装可移动的衰减片(通常是镀有电阻性材料的玻璃片)而成. 可变衰减器分为平移式、插入式和旋转式等几种,通过改变衰减片在波导内的位置、面积大小或取向可以连续地改变衰减量的大小. 衰减器的外部有反映衰减片位置的刻度,通过厂家所附衰减曲线图或表格可查出相应的衰减量. 衰减器起调节系统中微波功率以及去耦的作用.

3. 匹配负载

通常做成波导段的形式,内置吸收片,吸收片做成特殊的劈形以实现与波导间的缓慢过渡匹配,终端短路. 进入匹配负载的入射微波功率几乎全部被吸收. 通常要求驻波比 $\rho<1.06$,相当于没有反射.

4. 晶体检波器

它的典型机构是在一段直波导上加装微波检波二极管、短路活塞和调配螺钉而成. 晶体检波二极管置于平行微波电场方向,当有微波输入时,在晶体中感应出微波信号. 短路活塞和调配螺钉是为了保证检波器有较高的灵敏度和较好的匹配特性.

5. 频率(波长)计

教学实验中用得较多的是"吸收式"谐振频率计. 谐振式频率计包含一个装有调谐柱塞的圆柱形空腔,腔外有 GHz 的数字读出器. 空腔通过隙孔耦合到一段直波导管上. 谐振式频率计的腔体通过耦合元件与待测微波信号的传输波导相连接,形成波导的分支. 当频率计的腔体失谐时,腔里的电磁场极为微弱,此时它不吸收微波功率,也基本上不影响波导中波的传输,相应地,系统终端的信号检测器上所指示为一恒定大小的信号输出. 测量频率时,调节频率计上的调谐机构,将腔体调至谐振,此时波导中的电磁场就有部分功率进入腔内,使得到达终端信号检测器的微波功率明显减少. 只要读出对应系统输出为最小值时调谐机构上的读数,就得到所测量的微波频率.

6. 驻波测量线

它由一段沿纵向开有细长槽的直波导与一个可沿槽移动的带有微波晶体检波器的探针探头组成. 探针经过槽插入传输线内,从中拾取微波功率以测量微波电场强度的幅值沿线的分布,探针的位置可由测量线上所附标尺或测微计读取.

7. 环行器

这是另一类微波铁氧体器件,其特性是:当微波自端口 1 输入时,只会进入端口 2,不会进入端口 3;而微波由端口 2 输入时,只会到端口 3,不会到端口 1;同样地,微波自端口 3 输入,只会到端口 1,不会到端口 2,由此形成环路. 环行器具有多种用途,是一种常用的微波元器件.

参考文献

林木欣. 1994. 近代物理实验. 广州:广东教育出版社.
沈致远. 1980. 微波技术. 北京:国防工业出版社.
吴思诚,王祖铨. 1995. 近代物理实验. 2 版. 北京:北京大学出版社.

孙番典　编

8.1　微波的传输特性和基本测量

在普通无线电波段中,分布参数的影响往往可以忽略,但在微波波段中则不然. 由于微波的波长很短,传输线上的电压、电流既是时间的函数,又是位置的函数,使得电磁场的能量分布于整个微波电路而形成"分布参数",引起微波的传输与普通无线电波段完全不同. 在本实验中我们将学习在处理微波波段问题时所采用的方法,以加深对微波基本知识的理解. 本实验使用的微波振荡源可选择反射速调管振荡器或固态源,但相应的实验内容及要求稍有不同.

本实验是微波实验中的基础实验之一,要求学会使用基本微波器件,了解微波振荡源的基本工作特性和微波的传输特性,并掌握频率、功率以及驻波比等基本量的测量.

一、实验原理

1. 微波的传输特性

在微波波段中,为了避免导线辐射损耗和趋肤效应等的影响,一般采用波导作为微波传输线. 微波在波导中传输具有横电波(TE 波)、横磁波(TM 波)和横电波与横磁波的混合波三种形式. 矩形波导是较常用的传输线之一,它能传输各种波型的横电波(TE 波)和横磁波(TM 波). 微波实验中使用的标准矩形波导管,通常采用的传输波型是 TE_{10} 波.

波导中存在入射波和反射波,描述波导管中匹配和反射程度的物理量是驻波比或反射系数. 依据终端负载的不同,波导管具有三种工作状态:

(1) 当终端接"匹配负载"时,反射波不存在,波导中呈行波状态;

(2) 当终端接"短路片"、开路或接纯电抗性负载时,终端全反射,波导中呈纯驻波状态;

(3) 一般情况下,终端是部分反射,波导中传输的既不是行波,也不是纯驻波,而是呈混波状态.

2. 微波频率的测量

微波的频率是表征微波信号的一个重要物理量,频率的测量通常采用数字式频率计或吸收式频率计进行. 下面主要介绍较常用的吸收式频率计的工作原理. 当调节频率计,使其自身空腔的固有频率与微波信号频率相同时,产生谐振,此时,通过连接在微波通路上的微安表或功率计可观察到信号幅度明显减小的现象. 注意,应以减幅最大的位置作为判断频率测量值的依据.

3. 微波功率的测量

微波功率是表征微波信号强弱的一个物理量.通常采用替代或比较的方法进行测量.也就是将微波功率借助于能量转换器,转换成易于测量的低频或直流物理量,来实现微波功率的测量.实验室中通常采用吸收式微瓦功率计(如GX2A).在功率计探头表面,用两种不同金属喷镀在薄膜基体上形成热电堆,放在同轴线的电场中间,它既是终端吸收的负载,又是热电转换元件.当未输入微波功率时,热电堆节点之间没有温差,因而没有输出;当输入微波功率时,热电元件吸收微波功率使热电堆的热节点温度升高.这就与冷节点产生温差而引起温差电动势(微弱的直流电势),该元件产生的直流电势是与输入微波功率成正比例的.热电堆输出的微弱直流信号再输入到一只高灵敏度的直流放大器作功率直读指示.

4. 波导波长和驻波比的测量

关于驻波比,定义为波导中驻波极大值点与驻波极小值点的电场之比,即

$$\rho=\frac{E_{\max}}{E_{\min}} \tag{8.1.1}$$

其中 $E_{\max}$ 和 $E_{\min}$ 分别表示波导中驻波极大值点与驻波极小值点的电场强度.

实验中通常采用驻波测量线来测定波导波长和驻波比,其结构如图8.1.1所示.使用驻波测量线进行测量时,要考虑探针在开槽波导管内有适当的穿伸度,探针穿伸度一般取波导窄边宽度的5%～10%.实验前应注意驻波测量线的调谐,使其既有最佳灵敏度,又使探针对微波通路的影响降至最低.一般是将测量线终端短接,形成纯驻波场.移动探针置于波节点,调节测量线,使得波节点位置的检波电流最大,反复进行多次.

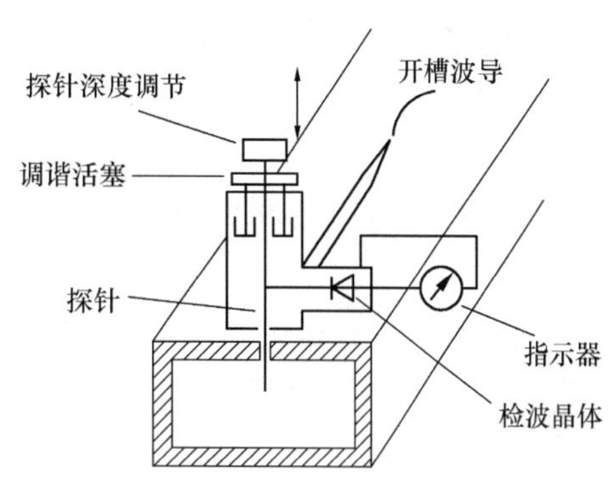

图8.1.1　驻波测量线结构示意图

1) 驻波比的测量

由于终端负载不同,驻波比 ρ 也有大中小之分.因此驻波比测量的首要问题是,根据驻波极值点所对应的检波电流,粗略估计驻波比 ρ 的大小.在此基础上,再作进一步的精确测定.实验中微波信号比较弱,可认为检波晶体(微波二极管)符合平方律检波,即 $I\propto V^2$.若不然,需进行修正.依据公式

$$\rho=\frac{E_{\max}}{E_{\min}}=\frac{\sqrt{I_{\max}}}{\sqrt{I_{\min}}} \tag{8.1.2}$$

求出 ρ 的粗略值后,再按照驻波比的三种情况,进一步精确测定 ρ 值.

(1) 大驻波比($\rho>6$)的测量.在大驻波比情况下,检波电流 $I_{\max}$ 与 $I_{\min}$ 相差太大,在波节点上检波电流极微,在波腹点上二极管检波特性远离平方律,故不能用式(8.1.2)计算驻波比 ρ,可采用"二倍极小功率法".如图8.1.2所示,利用驻波测量线测量极小点两旁功率为其二倍的点坐标,进而求出 d,则

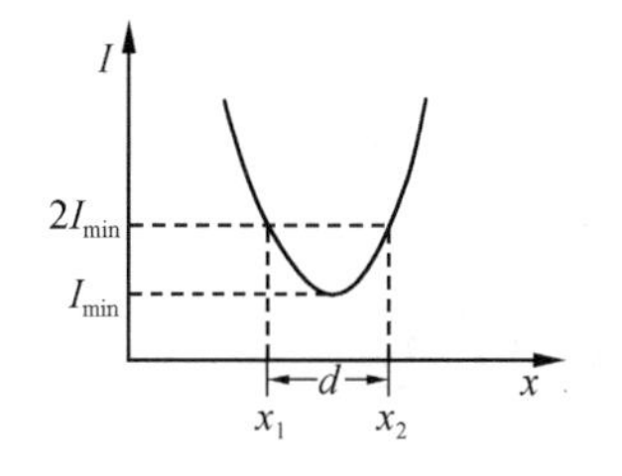

图8.1.2　二倍极小功率法

$$\rho=\frac{\lambda_g}{\pi d} \quad (\rho \gg 1) \tag{8.1.3}$$

(2) 中驻波比($1.5\leqslant\rho\leqslant6$)的测量. 中驻波比的情况可直接根据式(8.1.2)计算,即

$$\rho=\frac{E_{\max}}{E_{\min}}=\frac{\sqrt{I_{\max}}}{\sqrt{I_{\min}}} \tag{8.1.4}$$

(3) 小驻波比($1.005\leqslant\rho\leqslant1.5$)的测量. 在小驻波比情况下,驻波极大值点与极小值点的检波电流相差细微,因此采用测量多个相邻波腹与波节点的检波电流值,进而取平均的方法.

$$\rho=\frac{E_{\max1}+E_{\max2}+\cdots+E_{\max n}}{E_{\min1}+E_{\min2}+\cdots+E_{\min n}}=\frac{\sqrt{I_{\max1}}+\sqrt{I_{\max2}}+\cdots+\sqrt{I_{\max n}}}{\sqrt{I_{\min1}}+\sqrt{I_{\min2}}+\cdots+\sqrt{I_{\min n}}} \tag{8.1.5}$$

2) 波导波长的测量

波导波长在数值上为相邻两个驻波极值点(波腹或波节)距离的两倍. 由于场强在极大值点附近变化缓慢,峰顶位置不易确定,实际采用测定驻波极小点的位置来求出波导波长. 考虑到驻波极小点附近变化平缓,因而测量值不够准确. 为此,测量时通常不采取直接测量驻波极小点位置的方式,而是通过平均值法间接测量. 亦即测极小点附近两点(此两点在指示器上的输出幅度相等)的坐标,然后取这两点坐标的平均值,即得极小点坐标. 如图 8.1.3 所示,两个相邻极小点的距离为半个波导波长 λ_g,测量计算公式为

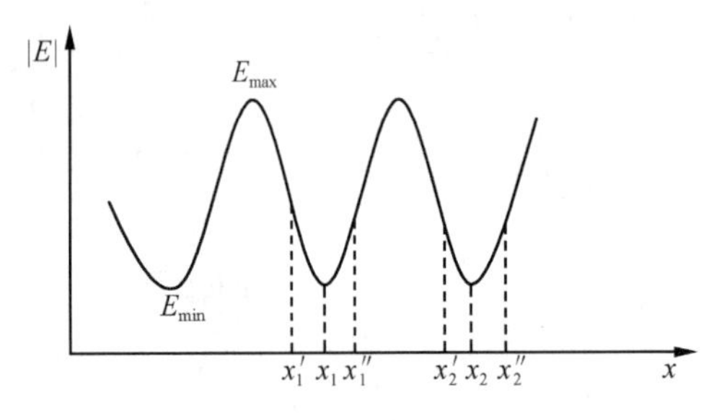

图 8.1.3　驻波极小点的测定

$$\frac{\lambda_g}{2}=\frac{x_2'+x_2''}{2}-\frac{x_1'+x_1''}{2}$$

即

$$\lambda_g=(x_2'+x_2'')-(x_1'+x_1'') \tag{8.1.6}$$

其中(x_1',x_1''),(x_2',x_2'')分别为极小值点两旁输出幅度相等的两点坐标.

二、实验仪器装置

实验装置如图 8.1.4 所示. 其中微波振荡源为反射速调管振荡器或固态源,整个微波测

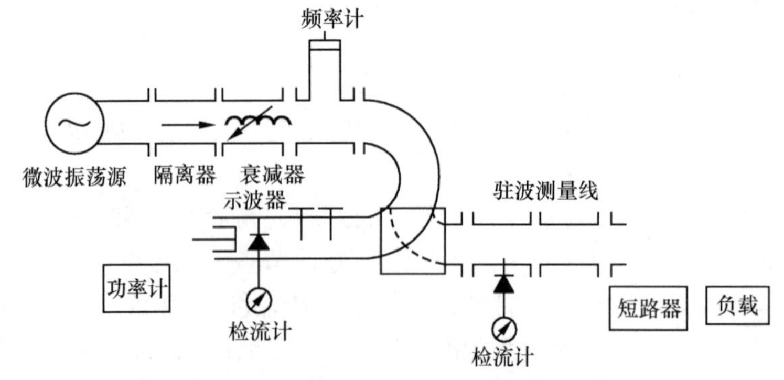

图 8.1.4　实验装置示意图

量线路由 3cm 波段波导元件组成,其主要元件为隔离器、衰减器、频率计、检流计(示波器)、微瓦功率计和驻波测量线等.

三、实验内容

1. 熟悉有关仪器的基本原理和使用

根据仪器使用说明书,掌握有关仪器的使用注意事项和正确的开关机顺序.按正确顺序开启信号源,调节晶体检波器,使检流计上有微波输出.对于速调管,改变速调管的反射极电压,观察检流计上指针的变化.

2. 频率测量

用检流计、频率计测量微波信号频率.因为热电式功率计有滞后效应,不宜用于频率测量.一般采用晶体检波器配接检流计测量频率,方法如实验原理中所述.

3. 功率测量

(1) 速调管频率特性曲线和功率特性曲线的测量.将检流计换为数字式小功率计测量微波信号功率.开启功率计电源后先需进行量程选择和零点调整,而后才进行功率读数.依次改变速调管反射极电压,测量相应的速调管输出功率与速调管振荡频率.绘出 $P\text{-}V_R$ 和 $f\text{-}V_R$特性曲线.

(2) 若微波信号发生器为固态信号源,则测量微波功率值.

4. 波导波长和驻波比的测量

在微波传输线终端接上短路片,调节驻波测量线探针有合适的穿伸度.依原理所述方法测量波导波长,并把测量值与理论值作比较.换接不同终端负载,依照原理所述方法测量相应的驻波比.

四、思考与讨论

(1) 驻波测量线的调节应注意哪些问题?

(2) 驻波测量线测定波导波长的方法是怎样的? λ_g 与自由空间波长 λ 的大小关系如何?

(3) 为什么有时晶体检波器在速调管和检波二极管都完好的情况下,会出现输出信号很小的现象? 应如何调节?

参考文献

鲍家善,马柏林,钱鑑. 1985. 微波原理. 2 版. 北京:高等教育出版社.

陈振国. 1996. 微波技术基础与应用. 北京:北京邮电大学出版社.

林木欣. 1994. 近代物理实验. 广州:广东教育出版社.

南京大学近代物理实验室. 1993. 近代物理实验. 南京:南京大学出版社.

吴思诚,王祖铨. 1995. 近代物理实验. 2 版. 北京:北京大学出版社.

李 军 编

8.2 微波介质特性的测量

微波技术中广泛使用各种介质材料,其中包括电介质和铁氧体材料. 对微波材料的介质特性的测量,有助于获得材料的结构信息,研究材料的微波特性和设计微波器件. 本实验采用谐振腔微扰法测量介质材料的特性参量,首先使用示波器观测速调管的振荡模和反射式腔的谐振曲线,了解谐振腔的工作特性;进而学习用反射式腔测量微波材料的介电常量 ε' 和介电损耗角正切 $\tan\delta$ 的原理和方法.

一、实 验 原 理

谐振腔是一端封闭的金属导体空腔,具有储能、选频等特性. 常见的谐振腔有矩形和圆柱形两种,本实验采用反射式矩形谐振腔. 谐振腔有载品质因数可由

$$Q = \frac{f_0}{|f_1 - f_2|} \tag{8.2.1}$$

测定. 其中 f_0 为谐振腔谐振频率,f_1、f_2 分别为半功率点频率. 图 8.2.1 所示是使用平方律检波的晶体管观测谐振曲线 f_0、f_1 和 f_2 的示意图.

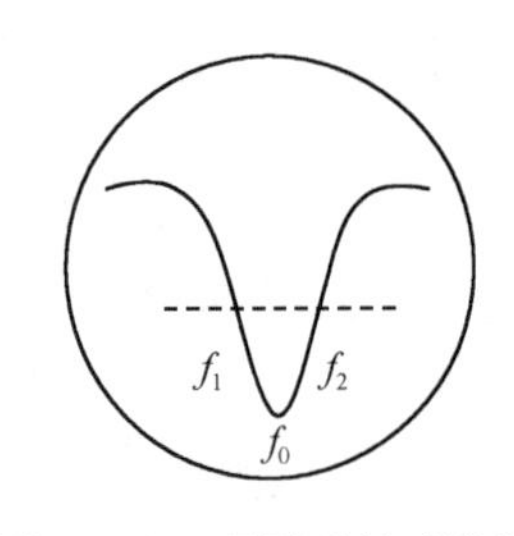

图 8.2.1 观测反射式谐振腔品质因数的有关频率示意图

如果在矩形谐振腔内插入一圆柱形样品棒,样品在腔中电场的作用下就会被极化,并在极化的过程中产生能量损失,因此,谐振腔的谐振频率和品质因数将会变化.

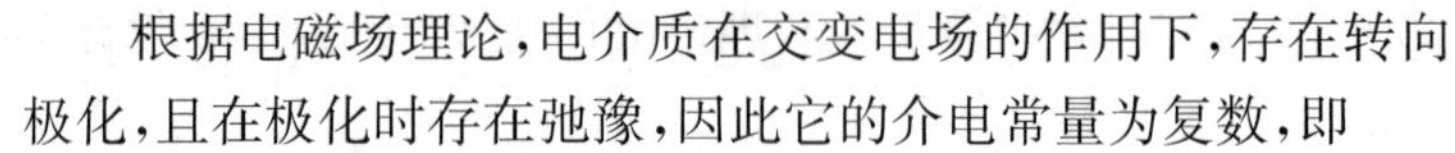

根据电磁场理论,电介质在交变电场的作用下,存在转向极化,且在极化时存在弛豫,因此它的介电常量为复数,即

$$\varepsilon = \varepsilon_r \varepsilon_0 = \varepsilon_0(\varepsilon' - j\varepsilon'') \tag{8.2.2}$$

式中 ε 为复介电常量,ε_0 为真空介电常量,ε_r 为介质材料的复相对介电常量,ε'、ε'' 分别为复介电常量的实部和虚部.

由于存在着弛豫,电介质在交变电场的作用下产生的电位移滞后电场一个相位角 δ,且有

$$\tan\delta = \varepsilon''/\varepsilon' \tag{8.2.3}$$

因为电介质的能量损耗与 $\tan\delta$ 成正比,所以 $\tan\delta$ 也称为损耗因子或损耗角正切.

如果所用样品体积远小于谐振腔体积,则可认为除样品所在处的电磁场发生变化外,其余部分的电磁场保持不变,因此可用微扰法处理. 选择 TE_{10p}(p 为奇数)的谐振腔,将样品置于谐振腔内微波电场最强而磁场最弱处,即 $x=a/2, z=l/2$ 处,且样品棒的轴向与 y 轴平行. 如图 8.2.2 所示.

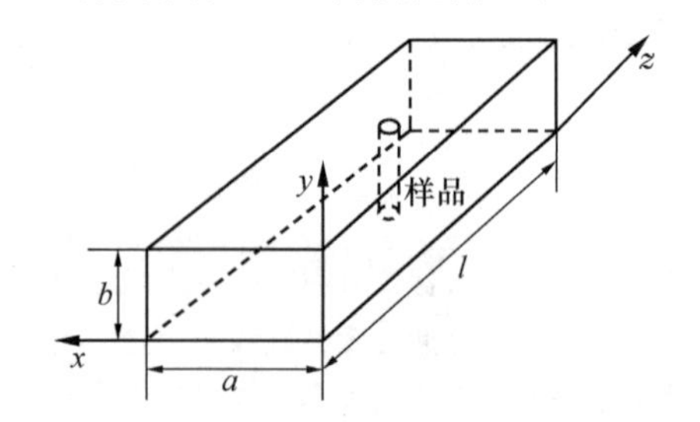

图 8.2.2 微扰法 TE_{10p} 模式矩形腔示意图

假设介质棒是均匀的,而谐振腔的品质因数

又较高,根据谐振腔的微扰理论可得下列关系式:

$$\frac{f_s - f_0}{f_0} = -2(\varepsilon' - 1)\frac{V_s}{V_0}$$

$$\Delta\frac{1}{Q_L} = 4\varepsilon''\frac{V_s}{V_0}$$

由此可求得

$$\left.\begin{aligned}\varepsilon' &= \frac{f_0 - f_s}{2f_0V_s/V_0} + 1\\ \varepsilon'' &= \frac{\Delta(1/Q_L)}{4V_s/V_0}\end{aligned}\right\} \tag{8.2.4}$$

其中 f_0、f_s 分别为谐振腔放入样品前后的谐振频率;V_0、V_s 分别为谐振腔体积和样品体积;$\Delta(1/Q_L)$为样品放入前后谐振腔有载品质因数的倒数的变化,即

$$\Delta\left(\frac{1}{Q_L}\right) = \frac{1}{Q_{LS}} - \frac{1}{Q_{L0}}$$

式中 Q_{L0}、Q_{LS}分别为样品放入前后的谐振腔有载品质因数.

二、实验仪器装置

实验装置如图 8.2.3 所示,微波信号源包括速调管电源、速调管和速调管座三部分,其中微波信号频率可由速调管的机械调谐旋钮改变.调制信号由低频信号发生器产生,选择锯齿波对速调管加以调制,使速调管处于调频工作状态.反射式谐振腔采用 TE_{10p}(p 为奇数)模式的矩形谐振腔.

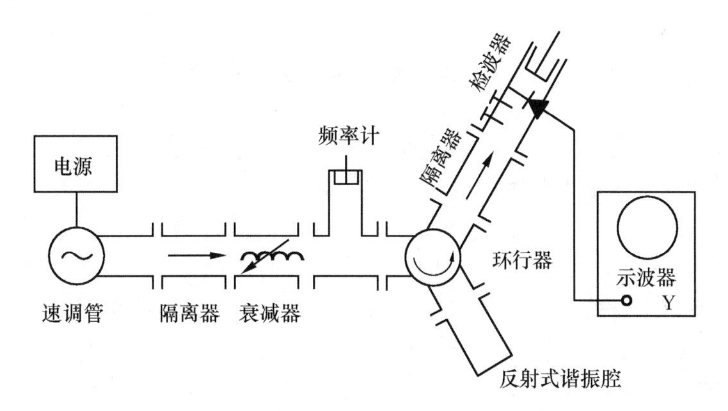

图 8.2.3　实验装置示意图

三、实 验 内 容

1. 用示波器观察速调管振荡模

开启微波信号源和低频信号发生器,调节速调管输出频率,使反射式谐振腔处于失谐状态,同时调节晶体检波器处于匹配状态,观察速调管振荡模曲线.

2. 观察反射式谐振腔的谐振曲线

在速调管输出为最佳振荡模时,旋转速调管上的机械调谐旋钮,改变速调管的输出信号频率,同时调节晶体检波器,直到谐振腔产生谐振为止. 观察反射式谐振腔的谐振曲线.

3. 测定介电常量 ε' 和介电损耗角正切 $\tan\delta$

(1) 放入样品前,测量谐振腔谐振频率 f_0 和半功率点频率 f_1 和 f_2.

(2) 放入样品后,测量谐振腔谐振频率 f'_0 和半功率点频率 f'_1 和 f'_2.(提示:调节速调管上的机械调谐旋钮,使谐振腔再次谐振.)

(3) 测出样品体积 V_s 和谐振腔体积 V_0.

(4) 计算介电常量 ε' 和介电损耗角正切 $\tan\delta$.

四、思考与讨论

(1) 如何改变微波信号频率使反射式谐振腔发生谐振?

(2) 影响测量介电常量和介电损耗角精确度的因素有哪些?

参 考 文 献

鲍家善,马柏林,钱鑑. 1985. 微波原理. 北京:高等教育出版社.
林木欣. 1994. 近代物理实验. 广州:广东教育出版社.
吴思诚,王祖铨. 1995. 近代物理实验. 2 版. 北京:北京大学出版社.

李　军　编

8.3　大气卫星云图的接收和分析

随着科技的发展,天气预报越来越准确,人们对天气预报的关注和依赖也越来越强. 天气预报的许多资料,特别是大范围的大气运动资料都来自气象卫星. 气象卫星是利用遥感技术从宇宙空间自上而下、连续不断地对地球表面的大气进行物理探测,从而得到表征地球和大气的物理状态的各种参数,如气压、温度、湿度、风向风速、雨量、反射率和植被指数等.

自 1960 年美国发射第一颗气象卫星以来,世界各国已先后发射了 160 余颗气象卫星. 我国在 1988 年发射了第一颗极轨气象卫星风云一号(FY-1A),1990 年发射了 FY-1B,并于 1997 年发射了第一颗静止气象卫星风云二号(FY-2A). 气象卫星的应用不仅在天气预报、环境监测,还在防灾减灾监测等方面都发挥着越来越重要的作用. 本实验目的是对气象卫星、大气物理遥感探测技术和气象卫星云图的接收原理有一定的了解,掌握气象卫星图像的特征和卫星云图识别的基本方法,具体分析当天的天气形势.

一、实 验 原 理

1. 遥感探测的基础——电磁辐射

气象卫星主要是利用遥感探测技术来探测地球大气系统的温度、湿度和云雨演变等气象要素.所谓遥感,就是在一定距离之外,不直接接触被测物体,通过探测器接收来自被测目标物发射或反射的电磁辐射信息,并对其进行处理、分类和识别.遥感探测的基础就是电磁辐射的测量.

所有物体都会发出热辐射,这种热辐射是一定波长范围内的电磁波.如果一个物体能够全部吸收投射到它上面的辐射而无反射,则这种物体称为绝对黑体.由基尔霍夫定律"任何物体在同一温度下的辐射本领和吸收本领成正比"可知,好的吸收体也是好的发射体.普朗克提出光量子假设后导出了著名的普朗克黑体辐射公式

$$R_\lambda(T)=\frac{8\pi hc}{\lambda^5}\frac{1}{e^{hc/(k_B T\lambda)}-1} \tag{8.3.1}$$

式中 h 为普朗克常量,c 为光速,k_B 为玻尔兹曼常量,T 为黑体温度,λ 为黑体辐射出电磁波的波长.$R_\lambda(T)$为辐射能谱,其物理意义是温度为 T 的单位体积黑体在波长为 λ 的单位波长内所辐射出的电磁波能量.

将式(8.3.1)对所有的波长求积分,即可得到黑体的总辐射通量

$$R_T=\sigma T^4 \tag{8.3.2}$$

式(8.3.2)即为斯特藩-玻尔兹曼定律,表明黑体辐射的总通量与其温度的4次方成正比.

将普朗克公式(8.3.1)对波长微分,并令其微分等于零,可求得

$$\lambda_m=\frac{a}{T} \tag{8.3.3}$$

式(8.3.3)即为维恩位移定律.随着温度 T 的提高,辐射出最大能量电磁波的波长 λ_m 向短波方向移动.太阳的温度约为6000K,其辐射出最大能量电磁波的波长 $\lambda_m=0.5016\mu m$,为可见光;地球和大气的温度约为300K,其所辐射出最大能量电磁波的波长 $\lambda_m=9.659\mu m$,为红外波段.

单一的一种气体不是黑体,它所发射的辐射比根据普朗克公式计算得到的值要小,并且仅在某些波长处有强的吸收和发射,这些波长取决于各种气体自身的特性.图8.3.1给出了大气中主要吸收气体:水汽(H_2O)、二氧化碳(CO_2)和臭氧(O_3)等的吸收光谱.每种气体都在某些狭窄的吸收带中很活跃.但在吸收带之间存在一些微弱吸收的光谱区域,在那里所有气体的吸收都很弱,大气几乎是透明的,这些区域被称为"大气窗区".大部分图像都是通过"大气窗区"获得的.而大气垂直温度的探测则是利用吸收带来完成的.

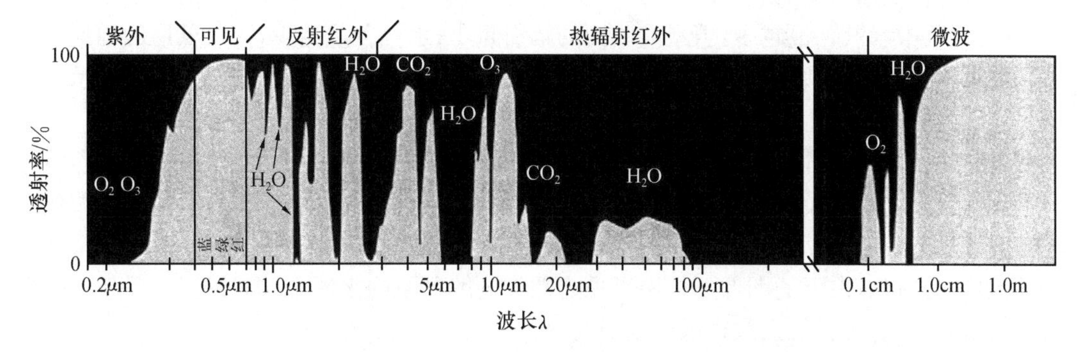

图8.3.1　不同波段的电磁波穿过大气层后的透射率(灰白色的高度表示透射率)

气象卫星主要是利用电磁辐射测量装置,测量地球和大气对太阳光的反射及其自身所

发射的电磁辐射而得到气象信息的.所有的固体、液体和气体都会发射电磁辐射,辐射源越热,其发射辐射的强度就越大.按照普朗克公式,辐射源的温度可以根据其发射辐射的强度来计算.这就是气象卫星遥感的基本原理.

2. 卫星图像的特征

卫星遥感探测电磁辐射的信息可转换成云、陆地、海洋、大气水汽的图像资料,称为气象卫星云图.目前它们是天气分析和天气预报的主要资料,最常使用的图像有如下几种.

(1) 可见光(visible,VS)图像:可见光波段太阳光反射辐射的图像(波长约 0.5μm);

(2) 红外(infrared,IR)图像:地球-大气系统在热红外波段发射辐射的图像(波长 10~12μm);

(3) 水汽(water vapor,WV)图像:水汽发射辐射的图像(波长 6~7μm);

(4) 短红外(3.7μm)图像:太阳和地气系统重叠区辐射的图像.

可见光图像是太阳辐射经地气系统散射或反射后到达卫星所得到的图像.图像中的灰度取决于地表或云的散射和反射系数.可见光图像的表现形式与人眼所看到的相似,使用明暗不同的黑白灰度色调反映不同等级的反射系数.最亮的、反射系数最大的表面为白色,而反射系数最低的表面为黑色.因此,在比较黑的地表背景衬托下,所看到的白色物体为云或雪.在可见光图像上,目标物的色调还与太阳的高度角有关,一般低纬度比高纬度亮,处于夏季的半球比处于冬季的半球亮,在上午东亮西暗,而在下午则东暗西亮.

红外图像是利用地球大气系统所发射的波长为 10~12μm 的辐射而得到的图像.这种图像所反映的是地面和云面的红外辐射分布,根据普朗克公式,红外辐射强度取决于辐射面的温度,所以它实质上是一种温度分布图.云图上的灰度反映物体辐射的温度高低,白色的部分表示温度低(该云顶的高度高),黑色的部分表示温度高(该云顶的高度低).使用红外云图还可以识别各种云和地表、云系的垂直结构、云顶高度和云顶温度等.红外图像的常规方法是在黑色的地球背景之上将云显示为明暗不等的白色,以便它们与可见光图像的表现形式一致.由于温度随高度的增加而降低,最高最冷的云所发射的红外辐射强度也最低,因此在云图上显示最白.请思考在大气系统中,距地面的高度越高,那里云的温度越低,为什么?

水汽图像是对水汽强吸收带波段的辐射来探测得到的,它也是红外波段的图像.水汽一方面接收来自下面的辐射,另一方面又以自身较低的温度辐射.卫星接收到的辐射取决于水汽含量,大气中水汽含量越多,卫星接收到的辐射越小;水汽含量越少,大气低层的辐射越容易透过水汽到达卫星,则卫星接收的辐射越大.在水汽图上,色调越白,辐射越小,表示水汽越多,否则越少.

短红外(3.7μm)图像是通过探测由散射的太阳辐射和地气系统发射的辐射而得到的.由于前者只存在于白天时段,这样白天和晚上的图像就有很大区别,使得这一通道的图像解释变得很复杂.一般情况下,夜间的图像可按照红外图像的解释原则来解释,即高温区为黑色,低温区为白色;白天的图像可按照可见光图像的解释原则来解释,即最亮的、反射系数最大的表面为白色,而反射系数最低的表面为黑色.

3. 卫星云图上各类云的特征

(1) 卷云:在可见光云图上,卷云的反射率低,呈灰色到深灰色;若可见光云图卷云呈白色,则其云层很厚,或与其他云相重叠;在红外云图上,卷云顶的温度很低,呈白色.无论可见光还是红外云图,卷云都有纤维结构.

(2) 中云(高层云和高积云):在卫星云图上,中云与天气系统相连,表现为大范围的带状、涡旋状、逗点状.在可见光云图上,中云呈灰白色到白色,根据色调的差异可判定云的厚度;在红外云图上,中云呈中等程度灰色.

(3) 积雨云:无论可见光还是红外云图,积雨云的色调最白.当高空风小时,积雨云呈圆形,高空风大时,顶部常有卷云砧,表现为椭圆形.

(4) 积云、浓积云:在可见光云图上,积云、浓积云的色调很白,但由于积云、浓积云的高度不一,在红外云图上的色调可以从灰白到白色不等,纹理不均匀,边界不整齐.其形状表现为线状和开口细胞状.

(5) 低云(层云和雾):在可见光云图上,层云(雾)表现为光滑均匀的云区;色调由灰白到白,雾越厚越浓,色调越白;若层云厚度超过 300m,其色调很白;层云(雾)边界整齐清楚,与山脉、河流、海岸线走向相一致.在红外云图上,层云色调较暗,与地面色调相似.

4. 气象卫星的种类

气象卫星有两种:近极地太阳同步轨道卫星(简称极轨卫星),地球同步轨道卫星(简称静止卫星).

极轨卫星是其轨道经过地球两极附近、沿南北方向运动,高度约为 850km 的卫星,如图 8.3.2 所示.极轨卫星的轨道位置与太阳位置同步,在空间上几乎是固定的,由于地球在卫星下面自转,因此卫星能够观测到全球地表.其特点是:可以实现全球观测,适合于观测中高纬度地区,而对低纬度地区效果较差,适合大尺度系统观测,水平分辨率高(1km),但时间分辨率低(2 次 · d^{-1}).

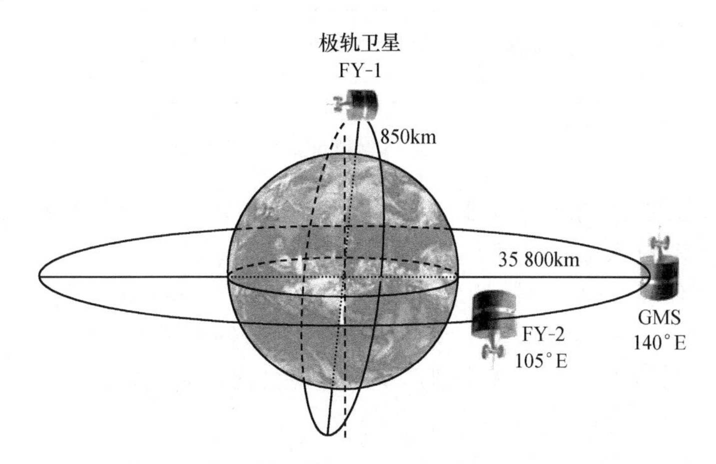

图 8.3.2　极轨卫星和静止卫星的轨道与地球的相对位置

静止卫星环绕地球的轨道是在赤道上空,高约 35 800km,其运行周期与地球自转周期同步,所以它在赤道上空静止不动.静止卫星的特点是:适合观测低纬度地区,而对高纬度地区由于斜视而使图像出现严重畸变;时间分辨率高,每 30min 可以得到一幅新的地球全圆盘图;适合追踪云及水汽的运动;但水平分辨率较低(请计算静止卫星和极轨卫星运动的角速度和线速度).

本实验可以接收的信号来自对公众开放的静止气象卫星(geostationary meteorological satellite,GMS)GMS-5 的低分辨率模拟图像资料. GMS-5 定位于 140°E,高度为 35 800km. 卫星的主要有效载荷为:4 通道可见光和红外扫描辐射器(可见光 0.55～0.90μm,分辨率 1.25km;2 个红外 10.5～11.5μm 和 11.5～12.5μm,分辨率 5km;水汽 6.5～7.0μm,分辨率 5km);数据收集平台和搜索求援系统. GMS-5 播发的卫星资料有两种:高分辨率数字资料(S-VISSR 展宽数字资料)和低分辨率模拟云图(WEFAX). GMS-5 的 S-VISSR 的传输特性与我国的 FY-2A 的 S-VISSR 接近,除了载波频率不同之外,其他几乎相同. 两者的数据格式也兼容.

二、实验仪器装置

图 8.3.3 给出了一种 DH3932 气象卫星接收系统的原理图. 设备主要由天线(含馈源)、微波低频噪声场效应管放大器(简称场放)、接收机、计算机和软件系统组成.

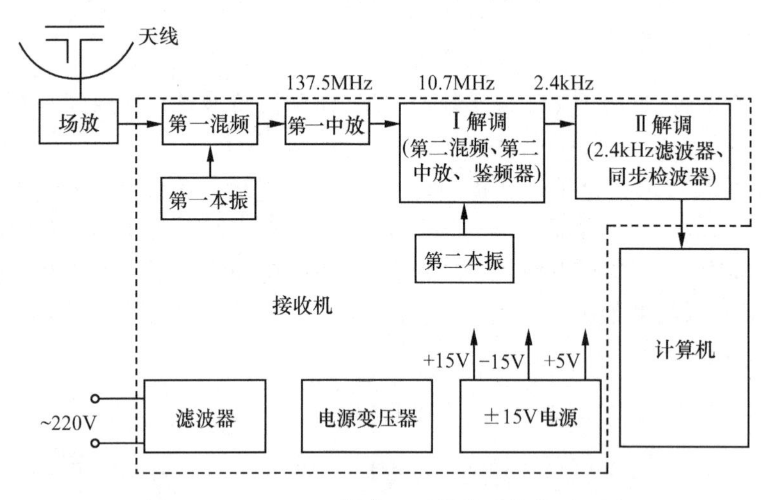

图 8.3.3　DH3932 气象卫星接收系统的原理图

由气象卫星上的转发器播出的低分辨云图以 1691MHz 载波信号,经天线接收和微波低噪声放大后输出,进入接收机第一混频器,与机内 1553.5MHz 第一本振信号进行混频,差出 137.5MHz 第一中频信号,然后与 126.8MHz 第二本振信号进行二次混频,差出 10.7MHz 第二中频信号. 此信号经中频放大器、限幅器、锁相解调器进行放大、鉴频、解调出 2.4kHz 副载波信号输出,经滤波器后进行同步检波二次解调,输出 0～1.68kHz 图像信号至计算机,对图像进行接收、处理、显示和存储.

三、实 验 内 容

1. 天线方位角、仰角的计算与调整

为接收气象卫星播发的云图信号,首先要对地面站接收天线指向的方位角和仰角进行计算. 其计算方法如下.

(1) 方位角. 以正北方向规定为天线方位角的起点,顺时针方向转至天线中心在水平面上的正投影线之间的夹角为天线方位角. 设方位角为 α.

方位角的计算公式为

$$\alpha = 180^\circ + \arctan(\tan(x-z)/\sin y) \tag{8.3.4}$$

式中 x、y 为天线所在位置的经度和纬度;z 为气象卫星位置的经度.

(2) 仰角. 天线仰角是指天线中心线与水平面之间的夹角. 设仰角为 φ.

仰角的计算公式为

$$\varphi = \arctan\left(\frac{\cos y \cdot \cos(x-z) - R/h}{\sqrt{1-\cos^2 y \cdot \cos^2(x-z)}}\right) \tag{8.3.5}$$

式中 R=6370km 为地球半径,h=35 800km 为卫星距地球的高度.

(3) 天线和馈源的调整. 在实验中卫星天线采用的是 1.2m 抛物面反射天线,一般安装固定在室外周围无障碍物的地方. 根据当地的经度和纬度由式(8.3.4)、(8.3.5)计算出天线方位角 α 和仰角 φ,对天线进行调整. 在调整过程中可用罗盘和量角器来定位.

2. 卫星云图的识别

1) 云图特征的识别

由实时接收的卫星云图,识别可见光云图、红外云图、水汽云图的特征. 学会从可见光云图上识别上午图、中午图、下午图.

卫星云图上方的英文字母分别代表日本的第五颗 GMS 卫星、云图种类、云图时间(年月日)、云图代号等. 其中时间加八小时即为北京时间. 云图种类以英文字母代替:H 代表红外(IR)云图,I 为可见光(VS)云图,J 为增强的红外云图(Enhanced IR),a,b,c,d 为地球圆盘图的四个部分(红外云图),k,l,m,n 为地球圆盘图的四个部分(水汽图).

2) 云图云系的识别

(1) 根据原理中卫星云图上各类云的特征,对实地得到的云图进行云系识别,找出卷状云、中云、积雨云、积云、浓积云和层云(雾)等,并判断哪些是高云,哪些是低云.

(2) 分析我国上空的云图及对应的天气,根据云系的特点及运动方向,预告未来天气变化,并与气象台的天气预报进行对比.

四、思考与讨论

(1) 遥感技术的物理基础是什么?

(2) 实验中出现的三种卫星云图各自的基本特征是什么?

(3) 云的高度越高,温度越低,为什么?

(4) 如何区别高云与低云?

(5) 为什么台风登陆后强度减弱而暴雨不减?

(6) 为什么我国夏季多东南风,冬季多西北风?

参考文献

陈渭民. 2005. 卫星气象学. 北京:气象出版社.
高铁军,等. 2004. 物理实验,24:3～5.
何元金,马兴坤. 2003. 近代物理实验. 北京:清华大学出版社.
蒋尚城. 2006. 应用卫星气象学. 北京:北京大学出版社.
王魁香,韩炜,杜晓波. 2007. 新编近代物理实验. 北京:科学出版社.
赵凯华,罗蔚茵. 2003. 量子物理. 北京:高等教育出版社.

王福合　编

单元9　磁共振技术

9.0　磁共振基础知识

磁共振技术来源于1939年美国物理学家拉比(I. I. Rabi)所创立的分子束共振法. 他用这种方法首先实现了核磁共振(NMR)这一物理思想，精确地测定了一些原子核的磁矩，从而获得了1944年度诺贝尔物理学奖. 此后，磁共振技术迅速发展，经历了半个多世纪而长盛不衰，孕育了众多的诺贝尔奖获得者. 它还渗透到化学、生物、医学、地学和计量等学科领域，以及众多的生产技术部门，成为分析测试中不可缺少的实验手段.

所谓磁共振，是指磁矩不为零的原子或原子核处于恒定磁场中，由射频(RF)或微波电磁场引起塞曼能级之间的共振跃迁现象. 这种共振现象若为原子核磁矩的能级跃迁便是核磁共振，若为电子自旋磁矩的能级跃迁则为电子自旋共振(ESR，由于电子轨道磁矩的贡献往往不可忽略，故又称电子顺磁共振). 此外，与此有关的还有铁磁性物质的铁磁共振(FMR)，核电荷分布非球对称物质的核电四极共振，以及建立在光抽运基础上的光泵磁共振等. 这些共振现象各有其特点，但它们之间也有许多共同点. 因此，先介绍一些磁共振技术的基础知识.

一、处于恒定磁场中的磁矩

1. 角动量与磁矩

原子中电子的轨道角动量 $\boldsymbol{P}_L$ 和自旋角动量 $\boldsymbol{P}_S$ 会分别产生轨道磁矩 $\boldsymbol{\mu}_L$ 和自旋磁矩 $\boldsymbol{\mu}_S$，即

$$\boldsymbol{\mu}_L = -\frac{e}{2m_e}\boldsymbol{P}_L, \quad \boldsymbol{\mu}_S = -\frac{e}{m_e}\boldsymbol{P}_S$$

式中 m_e 和 e 分别为电子的质量和电荷，负号表示电子磁矩方向与角动量方向相反. 而 $\boldsymbol{P}_L$ 与 $\boldsymbol{P}_S$ 的总角动量 $\boldsymbol{P}_J$ 引起相应的电子总磁矩

$$\boldsymbol{\mu}_J = -g\frac{e}{2m_e}\boldsymbol{P}_J \tag{9.0.1}$$

式中 g 是朗德因子，其大小与原子结构有关. 同理，核自旋角动量 $\boldsymbol{P}_I$ 与核磁矩 $\boldsymbol{\mu}_I$ 的关系为

$$\boldsymbol{\mu}_I = g_N\frac{e}{2m_p}\boldsymbol{P}_I \tag{9.0.2}$$

式中 g_N 为核朗德因子，其值因核而异；m_p 是质子的质量. 由于 m_p 约为 m_e 的1836倍，从而核磁矩比电子磁矩约小三个数量级.

若引入玻尔磁子 $\mu_B = e\hbar/(2m_e)$ 和核磁子 $\mu_N = e\hbar/(2m_p)$，则式(9.0.1)和(9.0.2)可分别改写为

$$\boldsymbol{\mu}_J = -g\frac{\mu_B}{\hbar}\boldsymbol{P}_J \tag{9.0.3}$$

$$\boldsymbol{\mu}_I = g_{\mathrm{N}} \frac{\mu_{\mathrm{N}}}{\hbar} \boldsymbol{P}_I \tag{9.0.4}$$

式中 $\hbar = h/(2\pi)$ 为约化普朗克常量. 为表述简便起见,往往不加下标来区分原子和原子核的角动量和磁矩,把微观粒子的磁矩与角动量之比用一个称为回磁比的系数 γ 来表示,即

$$\boldsymbol{\mu} = \gamma \boldsymbol{P} \tag{9.0.5}$$

比较前三式,便得到原子或原子核的朗德因子与回磁比两者的关系,求得其中一个便可确定另一个的数值.

根据量子物理学,角动量和磁矩在空间的取向是量子化的,$\boldsymbol{P}$ 与 $\boldsymbol{\mu}$ 在外磁场方向(z 轴)的投影只取以下数值:

$$P_z = m\hbar, \quad \mu_z = \gamma m \hbar \tag{9.0.6}$$

式中 m 为磁量子数. 当 m 取最大值时投影最大,通常取 P_z 和 μ_z 的最大值作为微观粒子的角动量和磁矩的代表值.

2. 磁矩在恒定磁场中的运动

由经典力学得知,磁矩为 $\boldsymbol{\mu}$ 的微观粒子在恒定外磁场 $\boldsymbol{B}_0$ 中受到一力矩 $\boldsymbol{L}$ 作用

$$\boldsymbol{L} = \boldsymbol{\mu} \times \boldsymbol{B}_0$$

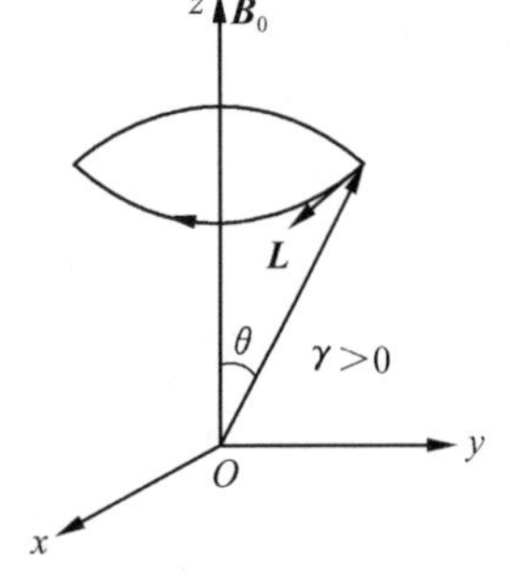

图 9.0.1 磁矩在恒定磁场中作拉莫尔进动

力矩作用会引起微观粒子的角动量变化,即

$$\boldsymbol{L} = \frac{\mathrm{d}\boldsymbol{P}}{\mathrm{d}t}$$

那么,再由 $\boldsymbol{\mu} = \gamma \boldsymbol{P}$ 可得

$$\frac{\mathrm{d}\boldsymbol{\mu}}{\mathrm{d}t} = \gamma \boldsymbol{\mu} \times \boldsymbol{B}_0 \tag{9.0.7}$$

这就是磁矩在外磁场作用下的运动方程. 求解这个方程,便得到磁矩 $\boldsymbol{\mu}$ 绕磁场 $\boldsymbol{B}_0$ 作拉莫尔进动(见图 9.0.1),其进动角频率

$$\omega_0 = \gamma B_0 \tag{9.0.8}$$

可见进动角频率与磁场大小成正比.

3. 磁矩在恒定磁场中的能量

磁矩在恒定外磁场 $\boldsymbol{B}_0$ 作用下具有磁位能

$$E = -\boldsymbol{\mu} \cdot \boldsymbol{B}_0 = -\mu_z B_0 = -\mu B_0 \cos\theta \tag{9.0.9}$$

式中 θ 是 $\boldsymbol{\mu}$ 与 $\boldsymbol{B}_0$ 的夹角. 在磁场一定的情况下,磁矩的能量 E 与方位角 θ 有关. 但磁矩的取值是量子化的,把式(9.0.6)中的 μ_z 代入上式,则

$$E = -\gamma m \hbar B_0 \tag{9.0.10}$$

由此可见,磁矩在磁场中的能量只取分立的能级值. 例如,自旋 $I=2$ 的核,$m=I, I-1, \cdots, -I$,共有 $2I+1=5$ 个值,即具有 5 个等间隔的磁能级. 这些磁能级又称塞曼能级,如图 9.0.2 所示. 由于这些能级间隔很小,故共振跃迁所吸收或发射的能量,落在比光频小得多的射频或微波频段辐射量子 $h\nu$ 的能量范围.

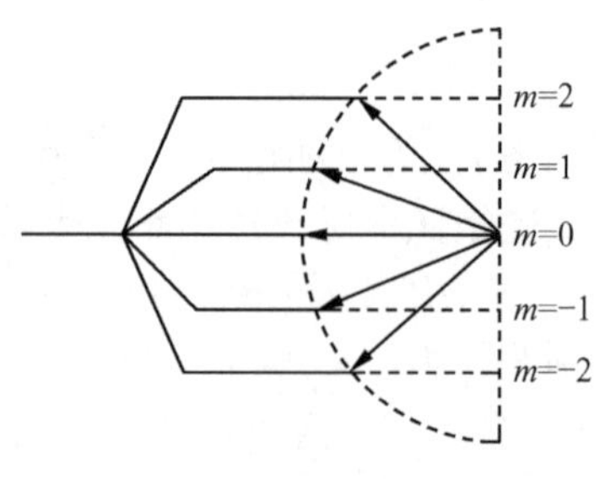

图 9.0.2 磁矩在磁场中的能级

二、辐射场的作用与共振跃迁

怎样的辐射场作用才能有效地引起磁能级之间的共振跃迁呢？考虑在垂直于 $\boldsymbol{B}_0$ 的 xOy 平面上(设为 x 轴方向)施加一射频或微波辐射场 $\boldsymbol{B}_x=2\boldsymbol{B}_1\cos\omega t$，则这个在 x 轴向线偏振的交变磁场可看作由两个旋转方向相反的圆偏振磁场合成，它们的角频率为 ω，振幅为 $\boldsymbol{B}_1$，如图 9.0.3 所示. 显然，这两个圆偏振场中只有其中一个旋转方向与磁矩进动方向相同的才可能同步作用. 若引入一个如图 9.0.4 所示的旋转坐标系 $x'y'z'$(z'与 z 轴重合，x'与 y'轴绕 z 轴旋转，角频率为 ω)，则起作用的圆偏振辐射场 $\boldsymbol{B}_1$ 与旋转坐标系同步旋转. 当 $\omega=\omega_0$时，在旋转坐标系中 $\boldsymbol{B}_1$ 对磁矩 $\boldsymbol{\mu}$ 的作用相当于恒定磁场的作用，使得磁矩 $\boldsymbol{\mu}$ 绕 $\boldsymbol{B}_1$ 进动，从而改变 θ 的大小. 这时磁矩的能量状态会改变，即磁矩与辐射场之间产生能量交换. 当$\omega\neq\omega_0$时，在旋转坐标系中 $\boldsymbol{B}_1$ 不再是恒定磁场，它只能引起磁矩 $\boldsymbol{\mu}$ 在 θ 附近上下摆动，而不改变 θ 的平均值. 由式(9.0.8)得知，这时磁矩的能量状态不变，磁矩与辐射场之间没有能量交换. 要使磁矩的方位角 θ 有效地改变，与辐射场产生能量交换，则 $\boldsymbol{B}_1$ 应垂直于 $\boldsymbol{B}_0$，$\boldsymbol{B}_1$ 的角频率 ω 应等于进动频率 ω_0.

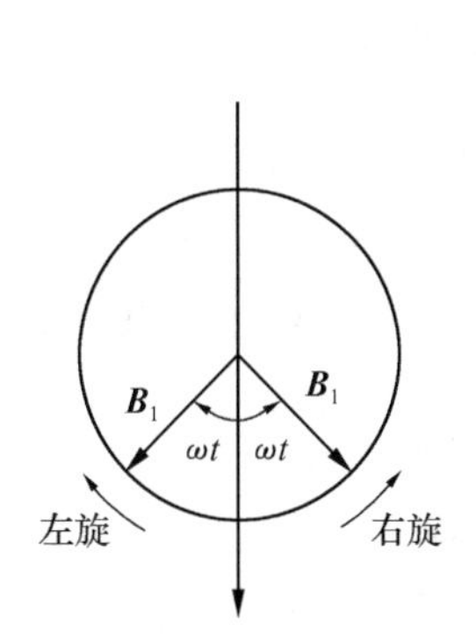

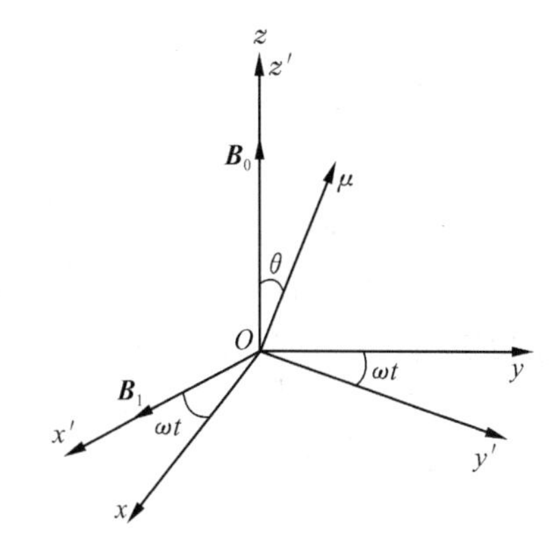

图 9.0.3　线偏振磁场分解为左旋与右旋圆偏振磁场　　图 9.0.4　旋转坐标系的引入

无疑，辐射场引起的共振跃迁还应该用量子理论来解释. 由磁偶极跃迁的选择定则 $\Delta m=\pm1$ 可知，只有相邻能级之间的共振跃迁才是允许的. 按照玻尔频率定则，如果射频或微波的光子能量 $h\nu$(即 $\hbar\omega$)与式(9.0.10)给出的相邻能级的能量差 $\Delta E=\gamma\hbar B_0$ 相等，即 $\hbar\omega=\gamma\hbar B_0$，将会引起共振跃迁，故磁共振条件为

$$\omega=\gamma B_0 \tag{9.0.11}$$

比较式(9.0.8)，能引起共振跃迁的辐射场角频率 ω，刚好与磁矩在 $\boldsymbol{B}_0$ 中的进动角频率 ω_0相等.

根据爱因斯坦的辐射理论，两能级之间的量子跃迁有感应吸收、感应发射和自发发射三种情况. 由于在射频和微波频段的自发发射概率小到可忽略不计，故只需考虑感应吸收和感应发射两种情况便可. 而这两者的跃迁概率是相等的，其概率 $p\propto B_1^2$. 设相邻两能级为 E_1 和 E_2，低能级 E_1 的粒子数为 N_1，高能级 E_2 的粒子数为 N_2，在热平衡状态下各能级的粒子数遵从玻尔兹曼分布

$$\frac{N_2}{N_1} = \exp[-\Delta E/(kT)] \approx 1 - \frac{\Delta E}{kT} \tag{9.0.12}$$

式中 k 为玻尔兹曼常量，T 为温度. 通常 $\Delta E \ll kT$，故低能级的粒子数 N_1 稍大于高能级的粒子数 N_2. 由此可见，在同一辐射场作用下，尽管感应吸收与感应发射的跃迁概率相等，但由于 N_1 稍大于 N_2，因而感应吸收会稍占优势，样品从辐射场中吸收的能量大于放出的能量，总的效果是共振吸收.

三、弛豫过程与弛豫时间

在共振吸收过程中，低能级的粒子跃迁到高能级，使高、低能级的粒子数分布趋于均等，这时共振吸收信号消失，粒子系统处于饱和状态. 但由于物质内部机制存在着恢复平衡状态的逆过程，在适当的实验条件下仍可观测到稳定的共振吸收信号. 下面用宏观理论来讨论这种恢复平衡的过程.

在恒定的磁场作用下，微观粒子系统的磁化可用宏观磁化强度 $\boldsymbol{M}$ 来描述. $\boldsymbol{M}$ 等于单位体积内所有微观磁矩 $\boldsymbol{\mu}_1, \boldsymbol{\mu}_2, \cdots$ 的矢量和，即

$$\boldsymbol{M} = \sum_i \boldsymbol{\mu}_i \tag{9.0.13}$$

由式(9.0.7)和式(9.0.13)可得，$\boldsymbol{M}$ 在 $\boldsymbol{B}_0$ 中的运动方程为

$$\frac{\mathrm{d}\boldsymbol{M}}{\mathrm{d}t} = \gamma \boldsymbol{M} \times \boldsymbol{B}_0 \tag{9.0.14}$$

可见 $\boldsymbol{M}$ 也以角频率 $\omega_0 = \gamma B_0$ 绕 $\boldsymbol{B}_0$ 旋进. 在热平衡情况下，微观磁矩 $\boldsymbol{\mu}_i$ 的旋进相位是随机分布的，故宏观量 $\boldsymbol{M}$ 在 xOy 平面上的投影(横向分量)等于零，在 z 轴上的投影(纵向分量)等于恒定值 M_0，即磁化强度各分量的平衡值为

$$M_x = 0, \quad M_y = 0, \quad M_z = M_0 \tag{9.0.15}$$

当辐射场 $\boldsymbol{B}_1$ 作用而引起共振吸收时，$\boldsymbol{M}$ 偏离 z 轴而在 xOy 平面上的投影不等于零，即

$$M_x \neq 0, \quad M_y \neq 0, \quad M_z < M_0$$

但共振吸收停止后，磁化强度 $\boldsymbol{M}$ 将会恢复到原来的取向. 通常把这种由物质内部相互作用而引起非平衡状态向平衡状态恢复的过程称为弛豫过程.

弛豫过程的机制比较复杂，但可简单地在宏观运动方程中引入两个时间常数来描述其规律. 假设 M_z 分量和 M_x、M_y 分量向平衡值恢复的速度，跟它们偏离平衡值的大小成正比，则这些分量对时间的导数可写为

$$\begin{aligned} \mathrm{d}M_z/\mathrm{d}t &= -(M_z - M_0)/T_1 \\ \mathrm{d}M_x/\mathrm{d}t &= -M_x/T_2 \\ \mathrm{d}M_y/\mathrm{d}t &= -M_y/T_2 \end{aligned} \tag{9.0.16}$$

等式右边的负号表示恢复平衡的过程是磁化强度偏离平衡位置变化的逆过程. 式中的比例系数分别用 $1/T_1$ 和 $1/T_2$ 表示，则 T_1 和 T_2 具有时间的量纲. 其中 T_1 是描述 $\boldsymbol{M}$ 的纵向分量 M_z 恢复过程的时间常量，称为纵向弛豫时间；T_2 是描述 $\boldsymbol{M}$ 的横向分量 M_x 和 M_y 消失过程的时间常量，称为横向弛豫时间. 求方程(9.0.16)的解，并把 M_x 和 M_y 合写为 $M_{x,y}$，得

$$\begin{aligned} M_z &= M_0(1 - \mathrm{e}^{-t/T_1}) \\ M_{x,y} &= (M_{x,y})_{\max} \mathrm{e}^{-t/T_2} \end{aligned} \tag{9.0.17}$$

可见 M_z 和 $M_{x,y}$ 恢复平衡过程服从指数规律. 若弛豫作用强,则恢复平衡的时间短,T_1 和 T_2 数值小. 通常 T_1 比 T_2 大,特别是固体,T_2 比 T_1 小得多.

由于 M_z 的改变会使自旋系统的能量发生变化,对于共振吸收来说,系统能量增加,这时跃迁到高能级的粒子与晶格相互作用,一部分能量变为晶格振动热能而经历无辐射跃迁回到低能级,故 T_1 又称自旋-晶格弛豫时间. 对于 T_1 较大的样品,因恢复热平衡分布的时间长而容易饱和,在样品制备时需要加入少量含顺磁离子的物质以减少 T_1. 至于 M_x 和 M_y,它们的改变是不影响自旋系统的能量的,其消失过程是由于自旋磁矩之间交换能量,使它们的旋进相位趋于随机分布,故 T_2 又称自旋-自旋弛豫时间. 后面还会进一步了解到,共振谱线的宽度与 T_2 近似成反比,T_2 大则谱线窄,T_2 小则谱线宽.

四、共振吸收信号及其检测

布洛赫(F. Bloch)从磁化强度 $\boldsymbol{M}$ 满足的运动方程出发,首先建立了磁共振的宏观理论. 他考虑到外磁场和弛豫作用均会使磁化强度 $\boldsymbol{M}$ 发生变化,而且认为两者是各自独立的,可把它们简单地进行叠加. 因此,只要把式(9.0.14)和(9.0.16)相加,便可得到

$$\frac{\mathrm{d}\boldsymbol{M}}{\mathrm{d}t}=\gamma\boldsymbol{M}\times\boldsymbol{B}_0-\frac{1}{T_2}(M_x\boldsymbol{i}+M_y\boldsymbol{j})-\frac{1}{T_1}(M_z-M_0)\boldsymbol{k} \tag{9.0.18}$$

这就是著名的布洛赫方程(若写成三个坐标分量的表达式便得到布洛赫方程组). 求该方程普遍解是困难的,但在稳态情况下(如扫场缓慢通过共振区),并引入上述旋转坐标系 $x'y'z'$,便不难求得稳态解. 有兴趣的读者可参阅有关著作.

根据布洛赫方程的稳态解,共振吸收信号

$$\nu=\frac{-\gamma B_1T_2M_0}{1+T_2^2(\omega_0-\omega)^2+\gamma^2B_1^2T_1T_2} \tag{9.0.19}$$

可见在 $\omega=\omega_0$ 处(即 $\omega_0-\omega=0$),得到吸收信号的峰值(取绝对值)

$$\nu_{\mathrm{p}}=\gamma B_1T_2M_0/(1+\gamma^2B_1^2T_1T_2) \tag{9.0.20}$$

令 $S=\gamma^2B_1^2T_1T_2$,当 $S\ll1$ 时,ν_{p} 与辐射场 B_1 成正比,适当增大 B_1 则信号增强. 不难证明,当继续增大 B_1 使 $S=1$ 时,ν_{p} 达到极大值,即信号最强. 若再继续增大 B_1 以致 $S>1$,则信号减弱;当 $S\gg1$ 时,则 $\nu_{\mathrm{p}}\to0$,即为饱和. 故 S 又称饱和因子. 注意,不仅 B_1 很强时会出现饱和,若弛豫时间 T_1 和 T_2 值很大,尽管 B_1 很弱也会使得 $S\gg1$,出现饱和而观测不到信号. 著名的荷兰物理学家哥特(C. J. Gorter)是在凝聚物质中寻找磁共振信号的第一个人,但经过几年努力没有成功,其主要原因就在于所选样品的弛豫时间太长了.

稳态共振吸收信号及其谱线宽度如图 9.0.5 所示. 通常用"半高宽"代表线宽,即谱线半高度所对应的频率间隔. 由式(9.0.19)和(9.0.20)不难求得,半宽度(即半高宽的一半)为

$$\omega_0-\omega=\sqrt{1+\gamma^2B_1^2T_1T_2}/T_2 \tag{9.0.21}$$

当 $\gamma^2B_1^2T_1T_2\ll1$ 时,$\omega_0-\omega=1/T_2$,即线宽

$$\Delta\omega=2(\omega_0-\omega)=2/T_2 \tag{9.0.22}$$

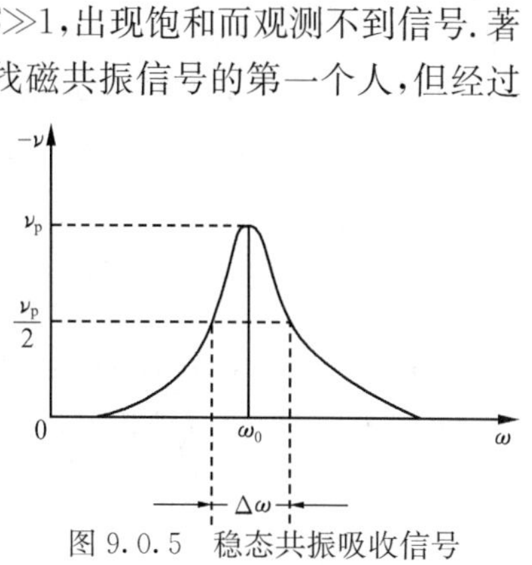

图 9.0.5　稳态共振吸收信号及其谱线宽度

由此可见,线宽与弛豫时间 T_1 和 T_2 有关,但主要由 T_2 决定.如果测定了线宽,便可估算 T_2 的大小.

应该指出,影响线宽的因素是多种多样的.除了谱线的自然宽度以外,若样品所处的空间范围内恒定磁场 B_0 不够均匀,则线宽将会加宽;样品内部微观磁矩相互作用紧密的物质,例如固体,也会使谱线明显加宽……因此,由线宽估算的 T_2 是包含了其他因素的贡献的.

由于谱线有宽度,检测信号时就不能只满足某一共振点的条件,而是要设法扫过整个谱线区域.为此可采用两种方法:①扫频法,即恒定磁场 B_0 固定不变,连续改变辐射的频率 ω 以通过共振区,当 $\omega=\omega_0=\gamma B_0$ 时便出现共振峰;②扫场法,即辐射场的频率 ω 固定,而让磁场连续变化以通过共振区,只要在恒定磁场上叠加一个缓慢变化的交变磁场便可.图 9.0.6 所示的是扫场法.当恒定磁场值刚好等于辐射场频率 ω 所对应的共振磁场 B_0 时,谱线为等间隔分布,如图 9.0.6(a)所示;当恒定磁场值稍微偏离 B_0 值时,谱线为不等间隔分布,如图 9.0.6(b)所示.

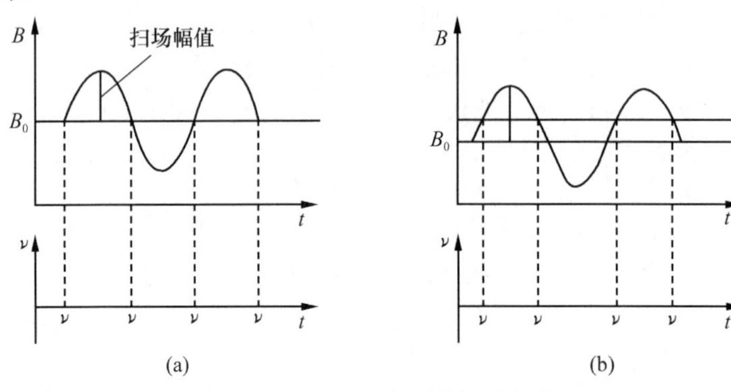

图 9.0.6　用扫场法检测共振吸收信号

本单元的磁共振实验,诸如“核磁共振的稳态吸收”、“电子自旋共振”和“光泵磁共振”等,都是检测稳态信号的.这类实验的共同特点是,采用连续的弱辐射场与样品相互作用,其共振谱线是频率的函数,故得到的是“频域”信号.而本单元中“脉冲核磁共振法测弛豫时间”则是另一类实验,它是检测非稳态信号的.其主要特点是采用短暂的强射频脉冲作用于样品,从而得到随时间变化的“时域”信号.由于共振射频脉冲包含着共振谱线的全部频谱,故射频脉冲的作用等效于全部频谱同时激发样品,检测共振信号时就无需扫频或扫场.基于脉冲磁共振实验而发展起来的脉冲傅里叶变换磁共振技术,采用重复的脉冲序列作用以检测时域信号,可多次采样累加;再借助计算机作快速傅里叶变换使时域信号变为频域信号,便大大提高了检测灵敏度.关于脉冲磁共振实验的原理和方法,将在实验 9.2 中再作介绍.

参 考 文 献

法拉 T C. 1989. 脉冲核磁共振波谱学导论. 左其卉,译. 合肥:中国科学技术大学出版社.

王金山. 1982. 核磁共振波谱仪与实验技术. 北京:机械工业出版社:第 1～2 章.

Slichter C P. 1992. Principles of Magnetic Resonance. 3rd ed. Berlin: Springer:Chap. 1～2.

林木欣　吴先球　编

吴先球　改编

9.1 核磁共振的稳态吸收

核磁共振(NMR)的研究,始于核磁矩的探测.前面已经谈到,拉比在 1939 年创立的分子束共振法中首先实现了 NMR.但分子束技术要把样品物质高温蒸发后才能做实验,这就破坏了凝聚物质的宏观结构,其应用范围自然受到限制.1945 年底和 1946 年初,珀塞尔(E. M. Purcell)小组和布洛赫小组分别在石蜡和水中观测到稳态的 NMR 信号,从而宣告了 NMR 在宏观的凝聚物质中取得成功.为此,布洛赫和珀塞尔荣获了 1952 年度诺贝尔物理学奖.NMR 技术在当代科技中有着极其重要的作用,已广泛应用于许多学科的研究,成为分析测试不可缺少的技术手段.用 NMR 方法测磁场,其准确度达 0.001%.20 世纪 80 年代发展起来的核磁共振成像技术,具有清晰、快速、无害等优点,在医学上可准确地诊断肿瘤等疾病……目前,NMR 仍然在蓬勃发展中.

NMR 的实验方法可采用两种不同的射频技术:其一是稳态法(即连续波法),用连续的弱射频场作用于原子核系统,以观测 NMR 波谱;其二是瞬态法(即脉冲波法),用脉冲的强射频场作用于原子核系统,以观测核磁矩弛豫过程的自由感应现象.本实验讨论 NMR 的稳态吸收,要求读者掌握 NMR 的基本原理和稳态吸收的实验方法,测定一些样品的核磁矩,并学会用 NMR 方法测定磁场.

一、实验原理

原子核具有自旋角动量和磁矩,是泡利(W. Pauli)于 1924 年为解释原子光谱的超精细结构而提出的.1933 年,斯特恩(O. Stern)等人首先用分子束方法测得氢核(质子)的磁矩.自然界大约有 105 种同位素的核,其 I 为整数或半整数,具有不为零的角动量和磁矩,从而可观测到 NMR 信号.表 9.1.1 列出了其中某些核的有关参数,可供实验参考.目前,NMR 研究得最多的核是 ^{1}H、^{13}C、^{15}N、^{19}F、^{31}P 等,它们的自旋量子数 I 都是 1/2.

表 9.1.1 某些具有磁矩的原子核参数

原子核	自旋量子数 I	天然丰度/%	磁矩 μ/μ_N	磁场为 1T 的 NMR 频率/MHz
^{1}H	1/2	99.984 4	2.792 68	42.575 9
^{2}H	1	0.014 8	0.857 387	6.535 66
^{7}Li	3/2	92.58	3.256 0	16.546
^{13}C	1/2	1.108	0.702 199	10.705 4
^{14}N	1	99.653	0.404 7	3.075 6
^{15}N	1/2	0.365	−0.282 98	4.314 2
^{17}O	5/2	0.037	−1.893 7	5.772
^{19}F	1/2	100	2.627 27	40.054 1
^{31}P	1/2	100	1.130 5	17.235

在前面磁共振基础知识中已经说明,实现核磁共振要把核磁矩不为零的样品置于恒定磁场 $\boldsymbol{B}_0$ 中,并在垂直于 $\boldsymbol{B}_0$ 方向施加一角频率为 ω 的交变磁场 $\boldsymbol{B}_1$,若满足条件

$$\omega = \gamma \boldsymbol{B}_0$$

便发生核磁矩塞曼能级的共振跃迁. 共振频率的大小与磁场 $\boldsymbol{B}_0$ 的大小成正比. 原子核的回磁比 γ 是反映核结构的参数,它与朗德因子密切相关. 由式(9.0.5)和式(9.0.4)得知

$$\gamma = \frac{\mu}{P} = g_N \frac{\mu_N}{\hbar} \tag{9.1.1}$$

事实上,若核磁矩以 μ_N 为单位,角动量以 $\hbar$ 为单位,则

$$\gamma = \frac{\mu/\mu_N}{P/\hbar} = g_N$$

自从 NMR 取得成功以后,绝大多数核的磁矩值均由 NMR 实验测得. 由式(9.0.6)知,核磁矩在磁场方向的投影

$$\mu_z = \gamma m \hbar$$

式中磁量子数 $m=I, I-1, \cdots, -I$. 由 μ_z 的最大值作为核磁矩 μ 的代表值,则

$$\mu = (\mu_z)_{\max} = \gamma I \hbar = g_N \mu_N I \tag{9.1.2}$$

因此,对于自旋量子数 I 已知的核,若求得 γ 或 g_N,则核磁矩 μ 值便确定了. 根据共振条件表示式 $\omega=\gamma B_0$,实验中只要测出共振频率和磁场,便可通过 γ 求得核磁矩 μ 的测定值. 反过来,若样品中被测核的 μ 或 γ 已知,则只要测出共振频率,便可精确地测定磁场.

然而,检测 NMR 稳态吸收信号必须理解好共振吸收和弛豫这两个物理过程. 现以被测核 $I=1/2$ 为例来说明. 因这类核的磁量子数 m 只有两个取值($m_1=1/2, m_2=-1/2$),由式(9.0.10)得知,核磁矩在磁场 $\boldsymbol{B}_0$ 中也只有两个塞曼能级

$$E_1 = -\frac{1}{2}\gamma \hbar B_0, \quad E_2 = \frac{1}{2}\gamma \hbar B_0$$

它们对应于经典理论中两个旋进圆锥,如图 9.1.1 所示. 注意,低能级对应于上面的旋进圆锥,高能级对应于下面的旋进圆锥,两能级的能量差

$$\Delta E = E_2 - E_1 = \gamma \hbar B_0 \tag{9.1.3}$$

对于一定的核,其 γ 值一定,能量差 ΔE 的值与磁场 $\boldsymbol{B}_0$ 的大小成正比. 就一般可提供的磁场强度来说,ΔE 的大小落在射频段能量子 $h\nu$(即 $\hbar\omega$)的数量级范围. 当垂直于 $\boldsymbol{B}_0$ 方向所施加

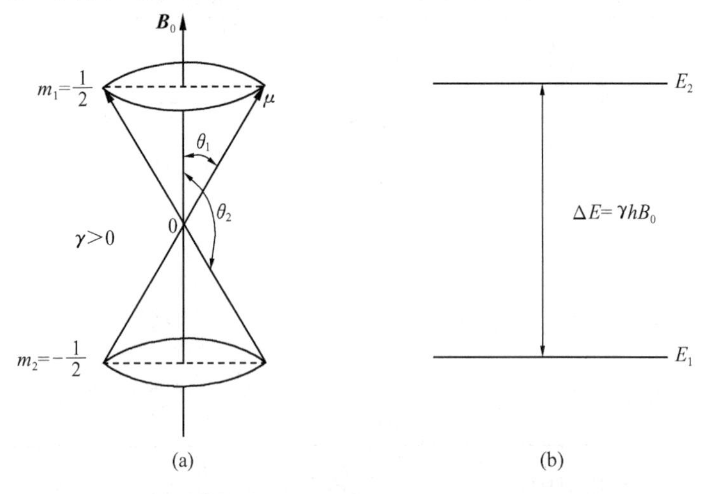

图 9.1.1　$I=1/2$ 的核磁矩在 B_0 中的旋进圆锥(a)和塞曼能级(b)

的射频场 $\boldsymbol{B}_1$ 的频率满足

$$\hbar\omega = \Delta E = \gamma\hbar B_0 \tag{9.1.4}$$

即 $\omega=\gamma B_0$ 时,低能级核磁矩可吸收射频场能量而跃迁到高能级,这就是共振吸收.

共振吸收将会破坏能级粒子数的热平衡分布而趋于饱和,因而有赖于弛豫过程使粒子数恢复平衡分布. 现在估算一下热平衡状态下核磁矩能级的粒子数分布:以氢核为例,$\gamma/(2\pi)=42.576\text{MHz}\cdot\text{T}^{-1}$,假定室温为 300K,磁场为 1T,由式(9.0.12)求得

$$\frac{N_2}{N_1} \approx 1 - \frac{\gamma\hbar B_0}{kT} = 0.999\,993$$

即相邻两能级的粒子数之差为 10^{-6} 数量级. 靠这么一点差数提供检测 NMR 信号的可能性,可见射频场引起磁能级共振跃迁时,能级的粒子数分布很容易趋于相等而饱和. 为了避免饱和现象的出现,一方面要采用适当的弱射频场 B_1 作用于样品,另一方面要使样品的弛豫时间不能太长. 比如说在液体样品的制备中,加入适量含顺磁离子的物质以减少弛豫时间,那么跃迁到高能级的粒子便能较快地回到低能级,以保持高、低能级的粒子数之差,从而在实验中能够连续地观察到 NMR 吸收信号.

NMR 稳态吸收信号由式(9.0.19)描述. 由于吸收谱线具有宽度,因此要采用扫场法或扫频法来检测信号,并且要缓慢地通过共振区才能满足稳态条件. 关于这个问题将在下面介绍实验装置的扫场系统时再讨论.

二、实验仪器装置

本实验装置如图 9.1.2 所示. 它由电磁铁及其大功率直流电源(用永久磁铁则无需电源,该图可以简化)、扫场线圈及其 50Hz 交流电源、边限振荡器、探头、样品、频率计、示波器、特斯拉计(或称高斯计)、数字电压表等组成. 下面简单介绍几个主要部分.

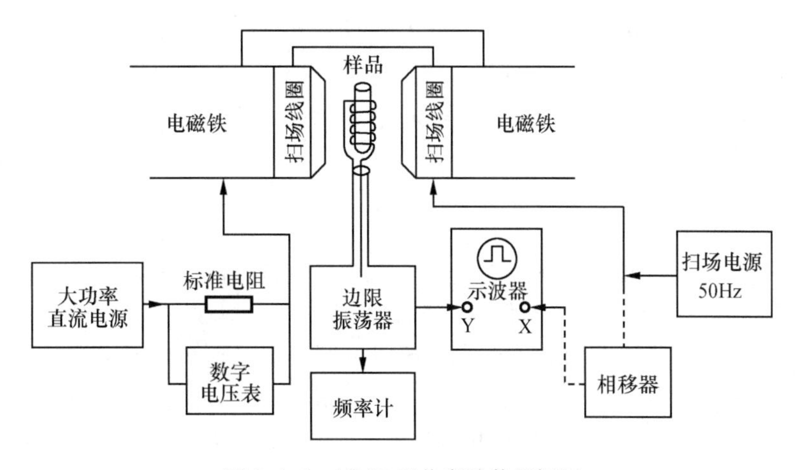

图 9.1.2　NMR 吸收实验装置框图

1. 恒定磁场系统

由电磁铁或永久磁铁提供实验所需要的稳定而均匀的恒定磁场 $\boldsymbol{B}_0$. 只有样品所在的空间范围磁场很均匀,谱仪才会有较好的分辨率. 该磁场若为电磁铁提供,则要配用大功率的

稳流电源作直流电源. 这种电磁铁工作时一般要通水冷却,而且开机半小时到一小时以后磁场才达到稳定. 调节稳流电源改变通过电磁铁线圈的电流即改变 $\boldsymbol{B}_0$ 的大小,线圈上的电流值由数字电压表测量标准电阻两端的电压求得. 若 $\boldsymbol{B}_0$ 由永久磁铁产生,则恒定磁场系统比较简单,磁场的稳定性也特别好,但磁场的可调范围受到限制.

2. 射频发射与接收系统

这部分统称 NMR 探头. 它包括边限振荡器、高频放大器(高放)、检波和低频放大器(低放)等,如图 9.1.3 所示. 边限振荡器的振荡线圈内置样品,线圈轴线垂直于 $\boldsymbol{B}_0$,用铜管做成同轴电缆与边限振荡器连接. 为了检测共振频率差别较大的样品,要更换匝数不同的振荡线圈和耦合的同轴电缆. 人们有时只把这一小部分称为“探头”,每个“探头”只覆盖一定的频率范围. 当边限振荡器起振后,振荡线圈内产生等幅振荡的射频场作用于样品. 若满足共振条件,样品便吸收射频场能量使得振荡回路的 Q 值下降,从而振荡幅值减小,即射频振荡受到共振吸收的调制. 被调制的射频信号,经检波和滤波后便得到 NMR 吸收信号,由示波器显示. 另外,射频信号可通过高频放大电路,由频率计测定其频率. 由于探头系统兼有射频发射和共振信号接收的双重功能,它相当于 NMR 实验装置的心脏,因此要求其灵敏度高、稳定性好、抗干扰能力强. 实验时还要注意把振荡器调到边限状态,以免 $\boldsymbol{B}_1$ 过强而引起饱和现象. 至于水或重水等实验样品,通常要渗入约 1%的 $CuSO_4$ 或 $FeCl_3$ 等含顺磁离子的物质,以减少样品的弛豫时间.

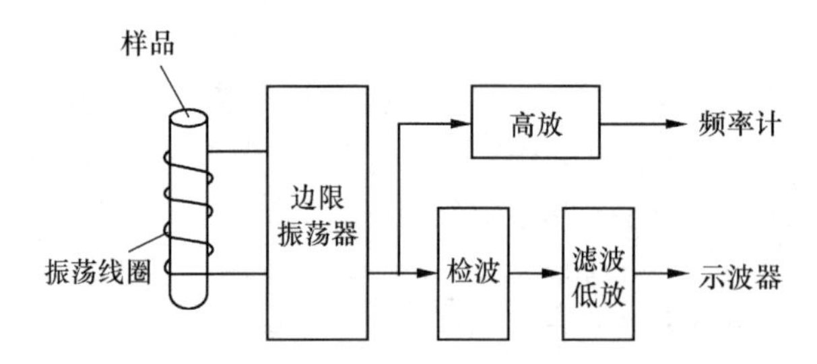

图 9.1.3　NMR 探头系统方框图

3. 扫场系统

本实验采用 50Hz 交流电通过自耦变压器降压,然后送到扫场线圈,这时便在恒定磁场上叠加了一个交变磁场作为扫场. 为了得到稳态的共振吸收信号,要求扫场通过共振区的时间要较纵向弛豫时间 T_1 和横向弛豫时间 T_2 长得多. 现在采用 50Hz 扫场,对通常制备好的水样品来说,是未能满足稳态条件的. 因为扫场速度不够缓慢,以致磁化强度 M 未能紧跟磁场的变化,共振吸收信号的最大值略滞后于共振点,且在共振区后出现摆动尾波,如图 9.1.4 所示. 若扫场速率改变,则吸收峰和尾波均改变. 对于同一扫场速率来说,磁场 $\boldsymbol{B}_0$ 越均匀或弛豫时间 T_2 越大则尾波越长. 然而,当采用 T_2 很小的固体样品(如聚四氟乙

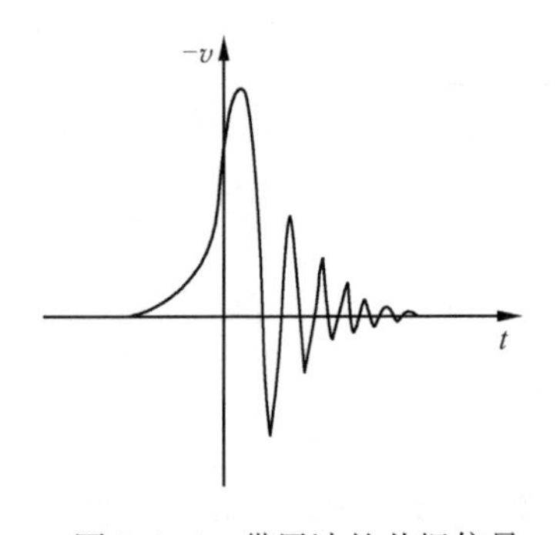

图 9.1.4　带尾波的共振信号

烯)来做实验时,50Hz 扫场已可看作满足稳态条件,这时共振信号没有尾波出现. 关于扫场幅值大小对共振信号的影响问题,若扫场幅值太小而未能扫过整个谱线范围,则信号幅值较小;若扫场幅值太大时,由于扫过共振区的时间太短,以致一些粒子还来不及实现能级跃迁,因而信号幅值也较小. 此外,为了准确观测 NMR 吸收信号,除了调节信号等间隔来判别以外,还可把 50Hz 扫场电压经相移器引入示波器 X 轴作外触发扫描,以检测到两个正反重叠的 NMR 吸收信号.

三、实验内容

参考图 9.1.2 连接好线路,掌握有关仪器设备的使用. 用示波器观测共振信号时,既可用示波器的内扫描,也可用扫场电压作外扫描. 注意,如果电磁铁工作时要用水冷却,则接通电源之前必须先接通冷却水.

1. 观察氢核 ^{1}H 的 NMR 现象

选用制备好的水样品做实验,利用特斯拉计把磁场调至共振值 B_0 附近,用扫场法观察氢核的 NMR 现象. 当示波器上能显示出较强而稳定的共振吸收信号以后,再改变下述实验条件以观察信号的变化:

(1) 改变射频场 B_1 的强度,观察吸收信号幅值的变化;

(2) 改变扫场电压的大小,观察吸收信号有什么不同;

(3) 移动样品在磁极间的位置,观察磁场 B_0 的均匀度对吸收信号波形的影响;

(4) 比较掺入顺磁物质浓度不同的水样品,观察它们的吸收信号有何差别.

此外,读者还可取下水样品,观察甘油或机油等样品的氢核共振吸收信号.

2. 测定电磁铁的励磁电流与磁场的关系

利用水样品 ^{1}H 的共振吸收,作出 B_0-I 图. 电流值可由数字电压表测量标准电阻两端电压求得,B_0 由共振频率求得. 对于使用永久磁铁的仪器设备,只测定磁极间中心位置的 B_0 值,然后检验特斯拉计的测量值是否准确.

3. 用聚四氟乙烯样品测定氟核 ^{19}F 的磁矩

^{19}F 的 $I=1/2$. 共振磁场可由 B_0-I 图查出. 对于实验装置未能作 B_0-I 图的读者,也可在同样条件下利用 ^{1}H 的共振来测定 ^{19}F 的共振磁场. 用特斯拉计直接测定磁场也可以,但精密度较低. 另外,该样品的 T_2 值比水样品的小得多,因此线宽大得多,扫场幅值应该增大 2 倍左右.

*4. 用重水样品测定氘核 ^{2}H 的磁矩

提示:由于 ^{2}H 的 NMR 信号较弱,故应把磁场 B_0 调到尽可能大来做实验. 另外,在 B_0 值相同的情况下,^{2}H 的共振频率比 ^{1}H 的小得多,因此要更换一个线圈匝数较多的探头,才能使射频场的频率满足共振条件.

四、思考与讨论

(1) 观测 NMR 吸收信号时要提供哪几种磁场？各起什么作用？各有什么要求？

(2) NMR 稳态吸收有哪两个物理过程？实验中怎样才能避免饱和现象出现？

(3) 一台氢核共振频率为 600MHz 的 NMR 谱仪，由超导磁场提供的 B_0 值等于多少？若已知^{13}C 磁场在 1T 时共振频率为 10.7054MHz，问该谱仪在检测^{13}C 的 NMR 信号时共振频率等于多少？

参 考 文 献

王金山. 1982. 核磁共振波谱仪与实验技术. 北京：机械工业出版社.
吴思诚，王祖铨. 1995. 近代物理实验. 2 版. 北京大学出版社.
Williams D. 1976. Method of Experimental Physics. Vol. 3，Part B. New York：Academic Press：465～487，511～530.

林木欣　吴先球　编
吴先球　改编

9.2　脉冲核磁共振法测量弛豫时间

早在 1946 年，布洛赫就已指出，在共振条件下施加一短脉冲射频场作用于核自旋系统，在射频脉冲消失后可检测到核感应信号. 年轻的哈恩(E. L. Hahn)在当研究生时便致力于这一研究，1950 年，他观察到自由感应衰减(free induction decay，FID)信号，并且发现了自旋回波(SE). 哈恩的这项成果，被誉为 NMR 发展中最重要贡献之一. 但限于当时的技术条件，这种脉冲 NMR 的早期发展非常缓慢. 直到计算机和傅里叶变换技术迅速发展以后，恩斯特(R. R. Ernst)于 1966 年发明了脉冲傅里叶变换核磁共振(PFT-NMR)技术，可把瞬态的 FID 信号转变为稳态的 NMR 波谱，大大提高了检测的灵敏度，才导致 NMR 技术的发展突飞猛进. 目前广泛用于分析测试的 NMR 谱仪，以及在医学诊断中有重大应用的 NMR 成像技术，都是 PFT-NMR 技术取得的成果. 为此，恩斯特荣获了 1991 年度诺贝尔化学奖. 我们学习本实验，应掌握脉冲核磁共振的基本概念和方法，通过观测核磁矩对射频脉冲的响应加深对弛豫过程的理解，进而学会用基本脉冲序列来测定液体样品的弛豫时间 T_1 和 T_2.

一、实 验 原 理

1. 自由感应衰减信号

我们已经知道，处于恒定磁场 $\boldsymbol{B}_0$ 中的核自旋系统，其宏观磁化强度 $\boldsymbol{M}$ 以角频率 $\omega_0=\gamma B_0$ 绕 $\boldsymbol{B}_0$ 旋进. 若引入一个与旋进同步的旋转坐标系 $Ox'y'z'$，其转轴 z' 与固定坐标系的 z 轴重合，转动角频率 ω 与共振射频场的频率也相同，$\boldsymbol{M}$ 在旋转坐标系中是静止的. 现在，垂

直于 $\boldsymbol{B}_0$ 方向施加一射频脉冲,脉冲宽度

$$t_{\mathrm{p}} \ll T_1, T_2 \tag{9.2.1}$$

我们可把它分解为两个转向相反的圆偏振脉冲射频场,其中起作用的是与旋进同向旋转的射频场,而且可把这个射频场看作施加在 x'轴上的恒定磁场 B_1,作用时间为脉宽 t_{p}. 在射频脉冲作用前,$\boldsymbol{M}$ 处在热平衡状态,$\boldsymbol{M}=\boldsymbol{M}_0$,方向与 z'轴重合. 施加射频脉冲作用后,$\boldsymbol{M}$ 绕 x'轴转过一个角度

$$\theta = \gamma B_1 t_{\mathrm{p}} \tag{9.2.2}$$

θ 称为倾倒角. 图 9.2.1 示出了脉宽 t_{p} 恰好使 $\theta=90°$和 $\theta=180°$两种情况,这些脉冲分别称为 90°脉冲和 180°脉冲. 由式(9.2.2)可知,只要射频场足够强,则 t_{p} 值均可做到足够小而满足式(9.2.1)的要求,这就意味着射频脉冲作用期间弛豫作用可忽略不计.

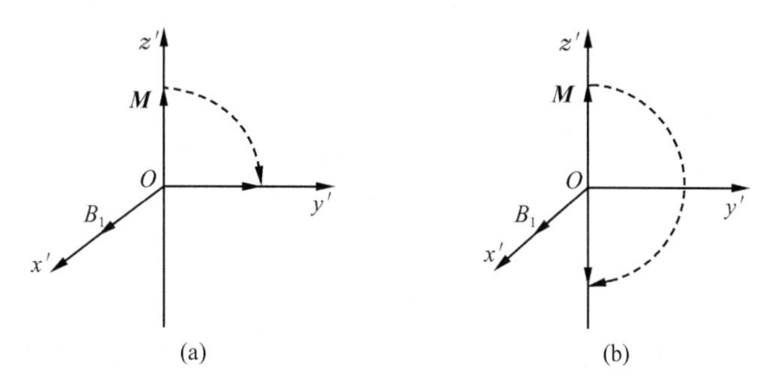

图 9.2.1　90°脉冲(a)和 180°脉冲(b)的作用

下面讨论 90°脉冲对核磁矩系统的作用及其弛豫过程. 设 t 在开始时刻加上射频场 B_1,到 $t=t_{\mathrm{p}}$ 时 M_0 绕 B_0 转过 90°而倾倒在 y'轴上. 这时射频场 B_1 即消失,核磁矩系统由弛豫过程遵从式(9.0.17)的变化规律恢复到热平衡状态. 其中 $M_z \to M_0$ 的增长速度取决于 T_1;$M_x \to 0$ 和 $M_y \to 0$ 的衰减速度取决于 T_2. 在旋转坐标系看来,$\boldsymbol{M}$ 没有旋进,恢复到平衡位置的过程如图 9.2.2(a)所示. 在实验室坐标系看来,$\boldsymbol{M}$ 绕 z 轴旋进按螺旋形式回到平衡位置,如图 9.2.2(b)所示. 在这个弛豫过程中,若在垂直于 z 轴方向上置一接收线圈,便可感应出一个射频信号,其频率与旋进频率 ω_0 相同,其幅值按指数衰减,称为自由感应衰减(FID)信号. 经检波并滤去射频以后,观察到的 FID 信号是指数衰减的包络线,如图 9.2.2(c)所示. FID 信号与 $\boldsymbol{M}$ 在 xOy 平面上横向分量的大小有关,故 90°脉冲的 FID 信号幅值最大,180°

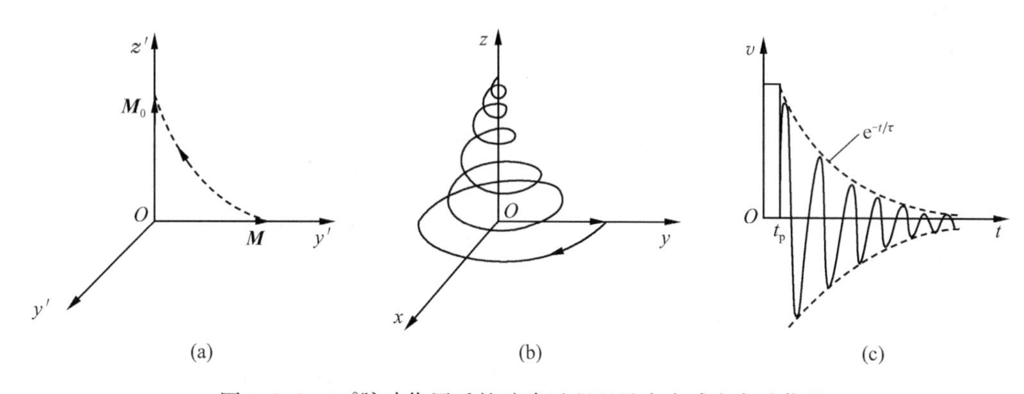

图 9.2.2　90°脉冲作用后的弛豫过程以及自由感应衰减信号

脉冲的 FID 信号幅值为零.

实验中由于恒定磁场 $\boldsymbol{B}_0$ 不可能绝对均匀,样品中不同位置的核磁矩所处的外场大小有所不同,其旋进频率各有差异,实际观测到的 FID 信号是各个不同旋进频率的指数衰减信号的叠加. 设 T_2' 为磁场不均匀所等效的横向弛豫时间,则总的 FID 信号的衰减速度由 T_2 和 T_2' 两者决定,可用一个称为表观横向弛豫时间的 T_2^* 来等效

$$\frac{1}{T_2^*}=\frac{1}{T_2}+\frac{1}{T_2'} \tag{9.2.3}$$

若磁场越不均匀,则 T_2' 越小,从而 T_2^* 也越小,即 FID 信号衰减越快.

2. 自旋回波

现在讨论核磁矩系统对两个或多个射频脉冲的响应. 在实际应用中,常用两个或多个射频脉冲组成脉冲序列,周期性地作用于核磁矩系统. 例如,在 90°射频脉冲作用后,经过 τ 时间再施加一个 180°射频脉冲作用,便组成一个 90°-τ-180°脉冲序列(同理,可根据实际需要设计其他脉冲序列). 这些脉冲序列的脉宽 t_p 和脉距 τ 应满足下列条件:

$$t_p \ll T_1, T_2, \tau \tag{9.2.4}$$

$$T_2^* < \tau < T_1, T_2 \tag{9.2.5}$$

90°-τ-180°脉冲序列的作用结果如图 9.2.3 所示. 在 90°射频脉冲后即观察到 FID 信号;在 180°射频脉冲后面对应于初始时刻的 2τ 处还观察到一个"回波"信号. 这种回波信号是由在脉冲序列作用下核自旋系统的运动引起的,故称自旋回波. 下面用图 9.2.4 来说明该自旋回波是怎样产生的.

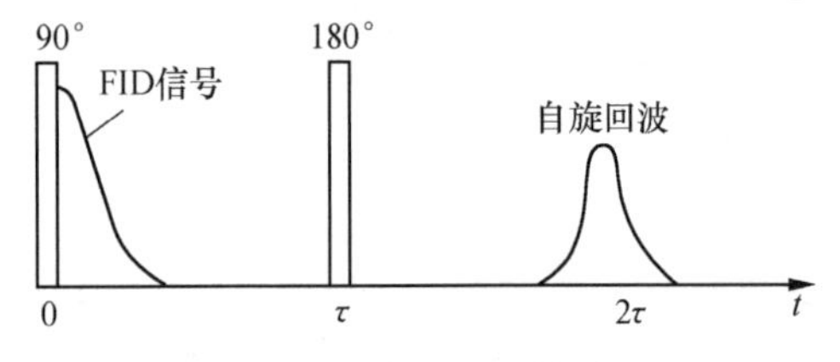

图 9.2.3 核磁矩系统对 90°-τ-180° 脉冲序列的响应

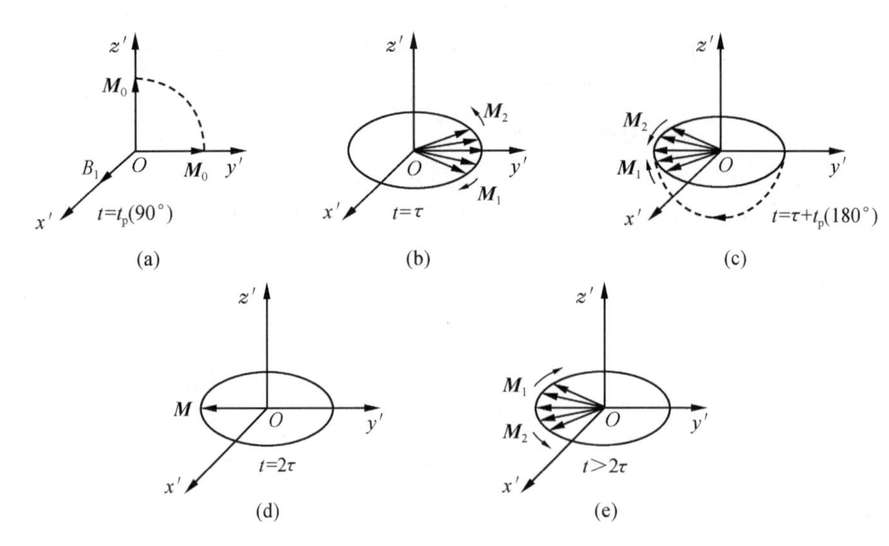

图 9.2.4 90°-τ-180°自旋回波矢量图解

图 9.2.4(a)表示总磁化强度 $\boldsymbol{M}_0$ 在 90°射频脉冲作用下绕 x' 轴转到 y' 轴上;图 9.2.4(b)表示脉冲消失后核磁矩自由旋进受到 $\boldsymbol{B}_0$ 不均匀的影响,样品中各部分磁矩的旋进频率

不同，使磁矩相位分散并呈扇形展开．为此可把 $\boldsymbol{M}$ 看成许多分量 $\boldsymbol{M}_i$ 之和. 从旋转坐标系看来，旋进频率等于 ω_0 的分量相对静止，大于 ω_0 的分量(图中以 $\boldsymbol{M}_1$ 为代表)向前转动，小于 ω_0 的分量(图中以 $\boldsymbol{M}_2$ 为代表)向后转动；图 9.2.4(c)表示 180°射频脉冲的作用使磁化强度各分量绕 z' 轴翻转 180°，并继续它们原来的转动方向运动；图 9.2.4(d)表示 $t=2\tau$ 时刻各磁化强度分量刚好汇聚到 $-y'$ 轴上；图 9.2.4(e)表示 $t>2\tau$ 以后，磁化强度各分量继续转动而又呈扇形展开. 因此，在 $t=2\tau$ 处得到如图 9.2.3 所示的自旋回波信号.

由此可知，自旋回波与 FID 信号密切相关. 如果不存在横向弛豫，则自旋回波幅值应与初始的 FID 信号一样. 但在 2τ 时间内横向弛豫作用不能忽略，磁化强度各横向分量相应减小，使得自旋回波幅值小于 FID 信号的幅值. 而且，脉距 τ 越大则自旋回波幅值越小.

3. 弛豫时间的测量

在实际应用中，可设计各种各样的脉冲序列来产生 FID 信号和自旋回波，用以测量弛豫时间 T_1 和 T_2.

1) T_2 的测量

这里采用 90°-τ-180°脉冲序列的自旋回波法. 该脉冲序列的回波产生过程，在图 9.2.4 中已经表明. 根据式(9.0.17)中磁化强度横向分量的弛豫过程，应有

$$M_{y'} = M_0 e^{-t/T_2} \tag{9.2.6}$$

而 t 时刻自旋回波的幅值 A 与 $M_{y'}$ 成正比，即

$$A = A_0 e^{-t/T_2} \tag{9.2.7}$$

式中 $t=2\tau$，A_0 是 90°射频脉冲刚结束时 FID 信号的幅值，与 M_0 成正比. 实验中只要改变脉距 τ，则回波的峰值就相应地改变. 若依次增大 τ 测出若干个相应的回波峰值，便得到指数衰减的包络线，如图 9.2.5 所示. 对式(9.2.7)两边取对数，可得直线方程

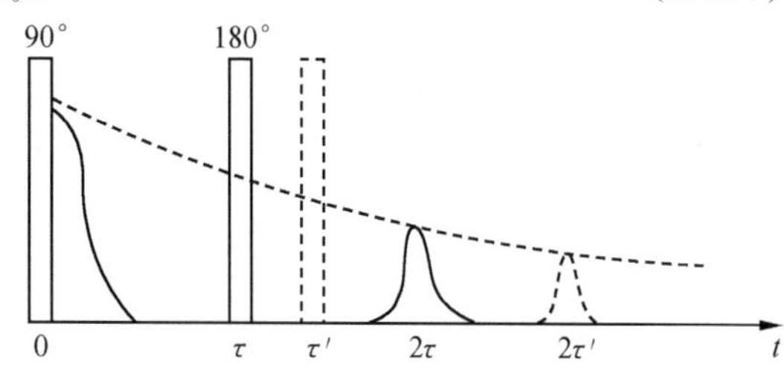

图 9.2.5　90°-τ-180°脉冲序列测 T_2

$$\ln A = \ln A_0 - 2\tau/T_2 \tag{9.2.8}$$

若把式中 2τ 作为自变量，则直线斜率的倒数便是 T_2.

如果实验装置中的脉冲程序器能够提供 Carr-Purcell 脉冲序列：90°-τ-180°-2τ-180°-2τ-180°-…，即在 90°-τ-180°脉冲序列之后，每隔 2τ 时间施加一个 180°射频脉冲，这时可在 2τ，4τ，6τ，8τ，…处观察到自旋回波，如图 9.2.6 所示. 因此，只做一次实验便可同时测出许多回波的峰值，等效于用 90°-τ-180°脉冲序列多次实验的结果. 你能导出计算公式吗?

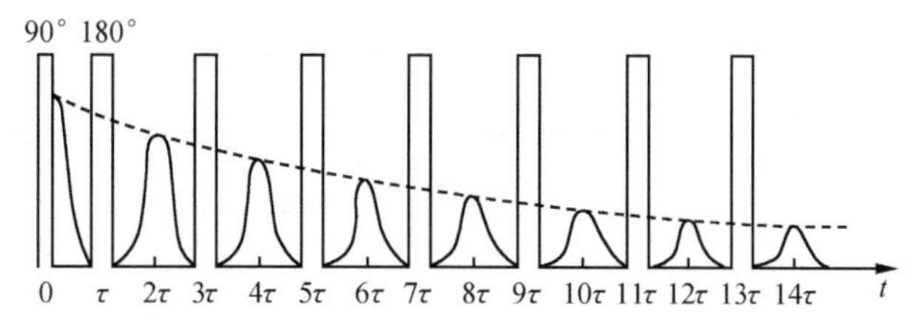

图 9.2.6　回波序列法测 T_2

2) T_1 的测量

这里采用 180°-τ-90°脉冲序列的反转恢复法. 首先用 180°射频脉冲把磁化强度 $\boldsymbol{M}$ 从 z' 轴翻转到 $-z'$轴,见图 9.2.7(a). 这时 $M_z=-M_0$,$\boldsymbol{M}$ 没有横向分量,也就没有 FID 信号. 但纵向弛豫过程会使 M_z 由 $-M_0$ 经过零值向平衡值 M_0 恢复,在恢复过程的 τ 时刻施加 90°射频脉冲,则 $\boldsymbol{M}$ 便翻转到 $-y'$轴上,见图 9.2.7(b). 这时接收线圈将会感应得到 FID 信号,该信号的幅值正比于 M_z 的大小. M_z 的变化规律可由式(9.0.16)中第一个方程

$$\frac{\mathrm{d}M_z}{\mathrm{d}t}=-\frac{M_z-M_0}{T_1}$$

求解,并根据 180°射频脉冲作用后的初始条件为 $t=0$ 时 $M_z=-M_0$ 而得

$$M_z=M_0(1-2\mathrm{e}^{-t/T_1}) \tag{9.2.9}$$

图 9.2.7(c)表示 90°射频脉冲作用前的瞬间,M_z 的大小与脉距 τ 的关系. 可见总可以选择到合适的 τ 值,使 $t=\tau$ 时 M_z 恰好为零,并由式(9.2.9)求得 $\tau=T_1\ln 2$,故

$$T_1=\frac{\tau}{\ln 2} \tag{9.2.10}$$

这种求 T_1 的方法常称之为"零法",只要改变 τ 的大小使 FID 信号刚好等于零便可. 不过,应该反复多次进行,把 τ 值测准.

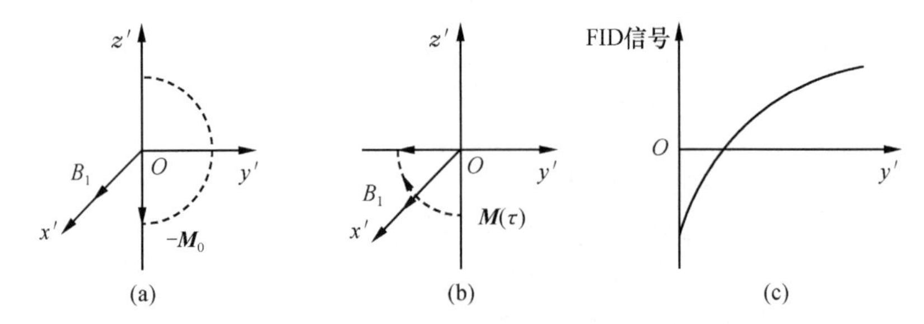

图 9.2.7　180°-τ-90°脉冲序列的作用及其 FID 信号

由于强射频脉冲作用后 FID 信号的零值不大容易准确判断,如果脉冲程序器可提供三脉冲序列的话,可采用 180°-τ-90°-$\Delta\tau$-180°脉冲序列来测 T_1. 即 180°-τ-90°脉冲序列之后经过短暂的 $\Delta\tau$($\Delta\tau\ll\tau$)再施加一个 180°射频脉冲,这时在这个 180°射频脉冲后面 $\Delta\tau$ 处可观察到一个自旋回波,自旋回波的峰值与 FID 信号的幅值可认为相等,只要改变 τ 的大小使自旋回波为零便可利用式(9.2.10)求得 T_1. 这种方法也是"零法",只不过是把观测 FID 信号为零变为观测自旋回波为零而已. 这种脉冲序列的作用如图 9.2.8 所示.

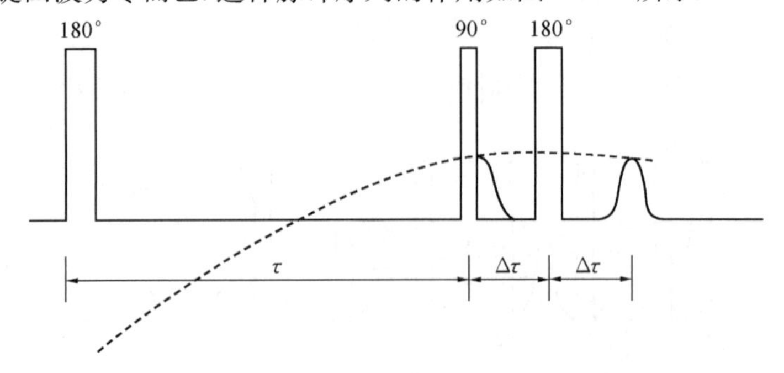

图 9.2.8　180°-τ-90°-$\Delta\tau$-180°脉冲序列作用下的自旋回波

二、实验仪器装置

自旋回波实验装置如图 9.2.9 所示. 其组成包括电磁铁(电磁铁的稳流电源未画出,也可采用永久磁铁而无需电源)、探头、发射机、脉冲程序器、接收机和示波器等.

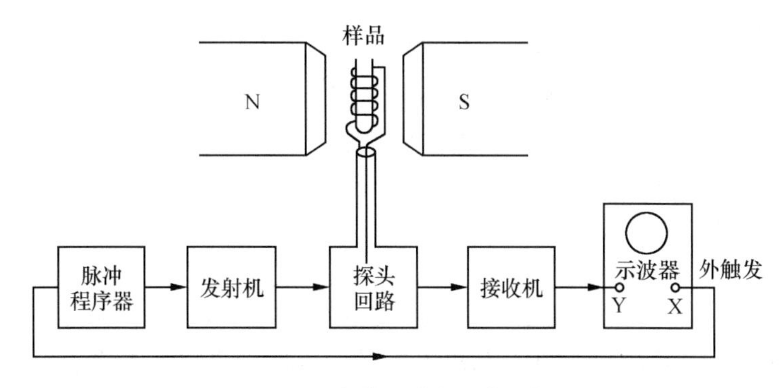

图 9.2.9　自旋回波实验装置框图

发射机产生的射频振荡频率 ω 要满足样品在外磁场中的共振条件,即 $\omega=\gamma B_0$. 发射机受脉冲程序器控制,使输入探头回路不是连续的射频振荡,而是脉冲的射频振荡. 最基本的脉冲程序器要能提供双脉冲序列,可产生 $90°$-τ-$180°$脉冲序列和 $180°$-τ-$90°$脉冲序列,其中脉宽 t_p、脉距 τ 和脉冲周期 T 均可连续调节. T 比 T_1 和 T_2 大得多,使下一次的脉冲序列施加到样品时,样品中的总磁矩已恢复到热平衡状态. 如果脉冲程序器可提供三脉冲序列和多脉冲序列,便可为测 T_1 和 T_2 设计出多种实验方案. 探头回路的样品线圈,既是发射机的发射线圈又是接收机的接收线圈. 它把脉冲射频场 B_1 作用于样品,并从样品感应出瞬态的 NMR 信号. 这些信号经接收机放大和检波后,再送到示波器显示出来.

本实验采用黏滞系数较大的液体作为实验样品,如甘油. 对于非黏滞液体(如水或溶液),分子的热运动造成自扩散会影响到自旋回波幅度,计算公式要进行修正,有兴趣的读者可参阅有关专著.

三、实 验 内 容

1. 观察核磁矩对射频脉冲的响应

(1) 根据发射机频率 ω 与恒定磁场 B_0 的调节范围,借助特斯拉计调节磁场值,使其基本满足甘油样品 ^{1}H 的共振条件 $\omega=\gamma B_0$.

(2) 根据本实验装置的射频脉冲参数值,试调一个 $90°$-τ-$180°$脉冲序列,寻找 FID 信号和自旋回波,初步观察核磁矩对射频脉冲的响应,并利用观察到的信号来调准共振条件.

(3) 利用单脉冲输出观察核磁矩对射频脉冲的响应. 当改变脉宽 t_p 值时,FID 信号幅值有何变化? 根据这个变化关系测定 $90°$脉宽 t_p 等于多少(用 μs 作单位),$180°$脉宽 t_p 又等于多少.

2. 测定横向弛豫时间 T_2

我们采用 $90°$-τ-$180°$脉冲序列的自旋回波法进行测量. 首先调好该脉冲序列,定性观测

FID 信号和自旋回波,了解脉距 τ 和脉冲序列周期 T 的调节和测量.然后移动样品在磁极间的位置,观察磁场均匀度不同对 FID 信号和自旋回波的宽度有何影响,并注意它们的幅值是否有变化!基于上述观测,便可作定量测量:选择不同的 τ 值,由小到大,测出相应的幅值 A.要求测量数据点不少于 5 个,列出 2τ 与 A 的数据表,用半对数纸作出直线,再由直线的斜率求 T_2.

3. 测定纵向弛豫时间 T_1

我们采用 $180°$-τ-$90°$脉冲序列的反转恢复法测量.这种方法是测量 FID 信号的零值点.首先调好该脉冲序列,定性观察脉距 τ 由小到大变化时 FID 信号的变化规律.然后定量测出 FID 信号为零时所对应的 τ 值,反复进行多次测量,把数据代入式(9.2.10)便可求得 T_1.

*4. 采用其他脉冲序列测 T_1、T_2

你能用 Carr-Purcess 脉冲序列测 T_2 吗?能用 $180°$-τ-$90°$-$\Delta\tau$-$180°$脉冲序列测 T_1 吗?这些实验非常有趣,试试看能否调试出如图 9.2.6 和图 9.2.8 所示的信号,并求出实验结果.你还可以在教师指导下,自己制备测试样品,自选脉冲序列做实验,对测试结果进行研究.

四、思考与讨论

(1) 瞬态 NMR 实验对射频场的要求跟稳态 NMR 的有什么不同?

(2) 何谓射频脉冲?$90°$射频脉冲和 $180°$射频脉冲的 FID 信号幅值是怎样的?为什么?

(3) 何谓 $90°$-τ-$180°$脉冲序列和 $180°$-τ-$90°$脉冲序列?这些脉冲的参数 t_p、τ、T 等要满足什么要求?为什么?

(4) 磁场不均匀对 FID 信号和自旋回波有何影响?利用它们来测 T_1 和 T_2 值是否受到磁场不均匀的影响?

参考文献

法拉 T C. 1989. 脉冲核磁共振波谱学导论. 左其卉,译. 合肥:中国科学技术大学出版社.

王金山. 1982. 核磁共振波谱仪与实验技术. 北京:机械工业出版社.

Hahn E L. 1950. Spin echoes. Phys. Rev. 80,560~594.

林木欣　吴先球　编

吴先球　改编

9.3 电子自旋共振

电子自旋共振(ESR)是 1944 年由扎伏伊斯基(E. K. Завойский)首先观察到的.它是探测物质中未耦合电子以及它们与周围原子相互作用的非常重要的方法,具有很高的灵敏度和分辨率,并且具有在测量过程中不破坏样品结构的优点.目前它在化学、物理、生物和医学等各方面都获得了广泛的应用.本实验的目的是在了解电子自旋共振原理的基础上,学习用射频或微波频段检测电子自旋共振信号的方法,并测定DPPH中电子的 g 因子和共振线宽.

9.3.1　射频段电子自旋共振

一、实验原理

原子的磁性来源于原子磁矩.由于原子核的磁矩很小,可以略去不计,所以原子的总磁矩由原子中各电子的轨道磁矩和自旋磁矩所决定.在本单元的基础知识中已经谈到,原子的总磁矩 μ_J 与 P_J 总角动量之间满足如下关系:

$$\mu_J = -g\frac{\mu_B}{\hbar}P_J = \gamma P_J$$

式中 μ_B 为玻尔磁子,$\hbar$ 为约化普朗克常量.由上式得知,回磁比

$$\gamma = -g\frac{\mu_B}{\hbar} \tag{9.3.1}$$

按照量子理论,电子的 L-S 耦合结果,朗德因子

$$g = 1 + \frac{J(J+1)+S(S+1)-L(L+1)}{2J(J+1)} \tag{9.3.2}$$

由此可见,若原子的磁矩完全由电子自旋磁矩贡献($L=0, J=S$),则 $g=2$.反之,若磁矩完全由电子的轨道磁矩所贡献($S=0, J=L$),则 $g=1$.若自旋和轨道磁矩两者都有贡献,则 g 的值介乎1与2之间.因此,精确测定 g 的数值便可判断电子运动的影响,从而有助于了解原子的结构.

将原子磁矩不为零的顺磁物质置于外磁场 B_0 中,则原子磁矩与外磁场相互作用能由式(9.0.10)决定.那么,相邻磁能级之间的能量差

$$\Delta E = \gamma \hbar B_0 \tag{9.3.3}$$

如果在垂直于外磁场 B_0 的方向上施加一幅值很小的交变磁场 $2B_1\cos\omega t$,当交变磁场的角频率 ω 满足共振条件

$$\hbar\omega = \Delta E = \gamma B_0 \hbar \tag{9.3.4}$$

时,原子在相邻磁能级之间发生共振跃迁.这种现象称为电子自旋共振,又叫顺磁共振.在顺磁物质中,由于电子受到原子外部电荷的作用,电子轨道平面发生旋进,电子的轨道角动量量子数 L 的平均值为0.当作一级近似时,可以认为电子轨道角动量近似为零,因此顺磁物质中的磁矩主要是电子自旋磁矩的贡献.

本实验的样品为DPPH(Di-Phehcrvl Picryl Hydrazal),化学名称是二苯基苦酸基联氨,其分子结构式为 $(C_6H_5)_2N\text{-}NC_6H_2(NO_2)_3$,如图9.3.1所示.它的第二个氮原子上存在一个未成对的电子,构成有机自由基,实验观测的就是这类电子的磁共振现象.

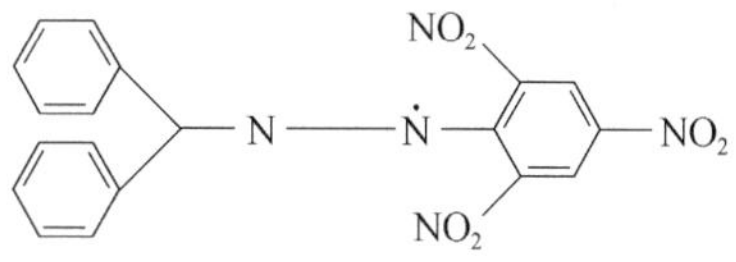

图9.3.1　DPPH结构图

实际上样品是一个含有大量不成对的电子自旋所组成的系统,它们在磁场中只分裂为

两个塞曼能级. 在热平衡时,分布于各塞曼能级上的粒子数服从玻尔兹曼分布,即低能级上的粒子数总比高能级的多一些. 因此,即使粒子数因感应辐射由高能级跃迁到低能级的概率和粒子因感应吸收由低能级跃迁到高能级的概率相等,但由于低能级的粒子数比高能级的多,也是感应吸收占优势,从而为观测样品的磁共振吸收信号提供可能性. 随着高低能级上粒子差数的减少,以致趋于零,则看不到共振现象,即所谓饱和. 但实际上共振现象仍可继续发生,这是弛豫过程在起作用,弛豫过程使整个系统有恢复到玻尔兹曼分布的趋势. 两种作用的综合效应,使自旋系统达到动态平衡,电子自旋共振现象就能维持下去.

电子自旋共振也有两种弛豫过程. 一是电子自旋与晶格交换能量,使得处在高能级的粒子把一部分能量传给晶格,从而返回低能级,这种作用称为自旋-晶格弛豫. 自旋-晶格弛豫时间用 T_1 表征. 二是自旋粒子相互之间交换能量,使它们的旋进相位趋于随机分布,这种作用称为自旋-自旋弛豫. 自旋-自旋弛豫时间用 T_2 表征. 这个效应使共振谱线展宽,T_2 与谱线的半高宽 $\Delta\omega$(见图 9.0.5)有如下关系:

$$\Delta\omega \approx \frac{2}{T_2} \tag{9.3.5}$$

故测定线宽后便可估算 T_2 的大小.

观察 ESR 所用的交变磁场的频率由恒定磁场 B_0 的大小决定,因此可在射频段或微波段进行 ESR 实验. 下面分别对射频段和微波段 ESR 的实验装置和实验内容作介绍,读者可根据本实验室的仪器设备情况选读两者之一.

二、实验仪器装置

射频段 ESR 谱仪的基本组成有螺线管线圈及其电源、扫场线圈及其电源、探头(包括样品)、边限振荡器、频率计和示波器等. 图 9.3.2 是射频段 ESR 谱仪的示意图.

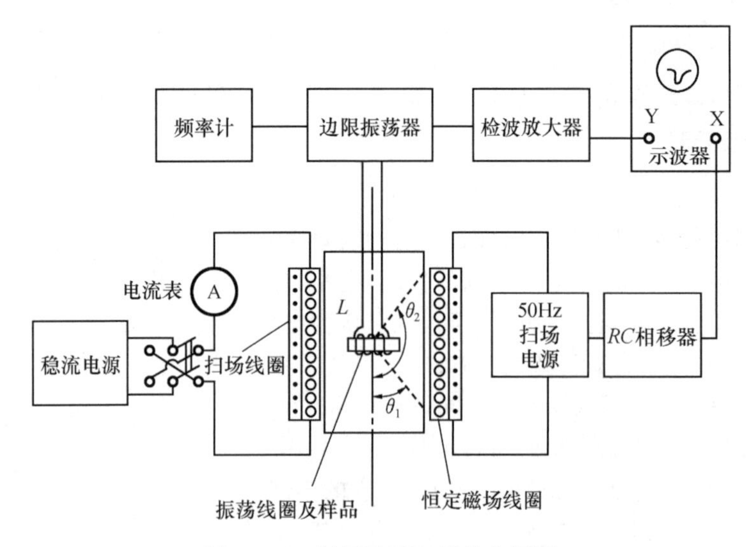

图 9.3.2 射频段 ESR 谱仪方框图

螺线管由恒定磁场线圈及扫场线圈绕在一圆筒上，前者绕在内层，后者绕在外层，可利用双刀双掷开关改变恒定磁场的方向. 中心轴线上的磁场

$$B_0 = 4\pi nI \times 10^{-7} \times (\cos\theta_1 - \cos\theta_2) \quad (\mathrm{T}) \tag{9.3.6}$$

式中 θ_1 和 θ_2 的意义已在图上标示；n 为螺线管中单位长度上线圈的匝数，其单位为匝 · m^{-1}；I 为流过恒定磁场线圈的电流，单位为 A. 边限振荡器是一个工作在刚起振状态的射频振荡器，L 是它的振荡发射线圈，同时还作为测试回路的接收线圈，被测样品放在线圈 L 中间，L 置于螺线管轴线中间，并使它的轴线与螺线管轴线垂直. 当振荡器输出等幅振荡信号时，通过检波后在示波器上显示一条直线. 当产生共振时，振荡器的能量被样品吸收，振幅减小. 因此在原输出等幅振荡信号上出现反映吸收信息的包络线，形成调幅振荡，经检波和低放后在示波器上观察到一个吸收峰. 为了使示波器输入信号与扫场线圈中的电流同相，在扫场线圈的电源部分安置了一个 RC 相移器，RC 相移电路如图 9.3.3 所示，调节 R 的大小，可以使输入示波器 X 轴的信号与扫场线圈的电流同相.

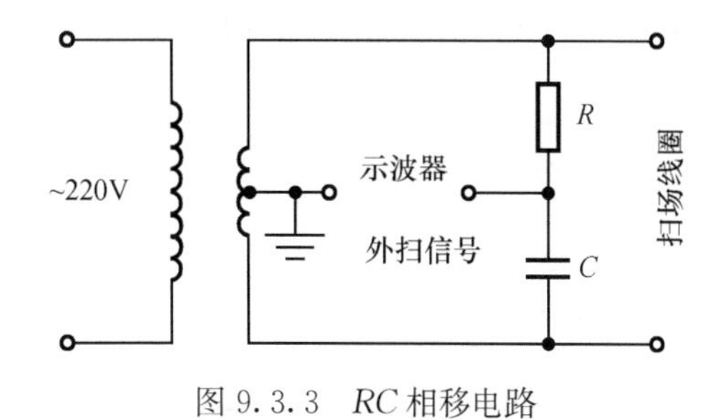

图 9.3.3　RC 相移电路

三、实验内容

(1) 了解有关仪器的使用，懂得如何调节恒定磁场、扫场、射频场和测定边限振荡器的工作频率.

(2) 启动装置和仪器，把装有 DPPH 的玻璃管插在振荡线圈 L 中，再放入螺线管轴线的中心位置，并使这两线圈的轴线相互垂直.

(3) 搜索 ESR 信号，当共振吸收峰出现后，调节相移器使两峰重叠. 恒定磁场的大小可由式(9.3.6)算出.

(4) 由式(9.3.4)和式(9.3.1)求 g 因子(式中 f_0 为共振频率)

$$g = \frac{\hbar\omega}{\mu_B B_0} = \frac{hf_0}{\mu_B B_0} \tag{9.3.7}$$

提示　在射频段进行 ESR 实验时，由于相应的共振磁场值较小，地磁场的影响不可忽略，应在测量方法和数据处理中消除其影响. 为此，可采用以下两种方法：

① 改变螺线管供电电流的极性. 设两次测得的恒定磁场分别为 B_{01} 和 B_{02}，地磁场垂直分量为 $B_{地\perp}$，则

$$f_0 = \frac{g\mu_B}{h}(B_{01} + B_{地\perp}), \quad f_0 = \frac{g\mu_B}{h}(B_{02} - B_{地\perp})$$

两式相加得

$$f_0 = \frac{g\mu_B}{2h}(B_{01} + B_{02}) \tag{9.3.8}$$

即相应于共振频率 f_0 的共振磁场为$(B_{01}+B_{02})/2$.

② 改变边限振荡器的频率，在其频率允许变化的范围内测量多组数据，由式(9.3.7)作最小二乘拟合求 g 因子.

(5) 测定共振线宽,估算弛豫时间 T_2. 首先在示波器上进行频率定标,方法如下:微调边限振荡器频率使 ESR 信号从荧屏中央分别向左和向右移动数格,记下相应的位置 x_1 和 x_2,以及相应的频率值 f_1 和 f_2,则荧屏上每格代表的频率值为 $k=(f_2-f_1)/(x_2-x_1)$. 这样,只要测出谱线的半高宽距离 Δl,便可由式(9.3.5)求得

$$T_2 \approx \frac{2}{\Delta\omega} = \frac{2}{2\pi k\Delta l} \tag{9.3.9}$$

应该指出,上述测得的线宽受到磁场不均匀的影响而并非由能级宽度所决定,因此由式(9.3.9)所求得的 T_2 值比固有的自旋-自旋弛豫时间要小. 另外,在上述测量中,扫场是按正弦规律变化(非线性变化)的,也给测得的线宽带来一些误差.

9.3.2　微波段电子自旋共振

一、实 验 原 理

见 9.3.1 节的实验原理.

二、实验仪器装置

微波 ESR 谱仪由产生恒定磁场的电磁铁及电源,产生交变磁场的微波源和微波电路,带有待测样品的谐振腔,以及 ESR 信号的检测和显示系统等组成,图 9.3.4 是该谱仪的方框图. 下面对微波源、可调矩形谐振腔、魔 T 和单螺调配器等作简单介绍,其他微波器件请参看微波实验的有关部分.

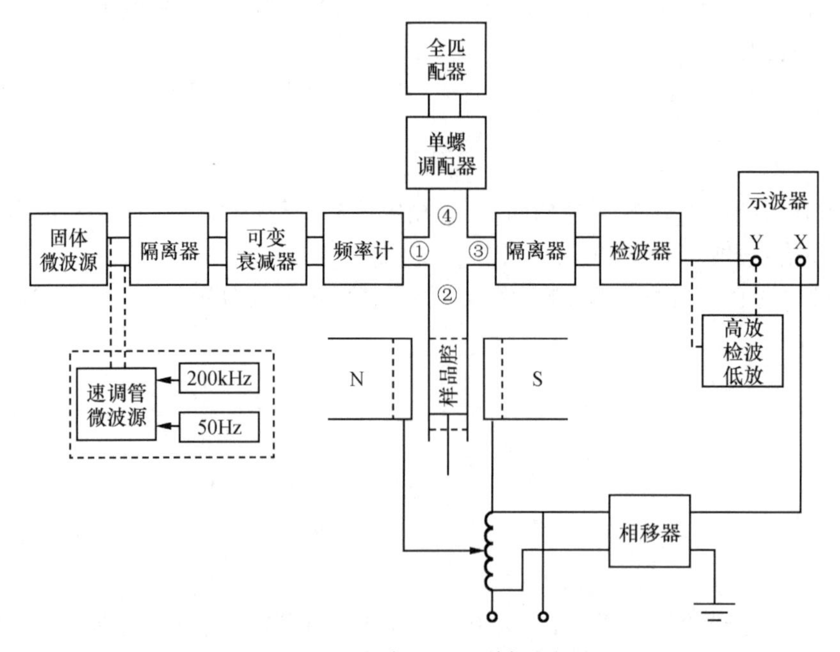

图 9.3.4　微波段 ESR 谱仪方框图

1. 微波源

微波源可采用反射速调管微波源(图中左边虚线连接的虚线框图所示)或固体微波源. 考虑到目前实验室所用的反射速调管微波源输出的微波频率不够稳定,当其输入到 Q 值很高的谐振腔时,将会使谐振腔内的振动模式紊乱,即出现失谐. 为了避免这一现象,通常采用正弦波(在 ESR 实验中,一般用 200kHz)对微波进行调制的办法,使其成为调频微波,只要谐振腔的固有频率 f_0 被包含在调频微波的范围内,就可以避免由于微波频率不稳定而产生失谐的现象. 图中虚线连接的框图中 50Hz 正弦调制信号是为了在调节微波电路时能借助示波器进行观察而设置的. 而固体微波源具有寿命长、价格低以及直流电源结构简单的优点,同时能输出频率较稳定的微波. 当用其作微波源时,ESR 的实验装置比采用速调管时的实验装置更为简单,因此固体微波源目前较常用.

2. 可调矩形谐振腔

可调矩形谐振腔结构如图 9.3.5 所示,它既为样品提供线偏振磁场,同时又将样品吸收偏振磁场能量的信息传递出去. 谐振腔的末端是可移动的活塞,调节其位置,可以改变谐振腔的长度,腔长可以从带游标的刻度连杆读出. 为了保证样品处于微波磁场最强处,在谐振腔宽边正中央开了一条窄槽,通过机械传动装置可以使样品处于谐振腔中的任何位置. 样品在谐振腔中的位置可以从窄边上的刻度直接读出. 该图还画出了矩形谐振腔谐振时微波磁力线的分布示意图.

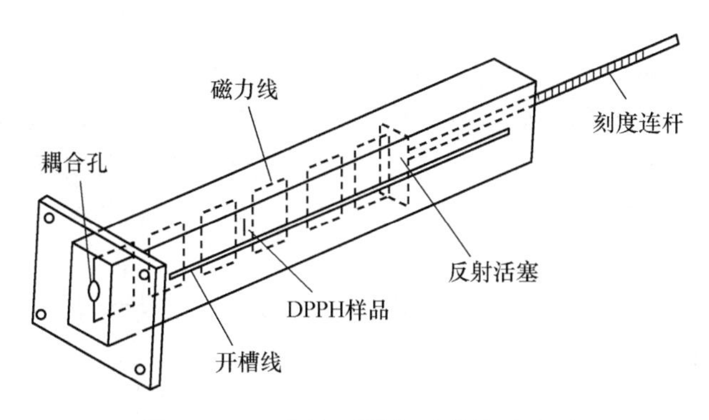

图 9.3.5　可调矩形谐振腔结构示意图

3. 魔 T

魔 T 的作用是分离信号,并使微波系统组成微波桥路,其结构如图 9.3.6 所示. 按照其接头的工作特性,当微波从任一臂输入时,都进入相邻两臂,而不进入相对臂.

4. 单螺调配器

单螺调配器是在波导宽边上开窄槽,槽中插入一个深度和位置都可以调节的金属探针,当改变探针穿伸到波导内的深度和位置时,可以改变此臂反射波的幅值和相位. 该元件的结构示意图如图 9.3.7 所示.

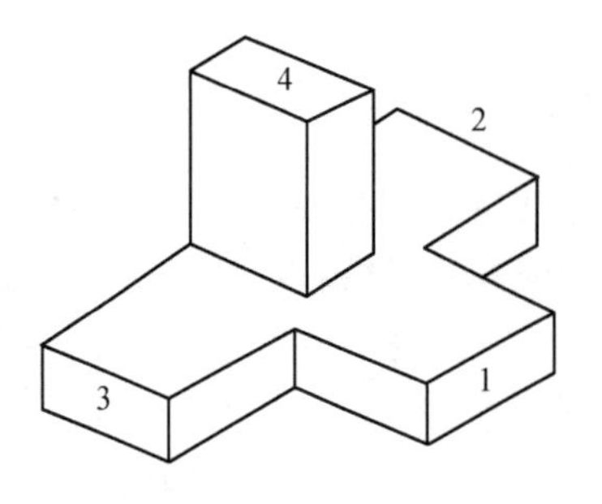

图 9.3.6 魔 T 结构图

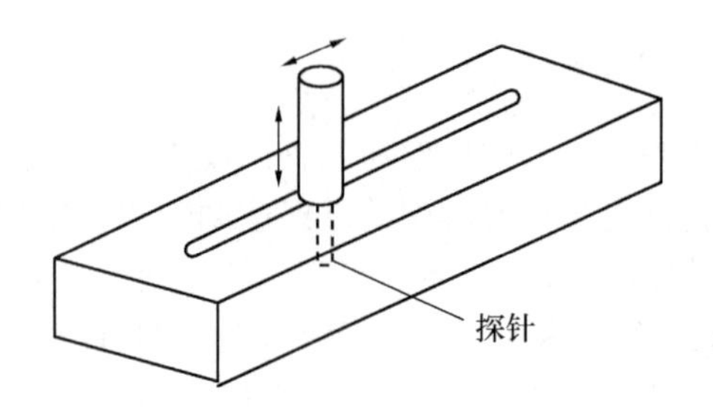

图 9.3.7 单螺调配器结构示意图

三、实验内容

(1) 按图 9.3.4 检查实验装置并连接好线路,了解和熟悉各仪器的使用和调节. 当采用不同的微波源时,其实验装置略有不同.

(2) 按实验室说明书要求开启各部分仪器电源并使其进入工作状态.

(3) 调整微波桥路,测出微波频率,使谐振腔处于谐振状态,试将样品置于恒定磁场均匀处和交变磁场最强处.

提示 关于微波系统的调节:

① 采用速调管微波源时,为了便于观察,先用 50Hz 正弦波对微波源进行调制,同时让晶体检波器的输出直接接示波器. 在微波桥路、谐振腔及样品位置调好以后,再改换 200kHz 正弦电压对微波进行调制,并将晶体检波器的输出经高放、检波和低放,然后送入示波器.

② 采用固体微波源时,首先调节晶体检波器,使其输出最灵敏,并由波导波长 λ_g 的计算值大体确定谐振腔长度及样品所在位置,然后微调谐振腔的长度使谐振腔处于谐振状态(由示波器显示的电平信号判断),再调魔 T 第 4 臂的单螺调配器使桥路平衡,这时示波器显示的电平信号最小. 如此反复调节几次,便可调节到最佳的工作状态.

(4) 加上适当的扫场.

(5) 缓慢地改变电磁铁的励磁电流,搜索 ESR 信号. 当磁场满足共振条件时,在示波器上便可看到 ESR 信号.

(6) 由于样品在共振时影响腔内的电磁场分布,腔的固有频率略有变化,因此在寻找到 ESR 信号以后,应细调谐振腔长度、样品位置以及单螺调配器等有关部件,使 ESR 信号幅值最大和形状对称.

(7) 用特斯拉计测量共振磁场 B_0 的大小.

(8) 由式(9.3.7)求 g 因子.

(9) 如有时间,读者可改变样品位置,再次进行 ESR 实验,探讨实验中有关问题.

*(10) 进一步实验:读者如有兴趣,还可征得教师同意,自己设法完成铁磁共振实验(可参考本节附录及有关资料),进一步培养实验工作能力.

四、思考与讨论

(1) ESR 的基本原理是怎样的?

(2) 在射频段 ESR 实验中,为什么必须消除地磁场的影响? 如何消除?

(3) 在微波段 ESR 实验中,应怎样调节微波系统才能搜索到共振信号? 为什么?

附录　铁磁共振实验简介

铁磁共振(FMR)观察的对象是铁磁物质中的未偶电子,因此可以说它是铁磁物质中的电子自旋共振. 但在铁磁物质中,由于电子自旋之间存在着强耦合作用,铁磁物质内存在着许多自发磁化的小区域,叫作磁畴. 磁畴的形状和大小不一,大致说来,每个磁畴约占 $10^{-9}\,\text{cm}^3$ 的体积,约含 10^{15} 个原子. 每个磁畴都有一定的磁矩,由电子自旋磁矩自发取向一致产生. 在外磁场作用下,各磁畴趋向外磁场方向,表现出很强的磁性.

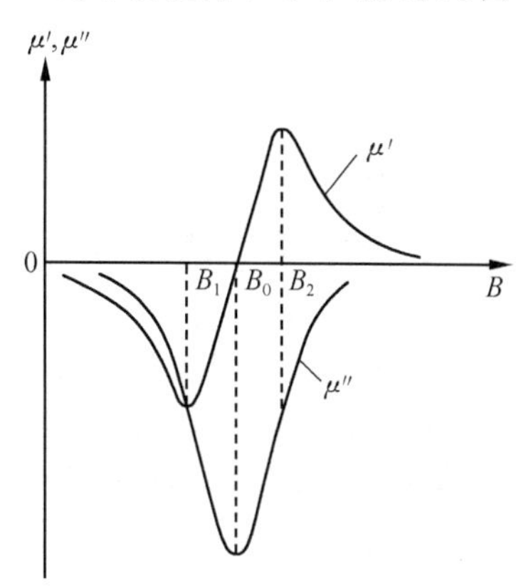

图 9.3.8　μ'-B 和 μ''-B 曲线

当铁磁物质在稳恒磁场和交变磁场的同时作用下时,其磁导率 μ 为复数,即

$$\mu = \mu' + \text{j}\mu'' \tag{9.3.10}$$

式中实部 μ' 为铁磁性物质在恒磁场 B 中的磁导率,它决定磁性材料中储存的磁能,虚部 μ'' 则反映交变磁能在磁性材料中的损耗. 当交变磁场频率固定,改变 B 的大小时,μ'、μ'' 随 B 变化的实验曲线如图 9.3.8 所示. 在 ω 与 B_0 满足

$$\omega = \gamma B_0 = \frac{g\mu_\text{B}}{\hbar} B_0 \tag{9.3.11}$$

处,μ'' 达到最大值,这种现象称为铁磁共振. 此时 B_0 为共振磁场值,而 $\mu'' = \mu''_{\max}/2$ 两点对应的磁场间隔 $B_2 - B_1$ 称为共振线宽 ΔB. ΔB 是描述铁氧体材料性能的一个重要参量,它的大小标志着磁损耗的大小. 测量 ΔB 对于研究铁磁共振的机理和提高微波器件性能是十分重要的.

观察铁磁共振通常采用通过式谐振腔法,其原理图如图 9.3.9 所示. 通过式矩形谐振腔两端带有耦合孔,样品放在腔内微波磁场最强处. 根据谐振腔的微扰理论可知,当输入谐振腔的微波频率和功率固定时,改变磁场 B,则 μ'' 与腔体输出功率 P 之间存在着一定的对应关系. 图 9.3.10 是 P 随 B 变化的关系曲线,图中 P_r 与 $\mu''_{\max}$ 对应,$P_{1/2}$ 与 $\mu''_{1/2}$ 对应,且

$$P_{1/2} = \frac{2P_0 P_\text{r}}{(\sqrt{P_0} + \sqrt{P_\text{r}})^2} \tag{9.3.12}$$

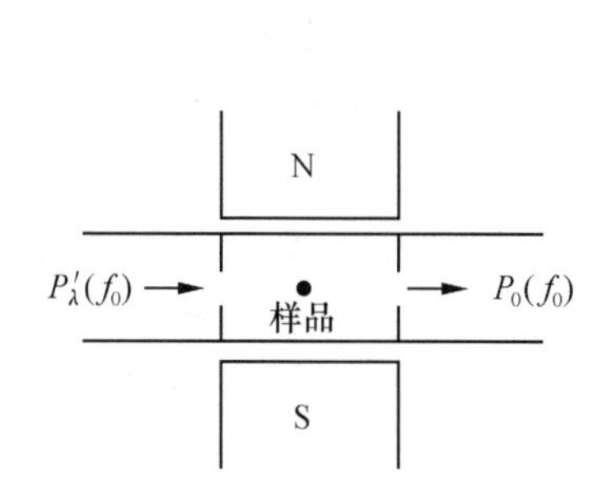

图 9.3.9　FMR 实验原理图

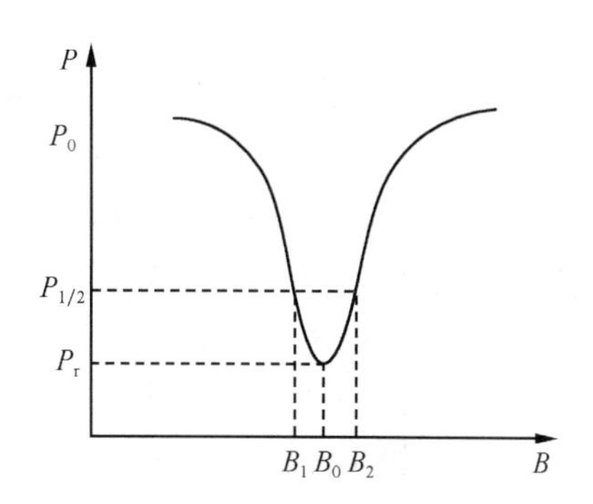

图 9.3.10　P-B 曲线

因此在铁磁共振实验中,可以将测量 μ''-B 曲线求 ΔB 的问题转化为测量 P-B 曲线来求.

FMR 实验装置方框图如图 9.3.11 所示.

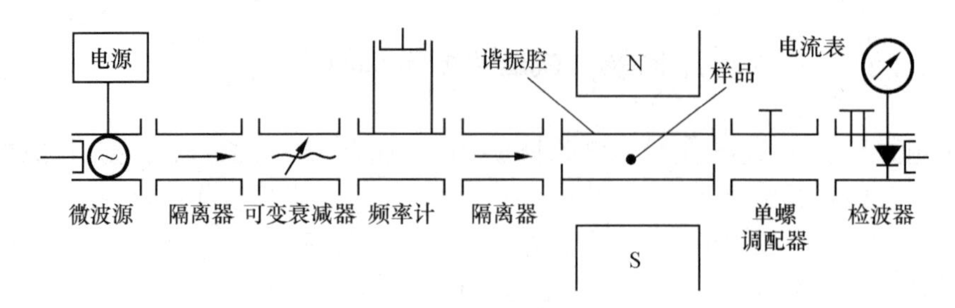

图 9.3.11 FMR 实验装置方框图

实验中,固定微波源输出功率及频率,由大至小地逐点改变励磁电流,测出腔输出功率的变化.绘出 P-B 曲线,便可根据式(9.3.12)及线宽的定义计算线宽 ΔB,根据式(9.3.11)计算 g 因子.

注意 实验时由于样品 μ''会使谐振腔的谐振频率发生偏移(频散效应),故在逐点测绘铁磁共振曲线时,对于每一个恒磁场 B,都要稍微改变谐振腔的谐振频率,使装有样品的谐振腔的谐振频率始终与输入谐振腔的微波频率相同再进行测量.但这在实验中难以做到,通常是在考虑到样品谐振腔的频散效应后,对式(9.3.12)进行修正,修正公式为

$$P_{1/2}=\frac{2P_0P_r}{P_0+P_r} \tag{9.3.13}$$

参 考 文 献

陈贤镕. 1986. 电子自旋共振实验技术. 北京:科学出版社.
廖绍彬. 2000. 铁磁学(下册). 北京:科学出版社.
裘祖文. 1980. 电子自旋共振波谱. 北京:科学出版社.
向仁生. 1965. 顺磁共振测量和应用的基本原理. 北京:科学出版社.

罗质华 彭哲方 编

9.4 光泵磁共振

观测气体原子中的磁共振信号是很困难的,因为它比凝聚物质的磁共振信号要微弱得多. 1950 年,法国物理学家卡斯特勒(A. Kastler)提出了光抽运(optical pumping,故又译作光泵)方法,可使原子能级的粒子数分布产生重大改变(偏极化),并可利用抽运光对磁共振信号作光检测,从而大大提高了信号强度和检测灵敏度.这种光泵磁共振技术,为现代原子物理学的研究提供了新的实验手段,并为激光和原子频标的发展打下了基础,卡斯特勒也因而荣获了 1966 年的诺贝尔物理学奖.通过本实验,读者应加深对原子超精细结构的理解,掌握以光抽运为基础的光检测磁共振方法,进而测定铷原子超精细结构塞曼子能级的朗德因子,有兴趣的读者还可以测定地磁场强度或进行其他项目的研究.

一、实验原理

1. 铷原子基态和最低激发态能级

本实验的研究对象为铷原子.天然铷有两种同位素：^{85}Rb(占 72.15%)和^{87}Rb(占 27.85%).选用天然铷作样品,既可避免使用昂贵的单一同位素,又可在一个样品上观察到两种原子的超精细结构塞曼子能级跃迁的磁共振信号.铷原子基态和最低激发态的能级结构如图 9.4.1 所示.

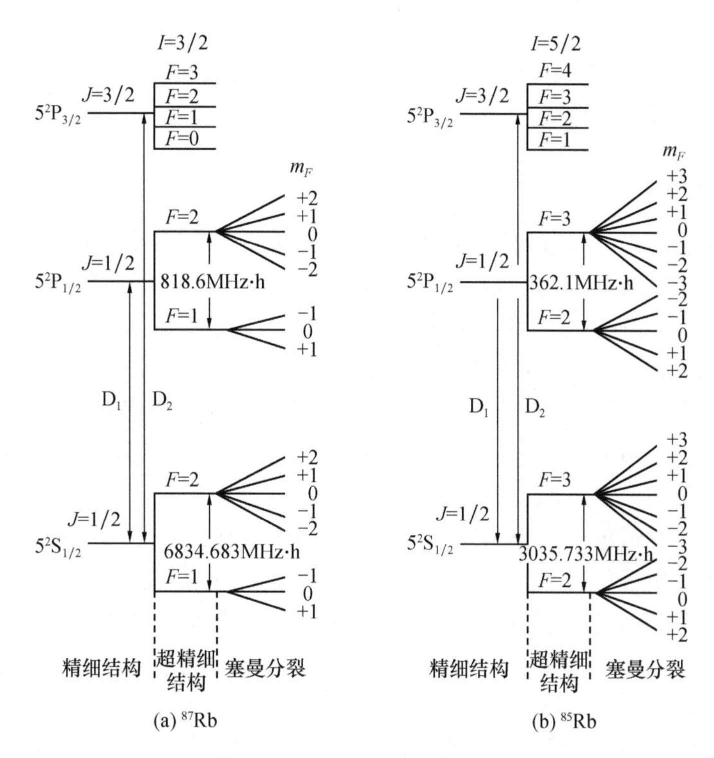

图 9.4.1　铷原子的能级结构示意图

铷是一价碱金属原子,其基态为 $5^2S_{1/2}$;最低激发态为 $5^2P_{1/2}$ 和 $5^2P_{3/2}$ 双重态,是电子的轨道角动量与自旋角动量耦合而产生的精细结构.由于是 L-S 耦合,电子总角动量的量子数 $J=L+S, L+S-1, \cdots, |L-S|$.对于铷原子的基态,$L=0$,$S=1/2$,故 $J=1/2$;其最低激发态,$L=1$,$S=1/2$,故 $J=1/2$ 和 $3/2$,这就是双重态的由来.

铷原子核自旋不为零,两个同位素的核自旋量子数 I 也不相同.^{87}Rb 的 $I=3/2$,^{85}Rb 的 $I=5/2$.核自旋角动量与电子总角动量耦合,得到原子的总角动量.由于 I-J 耦合,原子总角动量的量子数 $F=I+J, I+J-1, \cdots, |I-J|$.故^{87}Rb 基态的 $F=1$ 和 2;^{85}Rb 基态的 $F=2$ 和 3.这些由 F 量子数标定的能级称为超精细结构.

在磁场中,铷原子的超精细结构能级产生塞曼分裂.标定这些分裂能级的磁量子数 $m_F=F, F-1, \cdots, -F$,因而一个超精细能级分裂为$(2F+1)$个塞曼子能级.

设原子的总角动量所对应的原子总磁矩为 $\boldsymbol{\mu}_F$,$\boldsymbol{\mu}_F$ 与外磁场 $\boldsymbol{B}_0$ 相互作用的能量为

$$E = -\boldsymbol{\mu}_F \cdot \boldsymbol{B}_0 = g_F m_F \mu_B B_0 \tag{9.4.1}$$

这正是超精细塞曼子能级的能量. 式中玻尔磁子 $\mu_B = 9.2741 \times 10^{-24}\ \mathrm{J \cdot T^{-1}}$,朗德因子

$$g_F = g_J \frac{F(F+1) + J(J+1) - I(I+1)}{2F(F+1)} \tag{9.4.2}$$

其中

$$g_J = 1 + \frac{J(J+1) - L(L+1) + S(S+1)}{2J(J+1)} \tag{9.4.3}$$

上面两个式子是由量子理论导出的,把相应的量子数代入很容易求得具体数值. 由式(9.4.1)可知,相邻塞曼子能级之间的能量差

$$\Delta E = g_F \mu_B B_0 \tag{9.4.4}$$

式中 ΔE 与 B_0 呈正比关系,在弱磁场的情况下是正确的. 若外磁场 $B_0 = 0$,则塞曼子能级简并为超精细结构能级.

2. 光抽运效应

在热平衡状态下,各能级的粒子数遵从玻尔兹曼分布,其分布规律由式(9.0.12)表示. 由于超精细塞曼子能级间的能量差 ΔE 很小,可近似地认为这些子能级上的粒子数是相等的. 这就很不利于观测这些子能级之间的磁共振现象. 为此,卡斯特勒提出光抽运方法,即用圆偏振光激发原子,使原子能级的粒子数分布产生重大改变.

光抽运效应是建立在光与原子相互作用中角动量守恒的基础上的. 这一物理思想的由来并非偶然,据卡斯特勒本人讲,他在法国巴黎高等师范学校学习时,对电磁辐射与原子相互作用如何应用角动量守恒原理表示就特别感兴趣.

由于光波中磁场对电子的作用远小于电场对电子的作用,故光对原子的激发,可看作光波的电场部分起作用. 设偏振光的传播方向跟产生塞曼分裂的磁场 B_0 的方向相同,则左旋圆偏振的 σ^+ 光的电场 E 绕光传播方向作右手螺旋转动,其角动量为 $\hbar$;右旋圆偏振的 σ^- 光的电场 E 绕光传播方向作左手螺旋转动,其角动量为 $-\hbar$;线偏振的 π 光可看作两个旋转方向相反的圆偏振光的叠加,其角动量为零.

现在以铷灯作光源. 由图 9.4.1 可见,铷原子由 $5^2P_{1/2} \to 5^2S_{1/2}$ 的跃迁产生 D_1 线,波长为 $0.7948\mu m$;由 $5^2P_{3/2} \to 5^2S_{1/2}$ 的跃迁产生 D_2 线,波长为 $0.7800\mu m$. 这两条谱线在铷灯光谱中特别强,用它们去激发铷原子时,铷原子将会吸收它们的能量而引起相反方向的跃迁过程. 然而,频率一定而角动量不同的光所引起的塞曼子能级的跃迁是不同的,由理论推导可得跃迁的选择定则为

$$\Delta L = \pm 1, \quad \Delta F = 0, \pm 1, \quad \Delta m_F = \pm 1 \tag{9.4.5}$$

所以,当入射光为 $D_1\sigma^+$ 光,作用 ^{87}Rb 时,由于 ^{87}Rb 的 $5^2S_{1/2}$ 态和 $5^2P_{1/2}$ 态的磁量子数 m_F 的最大值均为 $+2$,而 σ^+ 光角动量为 $\hbar$ 只能引起 $\Delta m_F = +1$ 的跃迁,故 $D_1\sigma^+$ 光只能把基态中除 $m_F = +2$ 以外各子能级上的原子激发到 $5^2P_{1/2}$ 的相应子能级上,如图 9.4.2(a)所示.

图 9.4.2(b)表示跃迁到 $5^2P_{1/2}$ 上的原子经过大约 10^{-8} s 后,通过自发辐射以及无辐射跃迁两种过程,以相等概率回到基态 $5^2S_{1/2}$ 各个子能级上. 这样,经过多次循环之后,基态 $m_F = +2$ 子能级上的粒子数就会大大增加,即基态其他能级上大量的粒子被"抽运"到基态 $m_F = +2$ 子能级上. 这就是光抽运效应.

同理，如果用 $D_1\sigma^-$ 光照射，则大量粒子将被"抽运"到 $m_F=-2$ 子能级上. 但是，π 光照射是不可能发生光抽运效应的.

对于 ^{85}Rb，若用 $D_1\sigma^+$ 光照射，粒子将会"抽运"到 $m_F=+3$ 子能级上.

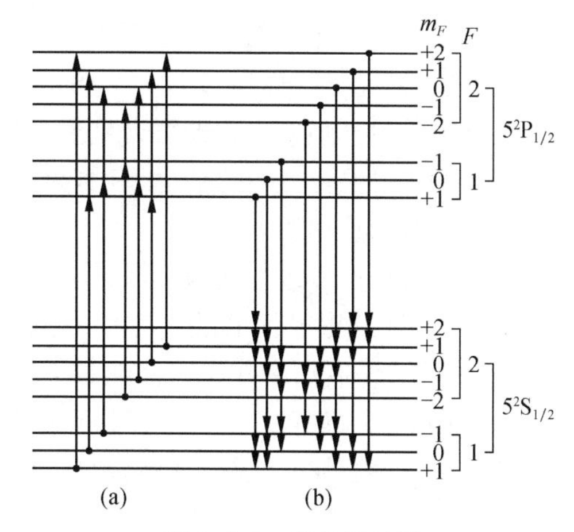

图 9.4.2　光抽运过程

(a) ^{87}Rb 基态吸收 $D_1\sigma^+$ 光的跃迁，$m_F=+2$ 粒子跃迁概率为零；(b) ^{87}Rb 激发态粒子遵循 $\Delta m_F=0,\pm1$ 的规律，回到基态各子能级

3. 弛豫过程

光抽运使得原子系统能级分布偏极化而处于非平衡状态时，将会通过弛豫过程恢复到热平衡分布状态. 弛豫过程的机制比较复杂，但在光抽运的情况下，铷原子与容器壁碰撞是失去偏极化的主要原因. 通常在铷样品泡内充入氮、氖等作为缓冲气体，其密度比样品泡中铷蒸气的原子密度约大 6 个数量级，可大大减少铷原子与容器壁碰撞的机会. 缓冲气体的分子磁矩非常小，可认为它们与铷原子碰撞时不影响这些原子在磁能级上的分布，从而能保持铷原子系统有较高的偏极化程度. 但缓冲气体不可能使铷原子能级之间的跃迁完全被抑制，故光抽运也就不可能把基态上的原子全部"抽运"到特定的子能级上. 由实验得知，样品泡中充入缓冲气体后，弛豫时间为 10^{-2} s 数量级. 在一般情况下，光抽运造成塞曼子能级之间的粒子差数，比玻尔兹曼分布造成的差数大几个数量级.

不过得注意的是，温度高低对铷原子系统的弛豫过程有很大的影响. 温度升高则铷蒸气的原子密度增加，铷原子与容器壁之间以及铷原子相互之间的碰撞都增加，将导致铷原子能级分布的偏极化减少；而温度过低时铷蒸气的原子数目太少，则抽运信号的幅度必然很小. 因此，实验时要把样品泡的温度控制在 40～55℃.

4. 磁共振与光检测

式(9.4.4)给出了铷原子在弱磁场 $\boldsymbol{B}_0$ 作用下相邻塞曼子能级的能量差. 要实现这些子能级的共振跃迁，还必须在垂直于恒定磁场 $\boldsymbol{B}_0$ 的方向上施加一射频场 $\boldsymbol{B}_1$ 作用于样品. 当射频场的频率 ν 满足共振条件

$$h\nu=\Delta E=g_F\mu_B B_0 \tag{9.4.6}$$

时，便发生基态超精细塞曼子能级之间的共振跃迁现象. 若作用在样品上的是 $D_1\sigma^+$ 光，对于 ^{87}Rb 来说，是由 $m_F=+2$ 跃迁到 $m_F=+1$ 子能级. 接着也相继有 $m_F=+1$ 的原子跃迁到 $m_F=0$……与此同时，光抽运又把基态中非 $m_F=+2$ 的原子抽运到 $m_F=+2$ 子能级上. 因此，共振跃迁与光抽运将会达到一个新的动态平衡. 发生磁共振时，处于基态 $m_F=+2$ 子能级上的原子数小于未发生磁共振时的原子数. 也就是说，发生磁共振时能级分布的偏极化程度降低了，从而必然会增大对 $D_1\sigma^+$ 光的吸收，如图 9.4.3 所示.

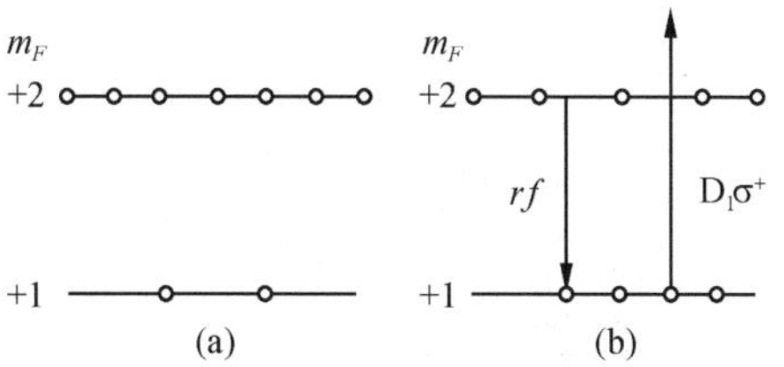

图 9.4.3　磁共振过程中塞曼子能级粒子数的变化

(a) 未发生磁共振时，$m_F=+2$ 能级上粒子数较多；(b) 发生磁共振时，$m_F=+2$ 能级上粒子数减少，对 $D_1\sigma^+$ 光的吸收增加

由于在偏极化状态下样品对入射光的吸收甚少,透过样品泡的 $D_1\sigma^+$ 光已达恒定;一旦发生了磁共振跃迁,样品对 $D_1\sigma^+$ 光的吸收将增大,则透过样品泡的 $D_1\sigma^+$ 光必然减弱.那么,只要测量透射光强的变化即可得到磁共振信号,实现磁共振的光检测.由此可见,作用在样品上的 $D_1\sigma^+$ 光,一方面起抽运作用,另一方面可用透过样品的光作为检测光,即一束光起了抽运和检测两重作用.

对磁共振信号进行光检测可大大提高检测的灵敏度.本来塞曼子能级的磁共振信号非常微弱,特别是密度很低的气体样品的信号就更加微弱,直接观察射频共振信号是很困难的.光检测方法利用磁共振时伴随着 $D_1\sigma^+$ 光强的变化,可巧妙地将一个频率较低的射频量子(1～10MHz)转换成一个频率很高的光频量子(约 10^8MHz)的变化,使观察信号的功率提高了 7～8 个数量级.这样,气体样品的微弱磁共振信号的观测,便可用很简便的光检测方法来实现.

二、实验仪器装置

实验装置的方框图如图 9.4.4 所示,由光泵磁共振实验装置的主体单元及其辅助设备(包括辅助源、射频信号发生器、频率计和示波器等)组成.

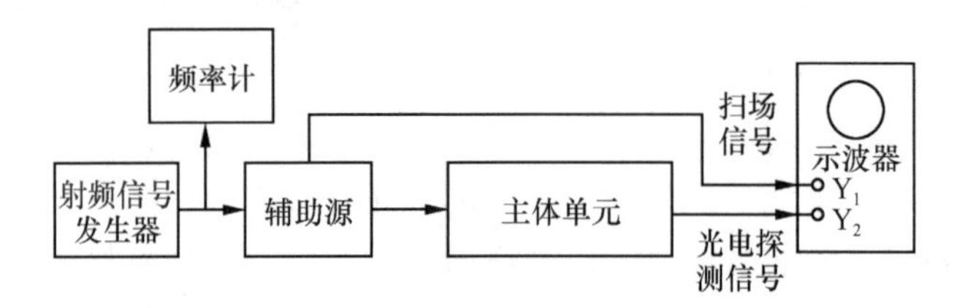

图 9.4.4　光泵磁共振实验装置方框图

1. 主体单元

该单元组装在一个三角导轨(光具座)上,其基本结构见图 9.4.5.中心位置有一个样品泡,充有天然铷及缓冲气体,置于恒温室中,可加热和控温,在 30～70℃范围内连续可调.恒温时温度波动不大于±1℃.

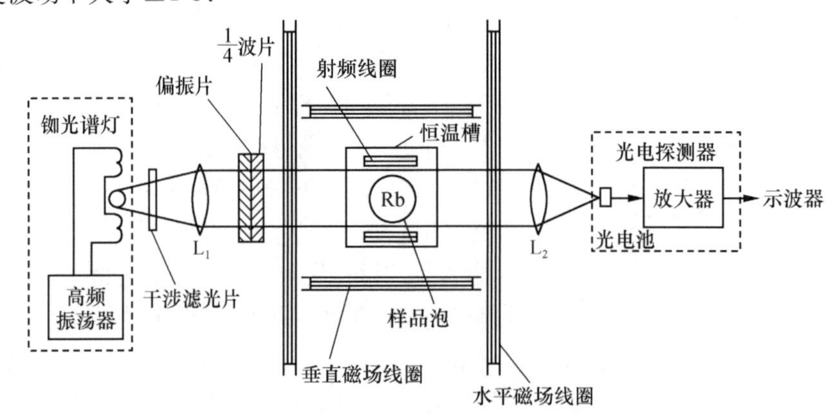

图 9.4.5　实验装置主体单元基本结构示意图

光路系统中的光源为高频无极放电铷灯，具有噪声小、光强大和稳定性好等优点. 滤波片采用干涉滤光片，透过率大于 50%，带宽小于 0.015μm，能很好地滤去 D_2 光（D_2 光不利于 $D_1\sigma^+$ 的光抽运）. 透镜 L_1 将光源发射的光变为平行光束，其焦距为 5～8cm. 偏振片使平行光束转为平面偏振光，再经 1/4 波片得到圆偏振光，从而可获得 $D_1\sigma^+$ 作用于样品. 接着，透镜 L_2 把透过样品泡的光束会聚到光电器件上，变为电信号放大后再送到示波器显示.

主体单元还设置了几组线圈，为实验提供所需要的各种磁场作用于样品. 产生水平恒定磁场和扫场的两组亥姆霍兹线圈，绕在同一组线圈架上，其轴线应与地磁场水平分量的方向一致（即三角导轨应取南北向）. 恒定磁场 B_0 值由 $0\sim2\times10^{-4}$ T 连续可调. 扫场 B_s 值为 $0.01\sim1\times10^{-4}$ T，也可连续调节. 产生垂直恒定磁场的一组亥姆霍兹线圈，用以抵消地磁场垂直分量. 还有一组安放在恒温室内样品泡两侧的射频线圈，它们的轴向与 B_0 垂直. 关于各组亥姆霍兹线圈在样品泡位置所产生的磁场，可分别由表头指示（或另接数字电压表显示）的电压值及亥姆霍兹线圈参数求得

$$B = 4.496\,\frac{NV}{rR}\times10^{-7}\,(\mathrm{T}) \tag{9.4.7}$$

式中 N 为线圈每边匝数，R 为线圈每边绕线的电阻（Ω），r 为线圈的有效半径（m），V 为加到线圈上的直流电压（V）. 各组线圈的这些数值可在仪器说明书上查得.

2. 辅助设备

辅助源为主体单元提供产生水平磁场和垂直磁场的直流稳压电源，产生扫场的方波和三角波信号源，以及提供控制和监测系统. 另外，还设有“外接扫描”插座，可用示波器的锯齿波扫描输出，经电阻分压及电流放大后作为扫场信号源，以代替辅助源中方波和三角波信号源. 辅助源的前后面板上有一系列的控制开关，以控制“预热”“工作”“池温”“灯温”，以及各种磁场的方向和大小；此外，还有监测池温、灯温、垂直磁场和水平磁场的电压指示等.

高频信号发生器为射频线圈产生射频场 B_1 提供射频信号，其频率由几百 kHz 到 MHz，输出功率由几 mW 到 1W. 射频频率的大小可在面板上直读，但为了准确起见，常常另外配置一台数字频率计来测频率.

示波器作为显示和测量实验中各种信号之用. 可由双线示波器的其中一个通道（如 Y_1）观测方波和三角波等扫场信号，另一个通道（如 Y_2）观测光抽运和磁共振信号. 实验中两个通道的信号对照观测，才能更好地理解原理，更好地进行调节和完成检测工作.

三、实验内容

1. 调试仪器

（1）借助指南针检查三角导轨是否与地磁场水平分量平行，并接好仪器仪表线路.

（2）按下“预热”按钮，加热样品泡和铷灯. 已知 ^{85}Rb 的信号最大值在 40～45℃；^{87}Rb 的信号最大值在 50～55℃. 若在同一温度下观测两种信号，可把池温调到 45～50℃范围内. 当灯温在 85～90℃时开始控温，按下“工作”按钮，从铷灯后面的小孔上可看到铷灯发出玫瑰紫色的光. 若铷灯不发光或发光不稳定，应查明原因以排除故障.

（3）将光源（附有滤光片）、透镜、样品泡以及光电池等器件调到准直，并使透镜 L_1 出射

平行光束作用于样品泡上,使透镜 L_2 会聚到光电池上的光强最大.

(4) 在光路的适当位置上加上偏振片和 1/4 波片(多数仪器已把它们与透镜 L_1 装在同一个支架上),调节偏振方向与光轴的夹角,使获得的圆偏振光作用于样品,调好以后应把锁定环旋紧.但这一步骤的调节可结合下面观测光抽运信号进行,获得圆偏振光时光抽运信号最大.

2. 观测光抽运信号

把方波和三角波加到扫场线圈均可观测光抽运信号,但方波能较快地通过零点建立正向或反向磁场,故观测光抽运信号时常采用方波扫场.调节扫场幅值使之为 $0.5\sim1\times10^{-4}$ T.刚加磁场的一瞬间,基态各塞曼子能级上的粒子数接近热平衡分布,可认为各子能级上的粒子数大致相等,这一瞬间对于 ^{87}Rb 来说约有 7/8 的粒子可吸收 $D_1\sigma^+$ 光,对光的吸收最强.当粒子逐渐被抽运到 $m_F=+2$ 子能级时,能吸收 $D_1\sigma^+$ 光的粒子数减少,对光的吸收也减少,即透过样品的光强逐渐增大.当抽运到 $m_F=+2$ 子能级上的粒子数饱和时,透过样品光强达最大值而不再变化.直到扫场过零并反向时,塞曼子能级跟随着发生简并及再分裂.但能级简并时铷原子便失去了偏极化;重新分裂后各塞曼子能级上的粒子数又近似相等,对 D_1 光的吸收又达最大.这样周而复始,便可在示波器上观察到周期性的光抽运信号.

由于观测光抽运信号的扫场较弱,地磁场的大小足以产生很大的影响.实验时可利用指南针来判别扫场方向开关置哪一方向时,才使得扫场的磁场与地磁场水平分量反向(可把指南针放在样品泡的恒温室上,置水平恒定磁场 $B_0=0$,缓慢调节“扫场”旋钮使扫场逐渐增大,看指南针的指向是否相反),并在以后维持它们的反向关系.另外,再利用光抽运信号来判断垂直磁场开关置哪一方向时,才使得垂直恒定磁场与地磁场垂直分量反向.当地磁场垂直分量被抵消使合成垂直磁场为零时,光抽运信号有最大值.当合成的垂直磁场不为零时,方波扫场的正反向磁场 $B_{/\!/}$ 的幅度将会不同,从而光抽运信号产生明显的变化,如图 9.4.6 所示.读者应在光抽运信号的观测中,理解好产生光抽运信号的实验条件,并利用观测到的光抽运信号进一步细致调整光路系统,使达最佳状态,以便更好地进行下面的实验项目.

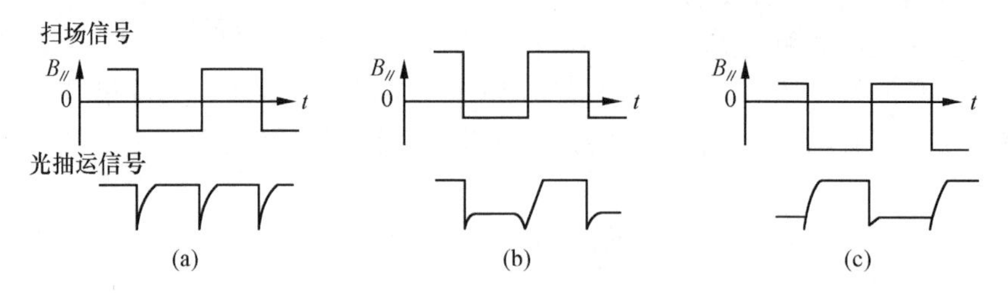

图 9.4.6　方波扫场正反向磁场 $B_{/\!/}$ 的幅度不同的光抽运信号

(a) $B_{/\!/}=0$ 在方波中心;(b) $B_{/\!/}=0$ 接近方波最低值;(c) $B_{/\!/}=0$ 接近方波最高值

3. 测定 ^{87}Rb 和 ^{85}Rb 的 g_F 因子

首先要学会观测 ^{87}Rb 和 ^{85}Rb 的光泵磁共振信号.在光抽运的基础上,施加一垂直于恒定磁场 $\boldsymbol{B}_0$ 的射频场 $\boldsymbol{B}_1$ 作用于样品,并采用三角波作扫场.对应于射频场 $\boldsymbol{B}_1$ 的频率 ν 值,调节 $\boldsymbol{B}_0$ 的大小使之满足磁共振条件 $h\nu=g_F\mu_B B_0$,便可观测到光泵磁共振信号.由理论计算得

知，共振频率与磁场的关系为

$$^{87}\mathrm{Rb}: \nu = 0.7006 \times 10^4 B_0$$

$$^{85}\mathrm{Rb}: \nu = 0.4671 \times 10^4 B_0$$

式中磁场的单位为 T，频率的单位为 MHz. 由上两式可见，对于同一磁场值，两种同位素的共振频率是不同的；反过来，对于同一频率值，它们的共振磁场也就不同. 那么，若固定某一 ν 值，由小到大调节 B_0 时会先后两次出现磁共振信号，请读者根据上面两式判断，哪一个是^{87}Rb 信号？哪一个是^{85}Rb 信号？若固定某一 B_0 值，由小到大调节 ν 时，结果又如何？

现在利用光泵磁共振来测定塞曼子能级的 g_F 值. 由磁共振条件表示为

$$g_F = \frac{h\nu}{\mu_B B_0} \tag{9.4.8}$$

只要能测定共振频率 ν 与磁场 B_0 的相应值，则所求的 g_F 值便可确定. 由于本实验是在弱磁场作用下的磁共振实验，地磁场水平分量和扫场直流分量的影响不可忽略，由施加到水平轴向的亥姆霍兹线圈上的电压 V 来求得的磁场值并不完全等于共振磁场 B_0，这样求得的 g_F 值必然存在着系统误差，需要采取有效的方法来消除. 通常选用下述两种方法之一.

(1) 使施加的水平恒定磁场换向，分别测出这两个方向的共振频率 ν' 和 ν''，再取平均值 $\nu=(\nu'+\nu'')/2$ 作为该恒定磁场相应的共振频率，以抵消地磁水平分量和扫场直流分量的影响. 图 9.4.7 为水平恒定磁场两个取向观测磁共振信号的示意图，其中图 9.4.7(a)为水平磁场取正向，图 9.4.7(b)为水平磁场取反向. B' 和 B'' 分别为该磁场取正、反向时叠加了地磁场水平分量和扫场直流分量的磁场值. 由于取平均频率 ν 作为共振频率，则相应的共振磁场 B_0 即水平线圈产生的恒定磁场 B. 把上面求得的 ν 和 B 值代入式(9.4.8)便可得到消除了系统误差的 g_F 因子.

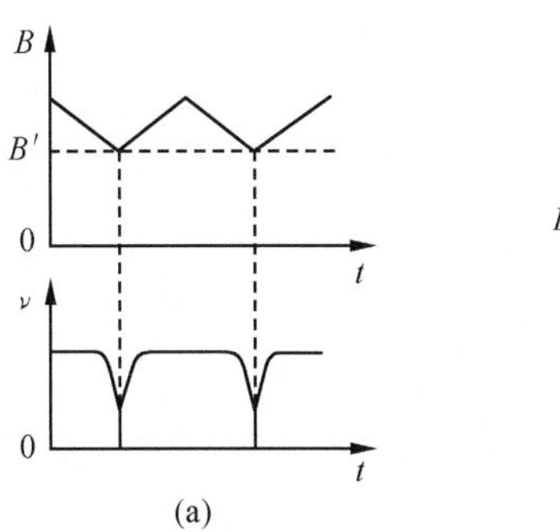

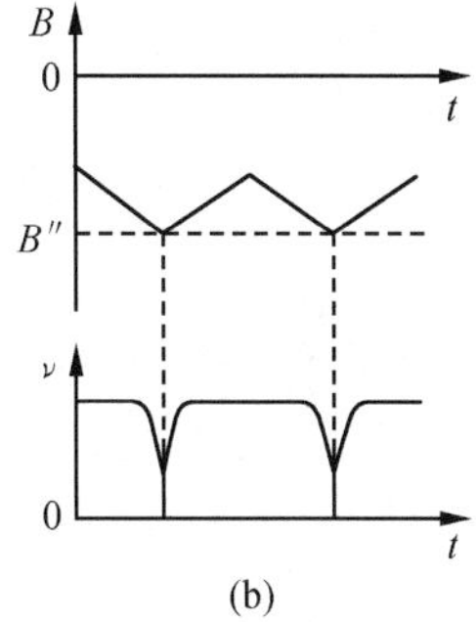

图 9.4.7　在水平恒定磁场的正、反向观测磁共振信号以求 g_F 因子

(2) 用最小二乘法求实验数据的拟合直线，再由直线的斜率计算 g_F 值. 实验时无需把水平恒定磁场换向，只对同一方向的水平恒定磁场测出相应的共振频率 ν 便可. 若把磁共振条件表示式(9.4.6)改写为 $\nu=(\mu_B g_F/h)B$，显然 ν 与 B 之间为线性关系. 考虑到地磁场水平分量和扫场直流分量的影响，拟合的直线一般来说不通过坐标原点，但直线的斜率不变. 设拟合的直线方程为 $\nu=a_0+a_1B$，则斜率 $a_1=\mu_B g_F/h$，从而

$$g_F = \frac{ha_1}{\mu_B} \tag{9.4.9}$$

可见只要由最小二乘法求出直线的斜率 a_1，代入上式便可求得 g_F 值.

实验中要求测量^{87}Rb 与^{85}Rb 在不同频率下共振磁场的大小,取得多组数据进行计算.无疑,上述方法(2)的实验过程比方法(1)简便,借助电子计算器或计算机作这样的直线拟合是很容易的.读者应把实验测定的 g_F 值与理论值作比较.

*4. 地磁场的测量及其他研究项目

利用光泵磁共振技术可制成光泵磁强计,测定地磁或宇宙空间的微弱磁场.读者可自拟实验方法,测量本实验室所在处的地磁场强度.

提示　通过观测光抽运信号可测量地磁场垂直分量 $B_{地\perp}$,类似于上述测 g_F 因子的方法(1)可测量地磁场水平分量 $B_{地//}$,最后合成地磁场强度 $B_{地}=\sqrt{B_{地\perp}^2+B_{地//}^2}$.

本实验课题还可安排其他实验内容,例如,测量弛豫时间、共振线宽,研究样品泡温度、入射光强度以及射频场强度对共振信号强度和线宽的影响等,有兴趣的读者可对这些实验项目进一步研究.

四、思考与讨论

(1) 为什么要滤去 D_2 光? 用 π 光为什么不能实现光抽运? 用 $D_1\sigma^-$ 光照射^{85}Rb 将如何?

(2) 铷原子超精细结构塞曼子能级间的磁共振信号是用什么方法检测的? 实验过程中如何区分^{87}Rb 和^{85}Rb 的磁共振信号?

(3) 试计算出^{87}Rb 和^{85}Rb 的 g_F 因子理论值.

(4) 你测定 g_F 因子的方法是否受到地磁场和扫场直流分量的影响? 为什么?

(5) 请用式子表明测量地磁场的方法.

参 考 文 献

龚顺生. 1981. 双共振实验. 物理实验,(4):133.
吴思诚,王祖铨. 1995. 近代物理实验. 2 版. 北京:北京大学出版社.
赵汝光,朱宋,张奋,等. 1986. 关于光泵磁共振实验中的几个问题. 物理实验,(4):147.

林木欣　吴先球　编
吴先球　改编

9.5　核磁共振成像实验

核磁共振信号本身不能提供物体的空间分布的信息. 20 世纪 70 年代初期,提出了在核磁共振的均匀磁场中施加梯度磁场进行空间编码的概念,使物体的共振频率与其空间分布相关联,将核磁共振信号反映的核密度及弛豫时间的空间分布显示成图像,揭开了核磁共振成像(nuclear magnetic resonance imaging,MRI)的序幕. 美国化学家 P. C. Lauterbur 和英国物理学家 P. Mansfield 两位科学家因 MRI 方面的突出贡献,共同获得了 2003 年诺贝尔生理学或医学奖，成为与核磁共振的发展及应用有关的第 15、16 位诺贝尔奖获得者. 与 X 射线计算机断层成像(X-CT)相比，核磁共振成像过程对人体没有电离辐射损伤，受到重视和发展. 从 1978 年英国研制出第一台核磁共振成像仪以来，到 2002 年全世界共进行了超过 6000 万次的核磁共振成像检测. 核磁共振成像技术已在生物、医学和脑科学等许多领域开拓了新的研究方向.

通过本实验，学习梯度场空间编码与反演原理，理解磁共振成像的有关参数设置，学会利用场梯度回波或自旋回波成像序列进行成像实验的方法.

一、实验原理

1. 核磁共振信号的空间编码

旋磁比为 γ 的自旋体系，处于均匀磁场 $\boldsymbol{B}_0$ 中，它的共振频率 f_0 或共振角频率 ω_0 满足

$$\omega_0 = 2\pi f_0 = \gamma B_0 \tag{9.5.1}$$

这一频率并不能提供物体的空间分布的信息. 为将核磁共振信号反映的核密度及弛豫时间的空间分布显示成图像，可在均匀磁场 $\boldsymbol{B}_0$ 上施加梯度磁场，使物体的共振频率与物体的空间分布相关联，即对核磁共振信号进行空间编码.

梯度磁场的概念可用一个一维的模型来说明. 如图 9.5.1 所示，设有物体 A_1, A_2, A_3, A_4 沿 x 轴分布在位置 x_1, x_2, x_3, x_4 等处，物体所处的纵向总磁场 $\boldsymbol{B}$ 为恒定磁场 $\boldsymbol{B}_0$ 与线性梯度磁场 $\boldsymbol{G}_x$ 之和. 线性梯度磁场 $\boldsymbol{G}_x$ 是 $\boldsymbol{B}$ 沿 x 方向的梯度，可表示为 $\boldsymbol{G}_x = \partial \boldsymbol{B}/\partial x$. 它叠加在均匀磁场 $\boldsymbol{B}_0$ 之上. 因此在空间 x 处，纵向磁场可表示为

$$\boldsymbol{B} = \boldsymbol{B}_0 + \frac{\partial \boldsymbol{B}}{\partial x} \cdot x = \boldsymbol{B}_0 + \boldsymbol{G}_x \cdot x$$

若在 x 处有一物体，它的共振频率将等于

$$f_x = \gamma(B_0 + G_x \cdot x)/(2\pi)$$

即物体的共振频率 f_x 与其空间位置 x 互相关联.

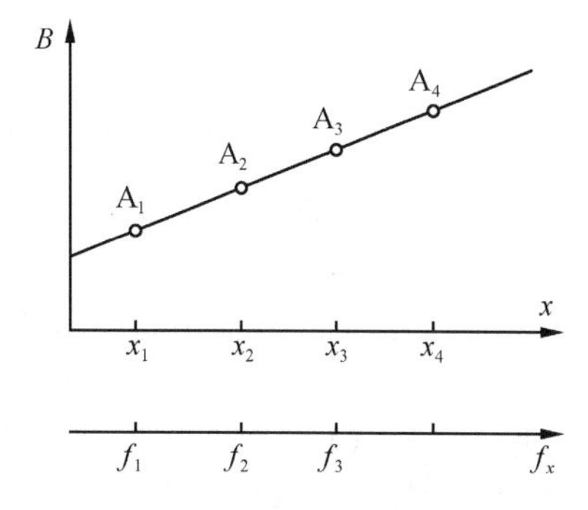

图 9.5.1　一维梯度磁场对自旋体系编码示意图

如果在 x、y 和 z 三个方向上分别加梯度磁场 G_x、G_y 和 G_z，就能在空间定义某一体积元 ΔV_{xyz}，这一体积元中的物体的共振频率 f_{xyz} 等于

$$f_{xyz} = \gamma(B_0 + G_x \cdot x + G_y \cdot y + G_z \cdot z)/(2\pi)$$

这就是梯度场对自旋体系的空间编码.

2. 傅里叶变换成像方法

核磁共振成像研究的早期，参考了 X 射线断层造影的技术，利用投影重建的方法由频域信息取得物体的空间分布的信息，这种方法的速度较慢. 目前几乎全部为傅里叶变换方法所取代. 傅里叶变换方法的原理可简述如下：

在梯度磁场 G_x、G_y 和 G_z 的作用下，体积元 ΔV_{xyz} 所产生的 FID 信号 ΔS，在以频率 f_0 旋转的坐标系中等于

$$\Delta S(t)=\boldsymbol{M}_0\rho(x,y,z)\Delta V\exp\left\{-\mathrm{i}\gamma\cdot\int_0^t[G_x(t')x+G_y(t')y+G_z(t')z]\mathrm{d}t'\right\}$$

式中 $\boldsymbol{M}_0$ 为体系的磁化矢量，$\rho(x,y,z)$为核密度空间分布. 全部物体的 FID 信号 $S(t)$是上式对体积元 $\Delta V=\mathrm{d}x\mathrm{d}y\mathrm{d}z$ 的三重积分，即

$$S(t)=\iiint_{-\infty}^{\infty}\rho(x,y,z)\cdot\exp\left\{-\mathrm{i}\gamma\int_0^t[G_x(t')x+G_y(t')y+G_z(t')z]\mathrm{d}t'\right\}\mathrm{d}x\mathrm{d}y\mathrm{d}z \tag{9.5.2}$$

不难看出，$S(t)$和核密度空间分布 $\rho(x,y,z)$互为傅里叶变换对. 对 $S(t)$作反傅里叶变换，即可求得核密度的空间分布 $\rho(x,y,z)$. 当以图形的形式表示 $\rho(x,y,z)$时，就得到物体的核磁共振成像.

常用的核磁共振成像为二维平面成像，典型的脉冲序列有场梯度回波和自旋回波两种.

3. 场梯度回波成像方法

1) 层面选择

要产生一个平面的像，首先要在观测物体中选出一片平面. 成像实验的选片脉冲由射频脉冲和选片梯度场组成.

假定要选的平面垂直于 z 轴，在谱仪的探头线圈发射 90°选择性射频脉冲的同时，在 z 轴方向施加一个与 $\boldsymbol{B}_0$ 方向相同的线性梯度场 $\boldsymbol{G}_z$，如图 9.5.2 中的 RF 和 G_z所示. 磁场强度 $B(z)$为

$$B(z)=B_0+G_z\cdot z \tag{9.5.3}$$

式中 G_z是沿 z 方向的磁场强度梯度，单位为 $\mathrm{T\cdot cm^{-1}}$或 $\mathrm{Gs\cdot cm^{-1}}$. 若射频脉冲的中心频率为 ω，根据共振条件公式(9.5.1)，在 z 方向某个位置 z_1 处层面的核将产生共振

$$\omega=\gamma B(z_1)=\gamma(B_0+G_z\cdot z_1) \tag{9.5.4}$$

而样品其他位置的核均处于非共振状态，对 NMR 信号无贡献，这样就达到了选层的目的.

为实现合适的选层厚度，选层射频脉冲需有一定激发带宽，称为选择性射频脉冲或软脉冲. 常用的软脉冲是以 sinc 波形为包络的射频脉冲. sinc 函数是正弦函数和单调递减函数的乘积，其数学表达式为 $\mathrm{sinc}(t)=\sin t/t$，经傅里叶变换后的频谱为矩形函数，如图 9.5.3 所示. 软脉冲作用时间越长，其激发带宽就越窄.

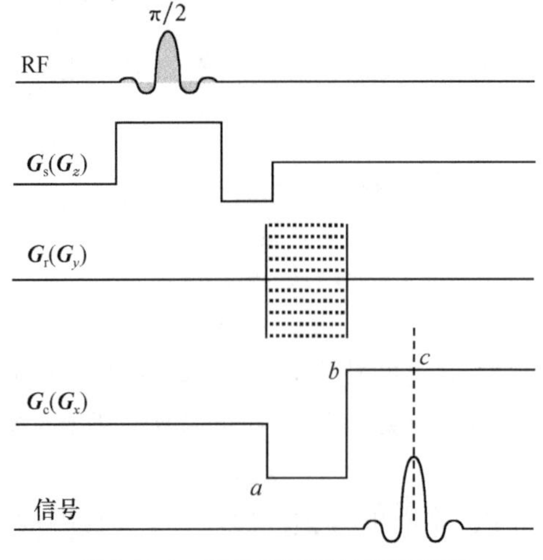

图 9.5.2 场梯度回波的脉冲序列

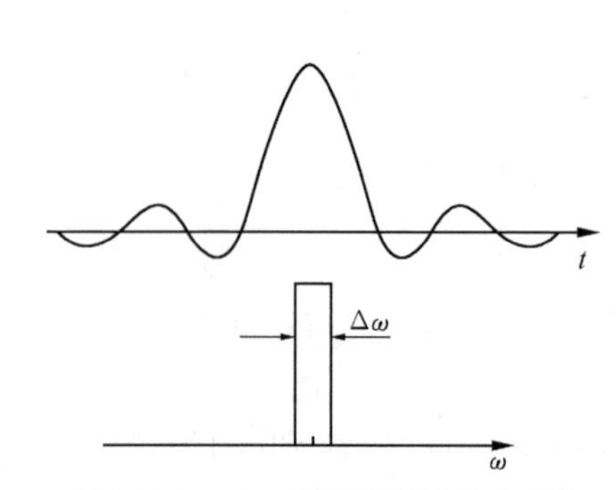

图 9.5.3 sinc 函数及其傅里叶变换

下面讨论选层厚度与选片脉冲的关系，如图 9.5.4 所示. 设软脉冲的激发带宽为 Δf，$z=z_1$ 处厚度为 Δz 的薄层的核受激发，根据图示的对应关系，有

$$\Delta\omega = 2\pi\Delta f = \gamma G_z \Delta z$$

因此

$$\Delta z = \Delta\omega/(\gamma G_z) \tag{9.5.5}$$

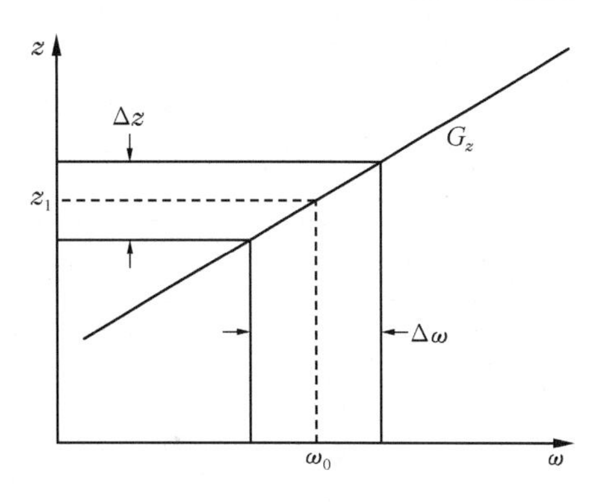

图 9.5.4　选片位置、厚度与梯度场、射频带宽的关系示意图

对于一定的激发带宽 Δf，切片厚度由梯度场强度 G_z 确定. G_z 越大，切片越薄，薄层内所含的核数量也相应减少，使信号的信噪比下降. 切片的中心位置由射频脉冲频率 f 来确定. 如果 f 与样品在不加梯度场时的共振频率 f_0 相等，则切片的中心位置在 z 梯度线圈的中心.

在选层梯度场脉冲结束后加一个反向脉冲，作用是补偿由薄层内各子层间共振频率的微小差异造成的相散作用，以提高测量的灵敏度.

反向脉冲结束后，所有共振的核均以同一角速度 ω 绕 z 轴旋转，FID 信号来自整个被选择层面，但仍然无法区分层面内的物体的不同位置.

2）频率编码

选层结束后，在 x 方向加一线性梯度场 G_{xa}，如图 9.5.2 所示. 在区间[a，b]这一段时间 T_{ab} 内，磁化强度矢量 $\Delta\boldsymbol{M}$ 所转过的相角 $\Delta\Phi$ 等于

$$\Delta\Phi = \Delta\boldsymbol{M}\exp(-\mathrm{i}\gamma G_{xa} T_{ab}) \tag{9.5.6}$$

该梯度场的作用使 x 方向磁场均匀性受到破坏，FID 信号被弥散. 在 b 点之后，x 方向的梯度场改变方向，变为 G_{xb}. 如果

$$G_{xa} \cdot T_{ab} + G_{xb} \cdot T_{bc} = 0 \tag{9.5.7}$$

则在 c 点，弥散的 FID 信号将重新汇聚，出现回波信号，称为场梯度回波. 脉冲梯度场的这种安排，目的是在 c 点采样时，可以避免脉冲磁场的干扰.

由于 G_x 的作用，相同位置 x 的核均以相同的角速度运动

$$\omega(x,z_1) = \gamma B(x,z_1) = \gamma[B(z_1) + G_x \cdot x_1] = \omega(z_1) + \gamma G_x \cdot x = \omega(z_1) + \omega(x)$$

因此梯度回波信号 $S(t)$ 包含了 x 方向上的空间信息，不同的频率对应于不同位置 x，称为频率编码. 对 $S(t)$ 进行傅里叶变换，就能得到被选择层面上的核沿 x 方向的一维投影图像.

图 9.5.5 所示为一些简单的几何样品的一维投影图，以帮助读者理解一维成像的原理.

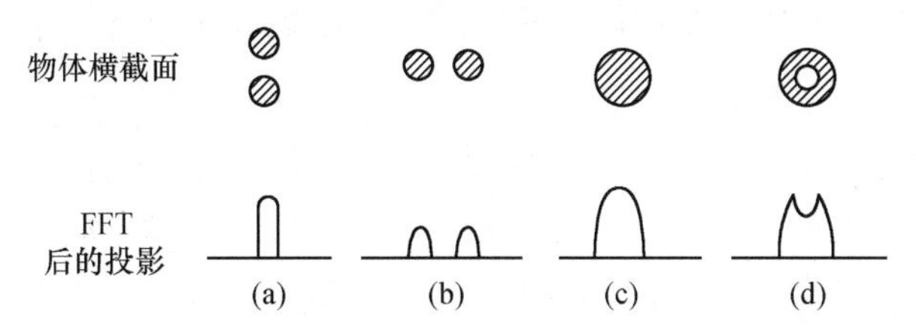

图 9.5.5　简单的几何形状的均匀样品的一维投影图

3）相位编码

在 x 方向频率编码的基础上，需要在 y 方向进行相位编码，以获取 y 方向的信息. 如图 9.5.2 所示，在选片结束后施加一个与原磁场 $\boldsymbol{B}_0$ 方向相同、大小沿 y 方向线性变化的梯度场 nG_y，持续时间为 T_{ab}. 其中 n 为步进变量，例如，由 $-N/2$ 至 $(N/2-1)$，共 N 步. 其第 n 步对磁化强度矢量 $\Delta\boldsymbol{M}$ 所产生的相角 $\Delta\Phi_y$ 等于

$$\Delta\Phi_y=\Delta\boldsymbol{M}\exp(-\mathrm{i}\gamma n\cdot G_y\cdot T_{ab})\tag{9.5.8}$$

由 c 点开始的 FID 信号具有下列形式：

$$S(n,t)=\boldsymbol{M}_0\iint_{-\infty}^{\infty}\rho(x,y)\cdot\exp\left\{-\mathrm{i}\gamma\int_0^t[G_xx+G_yy]\mathrm{d}t'\right\}\mathrm{d}x\mathrm{d}y\tag{9.5.9}$$

对上式作二维傅里叶变换，得到物体在 (x,y) 平面上的密度分布 $\rho(x,y)$. 以图形表示时，就是物体的二维的核磁共振图像.

4. 自旋回波序列

射频脉冲采用 Carr-Purcell($\pi/2,\pi$)自旋回波序列，它能补偿恒定磁场不均匀性. 如图 9.5.6 所示，假定 90°脉冲与 180°脉冲的间距为 $T_E/2$，则在 T_E 时刻出现回波. 脉冲梯度场的波形与场回波的脉冲序列相似. 90°脉冲和 180°脉冲之间的差异是改变脉冲的幅度，而脉冲的宽度是相同的，以保证两脉冲对应的频带宽度一致，使选片厚度保持不变.

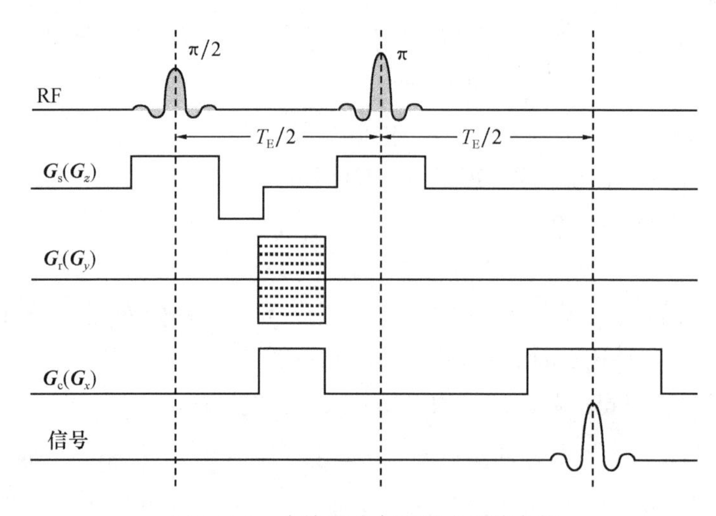

图 9.5.6　自旋回波序列形式及其参数

设 T_R 为脉冲序列的全周期(即脉冲序列的重复时间)，考虑到纵向弛豫时间 T_1 和横向弛豫时间 T_2 的影响，以上各式中的物体密度的分布函数 $\rho(x,y,z)$ 需由下式表示：

$$\rho(x,y,z)=\rho_0(x,y,z)\exp\left[\frac{-T_E}{T_2(x,y,z)}\right]\cdot\left\{1-\exp\left[\frac{-T_R}{T_1(x,y,z)}\right]\right\}\tag{9.5.10}$$

式中 $\rho_0(x,y,z)$ 为物体的本征密度，而由实验测得的 $\rho(x,y,z)$ 仅为表观密度. 但是 $\rho(x,y,z)$ 能反映被测物体的纵向或横向弛豫时间. 当 T_R 与 T_E 都较长时，所得到的图像为 T_2 加权像. 当 T_R 较长而 T_E 较短时，所得到的图像为 T_1 加权像. 肿瘤组织的 T_1 和 T_2 与正常组织有很大的差异，这使核磁共振成像在医学上的作用要比 X 射线断层成像更有用.

5. 视野的确定

样品在图像中的大小，可以用视野(field of view，FOV)来表示.

1) 频率编码方向

在频率编码 x 方向，谱仪采样时，G_x 是恒定地施加在 x 梯度线圈上的. 如果 $X_{\max}$ 是样品在该方向的最大尺寸，在 $X_{\max}$ 两端点的样品具进动频率相差 $\Delta\omega=\gamma G_x X_{\max}$. 根据奈奎斯特(Nyquist)定理，采样带宽 SW 必须不小于信号最高频率 $\Delta\omega$ 的 2 倍. 为减小噪声，通常设置取样速率接近于 $\Delta\omega$ 的两倍.

$$\mathrm{SW}=2\gamma G_x X_{\max}=2\pi N_x/T_{\mathrm{acq}} \tag{9.5.11}$$

其中旋磁比 $\gamma=2\pi\times4257.7\mathrm{Hz}\cdot\mathrm{Gs}^{-1}$，$N_x$ 为采样的数据点个数，T_{acq} 为采样时间，N_x/T_{acq} 为采样频率. 则在读梯度方向的视野

$$\mathrm{FOV_f}=X_{\max}=\frac{N_x\cdot\pi}{\gamma\cdot G_x\cdot T_{\mathrm{acq}}} \tag{9.5.12}$$

点分辨率为 $\mathrm{FOV_f}/N_x$.

2) 相位编码方向

相位编码 y 方向的视野 $\mathrm{FOV_p}$，类似于读梯度方向，同样必须满足采样定理. 如果相位编码最大梯度场为 $\pm G_{y\max}$，相位编码次数为 N_{p}，持续时间为 T_{p}，物体在 y 方向的最大尺寸为 $Y_{\max}$，考虑到 G_y 的最大幅度相差 $2G_{y\max}$，参考式(9.5.11)，可得

$$\gamma\cdot 2G_{y\max}\cdot Y_{\max}=\pi N_{\mathrm{p}}/T_{\mathrm{p}}$$

即

$$\mathrm{FOV_p}=Y_{\max}=\frac{N_{\mathrm{p}}\cdot\pi}{\gamma\cdot 2G_{y\max}\cdot T_{\mathrm{p}}} \tag{9.5.13}$$

如果要求读梯度方向和相位编码方向具有相同的视野和点分辨率，即 $\mathrm{FOV_f}=\mathrm{FOV_p}$，以及 $N_x=N_{\mathrm{p}}$，则需满足

$$G_x\cdot T_{\mathrm{acq}}=2G_{y\max}\cdot T_{\mathrm{p}} \tag{9.5.14}$$

视野与采样带宽成正比，与梯度的强度和施加时间成反比. 较大的视野可以观察到被测样品的整体构成，较小的视野则可以显示样品的细节. 受谱仪允许的最小带宽和最大梯度强度的限制，FOV 的减小是有限的. 同时，由于参与成像的核的数目减小，FOV 的减小也使图像的信噪比降低.

二、实验仪器装置

台式核磁共振成像实验装置主要由谱仪系统、电路系统(包括射频功率放大器、梯度场功率放大器、前置放大器和中频接收机)、磁体系统(包括主磁体、射频线圈、梯度场线圈)等组成，如图 9.5.7 所示.

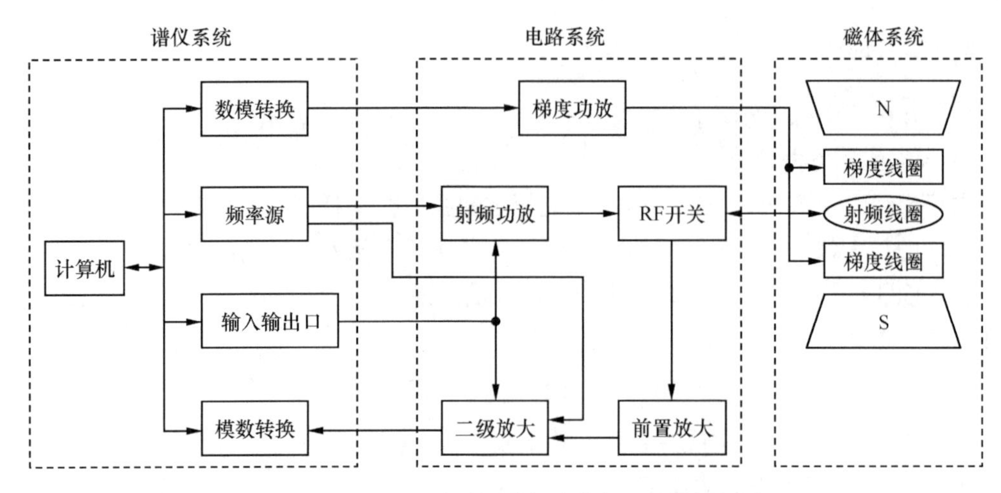

图 9.5.7　NMI20 台式磁共振成像仪硬件结构框图

谱仪系统中的频率源产生射频信号,通过脉冲功率放大器放大后,送到射频线圈,用于激发样品.样品受激发后产生的微弱共振信号也由射频线圈接收,通过 RF 开关送到前置放大器,再经过第二级中频放大后,通过模数变换器送入计算机进行数据处理. x、y、z 三路梯度场波形由谱仪系统的数模变换卡产生,经过三路独立的功率放大,再送入磁体系统中相应的梯度场线圈.谱仪系统中输入输出口实现成像实验所需的控制信号和各种时序.计算机完成数据产生、参数控制、数据采集与处理、图像显示等任务.

三、实 验 内 容

1. 一维成像实验

(1) 先不加梯度场,采用硫酸铜($CuSO_4$)水溶液样品,用硬脉冲 FID 脉冲序列,进行机械匀场或者电子匀场.磁场均匀后,利用 FID 信号的频谱,确定共振频率 f_0.

(2) 用软脉冲观察 FID 信号和自旋回波信号,通过调节软脉冲幅度的方法获得 90°脉冲和 180°脉冲的宽度和幅度.

(3) 利用自旋回波频率编码序列进行一维梯度编码成像.利用上述步骤得到的参数,加入选层梯度场和频率编码梯度场,选择合适的切片位置和厚度,观察回波信号.回波信号经采集累加后,进行傅里叶变换,观察一维图像的形状与样品截面之间的关系.

2. 二维成像实验

在一维成像基础上,增加相位编码方向的梯度场,利用梯度回波或自旋回波成像序列进行二维成像实验.

(1) 观察选片方向、频率编码方向、相位编码方向三路梯度场强度的改变后,图像 FOV 和信噪比的变化.

(2) 观察不同选层方向(例如由 z 方向改为 x 方向)的图像.

(3) 更换不同参数的样品进行成像实验,分析实验结果.

*3. 设计实验:观测质子密度加权像

例如,可考虑样品为装有纯水的试管,其中插入的小试管装有大豆油,将重复时间分别设置为 2400ms、1200ms、600ms、300ms、150ms,观察图像改变情况,并总结重复时间对图像权重的影响.

四、思考与讨论

(1) z 方向选层的基本原理是什么? 选层位置和厚度与哪些因素有关? 为何要用软脉冲来激发样品?

(2) 梯度场编码脉冲序列成像时,梯度回波是如何形成的? 为何在采集数据时,只加入 x 方向的梯度场?

(3) 相位编码是如何实现的? 为何需要每次采样都要步进相位编码方向梯度场?

(4) 频率编码方向和相位编码方向的视野分别与哪些因素相关?

(5) 在医学成像中,肿瘤组织和正常组织是通过什么成像方法区分出来的? 原理是什么?

参 考 文 献

汪红志,张学龙,武杰. 2008. 核磁共振成像技术实验教程. 北京:科学出版社.

邬学文. 1995. 核磁共振成像技术的新进展(上). 物理,24(10):619～624.

吴思诚,王祖铨. 2005. 近代物理实验. 3 版. 北京:高等教育出版社.

Morris P G. 1986. Nuclear Magnetic Resonance Imaging in Medicine and Biology. New York: Oxford University Press:165.

吴先球　编

单元 10　计算机模拟和微弱信号检测技术

10.1　计算机数值模拟实验

计算机数值模拟方法是从基本的物理定律出发,用离散化变量描述物理体系的状态,然后利用电子计算机计算这些离散变量在基本物理定律制约下的演变,从而体现物理过程的规律.

计算机数值模拟实验是在计算机中进行的实验.虽然它不能替代真实的物理实验,但确实是一种极其重要的实验方法.它是通过大量“个例”来研究特定的物理过程,能够反复进行,方便地控制和调整参数,在理论研究和实验研究之间搭起了一座“桥梁”.数值模拟可以研究一些非常复杂的过程,而理论研究必须作出许多简化假设才能处理这些过程,简化则意味着可能丢失许多重要的因素,这就使得数值模拟可以更全面地了解一个物理过程,而且还可能发现新的物理现象.另外,数值模拟也能够为实验观测方案提供理论的支持,对大型实验装置进行评估,对实验条件或参数进行优化选择,以避免造成极大的经济损失和人力浪费.随着计算机性能的高速发展,数值模拟在各门学科的研究中应用将更加广泛,起到越来越重要的作用.

本实验选择一个非线性动力学系统中的混沌吸引子作为研究实例.用常规的理论方法和实验方法是不容易了解这类问题的运动规律的,但通过计算机模拟实验我们便可得到具体的物理图像.实验中要求读者通过在 IBM PC 或兼容机上的计算机编程和实验,掌握数值模拟的基本方法和步骤.

一、实验原理

1. 数值模拟的基本方法

由于各门学科研究的对象都具有自身的特点,数值模拟的方法在不同学科中有其不同的特征,但任何数值模拟都需要求解描述相应物理过程的数学方程.这些数学方程的数值求解方法有其共性,因而各门学科中数值模拟方法有共同之处,一般都涉及如下几个步骤.

1）建立物理模型

对任何物理过程的数值模拟首先要建立模型,所建立的模型的合理性在很大程度上决定了模拟结果是否可靠.建立模型包括如下步骤:

(1) 找出决定所研究的物理过程的主要因素;

(2) 导出适当的数学方程;

(3) 给出切合物理实际的边值条件和初始条件.

2）方程和初值、边值条件的离散化

(1) 选择合适的数值方法.常用的有差分法、有限元法和边界元法.

(2) 将计算区域划分为离散网格点. 网格点(时间、空间)可以是规则的,也可以是不规则的,取决于计算区域的几何形状是否规则. 网格点多少(决定于时间和空间步长的大小)的选择需要综合考虑计算时间的长短、计算机内存的大小等因素.

(3) 将方程和初值、边值条件化为网格点上的代数方程(组).

3) 选择适当的代数方程组求解方法

4) 在计算机上实现数值求解

(1) 设计流程图.

(2) 编写计算机程序.

(3) 调试程序. 检查程序是否有语法错误、数学公式的程序语言表达是否正确;根据计算结果检查算法的计算精度,以及是否存在数值的不稳定性.

5) 计算结果的诊断

诊断是将数值模拟结果以一定的形式(通常是图形)表达出来. 这是调试程序和输出结果的重要手段.

2. 利用数值模拟的实例

作为一个实验的具体例子,我们研究美国气象学家洛伦茨(E. N. Lorenz)于 1963 年在《大气科学》杂志上提出的第一个表现奇异吸引子的动力学系统. 该混沌系统描述了从水桶的底部加热时,桶内液体的运动情况. 加热时,底部的液体越来越热,并开始逐渐上升,产生对流. 当提供足够的热量并保持不变时,对流便会产生不规则的运动和湍流.

1) 建立模型

该混沌系统模型可以用下列三个微分方程描述:

$$\frac{\mathrm{d}x}{\mathrm{d}t}=ay(t)-ax(t) \tag{10.1.1}$$

$$\frac{\mathrm{d}y}{\mathrm{d}t}=r(t)x(t)-y(t)-x(t)z(t) \tag{10.1.2}$$

$$\frac{\mathrm{d}z}{\mathrm{d}t}=x(t)y(t)-bz(t) \tag{10.1.3}$$

其中 x 正比于对流运动的速度,y 正比于水平方向温度的变化,z 正比于竖直方向温度的变化,系数 a 通常取值为 10.0,b 通常取值为 8/3. r 正比于水桶底部和水桶顶部之间的温度变化,是该动力学系统模型中重要的参数,在实验中可以采用常数,或采用周期瑞利数 $r(t)=r_0+r_1\cos\omega t$. 关于该模型的建立和参数的详细讨论可参阅有关参考文献.

该方程组的初始条件为

$$x(t=0)=x_0,\quad y(t=0)=y_0,\quad z(t=0)=z_0 \tag{10.1.4}$$

这问题没有边值条件.

2) 方程的离散化

方程(10.1.1)~(10.1.3)与初始条件一起构成一个一阶微分方程组,可以采用四阶龙格-库塔(Runge-Kutta)法求解. 龙格-库塔法计算公式:如果微分方程为 $\mathrm{d}x/\mathrm{d}t=f(x,y,z,t)$,则

$$xinc1=f(x,y,z,t)\mathrm{d}t$$

$$xinc2 = f(x + xinc1/2, y + yinc1/2, z + zinc1/2, t + \mathrm{d}t/2)\mathrm{d}t$$

$$xinc3 = f(x + xinc2/2, y + yinc2/2, z + zinc2/2, t + \mathrm{d}t/2)\mathrm{d}t$$

$$xinc4 = f(x + xinc3, y + yinc3, z + zinc3, t + \mathrm{d}t)\mathrm{d}t$$

$$x_{n+1} = x_n + (xinc1 + 2 * xinc2 + 2 * xinc3 + xinc4)/6$$

其中 x_n 为第 n 个迭代点,x_{n+1} 为第($n+1$)个迭代点,dt 为为时间步长. 根据上式,从初始值 $x(t=0)=x_0$、$y(t=0)=y_0$、$z(t=0)=z_0$ 开始就可以计算出以后各个时间的 x、y 和 z 的值.

3) 实验的演示程序

本实验附录给出了洛伦茨吸引子的 C 语言演示程序. 程序中利用了四阶龙格-库塔算法,在 Turbo C++3.0 中编译通过.

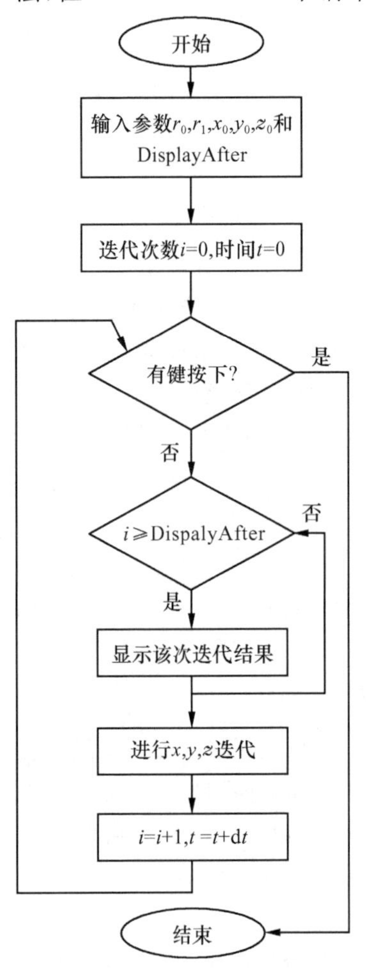

图 10.1.1 程序流程图

程序流程如图 10.1.1 所示,其主要步骤如下:

(1) 要求用户输入 x、y、z 的初值,r_0,r_1,以及 DisplayAfter. 其中 DispalyAfter 指定了在开始显示 x-y 曲线以前,计算机所进行的迭代运算的次数. 该参数的加入,是便于用户观察到程序进行了 DisplayAfter 个迭代运算后的输出结果. 在演示程序中,固定的参数和变量为:参数 a,固定为 $a=10$;参数 b,固定为 $b=8.0/3.0$;时间步进 dt,固定为 dt=0.001;$r(t)$中的角频率 ω,固定为 $\omega=7.62$.

(2) 迭代次数置 0,时间置 0.

(3) 判断是否有键按下,如有则停止迭代,否则执行以下几步.

(4) 迭代次数是否大于或等于 DispalyAfter,如是则显示该次迭代结果,否则迭代结果不显示出来(但仍然进行下一步迭代计算). 迭代结果的显示可以根据需要显示 x-t 图,y-t 图,z-t 图,x-y 图,x-z 图,y-z 图. 在演示程序仅显示 x-y 图.

(5) 进行 x,y,z 的迭代计算. 在程序中,先计算该次的 $xinc1$, $xinc2$, $xinc3$, $xinc4$, $yinc1$, $yinc2$, $yinc3$, $yinc4$, $zinc1$,$zinc2$,$zinc3$,$zinc4$,再计算新的 x,y,z 迭代结果. 如果计算完 $xinc1$,$xinc2$,$xinc3$,$xinc4$ 后立即迭代出新的 x,再用该新的 x 和原来的 y,z 去计算 $yinc1$,$yinc2$,$yinc3$,$yinc4$,再迭代出的 y 会有错误. 这一点在编程中需要引起重视.

(6) 迭代次数加 1,时间增加一个步进 dt.

(7) 执行第(3)步.

4) 洛伦茨混沌系统的实验观察

(1) 初值对混沌系统的影响(蝴蝶效应). 混沌系统是一个非线性系统,初值对系统的敏感性是混沌运动的一个基本特征. x,y,z 的初值对混沌动力学系统有很大影响.

以天气预报系统为例进行说明. 在气象系统模型中,天气预报所用的信息可以包括从各个气象站获得的风速、温度、气压等测量参数，将这些信息输入计算机模型中观察天气预报. 每次从气象站获得的信息不能保证都是准确的. 例如，在某次测量风速时可能在距离不远的公路上正好有一辆大卡车通过，或者近处有一只鸟儿在拍打翅膀，甚至是一只蝴蝶在振翅.

在混沌现象发现以前，人们通常认为这些测量的微小误差对天气预报的影响只是短时的，它对长时间的预报不会有影响. 而图示模拟结果表明，即使是一个蝴蝶的拍打都会影响到三个月后的天气. 这就是蝴蝶效应的意义.

不过，长时间的天气预报并没有因此而消失. 随着计算机技术的发展，气象学家有了办法对付蝴蝶效应：先用一些初始条件进行仿真，再使这些初始条件有细小的变化. 如果天气图是完全改变的，则表明初始的气象系统是混沌的，不能用该模型进行长时间间隔的天气预测；但是，如果初始条件的变化并没有影响到天气图，则表明初始的气象系统不是混沌的，此时就可以进行预测了.

在本实验中，可以先设定初值为 $x_0=y_0=z_0=1$，$r_0=28$（$r_1=28$ 保证了系统内部处于相当不稳定的对流状态），$r_1=0$. 观察程序刚开始迭代的几百次的输出和迭代了 30 000 次后的输出(DispalyAfter＝1 和 DispalyAfter＝30 000).

然后，在其他条件不变的情况下，如果将 z 的初值从 $z=1$ 改变为 $z=1.001$，并重复实验. 尽管 z 的初值变化只有一千分之一，但是观察在 DisplayAfter＝30 000 时，初值前后输出有了明显的变化.

我们从上述初值对系统的敏感性知道，如果在实际的应用模型中采用了微分方程组，又有可能出现混沌的话，那么在测量中任何初值的误差将对系统产生很大的影响，变得不能被忽略.

(2) 洛伦茨混沌吸引子. 混沌是一种非周期的动力学过程，看似无序，杂乱无章，但却隐含着丰富的内容，如混沌吸引子、分支、窗口等. 它是一种无序中的有序，绝不仅仅是一个无从控制的随机过程.

混沌吸引子是相空间的某部分，从它附近出发的任何点都逐渐趋近于它. 在(x,y)平面上，可以看到形如肾脏的两叶的洛伦茨混沌吸引子图（图 10.1.2）. 其中的点时而转到左页，时而转到右页. 所有点的轨迹都螺旋趋近两叶中心，不会离开闭合的曲面.

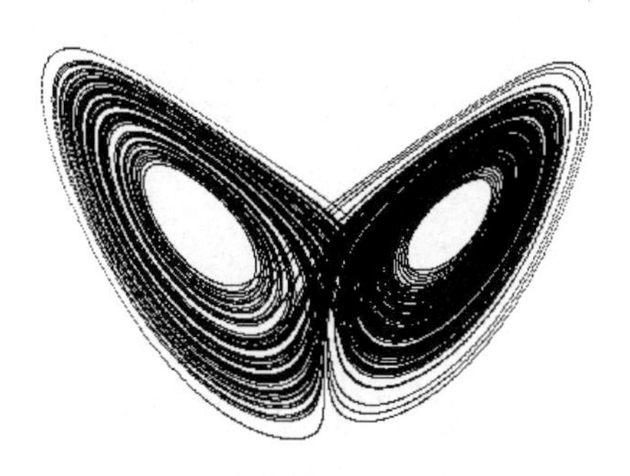

图 10.1.2　洛伦茨系统的混沌吸引子
$a=10.0, b=8.0/3.0, r_0=26.5, r_1=0$

(3) 倍周期运动研究. 尽管洛伦茨方程所反映的是一个非线性的混沌系统. 但是，进一步的实验表明，在某些条件下，仍然可能出现周期性的轨迹.

例如，在采用周期瑞利数 $r(t)=r_0+r_1\cos\omega t$ 时，无论系统的初始状态（即 x、y、z 的初值）如何，如果 r_1 从 0 增大至 5.0，在 $r_0=26.5$ 时，我们观察系统经过较长时间迭代后的状态(DisplayAfter＝50 000)，会发现此时系统形成了稳态的单周期，如图 10.1.3(a)所示. 在 r_0 增大的过程中，可以获得稳态的双周期（$r_0=27.5$），稳态的 4 周期（$r_0=27.9$），稳态的 64 周期（$r_0=27.987$）等.

又例如，当 $r_1=10$ 时，系统对不同的 x、y、z 初值的敏感性很快消失. 系统此时处于稳态对流状态. 如果 r_1 很大，系统将处于周期状态而不是混沌状态.

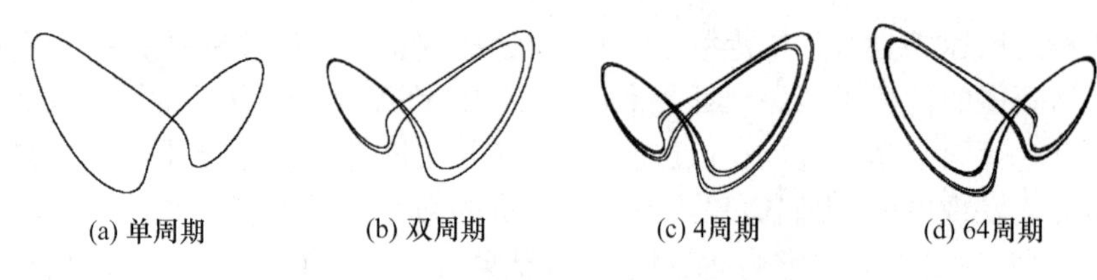

图 10.1.3　混沌系统中稳定的倍周期运动

二、实验仪器装置

1. 计算机硬件

IBM PC 或兼容机一台. 计算机性能的好坏主要影响模拟计算的速度,建议采用 80486 或速度更快的计算机. 打印机一台,需要支持图形打印方式.

2. 计算机软件

DOS 5.0 以上操作系统. 高级编程语言一种,例如,BASIC,PASCAL,C,FORTRAN 等.

三、实 验 内 容

(1) 自选一种编程语言,对洛伦茨吸引子进行模拟计算.

(2) 编程获得 x-t 图,验证混沌系统对初值的敏感性. 编程获得 x-y 图,x-z 图,获得洛伦茨混沌吸引子图.

(3) 验证混沌系统的倍周期运动.

(4) 将实验结果和本实验附录程序的运行结果进行比较.

*(5) 自选一种混沌系统模型,模拟相应的物理过程.

四、思考与讨论

(1) 试说明数值模拟方法的特点. 它与理论研究、实验研究有什么关系?

(2) 从混沌系统的基本特征出发,联系天气预报系统,说明蝴蝶效应的意义.

附录　洛伦茨吸引子的 C 语言演示程序

```
//Turbo C Program for Drawing the Lorenz Attractor;
#include <stdio.h>
#include <math.h>
#include <graphics.h>
#include <conio.h>
//define and initialize some coefficient
```

```
double a = 10.0;
double b = 8./3.;
double w = 7.62;
double dt = 0.001;
long double EquationX(long double x,long double y,double z)
{
    return -a*x+a*y;
}
long double EquationY(long double x,long double y,long double z,long double r)
{
    return -x*z+r*x-y;
}
long double EquationZ(long double x,long double y,long double z)
{
    return -b*z+x*y;
}
void main(void)
{
double r0;
double r1;
    long int DisplayAfter = 40 000;
    double x,y,z;
    double xinc,yinc,zinc;
    double xinc1,xinc2,xinc3,xinc4;
    double yinc1,yinc2,yinc3,yinc4;
    double zinc1,zinc2,zinc3,zinc4;
    double t = 0.0;
    double r;
    long int i = 0;
    int gdriver = DETECT,gmode;
    //Allow user to enter new value
    clrscr();
    printf("Value of r0 = ");
    scanf("%lf",&r0);
    printf("Value of r1 = ");
    scanf("%lf",&r1);
    printf("Display after iteration times ");
    scanf("%ld",&DisplayAfter);
    printf("Initial Value of x = ");
```

```
        scanf("%lf",&x);
        printf("Initial Value of y=");
        scanf("%lf",&y);
        printf("Initial Value of z=");
        scanf("%lf",&z);
//      Print out the coefficients
        printf("\n\n\n\nr0 = %f\n",r0);
        printf("r1 = %f\n",r1);
        printf("DispalyAfter = %ld\n",DisplayAfter);
        printf("Initial Value of x = %f\n",x);
        printf("Initial Value of y = %f\n",y);
        printf("Initial Value of z = %f\n\n\n",z);
        printf("                    Press any key to begin calculation ...");
        getch();
        initgraph(&gdriver,&gmode,"\tc");
        while(! kbhit()){      //Repeat until a key is pressed
//      Only display a point on the attractor after the DisplayAfter variable is
          exceeded.
//      Change the PutPixel line to change the view of the attractor that is dis-
          played.
        if(i>DisplayAfter){
              putpixel(x*10+getmaxx()/2,getmaxy()-z*6-100,2);
//                  putpixel(y*10+getmaxx()/2,getmaxy()-z*6-100,4);
              }
//          Now Start the Runge-Kutta solution
              r=r0+r1*cos(w*t);
              xinc1=EquationX(x,y,z)*dt;
              yinc1=EquationY(x,y,z,r)*dt;
              zinc1=EquationZ(x,y,z)*dt;

              xinc2=EquationX(x+xinc1/2,y+yinc1/2,z+zinc1/2)*dt;
              yinc2=EquationY(x+xinc1/2,y+yinc1/2,z+zinc1/2,r)*dt;
              zinc2=EquationZ(x+xinc1/2,y+yinc1/2,z+zinc1/2)*dt;

              xinc3=EquationX(x+xinc2/2,y+yinc2/2,z+zinc2/2)*dt;
              yinc3=EquationY(x+xinc2/2,y+yinc2/2,z+zinc2/2,r)*dt;
              zinc3=EquationZ(x+xinc2/2,y+yinc2/2,z+zinc2/2)*dt;

              xinc4=EquationX(x+xinc3,y+yinc3,z+zinc3)*dt;
```

```
            yinc4 = EquationY(x + xinc3,y + yinc3,z + zinc3,r) * dt;
            zinc4 = EquationZ(x + xinc3,y + yinc3,z + zinc3) * dt;

//    Only update x,y and z at this stage,as the unaltered values of x,y and z
        are needed
//    for calcutlations of increment to x,y,and z above.
            x + = (xinc1 + 2 * xinc2 + 2 * xinc3 + xinc4)/6. ;
            y + = (yinc1 + 2 * yinc2 + 2 * yinc3 + yinc4)/6. ;
            z + = (zinc1 + 2 * zinc2 + 2 * zinc3 + zinc4)/6. ;
//          Increasement of the time and the counter
            t + = dt;
            i + + ;
      }//End of FOR repeat
      getch();
      closegraph();
}//The end of the program
```

参 考 文 献

程极泰. 1992. 混沌的理论与应用. 上海:上海科学技术文献出版社.

复旦大学《微分方程及其数值解》编写组. 1975. 微分方程及其数值解. 上海:上海人民出版社.

宫野. 1987. 计算物理. 大连:大连工学院出版社.

王东生,曹磊. 1995. 混沌、分形及其应用. 合肥:中国科学技术大学出版社.

徐君毅,于玉,吴京. 1992. C 语言程序设计基础. 上海:复旦大学出版社.

Kim J H,Stringer J. 1992. Applied Chaos. New York:John Wiley & Sons,Inc.

Pritchard J. 1992. The Chaos Cookbook:a Practical Programming Guide. London:Butterworth-Heinemann LTD.

吴先球　编

10.2　锁相放大器实验

锁相放大技术是检测微弱信号的主要方法之一,在物理、化学、生物、电信、医学等领域有广泛应用. 微弱信号处理的本质是压缩噪声带宽,最简单、最常用的方法是采用选频放大技术,使放大器的中心频率 f_0 与被测信号频率相同,从而对噪声进行抑制,但此法存在中心频率不稳、带宽不能太窄及对被测信号缺乏跟踪能力等缺点. 后来发展了锁相放大技术. 它利用被测信号和参考信号的互相关检测原理实现对信号的窄带化处理,能有效地抑制噪声,实现对信号的检测和跟踪. 因此,培养学生掌握这种技术的原理和应用,具有重要的现实意义.

本实验的目的是使学生了解相关检测原理和锁相放大器的基本组成,掌握锁相放大器的正确使用方法,了解锁相放大器在微弱信号检测中的应用.

一、锁相放大器的工作原理

1. 相关检测原理

所谓相关是指两个函数间有一定的联系. 在数学上,若它们的乘积对时间求平均(积分)为零,则表明这两个函数不相关(或彼此独立);如不为零,则表明两者相关. 两个函数相关的概念可分为自相关和互相关两种. 其中互相关已包含自相关,且由于互相关检测抗干扰能力强,因此在微弱信号检测中往往采用互相关原理实现对微弱信号的检测.

如果 $f_1(t)$ 和 $f_2(t-\tau)$ 为两个功率有限信号,则它们的互相关函数可定义为

$$R(\tau)=\lim_{T\to\infty}\frac{1}{2T}\int_{-T}^{T}f_1(t)f_2(t-\tau)\mathrm{d}t \tag{10.2.1}$$

令 $f_1(t)=V_s(t)+n_1(t)$, $f_2(t)=V_r(t)+n_2(t)$,其中 $n_1(t)$ 和 $n_2(t)$ 分别代表与被测信号 $V_s(t)$ 及参考信号 $V_r(t)$ 混在一起的噪声,则式(10.2.1)可写成

$$\begin{aligned}R(\tau)&=\lim_{T\to\infty}\frac{1}{2T}\int_{-T}^{T}\{[V_s(t)+n_1(t)]\cdot[V_r(t-\tau)+n_2(t-\tau)]\}\mathrm{d}t\\&=\lim_{T\to\infty}\frac{1}{2T}\Big[\int_{-T}^{T}V_s(t)V_r(t-\tau)\mathrm{d}t+\int_{-T}^{T}V_s(t)n_2(t-\tau)\mathrm{d}t\\&\quad+\int_{-T}^{T}V_r(t-\tau)n_1(t)\mathrm{d}t+\int_{-T}^{T}n_1(t)n_2(t-\tau)\mathrm{d}t\Big]\\&=R_{sr}(\tau)+R_{s2}(\tau)+R_{r1}(\tau)+R_{12}(\tau)\end{aligned} \tag{10.2.2}$$

式中 $R_{sr}(\tau)$, $R_{s2}(\tau)$, $R_{r1}(\tau)$, $R_{12}(\tau)$ 分别是两信号之间,信号与噪声及噪声之间的相关函数. 由于噪声的振幅、频率和相位都是随机量,所以可认为信号和噪声、噪声和噪声之间是互相独立的,它们的互相关函数为零. 于是式(10.2.2)只余下第一项,可写为

$$R(\tau)\approx R_{sr}=\lim_{T\to\infty}\frac{1}{2T}\int_{-T}^{T}V_s(t)V_r(t-\tau)\mathrm{d}t \tag{10.2.3}$$

上式表明,对两个含有噪声的功率有限信号进行相乘和积分处理后,可将信号从噪声中检出,噪声被抑制且不影响输出.

2. 相关检测器

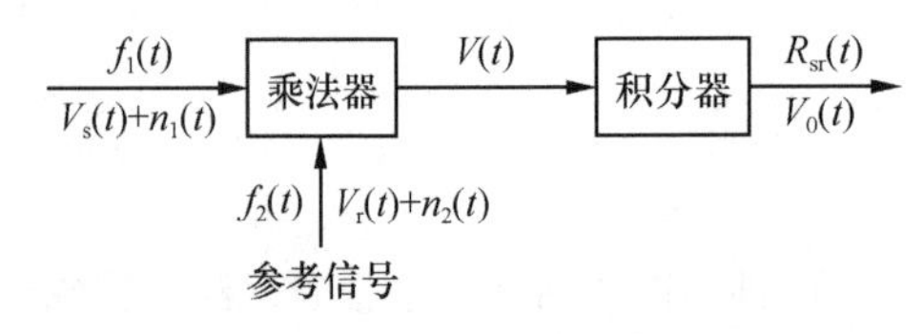

图 10.2.1 相关检测器的组成框图

相关检测器依据相关检测原理设计而成,也称为相敏检波器(phase sensitive detector, PSD). 它能检测周期信号的振幅和相位,是锁相放大器的核心. 图 10.2.1 是相关检测器的组成框图.

通常相关检测器由乘法器和积分器构成. 乘法器有两种:一种是模拟式乘法器,另一种是开关式乘法器. 常采用方波作参考信号,而积分器通常由 RC 低通滤波器构成.

设被测信号和参考信号都为正弦波

$$V_s=V_{so}\sin\omega_0 t$$

$$V_r(t-\tau)=V_{ro}\sin[\omega_r(t-\tau)+\phi_0]$$

令 $\phi=\phi_0-\omega_r\tau$, τ 为两信号之间的延迟时间,参考信号变为

$$V_r(t-\tau) = V_{ro}\sin(\omega_r t + \phi)$$

式中 ϕ 为两信号的相位差. 乘法器输出为

$$V_o(t) = V_s \cdot V_r = V_{so}\sin\omega_0 t \cdot V_{ro}\sin(\omega_r t + \phi)$$
$$= \frac{1}{2}V_{so}V_{ro}\{\cos[(\omega_r - \omega_0)t + \phi] - \cos[(\omega_r + \omega_0)t + \phi]\}$$

可见,输出信号中包含被测信号及参考信号的差频项与和频项. 经低通滤波器(LPF)后,和频项被滤去,仅有差频项输出

$$V_o(t) = \frac{1}{2}V_{so}V_{ro}\cos[(\omega_r - \omega_0)t + \phi]$$

若两信号频率一致,即 $\omega_r = \omega_0$,上式变为

$$V_o(t) = \frac{1}{2}V_{so}V_{ro}\cos\phi$$

由上式可见,若两个相关信号为同频的正弦波,则相关函数与两信号的幅值及它们之间的相位差的余弦成正比,是与频率无关的直流信号.

为了更好地理解相关检测器的特性,考虑实际仪器中的参考信号常为方波且频率不一定与被测信号频率一致的情况. 设被测信号和参考信号分别为

$$V_s = V_{s0}\sin(\omega_0 t + \phi) \tag{10.2.4}$$

$$V_r = \frac{4}{\pi}\sum_{n=0}^{\infty}\frac{1}{2n+1}\sin(2n+1)\omega_r t \tag{10.2.5}$$

其中参考信号 V_r 是频率为 ω_r 的单位方波,相位差 ϕ 可从 0°到 360°连续可调. 根据相关检测器原理(见图 10.2.2),通过求解输出电压 V_0 满足的微分方程,考虑一级近似,仅保留差频项,可以得到输出电压 V_0 及相位 θ_{2n+1} 的近似表达式

$$V_0 = -\frac{2R_0V_{s0}}{\pi R_1}\sum_{n=1}^{\infty}\frac{1}{2n+1}\cdot\frac{\cos\{[\omega_0-(2n+1)\omega_r]t+\phi+\theta_{2n+1}\}}{\sqrt{1+\{[\omega_0-(2n+1)\omega_r]R_0C_0\}^2}} \tag{10.2.6}$$

$$\theta_{2n+1} = \arctan[\omega_0-(2n+1)\omega_r]R_0C_0 \tag{10.2.7}$$

式中 R_0 和 C_0 为低通滤波器的参数. 仔细分析上式可知,PSD 可以通过奇次谐波而抑制偶次谐波,它的传输函数类似于一个方波的传输函数. 所以,通常又称 PSD 为以参考信号频率 ω_r 为参数的方波匹配滤波器. 其基波($n=0$)响应可以表示为

$$V_{01} = -\frac{2R_0V_{s0}}{\pi R_1}\frac{\cos[(\omega_0-\omega_r)t+\phi+\theta_1]}{\sqrt{1+[(\omega_0-\omega_r)R_0C_0]^2}} \tag{10.2.8}$$

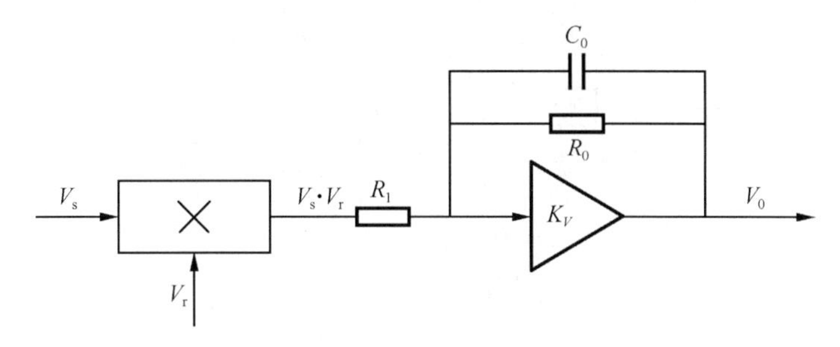

图 10.2.2　相关检测器原理框图

当信号频率 $\omega_0=\omega_r$ 时,设基波初始相位 $\theta_1=0°$,相关检测器的输出电压 V_0 为

$$V_0=-\frac{2R_0V_{s0}}{\pi R_1}\cos\phi \tag{10.2.9}$$

式中 V_0 为直流电压,其大小正比于输入信号幅值 V_{s0} 和被测信号与参考信号之间相位差的余弦($\cos\phi$),改变相位差 ϕ,则可求得被测信号的幅值和相位. 由于相关检测是利用了长时间对信号的积累原理,所以最终输出的信号不再是周期变化的信号,而是被 PSD 平滑了的直流信号.

图 10.2.3 示出被测信号 V_s 与参考信号 V_r 间在不同相位差 ϕ 时的相关检测器输出波形. 图 10.2.3(a)、(c)分别表示 $\phi=0°$、180°时,其输出 V_0 最大,只是二者极性刚好相反;图 10.2.3(b)、(d)分别表示 $\phi=90°$、270°时,其输出 V_0 为零,由式(10.3.9)不难理解这个结果. 因此,锁定放大器在工作时需要注意选择参考信号的相位,以保证信号输出最大.

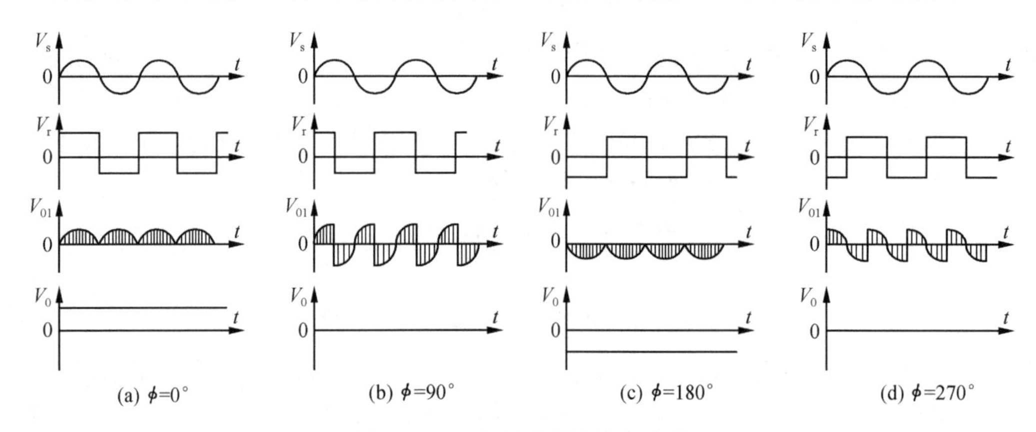

图 10.2.3 相关检测器输出波形

当被测信号为对称方波时,可求得相关检测器输出电压为

$$V_0=-\frac{R_0V_{s0}}{R_1}\left(1-\frac{2\phi}{\pi}\right) \tag{10.2.10}$$

可见,V_0 与被测信号和参考信号之间的相位差成正比,是名副其实的相敏检波器.

3. 锁相放大器的组成

目前锁相放大器类型很多,但其基本组成包含三大部分,即信号通道、参考通道及相关检测器(参见图 10.2.4).

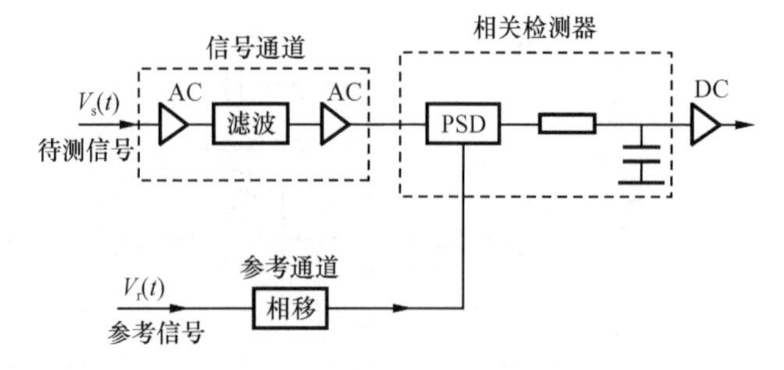

图 10.2.4 锁相放大器的基本组成

输入的交流被测信号与噪声一起进入信号通道，通过低噪声前置放大器放大及带通滤波后，噪声受到初步抑制，然后才送入 PSD，以免使 PSD 出现过载，并扩大其测量范围.

参考信号进入参考通道后，经过放大、整形、移相等处理后变成方波，再送入 PSD 与被测信号进行相关检测，通过调节参考通道的相移器使参考信号与输入信号之间相位改变，一般取参考信号与输入信号同相即 $\phi=0°$时，相位被锁定，从而抑制了不相干的噪声信号. 有些锁相放大器的参考通道中设置有跟踪电路，以保证在仪器的工作范围内使参考信号与输入信号保持所需的相移值.

4. 锁相放大器的特性参量

锁相放大器不同于一般放大器的特性参量如下所述.

1）等效噪声带宽(ENBW)

为提取深埋在噪声中的微弱信号，必须尽可能地压缩频带宽度. 锁相放大器最后检测的是输入信号与参考信号的差频电压，输出一般为直流电压，其大小与输入信号幅值成正比，原则上与被测信号的频率无关. 因此，频带宽度可以做得很窄. 锁相放大器的 ENBW 可参考滤波器的定义来评价. 对于普通一级 RC 滤波器，其传输系数

$$K=\frac{1}{\sqrt{1+\omega^2R^2C^2}}$$

其 ENBW

$$\Delta f=\int_0^\infty K^2\mathrm{d}f=\int_0^\infty\frac{\mathrm{d}f}{1+\omega^2R^2C^2}=\frac{1}{4RC}$$

如取 RC 时间常数 $T_0=1\mathrm{s}$，则 $\Delta f=0.25\mathrm{Hz}$.

2）信噪比和信噪比改善

信号幅值与噪声幅值之比，称为信噪比，用 S/N 来表示. 而信噪比改善(SNIR)为锁相放大器输出端的信噪比 S_o/N_o 与输入端信噪比 S_i/N_i 之比，即

$$\mathrm{SNIR}=\frac{S_o/N_o}{S_i/N_i}$$

对于锁相放大器的 SNIR，可用输入信号的噪声带宽 Δf_{ni} 与锁相检波器输出的噪声带宽 Δf_{no} 之比的平方根来表示，即

$$\mathrm{SNIR}=\sqrt{\frac{\Delta f_{ni}}{\Delta f_{no}}}$$

令 $\Delta f_{ni}=200\mathrm{kHz}$，$\Delta f_{no}=8.3\times10^{-4}\mathrm{Hz}$. 则可求得 $\mathrm{SNIR}=1.6\times10^4$. 这表明，锁相放大器使信噪比改善了一万多倍，具有很强的抑制噪声的能力.

3）动态范围

在确定的灵敏度下，可定义锁相放大器的三个动态特性参量(参见图 10.2.5). 图中 FS 为满刻度输入电平，OVL 为最大输入过载电平，MDS 为最小可检测信号，于是可以定义：

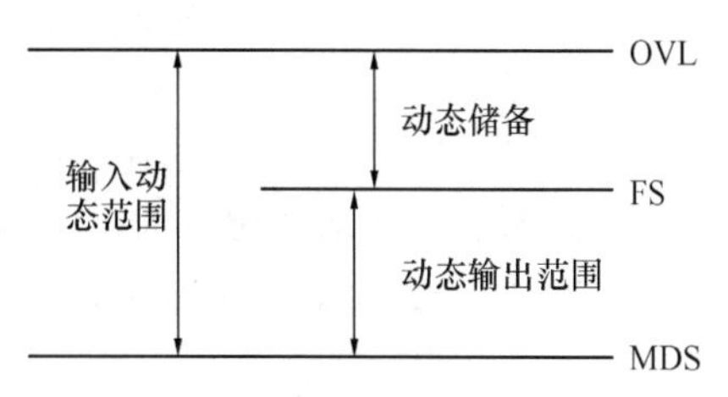

图 10.2.5　锁相放大器的动态范围

动态储备=OVL/FS，它表示干扰比满刻度输入电平大多少分贝锁相放大器仍不过载. 输出动态范

围＝FS/MDS,它表示满刻度读数是能测量的最小信号的多少倍. 输入总动态范围＝OVL/MDS,它是评价锁相放大器从噪声中提取信号能力的主要因素. 输入总动态范围一般取决于前置放大器的输入端噪声及输出直流漂移,往往是给定的. 当噪声大时应增加动态储备,使放大器不因噪声而过载,但这是以增大漂移为代价的. 噪声小时,可增大输出动态范围,相对压缩动态储备,而获得低漂移的准确测量值. 满刻度信号输入位置的选择要根据测量对象,通过改变锁相放大器的输入灵敏度来达到.

二、实验仪器装置

应用锁相放大器来检测微弱信号时,应根据实际待测参数和实验系统,组建相应的检测实验系统,如图 10.2.6 所示,图中周期信号可由振荡器产生,一方面提供参考信号,另一方面对待测实验系统进行激励或调制,使它产生与参考信号相关的微弱待测信号. 这种振荡器可按照测试要求外购或自制. 待测信号系统要根据待测的弱物理量自行设计. 锁相放大器的最终输出可由计算机或 X-Y 记录仪等数据处理系统进行显示或记录.

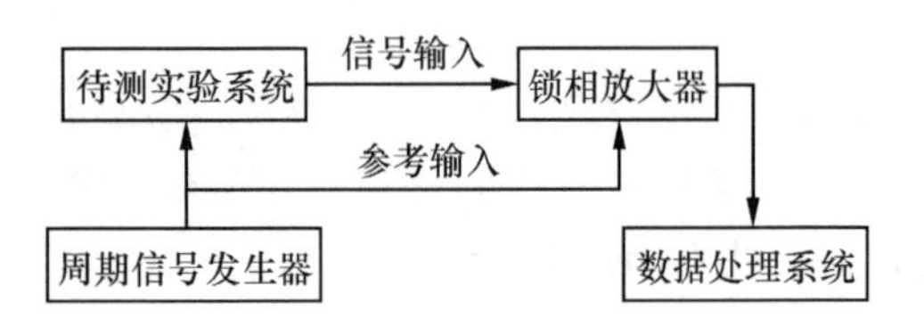

图 10.2.6　锁相放大器应用实验框图

现行锁相放大器的规格型号很多,性能差别较大. 可分为单相和双相两种. 单相锁相放大器只能检测信号的振幅. 双相锁相放大器可同时检测信号的相位和振幅. 国外著名的锁相放大器厂商有美国的 PARC 公司、Stanford 公司和法国的 TA 公司等,国内有南京大学等单位生产,如教学型的 ND-501 型微弱信号检测综合装置,不但能组合成一台完整的锁相放大器,又能分解成独立的相关检测器、同步积分器和多点平均器模块,实验内容丰富,颇具特色.

近几十年来,锁相放大器在扩展仪器功能、提高仪器性能方面有了不少改进. 如在锁相放大器中采用外差技术使其具有跟踪信号频率变化的能力及获得较高输出稳定性. 还有根据不同使用要求而采用同步积分、脉冲载波调试、锁相环等技术的锁相放大器等,此处不再细述,可参考相关专著.

三、实 验 内 容

1. 锁相放大器的工作特性和参数测定

(1) 观测信号输入信号通道前后的幅值、波形情况,观测参考通道前后信号的变化情况,以此来了解信号通道和参考通道中对信号的处理情况;

(2) 观测乘法器的输入输出波形,并通过调节参考通道相移器来改变两信号间的相差的同时,观测和记录锁相放大器输出信号幅值及波形的变化,从中了解相关检测原理;

(3) 根据实验条件和锁相放大器的技术参量,估算所用锁相放大器的三个特性参量.

2. 锁相放大器应用实例

锁相放大器应用实验内容极为丰富,下面列举三个有代表性的实验以供选做.

(1) 氯化物样品核四极矩共振谱的检测.

当原子核电荷呈非球形对称分布时,便有核四极矩,它与核外电荷的电场梯度相互作用,必然产生电四极矩能级,若用射频激发,就会产生核四极矩能级的共振跃迁,这就是核四极矩共振(NQR).一种使用锁相放大器检测 NQR 谱的仪器框图如图 10.2.7 所示. NQR 谱仪中产生的调制信号频率为 f_m(可有 128Hz 和 64Hz 两种选择),它一方面作为锁相放大器的参考信号,另一方面施加于射频振荡检波器上,使送到样品线圈的射频振荡成为被 f_m 调制的调制信号.受 f_m 调制的样品共振信号经锁相放大检测后直接输到记录仪,由振荡器来的扫描信号接到记录仪的另一端,这样便可在记录仪上描绘出 NQR 谱图.

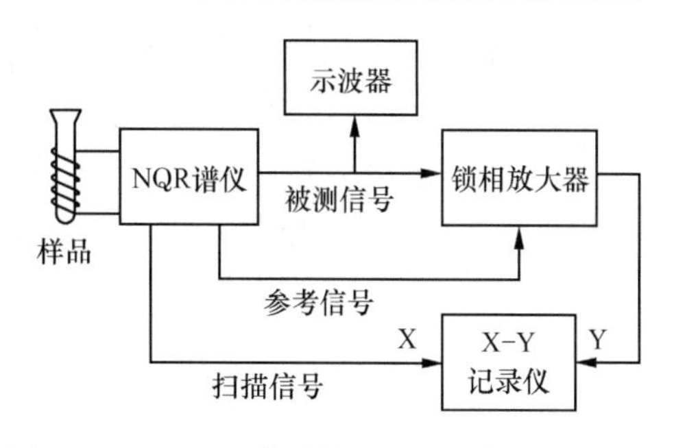

图 10.2.7　NQR 信号检测实验系统框图

(2) 光声光谱信号的检测.

光声光谱技术是一种高灵敏度的光谱检测技术,特别适用于固体和粉末样品的测量.样品吸收交变的光能后,产生热量并扩散而激发出声波,通过微音器接收而转换成电信号.用不同波长的光照射样品便可得到待测样品的光声信号随波长的变化,称为光声光谱.实验系统如图 10.2.8 所示,由光源、单色仪、斩波器、光声池、锁相放大器和信号处理系统等组成,其中光声池包括样品室、微音器和放大电路,是系统产生光声信号的关键部件.

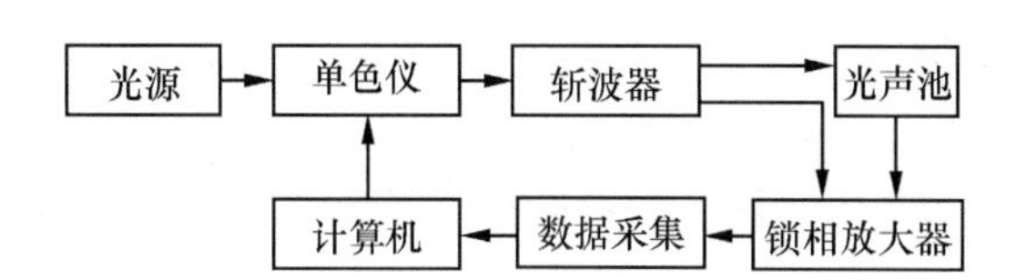

图 10.2.8　光声光谱实验系统的组成框图

(3) 光耦电流-电阻特性测量.

利用锁相放大器作为高灵敏的直流检波器,间接测量光耦电流-电阻的特性曲线.测量电路如图 10.2.9 所示.

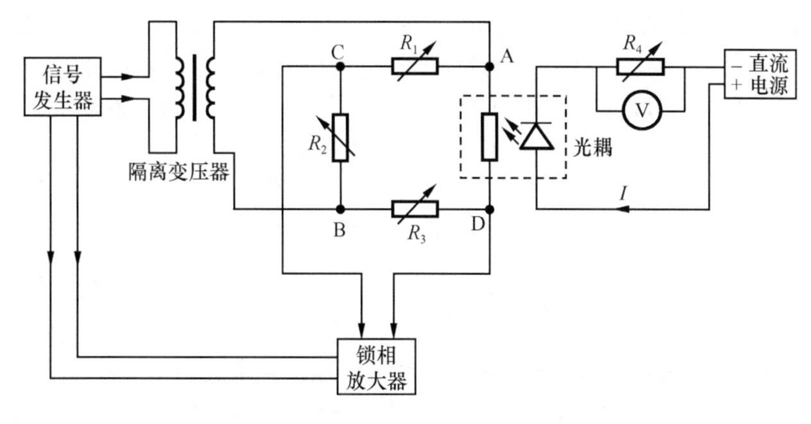

图 10.2.9　光耦电流-电阻特性测量装置图

R_1,R_2,R_3,R_4 为标准 6 位可变电阻箱. 光耦流过的电流 I 由数字电压表 V 与 R_4 测量. 光耦的输出端电阻 R 与 R_1,R_2,R_3 组成测量电桥. C、D 两点的电压就是锁相放大器的输入信号. 当调节电桥平衡使锁相放大器的直流输出为零时,可得 $R=(R_1\times R_3)/R_2$. 这样就可以得到光耦电流 I 与电阻 R 的关系曲线.

*(4) 试设计一个用锁相放大器测量霍尔效应的实验装置框图,使测量精度和灵敏度有比较大的提高.

*(5) 试设计一套用锁相放大器测量弱吸收光学薄膜的吸收光谱实验系统.

四、思考与讨论

(1) 锁相放大器为什么可以检测微弱信号?

(2) 输入锁相放大器的待测信号和参考信号间的相位关系对检测结果有何影响? 怎样调节两信号间的相差?

(3) 滤波器时间常数的选择对检测有什么影响?

参 考 文 献

陈婉蓉. 1987. 电子输运特性交流测量装置的研制和应用. 电测与仪表,(7):22.
戴逸松. 1994. 微弱信号检测方法及仪器. 北京:国防工业出版社.
丁沅,林逢琦. 1989. 锁相放大器在光谱实验中的一个应用. 物理实验,9(2):49.
高立模. 2006. 近代物理实验. 天津:南开大学出版社.
林木欣. 1999. 近代物理实验教程. 北京:科学出版社.
林木欣,杨怀,张诚. 1985. 一种核四极共振谱仪的制作和实验方法. 华南师范大学(自然科学版),(2):144~149.
曾庆勇. 1994. 微弱信号检测. 2 版. 杭州:浙江大学出版社.

黄佐华　张　诚　编

10.3　信号取样平均实验

信号取样平均技术是微弱信号检测中一种有效的方法. 只要能够获得与被测信号相干的参考信号,它就能把深埋在噪声中的周期重复的微弱信号通过取样、平均积累而检测出来. 本实验要求理解信号取样平均器即 Boxcar 平均器的工作原理,掌握参数选择对信噪比改善的影响,并通过实例学会 Boxcar 平均器的具体应用.

一、实 验 原 理

1. 信号取样平均器的工作原理

信号取样平均器是以给定的参考信号与被测信号相关来提取噪声中的信号,和锁相放大器一样统称为信号处理系统. 信号处理系统的原理框图如图 10.3.1 所示. 由图可见,一个信号控制另一个信号的观察门、锁相放大器,是利用含有噪声的信号和与此信号同频率同相位的参考信号(大部分场合下是方波)之间的相关来处理信号的,而信号取样平均器是利用一个与信号重复频率一致的参考信号,对含有噪声的信号进行采样处理的. 它们都利用相关原理给出一级统计信号、随机的或周期的不相干信号,还可以通过 RC 滤波器加以平均得到二级统计信号. 因为信号的提取是经过多次重复的,所以噪声的统计平均值为零,从而提取出有用信号.

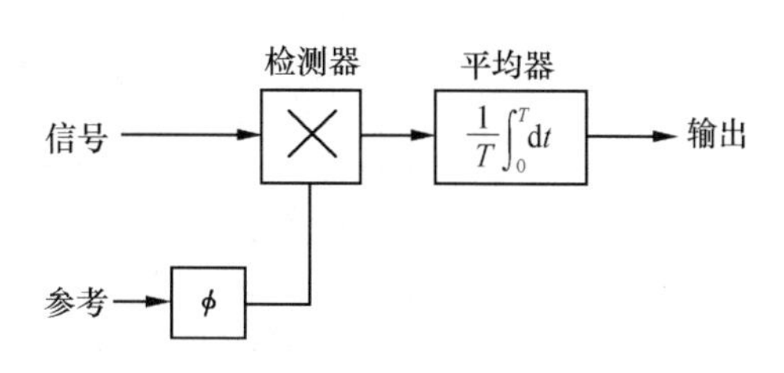

图 10.3.1 信号处理系统原理框图

对于信号取样平均器,如果取样脉冲和输入信号间的延迟固定,则取样脉冲检测的是与输入重复信号原点有确定延迟的某一点瞬态幅值. 如果我们逐渐移动取样点并对整个信号周期进行扫描,则可检测整个波形. 这种方法称为 Boxcar 方法,所以取样平均器也称Boxcar平均器.

Boxcar 方法的实质在于:依次对信号波形上的每一个"点"取样和平均,当输出电压精确地达到该"点"波形的电压后,移至下一"点"再进行取样和平均,这样进行下去,利用改变门延迟的办法对整个波形进行扫描,从而得到整个波形的取样和平均.

一个取样平均器由两部分组成:①测量单元,包括一个可调宽度的信号取样门和一个积分网络,此单元用来恢复信号幅度;②门驱动单元,包括一个逐步移动延迟时间的门宽驱动信号——同步发生器和一个慢扫描发生器,此单元提供门扫描及延时控制.

取样平均器电路的原理框图如图 10.3.2 所示,各点波形如图 10.3.3 所示. 由触发脉冲(b)产生锯齿波(c),锯齿波的扫描周期称为时基宽度 T_b. T_b 可以改变以达到覆盖被测信号的整个波形,触发脉冲的周期 T_r 不一定等于 T_b,慢扫描发生器产生一个变化非常慢的斜线信号(d),锯齿波(c)与斜线信号(d)通过比较器进行比较,可得到宽度逐渐变化的输出脉冲(e),以此脉冲的上升沿产生自动脉冲(f)驱动门宽控制电路(单稳电路),经门驱动电路,从而得到一个移动的确定宽度的取样门脉冲(g),它随着扫描电压的增加而实现了在输入信号波形上取样位置从前向后的扫描过程,(h)为恢复后的波形.

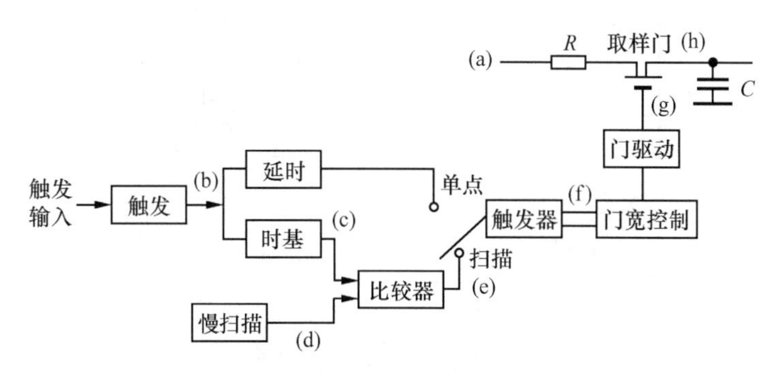

图 10.3.2 取样平均器原理框图

实际上,相对时基而言,慢扫描电压变化是非常缓慢的,从而取样脉冲相对于同步触发脉冲的移动也是十分缓慢的;如图 10.3.4(b)所示,以致在输入信号波形的每一"点"(准确地说是在门宽内)会依次出现多个取样脉冲对波形上同一"点"重复取样和平均,如图 10.3.4(c)所示. Boxcar 平均器按扫描工作方式恢复信号波形时,整个信号波形的信噪比改善是以每一个"点"的信噪比改善为前提的. 若在每个"点"都进行 n_s 次取样和平均,则整

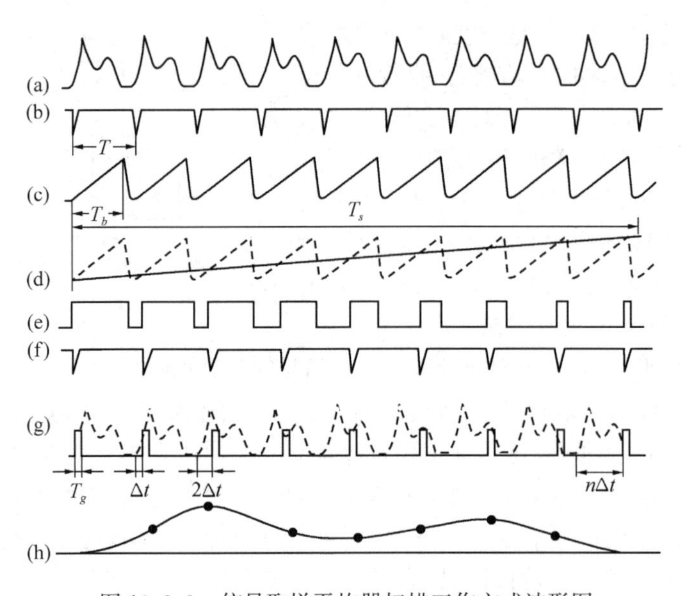

图 10.3.3　信号取样平均器扫描工作方式波形图

(a) 被测信号;(b) 同步触发脉冲;(c) 时基;(d) 扫描斜波;
(e) 比较器输出;(f) 自动脉冲;(g) 取样脉冲;(h) 恢复后的波形

个信噪比改善为

$$\mathrm{SNIR} = \sqrt{n_s} = \sqrt{\frac{T_g}{\Delta t}}$$

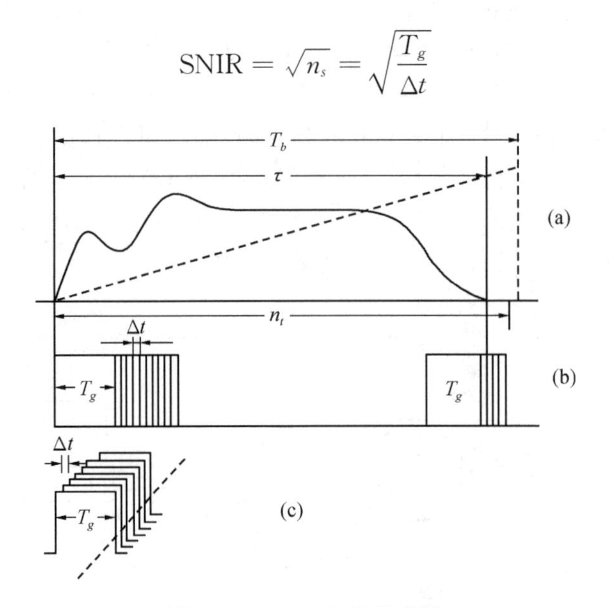

图 10.3.4　SNIR 的示意图

需要说明的是,门的第一次延迟,即 0,Δt,$2\Delta t$,$3\Delta t$,…的 Δt 是可以控制的,它取决于 T_s 和 T_b. T_s 越长,它与 T_b 交点的改变越小,即 Δt 越小.

2. 主要参数及相互间关系

1) 门宽 T_g

对于一个 t_1 时刻宽度 T_g 的取样脉冲,如果输入端送入一个角频率为 ω 的正弦小信号,

则通过取样门的输出信号为

$$V_0(t_1)=\frac{V_iK}{C}\int_{t_1-T_g/2}^{t_1+T_g/2}\sin\omega t\,\mathrm{d}t \tag{10.3.1}$$

式中 V_i 为输入信号最大值；K 为门的跨导增益，如果是线性电路，则 K 为常数；C 为输出端电容. 式(10.3.1)可改写为

$$V_0(t_1)=\frac{2V_iK}{\omega C}\sin\frac{\omega T_g}{2}\sin\omega t_1 \tag{10.3.2}$$

频率很低时

$$V_0(t_1)=\frac{2V_iK}{\omega C}\times\frac{\omega T_g}{2}\sin\omega t_1 \tag{10.3.3}$$

由式(10.3.2)和(10.3.3)得

$$\frac{V_0(t)\ 高频}{V_0(t)\ 低频}=\frac{\sin(\omega T_g/2)}{\omega T_g/2} \tag{10.3.4}$$

如计算高频分量幅值的恢复，令其幅值比低频幅值低 3dB，则由式(10.3.4)可导出

$$fT_g\leqslant 0.42 \tag{10.3.5}$$

式中 f 是频率.

式(10.3.5)表示门宽与信号高次谐波分量的关系. 为了分辨出频率为 f 的高次谐波，门宽 T_g 必须比此谐波的特征时间小 0.42 倍. 通常，要正确地恢复信号波形，门宽必须比其最高次的谐波周期窄一半. 或者说两个信号相隔 $2\Delta t$ 时用 Δt 的门宽可清楚地将这两个信号分开.

另外，门宽必须足够窄，使得在此时间间隔内信号可视为常数. 在此“常数的”信号电压上叠加有随机的噪声电压.

所以，门宽是决定取样积分器时间分辨率的一个重要指标，一般说，我们可将取样单元看作一个周期的增益装置，门开时增益为 1，门关时增益为零，一级近似其增益可用式(10.3.4)表示.

2) 时间常数 T_c

取样平均器采用了 RC 低通滤波器(不完全积分器)，对其输入阶跃电压，不完全积分器的输出电压 $V_o=V_i(1-\mathrm{e}^{-1/(RC)})$，取样门宽连续时，即门恒开的情况下，积分时间近似为 $2RC$. 实际上，积分时间包括一个有效时间(门开)和一个无效时间(门关)，RC 网络仅在有效时间内接受信号幅度的变化. 因此，通过取样门(门宽 T_g)的有效积分时间大于不完全积分时间，等于

$$T_o=RC\frac{T_r}{T_g}$$

式中 RC 是取样积分器的时间常数. RC 增大将提高信噪比，但不能无限加大 RC 值，否则将使信号的高次谐波分量被滤除.

3) 扫描时间 T_s

T_s 时间内总共取样 n_t 次，所以一次测量时间内的取样次数

$$n_t=\frac{T_s}{T_r}=T_s\times f \tag{10.3.6}$$

按 n_t 次取样，取样门自延迟时间为 0 的触发信号位置开始，向与时基 T_b 相等的位置逐渐改变延迟时间. 因此，一次取样后门移动的时间间隔 Δt 等于

$$\Delta t=\frac{T_b}{n_t}=\frac{T_b}{T_s\times f} \tag{10.3.7}$$

Δt 为取样点的间隔,如每一信号点测一次,T_g 必须等于 T_b/n_t. 这样,门脉冲将是一个紧挨一个,最后包括全部信号,也即门恒开的情况. 如取样门宽不是这样,而是比较"宽",则在门脉冲移动 T_g 时间段时由于步进延迟的时间为 Δt,所以 T_g 内取样次数

$$n_s=\frac{T_g}{\Delta t}=\frac{T_g\times T_s\times f}{T_b}\tag{10.3.8}$$

n_s 为每一取样点测量的次数. 由式(10.3.8)可计算信噪比 S/N 改善为$\sqrt{n_s}$时所需的 T_s 值.

为使时间分辨率达到 T_g 的水平,不完全积分器的响应时间,即时间常数 RC 与动作时间n_sT_g相比必须很短,通常选 RC 为 n_sT_g 的 1/5,即

$$RC\leqslant\frac{n_sT_g}{5}=\frac{T_g^2T_s\times f}{5T_b}\tag{10.3.9}$$

由此得最小 T_s 为

$$T_{s\min}=\frac{5\times T_b\times RC}{T_g^2\times f}\tag{10.3.10}$$

慢扫描时间越长,信号再现的正确程度就越高. 例如,对一个宽度为 2ms 的信号进行测量时选 $T_b=3\text{ms}$,$T_g=100\mu\text{s}$. 如果 T_r 为 1s 并希望 S/N 改善为 10,则 $n_s=100$,可得

$$T_{s\min}=\frac{5\times3\times10^{-3}\times\frac{100}{5}}{100\times10^{-6}\times1}=3\times10^3(\text{s})$$

$$T_{RC}=\frac{n_sT_g}{5}=2\text{ms}$$

实际上,增大 RC 可以进一步改善 S/N 值,但要防止信号失真,通常可通过对信号某一变量(如幅值)进行监视来掌握 RC 增大程度.

4) 时基 T_b

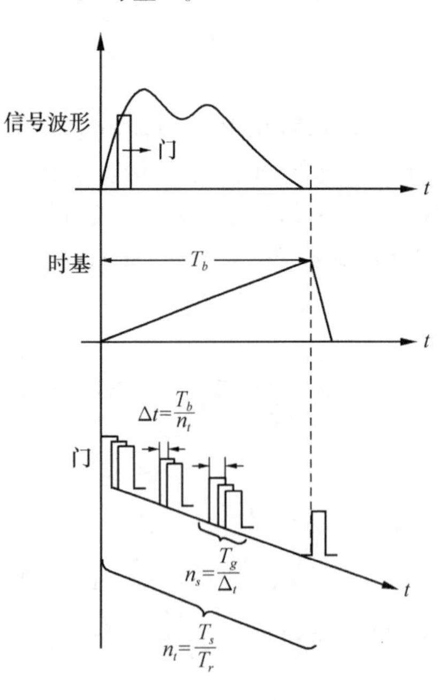

图 10.3.5　扫描速度、时基、门宽与取样次数的关系

它由被测信号的宽度来决定,被测信号的宽度可先用示波器来估测,通常 T_b 选得略大于被测信号的宽度. 如果仅仅对信号中某一部分感兴趣,T_b 就可以选得小一点.

扫描速度、时基、门宽与取样次数的关系如图 10.3.5所示.

5) 信噪比的改善

取样后的信号可认为是一定强度的信号成分和噪声成分之和. 若输入信号的幅度为 S_{in},输入噪声的平均幅度为 N_{in},则输入信噪比为$(S/N)_{in}=S_{in}/N_{in}$. 信号和噪声经取样平均器多次取样积累,由 n 统计平均法则可知,信号由于幅度与相位恒定,经 n 次相干积累后,理论上幅度可增加$(n-1)$倍,即 $S_{out}=nS_{in}$. 噪声由于其幅度与相位杂乱,经 n 次积累后幅度只增加$(\sqrt{n}-1)$倍,也就是 $N_{out}=\sqrt{n}N_{in}$,故积分后的信噪比为

$$\left(\frac{S}{N}\right)_{out}=\frac{S_{out}}{N_{out}}=\sqrt{n}\left(\frac{S}{N}\right)_{in}\tag{10.3.11}$$

n 次信号积累的信噪比的改善为

$$S_{NR}=\frac{(S/N)_{out}}{(S/N)_{in}}=\sqrt{n} \tag{10.3.12}$$

由式(10.3.9),可得 $n_s=5RC/T_g$,所以 S/N 的改善度可表示为

$$S_{NR}=\sqrt{\frac{5RC}{T_g}} \tag{10.3.13}$$

上式表明,减小门控脉冲宽度 T_g 和增大积分时间常数 RC 能改善信噪比.

二、实验仪器装置

1. 仪器设备

①Boxcar 平均器一台. 一般 Boxcar 机内带有信号源及噪声发生器,否则还需备有信号发生器及噪声源各一台. ②示波器一台,供观测波形和噪声用. ③X-Y 记录仪一台,用来记录被恢复了的波形.

2. 实验装置

(1) 专用实验仪器装置如图 10.3.6 所示.

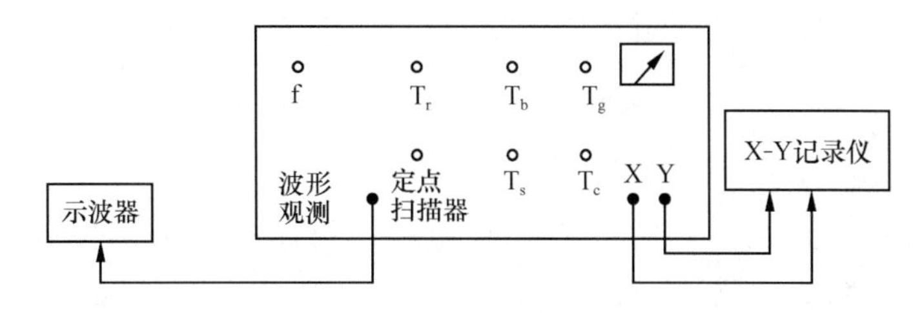

图 10.3.6　专用实验仪器装置

(2) 一般通用平均器的实验装置如图 10.3.7 所示.

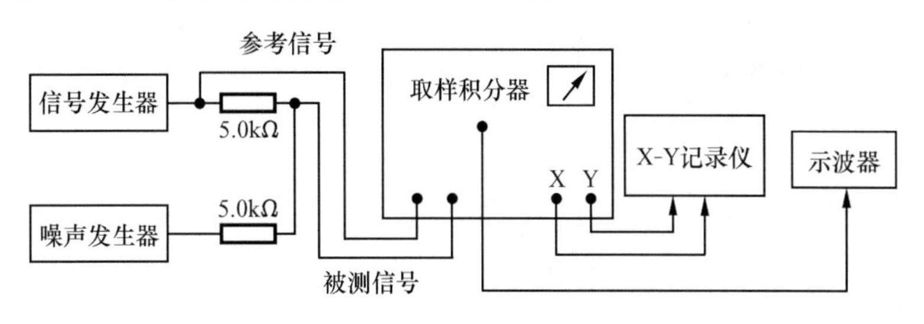

图 10.3.7　通用平均器实验装置

三、实验内容和步骤

1. 信号取样平均器的工作特性和参数测定

(1) 连接好仪器线路,装好记录仪用纸,预热仪器. 取样平均器预热应在半小时以上,其他仪器预热应按常规进行.

(2) 观察信号波形、噪声、噪声和信号的叠加,调节信号周期、幅值,选好合适的输入信噪比,并将这些数据记录下来.

(3) 调节取样平均器 T_g 旋钮、T_c 旋钮、T_s 旋钮、T_b 旋钮,观察平均器输出的信噪比情况,选择不同的 T_s,T_g,T_c 组合,记录不同信噪比输出的曲线.

(4) 输入信噪比为 1 时,调节平均器各参数得到一条最佳信噪比的输出信号曲线,并记下 T_s,T_g,T_c 值.

*2. 信号取样平均器的应用实验

1) 单通道脉冲光度计中的应用

为了检测窄脉冲激发样品后的信号,可采用如图 10.3.8 所示的装置,以 Boxcar 平均器作为脉冲波形恢复仪器,平均器的参考信号取自激发光源的一部分,为了补偿可能存在的参考信号通路延迟等影响,在光电倍增管(PMT)后加一延迟电路.

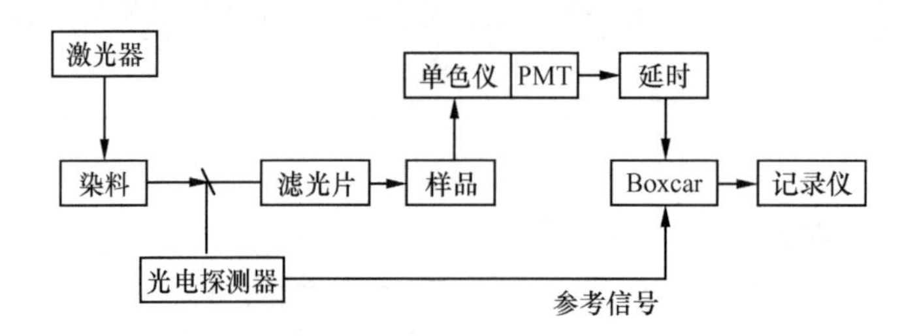

图 10.3.8　Boxcar 用于单道脉冲光度计

2) 用于微波吸收测量

测量的方框图如图 10.3.9 所示,受调制的微波信号通过微波吸收物质时,被微波吸收物质强烈吸收,用一般方法测量信噪比太差,因此可用 Boxcar 平均器测量.

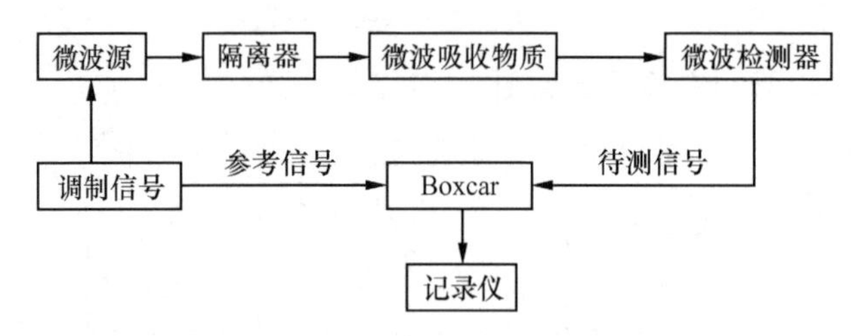

图 10.3.9　Boxcar 用于微波吸收测量的方框图

3) 荧光研究

如图 10.3.10 所示,激光器通过调制同时分为参考信号和激发样品后的信号送入 Boxcar 进行检测.

四、思考与讨论

(1) 信号取样平均技术的基本思想是怎样的? n 次取样平均结果对信噪比有何改善?

(2) 在使用 Boxcar 取样平均器时,应如何选择门宽 T_g、时基宽度 T_b、积分时间常数 T_c 和慢扫描时间 T_s,以提高信噪比?

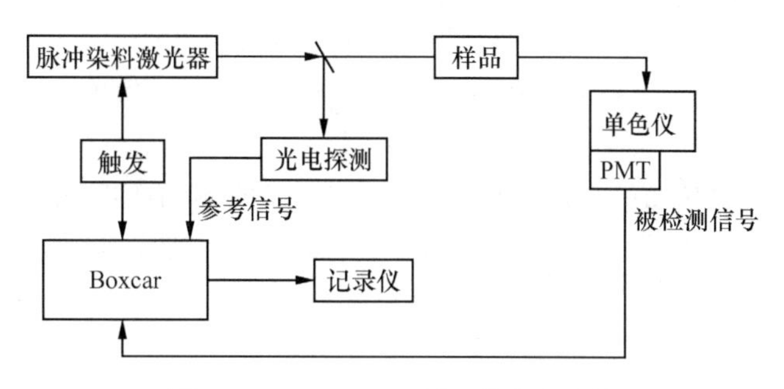

图 10.3.10　Boxcar 用于荧光光度计

（3）如何理解信号取样平均器的工作过程？

参 考 文 献

陈佳圭. 1987. 微弱信号检测. 北京：中央广播电视大学出版社.
吕斯骅，朱印康. 1991. 近代物理实验技术（Ⅰ）. 北京：高等教育出版社.
南京大学信息物理系. 1991. 弱信号检测技术. 北京：高等教育出版社.

张　诚　编

10.4　单光子计数实验

光子计数技术，是检测极微弱光的有力手段. 这一技术是通过分辨单个光子在检测器（光电倍增管）中激发出来的光电子脉冲，把光信号从热噪声中以数字化的方式提取出来. 这种系统具有很好的长时间稳定性和很高的探测灵敏度. 目前，光子计数系统广泛应用于科技领域中的极微弱光学现象的研究和某些工业部门中的分析测试工作. 本实验的目的是学习光子计数技术的原理，掌握光子计数系统中主要仪器的基本操作，以及掌握用光子计数系统检测微弱光信号的方法.

一、实 验 原 理

1. 光子

光是由光子组成的光子流，光子是一种没有静止质量，但有能量（动量）的粒子. 一个频率为 ν（或波长为 λ）的光子，其能量为

$$E_{\mathrm{p}} = h\nu = hc/\lambda \tag{10.4.1}$$

式中普朗克常量 $h=6.6\times10^{-34}\,\mathrm{J\cdot s}$，光速 $c=3.0\times10^{8}\,\mathrm{m\cdot s^{-1}}$. 以波长 $\lambda=6.3\times10^{-7}\,\mathrm{m}$ 的 He-Ne 激光为例，一个光子的能量为

$$E_{\mathrm{p}} = \frac{6.6\times10^{-34}\times3.0\times10^{8}}{6.3\times10^{-7}} \approx 3.1\times10^{-19}\,(\mathrm{J})$$

一束单色光的功率等于光子流量乘以光子能量，即

$$P = R \cdot E_{\mathrm{p}} \tag{10.4.2}$$

光子流量 R(光子 · s^{-1})为单位时间内通过某一截面的光子数. 如果设法测出入射光子的流量 R,就可以计算出相应的入射光功率 P.

有了一个光子能量的概念,就对微弱光的量级有了明确的认识. 例如,对于 He-Ne 激光器而言,1mW 的光功率并不是弱光范畴. 因为光功率 P=1mW,则

$$R = \frac{P}{E_{\mathrm{p}}} = 3.2 \times 10^{15} \text{ 光子} \cdot \mathrm{s}^{-1}$$

所以,1mW 的 He-Ne 激光,每秒有 10^{15} 量级的光子,从光子计数的角度看,如此大量的光子数是很强的光了.

对于光子流量值为 1 的 He-Ne 激光,其光功率是 3.1×10^{-19} W. 当 R=10 000 个光子 · s^{-1} 时,光功率为 3.1×10^{-15} W.

2. 用作光子计数的光电倍增管

光电倍增管是一种高灵敏度电真空光敏器件. 在弱光测量中,人们首先选用它作为光信号的探测器件.

光电倍增管是由窗、光阴极、倍增极和阳极组成的. 常用的光电倍增管有盒式结构、直线聚焦结构和百叶窗结构,如图 10.4.1 所示.

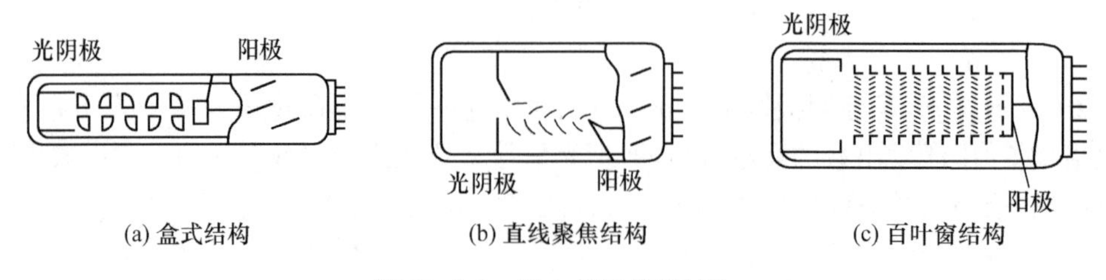

图 10.4.1 光电倍增管的结构

光窗:光线或射线射入的窗口. 检测不同波长的光,应选择不同的光窗玻璃.

光阴极:这是接收光子产生光电子的电极,它由光电效应概率大而光电子逸出功小的材料制造.

倍增极:管内光电子产生倍增的电极. 在光电倍增管的光阴极及各倍增极上加有适当的电压,构成电子光学聚焦系统. 当光电倍增管光阴极产生的光电子,打到倍增极上产生二次电子时,这些电子被聚焦到下一级倍增极上又产生二次电子,因此使管内电子数目倍增. 倍增极有 8～13 个,一般电子放大倍数达 10^6～10^9.

阳极:这是最后收集电子的电极. 经过多次倍增后的电子被阳极收集,形成输出信号. 阳极与末级倍增极间要求有最小的电容.

光电倍增管有两种高压偏置方式:一种是阴极接地,阳极接一个高的正电压;另一种是阳极经过一个适当的负载电阻接地,而使阴极具有一个高的负电压,如图 10.4.2 所示. 通常采用阳极接地的方法,如图 10.4.2(b)所示,其优点在于可直接将阳极联至一个 DC 测量系统或光子计数系统.

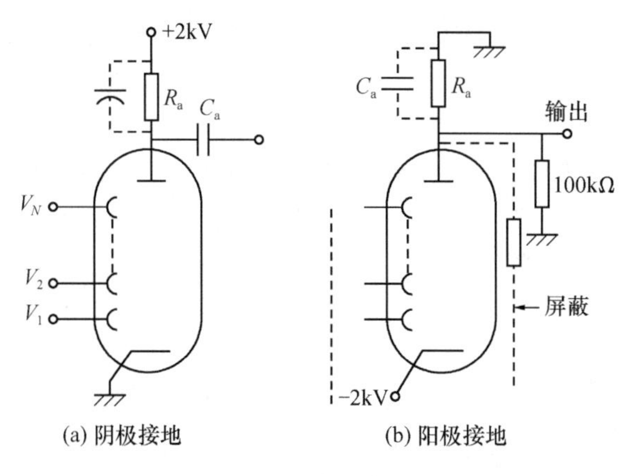

图 10.4.2　光电倍增管的高压偏置

用光电倍增管检测微弱光时，若光微弱到其光子一个个地到达，则光电倍增管的输出将是一个个分离的电脉冲. 假定光阴极的量子效率为 1，那么每个输出的电脉冲相当于一个光子入射到光阴极上. 设每个倍增极约产生 4 个次级电子，当一个光子在光阴极上产生一个电子时，经过逐级倍增，在阳极可得到大约 10^6 个电子. 这些电子的总电荷量 $Q=-10^6 e=-1.6\times10^{-13}$C. 因为它们是几乎全部同时到达阳极，对阳极输出电容 C_a 进行瞬时充电，所以在阳极输出一个电脉冲，如图 10.4.3 所示. 阳极电容一般为 10～100pF，负载电阻 R 为 50Ω，阳极输出脉冲电压 $|V_0|=Q/C=1\sim10$mV，脉冲宽度在 10～30ns. 由此可见，如果已知光阴极在入射光波长上的量子效率，测得阳极输出的脉冲数，则可以用脉冲计数的方法来推算出入射光子流的强度.

然而，光电倍增管由于光阴极和倍增极的热电子发射，也会在阳极输出一个电脉冲. 它与入射光的存在与否无关，所以称它为暗电流脉冲，即是光电倍增管中的热噪声. 光阴极造成的热噪声脉冲幅度与单光子脉冲幅度相同，而各倍增极造成的大量的热噪声脉冲幅度一般均低于单光子幅度. 图 10.4.4 是这两种脉冲幅度的概率分布曲线. 由此提供了一个去除噪声脉冲的简单方法，即将光电倍增管的输出脉冲通过一个幅度甄别器，调节甄别器阈值 h，使 $h>h_1$，则可以甄别掉大部分热噪声脉冲. 而对信号脉冲来说，损失却是很小的，从而可以大大提高检测信号的信噪比.

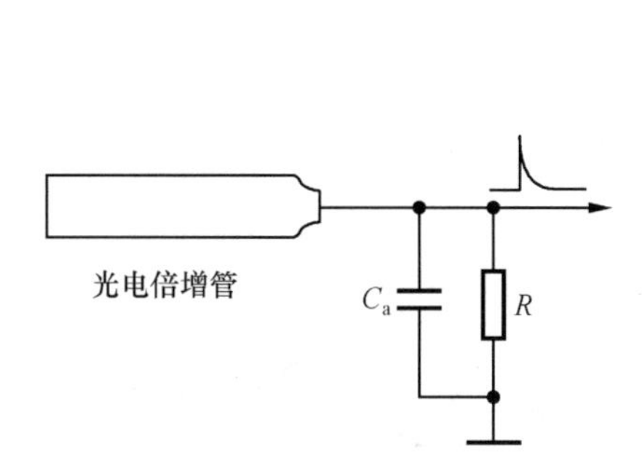

图 10.4.3　光电倍增管的阳极波形

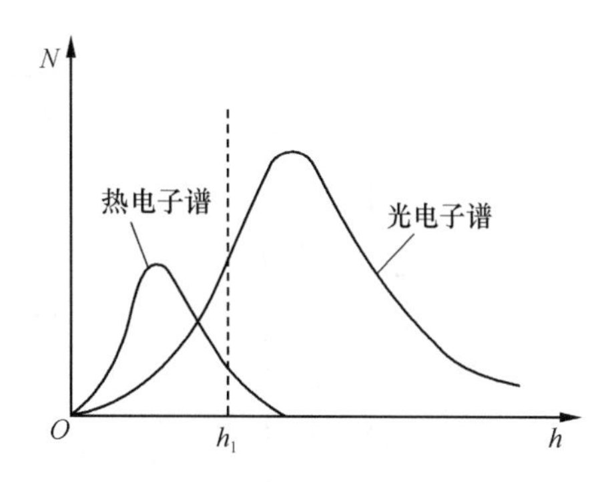

图 10.4.4　光电子脉冲与热电子脉冲的幅度分布曲线

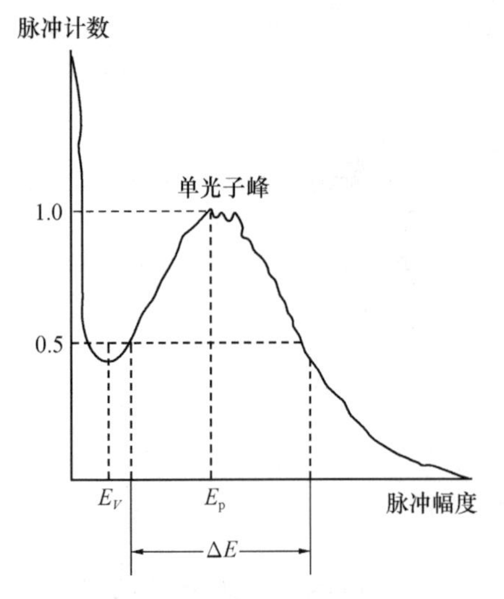

图 10.4.5　光电倍增管的脉冲幅度分布(微分)曲线

用于光子计数的光电倍增管要求光阴极的量子效率要高而稳,响应速度要快,管子热噪声要小,并且要求有明显的单光子峰. 图 10.4.5 为光电倍增管阳极回路输出的脉冲计数随脉冲幅度大小的分布. 它是选择光电倍增管的重要依据. 若定义

$$峰谷比=\frac{单光子峰的输出脉冲幅度}{谷点输出脉冲幅度}=\frac{E_p}{E_V}$$

$$分辨率=\frac{单光子峰的半宽度}{单光子峰的输出脉冲幅度}=\frac{\Delta E}{E_p}$$

则峰谷比越大或分辨率越小的光电倍增管,越适合用于弱光检测,峰谷比与光电倍增管工作温度有关,温度越低,峰谷比越大. 通常要求光电倍增管处于低温下工作,以降低热噪声.

3. 光子计数器

1) 光子计数器的原理

图 10.4.6 是光子计数器的原理框图. 前面我们已经讨论了适用于光子计数器的光电倍增管,希望其具有最小的暗计数率以及有明显的单光子峰. 这样,光电倍增管输出的电脉冲经过前置放大后,再通过幅度甄别器弃除大部分的热电子噪声脉冲,从而选出光电子脉冲. 甄别器可以具有第一甄别电平和第二甄别电平,两者相差 ΔV. 当 ΔV 为允许脉冲通过的阈

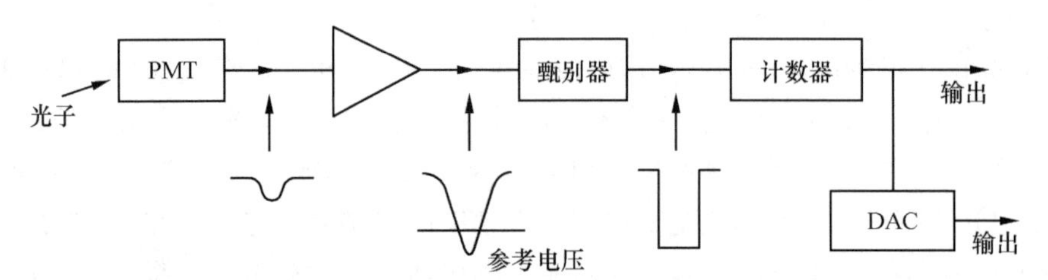

图 10.4.6　光子计数器原理框图

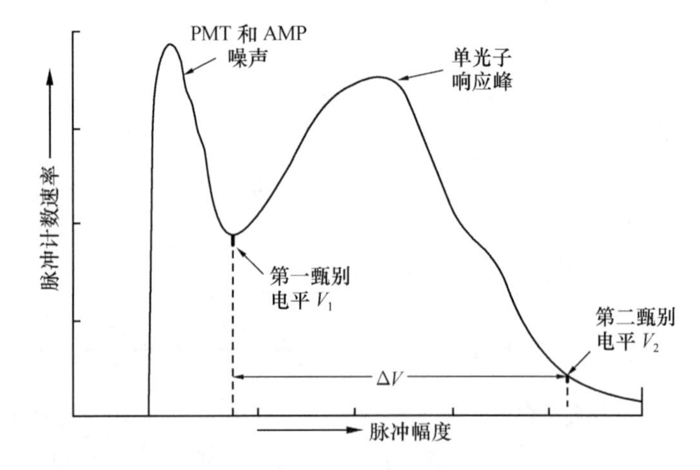

图 10.4.7　根据脉冲幅度分布设置甄别电平

值时，这种方式称为窗式工作方式，如图 10.4.7 所示. V_1 和 V_2 根据光电倍增管的脉冲幅度分布曲线设定，分别抑制脉冲幅度低的暗噪声与脉冲幅度高的由宇宙射线和天电干扰等造成的外来干扰脉冲. 经过甄别器鉴别的输出信号是一个幅度与宽度标准化的脉冲，最后通过计数器或定标器记录，可测得排除大部分噪声的信号光子数. 由于光子信号的半宽度为10～30ns，因此放大器需要足够的带宽. 常用的放大器带宽为 100～200MHz，上升及下降时间要求小于 3ns. 同时放大器还要求有好的线性度（<1%）和良好的增益稳定性，而放大倍数仅需 10～200 即可. 计数器要求有较高的计数率，一般为 100MHz，以及有高的计数容量（10^8 数据通道）.

2）脉冲堆积效应

由于光电倍增管的响应时间不为零，光电子从光阴极到阳极存在上升时间 t_r. 如果光子速率太大，以致光阴极发射的光电子间隔小于光电倍增管的上升时间 t_r，阳极回路的输出脉冲将发生重叠，使光电倍增管只能输出一个脉冲，如图 10.4.8 所示. 另一方面，甄别器的响应时间也不为零. 一个甄别器在每个所接收的输入脉冲之后存在一个死时间 t_d，即在 t_d 内不接收输入脉冲. 甄别器在高计数率检测时，输出脉冲计数将要受到损失. 以上两种现象总称为脉冲“堆积效应”. 它造成测量的“堆积误差”. 脉冲堆积效应的存在限制了光子计数器的最高计数率. 如果 $t_d=10\text{ns}$，采用高速光电倍增管最大可测的光子流量为 10^9 光子 · s^{-1}，对应于 10^{-9}W 的入射光功率.

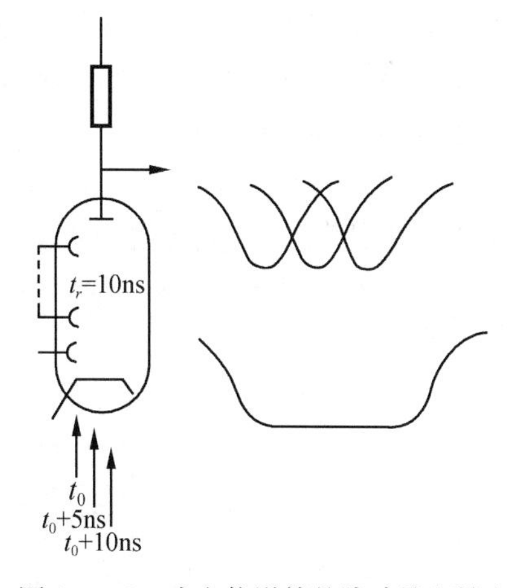

图 10.4.8　光电倍增管的脉冲堆积效应

3）光子计数器的信噪比

在弱光的条件下，光子到达光阴极具有的统计分布特征近似地服从泊松分布. 也就是说，对于光子流量为 R 的光子流，在时间间隔 t 内，有 n 个光子到达探测器的概率是

$$P(n \cdot t) = \frac{(Rt)^n \mathrm{e}^{-Rt}}{n!} \tag{10.4.3}$$

由泊松分布的标准偏差得到

$$\sigma = \sqrt{Rt}$$

这个偏差值 σ 反映光信号的涨落，也就是光源的噪声，常称为光子噪声. 因此，被测信号的本征信噪比 SNR_P 为

$$\text{SNR}_P = \frac{Rt}{\sqrt{Rt}} = \sqrt{Rt} \tag{10.4.4}$$

是被测量的信号的极限信噪比.

在光子计数系统中，总存在热电子发射等造成的暗计数噪声. 虽然甄别器可以弃除大部分暗电流脉冲，但总还剩余一些. 设其暗计数率为 R_d，光阴极的量子效率为 η，那么测量结果的信噪比

$$\text{SNR} = \frac{\eta R\sqrt{t}}{\sqrt{\eta R + 2R_d}} \tag{10.4.5}$$

R 为入射光子的平均流量,t 为测量时间间隔. 当 SNR=1 时,对应的接收信号功率即为仪器的探测灵敏度. 根据信噪比的公式,光电倍增管的热电子发射和内部光子、离子反馈等产生的暗计数率,是决定系统测量动态范围的下限的主要因素.

二、实验仪器装置

本实验采用美国 EG&G PARC 公司生产的光子计数系统,包括 1109 型光子计数器、1121A 型放大/甄别器、RCAC 31034 型光电倍增管和 TE-206 TSRF 型光电倍增管制冷套及电源系统. 另外还要配上示波器、数字电压表、光源(包括可见光发光二极管和中性感光片)、晶体管直流稳压电源、X-Y 记录仪等.

该系统中甄别器具有单电平、窗式、校正、脉冲幅度分析(PHA)和预定标工作方式;计数器具有预设时间型计数、倒数型计数和比例型计数等三种设置;以及背景扣除功能. 具体使用可参看该仪器说明书.

实验装置简图如图 10.4.9 所示. 图 10.4.10 为测试用光源供电电路. 发光管安装在一个暗盒中,暗盒与制冷套紧密相接,外界光源不能进入光电倍增管的光阴极. 通过改变流过发光二极管两端的电流(由数字电压表求出)来改变光源的功率.

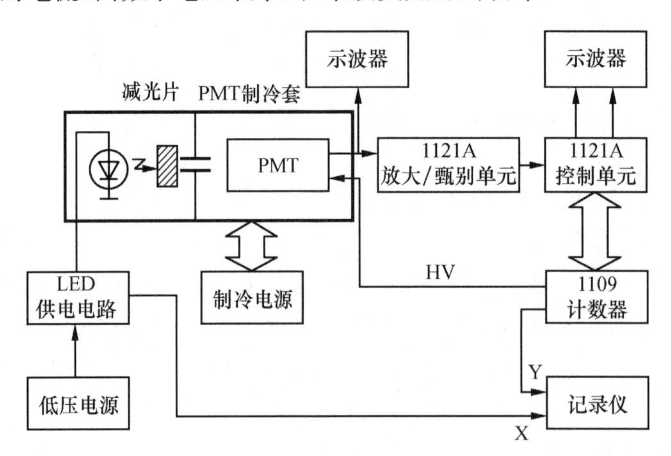

图 10.4.9 光子计数测试系统简图

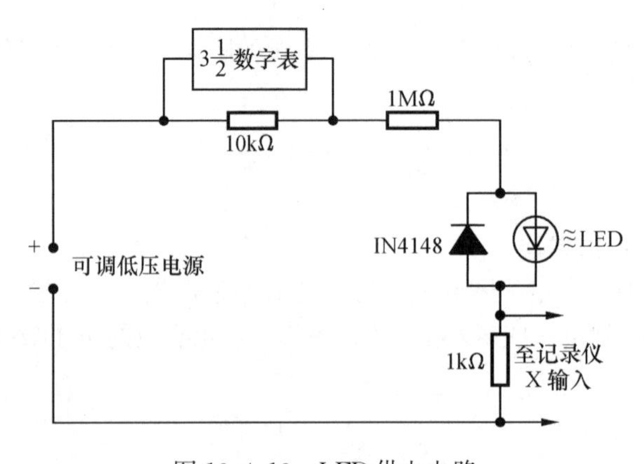

图 10.4.10 LED 供电电路

光子计数系统也可利用实验室可用设备组装. 例如，选择好合适的光电倍增管，表10.4.1列出了几种可用于光子计数的光电倍增管的参数供参考. 制作一个放大倍数10～200的低噪声、宽频带前置放大器，配合γ谱仪中的甄别器及计数器(或定标器)就可以进行实验了.

表10.4.1　几种用于光子计数器的光电倍增管参数

型　号	① фэу—64	① фэу—79	② EMI 9789QB	③ EMI 9892PB/100	④ EMI 9893QB/100	⑤ RCA 31074	⑥ GDB510	⑦ R943
阴极直径/mm	5	6	10	2.54	2.54		10	
光谱灵敏范围/nm	300～600	300～820	320～630	320～630	320～630	200～940	300～670 1700～6700	160～910
最灵敏波长/nm	380～420	400～440	380	380	380	800	400	420
倍增级数目	11	11	13	12	14	11	13	10
阴极积分灵敏度/(μA·lm^{-1})	106	200	50	60	60	500	50	600
工作电压/V	1260	2500	1150	1900	2250	1500	1150	1500
阳极灵敏度/(A·lm^{-1})	1000	1000	2000	500	5000	300	2000	150
暗电流/A	1.5×10^{-8}	2×10^{-8}	2×10^{-10}	1×10^{-10}	1×10^{-10}	3×10^{-9}	1×10^{-10}	1×10^{-8}
上升时间/ns			10	2.3	2.5	2.5	10	10

注：①苏联；②英国EMI公司，9789QB为石英窗；③英国EMI公司，9892PB/100为石英窗；④英国EMI公司，9893QB/100为石英窗；⑤美国RCA公司；⑥中国；⑦日本HTV公司.

三、实验内容

1. 用示波器观察光电倍增管阳极输出脉冲

固定光电倍增管的工作电压，将光电倍增管的输出信号输入示波器的Y通道.

(1) 调节好示波器，观察无光信号时的波形.

(2) 调节发光二极管工作电流，分别在微电流、低电流和中电流下，观察光电倍增管的输出波形. 由此可观察到单光子现象和脉冲堆积现象的光电倍增管输出信号的特征.

2. 观察光电倍增管输出脉冲幅度分布的微分曲线，确定甄别器最佳工作电平

固定光电倍增管的工作电压，把光电倍增管的输出信号经放大后送入甄别器. 示波器或记录仪与甄别器相接，甄别器处于脉冲幅度分析(PHA)工作方式，分别观察无光和有光时的脉冲幅度分布曲线，并确定最佳甄别器的工作电压.

3. 熟识甄别器各工作方式和计数器的使用

分别采用单电平、窗式、校正等工作方式测量暗计数率. 计数器采用预设时间型计数方式和采用背景扣除功能测量暗计数率.

4. 测试光子计数系统的最低暗计数率和最小可检测光计数率

开启制冷器电源,光电倍增管工作电压不变,每隔 10min 测量一次暗计数率,直至暗计数率趋于不变.

画出暗计数率-时间曲线,确定本系统的最低暗计数率 $R_{d\min}$.

设 $\eta=1$

$$\mathrm{SNR}=\frac{R_P\sqrt{t}}{\sqrt{R_P+2R_d}}$$

R 为光计数率,R_d 为暗计数率,计算时取 $R_d=R_{d\min}$,t 为测量时间间隔,分别计算 $t=1\mathrm{s}$, 10s,100s 时的最小可检测光计数率 $R_{P\min}$,即 SNR=1 的光计数率.

5. 半导体发光二极管小电流区光功率-电流特性的测定

测量用的 LED 供电电路图如图 10.4.10 所示. 电源电压从零开始增加,读出数字电压表的读数,求出流过 LED 两端的电流,并记下对应的光子流量 R. R 与光功率成正比,因此所得的光计数率-电流特性曲线即为光功率-电流特性曲线.

*6. 选做内容

(1) 在一个固定的实验条件下,测量一组(500 次)数据,用 χ^2 检验方法,检查这组数据是否合乎泊松分布,并判断本光子计数系统的稳定性.

(2) 研究光电倍增管在不同的工作电压下的暗计数率和有光信号计数率的情况,确定最高信噪比时光电倍增管的工作电压.

四、注 意 事 项

(1) 绝对禁止光电倍增管在加高压时受强光(包括室内照明光)照射.

(2) 光电倍增管要经过长时间工作才能趋于稳定. 因此开机后需要预热半小时以上才能进行测量.

(3) 调节光电倍增管时,一定要关高压进行(细调除外),如带高压操作,机内容易引起高压打火,造成放大/甄别器内晶体管击穿.

(4) 对于用水冷却工质的光电倍增管制冷系统,在开启制冷电源前,冷却水必须通畅无阻. 实验结束,关制冷源后,应保持冷却水继续流通 10min 以上,否则会使制冷套内水结冰而冻裂内部水箱. 对于用风冷的光电倍增管,制冷套系统要注意通风良好,以保持良好的制冷效果.

五、思考与讨论

(1) 影响光子计数系统的测量动态范围的主要因素是什么?

(2) 怎样分别确定光子计数系统的三种甄别方式(单电平、窗式和校正)的最佳工作电平?

(3) 试问在输入光强为 10^{-15} W(波长为 6.3×10^{-7} m)的情况下,能否用测量光电倍增管阳极电流的方法进行测量?而当光强为 10^{-8} W 时,能否用光子计数的方法进行测量?

参 考 文 献

陈佳圭. 1987. 微弱信号检测. 北京:中央广播电视大学出版社.
陈佳圭,金瑾华. 1989. 微弱信号检测仪器的使用与实践. 北京:中央广播电视大学出版社.
吕斯骅,朱印康. 1991. 近代物理实验技术. 北京:高等教育出版社.
吴思诚,王祖铨. 1995. 近代物理实验. 2 版. 北京:北京大学出版社.

张　诚　编

10.5　原子气体玻色-爱因斯坦凝聚体虚拟仿真实验

早在 1924～1925 年,玻色和爱因斯坦通过理论预言,当温度接近绝对零度时,玻色子体系中的绝大部分粒子会聚集在能量最低的量子态上形成具有宏观量子性的玻色爱因斯坦凝聚体(BEC). 1938 年,科学家发现液态 He-4 在温度降到 2.2K 时会成为无黏滞的超流体,这是因为少部分 He-4 液体转变成了 BEC. 然而,要在实验上获得纯的 BEC 是相当困难的,我们不仅要将原子冷却到极低的温度,同时要求原子不能液化或者固化. 因此,直到 1995 年,JILA 实验室的研究组利用激光冷却和囚禁以及蒸发冷却技术将气态 Rb-87 原子冷却到 170nK 才获得了第一个高纯度的 BEC;同一年,MIT 实验组采取类似的冷却方法获得了密度比 JILA 实验组的高 100 倍的 Na-23 纯 BEC. 得益于 JILA 和 MIT 实验的成功,BEC 所具有的奇特性质也因此被真实的展示出来,例如尽管 BEC 态的原子团可以大到毫米量级,但是表现的行为就像是一个巨型的原子. 2001 年的诺贝尔物理学奖也因此颁给了对实现 BEC 做出重大贡献的 JILA 的 Cornell、Wieman 和 MIT 的 Ketterle 教授.

BEC 的实现距今已经有 20 多年,目前世界上已有 200 多个研究组正在开展基于 BEC 的实验研究. 华南师范大学实验组已于 2019 年实现了 Rb-87 原子 BEC,如图 10.5.1 所示. BEC 不仅仅在碱金属原子气体中被实现,也在碱土金属及稀土金属如 Yb、Dy、Sr 等原子中实现. BEC 是典型的宏观量子态,具有高度可控的量子特性,因此,被用于开展对包括超流现象在内的凝聚态物理量子模拟研究. 随着近几年相关实验技术的突飞猛进,特别是光晶格、量子气体显微镜以及微结构光阱等实验技术的发展,BEC 不仅能用于模拟凝聚态物理中已有的量子现象,甚至能够模拟传统凝聚态物理中不存在的新奇量子物态和物理过程. BEC 具有相干时间长、参数可控、实验技术成熟等优势,已成功在中性原子气体中模拟了人工规范势、自旋轨道耦合、量子霍尔效应、拓扑物态等重要现象.

图 10.5.1　华南师范大学实验组实现的 Rb-87 原子 BEC

一、原子气体玻色-爱因斯坦凝聚体实验原理

1. 碱金属原子和^{87}Rb 原子能级结构

碱金属包括 Li、Na、K、Rb、Cs 和 Fr,最外层只有一个电子.最外层电子的轨道角动量 L 跟自旋角动量 S 耦合形成了能级的精细结构.电子的总角动量为 $J=L+S$.而超精细结构是由电子总角动量 J 跟核自旋角动量 I 耦合产生的,原子总角动量 $F=I+J$.原子的电子态记为 $n^{2S+1}L_J$,其中轨道角动量用 S,P,D,F 标记,分别对应轨道角动量 $L=0,1,2,3$.^{87}Rb 原子基态和第一激发态的能级结构如图 10.5.2 所示.

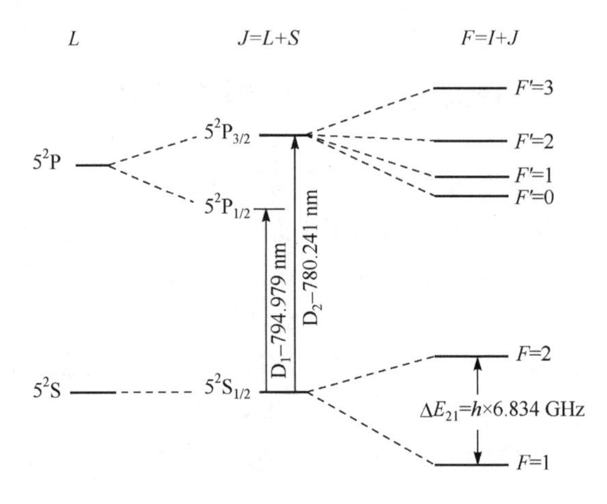

图 10.5.2 ^{87}Rb 原子的能级结构

2. 饱和吸收原理

饱和吸收现象是当足够大的激光强度作用于原子时,吸收跃迁的激励率增大到能够与弛豫率相比较时,会造成吸收能级布居数的显著减少,从而造成辐射吸收系数的减少.

典型的饱和吸收实验装置如图 10.5.3 所示,扫描激光器的频率,①当激光频率远失谐原子共振频率,由于泵浦光与探测光方向相反,泵浦光与探测光与不同速度的原子相互作用,因此泵浦光不影响探测光的吸收.②当激光频率接近原子共振频率时,两束光同时与速度为零的原子相互作用,泵浦光引起的烧孔效应将减小对探测光的吸收,因此泵浦光引起的饱和效应使探测光出现一个窄的峰.在饱和吸收光谱中,如果一个大的多普勒吸收背景有两条能级跃迁吸收线,在两条能级跃迁的中间频率处也会出现一个窄的透射峰,称为交叉吸收线.例,Rb87 D2 线的饱和吸收峰如图 10.5.4 所示.

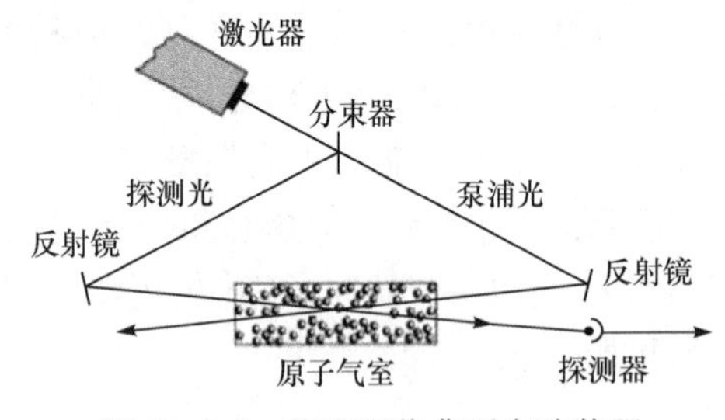

图 10.5.3 饱和吸收典型实验装置

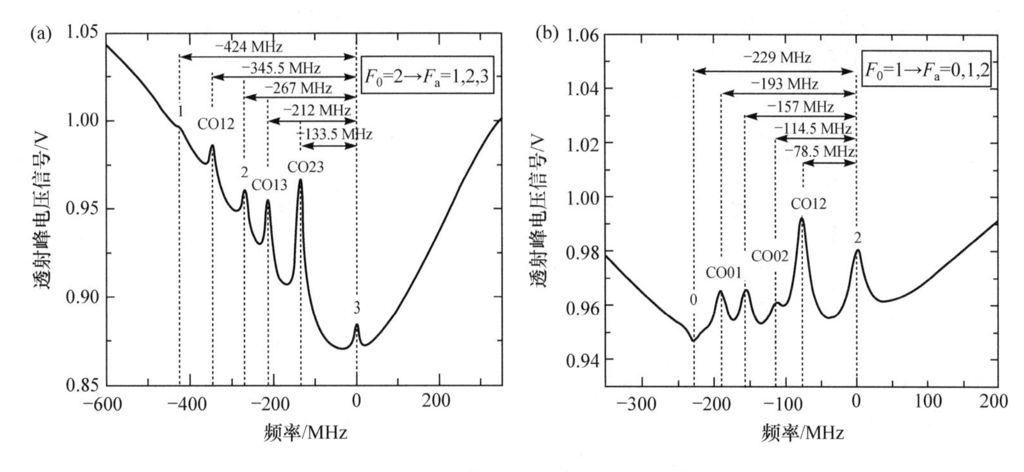

图 10.5.4　^{87}Rb D2 线饱和吸收峰

3. 光的偏振

均匀磁场可定义为原子量子化轴，如图 10.5.5 中，量子化轴为 $\boldsymbol{e}_z$，相应的左手旋转圆偏振光为 $\boldsymbol{\sigma}_-$，右手旋转圆偏振光为 $\boldsymbol{\sigma}_+$，偏振方向沿量子化轴方向的为 $\boldsymbol{\pi}$ 光. 圆偏振光为 $\boldsymbol{\sigma}_-$ 的光与原子相互作用发生跃迁时，原子磁量子数减一，即 $\Delta m=-1$；圆偏振光为 $\boldsymbol{\sigma}_+$ 的光与原子相互作用发生跃迁时，原子磁量子数加一，即 $\Delta m=1$；偏振为 $\boldsymbol{\pi}$ 的光与原子相互作用发生跃迁时，原子磁量子数变化 $\Delta m=0$.

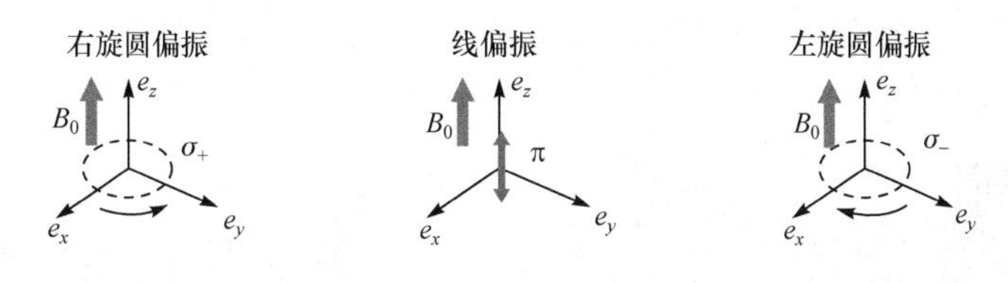

图 10.5.5　光的偏振定义

4. 多普勒冷却

当原子在频率略低于原子跃迁能级差且相向传播的一对激光束中运动时，由于多普勒效应，原子倾向于吸收与原子运动方向相反的光子，而对与其相同方向行进的光子吸收概率较小；吸收后的光子将各向同性地自发辐射. 平均地看来，两束激光的净作用是产生一个与原子运动方向相反的阻尼力，从而使原子的运动减缓，即冷却下来.

5. 磁光阱原理

以二能级一维系统为例，如图 10.5.6 所示，假定基态 $J=0$，激发态 $J=1$，激发态在磁场中产生塞曼分裂，有 $m=0,\pm1$ 三个磁子能级. 由四极线圈产生的磁场为 $B(x)=Ax$，能级的塞曼位移具有确定的空间分布. 沿 x 轴有一对强度相同的对射激光束，调谐其频率对 $x=0$ 处的原子红失谐，偏振方向分别是 $\boldsymbol{\sigma}_+$ 和 $\boldsymbol{\sigma}_-$. 由于原子在不同位置上对激光的有效失谐不等，在 $x>0$ 的区域，更趋向于吸收 $\boldsymbol{\sigma}_-$ 光子，跃迁到 $m=-1$ 态；在 $x<0$ 的区域，更趋向

于吸收 $\boldsymbol{\sigma}_+$ 光子,跃迁到 $m=1$ 态,所有原子都受到指向坐标原点的辐射压力,并且越接近中心力越小,从而实现原子囚禁.

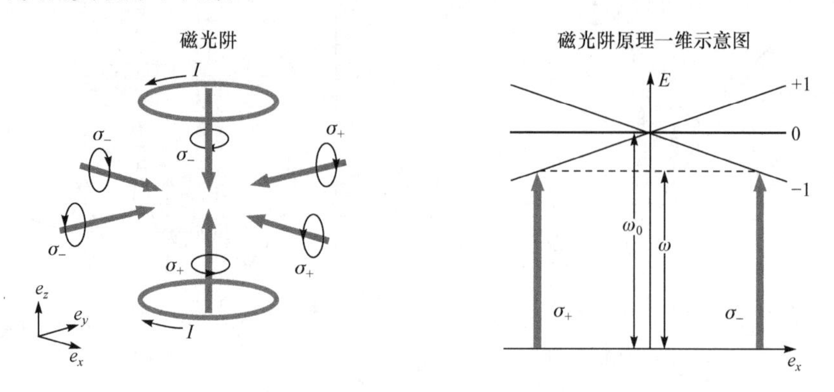

图 10.5.6　磁光阱原理

6. 吸收成像

吸收成像基本光路如图 10.5.7 所示,原子对光的吸收会使得通过原子团的光强减弱,由此可得到原子团密度的二维分布 $n(x,y)$. 密度的积分可得到原子数. 根据比尔定律,光学厚度 $OD=n(x,y)\sigma$,σ 为吸收截面,实验中由下式测量得到:

$$OD=In\left(\frac{I_{\text{light}}-I_{\text{background}}}{I_{\text{atoms}}-I_{\text{background}}}\right) \tag{10.5.1}$$

通过测量有原子团跟没有原子团时的光强分布,可得到 OD. 进一步由 $n(x,y)=OD/\sigma$ 得到原子团的密度分布.

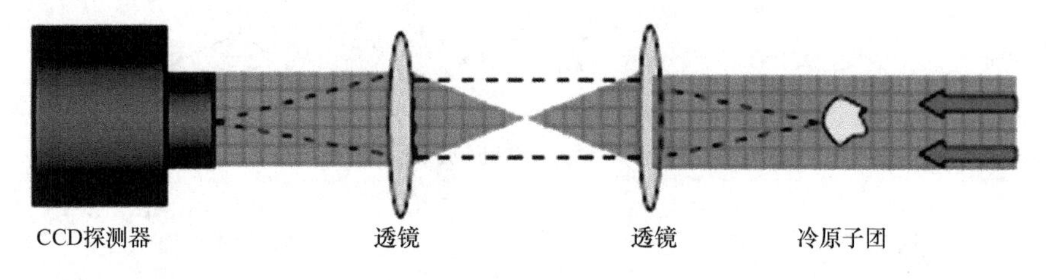

图 10.5.7　吸收成像光路图

7. 时间飞行法测原子温度

光学黏团中的原子在自由扩散之前的速度分布满足麦克斯韦一玻尔兹曼速度分布率,常用黏团扩展法来测量原子的温度. 该方法是在关闭冷却光一段时间后用吸收成像方法来观察原子团密度分布,从而得到原子团温度,公式如下:

$$a_i^2(t)=a_i^2(0)+2k_{\text{B}}Tt^2/m \tag{10.5.2}$$

其中,a 是原子团的 e^{-1} 高斯半径. 原子云密度分布为高斯型

$$N(x,y)=N_0\exp\left(\frac{-(x-x_0)^2}{{a_x}^2}\right)\exp\left(\frac{-(y-y_0)^2}{{a_y}^2}\right) \tag{10.5.3}$$

t 是飞行时间,即释放原子团后自由下落的时间. 原子团的高斯半径可由吸收成像的原子团

图像作高斯拟合得到，由此可计算得到原子团温度 T.

8. 偏振梯度冷却

考虑两相对传播的激光束，分别是左旋圆偏振光和右旋圆偏振光，即 $\sigma_{+}-\sigma_{-}$ 组态情况. 这样的光场在沿 z 方向任意点上偏振都是线偏振的，但是偏振方向随空间发生周期性旋转，如图 10.5.8 所示. 若原子沿 z 轴正向运动，由于电场极化方向在空间呈周期性旋转，原子将会感受到一个虚拟磁场的作用，在该磁场作用下，原子会更多的布居到 $m=-1$ 态上，原子会更多的吸收沿 $-z$ 方向传播的 σ_{-} 光子. 同理，若原子沿 z 轴负向运动，会更多的吸收沿 z 方向传播的 σ_{+} 光子. 从而使原子减速、冷却.

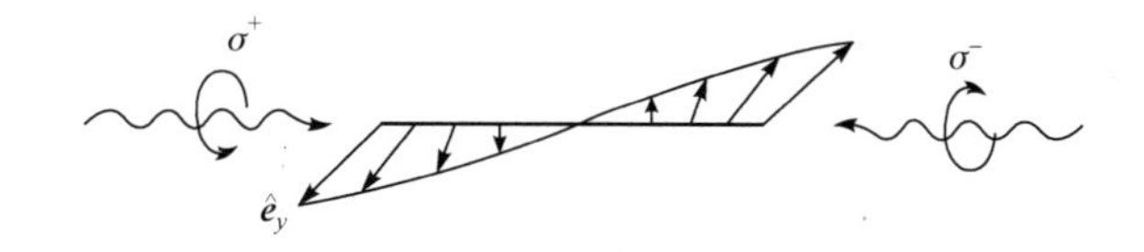

图 10.5.8　光场沿 z 方向的偏振旋转

9. 光阱装载和蒸发冷却

(1) 光阱. 激光场作用下原子能级会发生移动，叫光位移，如图 10.5.9 所示. 用聚焦激光形成的具有光位移或势能极值点的阱称为光阱. 同时由于激光与原子的相互作用是电偶极相互作用，所以又称偶极阱. 多能级原子中光位移即阱深的表达式为

$$\Delta E_i=\frac{3\pi c^2\Gamma}{2\omega_0^3}I\times\sum_j\frac{c_{ij}^2}{\Delta_{ij}} \tag{10.5.4}$$

其中，c_{ij}^2 是相对跃迁强度，Δ_{ij} 是失谐，I 是光强，ω_0 是激光频率，Γ 是激发态原子能级线宽.

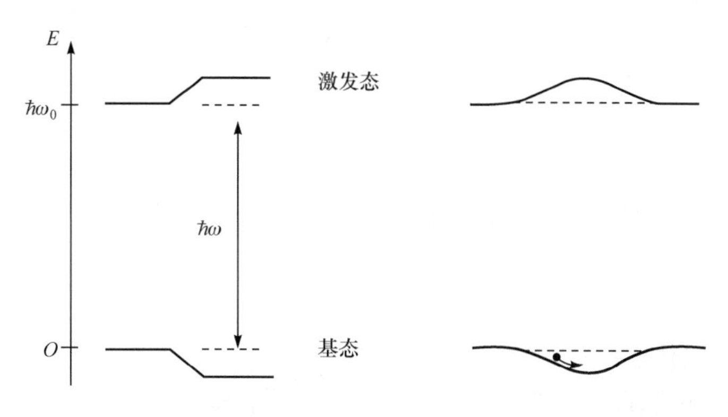

图 10.5.9　二能级原子光位移

(2) 蒸发冷却. 激光冷却的极限温度有限制，到不了形成 BEC 所需要的温度. 要进一步降低温度并提高相空间密度，最终实现 BEC，需要用到蒸发冷却. 蒸发冷却的原理如图 10.5.10所示，动能越大的原子越容易跑到势阱的较高处，这样降低势阱深度时，动能大的原子较容易逃逸出势阱. 剩下的原子通过弹性碰撞重新达到热平衡，同时具有更低的温度和更高的相空间密度. 主动降低势阱深度使原子蒸发冷却的方法叫做强制蒸发冷却. 蒸发冷却的温度极限取决于最小阱深能到多少，对于光阱，强制蒸发冷却的方法能将原子团冷却到

几十纳米的量级,远低于 BEC 的临界转变温度.

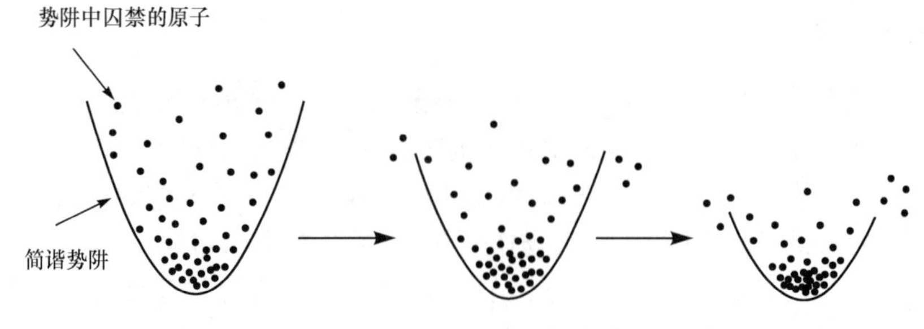

图 10.5.10 蒸发冷却原理

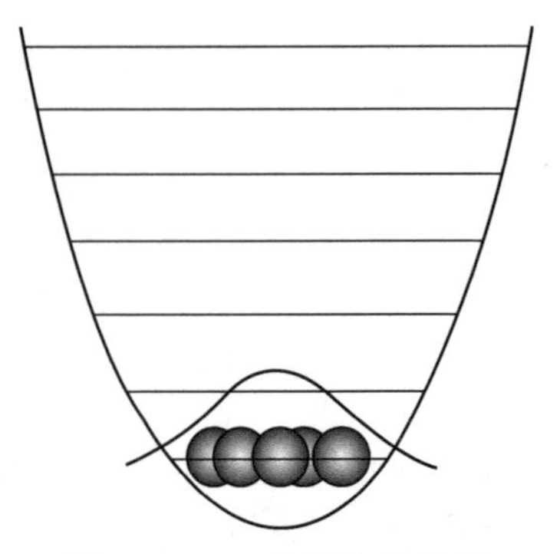

图 10.5.11 势阱中的 BEC

(3) 玻色-爱因斯坦凝聚. 玻色-爱因斯坦凝聚(Bose-Einstein condensate,BEC)是玻色子原子在冷却到接近绝对零度所呈现出的一种气态的、超流性的物质状态. 在这种状态下,几乎全部原子都聚集到能量最低的量子态,如图 10.5.11,形成宏观量子态. BEC 的制备是量子模拟和量子精密测量研究的基础.

按照玻色-爱因斯坦统计,当相空间密度达到 2.612 时,开始形成 BEC,对应的温度为 BEC 临界转变温度,对于光阱,临界转变温度取决于阱频率和原子数. 温度低于转变温度时,大量原子凝聚于动能基态,温度越低,凝聚的原子数比例越高. BEC 的主要特征是原子的热德布罗意波长范围内有多个原子,即原子的物质波波长大于原子间距,整个原子体系成为一个整体,可用统一的波函数描述.

二、实验仪器装置

1. 硬件

计算机一台,Intel i5－8500、内存 16G、硬盘 500G、显存 4G.

2. 软件

Win10 64bit 操作系统.
原子气体玻色爱因斯坦凝聚体虚拟仿真实验在线教学软件.

三、实 验 内 容

(1) 登录虚拟仿真实验教学系统,熟悉基本操作.

(2) 完成原子气体玻色爱因斯坦凝聚体的产生,具体包括:

① 激光器稳频. 搭建饱和吸收稳频光路,选择正确的饱和吸收峰完成激光锁频,锁定激光线宽在对应原子能级自然线宽以下.

② 原子源和 2D 磁光阱. 打开铷原子源控制电流和 2D 磁光阱的激光和线圈电流，以产生原子束流.

③ 3D 磁光阱. 搭建反射式磁光阱光路，选择正确的偏振. 操作时序控制软件和数据采集软件，完成磁光阱冷却及用飞行时间法对冷原子作参数诊断和温度测量的实验.

④ 压缩磁光阱. 提高磁场梯度，绝热压缩冷原子气体，以提高原子密度.

⑤ 偏振梯度冷却. 降低原子温度到 $10\mu K$ 量级，低于多普勒冷却极限，以便光阱装载.

⑥ 光阱装载. 打开光纤激光器，将原子装载进光阱.

⑦ 蒸发冷却. 缓慢降低光阱阱深，由于较热的原子会先逃逸出阱，通过弹性碰撞原子重新达到热平衡时，温度降低、密度增加. 装载的原子数足够多时，阱深降低直到发生 BEC 相变.

(3) 保存各阶段飞行时间冷原子图像，处理得到各阶段冷原子的典型温度.

(4) 完成 BEC 的应用实验，包括：

① 原子激光. 降低光阱阱深，将处在 BEC 态的原子释放出来，形成相干原子束，即原子激光.

② 单量子操控. 将 BEC 原子装载进三维光晶格中，用交叉光束进行寻址，用微波脉冲完成单量子态操控，实现超冷原子量子计算机的基本操作.

四、思考和讨论

(1) 通过虚拟仿真实验，说明磁光阱冷却的物理原理和基本实验操作.

(2) 说明什么是蒸发冷却，以及 BEC 相变的物理条件.

参考文献

黄巍，张善超，颜辉，朱诗亮. 2018. 玻色爱因斯坦凝聚体量子模拟实验技术进展. 华南师范大学学报，50(05)：19.

王义遒. 2007. 原子的激光冷却与陷俘. 北京：北京大学出版社.

Daniel Adam Steck. 2009. Rubidium 87 D Line Data. University of Oregon.

Harold J. Metcalf. 1999. Laser Cooling and Trapping. New York：Springer.

Karina Jiménez－García. 2012. Artificial Gauge Fields for Ultracold Neutral Atoms. National Institute of Standards and Technology, and the University of Maryland.

黄　巍　编

附　表

Ⅰ　中华人民共和国法定计量单位

附表Ⅰ-1　国际单位制的基本单位

量的名称	单位名称	单位符号	量的名称	单位名称	单位符号
长度	米	m	热力学温度	开〔尔文〕	K
质量	千克(公斤)	kg	物质的量	摩〔尔〕	mol
时间	秒	s	发光强度	坎〔德拉〕	cd
电流	安〔培〕	A			

附表Ⅰ-2　国际单位制的辅助单位

量的名称	单位名称	单位符号	量的名称	单位名称	单位符号
〔平面〕角	弧度	rad	立体角	球面度	sr

附表Ⅰ-3　国际单位制中具有专门名称的导出单位

量的名称	单位名称	单位符号	其他表示式
频率	赫〔兹〕	Hz	s^{-1}
力、重力	牛〔顿〕	N	$kg \cdot m \cdot s^{-2}$
压力、压强、应力	帕〔斯卡〕	Pa	$N \cdot m^{-2}$
能〔量〕、功、热	焦〔耳〕	J	$N \cdot m$
功率、辐〔射〕能量	瓦〔特〕	W	$J \cdot s^{-1}$
电荷〔量〕	库〔仑〕	C	$A \cdot s$
电势、电压、电动势(电势)	伏〔特〕	V	$W \cdot A^{-1}$
电容	法〔拉〕	F	$C \cdot V^{-1}$
电阻	欧〔姆〕	Ω	$V \cdot A^{-1}$
电导	西〔门子〕	S	$A \cdot V^{-1}$
磁通〔量〕	韦〔伯〕	Wb	$V \cdot s$
磁通〔量〕密度、磁感应强度	特〔斯拉〕	T	$Wb \cdot m^{-2}$
电感	亨〔利〕	H	$Wb \cdot A^{-1}$
摄氏温度	摄氏度	℃	
光通量	流〔明〕	lm	$cd \cdot sr$
〔光〕照度	勒〔克斯〕	lx	$lm \cdot m^{-2}$
〔放射性〕活度	贝可〔勒尔〕	Bq	s^{-1}
吸收剂量	戈〔瑞〕	Gy	$J \cdot kg^{-1}$
剂量当量	希〔沃特〕	Sv	$J \cdot kg^{-1}$

附表Ⅰ-4 国家选定的非国际单位制单位

量的名称	单位名称	单位符号	换算关系和说明
时间	分 〔小〕时 天〔日〕	min h d	1min=60s 1h=60min=3600s 1d=24h=86 400s
平面角	〔角〕秒 〔角〕分 度	(″) (′) (°)	1″=(π/64 800)rad(π 为圆周率) 1′=60″=(π/10 800)rad 1°=60′=(π/180)rad
旋转速度	转每分	$r \cdot min^{-1}$	$1r \cdot min^{-1}=(1/60)s^{-1}$
长度	海里	n mile	1n mile=1852m(只用于航程)
速度	节	kn	$1kn=1n\ mile \cdot h^{-1}=(1852/3600)m \cdot s^{-1}$ (只用于航程)
质量	吨 原子质量单位	t u	$1t=10^3kg$ $1u\approx1.660\ 565\ 5\times10^{-27}kg$
体积	升	L,l	$1L=1dm^3=10^{-3}m^3$
能	电子伏〔特〕	eV	$1eV\approx1.602\ 189\ 2\times10^{-19}J$
级差	分贝	dB	
线密度	特〔克斯〕	tex	$tex=1g \cdot km^{-1}$

附表Ⅰ-5 用于构成十进倍数和分数单位的词头

所表示的因数	词头名称	词头符号	所表示的因数	词头名称	词头符号
10^{18}	艾〔可萨〕	E	10^{-1}	分	d
10^{15}	拍〔它〕	P	10^{-2}	厘	C
10^{12}	太〔拉〕	T	10^{-3}	毫	m
10^{9}	吉〔咖〕	G	10^{-6}	微	μ
10^{6}	兆	M	10^{-9}	纳〔诺〕	n
10^{3}	千	k	10^{-12}	皮〔可〕	p
10^{2}	百	h	10^{-15}	飞〔母托〕	f
10^{1}	十	da	10^{-18}	阿〔托〕	a

Ⅱ 物理学常量表

物理学常量	符号,公式	数值	不确定度/($\times10^{-8}$)
光速	c	$299\ 792\ 458m \cdot s^{-1}$	(精确)
普朗克常量	h	$6.626\ 068\ 96(33)\times10^{-34}J \cdot s$	5.0
约化普朗克常量	$\hbar\equiv h/(2\pi)$	$1.054\ 571\ 628(53)\times10^{-34}J \cdot s$	5.0
电子电荷	e	$1.602\ 176\ 487(40)\times10^{-19}C$	2.5
电子质量	m_e	$9.109\ 382\ 15(45)\times10^{-31}kg$	5.0
质子质量	m_p	$1.672\ 621\ 637(83)\times10^{-27}kg$	5.0
氘质量	m_d	$3.343\ 583\ 20(17)\times10^{-27}kg$	5.0
精细结构常数	$a=e^2/(4\pi\varepsilon_0\hbar c)$	$7.297\ 352\ 537\ 6(50)\times10^{-3}$	0.068

续表

物理学常量	符号,公式	数值	不确定度/($\times10^{-8}$)
经典电子半径	$r_e=e^2/(4\pi\varepsilon_0 m_e c^2)$	$2.817\,940\,289\,4(58)\times10^{-15}$m	0.21
电子康普顿波长	$\lambda_e=\hbar/(m_e c)$	$3.861\,592\,645\,9(53)\times10^{-13}$m	0.14
玻尔半径(无穷大质量)	$a_\infty=4\pi\varepsilon_0\hbar^2 m_e c^2$	$0.529\,177\,208\,59(36)\times10^{-10}$m	0.068
里德伯常量	$hcR_\infty=m_e c^2 a^2/2$	13.605 691 93(34)eV	2.5
汤姆孙截面	$\sigma_r=8\pi r_e^2/3$	$0.665\,245\,855\,8(27)\times10^{-28}\mathrm{m}^2$	0.41
玻尔磁子	$\mu_B=e\hbar/(2m_e)$	$927.400\,915(23)\times10^{-26}\mathrm{J\cdot T^{-1}}$	2.5
核磁子	$\mu=e\hbar/(2m_p)$	$5.050\,783\,24(13)\times10^{-27}\mathrm{J\cdot T^{-1}}$	2.5
引力常量	G_N	$6.674\,28(67)\times10^{-11}\mathrm{m^3\cdot kg^{-1}\cdot s^{-2}}$	10 000
纬度45°海平面的重力加速度	g	$9.806\,65\mathrm{m\cdot s^{-2}}$	(精确)
阿伏伽德罗常量	N_A	$6.022\,141\,79(30)\times10^{23}\mathrm{mol^{-1}}$	5.0
玻尔兹曼常量	k	$1.380\,650\,4(24)\times10^{-23}\mathrm{J\cdot K^{-1}}$	170
标准状况下理想气体的物质的量	$N_A k$	$22.413\,996(39)\times10^{-3}\mathrm{m^3\cdot mol^{-1}}$	170
斯特藩-玻尔兹曼常量	$\sigma=\pi^2k^4/(60\hbar^3c^2)$	$5.670\,400(40)\times10^{-8}\mathrm{W\cdot m^{-2}\cdot K^{-4}}$	700

Ⅲ　标准正态分布函数 $N(x;0,1)$ 数值表

$$N(x;0,1)=\int_{-\infty}^{x}\frac{1}{\sqrt{2\pi}}\exp\left(-\frac{1}{2}x^2\right)\mathrm{d}x$$

x	0.00	0.01	0.02	0.03	0.04	0.05	0.06	0.07	0.08	0.09
0.0	0.5000	0.5040	0.5080	0.5120	0.5160	0.5199	0.5239	0.5279	0.5319	0.5359
0.1	0.5398	0.5438	0.5478	0.5517	0.5557	0.5596	0.5636	0.5675	0.5714	0.5753
0.2	0.5793	0.5832	0.5871	0.5910	0.5948	0.5987	0.6026	0.6064	0.6103	0.6141
0.3	0.6179	0.6217	0.6255	0.6293	0.6331	0.6368	0.6406	0.6443	0.6480	0.6517
0.4	0.6554	0.6591	0.6628	0.6664	0.6700	0.6736	0.6772	0.6808	0.6844	0.6879
0.5	0.6915	0.6950	0.6985	0.7019	0.7054	0.7088	0.7123	0.7157	0.7190	0.7224
0.6	0.7257	0.7291	0.7324	0.7357	0.7389	0.7422	0.7454	0.7486	0.7517	0.7549
0.7	0.7580	0.7611	0.7642	0.7673	0.7704	0.7734	0.7764	0.7794	0.7823	0.7852
0.8	0.7881	0.7910	0.7939	0.7967	0.7995	0.8023	0.8051	0.8078	0.8106	0.8133
0.9	0.8159	0.8186	0.8212	0.8238	0.8264	0.8289	0.8315	0.8340	0.8365	0.8389
1.0	0.8413	0.8438	0.8461	0.8485	0.8508	0.8531	0.8554	0.8577	0.8599	0.8621
1.1	0.8643	0.8665	0.8686	0.8708	0.8729	0.8749	0.8770	0.8790	0.8810	0.8830
1.2	0.8849	0.8869	0.8888	0.8907	0.8925	0.8944	0.8962	0.8980	0.8997	0.9015
1.3	0.9032	0.9049	0.9066	0.9082	0.9099	0.9115	0.9131	0.9147	0.9162	0.9177
1.4	0.9192	0.9207	0.9222	0.9236	0.9251	0.9265	0.9279	0.9292	0.9306	0.9319
1.5	0.9332	0.9345	0.9357	0.9370	0.9382	0.9394	0.9406	0.9418	0.9429	0.9441
1.6	0.9452	0.9463	0.9474	0.9484	0.9495	0.9505	0.9515	0.9525	0.9535	0.9545

续表

x	0.00	0.01	0.02	0.03	0.04	0.05	0.06	0.07	0.08	0.09
1.7	0.9554	0.9564	0.9573	0.9582	0.9591	0.9599	0.9608	0.9616	0.9625	0.9633
1.8	0.9641	0.9649	0.9656	0.9664	0.9671	0.9678	0.9686	0.9693	0.9699	0.9706
1.9	0.9713	0.9717	0.9726	0.9732	0.9738	0.9744	0.9750	0.9756	0.9761	0.9767
2.0	0.9772	0.9778	0.9783	0.9788	0.9793	0.9798	0.9803	0.9808	0.9812	0.9817
2.1	0.9821	0.9826	0.9830	0.9834	0.9838	0.9842	0.9846	0.9850	0.9854	0.9857
2.2	0.9861	0.9864	0.9868	0.9871	0.9875	0.9878	0.9881	0.9884	0.9887	0.9890
2.3	0.9893	0.9896	0.9898	0.9901	0.9904	0.9906	0.9909	0.9911	0.9913	0.9916
2.4	0.9918	0.9920	0.9922	0.9925	0.9927	0.9929	0.9931	0.9932	0.9934	0.9936
2.5	0.9938	0.9940	0.9941	0.9943	0.9945	0.9946	0.9948	0.9949	0.9951	0.9952
2.6	0.9953	0.9955	0.9956	0.9957	0.9959	0.9960	0.9961	0.9962	0.9963	0.9964
2.7	0.9965	0.9966	0.9967	0.9968	0.9969	0.9970	0.9971	0.9972	0.9973	0.9974
2.8	0.9974	0.9975	0.9976	0.9977	0.9977	0.9978	0.9979	0.9979	0.9980	0.9981
2.9	0.9981	0.9982	0.9982	0.9983	0.9984	0.9984	0.9985	0.9985	0.9986	0.9986
3.0	0.9987	0.9987	0.9987	0.9988	0.9988	0.9989	0.9989	0.9989	0.9990	0.9990
3.1	0.9990	0.9991	0.9991	0.9991	0.9992	0.9992	0.9992	0.9992	0.9993	0.9993
3.2	0.9993	0.9993	0.9994	0.9994	0.9994	0.9994	0.9994	0.9995	0.9995	0.9995
3.3	0.9995	0.9995	0.9995	0.9996	0.9996	0.9996	0.9996	0.9996	0.9996	0.9997
3.4	0.9997	0.9997	0.9997	0.9997	0.9997	0.9997	0.9997	0.9997	0.9997	0.9998

x	4	5	6	7	8	9	10
$1-N(x;0,1)$	3.2×10^{-5}	2.9×10^{-7}	9.9×10^{-10}	1.3×10^{-12}	6.2×10^{-16}	1.1×10^{-19}	7.6×10^{-24}

Ⅳ　t 分布的置信系数 t_ξ 数值表

$$P_r(|t|<t_\xi)=\int_{-t_\xi}^{t_\xi}\frac{\Gamma\left(\frac{\nu+1}{2}\right)}{\Gamma(\nu\pi)\Gamma\left(\frac{\nu}{2}\right)(1+t^2/\nu)^{(\nu+1)/2}}\mathrm{d}t=\xi$$

ν	ξ								
	0.20	0.40	0.60	0.80	0.90	0.95	0.98	0.99	0.999
1	0.325	0.727	1.376	3.078	6.314	12.706	31.821	63.657	636.619
2	0.289	0.617	1.061	1.886	2.92	4.303	6.965	9.925	31.598
3	0.277	0.584	0.978	1.638	2.353	3.182	4.541	5.841	12.924
4	0.271	0.569	0.941	1.533	2.132	2.776	3.747	4.604	8.61
5	0.267	0.559	0.920	1.476	2.015	2.571	3.365	4.032	6.859
6	0.265	0.553	0.906	1.440	1.943	2.447	3.143	3.707	5.959
7	0.263	0.549	0.896	1.415	1.895	2.365	2.998	3.499	5.405
8	0.262	0.546	0.889	1.397	1.860	2.306	2.896	3.355	5.041
9	0.261	0.543	0.883	1.383	1.833	2.262	2.821	3.250	4.781
10	0.260	0.542	0.879	1.372	1.812	2.228	2.764	3.169	4.587
11	0.259	0.540	0.876	1.363	1.796	2.201	2.718	3.106	4.437

续表

ν	ξ								
	0.20	0.40	0.60	0.80	0.90	0.95	0.98	0.99	0.999
12	0.259	0.539	0.873	1.356	1.782	2.179	2.681	3.055	4.318
13	0.259	0.538	0.870	1.350	1.771	2.160	2.650	3.012	4.221
14	0.258	0.537	0.868	1.345	1.761	2.145	2.624	2.977	4.140
15	0.258	0.536	0.866	1.341	1.753	2.131	2.602	2.947	4.073
16	0.258	0.535	0.865	1.337	1.746	2.120	2.583	2.921	4.015
17	0.257	0.534	0.863	1.333	1.74	2.110	2.567	2.898	3.965
18	0.257	0.534	0.862	1.330	1.734	2.101	2.552	2.878	3.922
19	0.257	0.533	0.861	1.328	1.729	2.093	2.539	2.861	3.883
20	0.257	0.533	0.860	1.325	1.725	2.086	2.528	2.845	3.850
21	0.257	0.532	0.859	1.323	1.721	2.080	2.518	2.831	3.819
22	0.256	0.532	0.858	1.321	1.717	2.074	2.508	2.819	3.792
23	0.256	0.532	0.858	1.319	1.714	2.069	2.500	2.807	3.767
24	0.256	0.531	0.857	1.318	1.711	2.064	2.492	2.797	3.745
25	0.256	0.531	0.856	1.316	1.708	2.060	2.485	2.787	3.725
26	0.256	0.531	0.856	1.315	1.706	2.056	2.479	2.779	3.707
27	0.256	0.531	0.855	1.314	1.703	2.052	2.473	2.771	3.690
28	0.256	0.53	0.855	1.313	1.701	2.048	2.467	2.763	3.674
29	0.256	0.530	0.854	1.311	1.699	2.045	2.462	2.756	3.659
30	0.256	0.530	0.854	1.310	1.697	2.042	2.457	2.750	3.646
40	0.255	0.529	0.851	1.303	1.684	2.021	2.423	2.704	3.551
60	0.254	0.527	0.848	1.296	1.671	2.000	2.390	2.660	3.460
120	0.254	0.526	0.845	1.289	1.658	1.980	2.358	2.617	3.373
∞	0.253	0.524	0.842	1.282	1.645	1.960	2.326	2.576	3.291

V　χ^2 分布的 $\chi_\xi^2(\nu)$ 数值表

$$P_r[\chi^2 \leqslant \chi_\xi^2(\nu)] = \int_0^{\chi_\xi^2(\nu)} \frac{1}{2^{\nu/2}\Gamma\left(\frac{\nu}{2}\right)} u^{\frac{\nu}{2}-1} \exp\left(-\frac{u}{2}\right) \mathrm{d}u = \xi$$

ν	ξ								
	0.20	0.50	0.70	0.80	0.90	0.95	0.98	0.99	0.999
1	0.0642	0.455	1.074	1.642	2.706	3.841	5.412	6.635	10.828
2	0.446	1.386	2.408	3.219	4.605	5.991	7.824	9.210	13.816
3	1.005	2.366	3.665	4.642	6.251	7.815	9.837	11.345	16.266
4	1.619	3.357	4.878	5.989	7.779	9.488	11.668	12.277	18.467
5	2.343	4.351	6.064	7.289	9.236	11.070	13.388	15.068	20.515
6	3.070	5.348	7.231	8.558	10.645	12.592	15.033	16.812	22.458
7	3.822	6.346	8.383	9.803	12.017	14.067	16.622	18.475	24.322
8	4.594	7.344	9.524	11.030	13.362	15.507	18.168	20.090	26.125
9	5.380	8.343	10.656	12.242	14.684	16.919	19.679	21.666	27.877

续表

ν	ξ								
	0.20	0.50	0.70	0.80	0.90	0.95	0.98	0.99	0.999
10	6.179	9.342	11.781	13.442	15.987	18.307	21.161	23.209	29.588
11	6.989	10.341	12.899	14.631	17.275	19.675	22.618	24.725	31.264
12	7.807	11.340	14.011	15.812	18.549	21.026	24.054	26.217	32.909
13	8.634	12.340	15.119	16.985	19.812	22.362	25.472	27.688	34.528
14	9.467	13.339	16.222	18.151	21.064	23.685	26.873	29.141	36.123
15	10.307	14.339	17.322	19.311	22.307	24.996	28.259	30.578	37.697
16	11.152	15.338	18.418	20.465	23.542	26.296	29.633	32.000	39.252
17	12.002	16.338	19.511	21.615	24.769	27.587	30.995	33.409	40.790
18	12.857	17.388	20.601	22.760	25.989	28.869	32.346	34.805	42.312
19	13.716	18.388	21.689	23.900	27.204	30.144	33.687	36.191	43.820
20	14.578	19.337	22.775	25.038	28.412	31.410	35.020	37.566	45.315
21	15.445	20.337	23.858	26.171	29.615	32.671	36.343	38.932	46.797
22	16.314	21.337	24.939	27.301	30.813	33.924	37.659	40.289	48.268
23	17.187	22.337	26.018	28.429	32.007	35.172	38.968	41.638	49.728
24	18.062	23.337	27.096	29.553	33.196	36.415	40.270	42.980	51.179
25	18.940	24.337	28.172	30.675	34.382	37.652	41.566	44.314	52.618
26	19.820	25.336	29.246	31.795	35.563	38.885	42.856	45.642	54.052
27	20.703	26.336	30.319	32.912	36.741	40.113	44.140	46.963	55.476
28	21.588	27.336	31.391	34.027	37.916	41.337	45.419	48.278	56.893
29	22.475	28.336	32.461	35.139	39.087	42.557	46.693	49.588	58.301
30	23.364	29.336	33.530	36.250	40.256	43.773	47.962	50.892	59.703